U0251437

编 委 会

"十三五"国家重点出版物出版规划项目

物 理 学 名 家 名 作 译 丛

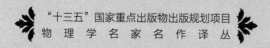

［英］约翰·奥顿 著 姬扬 译

半导体的故事

The Story of Semiconductors

中国科学技术大学出版社

安徽省版权局著作权合同登记号：第 121414032 号

图书在版编目（CIP）数据

半导体的故事/（英）奥顿著；姬扬译. —合肥：中国科学技术大学出版社，2015.1
（2023.1 重印）

（物理学名家名作译丛）

"十三五"国家重点出版物出版规划项目

书名原文：The Story of Semiconductors

ISBN 978-7-312-03600-2

Ⅰ.半… Ⅱ.①奥… ②姬… Ⅲ.半导体—普及读物 Ⅳ.O47-49

中国版本图书馆 CIP 数据核字（2014）第 221447 号

中国科学技术大学出版社出版发行

安徽省合肥市金寨路 96 号，230026

http://press.ustc.edu.cn

https://zgkxjsdxcbs.tmall.com

合肥市宏基印刷有限公司印刷

＊

开本：710 mm×1000 mm 1/16 印张：30.25 插页：8 字数：590 千

2015 年 1 月第 1 版 2023 年 1 月第 3 次印刷

定价：88.00 元

内 容 简 介

本书是关于半导体科学技术发展的高级科普图书,重点描述了许多重要的半导体器件的诞生和发展过程的历史,截至 2000 年左右。这本书不像标准教科书那样仅仅关注半导体物理与器件技术,而是把历史和科学有机地结合起来,在相关应用的具体背景下讲述器件的发展。正文重点描述了半导体科研的历史沿革以及个人和研究小组的具体贡献,同时用独立的专题介绍了相关的科学概念和技术细节。

全书共 10 章,47 个专题,近 300 张图片(包括书末 40 余幅珍贵图片,既有著名的科学家,也有珍贵的原型器件和先进的仪器设备)。首先概述了半导体研究的对象、范围和早期历史,以猫须探测器为例介绍了半导体的早期应用,说明了材料、物理和器件这三者的相互作用在半导体研究中的重要性。然后是第一个晶体管的诞生、少子法则的确立以及硅基半导体的迅猛发展和巨大成功。接下来是化合物半导体的发展,重点介绍了微波器件、发光二极管和激光器、红外探测器以及它们在光通信领域掀起的革命浪潮。最后以太阳能电池和液晶显示器为例介绍了多晶半导体和非晶半导体。本书还穿插介绍了半导体对基础物理学研究的贡献,包括量子霍尔效应、低维结构、介观物理学以及多孔硅等等。

本书面向对半导体科学技术感兴趣的读者,既可以作为大学和研究生阶段半导体物理和器件课程的辅助读物,也有助于半导体专业人士了解本学科历史发展的更多细节。

译者
的话

　　现在是信息发达的时代，从衣食住行到休闲娱乐，从学习考试到工作研究，我们生活的各个方面都离不开信息的处理。现在是交通便利的时代，我们不仅乘着飞机遨游世界，坐着高铁漫游中华，还要驾着"嫦娥"上九天揽月，骑着"蛟龙"下五洋捉鳖。现在是能源紧缺的时代，石油的开采很可能已经达到历史的峰值，天然气、煤炭以及传说中的"可燃冰"也只能再支撑几百年，对太阳能、风力、水力与核能发电的需求日益高涨。所有这一切都受益于半导体科学技术，并对它的进一步发展提出了更高的要求。然而，普通人对半导体的了解还非常少，即使青年学生也是如此。虽然我们每天用手机聊天、导航或者打游戏，用电脑寻友、交易或者查资料，但是对于支撑这些系统的半导体器件的了解往往少得可怜。部分原因可能在于现在的大学教材有些深奥、有点过时，也可能在于没有通俗易懂的科普读物。英国诺丁汉大学奥顿教授写的《半导体的故事》也许有助于改变这个现象，能够让更多的青年学生对半导体科学技术产生兴趣，鼓励他们投身到这个激动人心的领域。

　　本书是关于半导体科学技术发展的高级科普图书，重点描述了许多重要的半导体器件的诞生和发展过程的历史，截至 2000 年左右。这本书不像标准教科书那样仅仅关注半导体物理与器件技术，而是把历史和科学有机地结合起来，在相关应用的具体背景下讲述器件的发展。正文重点描述了半导体科研的历史沿革以及个人和研究小组的具体贡献，同时用独立的专题介绍了相关的科学概念和技术细节。

　　全书共 10 章，47 个专题，近 300 张图片（包括书末 40 余幅珍贵图片，既有著名的科学家，也有珍贵的原型器件和先进的仪器设备）。首先概述了半导体研究的对象、范围和早期历史，以猫须探测器为例介绍了半导体的早期应用，说明了材料、物理和器件这三者的相互作用在半导体研究中的重要性。然后是第

一个晶体管的诞生、少子法则的确立以及硅基半导体的迅猛发展和巨大成功。接下来是化合物半导体的发展,重点介绍了微波器件、发光二极管和激光器、红外探测器以及它们在光通信领域掀起的革命浪潮。最后以太阳能电池和液晶显示器为例介绍了多晶半导体和非晶半导体。本书还穿插介绍了半导体对基础物理学研究的贡献,包括量子霍尔效应、低维结构、介观物理学以及多孔硅等等。

本书面向对半导体科学技术感兴趣的读者,既可以作为大学和研究生阶段半导体物理和器件课程的辅助读物,也有助于半导体专业人士了解本学科历史发展的更多细节。

奥顿教授多次在书中强调,本书并不是标准的教科书,重点关注的是历史而不是未来。"忘记历史就意味着背叛",为了更好地开创未来,必须了解历史。然而,科学研究的历史并不仅仅意味着搞清楚谁发现了什么,正确地理解相关的科学内容也是非常重要的。奥顿教授不仅用很多独立的专题介绍了具体的物理概念和器件工艺,还经常提醒读者去查阅标准的教材或更新的综述文章。借此机会,我也介绍一些与半导体物理和器件有关的中文书籍(包括外文教材的中译本),虽然不免挂一漏万,但是希望能够对读者有些帮助。固体物理学方面主要是黄昆的《固体物理学》和基泰尔的《固体物理导论》,内容更深的是冯端和金国钧的《凝聚态物理学》。我国第一本半导体教科书是黄昆和谢希德的《半导体物理学》(科学出版社,1958年)。国内采用最多的教材可能是刘恩科的《半导体物理学》(主要面向工科特别是电子科学和技术类的学生)和叶良修的《半导体物理学》(主要面向理科特别是物理系的学生)。国际上的标准教材当然是施敏(S. M. Sze)的《半导体器件物理》、《半导体器件物理和工艺》以及《现代半导体器件物理》,国内都已经有了译本。近年还翻译引进了一些国外教材,例如《半导体材料物理基础》、《芯片制造:半导体工艺制程实用教程》和《半导体物理与器件》。科学出版社从2005年起开始出版《半导体科学与技术丛书》,现在已经有20多本,从各个方面介绍半导体科技的前沿发展。科普性质的书就很少了,印象深刻的有郑厚植的《人工物性剪裁》和朱邦芬的《黄昆——声子物理第一人》。最近,上海世纪出版集团翻译出版了克雷斯勒的《硅星球:微电子学和纳米技术革命》,清华大学出版社出版了张汝京主编的《半导体产业背后的故事》,这两本书都有助于简要了解半导体器件和工艺以及一些历史。

借此机会谈谈科技文章的翻译。我们大多有这样的感觉,中文科技文章往往很拗口、很难懂,英文科技文章常常很通顺、很清楚。我认为至少有两方面的原因。首先,英文文章其实也很拗口、很难懂,只不过我们读得多了就适应了——作为中国人,我们要读各种各样的中文文章,而只读与自己专业有关的那些英文文章;普通英国人读英文科技文章想必也会觉得很拗口、很难懂。其次,现在的中文科技文章确实写得不够认真,也许因为它们几乎不能给作者带来任何好处——我有机会读过《物理学报》20世纪80年代初的几篇文章,比30年后出版的一些文章强得太多了;科学书籍大多也是如此,现在的书装帧好得多,以前的书内容好得多,各有所长,各擅胜场。现在通行的科学语言当然是英语,但是我们应当看到,英语占据统治地位的时间还不到100年,而且,随着中国经济的日益发展,中国对科学技术的贡献也会越来越多、越来越重要,再过20年,最多30年,科学世界的工作语言肯定会发生巨大的变化。可能的前景不外乎两种:一种可能是中式英语(Chinglish)占主流,另一种可能是汉语成主导。从个人角度来说,我很不喜欢第一种可能性,所以就想为后一种可能性做点事情。

这几年来,我根据自己的兴趣和工作性质翻译了几本科技书,这本也是其中之一。一方面是因为我自己对半导体科技的发展历史有些兴趣,另一方面也是因为多年来教授半导体物理相关课程而发觉现有教材的一些缺失之处。《半导体的故事》是我在国际半导体物理大会(ICPS 2010)的书展上发现的。现有的半导体物理或器件教材中对器件的实际应用和来龙去脉讲述得不多,而这本书却做得很好。读过几遍之后,自己获益良多,也曾将相关内容介绍给青年学生和工作人员,并希望有人能够翻译它,让更多的人接触它。近几年来,中国科学院半导体研究所与国内多所大学尝试举办"黄昆班",以便吸引更多的大学生从事半导体科学研究工作;2012年中国科学院大学成立以后,研究生院希望把以前的一些课程做得更好一些,并且用数字化教学的方式传播(比如"精品数字课程"项目),以便提高研究生的理论水平。今年年初,我在整理相关课件的时候,觉得这些培养工作都需要更有吸引力的教材或者教学辅导材料,就又想到了这本书,再加上觉得"求人不如求己",翻译这种小事还是不用有劳大贤了吧。

相对于以前翻译的其他几本书来说,《半导体的故事》这本书的物理内容对我来说是最熟悉的了,但是翻译起来感到最困难。套用英国作家乔治·奥威尔在《动物庄园》中的标语"所有动物都平等,一些动物更平等",这本书让我真切地体会到"所有英语都难译,一些英语更难译"。一个重要原因似乎是本书作者的母语就是英语,而其他作者大多是第二外语,尽管是运用娴熟的第二外语。类似的经历我以前也有过一次,当我刚到以色列做博士后的时候,靠着国内练就的中式英语,一两个月以后我就可以和周围大多数人进行有效的交流,但是,组里唯一来自英国的博士后却让我吃了半年多的苦头,周围的人总是安慰我:"别担心,我们有时候也听不懂。"为了不让面向青年学生的高级科普读物变得过于艰涩,我不得不对原文的语句结构做很大调整,从而让译文读起来顺口一些。另外,我对索引部分也做了一些删减。为了让读者了解译文和原著的差别,我特意把奥顿教授为中国读者写的话与译文放在一起,读者可以"窥一斑而知全豹"——正文的差别应该比这还要大一些,但是内容应该没有差别。庄子说:"筌者所以在鱼,得鱼而忘筌;蹄者所以在兔,得兔而忘蹄;言者所以在意,得意而忘言。"我也希望这个译本能够为中文读者充当"筌"和"蹄"的角色,帮助你了解半导体物理、材料和器件发展的全貌——毕竟原著在国内还不那么容易得到,而且读起来可能会花费你更多的时间。

不管怎么说,这本书的翻译让我了解到自己能力的极限。再说,如果真的不想让中式英语成为科学的主导语言,那么只是把英文书籍翻译过来显然是不够的,终归是需要用汉语描述前所未有的开创性研究成果。此外,自己碰巧已经在其他某个地方达到了自己能力的极致,能够不再羡慕翻译的杰作《哥德尔 艾舍尔 巴赫——集异璧之大成》(商务印书馆,1997 年):原作和译本都各尽其妙,相得益彰。最后,我也逐渐认识到同事和亲友们多年来的建议和忠告的正确性。所以,我还是认清形势,老老实实地从事更有前途的职业去吧。比如说,把自己的本职工作做得更好一些。

由于本人的精力和能力所限,翻译难免有些疏漏之处,请读者谅解。如有翻译不当之处,请多加指正。来信请寄 jiyang@semi.ac.cn。

最后再谈谈我国半导体物理学研究的前景。我在中国科学院从事半导体物理学研究工作。经常有人问我:"中国的半导体研究怎么这么落后?"不客气的可能还会接着问:"国家给你们投了那么多钱,都干什么用了?"实际上,我国的半导体研究并没有一般人想象的那么落后。1956 年我国制定《十二年科学技术发展规划》的时候,就提出了要大力发展半导体科学技术,当年就创办了五校联合半导体专门化,开始大规模培养半导体科研人才。这样逐渐开始建立起半导体研究和生产的体系,形成了基本的框架,服务于国民经济建设和国防事业。在"文革"开始前,我国半导体事业已经有了相当程度的发展。

必须承认,我国的半导体研究确实比较落后。原因当然有很多:"文革"耽误了一段时间;改革开放和经济大潮又让很多人发现了新天地,不愿意从事艰苦的基础研究和枯燥的工艺开发;随着教育产业化的发展以及老一代科研人员的退休,许多学校的半导体专业都萎缩了;科研模式的变化也有一定的影响,除了为军工服务的一些研究所以外,中国科学院和大学里的研究工作从以前的团体作战模式逐渐变化为科研个体户模式,原先有着整体规划的教研室和课题组都逐渐消亡或者已经名存实亡了。但是,最关键的原因是投入不够、规划不足。"不谋全局者,不足以谋一域;不谋万世者,不足以谋一时。"对于半导体研究这种高投入的领域,没有长远的规划,没有充分的投入,当然不会有如意的结果。如本书所言,晶体管在最终主宰市场之前,它的性能、稳定性都比真空管差得多,全靠美国政府特别是国防部门投入的巨大资金才挺了下来,并取得了最终胜利。而当时我国的财力、人力和物力很大部分投入到"两弹一星"这样保障国家根本安全的领域,对半导体的投入不足以支撑中国半导体事业的发展。这样,一步慢就步步慢,差距也就越来越大了。

那么,是不是说我国的半导体研究就彻底没有希望了呢?完全不是,现在我国的经济已经有了巨大的进步,完全有能力而且也有必要投入半导体研究。2006年,国务院颁发了《国家中长期科学和技术发展规划纲要(2006—2020)》,"量子调控国家重大研究计划"对半导体物理基础研究有了一定的支持,国家科技专项更是重点支持产业发展,与半导体直接相关的就有"核心电子器件、高端通用芯片及基础软件产品专项"(简称"核高基专项")和"极大规模集成电路制造装备与成套工艺专项",其他专项的成功也都强烈依赖于半导体科学和技术。国内也逐渐出现了一些亮点工作,例如清华大学和中国科学院合作发现的量子反常霍尔效应、复旦大学制作的半浮栅晶体管等等。今后,不仅这样的成果会越来越多,肯定还会涌现出更新更好的工作。

科研的进步和产业的发展并不仅仅是投入资金和购买设备,更重要的是培养人才。只有吸引优秀的有志青年学习半导体知识,投身于半导体行业,才能进一步推动我国半导体事业的发展。为了实现这个目标,大学院系有必要更新教学内容、重新规划教学模式,科研和产业单位有必要重新设计项目课题的研究方式、重新协调科研与生产的关系。"十年生聚,十年教训。"20 年后,无论是科研还是生产,我国都应该拥有世界上最先进、最强大的半导体事业。

感谢奥顿教授耐心地解答了我在翻译过程中提出的很多问题,有一些体现在以"译者注"形式出现的脚注里,更多的则是不加注明地融合在译文中。感谢奥顿教授专门为中国读者写了一篇序。感谢日本东北大学遊佐刚教授在翻译日本人名和地名方面提供的帮助,他根据上下文把英文名字译回日文,再由我照猫画虎地译为中文。感谢科学出版社钱俊编辑在翻译准备过程中提供的帮助。感谢中国科学技术大学出版社在整个出版过程中提供的各种帮助。

感谢半导体超晶格国家重点实验室和中国科学院半导体研究所多年来对我工作的支持,感谢国家自然科学基金委员会、中国科学院和国家科学技术部的支持,感谢国家科学技术部对本书翻译出版工作的支持。

感谢全家人特别是妻女多年来的鼓励、支持和帮助。

姬　扬

2013 年 9 月

2014 年诺贝尔物理学奖颁发给了三位日本物理学家赤崎勇、天野浩和中村修二,奖励他们在发明蓝光二极管方面的贡献。宣布获奖者名单的时候,我正在修订最后的清样,得以及时地以"译者注"的形式把这个信息添加在中译本里。

最近几年,由于中美经贸谈判几度波折以及中兴和华为事件的发生,越来越多的人认识到半导体科学技术在国民经济中的重要作用。在这个时候,我很高兴地获知这本中译本要重印了。在过去的 5 年里,《半导体的故事》得到了许多读者的肯定,也有一些读者来信给出了一些反馈意见。我特别要感谢阿吾先生和甘阳老师的建议。借此重印的机会,我做了一些修改。

姬　扬

2019 年 9 月

中文版序——
致中国读者

中国学生现在可以读到这本关于半导体历史的书了,我非常高兴。本书中译本的出版标志着"西方文化"和中国文化相互关系的重要发展。在过去 10 年里,中西文化之间的关系更加密切了,在科学领域里更是如此。在过去 10 年里,中国在半导体物理和半导体器件的科学研究领域的贡献显著增加了,部分原因在于中国学生能够在西方国家的大学和实验室里从事学习和研究工作——这当然需要掌握西方语言,主要是英语。如果所有的中国学生都能够看到中文出版的英语著作,当然是件大好事。对于中西文化的进一步融合来说,这是重要的一步。

借此机会,我想提请各位注意,我所在的诺丁汉大学是最早致力于中英文化交流的英国大学之一。诺丁汉大学宁波分校创建于 2004 年(本书碰巧也于同一年出版),为中国学生授予包括工程专业在内的诺丁汉大学学位。诺丁汉大学宁波分校现在有 6 000 名学生,还建立了"可持续能源技术研究中心",在 2010 年由于"促进中国科技创新"而获得奖励。希望这本书能够为推进中英文化交流略尽绵薄之力。

最后,我要感谢牛津大学出版社和中国科学技术大学出版社为中译本的出版作出的努力,还要感谢中国科学院半导体研究所姬扬教授出色的翻译工作。

约翰·奥顿

2013 年 9 月于诺丁汉

A Few Words to Chinese Readers

I am delighted that my book on the history of semiconductors should now be available to Chinese students. Its publication in Chinese marks an important development in relations between the so-called 'Western' and Chinese cultures which, over the past decade have grown significantly closer and it is significant that this should be particularly true within the field of science. The Chinese contribution to scientific research in the areas of semiconductor physics and semiconductor devices has grown dramatically during the past decade and this is certainly due in part to the fact that Chinese students have been able to spend time at Western universities and in Western research laboratories, learning about scientific subjects and contributing to scientific research. This, of course, has demanded a working knowledge of a Western language, most usually English and it is admirable that English books should now be made available to all Chinese students in their own language. It surely represents an important step towards the further integration of our various cultures.

I may, perhaps, be allowed to draw attention to the fact that my own university, The University of Nottingham is in the vanguard of English universities trying to establish cultural connections between our countries. The University of Nottingham campus in Ningbo, near Shanghai was opened in 2004 (co-incidentally the same year as my book was published) and now offers University of Nottingham degrees to Chinese students in a range of subjects, including Engineering. It has facilities for 5 000 students. Research activities at UNNC include, for example, 'The Centre for Sustainable Energy Technologies' which, in 2010, won an award for 'Promoting scientific and technological innovation in China'. I would be happy to think that my book might play a small role in furthering such worthwhile activities.

Finally, I should like to thank the Oxford University Press and the University of Science and Technology of China Press who have collaborated to make this Chinese version of the book possible. I should also like to pay tribute to Professor Yang Ji of the Institute of Semiconductors, Chinese Academy of Sciences for his skillful translation.

John Orton

Nottingham

September 2013

序言

　　1966 年，我们夫妻俩买了第一台电视，那是家里的一件大事。那一年，英国在温布利球场获得了足球世界杯冠军。这台电视花了我们 100 英镑，而我那时候的工资每年才 200 英镑。30 年后，我退休了，工资大约高了 20 倍，不需要费心就可以用 500 英镑买一台好得多的彩电。2003 年，我们观看了英国获得橄榄球世界冠军，相应的经济支出没有给我们带来任何不安——现代电子工业对消费者越来越友好，令人印象深刻。由此我们看到了资本主义哲学的巨大成功——高度竞争的商业环境为消费者提供了无法想象的价值，为大量劳动力提供了相对舒服的职业，还为股票持有人的投资提供了满意的回报（虽然最近经济衰退了，马可尼公司的不幸遭遇就是例子）。但更重要的是，一个产业完全而又牢固地建立在科研投资的基础上。除了医药产业，也许从来没有过这样有组织的大规模的研究和开发（R&D）工作，科学与产业的结合获得了如此丰富的成果。

　　更特别的是，这种引人注目的商业成功在很大程度上来自半导体物理学的发现以及半导体技术和器件概念的发展，前者在 20 世纪上半叶开花，后者的标志性事件是，贝尔实验室的科学家们在 1947 年圣诞节成功开发了世界上第一个固体放大器。这个激动人心的时刻宣告了像贝尔这样的工业实验室投入基础固体研究的胜利，为迅速扩张的商业行动设定了行动方式，这种行动持续地增长到现在，稳定的速度令人瞩目，一直进入到真正的世界范围的产业中。起初是锗，很快就换成了硅，然后又逐渐引入了神奇的化合物半导体材料，从而满足快速发展、不断分化的器件需求。它们同样建立在极为广泛的应用的基础上。今天，我们把可见光、红外光、紫外光以及电子学的应用视为理所当然。这个广阔的产业涉及照明、显示、热成像、太阳能发电、光通信、光盘（CD）音响系统、数字影像光盘（DVD）影像系统、半导体激光器的许多令人印象深刻的应用，以及更传统的以个人电脑为代表的电子学应用。这个电子学产业无处不在，年营业额总计大约是 5×10^{11} 美元，与引导潮流的汽车工业的 2×10^{12} 美元

相比,这个数字也毫不逊色。

晶体管电子学的出现刚刚超过 50 年,在此期间,半导体器件的发展非常迅猛。我本人参与这个行动也超过了 30 年,在此期间,我写了很多书和专业综述。退休以后,我觉得应该总结一下自己工作过的这个领域。我觉得,虽然已经有很多优秀的文章描述了半导体器件的物理和技术,但是,很少有通俗文章描述这些器件的诞生:有哪些驱动力?需要克服什么困难?什么因素决定了某个特定发展的出现?工作是在哪里做的?谁做的?换句话说,某个主题的历史是怎样的?我对这些问题的兴趣越来越大,逐渐认识到本领域的其他工作者也许希望简要地了解它的历史,作为他们现在工作的背景,也许有更多的非专业人士希望对这个开创时代的活动有些了解,最后,还有可能鼓励大学生不仅理解半导体物理学和器件技术,还要了解这些冒险故事的背景。这个故事讲的是人,当然也说明了半导体的优势和指数式发展的特点。这种发展进行得很快,我写的东西很快就会过时,所以,我不打算讲述最新进展。故事大致停止在(也许比较合适)千禧年,我的目的是写一本历史书,而不是紧跟形势的教科书。

在大多数学术研究工作中,我们希望对涉及的人物有些了解:谁画了这幅画?谁提出了哪个哲学观点?谁搞了哪个政治创新?科学研究似乎也是如此。这里的困难在于现代科学研究的特点:科学研究现在越来越多地成为团队行动,而不只是涉及特定的个人;因此我觉得,在许多时候,提到实验室比只讲某个人更合适。在综览全局的时候,很难精确地区分究竟是哪个科学家对某个特定发现作了贡献,我也不打算这么做。这是职业历史学家的任务——我可不假装是职业选手。也许这会鼓励严肃的历史学家加入进来,研究科学和技术的历史细节。它是现代文化的一个重要部分,应该得到比现在更多的重视。我希望现在这个粗略的描述可以激励进一步的更加细致的研究工作。

说完这些话,我必须感谢一两个确实存在的细致的研究工作。我特别要提到:迈克尔·瑞奥丹和莉莲·霍德森的杰作《晶体之火》,该书描述了晶体管和集成电路的早期工作;弗雷德里克·赛兹和诺曼·埃斯普鲁斯的著作《电子的精灵》,讲述了大体类似的事情;另外,《光之城》对光纤光学的描述令人尊敬。在《激光如何偶然发现》[①]这本书里,查尔斯·汤斯提出了许多关于激光起源的

---

① *How the Laser Happened*:*Adventure of a Scientist*, Charles Townes.《激光如何偶然发现:一名科学家的探险历程》,查尔斯·H·汤斯著,关洪译,上海科技教育出版社,2002。——译者注

深刻看法,尽管很少提到半导体激光器。我发现这些书都很有用,在本书的相关部分也都做了致谢。当然,每个读者都会认识到,还有很多其他的研究工作。现在,我们对迈克尔·法拉第在19世纪早期的研究工作的了解要比对20世纪Ⅲ-Ⅴ族半导体的研究工作的了解好得多。

我大致设定了本书的读者范围,我认为他们覆盖了很大的范围,从而在一个重要方面影响了本书的形式。许多"专题"描述了更加专门化和更加数学化的细节,支持正文中的基本描述。读这本书的时候,并不需要参考这些专题,正文本身是完整的。只有当读者想深入理解的时候才需要这些专题。它们可以伴随着正文同时阅读,也可以作为附录单独阅读。我认为大多数读者仅对主题的历史部分感兴趣,他们读读正文就可以了,然而,这些专题为学生提供了很有价值的深刻看法。我还是要强调一下,在任何意义上,都不应该用这本书替代关于半导体物理学和器件的各种标准教材,它只是作为补充材料,更偏向于人的因素而不是纯粹的技术观点。我希望、我也相信,很多学生会觉得这种背景知识有助于满足他们的好奇心:事情是怎么发生的? 为什么发生? 这也有助于他们欣赏器件发展过程的特点:它是一种人类活动,具有所有的人性弱点,应当在合适的背景中理解它。

从始至终,我采用了交叉科学的方法,总是试图在相关应用的具体背景下讲述器件的发展。例如,通过介绍长波半导体激光器和光电探测器,我相当彻底地描述了光纤的发展。类似地,在描述半导体功率器件以前,我给出了几种相关的应用。在所有情况下,我都按照相关的时间顺序描述技术材料,重点关注半导体材料的重要性、它们为了满足器件需求的发展以及它们和半导体物理学的重要关系。这三条线索都描述得很好,也只有作为整体才能恰当地理解它们。因此,本书应该会吸引物理学工作者、电子工程师以及材料学专家等。实际上,如果能够把这种真实活动的必要信息传播出去,我就会非常满意。如果没有这些跨学科的相互作用,电子工业显然就不会有今天的成就,这个领域中的未来工作者就是今天的学生,他们在开始职业生涯的时候,应该充分地了解这个重要的真理。在今天的中学和大学里,科学课程通常把知识包装得整整齐齐,但是,真实世界对这种精致的分门别类却毫不在意——成功的发明者和企业家必须经常表现出超越传统界限的想象力。

每个熟悉半导体物理学或器件发展的人都知道,为了用一本篇幅适当的书描述它们的历史,就免不了高度的选择性,我的选择必然会受到这样的批评,对此我并不道歉。在诺曼·戴维斯的(相当厚的)著作《欧洲史》的前言中,他说:"可以写出来的欧洲历史几乎有无穷多个,本书只是其中的一个。一双眼睛观察了这个场景,经过一个大脑处理之后,再用一支笔写了出来。"

我也可以作同样的声明,除了我的想法是直接用计算机写出来的以外。本书是一个人对半导体故事的看法。它的重点是我的,基于我本人的参与,不可避免地受到我自己经验的影响。但是我相信,它代表了一个历史,我希望它读起来会让人高兴。如果其他人想写他们的历史,我也会同样高兴地读它们,而且确信自己有可能激励了他们改进我的原型。

最后,我很高兴地向很多同事表示感谢。我的夫人乔伊斯(Joyce)耐心地忍受着漫长的分离(即使当我们待在同一个屋檐下的时候!),还能够找到鼓励的话语。感谢下面各位人士提供的帮助(无特别顺序):Illinois 大学的 Nick Holonyack 教授,Urbana;皇家科学研究所的 Frank James 博士,London;NTT 的 Sunao Ishihara 博士,Kanagawa;国家物理实验室的 Tony Hartland 博士,Teddington;电工实验室的 Hirofumi Matsuhata 博士,Tsukuba;牛津大学的 Sir Roger Elliott 教授;诺丁汉大学的 Tom Foxon 教授和 Richard Campion 博士;西门子的 Brian Fernley 先生;Essex 大学的 Rodney London 教授;新南威尔士大学(悉尼)的 Professor Martin Green 教授。我还要感谢在瑞德希尔的穆拉德(后来的飞利浦)研究实验室与我一起工作多年的同事们,以及在埃因霍温的飞利浦研究实验室的对应部门中的诸多同事。需要单独提到的人太多了,我非常感谢他们无数次给予的激励作用,使得我对半导体物理学的认识逐渐由很差劲变得不那么糟糕。我真心实意地将此书献给他们——没有他们的帮助,我几乎不可能考虑写这本书。虽然他们的贡献使得此书成为可能,但是这本书肯定还会有错误和晦涩之处,其责任完全在我自己。

作　者

2003 年 12 月于诺丁汉

目　次

第 1 章
概　　述

1.1 "信息时代"

　　我坐在电脑前冥思苦想,为了写好本书的开头而寻找灵感,我的心绪漫游在各种技术创新里,这些技术创新出现在我开始从事类似行业之后。20 世纪 80 年代,我和彼得·布拉德合写了一本书,(对我们来说)一本非常厚的书,总结了半导体特性的实验测量技术。我记得,我们两个人用手写了两卷书(1 026 页),把数不清的长长的手稿交给备受煎熬的打字员,他们完成了几乎不可能完成的任务,让学术出版社的植字员搞清楚了这份手稿。时代变化太大了! 今天,我自己编辑一切。我在自己的字处理器上写作,用电子格式投递(任何错误现在都是我自己的了!),整理与核对海量信息的主要问题或多或少都自动处理了。只要注意用一组标记好的软盘来备份硬盘就可以了——使用单独一张光盘(CD)就更好了。

　　当然,彼得和我在 20 年前开始合作的时候,类似的事情也是可能的,但是,我们那时候选择了忽视它们,这件事强烈说明了过去 20 年里工作实践的变化。在过去几十年里,硅芯片无处不在地影响着我们的生活,这只是其中的一件事而已——记住,晶体管本身的发明也仅仅是在 1947 年,50 年前多一点,而且还是由锗制成的——那时候还没有听说过硅(!)(除了实验室和某些特殊的军事应用之外)。这算不上什么新想法,但是,时代变化的步伐确实令人吃惊,也许(对很多人来说)还令人害怕。

　　一旦启动了思绪,就不难用类似的方法从这个观察出发找到其他东西了。我有一台传真机,同时还可以打电话,计算机也可以帮助我用电子邮件联系全世界的朋友和同事。类似地,利用因特网这个现代世界的最新奇迹,我可以得到各种各样的技术信息(或者开往伦敦的列车时刻表)。在平淡的日常生活中,微处理器控制的中央加热系统正在帮我保持温暖、抵抗屋外严寒;在一枚经过适当工艺处理过的类似硅芯片的监督下,隔壁屋子里的家用洗衣机正做着大量的清洗工作。虽然我们夫妻俩决不自称是电子革命的先锋队,但我们经常使用两个音响系统,它们基于光电子学的奇迹,更不要说电视了,它和录像机一起安详地待在客厅的角落里,当然是可以遥控的。我们平时不用怎么考虑就使用 90 年代的真空吸尘器,它有个电子控制的电机,厨房里帮了我们大忙的食物混合器也有个电机,更不要说工作间里那些因为我正忙于写作而没有用到的动力工具了。我还有个手机,只是放在小汽车里以防万一。我们的小汽车是个大路货,与绝大多数竞争者一样,拥有引擎监视系统和电子点火装置,刹车灯带有红蓝发光二极管(现在每个人都称之为发光二极管,这是它们的基本性质!),仪表盘也主要基于发光二极管,利用安置在车钥匙里的红外器件,我们可以控制中控锁。这些东西当然没有什么让人特别吃惊的。我最喜欢的户外消遣是登山,女儿们最近给我买了个特别棒的卫星导航系统,任何时刻都可以精确地告诉我:我在哪里;为了到达下一个目标,我应该往哪里走。它真是让人吃惊,但是,当本书出版的时候,每个人肯定都会有一个,它会被看作是文明社会的又一个现代化的小帮手——我们总是认为这是理所当然的。

　　我可以继续延伸自己的思路,但是可能已经说得太多了——我们都知道信息技术革命——媒体上充满了各种最新的可能性,如在家上班、网络上的生活、在家电子购物等等。我们正在迅速地习惯于智能电话和智能卡的好处(?),它们现在不需要人的干涉就可以做绝大多数事情。然而,绝大多数人并不怎么了解他们新学到的信息技术的起源,这些事情怎样才变得可能了呢?为了生产必需的硬件和软件,需要利用多么高深的技术和专业知识?进一步发展的限制是什么?等等。我们相对无知的一个原因是,这个主题非常宏大,它的技术十分复杂,许多科学家在为非专业人士写作时遇到的困难也没有让这个问题变得更容易。因此,下面就将描述这个激动人心的故事,以便人们欣赏无数科技工作者的努力,同时让专业人士和非专业人士都能够更好地理解。与早期技术革命的传奇相比,例如黄铜、青铜和铁(我们对它们的了解实际上少得多),这个故事同样精彩纷呈、引人入胜。

1.2　早期的材料技术

　　许多技术的硬件部分都建立在材料的基础上,也受到了材料的限制。这个真理太显而易见了,我们很容易忽视它。早期的人类利用石头,用了几千年,才发现了黄铜。仅仅用了 1 000 年,人类就能够使用青铜。又过了大约 1 000 年,铁就开始进入了进化的潮流。今天,事物变化的步伐快得多——半导体是信息时代的材料,起初,人们对这些性质神秘的材料理解得很不好,完全不能控制它,今天,在人类的所有成就中,它们是研究得最全面的,理解得也很好,而这仅仅用了 100 年。它是一个成功的故事,与印象主义、协和飞机、中世纪城堡、巴艮第葡萄酒、贝多芬交响乐和现代药物(这仅仅是欧洲的几个亮点而已)并驾齐驱,我们应当为之自豪。自 1901 年诺贝尔奖金颁发以来(伦琴关于 X 射线的发现被正式认可),已经有至少 14 位半导体科学家获得了诺贝尔委员会的褒奖。1909 年,布劳恩因为无线电报的发明而与马可尼一道获得了诺贝尔奖(布劳恩还发现了半导体整流效应)。然后过了很长时间,直到 1956 年,巴丁、布拉顿和肖克利因为发明晶体管而获奖,这个发明震动了整个世界。接下来就快多了,1973 年,江崎因为发现半导体中的隧穿效应而获奖;1977 年,莫特和安德森因为非晶半导体的发现而获奖;1985 年,克利钦因为在金属氧化物硅结构中发现了量子霍尔效应而获奖;1998 年,劳克林、斯托默和崔琦因为在砷化镓"低维结构"中分数量子霍尔效应的工作而获奖;最后,2000 年,阿尔费罗夫、克勒默和基尔比因为对电子学和光电子学方面的贡献而获奖。[①] 显然,我的这些赞美之词有着坚实的文献基础!

　　人类发现和驯服材料的历史非常久远,可以追溯到石器时代,公元前 5000 年左右。虽然这里无法详细地分析这些通常十分缓慢的进展(即使我能做,也没有地方),但是仍然有必要概述这个故事的一两个方面,它与半导体的近期发展有些相似性。在所有的材料发展过程中,可以看到一些共同的特征:首先是发现原始形式的材料,从合适的矿砂中分离出来,在"实际"问题中初步应用,遇到了限制,发现方法来改变原材料的性质,努力控制和完善每种材料。这样我们就非常粗略地看到,大约在公元前 4000 年,黄铜被首先用来制作小件的装饰品,可能是试图制作绿眼影的适当颜料时得到的副产品!(人类的虚荣心在很多方面发挥了作用。)在用作颜料的矿砂附近,很可能有少量的金属铜,人们后来又发现,可以把铜敲打成想要的形状。然而,铜容易变脆,这是个非常严重的问题,随着热的应用,我们的祖先才能够开始满意地控制材料。这也很可能是作为副产品出现的,早期(大约公元前3000 年),人们为了低端的珠宝交易而制备人造形式的天青石,这个过程涉及了装饰玻璃中的铜蓝色——它因为埃及彩陶而广为人知。这很可能是最早的基于热应用而发展的材料技术——玻璃的生成,它是特别重要的一步,可控地加热是随后大部分技术的必要特点,不只是用于半导体的发展。

---

　　① 2009 年,高锟因为光纤而获奖,博伊尔和史密斯因发明电荷耦合器件(CCD)图像传感器而获奖;2010 年,盖姆和诺沃肖洛夫因石墨烯而获奖;2014 年,赤崎勇、天野浩和中村修二因蓝光二极管而获奖。——译者注

下一个重要发展是,人们发现,当温度升得足够高的时候,铜矿也在坩埚中熔化(纯铜的熔点是1083℃,这意味着使用了某种形式的受迫气流,很可能是用了扇子或者吹管)。这样就可以使用模子来制作更为复杂的形状,包括工具和武器(可能并不奇怪!)。武器上的技术优势非常重要,人们在高技术时代以前很久就认识到了,即使在公元前3000年,它们的政治影响也毋庸讳言,随着人口的增长和迁移的增多,它变得更有价值了。虽然这很重要,但是仍然难以得到足够多的熔化了的铜以便精确地铸造,而且我们知道,铜很软,难以制作锋利的刀刃。这个困难最终解决了。大约公元前2000年,人们发现,往熔化了的铜里面加少量的锡,就会在三个方面有重要改善:第一,"合金"的熔化温度比较低,这样就更容易控制烧炼过程;第二,产生的熔液不那么黏稠,这样就可以更精确、更精致地铸造;第三,最终得到的材料更坚硬,而且不容易(不可控地)变脆。(在很大程度上,公元前1000年以前,亚述军队的胜利可以归因于这些特殊的性质。)这样就开始了青铜时代,在接下来的几百年里,人们认识到,通过可控地添加不同比例的锡(通常是5%~15%),可以调节这种超级合金的性质,按照特定的用途来优化它的性能。最后,大约在公元前1000年,人们发现铁可以服务于更高的要求,例如制造武器和产业工具等。这并不是因为铁更优越、更容易得到,而是因为它对熔炉温度的要求更高了(铁的熔点是1535℃),还使用了热成型技术,大约同时风箱的发明是一个必要条件。

在此后的许多个世纪里,人类逐渐掌握了越来越多的控制铁基材料的技术。我们跳过这段时期,只是简单地说,往熔化了的铁里面添加少量适当的"杂质"(青铜时代的阴影?),对于近期的钢铁发展非常重要。工具钢的生产只是一个例子,它证明了方法的重要性:首先获得高度纯化的基本材料,然后再用希望的方式(通过添加少量的铬、钒或镍)调节其性质,从而满足多种多样的需求。控制熔化物周围的气氛也非常重要——仅仅在空气中加热是不行的——通常必须仔细地控制氧化还原条件。在后面的章节里,我们将在半导体工艺中看到很多类似的例子。

1.3 什么是半导体?

半导体的形式多种多样,例如从单晶"晶锭"上切削下来的薄片、用多少有些复杂的化学或物理过程沉积在适当衬底上的单晶薄膜、玻璃似的元素、通常沉积在玻璃上的多晶或玻璃状薄膜。在大多数应用中,一个重要的工艺步骤是生长高质量的体材料单晶,直接用于功能器件,或者作为衬底用于生长外延薄膜(见专题1.1)。因此,通常需要在坩埚里从熔化的半导体中进行晶体生长,与炼钢的过程类似,这种技术也需要观察和注意环境气氛。然而,半导体制备对纯度的要求更加严格——钢材里的杂质密度通常要求控制在1%的水平(10^2里有1个),而典型的半导体会受到十亿分之一(10^9里有1个)的杂质水平的影响。另一个关键是晶体的完美性,它对晶体生长者的要求远远高于绝大多数冶金应用的想象。总的来说,虽然金属和半导体的材料技术在定性上是相似的(在许多情况下,这种相似性肯定有指导作用),但它们在定量上的差别是非常困难的问题。

专题1.1 外延

英文单词epitaxy(外延)由两个希腊词根构成,"epi"的意思是"在······的上面","taxis"的意思是"安放"。这个词的意思就是用便利的方法把适当的原子或分子放置在支撑表面或衬底上,制成具有预期性质的薄膜材料。然而,在晶体生长的术语中,它还意味着原子沉积物与衬底材料契合得很好。最直接的情况是"同质外延",衬底和外延薄膜都是同一种材料,例如在单晶GaAs(砷化镓)衬底上生长的单晶GaAs薄膜。

这种方法广泛应用于半导体技术。在很多时候,虽然有单晶体材料,但是它们的电学性质达不到器件制备的要求。解决这个困难的一种常用方法就是,在精心准备的体材料片子上(仅仅起到机械支撑的作用),生长高质量的外延薄膜。这当然增加了整个工艺的复杂性(成本也高了),但是相比于直接生长质量足够高的体材料(这个任务几乎是不可能完成的),这个方法还是好多了。在很多情况下,这个概念被推广到"异质外延",生长的薄膜与衬底材料的化学组分不同,但是它们的晶体结构非常相似。在GaAs衬底上生长AlAs,就是很好的例子。这两种材料不仅具有相同的晶体结构,而且它们的晶格常数(即相邻原子之间的距离)也非常接近。进一步推广到晶格常数差别显著的两种材料上,在衬底上生长晶体结构不同的薄膜,通常会遭遇严重的困难,只有在完全没有其他合适衬底的时候,才可以考虑这种极端情况。有时候也取得了很大的成功,但它绝对是没有办法的办法,比如说,小组长命令材料工程师必须生长出化合物XYZ_3,因为这是项目负责人为了应对市场需求而制定的紧急方案,不可能生长XYZ_3体材料,除非在3 500 ℃高温下,而且氢气压高于20 kbar!

这些材料对我们的生活非常重要,介绍了这些情况以后,就可以谈谈它们的性质了。究竟什么是半导体?字典里的一般定义是,半导体是导电性质介于金属和绝缘体之间的材料(顾名思义,名副其实)。这当然是个方便的起点,但是,还有许多事情没有说,有必要先把上述定义定量化。大多数金属是良好的导电体,电阻率(参见专题1.2)的数量级是$10^{-7}\sim10^{-8}$ Ω·m;另一端则是绝缘材料,例如氧化物薄膜、云母、玻璃、塑料等等,它们的电阻率介于 10^{10} 和 10^{14} $\Omega \cdot m$ 之间。金属和绝缘体之间电阻率的巨大变化范围本身就很引人注目,但是,我们现在更感兴趣的是,典型的半导体位于什么范围。它们覆盖了很大一段范围,例如,硅的典型电阻率是 $10^{-6} \sim 10^2$ $\Omega \cdot m$,"半绝缘"砷化镓的电阻率接近于 10^7 $\Omega \cdot m$,把这个范围又提高了 5 个数量级。显然,适合于半导体的数值确实位于金属和绝缘体之间,但是最引人注目的观察结果是,半导体的电阻率本身变化的范围就很大(大约有 13 个数量级!),很难把它当作判定材料的适当参数。如果想知道这些数字的真实含义,就需要解释电阻率的起源,这样就必须利用固体的能带理论,它是从 20 世纪 20 年代晚期和 30 年代早期发展起来的,是我们理解半导体以及它和金属与绝缘体的关系的基础。

专题 1.2 电阻率

姑且假定(模仿莎士比亚的说法)一块性质均匀、形状规则的硅立方体的边长为 1 m,相对的两个表面有金属电极。("假定"这个词很合适,尽管块状晶体材料的生长已经非常让人吃惊,但是还没有人认真考虑过生长体积这么大的晶体材料。)如果让电流 I(单位为安[培],A)通过这块材料,测量样品两端电极上的电压差,那么,根据定义,得到的电阻 $R = V/I$(单位为欧[姆],Ω)就是硅材料的电阻率 ρ。它的单位是欧姆·米($\Omega \cdot m$)。注意,因为测量构型已经确定,ρ 是一个材料参数,它是硅材料本身的性质。它依赖于硅里面自由载流子的密度和迁移率(即自由载流子在晶体中运动的能力),而不依赖于任何外部特征。例如,如果我们把构型变成更一般化的长方体,边长为 L,截面积为 A,那么,电阻就是 $R = \rho L/A$。也就是说,电阻既依赖于材料,也依赖于构型。

原子结构的量子理论是近期发展起来的(非常激动人心),能带理论是它的重要应用。量子理论的第一个重大成果是,它揭示了原子光谱,特别是最简单的原子氢原子的光谱。量子力学引入了一个重要的概念:原子中的电子只能够占据某些定义得很好的态(在经典力学里,它可以具有任意的能量值),而且,在单个(即孤立的)原子中,这些能量态非常尖锐。由此产生的发光谱线对应于电子从一个"允许的"能量态跃迁到另一个(能量更低的)态,相应地表现出很窄的谱线。这个公式很简单,但是非常重要,它定义了发光过程:

$$h\nu = E_2 - E_1 \tag{1.1}$$

其中,ν 是发射光的频率,E_2 是高能量态的能量,E_1 是低能量态的能量,h 是著名的普朗克常数,现代物理学中最重要的基本常数之一。在半导体的著作里,通常使用的能量单位是"电子伏"(eV,一个电子通过 1 V 电压降获得的能量),所以我们可以用单位"电子伏/赫[兹]"(eV/Hz)定义普朗克常数,它的数值是 4.136 × 10^{-15} eV·s,即数值 $\Delta E = E_2 - E_1 = 1$ eV 对应于频率 2.418×10^{14} Hz,位于光谱的近红外区域。这样就得到另一个非常有用的关系——发射光波长 λ 与能量差的关系:

$$\lambda = 1.240/\Delta E \qquad (1.2)$$

其中,波长的单位是微米(1 μm $= 10^{-6}$ m),能量差的单位是电子伏。本书经常使用这些公式以及相应的物理概念,因此,这里详细地讨论了它们。

在晶体中,铜、铝、硅、锗、镓和砷等原子不能被当作是孤立的。实际上,它们彼此靠近,最近的原子通过化学键彼此联系起来。这意味着一个原子上的电子"看到了"其他原子上的电子所产生的电场,化学键的性质意味着近邻原子上的电子能够彼此互换。这样就有了两个重要的结果:尖锐的原子能量态展宽为固体中的"能带",这些能带与整个晶体而不是单个原子联系在一起。换句话说,电子能够以相等的概率出现在晶体中任意位置的原子上,这些带负电荷的电子能够在晶格中到处移动。这样就有了电传导(它就是电子电荷的流动)的可能性,至少原则上如此。

图 1.1 给出了半导体晶体的能带示意图。任何半导体的一个必要性质是,一个"能隙"分开了两个能带,也就是说,在一定能量范围里,不可能有电子,这个能隙也称为"基本能隙"、"带隙"、"能隙"或者"禁隙"。不管用哪个名字,它都是任何半导体材料最重要的性质。在完美的、纯净的、处于热力学零度的半导体里面,较低的能带(称为"价带")完全充满了电子,也就是说,每个可能的态都被占据了,而较高的能带(称为"导带")是完全空的。乍一看,完全填充的价带似乎意味着该材料可能是个导电体,但是更深刻的认识支持了完全相反的结论。为了能有净电荷流

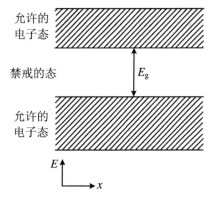

允许的
电子态

禁戒的态

E_g

允许的
电子态

E

x

图 1.1　半导体里导带和价带的示意图

垂直轴表示能量,水平轴表示空间坐标。半导体的特性是具有禁戒的能隙,它把两个允许的能带分开,能隙的典型宽度为 0.3~2.0 eV。纯净半导体的能隙里没有电子态

动,必须有空态让电子进入,在完全填充的能带里,情况却不是这样——交换任何一对态里面的电子,当然不会改变电子的总体分布,所以,这样的过程虽然是可能的,却不会导致电荷的流动。不用说,空的导带具有相同的效果,只是原因更加明显了。因此,在这种非常特殊的情况下,我们的"半导体"表现得就像一个完美的绝

缘体！只有放松了对温度的限制，真正的半导体性质才变得明显。

当温度高于热力学零度的时候，晶体里到处都有热能量，它们表现为"晶格振动"，也就是说，晶体里的原子在平均晶格位置附近振动，振动的幅度随着温度的升高而增大，其中一些能量可以传递给价带电子，把很少一部分电子"激发"到空的导带里。显然，这些"自由"电子（它们从价带的束缚中解放出来了）可以表现为电荷载流子——如果在样品上施加电压（在两端的电极间放上电池），这些导带电子就能够在晶体中移动——导带中有很多空态可供利用。太棒了！有电流了。我们称之为"电子流"，因为它是自由电子的流动。不那么显然的是，价带中产生的空穴也可以运送电流——它们使得价带里也可以产生电荷的净流动。在实践中，半导体科学工作者把这种电流称为"空穴流"——但是我们必须明白，价带中真正流动的是电子，净效果可以用运动方向与电子流相反的"正电荷空穴"的流动来表示。因为这些空穴的数量精确地等于导带中自由电子的数量，把空穴视为电荷载流子是非常方便的。图 1.2 说明了这一点，虽然空穴和电子的流动方向相反，但净电荷流具有相同的方向——这两个电流是相加的。负电荷电子从右向左流动，表示正电荷流从左向右流动；正电荷空穴从左向右流动，形成同样方向的正电荷流。

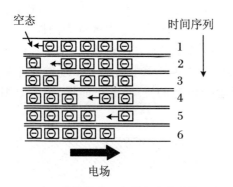

图 1.2 半导体价带里正电荷空穴流动的示意图
电子在外加场的作用下进入到价带的空态里，在原来的位置上留下一个新的空态。当负电荷电子从右向左运动的时候，相应的空穴从左向右运动。正电荷流的方向是空穴流动的方向

利用这个小花招，可以理解在不同半导体中观察到的范围很大的电阻率。原因如下：不同半导体的特性由能隙确定，例如，砷化铟的能隙是 0.354 eV，锗的是 0.664 eV，硅的是 1.12 eV，砷化镓的是 1.43 eV，（立方）硒化锌的是 2.70 eV，氮化镓的是 3.43 eV，金刚石的是 5.5 eV。此外，在导带和价带里面，由热激发产生的自由载流子的数目与能隙是指数式的依赖关系：

$$n = p = \sqrt{N_C N_v} \exp[-E_g/(2kT)] \tag{1.3}$$

在这个重要公式里，n 和 p 是自由电子（n 表示负电荷）和空穴（p 表示正电荷）的密度，E_g 是能隙，k 是玻尔兹曼常数，T 是半导体样品的热力学温度。（熟悉气体运动学理论的读者会记得 kT 在气体分子运动能关系中的重要作用——因为固体中原子之间强烈的相互作用，这里与这个能量有关系的不是单个原子，而是原子的集体运动。）N_C 和 N_v 是参数，分别是导带和价带的"有效态密度"。在室温下，因子

$\sqrt{N_C N_V}$ 的典型值大约是 10^{25} m^{-3}。在室温下,"热能量" $kT = 0.026$ eV,因此,公式(1.3)可以写为

$$n = p = 10^{25} \exp[-E_g(\text{eV})/0.052] \tag{1.4}$$

很容易得到室温下 n 和 p 的近似数值:

锗(Ge):2.85×10^{19} m^{-3};　　　　硅(Si):4.43×10^{15} m^{-3};

砷化镓(GaAs):1.14×10^{13} m^{-3};　　硒化锌(ZnSe):2.82×10^2 m^{-3}。

自由载流子密度的数值范围显然很大,只要记住电阻率 ρ 反比于 n(或 p),就可以理解不同半导体的 ρ 值的巨大变化了。简单地说,这些自由载流子对应的电阻率的数值(非常粗略地)在 1 Ω·m(锗)和 10^{17} Ω·m(硒化锌)之间变化。换句话说,纯净的硒化锌确实像很好的绝缘体!(比较一下前文引述的电阻率的典型测量值。)我们很快就会看到,这种说法忽视了半导体的另一个重要性质,所以,不要把刚刚得到的这些数值当作绝对真理,但是它们确实表明,我们对半导体行为的理解前进了一大步。现在当然知道,宽带隙材料表现得像绝缘体——真正的半导体是那些能隙在 0.3~2.0 eV 的材料——这个定义仍然很不精确,但是比电阻率更容易操作——电阻率的变化范围有 13 个数量级!

在离开公式(1.3)以前,最好指出另外一个重要性质:载流子密度的温度依赖关系。直觉上看,温度越高,可以用的热能量显然越多,激发的自由载流子的密度也就越大。这确实符合公式(1.3)(参见专题1.3)。它还意味着,半导体的电阻率随着温度的上升而下降,即电阻率的温度系数是负数,这个性质可以用来区分半导体和金属,后者具有正的电阻率温度系数,通常是半导体的1/10。(金属的导带总是没有填满,因此,自由载流子的密度在温度升高时保持不变——电阻率增大的原因是,金属原子的热运动增强了,电子在晶格中的运动变得更加困难——半导体也是如此,但是,相比于自由载流子密度变化的影响,这个效应的影响小得多。)

专题 1.3　电阻率的温度系数

金属或半导体电阻率的温度系数 α 的定义是

$$\rho(T) = \rho_0[1 + \alpha(T - T_0)] \tag{B.1.1}$$

其中,$\rho(T)$ 是温度为 T 时的电阻率,ρ_0 是参考温度为 T_0 时(比如说室温)的电阻率。这里假定电阻率随温度的变化是线性的,通常只有在非常有限的一段温度范围内才成立。把公式(B.1.1)对温度求导,可以得到

$$\alpha = (1/\rho_0)\mathrm{d}\rho/\mathrm{d}T \tag{B.1.2}$$

参考公式(1.3),再利用 $\rho \propto 1/n$,可以得到

$$\rho = C \exp[E_g/(2kT)] \tag{B.1.3}$$

其中,C 是一个常数。对公式(B.1.3)求微分,

$$\mathrm{d}\rho/\mathrm{d}T = -\left[CE_g/(2kT)\right](1/T)\exp[E_g/(2kT)]$$

再用上 $\rho_0 = C\exp[E_g/(2kT)]$，可以得到

$$\alpha = -\left[E_g/(2kT)\right](1/T) \tag{B.1.4}$$

此式表明，α 是负数，而且随着温度的升高而减小。电阻率和温度之间不是线性关系，因此，我们预期 α 依赖于 T，确实如此。对于能隙为 1 eV 的半导体，计算得到 $\alpha = -(1/0.052)(1/300) = -6.4 \times 10^{-2} \ \mathrm{K}^{-1}$。与金属的典型值 $+4 \times 10^{-3} \ \mathrm{K}^{-1}$ 相比，这是个绝对值很大的负系数。

1.4　半导体掺杂

现在我们可以(也有责任)解释半导体最让人迷惑也最重要的性质，通过引入少量的杂质原子(称为"掺杂原子")，可以影响和(更重要的是)控制它们的电导率。正是这个特性赋予半导体以力量，让固态电子学成为可能。p-n 结之所以能够在这么多的半导体器件里起着重要的作用，主宰了固态电子学领域，就是因为"掺杂"这种现象。它也很方便而又完整地回答了讨论开始时提出的问题：究竟什么是半导体？

为了理解掺杂，首先必须更加仔细地考察晶体中半导体原子的结合方式，这就要求我们对原子的电子结构有些了解(见表 1.1 中的元素周期表)。因为硅的情况最简单，我们就以它为基础进行讨论，把其他材料和复杂性留给后面的章节。捏住鼻子，来个"冰棍式"跳水。硅处于周期表中Ⅳ族元素的第二行，它的电子构型是 $1s^2\ 2s^2\ 2p^6\ 3s^2\ 3p^2$。就像量子化学家在激动人心的 20 世纪 20 年代发现的那样，$1s^2\ 2s^2\ 2p^6$ 是电子的"闭壳层"，没有化学活性——参与化学成键的是"外部"电子 $3s^2\ 3p^2$。硅的化学键是纯粹的"共价键"，电子被相邻原子分享，为每个原子提供了一个完整的壳层 $3s^2\ 3p^6$(这是下一个闭壳层)。晶体中的每个硅原子都和其他四个原子键合，每个原子都为中心原子提供了一个共享的外围电子，从而让这个特定原子产生有利的(即能量低的)构型，而中心原子把它的四个外围电子与周围四个原子共享，每个原子分一个(更巧妙的花招!)。图 1.3 说明了这一点，但是在一个重要方面有些误导——它是个二维模型，而真实情况是三维的，具有四面体构型的对称性，每个硅原子处在(与其键合的)相邻原子构成的正四面体的中心，如图 1.4 所示。这种构型的美妙之处在于，晶体中每个硅原子周围的环境都完全相同(除了表面上的原子，但是以后再谈吧)——晶体是由原子的规则性阵列构成的。正是这个结构使得系统的总能量变得最小，这就是硅结晶成这种特定形状的原因。

表 1.1　元素周期表

¹H																	²He
³Li	⁴Be											⁵B	⁶C	⁷N	⁸O	⁹F	¹⁰Ne
¹¹Na	¹²Mg											¹³Al	¹⁴Si	¹⁵P	¹⁶S	¹⁷Cl	¹⁸Ar
¹⁹K	²⁰Ca	[²¹Sc	²²Ti	²³V	²⁴Cr	²⁵Mn	²⁶Fe	²⁷Co	²⁸Ni	²⁹Cu	³⁰Zn]	³¹Ga	³²Ge	³³As	³⁴Se	³⁵Br	³⁶Kr
³⁷Rb	³⁸Sr	[³⁹Y	⁴⁰Zr	⁴¹Nb	⁴²Mo	⁴³Tc	⁴⁴Ru	⁴⁵Rh	⁴⁶Pd	⁴⁷Ag	⁴⁸Cd]	⁴⁹In	⁵⁰Sn	⁵¹Sb	⁵²Te	⁵³I	⁵⁴Xe
⁵⁵Cs	⁵⁶Ba	[⁵⁷La	⁷²Hf	⁷³Ta	⁷⁴W	⁷⁵Re	⁷⁶Os	⁷⁷Ir	⁷⁸Pt	⁷⁹Au	⁸⁰Hg]	⁸¹Tl	⁸²Pb	⁸³Bi	⁸⁴Po	⁸⁵At	⁸⁶Rn

$\{$⁵⁸Ce　⁵⁹Pr　⁶⁰Nd　⁶¹Pm　⁶²Sm　⁶³Eu　⁶⁴Gd　⁶⁵Td　⁶⁶Dy　⁶⁷Ho　⁶⁸Er　⁶⁹Tm　⁷⁰Yb　⁷¹Lu$\}$

⁸⁷Fr　⁸⁸Ra　[⁸⁹Ac

$\{$⁹⁰Th　⁹¹Pa　⁹²U　⁹³Np　⁹⁴Pu　⁹⁵Am　⁹⁶Cm　⁹⁷Bk　⁹⁸Cf　⁹⁹Es　¹⁰⁰Fm　¹⁰¹Md　¹⁰³Lr$\}$

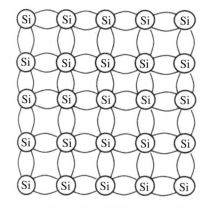

图 1.3　单晶硅里的硅原子形成共价键示意图

每个硅原子的四个外围(成键的)电子与每个相邻原子(共四个)共享。
每个相邻原子提供一个电子与"中央"原子共享。采用这种方式,每个
硅原子得到了 8 个电子的闭壳层($3s^2\,3p^6$),这是系统的最低能量构型

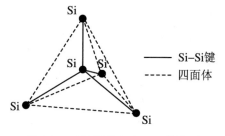

图 1.4　硅原子的立方四面体构型

这表示了硅晶体的实际三维结构。每个硅原子和四个
最近邻原子键合,后者位于正四面体的顶点上,而硅原
子位于中心

一旦理解了这种晶体结构和成键模式,掺杂就容易了! 假定晶格中的一个硅原子被磷原子替代了。磷在周期表中位于硅的下一位,是 V 族元素,它比硅原子多一个外围(3p)电子,这就是它成了掺杂原子的关键。P 原子(P 表示磷,不要和空穴密度 p 搞混了!)的五个外围电子中有四个会被周围的四个 Si 原子用来成键,但是还剩下一个电子没用上,这个电子很容易脱离它的宿主原子(P),在整个晶体中自由地游荡,在外加电场的作用下,可以参与导电。这个 P 原子给晶体"施舍"了一个自由电子,因此,P 原子称为"施主"。为了释放这个电子,需要少量的热能量(大约 50 meV,参见专题 1.4),但是,这个能量远小于把电子激发穿过禁戒能隙所需要的 1.12 eV。当然,一个 P 原子施舍了一个自由电子,这并不能在晶体里产生非常显著的(可以测量的)影响,但是,如果每立方米里面有 10^{20} 个 Si 原子被替换了(大约是每 10^9 个里面有 1 个),自由电子密度就是 $n = 10^{20}$ m^{-3},已经远远大于前面计算过的纯硅中热激发的载流子密度。换句话说,这种(从化学角度看)非常低的掺杂浓度完全主导了硅晶体的电导率,而且,在晶体生长过程中简单地(?)控制磷的添加量,就可以让电导率在 7 个数量级的范围内变化。相比之下,金属电导率不可能调制得这么大。

还要强调一个事实:P 掺杂产生的只是自由电子——这个过程不产生空穴,为了强调这一点,电导称为"n 型"(即电子型)。人们相应地说,硅被掺杂为 n 型。那么,空穴怎么样了? 也能够产生"p 型"导电吗? 答案当然是可以,只需要改变掺杂的化学性质。如果替代 Si 的不是 P 原子,而是元素周期表中的 III 族元素 B 或 Al(它们只有三个外围电子),显然就会让晶体结构缺少化学键,换句话说,在价带里产生了空穴。Al 或 B 原子称为"受主"原子,因为它们乐于接受一个自由电子以便形成闭壳层的化学键构型。所以,不仅可以任意地改变硅的电导率,而且还有两种截然不同的方式:n 型和 p 型,分别利用了电子和空穴。这就使得半导体显著不同于其他导电材料,可以让我们判断究竟什么是半导体。然而,这太重要了,我要把它放到单独的一个段落里!

我们已经知道,半导体材料具有禁戒能隙,它把价带和导带分开,我们可以进行 n 型或 p 型掺杂,得到范围很大的可控的电导率。我们还知道了如何区分"本征"电导和"非本征"电导,前者是由载流子热激发穿过禁戒能隙所引起的,后者是利用适当的施主和受主原子掺杂半导体而得到的。这些事实包括了半导体的必要性质,可以用来合理地定义半导体。

专题 1.4　浅施主杂质态的氢原子模型

　　用磷（P）这样的杂质原子在硅材料中进行 n 型掺杂，这种概念依赖于如下事实：这些施主原子的外层电子的数目比硅原子在四面体晶格中的化学键的数目多。多出来的电子很容易离开施主原子，从而成为自由电子并参与导电。利用简单的类比，可以估计释放这个电子所需的能量（电离能）。这个电子被库仑势松散地束缚在 P 原子上，就像氢原子中的电子被束缚在质子上面一样。这个 P 原子本身是电中性的，但是，如果移走一个电子，它就带正电了。在束缚电子方面，这个带正电的原子实就是个"等效的质子"。电离能（或者束缚能）的量子力学计算与氢原子的情况类似，只是需要做两点修改：首先，电子在半导体中运动的时候，它的质量与自由电子（真空中的电子）不一样（见 3.3 节）；其次，这个类氢原子所处的介质（具有介电常数）减弱了两个粒子之间的库仑力。真实氢原子的电子束缚能的表达式为

$$E_H = me^2/(8\varepsilon_0^2 h^2) \tag{B.1.5}$$

其中，m 是自由电子的质量，ε_0 是真空介电常数，h 是普朗克常数。把这些参数的数值代入式（B.1.5），得到 $E_H = 13.6\,eV$，用电子的有效质量 m_e 代替 m，再乘以硅的相对介电常数 ε，就可以得到类氢原子的相应表达式。最后结果是

$$E_D^H = [(m_e/m)/\varepsilon^2]E_H \tag{B.1.6}$$

取电子的有效质量为 $m_e = 0.3m$，硅的相对介电常数为 $\varepsilon = 11.7$，我们得到 $E_D^H = 30\,meV$。E_D 称为"施主束缚能"，它表示从施主原子上移走一个电子、把它放到导带上所需要的能量。注意，由于这个计算的特性，E_D^H 对于所有的施主原子都一样，我们没有考虑不同施主原子的电子结构的差别，而是简单地用一个带正电的点电荷 $q = (+)e$ 表示原子实。这是个很好的一阶近似，因为电子轨道（"玻尔轨道"）比较大（半径 $a^H = 2.1\,nm$，大约是 Si—Si 键长度的 8 倍）。遗憾的是，因为硅的导带结构很复杂，这个简单模型并不是很合适，实验结果与上面得到的 E_D^H 数值差别比较大：P 原子是 45 meV，As 原子是 54 meV，Sb 原子是 43 meV。后面将会看到，在其他材料中（比如 GaAs 和 GaN），氢原子模型的结果要好得多。

　　显然，半导体能够被掺杂这件事使得它比金属（举个例子）更灵活，但更重要的是，它开辟了其他领域，在同一个结构中把 n 型掺杂和 p 型掺杂组合起来。整流器、无线电探测器、晶体管、晶闸管、发光二极管、激光二极管、光电探测器都依赖于前面提到过的 p-n 结的性质——在单个半导体样品中引入相邻的 p 区和 n 区。虽

然这并不是半导体的全部魔力(我们将会看到这一点),它显然为材料在电子学领域中的应用提供了全新的维度。后面的章节将清楚地说明这一点,但是我们暂时不讲细节,以便考察元素周期表(表 1.1)里面半导体的情况。

1.5　有多少种半导体?

在讨论半导体掺杂的时候,我们已经用到了元素周期表,但是,看看材料在周期表中的分布仍然很有指导性——看看有多少材料表现出半导体性质。

关于掺杂的讨论解释了我们为什么把 ZnSe 看作是半导体,虽然它的纯净形式表现得很像绝缘体。从施主原子里去掉一个自由电子所用到的热能量只是把电子从价带激发到导带所需要能量的很小一部分。类似地,它解释了为什么许多其他可能的绝缘体材料表现得像半导体——即使是带隙为 5.5 eV 的金刚石也可以列入名单,因为有可能成功地掺杂它——这样就显著地扩充了相关材料的范围,远远超出了绝大多数人的期望。然而,我们应该强调限制条件——通常的趋势是,施主的能量随着带隙的增大而增大,对于许多宽带隙材料来说,即使掺杂了,它们在室温下也是绝缘的。如果不是这样,就很难解释好绝缘体的出现——每种非金属都会表现得像半导体,但情况显然不是这样。

硅片被提到的次数很可能与土豆片一样频繁(虽然认出它的人可能少得多),但是,没有几个人能够说出其他一两种半导体——锗,也许吧;GaAs,非常少。因此,人们可能会吃惊地认识到,已知存在的半导体材料有 600 多种,从 Ⅳ 族的锗和硅,到碲锡铅(PbSnTe)这样的奇特化合物——它是窄带隙材料,用于红外探测器和光源。作为参考,表 1.2 给出了许多常见半导体的能隙。不需要详细的解释,显然可以看到,在 Ⅳ 族里,金刚石(四面体构型的碳,与硅的结构相同)是宽带隙半导体,同一列下方的 Si 和 Ge 的带隙逐渐减小,而 Sn 和 Pb 都是金属(粗略地说,能隙为零)。有趣的是,虽然 Si 和 Ge 可以形成合金,它的能隙介于两种元素半导体之间,Si 和 C 形成了化合物 SiC,它的能隙大约是 2.86 eV,大致介于 Si 和金刚石之间(SiC 实际上有许多不同的晶体形式——2.86 eV 是形式上最常见的 SiC 晶体的带隙,具有"6H 结构")。

表 1.2　一些常见半导体的能隙(单位为 eV)

C	SiC	Si	Ge
5.5	2.86(6H)	1.12	0.664
AlN	GaN	InN	
6.2(WZ)	3.43(WZ)	1.95(WZ)	
AlP	GaP	InP	
2.51	2.27	1.34	
AlAs	GaAs	InAs	
2.15	1.43	0.354	
AlSb	GaSb	InSb	
1.62	0.75	0.17	
ZnO	CdO		
3.40	0.55(NaCl)		
ZnS	CdS		
3.78(3.68 ZB)	2.49		
ZnSe	CdSe		
2.83(2.70 ZB)	1.75		
ZnTe	CdTe		
2.28(ZB)	1.49(ZB)		

接下来的一类有趣的材料是Ⅲ-Ⅴ族二元化合物,由Ⅲ族的金属原子和Ⅴ族的非金属原子构成。最著名的例子无疑是砷化镓,Ga 和 As 都位于元素周期表里锗的同一行。接下来,在第一行(包含 C)我们发现了 BN,它是宽带隙化合物,在第二行(Si)是 AlP,在第四行(Sn)是 InSb。带隙的变化趋势仍然很清楚:元素在周期表上的位置越靠后,化合物的带隙就越小。然而,还有很多其他的Ⅲ-Ⅴ族化合物,每个Ⅴ族的原子都可以和Ⅲ族的任何原子结合。在 GaN,GaP,GaAs 和 GaSb 这个系列里,阴离子在周期表上的位置越靠后,带隙就越小。Al 和 In 的化合物也有类似的趋势。保持阴离子不变而改变阳离子时,有类似的效应。再往外走是Ⅱ-Ⅵ族化合物,Zn,Cd,Hg 与 O,S,Se,Te 结合,但是,这里的情况有些复杂。由于存在3d 过渡族元素,结果有两列二价金属。Be,Mg,Ca,Sr 和 Ba 是真正的Ⅱ族元素,它们的化合物有一些(例如 MgS,MgSe 和 CaS)确实有半导体性质,但是最有名的Ⅱ-Ⅵ族化合物包含的是 Zn,Cd 和（范围比较小的）Hg。Ⅰ-Ⅶ族化合物,例如

NaCl，具有很强的离子性，表现为电的绝缘体。这是极限情况——Ⅱ-Ⅵ化合物比Ⅲ-Ⅴ族材料的离子性更强，通常带隙也更大。类似地，Ⅲ-Ⅴ族材料比Ⅳ族材料的离子性更强，带隙更大。在第三行，Ge，GaAs 和 ZnSe 的带隙分别是 0.66 eV，1.43 eV 和 2.70 eV，表现出这种普遍的趋势。最后，注意另一个趋势：当材料从Ⅳ族变到Ⅰ-Ⅶ族化合物的时候，晶体结构也改变了。Ⅰ-Ⅶ族化合物通常结晶为八面立方体的形式，而不是 Si 和 Ge 的四面立方体结构——Ⅲ-Ⅴ族材料主要是四面体（这种结构称为闪锌矿结构），但是氮化物除外，它们结晶为变种的六方密堆结构，称为纤锌矿结构，而Ⅱ-Ⅵ族半导体在四面体结构和六方密堆结构之间变动，有些化合物具这两种变型。思考一下就会合理地预期，化学键的性质与晶体类型、相应的带隙有密切关系，所以，这些趋势并不是特别让人吃惊。然而，我们现在并不需要细致地理解它们。

　　这些是常见的，但是还有更多的半导体。特别是，在许多材料体系里，有可能连续地形成三元合金和四元合金，例如，在Ⅲ-Ⅴ族里有 InGaAs，InGaP，GaAsP，AlGaN，AlGaInN 和 InGaAsP 等，在Ⅱ-Ⅵ族里有 CdHgTe，MgZnSe，CdZnSe 和 MgZnSSe，这样就显著地增加了可能性。有趣的是，通过选择适当的合金，也可以得到想要的带隙——带隙通常在系统末端成员的数值之间连续变化。其他半导体由不那么明显的元素组合而成，例如 CuInSe，AgInS，PbSnSe，GaSe，但是我们不打算穷尽这个名单。为了说明具有半导体性质的材料覆盖的范围非常宽广，我们已经说了很多。后面的章节更加仔细地介绍了一些更为常见的材料——编辑一本描述全面的书显然对任何人都是大任务（读起来也没有多大乐趣！）。如果读者想要了解已知半导体的名单，可以参考马德隆教授编辑汇总的《半导体基本数据》（Madelung，1996）。

参考文献

Hodges H. 1971. Technology in the Ancient World[M]. Harmondsworth, Middlesex, UK: Penguin Books Ltd.

Levinshtein M, Rumyantsev S, Shur M. 1996; 1999. Handbook Series on Semiconductor Parameters: vol.1; vol.2[M]. Singapore: World Scientific Publishing Co.

Madelung O. 1996. Semiconductors: Basic Data[M]. Berlin: Springer.

Weber R L. 1980. Pioneers of Science[M]. Bristol: The Institute of Physics.

第 2 章
猫须探测器

2.1　早期情况

即使在半导体研究队伍里,很可能也没有很多人知道半导体研究早在 1833 年就开始了——法拉第发表了关于硫化银电导率的观察结果。实际上,他有一个重要发现,即第一次观察到了电阻率的负温度系数,在初次总结半导体性质的时候,我们已经看到了这个性质。人们很早就认识到,有些材料的电阻率在本质上不同于人们了解得更多的金属。当然,那时候不可能理解这个现象,必须要等待将近 100 年,直到固体的量子理论在 20 世纪 20 年代晚期和 30 年代早期建立和发展起来。当然也不应该认为这个基本的观察结果是没有争议的。那时候,法拉第感兴趣的是与固体到液体的物态变化相联系的电导率的变化,他测量的材料里有几种可能是离子导体(它们的电阻率也表现出负的温度系数)而不是电子导体。实际上,直到最初的实验之后 100 年,争议才终于消停了(Ag_2S 是电子型的半导体)——在没有建立好固体中电子导电的理论之前,为了理解复杂材料的行为,人们遇到了根本性的困难。同时,材料质量的不确定性也只能让人更加困惑。但是无论如何,法拉第的工作开始了实验数据的逐渐积累过程,后来它们所函盖的材料和现象的范围令人吃惊。

按照今天的标准,进展的速度非常缓慢,但是要记住,那时候既没有商业化的科学研究——我们现在认为它天生就是半导体发展的一部分,也没有多少有组织化的研究方式。许多发现是由自觉自愿的而且常常是自己投资的个人做出来的,他们乐于揭示大自然的奥秘,视之为智力上的满足——情况再也不是这样了。从 19 世纪到 20 世纪,情况发生了显著的变化——随着无线电的发展,把这些发现付诸应用的压力越来越大,20 世纪的电子工业正在开始发展。但是,这些事情还早着呢——1839 年,贝克勒尔报告了一个重要的发现:光照射到电解液电池的一个电极上的时候,产生了"光电压"。这很可能是光电子学的第一次胎动,但是,直到约 37 年以后,亚当斯和戴伊(1876)才报道了固体半导体中的效应,他们把光照射到硒(selenium)样品的电接触上,观测到了光电压。略早一些,报道了两个重要的发现。首先,在 1873 年,瓦伦·史密斯描述了用光照射硒的另一个效应,它的体材料电阻率减小了,这就是"光电导"效应;在 1874 年,卡尔·费迪南德·布劳恩报道了"整流效应"。布劳恩研究了一些自然出现的硫化物(例如硫化铅和硫化铁)晶体上不同金属接触的电学行为,发现它们的电流-电压特性明显是非线性的(显著不同于金属-金属接触的行为)。他还注意到,电路中沿着一个方向流动的电流显著大于电压相反时的电流。大约在同时,舒斯特报道了研究干净铜线和氧化铜线的接触时发现的类似结果——在这种情况下,氧化铜①是半导体。

因此,在 19 世纪结束之前很久,人们就已经确定了四个显著的效应作为半导体的特性:电阻率的负温度系数和光电导(都是体材料效应),光电压和整流效应(接触效应)。这些当然都是实验观测,而且它们的解释有很多争议。特别是整流效应的起源,人们争论了很长的时间——它是一种体材料效应,还是来自金属-半导体接触? 没有满意的理论可以提供指导,实验数据看起来相当零乱——实际上,并非所有的样品都表现出这种效应,不免让一些工作者心里产生疑问。

布劳恩相信自己的观察结果是一种接触性质。他用晶体做实验,在晶体的一侧接上了大面积的金属电极,把细金属丝压进样品的自由面里作为另一个电极,他相信正是在"点接触"发生了整流效应。这种结构后来成为著名的"猫须"无线电探测器的基础,在接收器设计的实践中引发了革命(无疑也帮助说服了诺贝尔奖评选委员会,他们把 1909 年的一半奖金给予布劳恩)。每个使用过猫须探测器的人都知道,这种器件有些让人气恼,因为其稳定性、一致性和重复性不那么好——经常需要试上几分钟才能够得到满意的具有整流性质的接触,即使普通的振动也可能毁掉想要的性能! 所以不奇怪,许多想重复布劳恩结果的尝试都充满了挫折。这个效应的解释也很有争议:它的起源是电子的(与特定材料的性质有关)还是热的(与电流流过点接触时产生的热有关)? 但是无论如何,这个效应无疑是真实的,吸引了其他人寻找别的更可靠的结构来进行他们的研究工作。实际工作的迫切需要也希望增大整流器的工作电流,这就需要更大面积的接触,因此,需要新的技术。

---

① 指的是氧化亚铜 Cu_2O。——译者注

2.2 第一个应用

上面的历史简述大致把我们带到了 19 世纪末期,主要是发现了半导体的许多性质,但是真正的理解非常少(作为事后诸葛亮,我们现在当然可以高瞻远瞩,但是,那时候的当事人可不这么看!)。在 20 世纪早期,许多努力更多地集中于应用这些新现象,了解它与同时期的其他发展特别是热电子阀(即真空管)的相互作用。两种情况下的驱动力都是赫兹在 1888 年的发现:电磁"无线电"波可以在空间中传播很远的距离,马可尼在 1901 年证明了它——从康沃传播到纽芬兰。为了把它们用于长距离通信,需要方便地产生和探测这些波,正是在这里,猫须探测器第一次(后来是真空管)起到了重要作用。在赫兹的原始工作里,他利用放电隙产生无线电波,频率范围很宽,不是想要的单一频率,不能够用可调谐接收器选择,探测器用的是"相干物",由填满了金属屑的玻璃管构成,这种方式既不有效也不可靠。

布劳恩为这个新技术作出了两个贡献——他开发了"调谐电路",由一个电容和一个电感构成,实现了波长选择的重要功能;而对于我们当前目的更为重要的是,在 1904 年,他把猫须探测器应用于探测问题。他试了很多晶体,包括 PbS,SiC,Te 和 Si,一般来说,PbS 给出的结果最好。改善的效果是极其显著的,无线电通信终于建立起来了。因此,我们应该暂时停一下,理解他使用的整流器件的基本原理。一根长天线接受无线电波,产生了很小的快速振荡的电压(通常在 $10^5 \sim 10^6$ Hz 的范围),并把它送入探测电路(图 2.1)。那时候,探测器不能直接探测高频信号,因此,点接触整流器的功能就是把高频交变电压转换为直流(DC)电流,后者可以用电阻两端的直流电压记录下来。这个效应的原理如图 2.2 所示。这里给出了理想的整流器的电流-电压特性,显然可以看出,外加电压的正半周在整流器电路中给出了电流脉冲,而负半周被

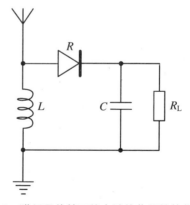

图 2.1 猫须晶体管无线电波接收器的简化电路
天线收集的无线电信号在电感 L 上产生一个射频(RF)电压。整流的(即单向的)电流流过负载电阻 R_L 和电容 C 的并联电路,C 有效地对高频信号分量进行短路,而音频信号出现在 R_L 两端

抑制了。因此,电路的平均输出电流就是正的,表示了想要的输出信号。如果没有整流器,平均电流就是零(正贡献和负贡献的绝对值相等,彼此抵消了)。注意,信号实际上是在一个直流水平上叠加了一个高频振荡,但是可以用并联的电容器(图 2.1 中的 C)分离出直流输出分量,而高频分量的阻抗很小,直流分量流过阻性负载 R_L,产生了想要的直流信号电压。这个过程称为直流信号的"光滑化"。在整流电源中,我们还会遇到它。

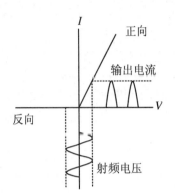

图 2.2 一个整流器的高度理想化的
电流-电压特性

这说明了外加的交变电压如何在外电路中产生单向电流。输出的是一串电流脉冲,其重复频率对应于外加射频电压的频率

在这些早期的无线电波实验中,有一个有趣的(而且重要的)微妙之处。放电隙产生的高频电波含有重复的能量脉冲,其重复频率位于音频范围,所以,晶体整流器的输出实际上不是连续的稳态的直流信号,而是"斩波"的直流信号,它等效于一个声音信号,可以用耳机听到。这样就可以使用莫尔斯码传递信息,敲键得到的点和划听起来是短的和长的"哗"声。电火花发射机产生了第一个音频调制的射频(RF)信号(不是故意的!),而人们现在熟悉的无线电传播把复杂声音信号(例如音乐)精细地调制在一个稳态的(也就是连续的)射频电波上。这就是技术发展的不可预测性!

晶体整流器使得商业化的无线电通信成为可能,虽然前面已经指出,人们希望得到一些方便而可靠的东西。因此,它很快就被替代了。热电子阀可以追溯到1883 年,托马斯·爱迪生申请了第一个真空管的专利,但是,直到 1904 年,弗莱明才开始用一个类似器件作为无线电探测器。优越的稳定性和可重复性使得它成为这种应用的首选,晶体整流管很快就淡出了画面,我们将会看到,在第二次世界大战早期,它作为雷达探测器又恢复了活力。紧跟着探测器二极管的就是三极真空管(1906 年,弗雷斯特发明了"audion"),因为能够放大电子信号,它革命性地改变了无线电技术。几年以后,在 1912 年,贝尔实验室采用了这个器件,第二年,贝尔公司在中继站中验证了它的应用,成为最早的长途电话业务的重要部分。在这个时候,半导体似乎是多余的,但是我们知道,这只是暂时的隐退。真空管技术赢了一场重要的战役,但是,随着 1947 年晶体管的发明,半导体无疑开始赢得战争。实际上,即使在这之前,半导体整流器仍然扮演了重要的角色,如下节所述。

2.3 商用的半导体整流器

  某些金属-半导体接触的整流能力(把交变电流转化为直流,交流-直流转换)在无线电新领域里一个非常不同的应用中有着重要意义。热电子阀需要在阳极上施加稳态的正电压,以便从阴极(具体形式为加热的细丝)吸取电流,因此需要$100\sim200$ V的直流电源。公共电源基于的是交流发电机(因为电力传输的有效性),因此就需要开发实际的整流器,可以做好了以后放在直流电源里,也可以用电池充电器(许多无线电设备用电池供电)。

  在这个"商业"要求的背景下,下面这个事实非常有趣:弗里茨早在1886年就演示了合适的大面积硒整流器,但是它一直默默无闻,直到20世纪20年代末期,用户的要求才刺激人们更加努力地开发实际的电流整流器。最早被认真考虑的是葛荣达和盖革在1927年演示的铜-氧化亚铜整流器,几年以后,硒整流器逐渐成为主要应用的标准设备。"商业牵引"的另一个重要结果是人们更加努力、更加深入地理解半导体的基本性质,如下一节中所述。这里我们看到了定向研究的开始,与纯粹的"自由"研究相反——如果对硒和铜的氧化物的基本性质的研究能够改善相应器件的性能或者降低制造成本,显然就应该去做它。引人注目的是,很多应用研究是在美国做的,那时候,美国实用主义而非理论性的文化可能强得多。如专题2.1所述,直到第二次世界大战开始,绝大多数"新物理"是在欧洲做的,而美国更多地致力于发展实业。然而,美国在战后对研究投入的巨大增长很可能纠正了早期的侧重。

  现在简单地考察两种竞争性的整流器件,对它们的结构和性能进行评价。铜氧化物整流器(图2.3)通常包括一个大约1 mm厚的铜盘,它的上表面被氧化,形成了Cu_2O薄膜,厚度约为1 000 μm,在氧化物表面的另一端压入一个金属电极(例如铅),也可以用溅射、蒸发或电镀的方法沉积一层金属薄膜作为电极。这种精确的形式主要是为了方便,关键的整流界面是铜及其氧化物的界面,但是另一面的电极也要优化,以便很好地附着,并

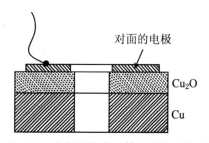

图 2.3 铜氧化物盘式整流器的典型结构

铜片被氧化,产生了一层 Cu_2O 薄膜,然后在氧化物的上表面制作另一个电极。起整流作用的部分位于铜和铜氧化物的界面处。利用盘子中心的孔,可以把几个整流器摞在绝缘柱子上

让串联电阻达到最小值。在1 000～1030 ℃的空气环境中加热铜,然后在500 ℃温度附近退火,从而实现铜的氧化。在安放另一个电极之前,必须进行适当的腐蚀处理,以便去除 Cu_2O 表面形成的氧化铜(它是绝缘体)。这些是热处理和化学处理的早期应用,仍然存在于今天的半导体工艺中。虽然细节肯定不一样,但有趣的是,产生半导体性质的 Cu_2O 的氧化过程类似于制造金属氧化物硅(MOS)晶体管中涉及的硅的氧化过程(但是,这里的氧化硅是作为绝缘体使用的)。在制造硅集成电路的时候,化学腐蚀也扮演了类似的重要角色。

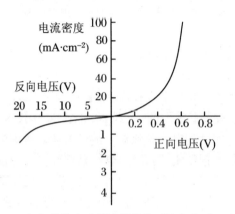

图2.4　铜氧化物盘式整流器的典型的电流-电压特性
(取自 Henisch(1937):113)

注意,正方向的电流和电压尺度显著不同于反方向。当外加电压超过大约 20 V 的时候,反向电流显著增加。牛津大学出版社惠允

铜氧化物整流器的典型的电流-电压特性曲线如图2.4所示。注意,"正"方向的电流快速增长,显著不同于相对平坦的"反向"特性——但是要注意,当反向电压超过大约 20 V 的时候,反向电流也开始显著增大。这一点很重要,为了对交流电力进行整流产生比如说 150 V 的直流电压的时候,整流器必须能够承受大约 250 V 的反向峰值电压而不产生显著的电流。只有把 12 个整流器摞在一起才行,因此,图2.3所示的结构里有个孔,用来把它们摞在绝缘柱子上。还应该知道,反向电流通常随着温度的升高而增大,因此,在设计特定应用的时候,必须考虑到这一点。然而,还有反向电流"蠕动"的问题,它以复杂的方式依赖于反向电压施加的时间以及反向电压去除后等待的时间。

在很多应用中,硒整流器替代了铜氧化物器件,它们在总体结构上非常类似,但是在制作上有重要的差别。实际上,制作硒整流器的方法经过了很多年的演化,有很多不同的变种。简单地说,把一层硒沉积在金属基片上,然后在硒的上表面沉积一个金属电极。硒和对面的金属电极之间的部分有整流作用,但是细节很复杂,难以理解。基片可以采用不锈钢盘的形式,清洁、打磨并镀上镍,也可以是铝。用粉末在压力下加热,形成均匀的硒薄膜,也可以在真空条件下喷涂或者热蒸发,然后再进行热处理。还需要不同的额外过程,例如,在铝上盖非常薄的一层铋(Bi),最后的整流性能依赖于一些参数,例如加热和冷却的速率、最高温度、加热时间等等。对面的电极通常用铅、锡、铋、钙(不同的比例)组成的低熔点合金,在二氧化碳

气氛中喷涂上去。加入其他痕量金属,有可能增强器件性能,但是细节很难理解,有时候在硒和对面电极之间加上很薄的绝缘层,以便改善反向大电压时的特性,通常需要加一个"培育"电压来增强(甚至是产生)整流行为,这些都说明了制作过程具有很高的实验性。最后的整流器特性与铜氧化物器件的差别很小,反向电流泄漏和蠕动也类似。这里可能不像后来的半导体发展那样充满了科学方法,但是可以注意到一个重要的特性——不是利用自然出现的晶体(例如,在猫须探测器中),而是试图为特定的应用而合成半导体材料——问题是材料制备的方法相对原始,表征技术还处于婴儿期。更重要的是,严重缺乏基本的理论。

专题 2.1 现代物理学——直到第二次世界大战

因为本章重点讨论历史,这里为读者提供了物理学发展的概貌,它们与正文中描述的事件发生在同一个时期。因为篇幅的限制,不可能详细地讨论每个主题,但是,表 B.2.1 可以让你更多地了解半导体研究的时代背景。

表 B.2.1

作 者	地点	主 题	年代
麦克斯韦	英国	电磁波理论	1864
赫兹	德国	发现光电效应	1887
伦琴	德国	发现 X 射线	1895
贝克勒尔和居里	法国	发现放射性	1896
汤姆孙	英国	发现电子	1897
勒纳德	德国	把光电效应和电子联系起来	1900
普朗克	德国	量子假设:黑体辐射	1901
爱因斯坦	德国	光电效应的量子理论	1905
爱因斯坦	德国	狭义相对论	1905
密立根	美国	测量电子电荷	1909
卢瑟福	英国	原子由原子核和电子构成	1911
海斯和考豪斯特	德国	发现宇宙射线	1913
玻尔	丹麦	原子的"旧"量子理论	1913
汤姆孙	英国	发现同位素	1913
爱因斯坦	德国	广义相对论	1916

续表

作　者	地点	主　题	年代
爱因斯坦	德国	辐射定律:原子的发光	1917
泡利	德国	不相容原理	1925
德布罗意	法国	物质的波动性:假设	1925
海森伯	德国	矩阵力学:量子力学	1925
薛定谔	德国	波动力学:另一种表示方法	1926
乌伦贝克和戈德施密特	德国	提出电子自旋	1926
戴维逊和革末	美国	发现电子衍射	1927
海森伯	德国	测不准原理	1927
狄拉克	英国	电子自旋的理论	1928
索末菲	德国	金属的量子理论	1928
威尔逊	英国	半导体的量子理论	1931
查德威克	英国	发现中子	1932
考克劳夫特和沃尔顿	英国	人工诱导核嬗变	1932
安德森	美国	发现正电子	1932
哈恩和斯特拉斯曼	德国	原子核裂变	1942
费米和斯齐拉德	美国	第一个原子反应堆	1942

　　在结束铜氧化物和硒这个主题之前,我们不应该忽视另外两个重要的应用。我们已经提到过光电导和光电压效应的观测——这两个效应都是在 19 世纪 70 年代发现的,在 1886 年,西门子做了个重要的观察,发现光伏效应直接把光能量转化为电能量。然而,直到 20 世纪 30 年代,它们才开始应用于实际问题——在葛荣达和盖革(1927 年)演示了大面积铜氧化物整流器之后。朗奇在 1931 年首先报道了大的光电流(毫安的量级),应用紧跟其后,但是对光伏效应的理解直到 1939 年才出现,莫特用势垒整流模型作出了解释。直到第二次世界大战,这些器件的主要应用是开发光电池,用来做照相胶片曝光的测量计,把影片胶卷上的声音条纹转化为电信号,然后再转化为声音。这两个器件都用作光探测器,也就是说,它们把光信号转化为电信号,然后再激发一个灵敏的电流计(第一个例子)或者一个扬声器(第二个例子)。特别是,光伏(或者光电压)效应与金属-半导体接触的非线性特性有关,而光电导效应是体材料效应,但是,我们到 2.4 节再讨论这些细节,它们与半导体性质的基本理论的发展有关。

虽然已经证明了铜氧化物和硒整流器有相当的实用性,但是,很多缺陷显然影响了它们,这些缺陷很可能来自半导体性质的不完美性,因为在制作过程中很难控制它们。我们将会看到,在晶体管的发展过程中,更有效地控制材料的制备变得非常重要。在锗材料和硅材料中,这些发展逐渐导致了硅的整流器,它的重复性和可靠性好得多,从而淘汰了更早的器件。以前采用的制作工艺很粗糙,绝对不可能在十亿分之一的水平上实现晶体的完美和纯化,如第 1 章所述,这对于控制良好的半导体器件工作是必不可少的。但是无论如何,人们严肃地尝试着理解这些早期材料(例如硒和氧化亚铜)的性质,我们现在考察这个更基本的半导体工作的性质,它的发展与上述许多实验器件是同时进行的。

2.4　早期的半导体物理学

半导体性质对于半导体工作的蓬勃发展非常重要,为了科学地理解半导体的性质,有两个重要的要求:建立和发展足够的测量或者"表征"技术,以及基础牢固的理论。理论不仅为实验数据提供了恰当的解释,更重要的是,它还为选择合适的测量提供了指导。我们将会在很多例子中看到,测量的选择决定于特定半导体器件的特性——只有理解了器件工作的基础,才能够作出明智的选择。如果器件的功能显著地依赖于自由电子的密度,那么主要目标就是测量它——如果空穴迁移率很重要,就要测量那个参数。早期工作面临的困难当然是根本就没有这种理论,进展当然受到了限制。只有到了 1931 年,随着固体量子理论的出现,人们才认识到,能隙决定了半导体的特性。到了 1939 年,势垒理论才解释了金属-半导体接触的性质。因此,实际发生的进展范围就更引人注目,在很大程度上,它依赖于"霍尔效应"的应用。

早在 1879 年,霍尔在金属中发现了后来以他的名字命名的效应,但是,直到 18 年以后,发现了电子之后,人们才深切地理解了这个效应的重要性。在 20 世纪上半叶,它广泛应用于各种材料,特别是在研究活动频繁的 1930~1933 年之间应用于半导体。霍尔效应的数学描述请参看专题 2.2,但是基本的测量很容易理解:材料样品的形状是长方条(图 2.5),每端都有电极,电流 I_x 流过样品,磁场 B_z 垂直于条形平面。这个磁场使得运动的电荷载流子偏转到长条的一侧,在长条中建立了横向电场("霍尔电场")。测量这个电场以及流过样品条的电流,可以确定材料中电荷载流子的符号,并得到它们的密度。用半导体的术语来说,这意味着我们可以区分空穴和电子,还能测量参数 n 或 p(见第 1 章 1.3 节)。此外,测量沿着样品条上的电压降,并把它和电流 I 进行比较,还可以得到材料的电阻率,从而得到自由载流子的迁移率。即使不知道能隙或者不理解半导体掺杂,这个信息对半导体物理学工作者也非常有价值,迅速地改善了很大范围里材料的分类工作。

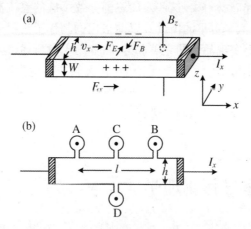

图 2.5　示意图:霍尔效应可以用来测量半导体的自由载流子的密度和迁移率
电流 I_x 流过条形样品,磁场 B_z 垂直于条形样品所在的平面。利用高阻电压表测量距离为 l 的两个侧面电极 A 和 B 之间的电压差。电极 C 和 D 用于测量霍尔电压,霍尔效应的起因是洛仑兹力使得载流子朝着 y 方向偏转。样品的厚度为 W,宽度为 h。(来源:Blood P, Orton J W. 1992. The Electrical Characterization of Semiconductors: Majority Carriers and Electron States[M]. London: Academic Press: 96)爱思唯尔公司惠允重印

在 1907~1920 年,柯尼斯伯格及其合作者首次把霍尔效应用于半导体。他们发现,自由载流子的密度通常远小于金属(数值大约是 10^{28} m^{-3},每个原子大约有一个电子),迁移率通常大得多。因为缺乏能带理论提供的理解,他们惊奇地发现,不仅有负的霍尔电场——电子导电的特征,而且在几种情况下还出现了正值。更加不和谐的是,在做变温测量的时候,他们观察到了符号的改变。但是无论如何,他们能够把很多材料归类为半导体,并对半导体的性质有了一些直观上的认识。贝德克(1912)关于 CuI 的工作很重要,他证明了,通过添加不同量的碘来控制化学配比,可以显著地影响载流子的密度。这说明材料被有效地掺杂了,后来,在其他类似的化合物例如 Cu_2O 和 ZnO 中,也观测到了这种现象。在氧化亚铜的情形下,霍尔效应是正号,因此,Cu_2O 是"缺失的"半导体(即缺少电子),空出来的金属位作为受主。与此相反,ZnO 表现出负的霍尔效应,它是"多余的"半导体,金属原子的密度略大于氧原子密度,多出来的金属原子成了施主。第 1 章关于掺杂的讨论表明,只需要稍微偏离化学配比,就可以显著地改变自由载流子的密度。

专题 2.2　半导体中的霍尔效应

在表征半导体样品性质的时候,霍尔效应是最有用也最常用的方法之一,值得稍微仔细地考察相应的理论。我们用图 2.5 所示的条形样品为例,假定整个条形材料是均匀一致的。为了方便起见,假定它是 p 型材料,载流子是带正电的空穴。选择坐标系,使得空穴电流密度 $J_x = pev_x$(其中 v_x 是空穴漂移速度)在电场 E_x 的作用下沿着 x 轴的正方向由左向右。沿着 z 轴正方向(垂直于条形样品平面)施加均匀磁场 B_z,由此产生的洛仑兹力 $F_B = -eB_z v_x$ 作用在空穴上,将它们推向 y 轴负方向(垂直于条形)。正电荷的偏移使得条形样品两端产生了电场 E_y,与洛仑兹力方向相反,当垂直方向的电流为零($J_y = 0$)的时候,达到稳态。在此条件下,电流 I_x 不受干扰,垂直方向的两个力达到平衡,可以写出

$$eB_z v_x = eE_y \tag{B.2.1}$$

位于条形样品两侧的一对电极(图 2.5(b)中的 C 和 D)之间的电压差就是霍尔电压 $V_H = E_y h$,可以用高阻电压表测量出来。

从公式(B.2.1)可以看出,霍尔电场 E_y 正比于 B_z 和 J_x,可以写为

$$E_y = R_H J_x B_z \tag{B.2.2}$$

其中,比例常数 R_H 称为"霍尔系数"。把公式(B.2.1)和公式(B.2.2)结合起来,再利用关系式 $J_x = epv_x$,可以得到

$$R_H = E_y/(B_z J_x) = v_x/J_x = 1/(ep) \tag{B.2.3}$$

这个重要的关系式表明,测量 R_H 就可以得到空穴密度 p。类似地,对于 n 型样品,用相同的论证可以得到

$$R_H = -1/(en) \tag{B.2.4}$$

因此,霍尔系数的符号表明了载流子是电子还是空穴,也就说明了样品的导电类型。霍尔效应的测量结果清楚了,只需要解释实际测量得到的霍尔系数就可以了。这涉及样品的厚度及电场参数,如下述推导过程所示:

$$R_H = -E_y/(B_z J_x) = (V_H/h)/[B_z I_x/(Wh)]$$
$$= V_H W/(B_z I_x) = (V_D - V_C)W/(B_z I_x) \tag{B.2.5}$$

最后说明一点,同时测量样品的电阻 ρ,就可以得到自由载流子的迁移率 μ。通常使用的是电导率 $\sigma = \rho^{-1}$,如下所示:

$$\sigma = J_x/E_x = [I_x/(Wh)]/[(V_A - V_B)/l]$$
$$= [I_x/(V_A - V_B)][l/(Wh)] \tag{B.2.6}$$

由此可知，σ 可以用电极 A 和 B 而不是 C 和 D 测量得到(注意,这个测量不需要磁场)。还需要得到迁移率 μ 的表达式,只要记得 p 型样品的电导率是 $\sigma_p = pe\mu_p$ 就可以了:

$$\mu_p = \sigma_p/(ep) = \sigma_p R_H \qquad (B.2.7)$$

因此,一旦确定了 R_H 和 σ,就可以知道 μ。电导率和霍尔系数的测量给出了关于半导体样品非本征输运性质的全部信息。

上述方法并不适合本征半导体,因为我们假定电流完全由一种载流子传输,而本征样品包含着相同密度的电子和空穴。

然而,稍微复杂一些的处理表明,当空穴和电子都存在的时候(这种情况称为"混合导电"),下述关系式成立:

$$R_H = (1/e)(p\mu_p^2 - n\mu_n^2)/(p\mu_p + n\mu_n)^2 \qquad (B.2.8)$$

$$\sigma = \sigma_n + \sigma_p = ne\mu_n + pe\mu_p \qquad (B.2.9)$$

其中,R_H 和 σ 这些参数的测量与公式(B.2.5)和公式(B.2.6)相同。在本征材料中,$n = p$,这些关系式简化为

$$R_H = [1/(en_i)][(\mu_p - \mu_n)/(\mu_p + \mu_n)] \qquad (B.2.10)$$

$$\sigma = en_i(\mu_n + \mu_p) \qquad (B.2.11)$$

其中,$n_i(= p_i)$ 是本征载流子的密度。注意:在这种情况下,不可能得到所有未知参数的数值,因为我们有三个未知数(在混合导电的情况下,有四个未知数),但是只有两个测量结果 R_H 和 σ。接下来最好是在一定温度范围内进行测量,然后根据不同项的相对权重的变化进行推测。

接下来的进展是:许多材料在不同的温度范围里表现出截然不同的行为(图 2.6)。特别是,在很多情况下观察到,在高温下,对于特定的某种材料来说,所有样品的载流子密度都强烈地依赖于温度,但是在低温下,这个变化不仅小得多,而且强烈地依赖于被测的具体样品。我们现在认识到,这两个区域对应于"本征的"和"非本征的"电导,高温区的强依赖关系来自越过带隙的热激发载流子,而低温行为(随机的也就是不可控的)由掺杂效应主导,它们的激发能小得多。高温区观察到的霍尔效应通常具有负号,但是后来才认识到,这说明了电子的迁移率通常大于空穴的迁移率。从公式(B.2.7)显然可以看出,当电子和空穴同时存在的时候,霍尔效应的符号依赖于 $p\mu_p^2 - n\mu_n^2$ 的符号,当 $n = p$ 时也是如此(在本征电导的情况下总是如此);因此,当 $\mu_n > \mu_p$ 的时候,符号是负的。符号的变化也可以解释——p 型半导体在高温下因为 $\mu_n > \mu_p$ 而表现出负的霍尔效应,但是在低温下因为 $p \gg n$ 而表现为正号,当 $p\mu_p^2 = n\mu_n^2$ 的时候,符号发生变化。

利用霍尔效应,可以实验确定自由载流子密度和自由载流子迁移率的行为。这个事实增进了人们对金属中电阻率的正温度系数的理解。金属中自由电子的数

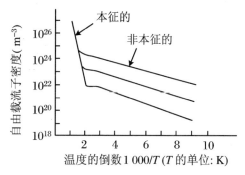

图 2.6 同一种半导体材料的多个样品的自由载流子的
密度随着温度倒数变化的测量结果

有两个不同的区域,本征导电有着陡峭的温度依赖关系(也就是很大的激发能),不同样品的非本征导电各有不同,表现出的激发能(把施主或受主电离所需要的能量)小得多

目基本上不依赖于温度,变化的是迁移率,原因是金属原子的振动振幅随着温度的升高而增大。因此电子就更难于通过晶格了(晶格振动对它们的"散射"更强了),从而减小了迁移率,也就降低了电导率(即增大了电阻率)。同样的效应也发生在半导体里,但是,载流子的密度通常变化得更大,把它给淹没了。在能带理论正确地解释它之前,半导体行为的这种独特性质已经得到了很好的确认。

另一个早期的实验观察是霍尔效应的测量结果和热电势的测量结果之间的关联。这里不讨论热电效应,只是说一下这种关联为日益增加的"事实"体量添加了要素,这些事实构成了半导体性质的有价值的目录,它们都在能带理论中找到了合适的位置。在 1931 年发表的两篇文章里,威尔逊给出了半导体性质的第一个可以胜任的理论。在第一篇文章中,他建立了本征电导的理论,基于半导体特性决定于禁带能隙的想法;在第二篇文章里,他把这个想法推广到解释杂质掺杂导致的非本征电导。现在我们已经熟悉了这些概念,觉得接受它们的结论没有什么困难,但是当威尔逊的想法首次发表的时候,情况并非如此。过了很长时间,它们才被广泛地理解——我们将会看到,即使在第二次世界大战之后,当贝尔实验室进行第一个晶体管研究工作的时候,人们仍然在理解这些概念。巴丁很努力地去理解其不同寻常的基础,才能够用完美的技巧把它们应用于解释晶体管的工作。我们也应当吸取教训:在第二篇文章里,威尔逊坚决地认为应该把硅视为金属。因为缺少高质量的纯净半导体,很难精确地进行分类,又过了 10 年,人们才认识到,需要更加努力地提高材料的质量。

新理论不仅澄清了"输运"问题(也就是电子和空穴在晶格中的传输),还揭示了半导体的光学性质,这也是根植于能隙的概念。我们已经遇到了电子从价带到导带的热激发的概念,但是这并不是唯一的激发过程。光照在半导体上,也会增强它的电导,在这种"光电导"现象中(参见专题2.3),样品的体材料电阻率的减小反比于激发光的强度。然而,这个过程还有个重要的特性——它有特征的"吸收边"(图 2.7)。如果光的波长很长,半导体就是透明的——不能吸收光,也没有光电导。然而,当光的波长减小的时候,从某个波长开始,吸收和光电导都迅速增大,再减小光的波长,变化就很小了。利用 1.3 节讨论的原子能级,可以很好地理解这种吸收边——减小波长(也就是增大频率 ν),

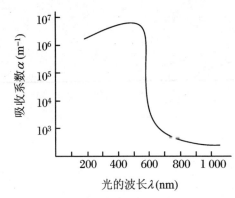

图 2.7 半导体光学吸收曲线的典型例子
吸收边的波长约是 $0.6\ \mu$m(能隙 $E_g \approx 2.1\ \text{eV}$)

就增大了光子能量 $h\nu$,只有当半导体的能隙等于光子能量的时候,才可以吸收光。此外,对于吸收过程中每个被吸收的光子,都对应着一个电子从价带激发到导带。就像热激发过程一样,光吸收产生了自由电子和自由空穴,它们对光电导效应起作用。利用光电导的这个简单图像,我们不仅理解了基本效应,还可以根据特定的应用选择适合的半导体材料。选择具有适当能隙的半导体材料,可以在需要的任何波长处得到长波长截断。如果希望探测紫外(UV)辐射,就应当选择宽能隙半导体,例如 GaN 或 ZnS。如果想探测光纤通信中的红外(IR)辐射,就用窄能隙材料,例如 InAs 或 InGaAs。类似地,这也是窄能隙合金 HgCdTe 在热成像系统中应用的基础,它检测的辐射波长位于 $3\sim5\ \mu$m 或者 $7\sim10\ \mu$m 的范围。

专题2.3 光电导

只要照射半导体的光的光子能量大于半导体的能隙,光就会被吸收,每个光子产生一对电子和空穴。一般来说,光的吸收很强,在距离半导体表面几微米的地方,光的强度就会下降一个数量级。用数学来描述,表面以下深度为 x 处的强度 I 与入射光强度 I_0 的关系是

$$I(x) = I_0 \exp(-\alpha x) \tag{B.2.12}$$

其中,α 是"吸收系数",在能隙以上的时候,其典型值为 $3\times10^6\ \text{m}^{-1}$(或者,更方便一些,$3\ \mu\text{m}^{-1}$),这就表明,在 $1\ \mu$m 的距离上,强度下降的倍数为 $\text{e}^3 \approx 20$(注意,乘积 αx 必须是无量纲的量,所以 α 的量纲是 L^{-1})。为了求出 x 长度里吸收了多少光,可以把公式(B.2.12)改写为

$$\Delta I(x) = I_0 - I(x) = I_0[1 - \exp(-\alpha x)] \tag{B.2.13}$$

在光子能量刚刚低于带边的特殊情况下，α 小得足以满足 $\alpha x \ll 1$，可以把指数项展开为 $e^{\alpha x} = 1 - \alpha x$，从而得到简单的结果：

$$\Delta I(x) = I_0 \alpha x \tag{B.2.14}$$

上式表明，在同样的距离增量上，光的吸收量都相等，也就是说，在材料的整个厚度范围里，吸收是均匀的。但是必须强调，只有当吸收光靠近半导体带边（而且是在低能量的一侧）的时候，这个结论才成立。

通常用光子通量 N 描述光强，它被定义为单位时间内通过单位面积的光子数（单位为 $m^{-2} \cdot s^{-1}$），考虑到每个光子携带的能量是 $h\nu$，就可以把它和光强联系起来。单位时间内穿过单位面积的能量为 $I = Nh\nu$。对于任何特定的频率，I 正比于 N，因此，可以用 N 而不是 I 来表述上面的公式。注意，对于典型的可见光频率 $\nu = 10^{15}$ Hz 来说，$h\nu = 6 \times 10^{-19}$ J，所以，每平方米一瓦的光强（$1\ J \cdot m^{-2} \cdot s^{-1}$）表示 $N = 1/(6 \times 10^{-19}) = 1.7 \times 10^{18}\ m^{-2} \cdot s^{-1}$，这个光照强度很低——在光盘播放器中，1 mW 激光聚焦在 $10^{-12}\ m^2$ 的面积上，光照度是 $10^9\ J \cdot m^{-2} \cdot s^{-1}$，每秒每平方米上大约有 2×10^{27} 个光子。

显然，自由载流子的产生肯定会增大半导体的电导率，勤于思考的读者也许会担心，只要光不停地照射，电导率就会不受限制地增加。情况并非如此，因为我们忽视了另一种现象——电子和空穴可以"复合"。假设一个电子游走在晶体里，跑到了一个价带空穴的附近——它们之间的库仑吸引力把电子拉到空穴里，这样就满足了该处化学键的要求，而且，在此过程中，电子和空穴同时消失了。该过程是前面遇到的电子-空穴产生过程的逆过程，产生过程和复合过程最终达到平衡，这就是稳态条件。平衡发生在电子和空穴的密度达到特定值的时候。为了计算这个值，我们注意到，它必然依赖于产生过程的强度（也就是依赖于光强和吸收系数），还依赖于复合概率（它依赖于电子和空穴的密度）。下面用一个例子说明这一点。

做个"思想实验"。在一个 p 型半导体样品里，假定其空穴密度 p_0 远大于光生载流子的密度（"低注入"条件）。用光照射一段时间，直到自由电子密度达到稳态值 $n(0)$，然后关掉光，这样就只有复合过程了。多余的自由载流子会复合，直到系统返回到光照以前的状态，需要的时间决定于复合速率。电子和空穴的复合概率正比于它们的密度 n 和 p 的乘积（其中，$p \approx p_0$），可以写为

$$-dn/dt = Anp = Anp_0 \tag{B.2.15}$$

其中，A 是个常数。因为 p_0 也是个常数，很容易解出这个微分方程，得到光照停止后任意时刻的多余载流子的密度表达式

$$n(t) = n(0)\exp(-t/\tau) \tag{B.2.16}$$

其中，τ 是"复合寿命"，$\tau = (Ap_0)^{-1}$。它给出了多余载流子消失所需的典型时间，依赖于具体的半导体样品。在 Ge 里，τ 可以长达几毫秒，而在 GaAs 里，可以只有几纳秒（10^{-9} s）。

回到最初的目标，为了估计光照产生的多余载流子的密度，我们必须比较复合速率和产生速率。根据前面的讨论，$G \approx N\alpha$。让这两个速率相等，可以得到

$$N\alpha = n/\tau \tag{B.2.17}$$

所以，光照产生的稳态电子密度就是 $n = N\alpha\tau$，光生电导率就是

$$\Delta\sigma = eN\alpha\tau\mu \tag{B.2.18}$$

其中，μ 是电子迁移率。（注意，我们忽略了空穴对 σ 的贡献，因为空穴的迁移率通常远小于电子的迁移率。）因此，光电导正比于光通量（符合预期）和乘积 $\mu\tau$，后者是具体半导体材料的性质，不同材料的数值可能相差好多个数量级。为了得到高灵敏度，显然需要 $\mu\tau$ 的数值很大，即寿命很长。然而，长寿命有个缺点，它会让光电导器件对光强变化的响应非常慢。就像生活中的许多事情一样，我们必须权衡考虑，为具体应用寻找最佳的方案。

类似地考虑光伏探测器的灵敏波长，但是，直到 20 世纪 30 年代末期，莫特、肖特基和达维多夫大约同时发表了金属-半导体接触的势垒模型，人们才对金属-半导体整流器的工作原理有些了解，才能理解光伏探测器的工作。前文说过，关于整流的来源有争议，例如，在铜-氧化铜整流器中，这些势垒理论最后证实了，这个效应与 Cu_2O 接触而不是体材料有关。总的效应是复杂的（专题 2.4 作了简化的描述），但是很容易理解它的原理。关键在于金属和半导体的功函数的差别，功函数是把一个电子从金属（或半导体）完全移走所需要的能量。结果就是，半导体中出现了能带弯曲，如图 2.8 所示，在半导体表面以下大约 1 μm 或者更短距离内的体材料里，存在着一个电场。施加"正向偏压"（金属和半导体之间的电压差使得金属带正电而半导体带负电）可以减小势垒的尺寸，使得电子容易从半导体中流到金属里；施加"反向偏压"却不影响势垒阻止电子从金属流到半导体中。因此，正偏压的电流远大于反偏压的电流，这个接触表现为整流器。详细的计算表明，公式（2.1）可以很好地近似地描述电流：

$$I = I_0\{\exp[eV/(kT)] - 1\} \tag{2.1}$$

其中，V 是外加电压（正偏压时取正值），kT 就是第 1 章里提到的热能量。在室温下，$kT/e = 0.026$ V。显然，正偏压超过约 0.1 V 的时候，$I \propto \exp(38\ V)$，因此，增加得非常快。然而，对于反向偏压（即外加偏压为负），指数项很快变小，$I \approx I_0$，也就是说，反向电流"饱和"到一个（小的）常数值 I_0。在实践中，I_0 依赖于势垒的高度和半导体的掺杂浓度，因此，半导体和金属的选择会影响它。通过把掺杂浓度最小化，可以让它达到最小值，所以，为了制作好的整流器，需要相对纯的半导体晶

体。对于实际的整流器，它们的掺杂浓度并不完全由制作者控制。(然而,这并不是全部的故事,参见 2.5 节关于点接触整流器的讨论)公式(2.1)描述的理想的"二极管"特性如图 2.9 所示。显然它只是粗略地近似于图 2.4 所示的铜氧化物整流器的测量特性,但是为开发更真实的整流器的接触模型提供了很好的开端。

专题 2.4　势垒整流器

金属和半导体的功函数不一样,因此,在它们接触的地方有个势垒,影响了电子的流动。功函数是把电子从材料中移走并放置到无穷远处所需要的能量。考虑一个 n 型半导体,它与一块金属靠得很近,但是还没有接触上,如图 2.8(a)所示。对于两种材料来说,"真空能级"(即电子在无穷远处的能量)是相同的。显然,如果功函数不同,半导体的导带与金属中占据态的顶部就没有对齐。例如,硅(Si)和金(Au)的功函数分别是 4.1 eV 和 5.1 eV,在这种情况下,错开量就是 1 eV。

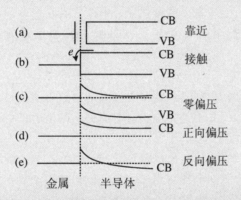

图 2.8　金属-半导体接触在不同条件下的能带示意图

(a) 金属和半导体靠得很近,但是并没有接触;(b) 它们接触在一起,由于两种材料功函数的差别,电子在势能差的作用下从半导体流向金属;(c) 平衡建立后的半导体能带示意图;(d) 施加正向偏压,半导体带的负电荷更多了,降低了结的半导体这边的势垒高度;(e) 施加反向偏压,增大了半导体这边的势垒高度。外加电压不会影响金属那边的势能台阶。注:CB 表示导带,VB 表示价带

假定把两个材料靠到一起(图 2.8(b))。电子总是从势能高的地方流动到势能低的地方,在这个例子中,它们会流向金属。这就增加了金里面的负电荷,减少了硅里面的负电荷,从而在界面附近建立了一个电偶极,其方向与电子流动方向相反。随着越来越多的电子穿过界面,电偶极增强,直到它强得足以抵消由功函数的差别带来的势能差。这时候,电子流动就停止了,达到了平衡态(或者稳态,图 2.8(c)),界面处的势能突变被硅里面缓慢变化的势能抵消了,也就是说,硅出现了能

带弯曲,势垒区里面没有自由电子。势垒区的宽度决定于硅的掺杂浓度,掺杂浓度越低,势垒区就越宽。典型的宽度值是 $0.01\sim1.0~\mu m$。严格地说,金里面也有类似的能带弯曲,但是,因为金属里的电荷密度非常大,能带弯曲发生的距离非常短,完全可以忽略不计。

界面势垒有两种影响。首先,因为势垒区(通常称之为"耗尽区")没有自由电子,势垒区的行为就像平行板电容器,它的电容为

$$C = \varepsilon\varepsilon_0 A/d \tag{B.2.19}$$

其中,ε 是相对介电常数(对于硅,$\varepsilon = 11.7$),ε_0($\varepsilon_0 = 8.85\times10^{-12}~Fm^{-1}$)是真空介电常数,$A$ 是接触面积,d 是势垒的耗尽宽度。如果 $A = 10^{-6}~m^2$,$d = 0.1~\mu m$,那么 $C = 1.04\times10^{-9}~F$,大约是 1 000 pF。其次(这要复杂得多!),势垒有整流作用。如果在结的两端施加电压,那么大部分电压都落在半导体这一侧(因为半导体的电阻率远大于金属),如果该电压使得硅的正电荷增加,就会抬高硅的导带,降低硅材料这边的势垒高度。因此,电子就更容易穿过界面,进到金里面(图 2.8(d)),但是,它并不影响金那边的势垒。这样就允许电流沿着正方向流动,且随着外加电压的增大而迅速增大。然而,如果沿着反方向加电压,就会让硅这边的势垒增高(图 2.8(e)),对金属那边还是没有任何影响,所以,反向电流(电子从金属流到半导体)保持不变。

为了更深入地理解这个效应,就要更仔细地考察电流的性质。在零偏压下,穿过界面的净电流为零,但并不是完全没有电流。实际上有两种电流,它们彼此抵消了。在最简单的电流模型中,电子穿过界面是由于势垒上方的热电子发射(电子从晶格振动中获得足够的能量,从价带跳到导带,就像它们在本征导电过程中一样),但是在零偏压下,两个方向的势垒高度是相同的。如果施加正向偏压,就会降低半导体这边的势垒,电子从半导体到金属的流动就增强了,因此,这个方向的净电流就增加了。然而,如果施加反向偏压,流到金属中的电流就减少了,从金属到半导体中的电流却没有变化。随着反向电压的增大,从半导体到金属的电流很快就可以忽略不计了,因此,净电流就是金属中的电子由于热电子发射而流向半导体,这是个常数,就是正文里的公式(2.1)中的"饱和电流"I_0。希望这个完整的论证能够让电流-电压特性公式(2.1)更容易理解。

最后,应该解释光伏型光探测器的工作原理了。半导体接触附近吸收的光产生了电子-空穴对,它们受到表面区域里电场的作用。电子被加速并进到半导体里,而空穴则进到金属里,电荷的这种分离就产生了电偶极,与原电场的方向相反。在金属和半导体背电极之间就出现了电压("光电压")。因此,外电路里就产生了正比于光强的电压,这是表面势垒具有整流性质的直接后果。注意,这个论证依赖于器件是等效开路(至少外电路的阻抗非常大)的假设。如果连接阻抗很小,就会

得到光诱导的电流而不是电压。这些就是这个器件的两种使用方法——每种方法都把光转化为电信号,这就是想要的效应。

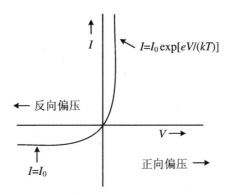

图 2.9 公式(2.1)描述的金属-半导体接触的理想电流-电压特性

在正向偏压大于 kT/e 几倍的时候,电流迅速地(指数式)增大;在反向偏压的时候,饱和电流值为 $I = I_0$

现在总结一下半导体研究在第二次世界大战开始时的状况。最重要的发展当然是应用量子力学来理解半导体的行为——此后 50 年的成功都是建立在这个基础上的。在对半导体性质进行分类并将其归因于有效掺杂水平的方面,有很多进展。人们认识到禁带能隙的重要性,了解了本征和非本征电导的差别;人们搞清楚了金属和半导体之间的差别,也正确地理解了空穴电导的机制;人们建立了光吸收的基本理论,对于光电导和光伏现象也是如此,建立了整流的基本理论。基于特性更好的材料,此后的工作者能够利用这个理论设计各种性能改善了的半导体二极管。然而,仍然缺乏高纯度、特性很好的单晶,仍然不能仔细地可控地掺杂。那时候,大多数样品是多晶,随机杂质的密度太高了,不允许这样做。然而,人们开始认识到这个基本要求的重要性,如本章最后一节所述。

2.5 猫须探测器获得了新生

在战争时期,科学除了与战争直接相关的那些部分,在很大程度上都停滞了。科学家发现自己被征调到不熟悉的领域,被期望着按照没有几个人经历过的方式做事情。他们不仅工作在新的领域里,工作在外界的(而非内在的)压力下,还不能公开地发表结果。有组织的科学突然变成了范式,一个特别紧急的活动是开发用于地面、海面和空中的微波雷达。这一点在很大程度上决定了 20 世纪 40 年代早期欧洲空战的结果,科学家们对此作出了重要贡献。雷达的概念早就建立起来了,但是,实践中使用的波长比较长,严重限制了图像的空间分辨率——这是微波技术应用中特别需要的东西(即厘米波),必须提高分辨率,从而获得更精确的目标位置。必须进行两种重要的改进——大功率微波源和灵敏可靠的探测器件。共振腔磁控管满足了前者,而我们的老朋友猫须整流器(当时它还没有得到认可)满足了后者。因此,本节讲述猫须探测器的新生。

在讨论射频探测时,我们已经见识了整流二极管的应用,雷达的要求也是一样,只是它的频率高得多。然而,这是关键的,因为它要求整流器的响应速度比以前制作的任何东西都快得多(波长 10 cm,即所谓的 S 波段,对应于频率 3×10^9 Hz,即 3 GHz)。为什么这是个严重的问题? 有两个原因。首先要记住,热电子二极管替代了半导体整流器作为射频波探测器,虽然它在普通的射频频率下工作得很好,但是,在非常高的频率下完全没有用。这是因为,电子从阴极跑到阳极(距离约为1 mm)需要有限的时间 t_{transit},这样就限制了工作频率的最大值:

$$\omega_{\max} \approx 1/t_{\text{transit}} \tag{2.2}$$

对于典型的热电子阀来说,这大约是 10^8 Hz,是微波频率有用值的 1/30。然而,在半导体整流器中,电子必须走过的距离(表面势垒区的宽度)要小得多,通常小于 1 μm,比真空二极管的尺寸小 4 个数量级,小得足以在 3 GHz 处工作。不幸的是,故事并没有到此结束!

第二个原因是存在"电容"。与半导体势垒相连的是电容 C,它和整流电阻等效地并联在一起(见图 2.10 中的"等效电路")。这个电容为高频电流提供了通路,其阻抗反比于工作频率,也就是说,$Z_C = 1/(\text{j}\omega C)$(其中,$\omega$ 是角频率 $2\pi\nu$,j 是 -1 的平方根,表明有 90° 的相位滞后)。因此,在高频率处,Z_C 变小,表现为短路。换句话说,当频率足够高的时候,所有的射频电流就会从电容流

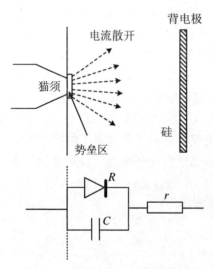

图 2.10　点接触整流器的等效电路

R 表示整流器电阻,r 是体材料半导体中的散布电阻,C 是接触的势垒(耗尽区)电容

过,整流器不再工作了。因此,即使半导体整流器也可能无法工作在微波频率——这全都依赖于图 2.10 中不同阻抗的实际数值。显然,我们要求整流电阻 $R < Z_C$(即 $\omega CR < 1$),同时还有另外一个考虑,串联电阻 r 必须小于整流电阻 R,否则,电流就会被 r 限制(而不是 R,它是整流发生的条件)。这个条件非常复杂,因为所有

这些参数都依赖于半导体中的掺杂浓度——掺杂浓度增大，r 变小（这很好），但是 C 变大（这很糟）。我们还期待 R 会变小（这既好又坏！），但是，这种情况下的实验证据看起来不那么清楚。实践中发现，这些因素是激烈竞争的，当然，读者肯定知道，如果结果是负面的，我就不会讲这个故事了！但是，我们还是先看看有关的细节吧。

　　如前文所述，老的猫须探测器可以基于许多种半导体晶体，但是用得最多的是 PbS，它的灵敏度最好。主要缺点是难以获得可重复的性能，特别是振动经常会移动触点的精确位置，从而破坏了整流特性，对于安装在高速运动的飞机或者被攻击的战舰上面的器件来说，这就完全不适合了！第一个要求是，可以把整流器封装在一个小管子里，能够承受机械应力而连续地工作，人们发现硅晶体和钨丝更好地满足了这个特性的要求。典型的管壳如图 2.11 所示。轻轻敲打这个器件，使得反向/正向电阻比值达到最优，然后用蜡把管子封住或让一点凝固剂在点接触附近凝结，使得这个接触达到稳定。后来发现，磨毛了的（而不是抛光的）硅表面能够实现足够好的稳定性，不需要封装。但是，对半导体技术长期发展更重要的是，人们发现，天然硅的性质变化太大了，需要提纯它。在真空中，在绿玉石坩埚里熔化硅粉末（在 1 410 ℃），这样得到的硅电阻率大约是 5×10^{-2} Ω·m（自由载流子密度是 $10^{21} \sim 10^{22}$ m^{-3}）。然而，这种比较纯的材料并不适合做整流器，人们发现，需要用 0.002% 的硼来掺杂它，把电阻率降低为原来的 1/100（自由载流子密度——估计是空穴——增大到 10^{24} m^{-3} 左右）。这一切大多是靠实验完成的，但这是受控掺杂首次明确地应用于半导体器件的开发，是非常重要的进展。

　　有了这种知识，就可以根据点接触的几何构型来估计串联电阻 r 和势垒电容 C 的数值。典型的针尖半径大约是 $100\ \mu m$，对应的接触半径大约是 $5\ \mu m$（面积 $A \approx 10^{-10}$ m^2），由此得出 $C \approx 3 \times 10^{-13}$ F，$Z_C \approx 150$ Ω。这正好约等于测量得到的 R 值，满足了第一个判据。为了计算串联电阻 r，首先要注意，因为使用了点接触，r 是"散布电阻"，$r = \rho/(4a) \approx 15$ Ω，所以，第二个判据也满足了。（注意，如果接触半径大于硅晶体的厚度 L，就要用 $r = \rho L / A$ 计算 r，得到的数值显著地更大了，这说明了点接触器件对高频的重要性。）

　　简而言之，猫须探测器获得了新生，精致的器件不仅满足了迫切的军事需求，而且，利用复杂的半导体知识，我们还能够（或多或少地）理解它是怎么做到这一点的。此外，在实现了目标的同时，科技人员的地位也上升了，这就给未来的半导体技术奠定了基础，在战后，这些技术光辉夺目地应用于晶体管的开发——这可能是半导体科学最伟大的单个突破了。当然，这就是另一个故事了。

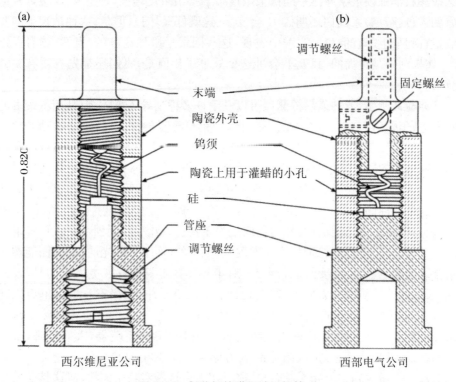

(a)　　　　　　　　　　　　　　　　(b)

调节螺丝

固定螺丝

末端

陶瓷外壳

钨须

陶瓷上用于灌蜡的小孔

硅

管座

调节螺丝

0.82cm

西尔维尼亚公司　　　　　　　　　西部电气公司

图 2.11　包装好的猫须硅二极管

用于微波雷达探测。这个结构可以调节接触，使之达到最优性能，然后再封装管壳，让接触保持稳定。（取自 Torrey, Wintmer（1948）:16）麦克劳·希尔公司惠允使用

2.6　后记：事情的发生是这样的

　　本章多次提到了著名人物的贡献（例如，布劳恩发明了猫须整流器），也讨论了布劳恩的发明在无线电早期历史中的应用。现在可以讨论完成这些贡献的方式了。人性似乎倾向于把这种发展视为竞争的过程，乐于相信竞赛总是有一个赢家——可以确定某个人获得了第一名。我们很愿意把某个人确认为发明者或发现者，但是，这样的事情是很少的。实际上，对某个发明或发现来说，许多人都有贡献，最终获得荣誉的那个人几乎总是得到过其他人的大量帮助，包括重要的建议和有用的想法。一方面，发表科研结果对于推动科学事业是非常重要的——今天的商业社会是这样，现代科学刚开始展示力量的 19 世纪也是如此。研究一下纯科学

和应用科学在发展实际想法方面的关系是有好处的。在后面的各章里,我们可以看到这种相互关系的许多例子。现在介绍一个早期的例子,它很好地说明了这一点,这就是无线电的早期历史。

《无线电的早期历史:从法拉第到马可尼》(Garratt,1994)清楚地讲述了这个故事。我们先引用这本优秀著作导论里的一段话:

即使非常简单的发明,通常也是一系列早期发展的结果,这些早期结果往往已经扩散了很长的时间,许多人都对它作出了贡献。

在本书主题的研究领域中,这一点是最真实的。虽然人们通常相信无线电报的发明是年轻的意大利人马可尼的贡献,虽然无线电报的第一个专利确实给了他,但是他的贡献只是(原文如此)实际地应用了已经发展了80年的科学发现和成果。

我们所有的信息来源都认为,海因里希·赫兹在1886～1890年发现了射频波,但是至少有一个物理学家奥利弗·洛奇接近于作出同样的发现,还有其他人也作出了有价值的贡献:盖拉特引用了法拉第、麦克斯韦、菲兹杰拉德和洛奇的工作,更不要说音乐教授大卫·休斯的引人注目的观察结果了,在1879年,他很可能首次发现了射频波,但是,三位"杰出的科学家"说服他放弃了这个解释!我们现在认为更重要的是赫兹的发现所处的背景,我们必须谈谈麦克斯韦的电磁波理论。麦克斯韦致力于理解光的本性,他在1864年建立了麦克斯韦电磁波方程组。然而,这个理论被丢弃了很多年,因为显然不可能证实(或者证否)麦克斯韦理论的一个重要预言——长波长电磁波的存在。困难在于,这种波缺乏合适的探测器(眼睛进化得非常适合于探测光),直到赫兹的放电隙工作克服了这个困难。赫兹和洛奇都知道在实验上验证麦克斯韦理论的重要性,把它设立为工作的中心目标——特别是赫兹,他表现了惊人的实验技巧,使用两个小铜球之间的精细调节的放电隙,作为一个悬空系统的一部分,探测另一个放电隙发出的辐射,后者是用"茹科夫感应线圈"放电而激发的。利用这个精细调节的二次放电过程,他能够毫无疑义地证明,长波长"射频"波通过了源和探测器,即使它们在空气中相隔几米远。后来,利用"相干器"(填充了金属屑的玻璃管)作为更可靠、更灵敏的探测器,洛奇证实了赫兹的初步成功(相干器是法国科学家埃多阿德·布朗利在1890年发明的)。

现在应该说说赫兹的发现的另一个重要方面——这个发现的背景是,赫兹周围有信息灵通的人(即洛奇和菲兹杰拉德),他们能够立刻看出并且完全欣赏他的结果的重要性。他们欢迎赫兹的贡献,保证了它能够被整个科学团体迅速地接受,这是一个重要的、可能是必要的要求。任何新想法的快速传播和获得认可,不仅需要能干的发现者,还需要能够产生共鸣的听众。几个不同的研究小组工作在密切关联的(甚至完全相同的)领域里,科学和技术在这种环境中往往能够蓬勃发展,原因就在于此。既竞争又合作,这种相互作用最有效地刺激了科研工作的发展。

引人注目的是,赫兹和洛奇都没有想过这些电磁波也许有实践上的重要性,对于他们来说,能够把麦克斯韦理论与实验验证联系起来就足够了。商业上的事情留给了马可尼,出现了几百万美元(欧元?)的产业。然而,这也不是立刻就成功的——马可尼第一次劝说英国政府重视(和投资)射频电波的实际应用的时候,建议了一个为鱼雷提供远距离导引的系统!(这是跨入未知领域的比较小的一步,理解它很可能并不需要那么多的想象力。)我们通常就是这样挣扎着奔向成功的,在半导体器件以及相关系统的研制和发展方面,这个惊人的故事在很多方面被重复了很多次。此外,近来的工作越来越多地依赖了科学家团队而不是雄心勃勃的个人,这样就更难以挑选"胜利者"了——但是,我们当然还是要这样做!

如果说个人不重要,当然也是完全错误的。科学首先是人的活动,既有收获,也有痛苦。例如,某个人认为某个新发现的产业前景到底有多重要,这当然是个人看法、各有不同,也许他认为纯粹的科学研究高于具体的技术应用,因而不愿意涉足于商业发展,也许他更乐于半隐秘地单独工作,也许他更愿意和同事开放地交流,也许他更愿意成为队伍中的一员、分享团队成功的荣誉,也许他更需要证明自己。每个人都不一样,只有不够格的(最后也不成功的!)研究管理者才会忽视这个不可抗拒的基本事实。再说一遍,个性很重要,射频研究的早期历史很好地说明了这一点。

1896 年,当马可尼首次到达英国的时候,洛奇刚刚开始他在利物浦大学的教授生涯,他很可能是当时最理解电磁波的人(赫兹于 1894 年不幸去世,年仅 36 岁)。因此,把洛奇的学术理论和马可尼的雄心壮志结合起来,显然会对世界产生巨大影响。但是,这种事情并没有发生,也许是因为洛奇觉得这个年轻人在学术上不够杰出,而且他还不赞同当时英国邮政局的总工程师威廉·普瑞斯爵士,后者与马可尼进行了早期的合作。不管原因究竟是什么,这肯定在相当程度上推迟了无线电报的商业发展,洛奇也就没有被认为是无线电报的共同发明者。虽然洛奇确实与亚历山大·穆海德合作开发了另一种设计得非常好的系统,但是,做得太少了,也太晚了——那时候,马可尼公司已经建立了垄断地位,主导了商业局势。公平地说,洛奇无疑是非常忙于自己的学术,那时候没有人鼓励(甚至哄骗)学术界参加商业活动——无论如何,这样的说法是成立的:任何严肃的历史记载都不能不考虑人类的弱点,无论是科学还是其他领域。

在同一个时期,杰出的发明家尼古拉·特斯拉在美国工作。最近,一本关于他的传记(Lomas,1999)再次强调了这一点。特斯拉的名字在磁导国际单位中永垂不朽,他被公认为是 1891 年"特斯拉线圈"的发明者,但是,他对发展交流电力系统的贡献在实践中很可能更加重要。然而,从射频研究的历史来看,人们更加吃惊地发现,在 1893 年为美国电力照明联合会作讲座的时候,特斯拉描述了无线通信系统的所有特性,包括选择性的调节电路。在自己的私人实验室里,他已经演示了把电力从高频发生器传递给一个灯泡而不需要连接电线,这是马可尼在意大利开始实验的三年以前。那么我们可能会问,为什么特斯拉没有被认为是无线电的发明者?甚至都没有被当作早期贡献者?原因是复杂的,一部分是因为特斯拉的个性,一部分是因为技术发展的本性。特斯拉不仅在商业方面很天真,而且,在事情做得完美无缺之前,他不乐意发表自己的研究成果,所以,直到1900年,他的贡献还没有广为人知。此外,他的主要兴趣碰巧是电力的传输分配而不是电报,所以,即使在那时候,了解他的成果的人也是"错误的"人,特别是乔治·威斯汀豪斯,他对用电线传输交流电力非常感兴趣,而且他的责任感太强了,不让特斯拉的工作脱离实际的应用!技术创新这码事太神秘了!

说完这一切,我们已经为下一个重要主题——晶体管工作原理的发现以及随后发展起来的无处不在的硅芯片做好了准备。

参考文献

Bleaney B,Ryde J W,Kinman T H. 1946. Crystal valves[J]. J. Inst. Elect. Engrs. ⅢA,93:847–854.

Garratt G R M. 1994. The Early History of Radio[M]. London:Institute of Electrical Engineers.

Henisch H K. 1957. Rectifying Semi-Conductor Contacts[M]. Oxford:Oxford University Press.

Lark-Horovitz K. 1954. The New Electronics[M]//Brackett F S. The Present State of Physics American Association for the Advancement of Science:57–127.

Levinshtein M E,Simin G S. 1992. Getting to Know Semiconductors[M]. Singapore:World Scientific Publishing Co Pte Ltd.

Lomas R. 1999. The Man Who Invented the Twentieth Century[M]. London:Headline Book Publishing:Ch. 9.

Pearson G L,Brattain W H. 1955. History of semiconductor research[J]. Proc. IRE,43:1794–1806.

Richtmyer F K,Kennard E H. 1950. Introduction to Modern Physics[M]. New York:McGraw-Hill.

Seitz F,Einspruch N G. 1998. Electronic Genie:The Tangled History of Silicon[M]. Urbana:University of Illinois Press.

Smith R A. 1959. Semiconductors[M]. Cambridge:Cambridge University Press.

Torrey H C,Whitmer C A. 1948. Crystal Rectifiers[M]// Goudsmit S A,Lawson J L,Linford L B,et al. MIT Radiation Laboratory Series. New York:McGraw-Hill.

第 3 章
少 子 法 则

3.1 晶体管

如果必须选择单独一个事件作为半导体登上国际舞台的标志,那么肯定是1947 年底贝尔电话实验室发明了晶体管。没有它,就没有"信息技术"革命,也就不会激进地改变了整个生活面貌。没有它,就不会刺激半导体物理和技术在很大范围里的进展,这本书可能也就不值得写了! 晶体管的成功发展不仅本身就是一个使成(enabling)的技术,而且一劳永逸地认可了半导体研究的巨大金融投资——20 世纪下半叶的重要特性。

因此,我们应该稍微仔细地考察这个重要事件的来龙去脉,然后再探索接下来的技术进展,它们导致了信息技术革命。对于社会组织来说,信息技术的影响甚至远大于此前的两次世界大战。我们可以分辨出作出贡献的几个脉络。那时候,人们已经确立了研究实验室的宗旨(不同于教学单位的宗旨),但是,第二次世界大战不仅让大人物认识到科学和技术对战争的贡献,还树立了新的工作理念:科学家以团队的方式共同工作,而不是作为自觉的个人独自工作。此外,美国开始认识到纯科学作为技术发展基础的重要性,比大战前主导产业进展的尝试法更好。(另一方面,欧洲也接受了教训,认识到了为产业发展而利用科学的重要性!)更特别的是,美国电话电报公司决定在全世界拓展长途通信线路,他们热衷于不择手段地保持技术优势。虽然热电子阀很重要,但是它有一些缺点,而且,半导体科学家现在很清楚:材料技术的水平必须发展得比从前想象的还要高得多(这是战争给予的另一个教训)。这些因素都起了作用,但是我们肯定不能忽视贝尔实验室科学家们的坚定决心和美妙灵感。这里的主要教训就是:需要目标明确、导向正确的人。

科学实验室现在到处都是,平常得让人容易忽视这个事实:在很大程度上,它是与 20 世纪下半叶相联系的现象,虽然它的起源肯定早得多。大体上,它是和工业同时兴起的——第一个例子是皇家研究所,1799 年建立于英国工业革命时期——但是,其他地方并没有出现类似的东西。实际上,科学实验室被当作教学机构,学生在那里观察和复制老师做的演示实验。一个早期的例子是格拉斯哥大学化学实验室,它在 18 世纪末期就出名了,但是,从 1820 年才开始严肃地对待实验。致力于研究的实验室的另一个例子是,1824 年在吉森(靠近法兰克福)的李比希化学实验室。美国直到 1844 年才诞生了第一个研究实验室——富兰克林研究所。有文件证据表明,在 1808 年和 1810 年,汉佛莱·戴维(爵士)努力为自己的研究计划筹资(有趣的是,他强调了爱国的要求:英国需要在技术上保持领先于法国)。在 1810~1860 年,他及其门徒迈克尔·法拉第在皇家研究所开展了重大研究工作。可能不那么广为人知的是:在很大程度上,法拉第接受了工业和政府的委托,为了应用科学的利益而发挥自己的专长。"科学确实是有用的",到了 1947 年,这个认识肯定不是什么新鲜事(在 1953 年出版的《19 世纪的科学和工业》中,贝尔纳进行了详细的描述)——主要差别是在组织(organization)和专注(dedication)上,这是 20 世纪工业研究实验室的标志。在 19 世纪结束前,欧洲和美国都建立了大学实验室和政府(标准)实验室。例如,哈佛大学的杰弗逊物理实验室建立于 1884 年,有一个侧翼建筑专门用于研究工作;剑桥大学卡文迪许实验室和牛津大学克拉雷登实验室现在非常著名,它们开始于 19 世纪 70 年代;英国国家物理实验室及其美国的对应机构美国国家标准局也在 19 世纪末建立了。

世界上第一个工业实验室可能是托马斯·爱迪生 1870 年左右在门罗帕克建立的,但是,直到大约 1920 年,工业实验室的理念才被广泛接受。温布利的通用电气公司实验室建立于 1919 年,埃因霍温的飞利浦研究实验室建立于 1914 年,贝尔电话公司实验室作为一个单独机构建立于 1925 年。所以,当 1939 年战争爆发的时候,工业研究机构能够迎接挑战:军事权威机构要求的紧急的研究和发展项目。战争结束以后,这些实验室自然乐于把战争年代学到的经验教训应用到正在扩张的工业努力所需要的高标准要求上。目标明确的贝尔实验室就是其中的一个,它位于新泽西州的穆雷希尔。

比建筑物更重要的当然是里面的工作者和他们的工作理念。为了成功地开发全固态放大器,必要因素无疑就是管理者和员工共同拥有的信念:纯粹的科学研究可以导致有用的实际产出。这个理念符合当时美国最高层的政策:1945 年,国防研究委员会主席万尼尔·布什写信给杜鲁门总统,在这个重要的备忘录中,他强烈恳求总统支持战后世界的基础研究——这是国家政府大规模地资助基础研究的开始,因为认识到它最终会导致成功的(商业上成功的)实际结果。然而,在这个赛场上,贝尔实验室已经跑在前头了——1943 年,研究领导莫文·凯利把一份内部备忘录发给了贝尔公司的管理层,强调了半导体研究对于贝尔公司的未来非常重要,这个信息显然有了结果:贝尔实验室里建立了强大的固体物理研究小组。领导者是威廉·肖克利(物理学家)和斯坦利·摩根(化学家),其中有一个重要的半导体小组,不仅有物理学家,还有电路工程师和化学家,既有实验工作者也有理论工作者,是真正的交叉领域的团队,就像在战时研究项目里的成功团队那样。它包括其他两名未来的诺贝尔奖获得者:约翰·巴丁和沃尔特·布拉顿,在半导体理论的最前沿进行探索的同时,他们都强烈地希望为自己的工作找到应用。这与过去(特别是在欧洲)进行的那么多的纯粹研究(为研究而研究)形成了鲜明的对比。据说,当汤姆孙在 1897 年发现电子的时候,用于结束"庆功会"的祝辞是:"祝愿它永远也不会对任何人有用!"贝尔实验室的研究者们绝对不怀疑他们的工作会有用,而且确实如此——当然,贝尔公司绝不是唯一的受益者。通过授权给其他"感兴趣的团体"使用这个发明,他们保证了固体电子学的迅速发展,对所有关心的人都有好处。我们将会看到,集成电路的发明者不是贝尔实验室,而是一个新公司——德州仪器公司。

战争时期研究微波半导体二极管的另一个重要遗产是,如果要求半导体器件表现出可重复的特性,就必须在前所未闻的程度上控制半导体材料本身。随着在理论和实验方面对半导体性质的逐渐理解,人们认识到十亿分之一的杂质浓度显然可以产生严重的后果,材料科学工作者努力地把硅和锗纯化到这种精度(并且成功了)。引人注目的是,这种努力集中在元素半导体上,不仅因为它们具有合适的电子性质,还因为它们是最简单的材料,最容易控制。例如,像氧化铜或者砷化镓这样的二元化合物有其他的自由度(犯错误的自由!),它们可能偏离正确的化学比。纯化是用熔化实现的,因此,锗(Ge,熔点 937 ℃)是第一个成功纯化了的半导体。硅(Si,熔点 1 412 ℃)的处理要困难得多,化学活性也高得多,所以,早期的晶体管工作大部分选择了锗。这是普渡大学在战争时期"背电压高的"微波探测器的后续发展,这种探测器需要纯度特别高的锗晶体。

由于计划做得好,目标很明确,贝尔实验室在战后(1945~1947 年)很快得到了一些激动人心的结果,这可能并不奇怪,但是他们发现的方式本身就是个吸引人的故事。《晶体之火》精彩地讲述了这个故事,读者可以在那里发现很多精彩的细节(《电子的精灵》还有更多讨论性的描述)。这里只能挑几个亮点说说。首先要理解的是,用固体放大器替代真空三极管这个想法,很多年来一直驱动着许多技术人员,特别是肖克利。这么说可能并不过分:肖克利对"场效应晶体管"的概念着了魔,这种器件包括一薄片半导体材料,旁边是"场电极"或者"栅极"(图 3.1(b)),加在"场电极"上的控制电压强烈地调制了半导体材料的电导率。这个栅极类似于真空三极管中的网格电极(图 3.1(a)),它控制了流过器件的电流,而栅极电路消耗的功率不大。串联一个负载电阻,栅极上的小交流电压就会在负载上诱导出大得多的交流电压,从而产生了很大的电压增益,因为栅极电路中的电流非常小,这也就对应于功率增益。肖克利做了计算(专题 3.1),似乎证明了不太大的电压就足以调制半导体的电导率,他自己试图用实验验证这个效应,但没有成功 ——即使连最小的调制也没有看到。正是这个初期的挫折(以及肖克利强有力的个性!)使得贝尔小组开始研究锗和硅的表面性质。显然,半导体表面上发生了一些重要的事情,阻止了一个有希望的器件成功地工作,这个团队从来没有忘记要寻找可靠的场效应。他们的首次成功依靠的是一个非常不同的物理现象——少数载流子注入,这就有些讽刺意味了!

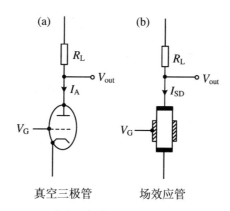

图 3.1 (a)真空三极管和(b)场效应晶体管的比较

这说明了真空三极管的网格电极与场效应管的栅极的类似性。在任何一个上面加电压,就可以控制流过相应器件的电流——阳极电流 I_A 或者漏极电流 I_{SD} 的大小。这两种情况下的电流都流过负载电阻(R_L),电压降表示系统的输出

第一个显著的进展是巴丁的"表面态"理论,用于解释肖克利的场效应实验的失败原因。无论体材料半导体晶体有多纯净、多完美,表面上总是有不能移动的电子,原因是表面有杂质原子(例如氧原子、氮原子或硫原子),或者是因为表面原子成键的方式不同于体内的原子。表面上的"悬空键"可以捕获自由电子,让它们动弹不得,从而降低了半导体总的电导率。用这种方法,巴丁解释了栅极诱导的电子为什么对电导没有任何贡献——只需要大约 10^{16} m^{-2} 的这种表面态(大约每 1 000个表面原子有一个),就可以把预言的场效应完全屏蔽了。接着,利用一个靠近半导体表面的电极探测表面的光电压,布拉顿证明了硅和锗里面确实存在这些表面态(密度还足够大)。靠近表面被吸收的光产生了电子-空穴对,它们随后被束缚电荷导致的表面电场分离开。在 n 型材料中,空穴被扫到表面,电子进入体内,总

效应是抵消了束缚的表面电荷的影响,改变了表面电势。布拉顿的电极检测的就是它。这确实是个重要进展,在基础理论方面,贝尔小组也达到了世界领先水平。

下一步特别有趣,他们决定在一定温度范围内探索表面光电压的行为,这意味着实验样品要放在低温容器里。初步的结果有些乱、飘忽不定,因为水汽凝结在样品上了,如果把整个装置放在真空里,可能需要一个月时间,布拉顿决定妥协一下,把样品浸没在液体里,例如乙醇、丙酮或甲苯。这样就克服了凝结问题,但更重要的是,这就引入了一个新的维度——光伏效应显著增强了,此外,电极上的电压变化显著地影响了它。特别是,布拉顿观察到电压变为零,接着改变了符号,这个结果激动人心,因为它说明了液体的引入使得表面态的效果被抵消了。场效应不再被它们"屏蔽"了,通向真正的场效应器件的大门打开了,贝尔小组很快就演示了这个效应。这是个"高阶"的偶然发现:做实验的时候想走捷径,虽然建议得并不好,但是导致了偶然的重要观察!但是毫无疑问,这个器件成功了。它的结构如图 3.2 所示,一个金属点接触被一滴液体包围,但是一层石蜡让这两者彼此绝缘。液体(这时候是水)起到了栅极的作用,有效地调制了从点接触流到 n 型 Si 表面层的电流,正电压增大了电导率。(正的栅极电压把额外的电子吸引到了硅里面。)用锗和硼酸乙二醇得到的结果更好,增益达到了几千,更让人吃惊的是,需要的栅极电压具有相反的符号(!),这个观察结果表明,电解液中的荷电离子在锗表面引起了一个"反转层",电场强得让表面变成了 p 型。(后来的工作电场诱导的反转层这个概念是非常有价值的。)然而,它有个很大的弱点——响应非常慢,由于栅极电解液中离子的低迁移率的限制,频率低于 10 Hz。

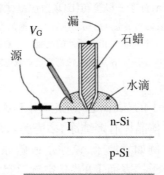

图 3.2 第一个半导体放大器:贝尔实验室 1947 年实验的示意图

施加在水滴"栅极"上的电压 V_G 控制了流进点接触的电流,这个点接触是场效应晶体管的漏极。把这个图和图 3.1(b)进行比较。虽然实现了净增益,但液体中的离子电导把工作频率限制在 10 Hz 左右

为了开发有用的放大器,显然需要用不依赖于离子导电的材料替换电解液。

接下来的实验里采用了 GeO₂ 薄膜,并在上表面蒸发一层金电极作为栅极——一层薄膜和一个普通的栅极电压仍然可以产生必要的高电场,从而抵消了表面态。接下来的结果比布拉顿第一次的偶然突破还要古怪——在测量前清洗样品的时候,他去掉了氧化物薄膜(不是故意的),结果在锗表面上得到了两个而不是一个电极。这又是个好结果——在金点上加正电压,在点接触上加负电压,他观察到了电压增益,频率高达 10 kHz!但是,没有功率增益,布拉顿认识到,这是因为栅电极太大了——为了提高效率,需要把另一个点接触靠近第一个。巴丁通过计算得到,这个间距应当不大于 50 μm,为了得到这么小的间隔,布拉顿使用了一个巧妙的结构,如图 3.3 所示,在覆盖着金箔的聚苯乙烯楔子上,他用剃须刀沿着顶端小心地划了一道缝!其余就是历史了(!)——这个器件在 1 kHz 频率处的增益为 4.5,如果需要进一步证明它的放大能力,只要加上适当的反馈,就产生了一个振荡器。1947 年 12 月 24 日,"晶体管"最终诞生了——当然名字是晚些时候起的,贝尔公司把这个新器件展示给仍然摸不着头脑的世界。

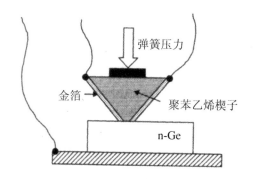

图 3.3　布拉顿制作的第一个点接触锗晶体管示意图
两个金属点接触(发射极和集电极)安置在 n 型锗样品上,间距大约是 50 μm。为了实现这一点,布拉顿用金箔覆盖了一个聚苯乙烯楔子,接着用剃须刀在楔子顶部划了一道缝,然后把这个楔子压到锗表面上

关于器件里实际发生了什么,人们有些争议,但是巴丁认识到,正偏压的栅极接触在 n 型锗里诱导了一个反转层,因此"注入"了空穴,负偏压的集电极接触收集了它们,这样就增大了流入的电流。改变栅极上的电压,栅极电路只用很少的功率就可以控制集电极电流(这是功率增益要求的条件),但是,如前文所述,这个机制并不是场效应调制,而是完全依赖于栅极点接触把"少数载流子"(也就是空穴)注入 n 型锗薄膜中。(很多后续实验证明了这一点,它们都测量了注入空穴的迁移率和"扩散长度"。)在纯锗里,自由电子的密度非常低($n \approx 10^{21}$ m^{-3}),注入的空穴密度大得足以主导集电极电流,从而让栅极的控制作用近乎完美。实际上,根据对这种新的增益机制的认识,人们立刻把每种接触分别命名为"发射极"、"基极"和"集

电极"，如图 3.4 所示（取自 1948 年发表于《物理学评论》的文章），我们现在非常熟悉这样的名字。这张图还说明了用晶体管作为电路元件来提供电压增益的方法。发射极-基极电路中的小信号电压调制了集电极电流 I_c，后者流过集电极-基极电路中的负载电阻 R_L，产生输出电压 $\Delta V_c = R_c \Delta I_c$（其中，$\Delta$ 表示一个适当量的小变化）。因为集电极接触时是反向偏置的，它对于电流是个高电阻，这样就可以把负载电阻选得比较大，不会严重地影响 I_c，因此，适当地选择 R_L，可以让输出信号 ΔV_c 远大于输入信号。

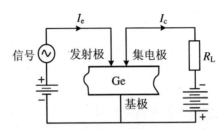

图 3.4　放大器电路中的点接触晶体管的电路示意图

信号电压调制了集电极电流，后者流过负载电阻 R_L，产生了输入电压的放大版。（本图拷贝自发表于《物理学评论》的第一篇晶体管文章，Bardeen J, Brattain W H. 1948. Phys. Rev.，74：230.）美国物理协会惠允重印

锗里面很容易诱导出一个反转层，因为这种材料的带隙很小（0.66 eV），理解这一点很重要——这些开创性实验选择它作为合适的材料，基于的是熔点而不是带隙，这也是因为运气比较好。如果你觉得整个过程看起来靠的都是运气而不是眼光（预言?），我应当强调，好研究的要点通常就是这个——驾驭和利用运气的能力是非常重要的——晶体管的发明就是一个了不起的例子，显然没有人（至少我自己）敢小瞧它。但是，分析这种突破出现的方式通常是有益的——只有这样才能学到许多东西。科学进展很少是可以预先计划的！然而，重要的是确定好目标，就像贝尔实验室的工作清楚地证明了，把它们牢记在心，不管下一个问题走向何方。在晶体管的发明过程里，真正惊人的是，它的时间尺度很短——漫无目的的研究也许最终能够得到类似的结果，但是肯定不会在两年以内！还要强调的是，他们的成功还依赖于贝尔小组被鼓励着集中精力做基础研究——在进行发明创造的时候，他们必须产生很多新的物理理解，只有应用最复杂、最先进的想法才能实现这个目标。肖克利 1950 年出版的著作《半导体中的电子和空穴》很好地说明了这一点，它本身就是卓越的成就，不仅全面地记录了最终发明了晶体管的研究工作，还全面地讲述了理解其工作原理的量子力学背景。此外，在前言里，当时的研究所领导拉尔夫·保恩强调了管理层要非常重视基础研究。我引用他的话："如果对工业研究实验室进行深入的基础研究这件事还有任何疑问的话，本书会把这种疑问一扫而

空。"贝尔公司建立了一个新团队来开发可以大规模制作的晶体管,同时鼓励原创的发明者们继续从事基础研究工作。这也证明了他们的重视和投入。我们将回到这一点,但是,首先要看看材料科学和技术的发展,它们成就了这一切。

3.2 锗和硅的技术

根据我们对微波二极管和晶体管发展的讨论,它们成功的关键显然是锗和硅的材料技术的进步——极其纯净和极其完美的单晶样品。特别是,用于"背电压高的二极管"的锗是经过仔细选择的,背景掺杂浓度非常低,贝尔实验室的科学家使用的正是这个材料,并且首次演示了晶体管的功能。对于晶体管来说,有三种材料参数很重要:基本材料的掺杂浓度要低,注入的少数载流子的漂移迁移率要高,而且寿命要长。第一个条件需要高纯度的材料,第二个条件需要完美的单晶,第三个条件同时依赖于这两个因素。因此,本节介绍制备这种材料的技术,为了方便起见,讨论包括了锗和硅,它们的制备技术和应用有很多共同之处。它们也是最早的控制得很好的半导体材料。我们已经看到,更早的器件采用了 Cu_2O,Se 和 PbS 这样的材料,它们的质量很难控制,甚至完全不可控。后面的章节说明了其他半导体更难于驯服,例如 GaAs,InSb 和 ZnSe。毫无疑问,锗和硅的技术很快就达到了其他材料难以比拟的标准。

前面的讨论已经强调了纯度的重要性,但是还应该注意,对于绝大多数半导体应用来说,为了达到最佳的性能,都需要高质量的单晶。多数的早期晶体管使用了多晶材料,大量的小晶粒通过"晶界"连在一起,晶界上有晶格失配和位错——相对于体材料晶体中的原子来说,成排的原子没有处在正确的位置上。在有些情况下,这些晶界带有电荷,在单个晶粒中产生了能带弯曲,这个因素与晶格失配一起使得自由电子(或空穴)在材料中传输时被"散射"。换句话说,与高质量单晶里的数值相比,这些自由载流子的迁移率降低了,有时候下降了很多倍。此外,对于少数载流子来说,晶界是非常高效的复合区,显著地缩短了它们的寿命。这两个效应都缩短了少数载流子的传输距离,从而降低了晶体管的性能。有些实验需要非常薄的材料层,使用蒸发的锗薄膜,这些效应就特别严重,甚至在使用体材料锗的工作中也是如此,因为很多是多晶锗——关键的差别在于单个晶粒的尺寸。在蒸发的薄膜里,尺寸是微米而不是毫米,而在体材料中,晶粒足够大,经常可以从多晶的晶锭上切下足够大的单晶。即使这样,那些搞商业应用的人可不喜欢这种切下来试试的方法——显然应该提高晶体的质量,并且控制它们的纯度。因此,发展了两种重要的技术——"逐区精炼法"和"拉晶法"来解决这些基本材料问题,前者用于实现必要的纯度,后者用于得到期望的结构质量。逐区精炼法是范恩在 1952 年引入的,而从锗熔液和硅熔液中拉出单晶的首次报道分别是在 1950 年(锗,梯尔和利特尔)和 1952 年(硅,梯尔和布勒),这些开创性的工作都是在贝尔实验室完成的。

逐区精炼法(Pfann,1957)可以被看作是一种复杂形式的部分结晶法(多年以来,化学家用它纯化了很多种化合物),在任何特定时刻都只熔化一部分的晶锭。它的成功同样依赖于固体-液体界面处杂质分凝的基本物理现象。特别是,如果熔化的锗晶锭缓慢地冷却、开始固化(称为"正常冷却"),绝大多数不想要的杂质倾向于分离到仍然熔化的晶锭部分,这个过程持续进行直到固化过程结束,在新得到的固化了的晶锭里,杂质的分布是一端密度最低,由此端至另一端,杂质浓度越来越高。杂质原子的总数并没有减少,所以,样品的纯化意味着必须扔掉晶锭杂质浓度高的一端(所以叫作"部分结晶法"——只纯化了一部分晶锭)。用"分凝系数" $k = C_s/C_1$ 表示每种杂质成分的特性(C_s 和 C_1 分别是固体-液体界面处固体相和液体相里面的杂质浓度),在绝大多数情况下,k 显著地小于 1。对于锗,k 的典型值是:$k_{Al} = 0.1$,$k_{Ga} = 0.1$,$k_{In} = 0.001$,$k_P = 0.12$,$k_{As} = 0.04$,$k_{Sb} = 0.003$,$k_{Cu} = 1.5 \times 10^{-5}$,$k_{Ag} = 10^{-4}$,$k_{Au} = 3 \times 10^{-5}$,$k_{Ni} = 5 \times 10^{-6}$。需要强调的是,在实践中,$k$ 依赖于实验条件。例如,如果冷却的界面移动得太快,k 就倾向于接近 1,不会发生分凝。液体的混合增强了这个效应,因此,理想地说,冷却应当很慢,而且,如果可能的话,液体应当很好地搅动(不是机械地搅动,而是在界面处产生大的温度梯度,从而有利于对流)。

在 20 世纪 40 年代,垂直冷却法被用于硅和锗,贝尔实验室就是用这种方法首次观察到 p-n 结的。在垂直石英管中熔化一根硅棒,从顶部到底部慢慢地冻结,产生一个单晶,但是得到的晶锭很让人吃惊,不是因为晶体性质,而是因为它表现出很大的光伏效应。布拉顿已经观察到光照在铜氧化物整流器的结区时产生的类似光电压,他认为这个硅棒里一定存在类似的结,进一步的实验证明了这个预言。用硝酸腐蚀这个硅棒,可以在显微镜下看到这个结,棒的顶端明显是 p 型行为,底端明显是 n 型行为。这些奇怪结果的解释是,这个棒既含有硼(B)杂质,也含有磷(P)杂质,它们的分凝系数有显著差别,磷($k = 0.04$)被更有效地扫到了正在凝结的晶锭的底端,把它掺杂为 n 型,而硼的 k 值接近 1($k = 0.8$),倾向于保持相当均匀的分布。因此,在棒的顶端,B 的密度大于 P,所以是 p 型行为,底端的情况正好相反。

这个过程原则上是可以重复的(再次熔化和冷却晶锭),但是,在重新熔化的过程中,杂质不可避免地重新分布,抵消了上次凝结过程中的分凝效应。为了避免这一点,逐区精炼法在单次实验中把多个冷却步骤组合起来,在晶锭的长度方向有一个或多个熔化区，而不是采用完全熔化的方法。机械地移动晶锭使之通过局部加热器，这些区就沿着晶锭移动。这个过程有效地把杂质原子从晶锭的一端扫到另一端，如果使用 n 个加热器，晶锭传输一次就等于扫了 n 次。用于提纯锗的典型的逐区精炼设备如图 3.5 所示。锗锭大约有 30 cm 长，直径为 3 cm，放在一个水平的高纯石墨管里。用感应加热器维持了六个熔化区，每个区大约 2.5 cm 宽，间距为 10 cm，晶锭沿着轴向移动，速度大约是 10 cm · h^{-1}，完全扫一次大约要 10 小时，足够把绝大多数杂质密度降低到 $1/10^{10}$ 的水平以下。

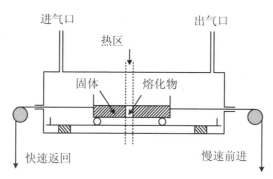

图 3.5　纯化锗的逐区精炼设备示意图

一串六个熔化区(图中只画了一个)沿着锗锭移动，后者包含在一个高纯度的石墨舟里面，同时进行了六次的逐区精炼扫除。熔化区大约有 2.5 cm 宽，锗锭的长度大约为 30 cm。整个装置放在一个石英管中，里面有惰性气体流过，防止锗被氧化

硅起初也是用类似方式提纯的，但是，因为硅的化学性质更活跃，晶锭放在一个小的薄石英舟里面——薄是为了防止冷却阶段热收缩的差别导致碎裂。这种过程的主要缺点是 SiO_2 和 Si 发生反应释放出了氧，其中一些溶解在硅锭里，产生了 $1/10^6$ 水平的氧密度(但是它对电学性质的影响似乎不大)，还有更少的但显著的其他杂质来自石英。后来采用了"浮区"的天才方法，得到了好得多的结果。垂直的硅晶锭在两端支持着，加热线圈垂直地运动，使得熔化区沿着晶锭的长度方向移动，它靠硅熔化物的表面张力稳定住，这样熔化的硅就用不着任何容器了。在实践中，这个过程通常在惰性气体(例如氩气)的气氛中进行。显然，在这种构型里，只有一个区可以通过这根棒子，所以，多次的通过实验就需要多次的通过时间。不幸的是，硼的分凝系数很不"友好"，逐区精炼法去除硅里的硼的效果很差，所以，在逐区精炼法去除其他杂质之前，先要在水蒸气气流中氧化，从而去除硼。

简单描述了硅和锗的提纯过程以后，再仔细地看看杂质分布的性质。前面说过，正常冷却效应实际上不能去除杂质，只是让它们重新分布，这个说法同样适合于逐区精炼法。让我们考虑熔化区一次穿过带有杂质的半导体圆柱棒，假定杂质的初始密度(C_0)分布是均匀的，分凝系数远小于 1。在扫描开始的时候，熔化界面

处的杂质浓度是 C_0，而冷却界面处留下来的杂质浓度较低，因此，随着熔化区的移动，它会变得越来越脏。杂质浓度在某个特定点达到 C_0/k，留在冻结固体中的杂质浓度将是 C_0，而从熔化界面进来的杂质浓度也是 C_0，换句话说，总过程达到了平衡，固体中的杂质浓度为 C_0，熔化区里的密度为 C_0/k。情况保持如此，直到熔化区到达晶锭的末端，熔化区本身也凝固了，保持了高的杂质浓度。得到的分布形状如图 3.6 所示，它强调了这一点：实际上只纯化了材料的初始部分——为了有效地去除杂质，需要进一步考虑杂质分布曲线里三个区的相对长度。

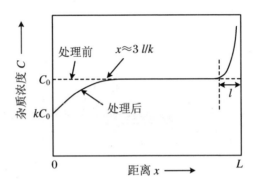

图 3.6　熔化区扫过一次以后，半导体棒中杂质浓度的分布曲线(假定分凝系数 $k<1$)
L 和 l 分别是晶锭和熔化区的长度。因为杂质没有减少，两端曲线上面(下面)的面积是相等的。
(取自 Pfann (1937)，vol. 4：423，fig.7)爱思唯尔公司惠允重印

对于单次通过，直到末端(但是不包括末端)的分布曲线可以用下述简单的公式表示：

$$C(x)/C_0 = 1 - (1-k)\exp(-kx/l) \tag{3.1}$$

其中，x 是到起始端的距离，l 是熔化区的长度。对于大多数晶锭($C(x)\ll C_0$)的有效纯化来说，这个公式表明，不仅 k 要小，而且 $kL/l<1$。如果 $k=0.1$，就要求 $L/l<10$，然而，如果 $k=0.01$，那么 $L/l<100$ 就可以了，这很容易做到。(注意，上面描述的实际的锗逐区精炼设备的特征数值是 $L/l=12$。)容易看出，多次扫描构型可以提高纯化的程度，但是分布曲线不能再用简单的数学公式描述了。图 3.7 中的分布曲线说明了这种方法可以提高纯度，其中，$k=0.1$，用扫描次数作为参数。即使杂质的 k 值接近 1，也可以利用很多次的扫描除掉，但是肯定非常费时间。

总结一下，需要强调两点：(1) 在最后固化的熔化区长度里，总是包含高浓度的杂质，必须去掉；(2) 不管纯化的部分有多纯，可以预期它会表现出不均匀的杂质分布，通常这不是什么好事情。但是，注意到这一点很有趣：可以用逐区精炼法得到掺杂浓度均匀的晶锭("逐区平整法")。有几种不同的变种，我们特别提两个。先考虑这个事实：原则上，标准的单次扫描给出了一个初始过渡区，接着是一段组

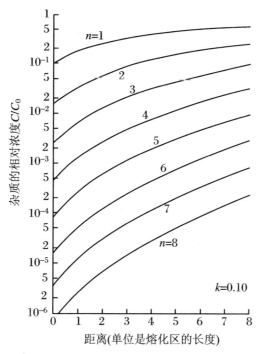

图 3.7 当 $k=0.1$ 时,熔化区扫过 n 次以后,计算得到的杂质浓度的分布曲线
清楚地说明了多次扫描可以大大提高最后的纯度。(取自 Pfann(1937):446;见图 3.6)
爱思唯尔公司惠允重印

分不变的区域。在过渡区里,熔化区里的杂质浓度逐渐增大,直到它达到 C_0/k,从这一点开始,固体中的杂质浓度保持为 C_0 不变,但是,人为地把第一区长度里的杂质浓度提高到 C_0/k 的水平,就不会有过渡区,固体中的杂质浓度从一开始就是 C_0,正是想要的结果。唯一的问题是在第一区里安排合适的杂质浓度,可以用一个天才的方法解决——在初始晶锭前面接一个单独的棒,它具有合适的杂质浓度 C_0/k,从这个新棒开始扫描熔化区,随着扫描的进行,这两个晶锭熔化连接在一起。对于 k 大约为 0.01 甚至更小的杂质,这个方法特别有效,可以把比较纯的晶锭精心地掺杂到预先选定的杂质浓度(例如,如果想把锗掺杂为 n 型,用 Sb($k=0.003$)作为施主,而受主 In($k=0.001$)常用作 p 掺杂)。这个方法的有效性很容易理解。人们认识到,熔化区的杂质浓度比固体中大 10^3 倍左右,在逐区地扫描晶锭的时候,只有非常少量的杂质留在了后面。因此,即使到了行程的末端,耗用的量也非常少。另一种方法非常不同,它让熔化区沿着直晶锭的两个方向多次扫描,从而导致了均匀的杂质浓度分布,浓度值对应于以前的多次通过的平均值,通常显著地低于第一种方法得到的数值。

　　关于纯度就讲这么多了——另一个关注点是晶体质量。怎么能得到缺陷数目最少的大单晶？特别是，为了得到载流子的高迁移率，晶界应该尽可能地少，缺陷密度尽可能地小。在硅和锗的情况里，一种方法是把晶体从熔化物里"拉"出来，使用波兰科学家切克劳斯基1918年设计的方法，生长锗单晶的典型设备如图3.8所示。把熔化了的锗放在石墨坩埚里，用感应法加热，又把它们放置在石英容器里，高纯的氢气流过其中，提供清洁的气氛。把一小粒籽晶放在一根垂直棒的前端，放入熔化物里面，以可控的速度（典型值是 10 cm·h^{-1}）缓慢地回拉，这样就可以长出直径比籽晶大得多的体材料晶体。这个棒同时绕着它的轴旋转，平滑掉因温度和几何构型的不均匀性带来的影响。利用安置在坩埚里的热电偶，精确地控制熔化物的温度（达到 ±0.1 ℃的量级，也就是说，大约是 1/10^4）。选定的回拉速度控制了长出的晶体的直径，但是也可能影响杂质分布，因为随着生长速度的增加，杂质分凝系数 k 倾向于接近 1。在用切克劳斯基法生长的一些锗晶体里，实际上设计回拉速率以产生均匀掺杂的区域。

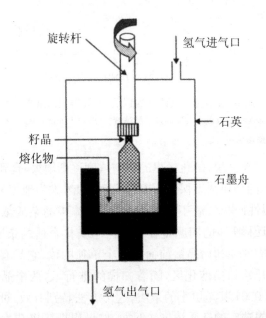

图 3.8　用于生长锗单晶的典型的切克劳斯基拉晶设备

射频加热使得石墨坩埚中的锗熔化，把一小粒籽晶放入熔液里，慢慢地拉回来，熔化物结晶了。拉出来的晶体的直径依赖于回拉的速度。棒的旋转提高了均匀性，也帮助搅动了熔化物。纯氢气用来把正在生长的晶体与氧气隔离开

　　类似的技术也可以生长硅单晶，但是硅更难生长，因为它的熔点更高，化学活性更强。后者使得石墨坩埚有必要使用石英衬垫，即便如此，杂质也可能从石英中

出来(即使高纯度的石英也远远低于半导体材料必需的纯度标准)。用切克劳斯基法生长的最好的硅材料的背景掺杂浓度(p 型)大约是 5×10^{19} m^{-3},虽然很有用,但是仍然比室温下的本征水平高了三个数量级。因此就又回到了浮区法(避免了与任何坩埚材料的直接接触)。人们发现,有可能在熔化区的开始位置做种子,从而产生单晶,掺杂浓度至少低一个数量级,少数载流子寿命长达 500 μs。最后要注意,这种方法也可成功地应用于锗(例如,参见 Cressen,Powell(1957)),背景掺杂浓度接近于本征水平,寿命长达几毫秒。此外,仔细地控制生长速率和空气温度梯度,可以把缺陷密度降低到 10 cm^{-2}(通常的结果是 $10^3 \sim 10^4$ cm^{-2})。

3.3   锗和硅的物理学

在半导体及其器件的发展过程中,一个经常出现的主题是三个方面的交织:器件开发、材料技术和物理学。一旦明确了器件需要更好的材料以便正常工作,材料科学工作者就全身心地投入到生产更纯净、更接近于完美的单晶,从而支持同事们优化器件性能的努力。但是,立刻就要问了,对于某个特定器件的性能来说,哪个物理参数是重要的——自由载流子迁移率? 少数载流子的寿命? 自由载流子密度的温度依赖关系? 半导体的表面态密度? 光学吸收系数? 带隙? 等等。而且,不管哪个参数对器件性能最关键,我们也必须理解与之相关的物理学——这个器件到底是怎么工作的? 第一个晶体管的开发历程很好地说明了回答这种问题时出现的不确定性,例如,少数载流子注入是(当时)全新的概念。那么,既然要优化这个参数,就要理解材料性质和器件参数的关系——涉及的物理是什么? 例如,什么决定了自由载流子的迁移率? 可以通过改变材料质量来影响它吗? 少数载流子寿命如何依赖于晶体结构或纯度? 如果是后者,哪种杂质是重要的? 在实践中,杂质如何影响这些参数? 许多这样的问题都必须回答,我们需要理解正在使用的材料的相关物理学。一个方面的进展不可避免地依赖于其他方面的进展,所以,现在应该考虑半导体物理学的发展及其对器件开发的影响。

然而,在了解深奥的固体物理学之前,还要了解另一个一般性质——为了正确地理解半导体物理学,需要拥有好的工作材料。因为对微波二极管和晶体管感兴趣,人们才努力提高材料的质量,使得半导体物理学工作者能够进行有意义的测量,从而理解这些器件实际工作的方式。如果某种无法控制的杂质或未知缺陷主导了材料性质,无论物理学家在测量的时候有多么仔细,对于研究主题的基本知识也了解得很少——只有当材料处于恰当的控制之下,物理测量才有真正的价值。

范恩（Pfann，1957）在他的综述文章《逐区熔化和晶体生长的技术》中清楚地表达了这一点："如果材料包含着无法确认的杂质或晶体缺陷，而且后来发现这些杂质或缺陷对材料的行为有重要影响，那么，仔细的研究又有什么价值呢？"但是，他接下来又说："固体物理学家对这种事越来越关注。不仅越来越经常地把单晶作为实验的必要条件，而且，越来越多地考虑组分和完美性的细节。"这是在 1957 年。时间已经证明并放大了这个谦虚的陈述的重要性。

我希望读者已经领会了器件、材料和物理之间的密切联系，这个主题将贯穿于我们的论述，并不停地出现。好器件需要好材料和好理论——好理论需要好材料和好器件—好材料也需要好理论。本节更是基于如下事实：一旦能够获得高质量的锗和硅，半导体物理学就迅速地发展了。为了全面地理解这一点，只需要提醒自己，1931 年，在关于半导体性质的经典文章中，威尔逊坚决地把硅划分为金属！到了 20 世纪 50 年代，科学家知道得更好了。到了 21 世纪，世界上有一半人都知道了！

到了 20 世纪 50 年代末期，人们已经在很大程度上理解了关于锗和硅的电子性质的基本物理学。我们现在就接受挑战，追寻这个物理学发展的踪迹，这当然就需要学习一些半导体物理学知识。我们将考察锗和硅的"能带结构"，介绍电子和空穴"有效质量"的概念，接着研究这些材料的导电性质，简单地了解不同的散射机制——它们限制了自由载流子的迁移率。接下来的主题是"少数载流子"，我们已经几次提到过它——我们将稍微仔细地考察少数载流子注入和电子-空穴复合，并且引入少数载流子扩散的概念。最后，我们谈谈表面态及其对半导体性质的影响，例如"表面复合"和肖特基势垒高度。这些主题包括了很大范围的半导体物理学，我们只能介绍基本的想法，希望能把它们说得可信些。但是，不要搞错，为了理解本书的其余部分，必须了解一些物理学。

半导体的能带结构扩充了我们对知识导带（其中，电导靠的是自由电子）和价带（自由空穴扮演了类似的角色）已经熟悉的想法。我们说过，这些能带被能隙分开，能隙里面没有电子态，然而，能带可以包含自由载流子，热运动使得自由载流子占据了导带（价带）底部以上（顶部以下）kT 能量范围内的态。在确定能带的时候，能量显然是个重要参数，但是，当考虑自由电子运动的时候，它们的动量也很重要。实际上，只有建立了电子的能量和动量之间的关系，才能够恰当地定义它的运动。能带结构就表示了这个关系，仅此而已。当我们讨论诸如电导、光吸收和"热电子"效应（例如耿氏效应，见第 5 章）等性质的时候，能带的重要性就变得明显了。

专题3.1给出了能量 E 和动量 p 之间的一个相当简单的关系——完全自由的电子（也就是真空中的电子）的抛物线型关系。对于半导体晶体导带中的一个电子,我们也想寻找类似的关系,但是,我们发现它非常不一样,这并不太让人吃惊。简单地说,当电子在外加电场的作用下加速通过晶体的时候,每个半导体原子与电荷相联系的静电力把它朝着各种方向推拉。当电子在晶体中运动的时候,它必然靠近某个特定原子,然后又和它分离,再靠近下一个原子,这是不可避免的。在每个阶段,它会感受到不同的电场力(当然是在三个方向上),运动受到显著的影响,同时改变了能量和动量之间的关系。此外,这种影响的程度依赖于电子在晶体中的运动方向(相对于晶体方向,也就是相对于晶轴)。在原则上,我们仍然可以画一条 E-p 曲线,但是,它的形式更复杂了,而且需要大量的、技巧性的理论来计算(并不太奇怪吧?)。实际上,即使现在最佳的能带结构理论也不能精确地重构出这条曲线,为了得到最佳的有效近似,必须把这样的计算与实验数据结合起来,而且,因为这种曲线在不同方向上的形式不一样,通常我们只给出特定晶轴方向上的数值。此外,即使在同样的方向上,导带和价带的形状也有巨大的差别。

专题 3.1 半导体能带结构

关于半导体能带结构的任何讨论几乎都是从完全自由的电子的行为开始的,完全自由的电子指的是真空中的电子,除了感受到均匀电场的作用力之外,这个电子不受其他任何力的影响。真空中的电子可以在均匀电场的方向上加速,在此过程中得到动能

$$E = \frac{1}{2}mv^2 \tag{B.3.1}$$

其中,m 是自由电子的质量,v 是它的速度。这个电子还具有动量

$$p = mv \tag{B.3.2}$$

由此可以得到能量和动量之间的关系

$$E = p^2/(2m) \tag{B.3.3}$$

E-p 曲线是个抛物线,最小值位于原点处(图 3.9)。为了便于以后参考,请注意,$dE/dp = p/m$,$d^2E/dp^2 = 1/m$。换句话说,抛物线的曲率只依赖于电子质量 m。

现在必须考虑量子力学了。电子动量和德布罗意波长 λ 的关系是

$$p = h/\lambda \tag{B.3.4}$$

其中,h 是普朗克常数。由上式可知

$$p = kh/(2\pi) \tag{B.3.5}$$

其中,$k = 2\pi/\lambda$ 是电子波的传播常数,也称为"电子波矢"。在半导体的术语里,自由载流子的动量通常用"k"表示——常数 $h/(2\pi)$ 不读出来。这样一来,通常给出的是 E-k 而不是 E-p 曲线,但是曲线的形状是完全相同的。

对于半导体导带中的电子来说,其 E-k 曲线的形状比自由电子复杂得多,如正文所述。一个重要差别在于,电子波长与晶格间距 a(晶体中原子之间的距离)的关系。当 k 增大的时候(λ 相应减小),波长从上方接近 a,当 $k = 2\pi/a$ 的时候,发生了共振,产生了"驻波",因为晶体中原子的周期性排列,E-k 曲线达到了转变点,当 k 大于 $2\pi/a$ 的时候,E-k 曲线就简单地重复了,因此,所有必要的信息都包含在第一个"布里渊区"里面。$k = 2\pi/a$ 的点称为"布里渊区的边界"。

最后,通过比较 E 和 k(或者 E 和 p)的抛物线关系,利用 E-k 曲线靠近价带最大值(或者导带最小值)附近的曲率,就可以定义空穴的"有效质量"m_h(或者电子的 m_e)为

$$m_h, m_e = (\mathrm{d}^2 E/\mathrm{d}p^2)^{-1} = \frac{h^2}{4\pi^2}(\mathrm{d}^2 E/\mathrm{d}k^2)^{-1} \tag{B.3.6}$$

外电场 F 作用在电子上的力是 eF,产生的加速度是 $a = F/m_e$,表明电子的迁移率(电子在外电场作用下运动的能力)正比于 m_e^{-1}。

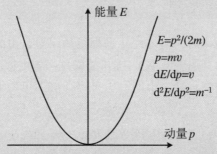

图 3.9 真空中电子的能量 E 和动量 p 之间的关系

这个曲线是抛物线,该曲线上任意一点处的斜率等于电子的速度 v。原点附近的曲率给出了电子质量 m。(注意:类似的关系也适用于半导体中的"有效质量")

作为这种"能带"结构的例子,图 3.10 中给出了硅(001)晶向上导带和价带的形状,这是硅晶格的立方(四面体)结构的一个主轴方向。首先,能量 E 对应的变量是正比于 p 的"波矢"k 而不是 p 本身(参见专题 3.1)。其次,如专题 3.1 所述,k 的取值在 0 和 $2\pi/a$ 之间(其中 a 是硅的晶格常数),足以确定全部的行为。第三,价带里有三个曲线——通常的说法就是有三个价带。其中有两个在 $k = 0$ 处的能量相等,它们是能量极大值,对应于最高点(价带能量的绝对最大值)。第四,导带在价带极大值上方有个极小值,但并不是绝对最小值,后者出现在图的边缘,沿着(001)方向,也就是靠近 $k = 2\pi/a$ 的位置。最后,点 $k = 0$ 和 $k = 2\pi/a$ 分别用字母 Γ 和 X 标记。这些符号来自群论,我们不需要考虑它们的准确含义和重要性——可以把它们当作方便的标记,仅此而已。

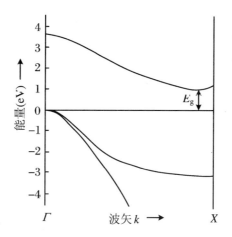

图 3.10 硅单晶(001)晶向上的简化的能带结构(能量 *E* 随波矢 *k* 的变化曲线)
a 是硅的金刚石结构的晶格常数。价带最大值出现在 Γ 点(位于布里渊区的中心,$k = 0$),导带的最小值靠近 X 点,也就是靠近布里渊区沿着(001)方向的边,其中 $k = 2\pi/a$(a 是硅的晶格常数)。有六个等价的导带极小值,对应于(00 ± 1),(0 ± 10) 和 (±100)。

现在可以看看图 3.10 所示的能带结构的重要性。注意,硅的带隙是价带最高点和导带最低点之间的能量差,光子的带边吸收必须把一个电子从价带最大值 Γ 点处带到导带靠近 X 点的最小值,后者具有很不一样的 k 值。光学吸收不仅涉及了电子能量的变化,还涉及了动量的变化——电子必须获得能量和动量,才能从价带跃迁到导带。能量来自光子的能量 $h\nu$,但是动量必须有其他来源——光子没有质量,它的动量很小。在实践中,所需要的动量来自晶格振动或声子的相互作用(声子的 k 值覆盖了从 0 到 $2\pi/a$ 的整个范围),所以,光学跃迁涉及三个同时相互作用的粒子(电子、光子和声子)。这种过程在本质上比简单的两粒子相互作用更不可能,后者涉及的光学跃迁把一个价带电子带到更高能量的 Γ 点处的导带最小值(这个过程不需要动量的变化)。后面这种跃迁称为"直接"跃迁,而前者称为"间接"跃迁。显然,硅带边的间接光学跃迁显著地弱于导带最小值与价带最大值具有相同 k 值(通常是在 Γ 点)的半导体(也就是更不可能),这反映在带边处的光学吸收系数上。图 3.11 说明了这一点,其中给出了硅在带边附近的吸收系数的实验数据。吸收边远远不够陡峭,吸收系数比较小(与直接带隙半导体 GaAs 的相应数据作对比)。

硅能带结构的第二个特点是能带在"临界点"(例如价带最大值和导带最小值)附近的曲率。例如,导带 X 极小值附近的电子处于热平衡。在实际的极小值附近,能带的形状类似于抛物线,与自由电子对应的抛物线(参见专题 3.1)做比较,就可以定义在 X 极小值处沿着(001)方向运动的电子的"有效质量"。

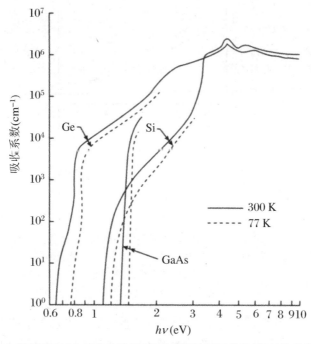

图 3.11 纯净半导体材料在吸收边附近(光子能量接近于带隙能量)的光学吸收系数 α

硅和锗是"间接带隙"半导体,随着光子能量的增加,α 增加得比较慢。与直接带隙材料 GaAs 的数据做对比,可以说明这一点。对于硅来说,只有在光子能量 $\geqslant 2$ eV 时,α 才达到 10^4 cm^{-1}(对应于吸收长度 1 μm)。相比之下,GaAs 很快就上升到 10^4 cm^{-1}。(取自 Sze S M. 1969. Physics of Semiconductor Devices[M]. New York:Wiley:34)约翰·威利父子公司惠允使用

　　因为半导体中的 E-k 曲线显著地不同于自由电子,我们必然预期 m_e 和自由电子质量 m 不一样。实际上,m_e 只是一个方便的虚构物,用来表示如下事实:电子在半导体中的表现与真空中不一样。更精确地说,半导体中的电子被外加电场加速的时候,它们的质量就像等于 m_e 似的。如果质量大于自由电子质量 m,那么,晶体中的电子就比真空中跑得慢;如果质量小于 m,情况正相反。乍一看,下述实验事实有些让人迷惑:在很多情况下,有效质量确实小于 m,也就是说,有效质量比 m_e/m(或 m_h/m)<1。电子必须和晶体中的复杂电场进行协调,它们跑起来怎么能比自由电子更容易呢? 看起来是个僵局,其实这是完美晶体中原子排列的周期性导致的结果——在晶体里,位于硅四面体中的某个特定点上的电子看到的环境与其他任何硅四面体中的相应点完全相同。换句话说,电子波函数是个周期函数,它分布在整个晶体里,正是这个原因增强了电子的移动能力。

　　20 世纪 50 年代,人们使用"回旋共振"技术测量了硅和锗的电子有效质量——在晶体上施加大磁场 B,把导带底部劈裂为"朗道能级",能量间隔为 $\Delta E =$

$[h/(2\pi)]eB/m_e$. 利用角频率为 ω 的振荡电场在这些能级间诱导出跃迁,当能量量子 $h\omega/(2\pi) = \Delta E$ 的时候,场里面的能量被吸收。(这类似于第 1 章公式(1.1)提到的原子能级间的跃迁,但是,回旋共振的能量量子要小得多),测量此时的 B 和 ω 的数值,就可以由下述关系式得到 m_e 的数值:

$$m_e = eB/\omega \tag{3.2}$$

表 3.1 列出了硅和锗的电子有效质量的测量值,需要做些解释。图 3.10 中的导带最小值指的是(001)晶向。在这个方向上测量的质量叫作"纵向质量" m_L,在垂直于图 3.10 平面的方向上测量的质量是不一样的,后者叫作"横向质量" m_T。注意,有三个等价的(001)型的方向,即(001),(010)和(100)。在锗里,最低的导带极小值发生在(111)晶向上(有四个)——它们被记为 L 极小值,类似的标记也用于有效质量。在描述电导率的时候,必须采用这些基本质量的适当平均值,这就是 m_c,在描述导带态密度的时候,需要使用另一个平均值 m_d。注意,m_c 和 m_d 都远小于自由电子质量。价带有三个各向同性的质量,每个带有一个,分别称为"轻空穴"质量 m_{lh}、重空穴质量 m_{hh} 和劈裂带质量 m_{so}。

表 3.1 锗和硅的有效质量

	导 带					价 带		
	m_h/m	m_T/m	m_c/m	m_d/m	m_{lh}/m	m_{hh}/m	m_{so}/m	m_d/m
Ge	1.64	0.082	0.12	0.22	0.044	0.28	0.077	0.39
Si	0.98	0.19	0.26	0.33	0.16	0.49	0.245	0.55

有效质量是决定空穴和电子迁移率的重要参数。现在更仔细地考察这一点,要考虑导带中的电子。与晶体达到热平衡的自由电子以动能的形式具有 kT 大小的热能量,$K = (1/2)m_e v_T^2$(v_T 是热速度)。这样就有

$$v_T \approx (kT/m_e)^{1/2} \tag{3.3}$$

由此可得,在室温下,$v_T \approx 10^5 \text{ m} \cdot \text{s}^{-1}$。也就是说,电子像一群蜜蜂似的到处乱飞,随机速度大约是 $10^5 \text{ m} \cdot \text{s}^{-1}$,但是,它们在做热运动的时候,经常碰到晶体的缺陷(例如杂质或晶格振动),把它们的运动随机化了。也就是说,它们随机地改变方向,在没有施加外场的时候,任何方向上都没有净运动。如果施加电场 F,就会在热运动上叠加一个"漂移速度" v,从而产生了电导。为了计算 v,需要知道碰撞的平均间隔 τ,这样就有

$$v = e\tau F/m_e \tag{3.4}$$

采用典型值 $\tau = 10^{-12} \text{ s}$ 和电场 $10 \text{ V} \cdot \text{cm}^{-1}$,可以得到 $v \approx 5 \text{ m} \cdot \text{s}^{-1}$,大致是 v_T 的 $1/10^4$。碰撞的平均自由程是 $l = V_T\tau \approx 10^{-7} \text{ m} = 100 \text{ nm}$。所以,电子在两次碰撞之间行进了几百个晶格间距(表明了周期波函数弥散在很多个原子上这个概念的

正当性,也就说明了有效质量描述的正当性)。

电子迁移率 μ_e 和 v 的关系是

$$\mu = v/F = e\tau/m_e \tag{3.5}$$

上式表明,迁移率依赖于有效质量的倒数,典型值是 $\mu \approx 0.5\ m^2 \cdot V^{-1} \cdot s^{-1}$。在任何特定的例子里,实际数值依赖于载流子的有效质量和散射时间 τ 的精确数值。为了更多地了解 τ,需要更仔细地考虑散射机制。

在温度为热力学零度的完美单晶里,电子的迁移率应该是无穷大的——没有什么东西阻止它们在硅(或锗)原子的周期性晶格中自由运动。在实践中,晶体里的许多"缺陷"产生了前面提到过的散射。这些散射可以分成两类:第一类是晶格振动,由于热运动,原子会偏离理想的位置;第二类是杂质原子、晶格上的空缺、间隙原子、位错等等,它们也是相对于理想晶体的偏离。晶格振动散射(通常简称为"晶格散射")在低温下不重要,但是,随着更高温度时振动幅度的增大,它变得越来越重要,通常在室温和更高温度时起主导作用。这样就可以预期,当温度高于室温的时候,载流子的迁移率随着温度的升高而下降。实际上,对于占主导地位的声学声子散射,$\mu \propto T^{-3/2}$。另一个重要机制来自晶格里的荷电杂质原子,它们通常是电离后的施主原子或受主原子。在 n 型掺杂的晶体里,导带中的自由电子起初是很弱地束缚着的多余电子,也就是原子成键不需要的那些电子。它们很容易逃离施主原子,在晶体里自由运动,留下一个带有正电荷的施主原子(占据正常的晶格位置)。当自由电子经过这种荷电的施主原子的时候,就会受到库仑场的吸引作用,从而让它们偏离原来的轨道,也就是散射了它们。掺杂浓度越高,散射中心就越多,对电子迁移率的影响也就越大。这样一来,$\mu \propto N_I^{-1}$,其中,N_I 是电离的杂质原子的总密度。这比较容易理解,但是,温度的依赖关系就不容易理解了。然而,仔细的考虑表明,随着温度 T 的升高,电子的热速率也增大,相互作用时间就减少了,电子在荷电施主原子的力场中停留的时间也越来越少,这样散射效应就相应地变得更小了,迁移率就增大了。实际上,作为一阶近似,$\mu \propto T^{3/2}$。这样一来,电子迁移率的总体图像是:低温下(比如说 4 K,液氦的沸点),数值比较小;在中等温度区间(在 50~100 K)达到最大值,然后随着温度的进一步升高而逐渐减小。精确的形状依赖于掺杂浓度,当掺杂浓度很高的时候,电离杂质散射甚至在室温下也很重要,但是可以预期,迁移率-温度曲线的一般形式是

$$\mu^{-1} = aT^{-3/2} + bT^{3/2} \tag{3.6}$$

其中,a 依赖于 N_I。注意,公式 (3.6) 是以 μ^{-1} 而不是以 μ 的形式给出的,因为必须把杂质散射和晶格散射组合起来:

$$\mu^{-1} = \mu_I^{-1} + \mu_L^{-1} \tag{3.7}$$

作为例子,图 3.12 给出了掺 B 的硅的空穴迁移率的温度依赖关系(取自 Pearson

和 Bardeen 在 1949 年发表的文章,见 Shockley(1950)),证明了公式(3.6)的一般正确性。此后有更多详细的研究工作,但让人吃惊的是,早在 1949 年,就有了对载流子迁移率的精妙理解。没有什么比这更说明为提高晶体质量而付出的艰苦努力的价值了。

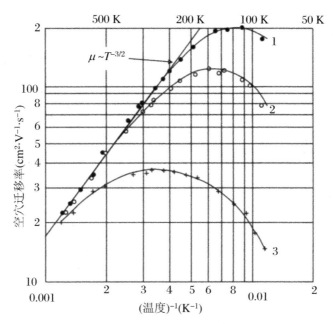

图 3.12　三个掺 B 的 p 型硅样品的空穴迁移率随着温度倒数的变化关系
温度区间为 77～600 K。这些数据非常清楚地表明了高温下声学声子晶格散射的 $T^{-3/2}$ 变化关系,还指出了低温下电离杂质散射预期的 $T^{3/2}$ 关系。掺杂浓度是:样品 1:1.3×10^{24} m^{-3};样品 2:2.7×10^{24} m^{-3};样品 3:6.7×10^{24} m^{-3}。(取自 Pearson G L,Bardeen J. 1949. Phys. Rev. 73:863. fig. 8A)美国物理协会惠允重印

　　锗和硅的自由载流子迁移率对于晶体管非常重要,因为它决定了注入的少数载流子能够行进多长距离,从而到达集电极,但是,值得再次强调的是,虽然场效应的原始概念刺激了贝尔实验室的工作人员寻找固体放大器,但是其中并没有少数载流子的角色。它们是被偶然发现的,而且人们只用了很短的时间就正确地理解了它们的行为。我们几次提到了它们,但是并没有解释它们在物理学上的重要性。现在该老老实实地介绍它们了。

　　如第 1 章所述,在本征半导体中,电子被热激发从而跳过能隙,导致了相同密度 $n_i(=p_i)$ 的电子和空穴,其中,n_i 强烈地依赖于温度,其关系为 $n_i = \sqrt{(N_C N_V)} \times \exp[-E_g/(2kT)]$。另一方面,如果掺杂一个半导体(比如说 n 型),就产生了自由电子密度 $n = N_D$(其中,N_D 是施主密度),根本不会产生任何空穴。类似地,在

含有 N_A 施主的 p 型半导体中，$p = N_A$。如果温度低得可以忽略 n_i，那么就意味着，在 n 型材料中，$p = 0$，而在 p 型材料中，$n = 0$。实际上，这并不是很正确——基于化学上的质量作用定律，可以把电子和空穴的密度联系起来：

$$np = n_i^2 \tag{3.8}$$

因此，在 n 型材料中，存在着空穴密度 $p_n = n_i^2/n$，知道 n_i 的值，就可以计算了。例如，在第 1 章估计了，对室温下的硅来说，$n_i = 4.53 \times 10^{15}$ m^{-3}，所以，在掺杂施主密度为 10^{22} m^{-3} 的硅里面，空穴密度就是 $p = (4.53 \times 10^{15})^2/10^{22} = 2.05 \times 10^9$（m^{-3}），比 n 小好几个数量级，但不是零。因此，这些空穴称为"少数载流子"，它们的密度远小于"多数载流子"电子。

注意，公式(3.8)严格地应用于热平衡系统——没有外加电压，没有电流流过，没有光被吸收，等等。如果有某种激励施加在它上面，可能会显著地改变少数载流子的密度，就像晶体管的情况一样。但是，用另一个例子很可能更容易理解，考虑光子能量大于带隙的光照射半导体的情况。在专题 2.3"光电导"中，我们已经讨论了 p 型半导体的情况。电子-空穴对的光生速度为 g（m$^{-3} \cdot$ s^{-1}），复合速度为 n/τ（其中，τ 是复合寿命），在达到稳态的时候，

$$g = n/\tau \tag{3.9}$$

所以，少数载流子（在这种情况下是电子）的密度变为 $n = g\tau$，因此，它依赖于光强和复合寿命。如果寿命很长，光强度很大，产生的空穴和电子的密度甚至有可能大于背景掺杂浓度 p_0（这称为"高注入"条件）。换句话说，少数载流子电子的密度接近于多数载流子的密度！

光学注入载流子是个直截了当的例子，很容易理解，但是它与晶体管工作的条件不一样。吸收光产生的电子和空穴的数目相等，注入的少数载流子的密度永远不可能超过多数载流子的密度，然而，在晶体管的基区，少数载流子是由发射极电极注入的。因此，在这种情况下，少数载流子似乎有可能超过多数载流子，但是这忽略了一个基本的自然定律！众所周知，自然厌恶真空——它也厌恶任何偏离严格电中性的情况。正电荷的空穴注入 n 型基区的时候，相应的以电子的形式表现的负电荷的密度就从基区电极吸引过来以便中和注入的正电荷，这个过程发生的速度非常快。它涉及的时间称为介电弛豫时间 t_d，

$$t_d = \varepsilon\varepsilon_0\rho \tag{3.10}$$

其中，ε 是半导体的相对介电常数（大多数半导体的数值接近于 10），ε_0 是真空介电常数，ρ 是基区的电阻率。假定 $\rho = 10^{-2}$ $\Omega \cdot$ m（对于基区相当低的掺杂浓度来说，这个数值是合理的），对于这个过程，容易算出数值 $t_d \approx 10^{-12}$ s。所以，我们又一次发现，少数载流子的密度从来不会超过多数载流子的密度——也许有点奇怪吧。

　　引人注目的是,点接触晶体管的运行依赖于这个事实:把一个金属点压到 n 型锗的表面上,在表面上形成了面积很小的 p 型。表面被"反转"了,也就是说,从 n 型转变为 p 型,但是精确的机制并不总是很清楚。在一些接触中,用脉冲电流通过它们,可以显著地改善少数载流子的注入,人们争辩说,这是因为金属杂质掺杂了半导体的表面区域。然而,为了让晶体管正常工作,这也并不是绝对必需的,只是让它更难以解释了。我们不再深究这个问题,只是简单地接受它:当发射极上施加正向电压的时候,反转确实发生了,从而注入了少数载流子。集电极(在物理形式上是类似的)是反向偏置的,它的作用是把少数载流子扫出半导体,形成集电极电流,它受到发射极电流的控制。

　　剩下来的问题是:少数载流子(在 p-n-p 器件中是空穴)是怎样穿过基区的?答案是:它们是扩散过去的! 注入过程使得发射极附近具有高密度的空穴,从而产生了密度梯度,它驱动了扩散过程(这很像气体通过一个小孔膨胀地进入真空容器里——气体分子倾向于扩张,以便填充可以到达的整个空间——自然也厌恶密度梯度!)。同时,空穴和电子靠得很近,倾向于在途中复合,从而减少了到达集电极的空穴数目,这显然是件坏事情! 它的严重程度依赖于"基区宽度" W 和"扩散长度" L 的相对大小。前者就是发射极和集电极的间距,由点接触的位置决定;后者是基区材料的性质,依赖于少数载流子寿命 τ 和空穴迁移率 μ(参见专题 3.2)。这样就有

$$L = (\tau\mu kT/e)^{1/2} \tag{3.11}$$

如果取 $\tau = 10^{-6}$ s, $\mu = 0.1$ m^2 · V^{-1} · s^{-1}, $T = 300$ K,就可以得到 $L = 5 \times 10^{-3}$ m,即 $50\ \mu$m。为了在空穴复合之前就有效地收集它们,集电极到发射极的距离必须小于 $50\ \mu$m(大约是一张纸的厚度!)。专题 3.2 把这个相当模糊的陈述数量化了。

专题 3.2　少数载流子扩散

　　为了更好地理解少数载流子在晶体管基区里的扩散过程,可以用简单的一维数学模型描述它。图 3.13 中,假设少数载流子电子穿过 $x = 0$ 平面注入 p 型材料中,后者一直向右延伸到无穷远处。图 3.13 给出了电子密度随着距离 x 的变化关系。因为 $n(x)$ 随着 x 的增大而减小,单位面积上电子向右扩散的速率为

$$dn/dt = -Ddn/dx \tag{B.3.7}$$

其中, D 是扩散系数,它依赖于电子迁移率。如果考虑厚度为 dx,到原点距离为 x 的材料元,可以把电子扩散进入该区域的速率写为 $-D(dn/dx)_x$,而电子流出该区域的扩散速率为 $-D(dn/dx)_{x+dx}$。在这个区域里,电子与多数载流子空穴复合的速率为 $n(x)dx/\tau$,让"流入速率"等于"流出速率"加上"复合速率",可以得到

$$- D(dn/dx)_x = - D(dn/dx)_{x+dx} + n(x)dx/\tau \qquad (B.3.8)$$

上式可以调整为

$$[(dn/dx)_{x+dx} - (dn/dx)_x]/dx = n(x)/(D\tau)$$

即

$$d^2 n/dx^2 = n(x)/(D\tau) \qquad (B.3.9)$$

可以解出这个简单的微分方程,得到 $n(x)$。容易验证,完全解是

$$n(x) = A\exp(- x/L) + B\exp(x/L) \qquad (B.3.10)$$

其中,A 和 B 是待定的常数,L 是"扩散长度",由卜式给出:

$$L = (D\tau)^{1/2} \qquad (B.3.11)$$

如前文所述,D 依赖于迁移率 μ,准确的依赖关系是 $D = \mu kT/e$,这样就得到了正文中的公式(3.11)。

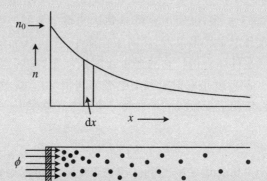

图 3.13 少数载流子电子的密度随距离的变化关系

少数载流子扩散到无穷大的"一维"p 型材料中。假定电子 ϕ 在 $x = 0$ 平面注入,从而在该处产生的密度为 $n(0)$。由此得到的密度梯度表明,电子向右方扩散,同时和多数载流子空穴发生复合。这种复合过程由寿命 τ 表征。(来源:Orton J W, Blood P. 1990. The Electrical Characterization of Semiconductors:Measurement of Minority Carrier Properties[M]. London:Academic Press:24)爱思唯尔公司惠允重印

利用边界条件,可以确定常数 A 和 B,考察端点 $x = 0$ 和 $x = \infty$ 处的情况。当 x 趋于无穷大的时候,$n(x)$ 趋近于零,由此可知,$B = 0$,否则,$B(\infty)$ 就变成无穷大了。最后,在 $x = 0$ 处,我们有 $n(0) = n_0$,由此可知 $A = n_0$,所以,$n(x)$ 的正确解是

$$n(x) = n_0\exp(- x/L) \qquad (B.3.12)$$

这个公式表示少数载流子向厚度为无穷大的区域里扩散的"扩散曲线"。复合过程使得 $n(x)$ 在增量为 $x = L$ 的距离上减小了一个因子 $1/e$。

这个结果引入了扩散方程及其一个可能的解,但是并不适合晶体管的真实情况。实际上,基区宽度是有限的(而且比较小),因此,我们需要在数学上做些修改,把这一点考虑进去。显然,必须修改第一个边界条件,应该用 $n(W)=0$ 代替 $n(\infty)=0$,其中,W 是基区的宽度。采用这个条件的原因是,集电极的电场把穿过 $x=W$ 平面的电子以很高的速度扫走了。经过一些操作,可以得到这种情况下的解:

$$n(x) = \frac{n_0 \sinh\left[(W-x)/L\right]}{\sinh(W/L)} \qquad (B.3.13)$$

在晶体管里,我们关心的是集电极的少数载流子电荷,更准确地说,是比值 α = 集电极电流/发射极电流。任意点 x 处的电子通量是

$$(\mathrm{d}n/\mathrm{d}t)_x = -D(\mathrm{d}n/\mathrm{d}x)_x \qquad (B.3.14)$$

因此,上面的比值就是 $(\mathrm{d}n/\mathrm{d}x)_{x=w}/(\mathrm{d}n/\mathrm{d}x)_{x=0}$,即

$$\alpha = \mathrm{sech}(W/L) \qquad (B.3.15)$$

由此可以看出,如果 $W \ll L$,那么 $\alpha=1$(所有的注入电流都进入了集电极);如果 $W=L/2$,那么 $\alpha=0.89$;如果 $W=L$,那么 $\alpha=0.65$。显然,好晶体管的基区宽度必须小于少数载流子的扩散长度。

下一节再讨论晶体管的工作原理,但是我们先借此机会更仔细地考察表面态的本质和性质。值得注意的是,寻找全固态放大器的最初推动力是这个想法:在垂直方向上施加一个大电场,可以控制半导体材料中的电流(图 3.1)。表面态毁掉了这个点子,晶体管工作的最终发现来自对这些表面态的基础研究。我们将会看到,场效应晶体管后来非常重要,一旦发现了把表面态的贡献最小化的方法,巴丁很快就认识到它们的重要性,这与肖特基势垒高度的理论有关(金属-半导体接触)。因此,我们有必要在一定程度上理解它们的性质。

表面态效应在晶体管研究中变得明显以前很久,人们就预期了它们的存在。1932 年,塔姆在理论基础上预言了它们的存在,1939 年,肖克利本人也发表了一篇关于这个主题的文章,但是人们没有认识到它们在实践中的重要性。我们要问的第一个问题是:在典型的半导体里,表面态的密度是多少?为了对这个答案有个粗略的感受,我们注意到,每平方米表面上大约有 10^{19} 个表面原子,虽然每个这样的原子都可能贡献一个表面态,但这很可能是表面态密度的上限。还要记住,"真实的"表面通常是被氧化了的,这样就包含了某种形式的氧化层,可以预期它们会修改表面态密度。根据这些考虑,发现它的量级是 $N_s = 10^{18}$ m^{-2} 就不会太奇怪了。然而,有一个重要的性质——表面态的能量分布于半导体的整个能隙不可能根据这些简单的想法猜出来。因此,在确定它的态密度的时候,有必要指出每平方米每电子伏的密度,对于化学处理过的表面,典型的实验值是在 $(1\sim5) \times 10^{17}$ m^{-2}

·eV^{-1}的范围里。能量上的这个分布有很多重要结果,包括对场效应测量的影响。

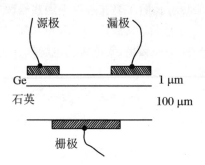

图 3.14 场效应的测量示意图

贝尔实验室用它来研究表面态。锗薄膜沉积在 100 μm 厚的石英片上,另一面是金属栅电极。测量锗表面两个电极之间的电导随着栅极电压的变化关系

考虑一个典型的场效应测量,例如 20 世纪 40 年代贝尔实验室做的那种测量。实验包括一个锗薄膜,厚度 $t = 1\ \mu$m,沉积在 100 μm 厚的石英片上,在另一面蒸发了金属面电极(图 3.14)。假定锗是 n 型的,它的自由电子密度是 $10^{22}\ $m^{-3},对应的电子面密度是 $n_s = nt = 10^{16}\ $m^{-2}。在金属面电极上施加正电压,就会在锗里面诱导出更多的电子,从而增大其电导。假定我们施加了 100 V 的电压,这会让电子密度变化多少?

很容易计算。利用外加电压 V 在电容 C 上诱导出的电荷 Q 的关系式:

$$Q = CV \tag{3.12}$$

对于面积为 A 的表面,注意到 $C = \varepsilon_i\varepsilon_0 A/d$,单位面积上的电荷就是 $\delta Q_s = e\delta n_s = \varepsilon_i\varepsilon_0 V/d$。最后我们得到

$$\delta n_s = \varepsilon_i\varepsilon_0 V/(ed) \tag{3.13}$$

计算可以得到

$$\delta n_s = 2 \times 8.85 \times 10^{-12} \times 100/(1.6 \times 10^{-19} \times 10^{-4}) = 1.1 \times 10^{14}\,(\text{m}^{-2})$$

半导体薄片电导率变化的比值就是 $\delta n_s/n_s = 1.1 \times 10^{14}/(1 \times 10^{16}) = 1.1 \times 10^{-2}$,大约是 1%,很容易测量。然而,真实的实验表明,效应比这个值小得多,(巴丁给出的)解释是,锗里面诱导出来的绝大多数电子都被束缚在表面态里面了。专题 3.3 计算了一个理想实验的场效应,它包含有密度为 $N_s = 3 \times 10^{17}\ $m^{-2} · eV^{-1} 的表面态。在那里我们看到,对应于电场诱导产生的每一个电子,就有 85 个电子被束缚在表面态里面,场效应是预期的 1/50 左右。类似的论证可以解释肖克利起初为什么观察不到硅里面的场效应—— 那里的屏蔽效应更大,大约是 1 000 倍。

人们很快就认识到,锗和硅表面态的高密度还严重影响了金属-半导体接触,也就是肖特基势垒。第 2 章描述了这些接触在实际的整流器中的应用,还指出了能量势垒对整流特性的重要影响,势垒把金属和半导体材料分开了。实际上,莫特和肖特基关于整流的理论是半导体理论研究的重要进展。然而,测量势垒高度的仔细实验开始让人怀疑他们的工作细节——他们假设了势垒高度 φ_b 决定于相应金属的功函数 φ_m,其关系为

$$\varphi_b = \varphi_m - \chi_s \tag{3.14}$$

其中,χ_s 是半导体的电子亲和势,锗和硅的数值分别是 4.0 eV 和 4.05 eV。随着

高质量硅单晶的发展，φ_b 的测量数值越来越明显地不符合公式(3.14)的预言，后来的工作更是强调了这个偏差。后面的图3.16给出了 Rhoderick 著作中的数据，其中，对于腐蚀后的 n 型硅表面上一些的金属接触，画出了 φ_b 随着 φ_m 变化的曲线。显然，势垒高度随着金属功函数的变化显著地小于公式(3.14)预言的数值。实际上，这样说更好一些：在一阶近似上，φ_b 不依赖于 φ_m。

专题3.3 表面态和场效应

为了说明表面态在场效应测量中的重要性，我们建立一个模型并在适当的参数条件下计算场效应。假定 n 型半导体样品的厚度为 t，长度为 l，宽度为 w，电流沿着长度的方向流动，具有适当的电极。掺杂浓度为 $N_D(m^{-3})$，上表面和下表面的表面态密度为 $N_s(m^{-2} \cdot eV^{-1})$。为了测量场效应，把一个平面金属场电极放置在距离半导体上表面为 d 的位置上(这样就形成了平行板电容器)，并施加电场。沿着样品长度方向监测电导的变化。

表面态存在于禁戒的能隙里，电子占据了表面态，就会让半导体发生能带弯曲，如图3.15所示。为了保持半导体里面的电中性，表面态上的负电荷被能带弯曲区(耗尽区)里电离产生的等量正电荷抵消。能带弯曲的大小 eV_b 与耗尽区宽度 x_d 的关系由下式表示：

$$x_d = [2\varepsilon\varepsilon_0 V_b/(eN_D)]^{1/2} \tag{B.3.16}$$

假定金属场电极板上的电压是 V，在半导体上产生了净的负电荷就是

$$Q = CV = (\varepsilon_i\varepsilon_0 A/d)V \tag{B.3.17}$$

其中，ε_i 是把场电极与半导体分开的绝缘体的相对介电常数，$A = lw$ 是电容器的面积。测量出 V，就可以确定出诱导电荷 Q。

诱导出的负电荷分为两部分：表面态里增加的电子电荷，以及空间电荷区(耗尽区)减少的正电荷。填充了更多的表面态，就会减小能带弯曲，从而减小 x_d。表面态里的额外电荷是 $eN_s\delta V_b$，空间电荷的减少量为 $eN_d\delta x_d$(单位面积)，可以写为

$$Q = eA(N_s\delta V_b + N_d\delta x_d) \tag{B.3.18}$$

由于 x_d 和 V_b 之间的关系，我们可以有 $\delta V_b = (dV_b/dx_d)\delta x_d$，并得到

$$Q = eAN_D\delta x_d[eN_s x_d/(\varepsilon\varepsilon_0) + 1] \tag{B.3.19}$$

$eN_D\delta x_d$ 这一项表示耗尽区边缘处的自由电子电荷，它引起了测量电导值的增加。方括号中的第一项表示表面态中的电荷与自由电子电荷的比值。注意，电导变化测量的是 δx_d，因为它表示导电层有效厚度的增加。从公式(B.3.17)和(B.3.19)可以得到 δx_d 的下述表达式：

$$\delta x_d = \varepsilon_i\varepsilon_0 V/\{edN_D[eN_s x_d/(\varepsilon\varepsilon_0) + 1]\} \tag{B.3.20}$$

采用下面的数值：表面态 $N_s = 3 \times 10^{17}$ m^{-2}·eV^{-1}，掺杂浓度 $N_D = 10^{22}$ m^{-3}，能带弯曲 $V_b = 0.5$ V，绝缘体厚度 $d = 100$ μm，介电常数 $\varepsilon_i = 2$，可以求出所有这些项，我们得到 $x_d = 2.5 \times 10^{-7}$ m(0.25 μm)，$eN_s x_d/(\varepsilon\varepsilon_0) = 85$(对于 Ge，采用 $\varepsilon_i = 16$)。为了得到 δx_d，假设 $V = 100$ V，可以得到 $\delta x_d = 1.3 \times 10^{-10}$ m。如果假设半导体薄膜的厚度为 1 μm，那么，导电区的厚度为 $1 - 2x_d = 0.5$ μm，电导的变化率就是

$$\delta\sigma/\sigma = \delta x_d/(1 - 2x_d) \tag{B.3.21}$$

可以计算得到 $1.3 \times 10^{-10}/(5 \times 10^{-7}) = 2.6 \times 10^{-4}$，这是个很小的效应！作为对比，没有表面态时计算得到的效应(见正文)为 $\delta\sigma/\sigma \approx 1\%$。原因在于，对应于导电通道中诱导出来的每一个自由电子，都有不少于 85 个电子被束缚在表面态里。表面电荷把半导体内部强烈地屏蔽于电容的电场之外。

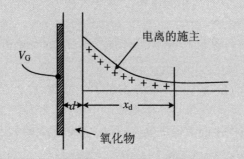

图 3.15　n 型硅和 SiO$_2$ 界面处的能带弯曲示意图
电离后带正电荷的施主位于硅的耗尽区里，而表面态包含着抵消它的负电荷。施加正的栅极电压，就在界面处诱导出负电荷，并且减少了耗尽区里的正电荷，也就是说，减小了能带弯曲和耗尽区宽度。这就在平行于栅极的方向上略微增大了硅的电导

高密度的表面态可以解释这些结果：半导体能带朝着表面弯曲，即使在没有金属存在的时候也是如此。这样就存在一个势垒，其高度决定于表面态，而且，只要表面是用完全相同的方式准备的，就总是具有相同的高度。加上金属，只能改变这个初始的能带弯曲，使得势垒高度对金属功函数的依赖性变得很小，如图 3.16 所示。后面将会看到，表面态和"界面态"(出现在两个不同材料紧密接触的位置上)在许多器件结构中扮演了重要角色——一个重要的实际问题是表面或界面复合。因为表面态分布在整个能隙上，它们可以成为有效的复合中心，比如说，先捕捉一个电子，然后再捕捉一个空穴。这常常使得少数载流子在界面或表面很快地复合，严重影响了功能依赖于少数载流子的许多器件，例如晶体管。这种器件的技术发展中的一个重要步骤是发现了"钝化"表面的技术，可把表面态的影响降到最低。

对半导体物理学这个复杂区域的第一次探索就暂时告一段落了。在发明晶体

管的前夜,这个主题发展得非常迅速,认识到这一点具有指导性的意义。锗和硅的高质量单晶对于研发合适的器件是必不可少的,而且还显著地改善了半导体性质的测量,这又显著地影响了进一步的器件工作。就像本节开始时强调的那样,在半导体研究领域,物理、器件和材料是三位一体、不可分割的,相关实验室里面的物理学家、化学家和器件工程师们也是如此。

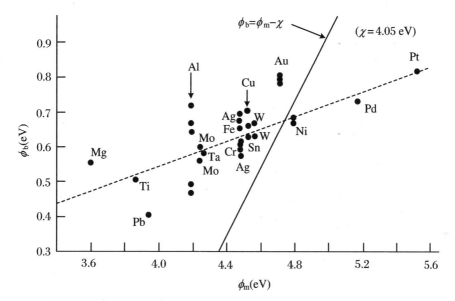

图 3.16　n 型硅的金属-半导体势垒高度随着金属功函数的变化关系

虚线表示对实验数据的最佳拟合,实线是根据关系式 $\phi_b = \phi_m - \chi$ 画出来的(其中,ϕ_b 是势垒高度,ϕ_m 是金属功函数,$\chi = 4.05\,\text{eV}$ 是硅的电子亲和势)。理论和实验的巨大差别说明,表面态在决定势垒高度方面非常重要。(取自 Rhoderick (1978):33)牛津大学出版社惠允

现在应该接着谈器件了——我们刚讲到点接触实现了初步的突破就停住了。虽然第一个晶体管得到的初始反应非常好,但是还需要进一步的改进和发展,无论是在贝尔实验室还是其他地方。我们需要对一些结果进行考察。

3.4　结式晶体管

虽然点接触锗晶体管无疑是电子学的一个关键转折点,但是,从技术层面上说,也确实可以认为它只是证明了存在性定理而已。虽然固态放大器终于从长期摸索变成了现实,但是,要想安全地走出实验室,还有很大的一步。显然有两个紧

迫的问题：首先，大家都知道，可靠的电极非常难做（虽然战争时期的经验对此有些帮助）；其次，用可控和可重复的方式把两个点接触放到间距为 50 μm 的位置上绝对不容易。特别是，任何商用器件的工作特性都必须具有可靠性和一致性，各个点接触的特性的变化或者间距不能充分控制，肯定会让这一点变得更糟。此外，点接触器件的噪声水平很高，要想用它做长途电话中继器里的放大器，这可不是好事情。这时候，贝尔实验室的管理层作出了重要决定，建立一个全新的团队来解决工业化的问题，同时鼓励最初的发明者继续专心做基础研究。记住，他们主要关心的问题一直是半导体表面的性质，认为它至关重要。在这个背景下，注意到这一点很有趣：宣布了重要突破、演示了第一个成功的固体放大器的文章不是发表在工程杂志上，甚至不是显然的（?）《应用物理学杂志》，而是《物理学评论》——用来发表具有基础科学重要性文章的杂志。他们更愿意理解点接触的原理，而不是它的做法。

在此背景下，这个决定可以说是个灵感，但不幸的是，还有其他力量起作用，贝尔实验室的研究努力分裂成两条道路。肖克利对于自己在解谜方面落在巴丁和布拉顿后面可不大高兴，他自己关于场效应器件的完美想法已经遭遇了完败，而且，他也有很好的理由怀疑点接触晶体管并不是贝尔公司希望的理想的商业方法。除了动机以外，结果很快也变得清楚了——巴丁和布拉顿很快就被撂在了一边，而肖克利决定带领许多其他合作者发展他认为商业可行性更高的的晶体管（而且他可以声称这个是他自己的!）。结果就是结式晶体管，它不仅成了未来单个器件的榜样，更重要的是，它还开辟了集成电路以及电子学大革命的道路。肖克利做事情的方式也许不会从 20 世纪后半叶蓬勃发展的商业管理学院那里得到任何赞许，但是，他的坚定决心和技术创新确实赢得了诺贝尔奖金! 还要说的是，这种方式把贝尔实验室和整个西方世界都带到了正确的道路上。虽然贝尔实验室确实制作了点接触器件的"易用"版（"A 型晶体管"），但是，销售情况相当一般，我们将会看到，它很快就遭到了挑战：有了更容易制作的变种。

回到技术事项上来，首先需要搞清楚少数载流子注入过程的性质，它让晶体管成为了可能。也许因为太执著（?）于表面效应了，起初，人们认为这也是个表面效应，载流子限制在两个电极之间的锗表面上。肖克利相信它并不是这样的，而是因为注入的载流子也能够扩散地通过锗的体材料，半导体组的另一个成员约翰·谢夫做了一个有趣的实验，证实了这个设想。谢夫做了一个新型的点接触晶体管，在锗薄片的相对两侧制作了电极——它仍然给出了令人满意的增益，肖克利认识到，这个事实清楚地证明了注入的载流子确实可以扩散地通过体材料半导体。更重要的是，它强烈地支持了他已经孕育了几个月的想法，即晶体管可以由两个 p-n 结构成，一个正向偏置，作为注射极（或者发射极），另一个反向偏置，作为集电极。这样就可以彻底地解决金属点接触重复性差的问题，所有的部件都能够（至少在原则上)可靠地制作。它还是"一维"结构(用数学术语来说),更容易建模,肖克利没有浪费任何时间就利用了这一点。

结式晶体管的基础是 p-n 结二极管,我们必须先关注这个基本构件(当然它还有其他作用)。前文已经讲过,第一个 p-n 结出现得很偶然,它是熔化了的硅棒中杂质分凝的结果,但是,很快就可以在晶体生长时控制掺杂从而精巧地制作这样的 p-n 结了。人们很快就认识到它们可以作为整流器,但是还有很多事情要了解,包括它们能够作为光探测器、电压控制的电容以及(很重要的)少数载流子的发射极和集电极。仔细地考虑 p-n 结附近的电子和空穴的行为,可以定性地解释所有这些性质——更加定量的解释需要使用数学,专题 3.4 给出了少数载流子注入的一个例子。

首先做一个"思想实验",把(同一种半导体的) n 型样品和 p 型样品放到一起,这时候会出现什么情况(图 3.17(a))。当它们刚刚接触的时候,在靠近界面的地方,n 型样品中空穴密度的梯度很大,同样,p 型材料中电子密度的梯度很大。这样一来,空穴和电子就会朝着相反的方向扩散,空穴从 p 区进入 n 区,而电子从 n 区进入 p 区。先来看 p 区,流入的电子很快和多数载流子空穴复合了,有效地消除了靠近 p-n 结的材料里的空穴,留下了带负电荷的受主原子的区域。类似地,在 n 区出现了一层带正电荷的施主(图 3.17(b))。因此,就产生了一个电偶极的场,它与密度梯度产生的扩散流的方向相反。平衡很快就建立起来了,电子扩散流被反

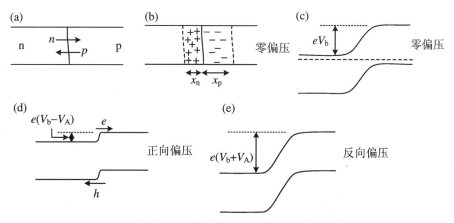

图 3.17　用于说明典型 p-n 结性质的示意图

(a) n 型样品和 p 型样品放在一起,电子从左向右扩散,空穴从右向左扩散;(b) 扩散过程使得 p-n 结的两侧都出现了空间电荷区(自由载流子被耗尽了),从而建立了偶极电场,阻止了扩散流,当外加电压为零的时候,扩散流和漂移流完全抵消了;(c) p-n 结的能带示意图表明,偶极场产生了"内建"电压 V_b;(d) 外加正向偏压的时候(p 侧为正,n 侧为负),p-n 结左右的电压阶梯减小了,扩散流就不再被漂移流完全抵消,有了从右到左的净流动;(e) 反向偏压增大了电压台阶,所以,扩散流被有效地淬灭了,唯一的流来自 p-n 结两侧热激发的少数载流子(n_p 和 p_n),反向偏压还让让耗尽层变宽了,从而减小了与 p-n 结有关的耗尽层电容

向的电子漂移流(由偶极场驱动)精确地抵消,空穴也是如此。穿过 p-n 结的净电流等于零,这与它没有被施加外电压这件事完全吻合!但是,空穴和电子各自的漂移流和扩散流都在"愉快"地追逐着自己的本能。一个重要结果就是,靠近界面的区域里完全没有了自由载流子(因此称为"耗尽区"),而是出现了两个空间电荷区,n 侧带有正电荷,p 侧带有负电荷,实际上有些类似于平行板电容 C 的情况,当两个平板之间存在电压 V 的时候,两个平板带有电荷 Q。如公式(3.12)所述,Q 正比于外加电压 V。但是,在 p-n 结的情况下,没有外加电压,V 似乎等于零,所以就应当期望 $Q = 0$!怎么调和这个显而易见的矛盾呢?很简单!p-n 结上有个电压 $V_J = V_b$("内建电压",见图 3.17(c)),它与偶极场相联系,V_b 大致等于能隙对应的电压 E_g/e。但是,因为电荷分布在整个耗尽区里面,在这种情况下,$Q \propto V_J^{1/2}$,而不是 $Q \propto V_J$。

现在可以问,当施加外电压的时候,会发生什么情况?施加电压的方式非常重要。假设施加的是正向偏置,也就是说,n 侧为负,p 侧为正。在这种情况下,外加电压 V_A 的作用是减小了 p-n 结两侧的电压,也就是说,$V_J = V_b - V_A$(图 3.17(d))。漂移流相应地减小了,但是扩散流保持不变,所以,沿着扩散分量的方向有净流动穿过 p-n 结——这是由空穴流构成的(也就是正电荷流),从 p 区流到 n 区,电子流从 n 区流到 p 区(它也表示从 p 区流到 n 区的正电荷流)。在 p 区施加正电压,就有一个恰当意义下的正电荷流流过 p-n 结。但是,有些奇怪的是,它实际上是扩散流而不是漂移流,此外,它以少数载流子注入的形式穿过 p-n 结。p-n 结里的电场实际上由于外加正向偏压而变小了,耗尽区里的电荷也就必然减少,因为耗尽区变薄了(注意,$Q = e(N_D x_n + N_A x_p)$,其中,N_D 和 N_A 是每侧的掺杂浓度,而 x_n 和 x_p 是每侧的耗尽区宽度,所以,如果 x_n 和 x_p 减小了,Q 就变小了)。耗尽层宽度减少的一个重要后果就是,结电容相应地增大了,说明了 C 依赖于外加电压这个有趣的事实。

如果电压施加在"反"方向上(图 3.17(e)),p-n 结电压变为 $V_J = V_b + V_A$,耗尽区扩张,电容变小。实际上,对于大多数 p-n 结来说,$C \propto V_J^{-1/2}$。同时,p-n 结电场增大得足以把扩散流减小为零,意味着反向流也应该是零。这并不完全正确——还有很小的残余流,它来自 n 型和 p 型体材料里热激发产生的少数载流子。这种载流子(例如 p 区的电子)不仅没有被结电场阻止,反而加速地通过 p-n 结而加入到另一侧的多数载流子里面。这样产生的流很小,因为,如前文所述(公式(3.8)),体材料中少数载流子的密度也小,而且,它很快地变得更小了,因为半导体带隙增大了。最后要注意,这个反向流不依赖于 p-n 结电压(它只依赖于少数载流子的密度,因为结电场大得足以把所有的少数载流子扫过这个 p-n 结),所以,反向流达到了饱和值 I_s,其中,二极管的电流由下式给出:

$$I = I_s\{\exp[eV_A/(kT)] - 1\} \tag{3.15}$$

这非常类似于肖特基势垒二极管的相应公式(公式 (2.19))。

专题 3.4　n^+-p 发射结

正向偏压的 p-n 结是双极型晶体管的一个必要部分,作为发射结把少数载流子注射到基区。本专题分析一种特殊情况下的注入行为,即非对称的 n^+-p 发射结,它把少数载流子电子注入 p 型基区里。假定 n 侧的施主密度 N_D 远大于 p 侧的受主密度,耗尽区实际上完全处于结的 p 侧。零偏压时的能带弯曲如图 3.18 (a)所示,耗尽区 p 侧边缘处的自由电子密度 n_{p0} 由下式给出:

$$n_{p0} = n_0\exp[- eV_b/(kT)] \tag{B.3.22}$$

其中,n_0 是 n 侧的平衡自由载流子密度,$n_0 = N_D$,V_b 是内建电压(也就是 p-n 结两侧的总的能带弯曲)。这个结果的基础是在 n 侧导带以上能量 eV_b 处发现一个电子的玻尔兹曼统计概率。在结的两端施加正向偏压 V_f 的时候,非对称掺杂意味着所有的电压都加在 p 侧,所以,能带弯曲减小为 $e(V_b - V_f)$,如图 3.18(b)所示。这样就可以得到耗尽区边缘处的自由电子密度为

$$n_p = n_0\exp[- e(V_b - V_f)/(kT)] = n_{p0}\exp[eV_f/(kT)] \tag{B.3.23}$$

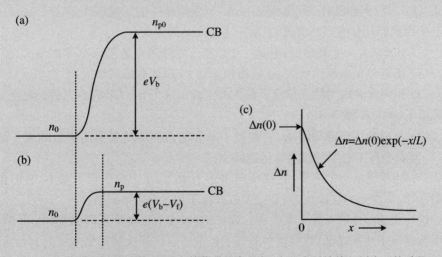

图 3.18　能带示意图:用于说明少数载流子电子向 n^+-p 发射结的 p 侧注入的过程
(a) 零偏压下的导带(CB)弯曲,假定这个弯曲位于发射结的 p 侧,耗尽区边缘处的自由载流子密度 n_{p0} 是 p 型体材料的平衡密度;(b) 施加正向偏压 V_f 时的相应图像;(c) p 区里的少数载流子的扩散曲线

如果我们定义 $\Delta n(x) = n(x) - n_{p0}$,可以看到,在耗尽区边缘处,$x=0$,$n = n_p$,可以写出

$$\Delta n(0) = n_p - n_{p0} = n_{p0}\{\exp(eV_f/(kT)] - 1\} \tag{B.3.24}$$

$\Delta n(0)$是耗尽区边缘处($x=0$)多余出来的电子密度,与 p 区体材料平衡电子密度 n_{p0}相比,多余量说明在平面 $x=0$ 右方存在密度梯度,从而导致少数载流子电子向 p 侧扩散。穿过平面 $x=0$ 的扩散流是

$$J_D = -eD(\mathrm{d}\Delta n/\mathrm{d}x)_{x=0}$$
$$= -eD[-(\Delta n(x)/L)\exp(-x/L)]_{x=0}$$
$$= (eD/L)\Delta n(0) = (eD/L)n_{p0}\{\exp[eV_f/(kT)] - 1\} \tag{B.3.25}$$

在推导这个结果的时候,我们利用了专题 3.2 中计算得到的扩散曲线 $\Delta n(x) = \Delta n(0)\exp(-x/L)$。

为了得到最终形式的结果,注意下式:

$$n_{p0} = n_i^2/p_0 = (N_C N_V/N_A)\exp[-E_g/(kT)] \tag{B.3.26}$$

这样就可以把注入电流密度写为

$$J_D = J_s\{\exp[eV_f/(kT)] - 1\} \tag{B.3.27}$$

其中,饱和电流密度

$$J_s = (eD/L)(N_C N_V/N_A)\exp[-E_g/(kT)] \tag{B.3.28}$$

公式(B.3.27)是著名的二极管公式在 n$^+$-p 发射结中的特殊形式。

按照我们现在的理解情况,总结一下 p-n 结的性质:

(1) p-n 结有一个耗尽层,它是一个依赖于电压的电容器,$C \propto V_J^{-1/2}$;

(2) 随着外加电压的增大,正向流快速增大(以指数形式增大);

(3) 正向流表现为注入载流子的扩散流通过这个 p-n 结,它们在另一侧变为少数载流子(参见专题 3.4);

(4) 反向流达到饱和值 I_s,它依赖于 p-n 结两侧体材料里的少数载流子的密度,I_s 随着半导体能隙的增大而迅速减小;

(5) 耗尽层里有个电场,它在反向偏压下增大,在正向偏压下减小,它的作用是阻止(3)中提到的扩散流,但是把少数载流子扫过这个 p-n 结。

这一切与晶体管有什么联系呢? 简单地说,发射极是个正向偏置的 p-n 结,它把少数载流子注入基区;然后这些载流子扩散地通过基区到达集电极的 p-n 结,这是反向偏置的,所以,p-n 结电场把它们扫入集电极,从而形成集电极电流。(图 3.19 给出了适当的能带结构,说明了这种行为。)如果基区相比于少数载流子的扩散长度 L 很窄(参见专题 3.2),集电极电流就近似等于发射极电流,但集电极电路的阻抗大于发射极电路,所以有可能获得功率增益(因为功率可以写为 $P =$

RI^2 的形式,所以这个断言显然成立)。

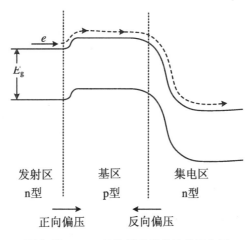

图 3.19　n-p-n 晶体管的能带结构示意图

左边是正向偏置的发射极,它把少数载流子电子注入基区(见图
3.18(b)),反向偏置的集电极 p-n 结的高电场把这些少数载流子
电子扫入集电极,形成集电极电流

　　现在可以介绍晶体管设计的发展了,它出现在发明点接触器件之后的那几
年——从 1948 年到集成电路首次出现的 1959 年。表 3.2 以简表的形式总结了
这些发展,但是显然需要更多的细节。考虑到 A 型晶体管的诸多缺点,它的寿命
长得引人注目——它坚持到了 1959 年左右——但是,当肖克利小组在 1950 年
演示了结式晶体管的时候,它就注定了要被忘却。它们起初的成功在很大程度
上是斯帕克斯和梯尔致力于晶体生长的结果,他们发展了在切克劳斯基生长过
程中进行"双掺杂"的技术,先引入 Ga 形成 p 型基区,再引入 Sb 制作 n 型集电
极。(值得注意的是,肖克利本人并不赞同往单晶生长方面投入任何精力,他认
为多晶材料就足够了——只要它足够纯净。其他研究器件的科技工作者对于材
料工作的重要性也有这个盲点,虽然他们面对的证据具有压倒性的优势——
在这个特定错误上,肖克利可不是孤家寡人!)双掺杂的 Ge 晶体管特别重要,
它证明了一个重要的原则——结式晶体管可以工作! 但是,由于它的频率响
应很差,实际应用的范围有限。基区宽度很难控制,通常太大了,不能用于放
大高频信号,尽管慢速的晶体生长和彻底的搅拌确实把材料质量提高了,器件
的截止频率达到了 1 MHz。对于 1954 年进入市场的第一个晶体管收音机来
说,这只是勉强可以接受,但是完全达不到调频收音机的要求,它们的频段在
100 MHz 附近。

表 3.2　结式晶体管的发展

晶体管的类型	基区宽度(μm)	频率响应	年代
锗点接触	25～50	10 MHz	1948
锗生长结	500～750	10～20 kHz	1950
锗合金结	10～20	5～10 MHz	1951
锗梯度基区	10～20	10～30 MHz	1952
锗表面势垒	5	60 MHz	1953
硅生长结	10～15	10 MHz	1954
锗台面扩散	5	150 MHz	1954
硅台面扩散	5	120 MHz	1955
锗台面扩散	1	1 GHz	1959
硅平面	0.7～2	150～350 MHz	1959

现在看一看频率响应这件事,它通常受限于基区的渡越时间 t_D,这是注入的少数载流子扩散地穿过基区所需要的时间。严格地说,决定截止频率的并不是时间 t_D 本身,而是载流子热运动导致的脉冲展宽。然而,在基区宽度 W 近似等于扩散长度 L 的时候,展宽时间 Δt 实际上等于 t_D(它还等于少数载流子的寿命 τ)。更一般地,$\Delta t = (t_D \tau)^{1/2}$,这样就清楚了:高频响应要求渡越时间要短,因此,基区长度就应该短。

双掺杂晶体管很不容易做,给窄小的基区做电极就更成问题了,这就促进了通用电气公司和美洲射频公司(RCA)在 1951 年开发了合金结晶体管(图 3.20(a))。这个结构更粗糙,但是肯定更容易制作。它包括一个 50 μm 厚的 n 型锗,两侧都加了一个铟点。在大约 500 ℃ 的温度下熔化铟,让它合金到锗里面,形成一个 p 型区域,分别作为发射极和集电极。控制合金深度,使得最后得到的基区宽度是 10～20 μm,尽管很难精确地控制。然而,在 Philco 表面势垒晶体管中(它是合金器件的改良版),控制做得更好了。用电解腐蚀的方法,从两侧喷流来腐蚀锗衬底,用一束红外光照射基区并测量它的透射强度,从而监视基区的厚度(图 3.20(b))。这样就可以制作窄得多的基区,截止频率也就更高了(50 MHz 左右)。通过把铟喷镀到腐蚀出的孔里面,然后进行一次微合金过程,制作发射极和集电极。这就做出了一个更复杂的器件,当然也更加脆弱。

就是在这个时候,赫伯特·克勒默建议说,基区不应该均匀地掺杂(这是当时的标准做法),而是应当有密度梯度(发射极高,集电极低),以便形成一个内建电场,帮助少数载流子穿过基区传输(图 3.20(c))。这样就推着载流子往前走,而不是依赖于扩散,从而缩短了它们的渡越时间,改善了频率响应。这个提议还有一个好处,它可以防止"贯通"。在掺杂很低的基区里,基极-集电极 p-n 结的耗尽区扩展到基区,当基区宽度变得非常窄的时候,这个耗尽区可以到达发射极,把基区有效地短路。在集电极这一侧对基区进行弱掺杂,仍然可以施加一个足够大的集电极电压(以实现必要的集电极扫除电场);在发射极一侧进行高掺杂,防止了贯通效应。克勒默的想法可以应用到任意的结式晶体管,不管它是怎么制作的,只要能够进行合适的基区掺杂就可以了。

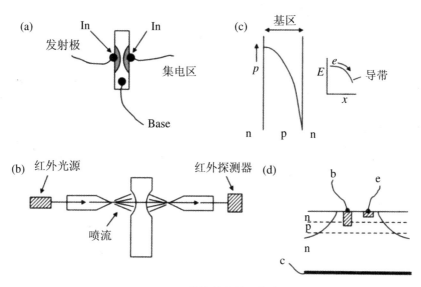

图 3.20　晶体管技术的早期发展

(a) 合金结晶体管的示意图:一个 n 型锗薄片,两侧点上铟,再合金到锗里面,形成 p-n-p 型晶体管的发射区和集电区,这个基区的宽度很难控制;(b) Philco 改进了技术,用喷流腐蚀从两侧把锗减薄,通过测量红外光束的透射率来监视基区的厚度,然后像以前一样做出合金区;(c) 在晶体管的基区进行梯度掺杂,以便在整个基区建立起漂移电场,从而让少数载流子更快地到达集电极;(d) 台面扩散的 n-p-n 结构,它可以更好地控制基区的宽度,但是,给基区做电极却很难,基区电极必须穿过发射区

下一个重要步骤是 1954 年在德州仪器公司实现的。高登·梯尔在 1952 年从贝尔实验室转到了德州仪器公司,决定用硅作为晶体管材料,主要动机是为军事应用服务而提高温度稳定性。锗的带隙比较小,在容易发热的功率器件中,这导致了热不稳定性。温度的升高产生了更多的载流子,导致了更大的电流,从而进一步提升了温度,导致了更多的载流子,等等,这个现象称为"热漂移"。军用指标总是比民用产品能够接受的指标更为严格,而且,那时候的军事资助很重要,为了商用晶体管发展的成功,迫切需要在军用器件里使用带隙更大的硅。在贝尔实验室的

时候,梯尔在很大程度上负责双掺杂的锗晶体管。因此,他自然就想对硅做类似的事情,终于给这个相对年轻的公司带来了重要的成果,使得他们比竞争者领先了大约 2 年。在快速变化的商界,这个优势非常显著。从 1954 年到 1958 年,德州仪器公司从他们的新器件获得了巨大收益,但是,其他人也没有站着不动。贝尔公司很快就卷土重来,他们把杂质扩散应用到晶体管制作中。1954 年,他们演示了台面扩散的 n-p-n 锗晶体管(图 3.20(d)),然后在 1955 年,又演示了相应的硅器件。这些都是重要的步骤,很快导致了平面扩散的晶体管,打开了 60 年代快速利用集成电路的道路。

为了更好地控制基区宽度,人们引入了扩散掺杂。在一个密闭的管子里加热锗或硅的片子,管子里包含着适当蒸气压的施主或受主原子,通过控制温度和蒸气压,能够相当精确地调节扩散深度和掺杂浓度。例如,为了制作 n-p-n 的硅晶体管,用 Al 和 Sb 同时扩散高电阻率的 n 型硅的片子,较轻的 Al 扩散得更快,形成 p 型基区,而较重的 Sb 扩散得不那么快,所以到达的深度更浅,补偿掺杂了表面区域,形成了 n 型发射极。基区宽度决定于 Al 和 Sb 在硅里面的穿透深度的差别。很容易制作 5 μm 的宽度,使得截止频率达到了 100 MHz 这个重要目标。但是也有一些缺点:首先,为了减小截面积(从而减小集电极结的电容),需要腐蚀一个台面结构;其次,很难给基区做电极;第三,集电区比较厚,掺杂弱,串联电阻很大,与集电极电容一起构成了不受欢迎的 RC 时间常数。因此,在最后的解决方案里,休勒引入了外延生长的集电极薄层,集电极沉积在高掺杂的硅衬底上,集电极本身得到了适当的轻度掺杂,这样就满足了要求:集电极一侧的 p-n 结的耗尽区很宽,同时还具有低电阻率的接触层。贝尔公司在此基础上建立了标准化工艺,直到 1959 年,平面技术来了。

现在,平面技术已经广泛地使用了这么长的时间,人们很难认识到,居然还需要在某个时候发明它!一个名叫"仙童"的新兴公司发明了它。仙童公司是早期的硅谷风险投资的公司之一,它的创立者起初在肖克利的公司里工作。1956 年,肖克利离开了贝尔实验室,创立了自己的公司——肖克利半导体实验室。发明者是名叫让·霍尼的瑞士科学家,但是,这个工艺必需的基础材料 SiO_2 发现得很早(在 1955 年),它是贝尔实验室的卡尔·弗洛施发现的——又是一个偶然发现:水蒸气进入并污染了扩散室!锗的氧化物可以溶于水,很容易从锗表面去除掉,然而,硅表面上形成的氧化物覆盖层非常稳定、非常牢固,这个性质使得硅成为固体器件的理想材料,这个因素比硅能隙更大还重要。图 3.21 所示的平面结构说明了 n-p-n 晶体管的制作工艺。我们把细节留到下一章进行讨论(那里关注了集成电路的发展),这里只说一两个重要的特点。就像台面扩散晶体管一样,集电极是用体材料硅片(弱掺杂的 n 型)制作的,而基区和发射区是通过氧化物掩膜上的洞扩散形成的。杂质原子向下扩散,进入体材料硅里面,同时也从侧面进入到掩膜下方,所以,氧化物覆盖了(硅表面上的)p-n结,防止了p-n结被空气污染(这就是钝化,参见图3.21(b))。这非常重要:以前设计的晶体管都因为没有这层钝化膜而容易变得不稳定——水汽或灰尘能够落在p-n结上面,并把它部分地短路。SiO_2是个理想的钝化层。发射区由基区里的二次扩散过程制成,也被类似地钝化了。更重要的是,平面技术可以把所有的金属电极放置在结构的上表面,它也因此称为"平面的"。下一章里将会看到,这一点对于集成电路技术至关重要。

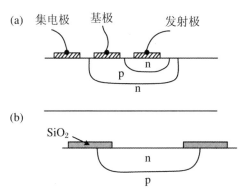

图3.21 结式晶体管的最终结构

它使用了平面技术:(a)一个典型的n-p-n结构,制作它需要利用氧化物掩膜进行两次扩散工艺,首先扩散出p型基区,然后利用一个更小的掩膜进行补偿掺杂,从而制作发射极,可以看到,所有的金属电极都位于上表面,所以是"平面的"技术;(b)侧向扩散到掩膜的下方——p-n结遇到了氧化物(表面钝化层)下方的半导体表面

在这十年里英雄辈出,晶体管技术进步了很多,新公司建立了,利用这种新技术与巨人们竞争,例如美洲射频公司、通用电气公司和Philco。在美国,贝尔公司把新技术授权给那些愿意付出"入门费"的公司,这个政策鼓励了专门知识的迅速扩散,就像美国的人员流动一样,但是,欧洲的追赶速度也不慢。例如,飞利浦公司制作的第一个成功的晶体管,只比贝尔公司1948年的首次宣布落后了一个星期,在1955年,飞利浦公司的英国分部穆拉德公司就制作出锗合金晶体管了。英国通用电力公司也是如此。在这两个公司里,它们的研究实验室为最终的成功作出了重要贡献。温布利的英国通用电力公司实验室是1919年开张的,埃因霍温的飞利浦国家实验室是1914年,瑞德希尔的穆拉德研究实验室是1946年。从这些发展中学到的主要教训是:从实验室里演示的效应到商业上可行的稳定产品,这两者之间还有很大的距离。在半导体工业里,容易制作和科学创新同样重要,美国人开发的速度很可能更快,就像他们以前做的那样,因为那里的环境在"二战"前就重视

实践和创业。美国还有其他两个优点：美国军方的资助比较大；个人流动的传统与欧洲"从一而终"（日本更是如此）的传统形成了鲜明的对比，后者不利于新想法的传播。新生的日本半导体工业（以及一些欧洲公司）在 20 世纪 50 年代后期遭遇了严重的衰退，他们在锗上面的投资被突然出现的硅超越了，然而，日本将在下一个十年崛起（集成电路的十年）——这个故事就要用另一章讲述了。

参考文献

Bardeen J, Brattain W H. 1948. Phys. Rev. , 74: 230.

Bernal J D. 1953. Science and Industry in the Nineteenth Century[M]. London: Routledge & Kegan Paul Ltd.

Braun E, Macdonald S. 1982. Revolution in Miniature[M]. Cambridge: Cambridge University Press.

Cressell I G, Powell J A. 1957. Progress in Semiconductors: 2, 138. Heywood Co.

James F. 1986. The Development of the Laboratory the Place of experiments[M]. London: Macmillan.

Many A, Goldstein Y, Grover N B. 1971. Semiconductor Surfaces[M]. Amsterdam: North Holland.

Pfann W G. 1957. Solid State Physics[M]//Seitz P, Turnbull D. Advdnces in Research and Applications: vol. 14: 423. New York: Academic Press.

Rhoderick E H. 1978. Metal Semiconductor Contacts[M]. Oxford: Clarendon Press.

Riordan M, Hoddeson L. 1997. Crystal Fire[M]. New York: W W Norton & Co.

Seitz S, Einspruch N G. 1998. Electronic Genie: The Tangled History of Silicon[M]. Urbana: University of Illinois Press.

Shockley W. 1950. Electrons and Holes in Semiconductors[M]. New York: Van Nostrand.

Smith R A. 1968. Semiconductors[M]. Cambridge: Cambridge University Press.

Wilson A H. 1931. Proc. Roy. Soc. A. , 133: 458; 134: 277.

第 4 章
硅、硅、更多的硅

4.1 革命的前奏

作为事后诸葛亮,我们非常清楚,晶体管的发明带来了翻天覆地的变化,但是,当时接触它的人并没有立刻心悦诚服——这并不奇怪。是的,它很小,是的,它比当时的主流器件(热电子阀)消耗的功率更少,但是它也有缺点。存在多余的噪声,高频的放大器件很难做。不用说,在它的早期岁月里,晶体管被认为有可能替换热电子阀——参与其发展的许多公司都是热电子阀的公司(也就是真空管,因为它们大多是美国公司,例如美洲射频公司、通用电气、斯尔维尼亚和 Philco),这些公司的主要业务是热电子阀或真空管,而且经过相当长的时间后仍然如此。下面这一点很重要:虽然固体器件最终主宰了市场,但是热电子阀的销售直到 1957 年才达到峰值,而且严重衰退的迹象非常微弱,直到 60 年代末期——晶体管可能是个激动人心的技术进步,但是并不代表主要的商业投资。可能的例外是小的新兴公司,例如德州仪器公司、仙童公司、休斯公司或者专斯通公司,它们不像更大的公司那样背着真空管的包袱,但是,根据定义,它们是小的、不显著的! 然而,它们很灵活、有事业心,创造了很多重要的半导体新技术。

技术创新可能是激动人心的,未来前景可能是充满希望的,但是在 20 世纪 50 年代,晶体管制作的主要问题是生产的可重复性。我们已经看到了双掺杂和合金结构中控制基区宽度的困难——它对截止频率有直接和关键的影响,但是,还有额外的封装问题,通常很难让器件能够抵抗空气污染、保持稳定。许多制造商被迫把产品分类,高等级的器件可以卖到每件 20 美元,而大路货只要 75 美分! 随着平面技术的出现,这些问题才得以解决——这个工艺直到点接触晶体管出现 12 年以后才发明出来。而且,不用说,还要再过几年才广为接受。但是无论如何,早期的晶体管确实找到了应用,首先是助听器,功率低、重量轻和体积小的要求是显然的优点(虽然许多器件都有额外噪声,很难让使用者满意!),还有便携式收音机——无处不在的"晶体管"收音机让世界熟悉了这个词。又是一家小公司(德州仪器公司)抓住了这个机会,并与产业开发工程协会做了安排,在 1954 年 10 月生产"Regency TRI"收音机。第二年,挑战来了——雷神公司有了自己的产品,还有其他许多公司,特别是索尼公司,它为年轻人的娱乐(以及老年人的懊恼!)作了很多贡献——高度成功的"walkman"个人磁带播放机。汽车收音机的应用很快也跟上来了,尽管各种各样的补丁很难看。到了 1960 年,大约有 30 家美国公司制作晶体管,总价值超过 3 亿美元(见 Braun, Macdonald(1982):76 - 77)。

另一个立刻得到关注的应用领域是计算机。在 20 世纪 50 年代,这些仍然在非常初始的发展阶段——早在 1943 年,模拟计算机就用于雷达系统了,但是直到 1946 年,第一个通用数字电子计算机(ENIAC, Electronic Numerical Integrator and Calculator)才造出来(在宾夕法尼亚州立大学)。它占据了很大一间屋子,用了 18 000 个晶体管,耗电量达到 150 kW! 英国的计算技术值得怀念,第二次世界大战期间,他们用 Colossus 机器进行密码破译(Colossus 是在 1943 年首次引入的,到战争结束的时候,有 10 台以上的机器投入了使用),为了发展 ENIAC 在剑桥的对手 EDSAC(Electronic Digital Storage Automatic Calculator),这段经历很可能至关重要。40 年代末期的情况大致就是这样,第一个晶体管化的计算机很可能是贝尔公司在 1954 年为美国军方开发的 TRADIC,使用了 700 个晶体管和 10 000 个锗二极管(都是手工连线的!),然后是第二年国际商业机器公司开发的商用计算机,它包含的晶体管超过了 2 000 个。晶体管的低功耗和小尺寸的优势立竿见影,固体构型有望提高可靠性——起初它受限于速度,因为它的基区宽度比较难控制,一旦人们普遍接受了使用数字技术的决定,就出现了更严重的问题,因为数字处理需要的速度更快(参见专题 4.1)。人们对这种机器的长久未来确实不太乐观——在 40 年代末期,美国的一个调查结果建议,大约 100 台数字计算机就能够满足国家的需要! 技术预言真是不靠谱! 值得欣慰的是:必须承认,那时候的计算机比较昂贵,而且非常笨重。

专题 4.1 信息的数字化传播

作为信息处理的数字化技术的例子,我们选择了日常生活中电话线中的声音传送。众所周知,人能够听到的声音的频率范围是 100 Hz~3 kHz,在直接的音频传播系统中,需要 3 kHz 的带宽。然而,为了数字化地传播相同的信息,需要的带宽要宽得多,相应地要求更快的电子器件性能。因此,本专题考察这种现象的起源,并且估计典型的数字化传播系统所需的开关速率。

我们考察声音信号的性质。它可以表现为随时间变化的振幅(或大小),变化的形式可能相当复杂(图4.1(a)),但是,如果在特定瞬间(t_1时刻)"冻结"这个信号,就可以用一个相应的振幅$A(t_1)$表征,我们可以测量它,把它表示为数字形式,也就是二进制数字的形式。例如,二进制数(10011011)$= 1 \times 2^0 + 1 \times 2^1 + 0 \times 2^2 + 1 \times 2^3 + 1 \times 2^4 + 0 \times 2^5 + 0 \times 2^6 + 1 \times 2^7 = 1 + 2 + 8 + 16 + 128 = 155$。(我们还需要其他一些信息,如符号、小数点的位置等,但是,现在不需要考虑这些细节,只要知道它们让数字信号变得更复杂就可以了。)如果在稍后的时刻t_2再次冻结信号,振幅就会是不同的数值$A(t_2)$,等等。实际上,我们可以把声音信号表示为一串这样的振幅,对应于一串等间隔的时刻t_1, t_2, t_3, t_4等等。(这个过程称为模数转换——模拟信号转化为数字信号,ADC。)但是必须承认,这只是个近似表示,因此要问问它能有多精确。对于我们的目标来说,它足够精确吗?换句话说,它会给信号带来不能容忍的扭曲吗?听者会难于辨认声音及其含义吗?有两个因素要考虑:用来表示振幅的数字的数目,以及用来给声音信号取样的频率,也就是时间差$t_2 - t_1$,$t_3 - t_2$等等。数字越大,可能达到的精度就越好(当我们使用十进制数字的时候,情况当然也是如此)。这比较简单,但是,更微妙的是,取样频率也很重要。为了定量地说明,我们提一下标准的"尼奎斯特取样定理",它告诉我们,为了用数字化方式充分地表示随时间变化的信号,取样频率至少是模拟信号中最大频率的2倍。换句话说,在每个对应于最大频率的周期里,至少需要测量振幅两次(图4.1(b))。在我们的例子里,这个频率是3 kHz,所以,每3×10^{-4} s必须至少采样两次——每10^{-5} s采样一次。最后,我们选择8个数字(或者说8比特)表示每个振幅。

那么,数字信号看起来像什么呢?每个数字用电子线路中(或者沿着电话线路)的一个电压脉冲表示,例如,十进制振幅155 mV就会采取图4.1(c)中的形式——具有严格时间顺序的一组0和1。由此可知,总的信号由扩展的脉冲序列构成,如图4.1(d)所示,许多组的八位数(每组表示一个振幅),在时域上一个组接着一个组。因为每10^{-5} s采样一次,每个组的时间尺度就必须不超过10^{-5} s,每个单独脉冲的相应长度大约是10^{-6} s。马上可以看出,用来处理数字信息的电子器件的速度必须比处理相应的模拟信号的器件快得多。在这个例子中,大概是3 MHz与3 kHz的差别。(采用3 MHz而不是1 MHz——为了产生合适的方形脉冲,器件必须响应数字脉冲的上升时间和下降时间,它们通常比脉冲宽度小。)

最后,简单说说数字信号的时分复用问题。为了只用最少数目的传输线来传播大量的同时的电话对话,这些单独的数字信号要(在时间序列上)彼此交叉。例如,我们可以送8比特表示对话a的$A(t_1)$,即$A_a(t_1)$,但是,在传送对话a的下一个振幅之前,我们先传送对话b的第一个振幅$A_b(t_1)$,接着是$A_c(t_1)$,$A_d(t_1)$等等,然后再回到$A_a(t_2)$,$A_b(t_2)$等等。这样的序列有许多种可能性,但是,不管选择哪种序列,都会有个不可避免的后果——每个脉冲的宽度都必须缩短,缩短的倍数等于同时的单独通话的数目。如果希望用一根电话线同时传送 100 部电话通话,每个脉冲就不能长于 10^{-8} s,相应的数字电路就必须以接近 1 GHz $(10^9$ Hz)的速度运行。这样就明白英国邮政局为什么不能在 1956 年用固体电路实现时分复用方式——那时候最快的硅晶体管的截止频率大约是 100 MHz,还处在研发阶段。

你可能会想,既然这些结果如此复杂,数字技术为什么会有需求呢?有两个原因:首先,数字技术更适合电子计算机;其次,它们不容易受到背景(电子)噪声的影响。例如,在模拟计算中,信号幅度的绝对大小很重要(幅度表示一个数),很难让它保持不变。例如,放大器的增益可能随着温度而发生变化。利用数字表示法,只需要确保电压(或电流)脉冲(一个"1")存在就可以了,它的振幅没有关系,只要大得足以和"0"区分开就可以了。类似地,如果考虑一个沿着电话线传送的声音信号,容易想象,信号幅度会随着距离的增加而逐渐衰减,越来越容易受到噪声的干扰。数字方法只需要保持信噪比足够大,保证再生电路能够认出单个脉冲就可以了。这样,噪声就不会影响接收到的信号的清晰程度。

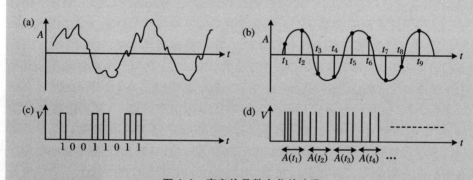

图 4.1　声音信号数字化的步骤

(a) 给出了模拟信号;(b) 说明了等间隔时间(t_1, t_2, t_3 等等)对正弦波取样的方法;(c) 给出了一个八位数字信号的例子,它表示单独一个振幅 155 mV;(d) 演示了一组取样振幅的数字表示的形式,它们构成了最后的信号

虽然晶体管和晶体管化的设备的商业和消费市场仍然很不确定,但是,美国军方对此非常感兴趣。很多军事电子设备要么是便携的,要么是搭载在飞机上、附着在导弹上,对尺寸、重量、可靠性和耐用性有特殊要求。因此,对于军方采购武器来说,晶体管就是个天赐良机,从"出发"命令一开始,晶体管的发展就在很多方面得到了政府的资助。实际上,在 20 世纪 50 年代的大部分时间里,年轻的晶体管工业

正是依靠军方的支持才存活了下来。在 1955~1963 年期间美国每年半导体产量的 35%～50% 由军方使用(Braun,Macdonald,1982:80)。(记住,军方的压力在很大程度上导致了锗的消亡,选择了硅作为晶体管材料,因为它对热漂移的抵抗性更好。)锦上添花的是,肯尼迪总统 1961 年决定发展强大的空间项目:"在 1970 年以前把人送到月球上"。当时,美国火箭的载重量一般,重量是个重要的因素,因此电子学必须要晶体管化。固体器件的鲁棒性和可靠性也优于更老的相对脆弱的真空管。欧洲工业虽然在技术上很先进,但是得到的支持只是美国的一部分,后果不可避免——他们与美国的竞争顶多算是补充,而且通常效率低下。

一些不幸的技术方案也无益于这种局势。一个不幸的例子发生在英国邮政局(那时候它负责长途通信和邮件传递,见 Fransman(1995):89-97)。"二战"以后的情况表明,国内和产业界对长途电话服务的要求可能很快就会急剧上升,邮政局在 1956 年作出了勇敢的决定:升级它的长途电话转接能力,利用快速的电子开关,从当时使用的非常古老的机械转接技术一下子跳跃到先进的数字式的"时分复用"系统。这个设计跳过了大多数竞争者正在考虑的更现实一些的技术,即交叉棒转接系统,以便让英国在这个重要领域获得无可置疑的领先优势。但它失败了,因为当时的器件不够用——1962 年,在海盖伍德安装了一个完全的交换机,但是 3 000 个真空管的额外热量让它无法正常工作(见 Chapuis,Joel(1990):62)。在做决定时候,晶体管本身的前景还远远不能确定(锗器件很容易热崩溃,而硅器件还来不及证明自己——无论如何,对于数字应用来说,它太慢了,参见专题 4.1),所以,不可避免地选择了老的、久经考验的器件。(相比之下,项目的整体目标就太大胆了!)实际上,类似的时分复用转接系统直到 1970 年才成功,那时候能够得到合适的集成电路。从英国工业的角度来看,最糟糕的是,为了从废墟里抢救点东西出来,他们回到了最初的机械转接技术,这样一来,邮政局的供应商们就没有机会发展基于晶体管和集成电路(当可以得到它们的时候)的开关技术。在固体器件技术方面,英国被"重拳击倒"了,再也没有完全恢复过来。

说到了集成电路,我们就回到了关于固体有源器件的讨论。1958~1959 年发明了集成电路,为真正的电子学革命提供了起跳点——直到现在还没有任何减缓的迹象。对于 20 世纪 50 年代的许多"魔术小子"(wizz kids)来说,晶体管有潜力用于开发大规模的紧凑的电子电路,有些人试图利用这个方向的进展。然而,很快就明白了,必要的互联给定了限制——每一个都需要用烙铁或焊机来完成——几个人开始找办法克服这个困难。第一个公开提议集成化的是位英国人,皇家雷达实验室(RRE)的杰弗里·达默,1952 年 5 月他在华盛顿提交了一篇会议文章,在 1957 年说服了 RRE 的管理层资助普莱西公司的一个合同——用他的点子做了个触发电路。这导致了一个试验模型,美国科学家对此很感兴趣,但是英国人不怎么兴奋！实际上，基尔比在 1958 年德州仪器公司做了实际的相移振荡器电路。这个器件用的是锗而不是硅，因为基尔比当时搞不到合适的硅晶体，而且使用了外部连线，单独地焊接在器件上，但是它使用了体材料锗电阻做成的电阻器，利用扩散式 p-n 结二极管提供电容——为了实现这些功能，不再需要把单独的元件悬挂在半导体电路上。作为集成原理的一个演示，可以把它连接到一个点接触晶体管——向前迈进了的一大步，但是离商业可行性还有些距离。

第二年，仙童半导体公司实现了突破，罗伯特·诺伊斯申请了专利，即一种利用硅平面工艺制作集成电路的方法，利用蒸发的金属薄膜和光刻方法制作必要的互连。这肯定是实际可行的方法，但是又过了两年(1961 年 3 月)，仙童公司才制作出基于这些原理的第一个工作电路，德州仪器公司在 1961 年 10 月紧跟其后。这两家公司是重要的对手，不仅是在集成电路制作方面——为了争夺基本发明的优先权，他们展开了一场专利大战（参见 Reid(2001)里激动人心的描述）。法庭大战持续了接近 11 年，美国关税与专利上诉法院作出了有利于仙童公司的裁决——诺伊斯被正式宣布为微芯片的发明者！并不是说这很重要——那时候，芯片的世界已经前进得太远了，这件事也就只有点学术上的兴趣了，但是不管怎么说，从他们的个人角度来看，两个主角基尔比和诺伊斯都很乐意共享这个荣誉。2000 年，基尔比获得了半份诺贝尔奖金，如果不是因为 10 年前过世了，诺伊斯无疑也会和他共享。诺贝尔委员会花了 40 多年才奖励成就这么大的技术发展，这件事本身就引人注目，但特别悲哀的是：诺伊斯没能得到自己应得的荣誉。

当你了解到他们发明的衍生物如此众多，而仪器制造商起初对这些早期电路并不怎么感兴趣，肯定会非常吃惊。问题在于它们太贵了——用分立元件制作同样的电路、用手连线实际上要比从德州仪器或者仙童公司购买相应的集成电路还便宜。销售量很小。僵住了！直到 1961 年 5 月，肯尼迪总统提出了著名的挑战，美国应当在 60 年代结束以前把人送到月球上。情况几乎立刻就清楚了：火箭导引要求高度复杂的计算机技术，这种先进的电路系统只能用集成电路来实现。别管什么成本了——这是唯一的办法！技术革命这样戏剧性的启动有点老天爷帮忙的意思，美国的芯片工业得到的好处有些太不公平了——其他国家显然没有类似的激励。结果可以由集成电路的销售数量反映出来：1963 年仅仅是 50 万，1966 年达到了 3 200 万。

政府开支的刺激可能很重要，但是人们很快认识到，多样化也很重要。基尔比到了德州仪器公司，他开发了革命性的消费品——袖珍计算器在 1971 年上市了。1972 年销售了 500 万台以上的计算器。同时，数字式手表出现了，席卷了消费者市场。英特尔公司的特德·霍夫也在 1971 年开发了第一个微处理器，第一台个人计算机（电脑）在 1975 年以《大众电子学》杂志的套件形式出现！革命开始了，工业界几乎没有时间回头看。集成电路的复杂程度惊人地稳定发展——1965 年，高登·摩尔（物理化学家，在仙童公司诺伊斯小组里工作）提出了著名的宣言，后来称为"摩尔定律"：一片集成电路上的元件数目保持每年翻一番，情况几乎就是如此。对 1997 年以前的数据进行的一个仔细分析表明，每年的增长因子实际上接近于 1.6，但是，真正惊人的是它的长期一致性，鼓励了人们有把握地预言未来的增长，至少可以到 2010 年。

固体电路已经从 20 世纪 60 年代的"小规模集成"（SSI，最多为 20 个"栅"①），到 60 年代末期的"中规模集成"（MSI，20～200 个栅），再到 70 年代的"大规模集成"（LSI，200～5 000 个栅）和 80 年代的"非常大规模集成"（VLSI，5 000～100 万个栅），以及 90 年代末期的"超大规模集成"（USLI，10 万～1 000 万个栅）。摩尔本人和诺伊斯一起继续在这些发展中发挥重要作用，1966 年，他离开仙童公司，建立了英特尔公司，销售额从 1968 年的 2 700 美元发展到 1973 年的 6 000 万美元，2000 年达到了 320 亿美元！这个表现的基础当然就是元件晶体管的尺寸持续地减小——以后再更仔细地考察这一点。我们必须先回头看看另一个重要突破——真正的场效应晶体管终于开发成功了。

4.2 金属氧化物硅晶体管

金属氧化物硅（MOS）晶体管是贝尔实验室的另一个产品，也是个走了好运的小元件。发明它的过程中一个关键步骤是这样一个（偶然的！）发现——硅可以被氧化，形成高稳定性的绝缘薄膜，具有很好的界面性质（也就是氧化物和硅之间的界面）。我们已经评论过这个界面在钝化硅平面晶体管方面的重要性，它最终帮助实际制作了集成电路。它进一步应用在金属氧化物硅场效应晶体管（MOSFET）中——这个优点特别重要。

如前文所述，寻求场效应晶体管（它的工作方式和热电子阀非常类似）已经有一段历史了。1930 年，波兰物理学家朱利叶斯·李林菲尔德（他在 1926 年移民到美国）获得了一项专利，挫败了肖克利想要为这种器件申请专利的努力，可惜的是，锗和硅的高密度的表面态阻止了贝尔实验室的科学家们制作实际的器件。在"栅极"上施加电压，可以在下面的半导体里成功地诱导出高密度的电子，但是，这些电子并不能自由地影响半导体的电导率，因为它们被束缚在表面态（或界面态）里面

---

① gate，常译为"门"。——译者注

了。需要束缚的态密度很低(10^{15} m^{-2}的量级,或者更低)的表面(更可能是一个界面),但是当时没有人知道该怎么做。布拉顿和巴丁继续研究表面态的问题,直到1955年,他们发明了点接触晶体管之后八年,但是,直到1958年,"约翰"·阿塔拉领导的贝尔实验室的另一个小组发现,与适当氧化的硅表面有关的态具有很低的态密度。在氧气流、1 000 ℃的环境里对硅进行氧化以前,需要仔细地清洗硅,加入少量的水蒸气,可以更好地控制这个过程。薄膜是非晶的(不是晶体)、均匀的、没有针孔,似乎由二氧化硅构成。它们表现得像良好的介电材料(电阻率是10^{14} $\Omega \cdot$ m的量级),介电常数大约是4,击穿电场接近于10^9 $V \cdot m^{-1}$(在100 nm厚的氧化物薄膜上,施加大约100 V的电压,不会有显著的电流流过它)。他们用两种方法表征界面:首先,进行场效应测量(半导体电导率随着栅极电压的变化关系);其次,测量被氧化物钝化了的p-n结的电流-电压行为。这两种测量都表明,界面态的密度大大地降低了,而且场效应测量可以更仔细地分析,结果表明能隙里存在着几种不同的态,既有施主的特性,也有受主的特性。然而,关键结果是,它们的密度远远小于上面的限制值10^{15} m^{-2},这样就可以开发实际的场效应器件了。贝尔实验室终于在1960年成功了。在很短的几年时间里,美洲射频公司开创性地把MOS器件引入了集成电路里,这个技术很快就在很多应用中超过了双极型(即n-p-n)器件。

这种平面MOSFET器件的结构如图4.2所示。制作方法如下:用氧化物掩膜确定位置,在p型硅样品上扩散出两个n型接触;大约100 nm厚的栅极氧化物薄膜沉积在电极之间的区域上;还是利用氧化物掩膜确定位置,蒸发上金属而制成合适的栅极和电极。(下一节更仔细地考察平面技术。)当没有栅电压的时候,在源极和漏极之间有两个p-n结,它们背对背地放置,所以,当源极和漏极之间施加电压的时候,这两个p-n结必然有一个是反向偏置的,源-漏电流非常小。另一方面,如果在栅电极和源极之间加上合适的正电压,就会把源极那里的n^+-p结正向偏置,允许电子流入栅极下面的区域,从而在栅极下方诱导出一层电子,在源极和漏极之间构成了一个导电的n型"沟道"。因此,这个器件称为NMOS晶体管(也可以在n型衬底上扩散出两个p型接触,从而制作出PMOS器件)。因为施加了栅极电压,沟道区从p型导电转变为n型导电,这个过程称为"反转",沟道本身也常常称为"反转层"。以后再考察这个反转层的细节,现在只需要说:改变栅极电压V_G,就可以控制源-漏之间的电导——栅极上的正电压越大,电导也就越大,因此,对于任何特定的源-漏电压,源-漏电流I_{SD}也就越大。如上所述,这种控制类似于在热电子真空三极管的"栅格"电极上施加电压产生的结果,因此,热电子阀和MOSFET器件有一些相似之处。

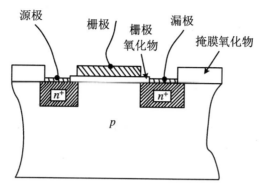

图 4.2 n型金属氧化物硅场效应晶体管(N-MOSFET)结构的示意图

利用氧化物掩膜在 p 型硅衬底上扩散了两个 n⁺ 区,形成了 MOSFET 器件的源极和漏极。利用氧化物掩膜,在这些区域上蒸发铝膜、制成电极。栅电极沉积在薄的栅极氧化层上

把这些概念推广一些,就可以得到一个 n 型沟道 MOSFET 器件的"输出特性",也就是以 V_G 作为参数的 I_{SD}-V_{SD} 曲线。图 4.3 给了一个例子。就像预期的那样,起初,源-漏电流随着源-漏电压近似地线性增长,但奇怪的是,在更大的电压下,它表现出饱和行为。这个效应的原因是,漏极电压和栅极电压都是相对于源极施加的,在靠近漏极的沟道区里,漏极电压有效地阻止了栅极电压。因此,当 V_{SD} 很大的时候,有效的栅极电压被减小得太多了,沟道区不再是反转的了,这个区形成了一个反向偏置的结,有效地阻止了

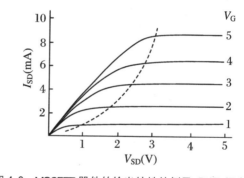

图 4.3 MOSFET 器件的输出特性的例子,即源-漏电流随着源-漏电压的变化关系

随着栅极电压的增大,电流饱和出现时的源-漏电压值逐渐增大(用虚线指示出来)。注意,饱和电流的增大量和栅极电压不是线性关系

电流的进一步增大。从这个论证显然可以看出,栅极电压越大,达到饱和所需的 V_{SD} 的数值也就越大,这是图 4.3 中的曲线具有的明显特性,如虚线所示。

这些曲线的一个特点是,可以用它们来学习 MOSFET 在电子线路中的使用方式。首先要注意的就是,这些电路可以是线性模拟电路或者数字开关电路。数字开关电路可能更容易理解,所以我们就从它开始。如专题 4.1 所述,数字信号处理(这对于当前的计算和信息传递来说是基本的)依赖于使用电压(或电流)的短脉

冲,它们以非常复杂的方式在一系列电子线路中产生和传输,然而,它们的基础很简单。在电路中的任何一个位置,"信息"表示一个脉冲电压的存在(数字"1")或者不存在(数字"0")。它的典型大小是 5 V 左右,但是,监测电路能够以很高的精确度判断该脉冲的存在与否,所以,精确的数值并不重要。控制这个条件的电路元件就是一个简单的开关,但是它必须以电子方式工作,能够在非常短的时间里改变开关状态,典型值是 1 ns 或更短。MOSFET 器件最适合了,如图 4.4(a)中的电路所示,其中,开关操作是由施加在晶体管栅极上的电压控制的。如果 $V_G = 0$,MOSFET 沟道是不导电的(也就是"关断"),从 5 V 电源到"地"之间没有电流流过。也就是说,负载电阻上没有电压损失,输出端的电压是 5 V。另一方面,如果栅极电压升高到 +5 V,晶体管沟道被完全打开("开通"),电流流过负载电阻,几乎全部的电源电压都落在 R_L 上,输出端的电压就接近于零。(看待它的另一种方式是:导电通道把输出短路了,所以,输出电压非常接近于"地"电压。)开关时间决定于通过负载电阻 R_L 给栅极电容 C_G 充电所需要的时间($t = R_L C_G$),专题 4.2 对一个现代的晶体管进行了估计,大约是 10^{-11} s,对于绝大多数任务来说,这足够快了。在实践中,集成电路里的负载电阻是另一个 MOSFET 器件,其栅极电压直接连到自己的漏极上,它总是处于"开"状态,所以,通道就表现为一个纯粹的电阻。这个技术很方便,因为利用和第一个器件完全相同的工艺步骤很容易做另一个,而且只占用相同大小的空间(也就是行话说的"实物资产")。

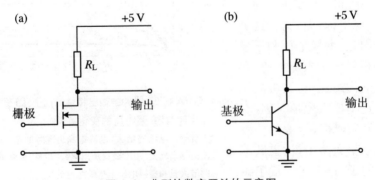

图 4.4　典型的数字开关的示意图

利用了(a) MOSFET 器件和(b)双极型晶体管。输出电压是 0 V 或 +5 V,依赖于输入是 +5 V 或者 0 V。这两个电路看起来很相似,但是,一个是由电压控制的,而另一个是由电流控制的

　　作为比较,图 4.4(b)给出了一个类似电路,它用双极型晶体管作为开关元件。在这个电路中,当输入是零的时候,发射极的 p-n 结是反向偏置的,电压为 V_B,因此,集电极电流很小,输出电压接近于 5 V。如果施加 5 V 的输入电压,发射极的 p-n 结就是正向偏压的,少数载流子注入并穿过基区,电流流入集电极电路。这就

使得 R_L 两端出现电压降,输出电压的数值接近于零。我们不打算更仔细地讨论这个电路——我们只是说明如何在数字电路中使用晶体管作为基本的开关元件。许多课本都讨论了如何把它们组合起来提供逻辑或存储功能,如果这里再重复那些论证,就有些离题太远了。然而,在结束关于晶体管应用的简短讨论之前,我们想谈一谈它们在模拟电路中的使用情况。

专题 4.2   MOSFET 电路的开关速度

为了估计 MOSFET 电路从"关断"状态变化到"开通"状态的速度,必须考虑这两个状态的物理差别。在"关断"状态,沟道里没有电子;在"开通"状态,沟道里有电子面密度 n_s(面电荷密度为 $Q_s = en_s$)。这些电子由于栅极上施加了电压 V_G 而被吸引到沟道里,但是,它们必然来自漏极电源,因此,必须流过负载电阻 R_L(图 4.4(a))。需要的时间有两种可能的限制,一个是电子走过沟道区的长度所需要的渡越时间 t_T,另一个是充电时间 t_C。根据晶体管的尺寸以及沟道中的电子迁移率,可以估计这两个时间。

渡越时间为

$$t_T = L/v = L/(\mu E) = L^2/(\mu V_{SD}) \tag{B.4.1}$$

其中,L 是沟道长度,v 是电子速度,E 是沟道中的电场,μ 是电子迁移率,V_{SD} 是源-漏电压。对于栅极长度 $L = 1\ \mu m$,$V_{SD} = 10\ V$ 和电子迁移率 $\mu = 0.1\ m^2 \cdot V^{-1} \cdot s^{-1}$ 的晶体管,可以得到 $t_T = 10^{-12}\ s$。

充电时间为

$$t_C = R_L C_G = R_C(\varepsilon\varepsilon_0/d)LW \tag{B.4.2}$$

其中,ε 是氧化物的相对介电常数,ε_0 是真空介电常数,d 是氧化物的厚度,W 是栅极的宽度。取 $W = 10\ \mu m$,$d = 100\ nm$,$\varepsilon = 4$,$R_L = 3\ k\Omega$,可以得到 $t_C = 10^{-11}\ s$,因此,限制因素是它而不是渡越时间。不管怎样,它代表了实际开关器件的让人能接受的开关时间。

现在考虑集成电路中更常见的一种情况:负载电阻是另一个 MOSPET 晶体管,它总是处于"开通"状态。假定两个晶体管在"开通"状态中具有相同的有效栅极电压,因此具有相同的面电荷密度 Q_s。这种情况下的负载电阻 R_L 为

$$R_L = \rho L/(Wt) = L/(ne\mu Wt)$$
$$= L/(n_s e\mu W) = L/(Q_s\mu W) \tag{B.4.3}$$

其中,ρ 是沟道的有效电阻率,t 是沟道的有效厚度。

注意,栅极电容 C_G 由 $Q/V_G = Q_s LW/V_G$ 给出。可以把充电时间表示为

$$t_C = R_L C_G = [L/(Q_s \mu W)] \cdot (Q_s LW/V_G)$$
$$= L^2/(\mu V_G) \tag{B.4.4}$$

用 $V_G = 5$ V 对栅极长度 1 μm 再次计算这个值，可以得到 $t_c = 2 \times 10^{-12}$ s，这个负载电阻比上面估计的要小一些。注意，t_c 随着栅极长度的平方变化，这就说明，为了实现快速的开关时间，缩短 L 非常重要。

我们先考虑用双极型晶体管作为线性放大器。图 4.5(a)给出了典型电路，图 4.5(b)介绍了"负载线"的概念，它表示负载电阻 R_L 叠加在一组输出特性上的影响（在这个例子里，集电极电流 I_C 随集电极电压 V_{CE} 的变化关系以基极电流 I_B 作为参数）。这些曲线有两个特点：首先，它们表现出饱和行为，类似于 MOS 器件的特性，但是出现的原因很不一样——集电极电流受限于穿过发射极-基极 p-n 结注入的少数载流子流；其次，饱和电流的数值与基极电流成正比——这是扩散过程的结果（参见专题 3.2）。比值 $\beta = I_C/I_B$ 的典型值大约是 40。集电极电流流过负载，从这个事实出发，可以用简单的公式把集电极电压和电源电压 V_{CC} 联系起来：

$$V_{CE} = V_{CC} - I_C R_C \tag{4.1}$$

这个公式可以用图 4.5(b)中画出来的负载线表示（在这种情况下，$R_L = 1.5$ kΩ）。因为 V_{CC} 和 R_L 是常数，显然可以看出，如果基极电流由于基极信号的变化 ΔV_{BE} 而发生改变，就会导致集电极电流的变化 ΔI_C 以及集电极电压的相应变化 ΔV_{CE}，可以由下式给出：

$$\Delta V_{CE} = -\Delta I_C R_L = -\beta \Delta I_B R_L \tag{4.2}$$

这个公式表达了 ΔV_{CE} 和 ΔI_C 的数学关系，考察图 4.5(b)中的负载线，就可以直观地理解它。

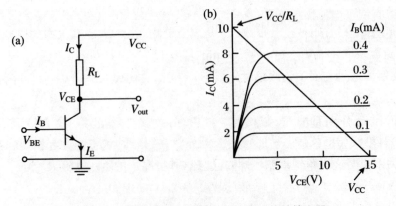

图 4.5　本电路使用双极型晶体管作为线性放大器

输出电压跟随基区电压的变化，增益大约是 300 倍。(a) 电路示意图；(b) 典型的输出特性曲线。同时给出了负载线，用来表示负载电阻 R_L 的影响（$R_C = 1.5$ kΩ）

最后,为了得到电压增益的表达式,需要考察基极电流和基极电压之间的关系,换句话说,我们需要推导出比值 $\Delta I_B/\Delta V_{BE}$ 的数值。这是直截了当的,因为它简单地依赖于发射极-基极 p-n 结的电流-电压关系:

$$I_E = I_0 \exp[eV_{BE}/(kT)] \tag{4.3}$$

由此可得

$$\Delta I_E = e/(kT)I_E \Delta V_{BE} \tag{4.4}$$

类似地

$$\Delta I_B = e/(kT)\Delta I_B \Delta V_{BE} \tag{4.5}$$

把公式(4.5)代入式(4.2),可以得到

$$\Delta V_{CE} = -R_L e/(kT)\Delta I_C \Delta V_{BE} \tag{4.6}$$

所以,电压增益就是

$$G = e/(kT)R_L I_C \approx 40 R_L I_C \tag{4.7}$$

注意,公式(4.7)里的因子 40 表示 $e/(kT)$ 在室温下的数值,不应该和电流增益因子 β 混淆,后者碰巧具有类似的数值。

这个关系式表明,一旦晶体管的集电极电流被设置为一个特定值,增益就正比于负载电阻的数值。通常,我们有 $I_C = 5$ mA 和 $R_L = 1.5$ kΩ,给出 $G = 300$。下面这一点很重要:这种电路 提供的线性增益来自 I_C 和 I_B 的线性依赖关系——在图 4.5(b) 中,I_B 数值不同的曲线是等间距的,这就说明了这一点。

为了理解 MOSFET 如何作为线性放大器,我们再看看图 4.3 和图 4.4(a)。假定适当的栅极电压把晶体管偏置到了饱和区。如果在栅极偏压上叠加一个小的交变信号电压,漏极电流就会小幅度地上下变动,相应地改变了负载电阻上的电压降。这样一来,输出端口的电压也会同步地变动,成为输入信号的放大版。使用负载线可以直截了当地描述 MOS 放大器的行为,但是,它与前文里的双极型晶体管有一个重要区别。从图 4.3 显然可以看出,对于等量增长的栅极电压,特性曲线并不是等间距的。实际上,漏极电流和栅极电压之间的关系是(见 Sze(1969):Chapter 10)

$$I_{SD} = W/(2L)\mu_n C_{ox} V_G^2 \tag{4.8}$$

其中,W 和 L 分别是栅极的宽度和长度,μ_n 是沟道里的电子迁移率(假定是 NMOS 器件),C_{ox} 是单位面积上的氧化物电容。漏极饱和电流对栅极电压的平方律依赖关系说明这个器件是非线性的。由此可知,输出电压也是非线性的。然而,如果栅极电压的变化远小于它的稳态偏置电压,也就是说,$\Delta V_G \ll V_G$,容易看出,此时可以得到近似的线性响应。因此,如果我们写出 $V_{out} = K V_G^2$,则

$$V_{out} + \Delta V_{out} = K(V_G + \Delta V_G)^2 \approx K(V_G^2 + 2V_G \Delta V_G) \tag{4.9}$$

由 $V_{out} = K V_G^2$,我们有

$$\Delta V_{out} \approx 2\Delta K V_G \Delta V_G \qquad (4.10)$$

因此,MOSFET(其他类型的场效应晶体管也一样)只有在信号非常小的时候才可以当作线性放大器,例如微波接收器,或者用光探测器检测微弱的光信号。

总结一下,在 20 世纪 60 年代早期,电子工程师可以使用两个主要的有源器件,双极型晶体管和金属氧化物硅晶体管。此后,一方面是持续的缩微化过程,以便提高速度以及在集成电路设计中增大堆积密度,另一方面是大尺寸器件的开发,要求工作在大功率、高电压的场合。在应用中使用哪个器件,当然依赖于具体的要求。一般来说,在集成电路中,MOSFET 有优势,因为它们的功耗低,对硅面积的要求少,而双极型器件的开关速度更快,但是功耗更大,对空间的要求也更大。在60 年代后期,CMOS 电路的发展进一步增强了 MOS 器件的低功耗优势——CMOS 电路的每个开关元件都是由一对晶体管构成的,即一个 NMOS 和一个PMOS,它的重要特点是,只有在改变开关状态的时候才消耗功率。当状态保持不变的时候(不管存储的是数字 0 还是 1),都没有电流流过。

我们已经看到,制备性能更好、更容易制作的器件的技术对于商业发展是至关重要的,随着时间的流逝,这一点变得越来越重要,竞争变得更加激烈。现在我们应该更仔细地考察半导体技术,它已经发挥了重要作用,而且继续发挥着重要的作用。

4.3　半导体技术

从商业的角度来看,本节是这本书里最重要的一节!你应当已经认识到控制良好的半导体材料在发展晶体管和集成电路上面的重要性了。没有高质量的锗,就不可能发现晶体管;没有高质量的硅,集成电路就只是个概念而已。然而,技术更重要。没有半导体技术人员建立起的惊人技巧,我们可能还在试图把原始的单个晶体管用导线连在印制线路板上,而不是把强有力的集成电路芯片连接起来做成高速计算机——具有不可想象的存储量。不用说,半导体技术这个主题太大了,这个短短的一节只能提供最简略的轮廓,否则我就太自以为是了。但是无论如何,为了欣赏过去半个世纪中的成就,更不要说在接下来的半个世纪中可能的成就了,一些印象还是很重要的。所以我肯定要试一试。本节讨论制作硅集成电路中使用的技术以及这些技术的发展,为了应对更快地处理更多数量的信息所带来的无止境的要求。起初是几千字节,低于 MHz,现在是 GB,GHz,将来肯定会发展到更加壮观的未知领域。预言最终极限肯定太草率了,虽然在方法上有一些重要的变动——当前的技术肯定会有极限。然而,我在这里(以及其他地方)更关心的是历史而不是未来。

最好的开始可能是试着把要求列出来。为了制作典型的"芯片",我们实际上需要些什么?因为它是个电子线路,我们显然需要增益、电阻、电容和电感——晶体管、电阻器、电容器和电感器。为了这种目标,我们需要高质量的单晶硅,具有适当掺杂浓度的施主或受主杂质,以及在特定的、良好定义的区域改变其电导率的方法,把这些区域按照合理的布局联系起来,同时把它们与不想要的随机连接隔离开。例如,可以用 MOSFET 沟道作为电阻,可以用 p-n 结耗尽区电容的形式作为电容,把这些其他元件适当地组合起来可以搞个电感,所以,最复杂的单个器件就是晶体管本身,以及适当的隔离和连接。相互连接的要求导致了平面技术,其中所有的元件都在衬底表面上邻近,有着重要的实际优点。特别是可以这样连接:蒸发金属,把它做成窄导线,一些可以放到芯片的边缘,连接到接触台上,以便与外部世界相连。所有这些都需要了解单个晶体管是怎样制作并放在薄片的适当位置上的。我们已经看到了(图 3.21)如何利用施主和受主的扩散来形成双极型晶体管的基区和集电区,类似的(虽然更简单些)工艺显然可以应用到制作 MOSFET 器件,但是,仍然没有回答如何定义它们的精确位置这个问题。这个步骤称为"光刻",很可能是这个技术里最重要的单个贡献,它起源于印刷业,许多美国公司在20世纪60年代早期改造了它以便微电子学的应用,例如贝尔公司、德州仪器公司和仙童公司。为了帮助理解它,我们谈谈制备台面晶体管的更早的工艺,依赖选择性腐蚀在半导体表面形成局部的起伏,从而定义了工作器件的位置。首先,利用金属掩膜沉积石蜡圆形薄膜,然后让它变硬,用作防止化学腐蚀台面时的壁垒,其余的半导体表面被腐蚀掉了。光刻(更多细节参见专题 4.3)使用了更为精细的技术来沉积厚的"光刻胶"薄膜,把紫外光通过图形光掩膜照射在光刻胶上面,从而局部地改变它的性质。接下来就用适当的溶剂洗掉被照射的区域(有时候是没有被照的区域,这依赖于所用的光刻胶的性质),在半导体表面上留下了硬化了的光刻胶的适当图案,它们可以用来定义随后的工艺。这些是要点——为了填补适当的细节,我们现在就概述制备典型的集成电路的整个工艺过程。即使达不到其他的目标,也肯定会让你了解它涉及了什么业务,可能会对其效率产生适当程度的惊奇:现代参与者利用这些复杂方法解决自己的问题。

出发点是切克劳斯基法生长的圆柱形的硅晶锭,(比如说)直径为 6 英寸,首先"切掉"非典型的末端材料,然后研磨到正确的直径,提供"平边"(flat)以标记合适的晶面,腐蚀掉研磨造成的损伤。(损伤会传递到研磨面以下几十微米,这部分材料必须去除,因为它们的电学性质严重下降了。)从这个准备好的晶锭上,用金刚石环形锯切出"基片"(wafer)(也就是垂直于晶锭轴的薄片),大约 100 μm 厚,这个过程称为"制片"（wafering）。然后把这些薄片加热到 $500\sim800\ ℃$，接着快速地冷却到室温，以便去除氧施主。在切克劳斯基法生长的材料中，氧的密度大约是 $10^{22}\ m^{-3}$，不让它形成施主是非常重要的——对于典型的 NMOS 电路来说，背景掺杂浓度必须在 $p=10^{21}\ m^{-3}$ 的量级，所以施主密度至少要比这个值小一个数量级。接下来，用金刚石轮把基片"磨边"（edge rounded），以便光刻胶的旋涂（在以后的阶段里），接着在抛光机上"抛光"，以保证基片的平整（这对于精确的光刻非常重要）。然后，还要腐蚀（以去掉损伤）、抛光和（机械地和化学地）清洁，才能进行标记，以供将来区分、辨认。它们现在就可以使用了。接下来是进一步的工艺流程，设计和安放有源器件和无源器件，它们将构成很大数量的完全相同的集成电路芯片。单独一个芯片通常几平方毫米，一个 6 英寸基片上大约有 500 个芯片。

最后要强调一点，尺寸很重要，因为硅基片是整体制作的，基片上的芯片越多，生产成本就越低，因此，基片尺寸从早期的 2 英寸发展到现在的 6 英寸或 8 英寸，真正巨大的 12 英寸正在开发。然而，不应当认为，可以轻率地看待这种增长——基片尺寸的每一次量子跳跃都要求相应地提高每个工艺步骤的处理能力的相应增长，投资水平的本质增加，只有很少的几个全球性公司才能负担得起。

专题 4.3　光刻工艺

光刻工艺把想要的图案从掩膜转移到半导体片子上。特别是，在制作电路的时候，有必要在不同的阻挡层上打洞，让施主或受主杂质通过它扩散过去，或者蒸发适当的金属来制作电极。根据具体的应用，阻挡层可以是 SiO_2、Si_3N_4、光刻胶、多晶硅或者金属，但是，为了确定起见，我们假定它是 SiO_2，再假定下一个目标是扩散，在 p 型体材料区里扩散出长方形的 n 型硅条，用于 NMOS 晶体管的源或漏。图 4.6 给出了各种工艺步骤。工艺开始的时候，氧化硅已经准备好了，如图 4.6(a) 所示。

第一步是"旋涂"光刻胶，给硅片涂上厚度为 $0.5\sim2.0\ \mu m$ 的一薄层光刻胶。硅片放在带有真空吸孔的转盘上高速旋转（通常是每分钟 $1\ 000\sim5\ 000$ 转），把溶解在适当溶剂里的光刻胶滴在硅片上，它在离心力的作用下摊开了。最终厚度依赖于旋转时间、光刻胶溶液的黏度以及旋转速度。轻微地烘烤薄膜（大约在 $90\ ℃$），从而去除溶剂并增强它与 SiO_2 的结合，就可以曝光了。利用适当的光掩膜（它定义了曝光区的图），把强的紫外光照射在片子表面上——图 4.6(c) 里是个简单的长方形，但是，只要有必要，显然可以采用更复杂的图案。假设我们使用的是"正胶"，被光照过的部分可以用显影液（随着光刻胶一起提供的合适的溶液）洗掉，留下来光没有照过的区域。从图 4.6(d)可以看出,这样就在光刻胶上形成了一个长方形的洞,用氢氟酸去除氧化层,就可以把这个洞打通到硅表面。然而,在这样做之前,必须再烘烤一次(通常是在 150 ℃烘烤 30 分钟),让光刻胶变硬,能够经受住腐蚀,从而防止氢氟酸去掉其他地方的氧化物。在氧化层上打好了洞,就去掉光刻胶——可以用适当的化学药品(也是与光刻胶同时提供的),也可以在"等离子炉"中烧掉它。工艺的最后一步是,在大约 1 000 ℃的温度下,把磷扩散到硅里面,从而在 p 型体材料硅里面做出长方形的 n 型材料区。(显然,在实际制作晶体管的时候,源区和漏区可以同时制作。)

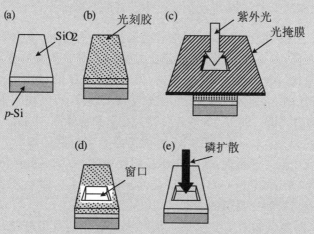

图 4.6 典型的 NMOS 晶体管的源区的制作工艺
(a) p 型硅片上已经覆盖了一层厚膜 SiO_2;(b) 旋涂上一层光刻
胶;(c) 强紫外光通过光学掩膜照射在光刻胶上;(d) 去除光刻胶,
露出氧化物,然后用氢氟酸腐蚀掉它;(e) 去掉光刻胶,用氧化物
掩膜确定出源区,在高温下进行磷扩散,从而制备出源区

为了欣赏光刻工艺中更多的微妙之处,我们注意到,需要用类似的操作来定义 MOS 栅极,这不仅需要不同形状的掩膜,还要求新的图形必须精确地对准源区和漏区。在现代集成电路使用的精细构型中,源区和漏区的间隔可以小于 1 μm,这种对准工艺对操作者的要求非常高。这是利用光掩膜上的"对准标记"实现的,可以用高分辨率的光学显微镜看到它们。第一个掩膜在片子上做出了适当的标记,随后的每个掩膜可以与相应的标记对准。在实践中,典型的 MOS 技术可能用到五个掩膜(双极型晶体管用得更多),每一步掩膜的对准精度都必须显著地优于电路中的最小尺寸。不用说,工艺区里不能有任何灰尘颗粒,片子粘上一个颗粒就完蛋了。因此,超净环境是必需的,对工艺设施的设计和使用要求很高(更不要说相应的预算了!)。

上面简要介绍了工艺过程,但是还有个重要的问题没有考虑。显然,整个工艺的可靠性依赖于光学掩膜的精度,因此,在结束本专题之前,我们谈谈它们的制作。在集成电路的早期岁月里,光学掩膜是用照相缩微术按照一个由塑料片机械切削出来的大尺度模型制作的。缩小后的掩膜用照相法"单步重复"(step-and-repeat,在一个大掩膜板上有许多相同的小掩膜图案)地复制出多个掩膜套件,用于整个硅片(记住,一个片子里可能包含 500 个芯片)。现在的器件尺寸越来越小,基本的掩膜用电子束光刻工艺制作,可以达到亚微米的精度,这种情况下的掩膜是一薄层铬金属而不是照片薄膜。它的使用与前面一样,只是不再使用单步重复方法,掩膜必须用机械方法在片子上方移动,从而满足多芯片的要求。

随后的工艺用来制作平面结构,这些结构执行存储、逻辑或模拟信号处理等复杂功能,多种多样,各有不同,但是,本质上是由许多基本步骤的重复使用组成的。最常用的是:氧化、化学气相沉积、热蒸发、溅射、光刻、扩散、离子注入和腐蚀,经常还穿插着清洗序列。有时候还要用外延法(参见专题 1.1)沉积晶体硅薄膜。除了硅以外,经常使用 SiO_2、Si_3N_4、聚酰亚胺作为势垒和绝缘体,多晶硅、各种硅碳化物和金属(主要是铝)作为导体。我们不可能考察真实电路的细节——我们做点妥协,看一个简化了的工艺过程:制作 CMOS 电路中的一对 MOS 晶体管。这个例子来自McCanny,White(1987:71),足以让你了解概貌了。如果你对更多细节感兴趣,可以查阅参考资料中提供的文献。

这个工艺的要点如图 4.7 所示。我们从被氧化的 n 型硅基片开始,氧化物用作扩散掩膜(图 4.7(a))。首先要定义一个 p 型区域,NMOS 器件就要做在这里,所以要用光刻胶在氧化物上开一个窗口(参见专题 4.3),在石英管里,在约1 000 ℃的温度,把硼通过这个窗口扩散进去。在实践中,B 是在硅表面以三氧化二硼(B_2O_3)的形式提供,同时通过硼乙烯(B_2H_6)与氧在氩气这样的惰性气体流中发生化学反应生成的。(硼乙烯有剧毒性,还有爆炸性,几乎总是要用氩气或氮气稀释。)在初次扩散之后,再长一层更厚的氧化层,在此过程中,硼施主更深地扩散到基片里,形成一个 p 型阱,把 NMOS 器件与 n 型衬底隔离开(图 4.7(b))。这层新的氧化物用来定义两个 MOS 晶体管的源区和漏区,但是,因为它们涉及了相反的掺杂类型(NMOS 用 n 型掺杂,PMOS 用 p 型掺杂),这些扩散过程必须分别进行。首先,开个小窗口让 B 扩散,形成 PMOS 的电极区(图 4.7(c)),然后重新生长氧化物,做类似的窗口,进行 n 型扩散,定义了 NMOS 的源区和漏区。这个扩散过程与 B 的扩散类似,但是采用了五氧化二磷(P_2O_5)提供磷施主,也是来自磷烷气体(PH_3)和氧气的化学反应。磷化氢也有剧毒性和爆炸性,所以,必须用氩气进行类似的稀释。定义了源区和漏区以后,就可以制备栅极氧化物,它比前面用过的掩膜氧化物薄得多(通常是 100 nm,而不是 1 μm)。对于晶体管来说,这个氧化层至

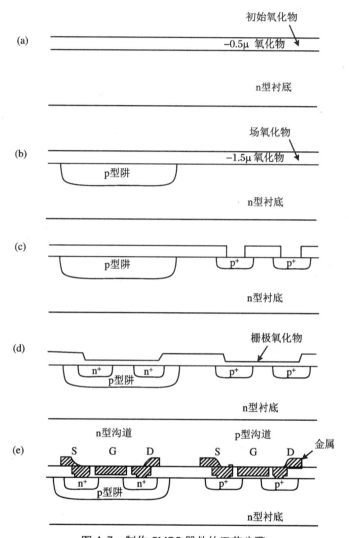

图 4.7　制作 CMOS 器件的工艺步骤

为 NMOS 器件制作一个 p 型阱,作为基区,在旁边形成一个 PMOS 结构,通过氧化物掩膜扩散硼,制作源区和漏区。然后用磷扩散制作 NMOS 的源和漏。在 1 000 ℃下,为两个器件生长栅极氧化物,再利用掩膜定义铝的栅电极。最后,用类似的步骤定义源极和漏极。整个过程用了六个光学掩膜。(McCanny,Winte,1987:71)爱思唯尔公司惠允重印

关重要,必须在仔细控制的条件下生长,通常使用纯净的干燥的氧气在接近900 ℃的温度下进行,然而,掩膜氧化物需要更快的生长速度,使用湿润的氧气在1 000～1 200 ℃的温度范围里生长。现在,基片就到达了图 4.7(d)的状态。接下来,打开电极窗口,在真空腔中热蒸发铝,制作金属电极,背景压强为 10^{-6} Tor

（$\approx 10^{-4}$ Pa）。铝在电热丝上熔化，然后蒸发并在附近的硅基片上沉积出一层薄膜。最后，把金属做出图案，从而分开每个源区、漏区和栅区的电极，如图 4.7(e) 所示。注意，用铝制作三个金属电极非常便利，节省了工艺步骤。但是无论如何，即使这个简单的工艺它也已经很复杂了！

最后再说说整个操作过程用到的掩膜。至少需要六个掩膜，用来定义：(1) p 型隔离区；(2) PMOS 的源和漏；(3) NMOS 的源和漏；(4) 栅极氧化物；(5) 金属接触的窗口；(6) 分开的金属接触。通常用掩膜数量衡量任何特定工艺的复杂性。

在 20 世纪 60 年代末期，可以很好地使用刚才描述的 CMOS 工艺，但是，对现代电路来说，它就完全不适合了。我们不可能列出从那以后的所有变化和改进，但还是应该看看其中的几个——目的仍然是感受一下最近的趋势，并不想包罗万象。首先，我们再看看图 4.7(e)。显然，在两个晶体管中，栅电极与相应的源区和漏区有重叠，但是，为什么它不符合希望呢？这就不那么明显了。它是不理想的，因为栅极边缘的离散电容把栅极与源和漏有效地耦合起来，从而引入了不想要的信号电压的反馈（随着频率的升高，这变得越来越严重）。显然，栅极必须覆盖整个沟道，以便完全地打开它，但是，栅极最好也仅仅覆盖了沟道。换句话说，栅极应当完美地对准沟道。怎么会对不准呢？答案在于，上述技术有着不可避免的对准误差——不可能把定义栅极的掩膜完美地定位，必须有个小小的重叠（对准误差的量级），对于大器件来说，这无关紧要，但是，为了增大堆积密度，就要尽量缩小单个晶体管，问题就变得显著了。当沟道长度小于 1 μm 的时候，1/3 μm 的对准误差就意味着栅极电容加倍了，不再是微扰了！必须采取一些措施，这个措施就是开发"自对准"栅极技术。

为了实现这个目标，需要两个发明创新：第一个发明比较简单，使用掺杂的多晶硅而不是铝作为栅极电极；第二个发明更复杂，用离子注入法代替扩散法制备重掺杂的源区和漏区。关于离子注入法的可行性曾经有过相当大的争议，然后，它在 20 世纪 60 年代末期亮相了。使用高电压的加速器产生施主原子的高能量离子束（20~200 keV），用它扫描半导体薄片的表面。在这些能量上，离子行进了 0.1~1.0 μm 的深度就停下来，并且流入样品的电子变为电中性的了。必要的设备投资大约是 300 万美元，但是它有三个好处：这是个低温过程，可以让光刻胶作为阻挡材料，能够非常精确地控制施主或受主原子的剂量，它能够把这些原子非常精确地定位在薄片上。技术缺点是，这些高能量离子倾向于把硅原子从它的晶格位置上敲出来，所以，在注入以后需要用热退火工艺修补这些损伤。图 4.8 说明了如何用精确的位置控制来制作自对准栅极结构，栅极电极是在离子注入源区和漏区之前就做好的，而不是在注入之后，栅极本身阻挡了掺杂用的离子。注入的离子确实会发生散射，进入到栅极电极以下很小一部分区域，但是远小于扩散法的情况。为了完整地描述这个工艺,需要请你注意,栅极电极是用(化学气相沉积法制备的)多晶硅做的,因为它能够经受栅极工艺以后的任何高温工艺步骤。但是铝肯定不行。

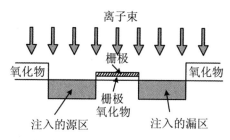

图 4.8　利用离子注入方法形成自对准的 MOS 栅结构
先制作栅极,然后把离子注入源区和漏区,利用栅极金属作为掩膜。这个过程保证了栅极和源/漏区的重叠最小,尽量减小了栅极-源极电容和栅极-漏极电容

　　另一个发明——用"干法"腐蚀可控地去除氧化硅、氮化硅和多晶硅等等,而不是采用以前的湿法化学腐蚀,在 20 世纪 80 年代变得重要起来。引入它的原因与自对准栅极技术看起来很相似,也就是需要更好的位置控制。湿法腐蚀的问题是,它是各向同性的,腐蚀以相同的速度在所有的方向上进行。如图 4.9(a)所示,通过一个掩膜腐蚀的时候,掩膜下面被掏空的距离大致等于腐蚀深度。这就是"侧向侵蚀"(undercutting),在非常精细的结构中,侧向侵蚀引入的误差与想要的窗口尺寸一样大。理想地说,需要一种完美的各向异性的腐蚀方法,如图 4.9(b)所示,侧面的腐蚀等于零。实现这一目标的初期尝试是离子束刻蚀,用高能氩离子去除衬底上的原子,但是,这个过程固有的损伤是个大缺点。它的选择性也很差。集成电路工艺通常要求,在完全去除一种材料的同时,不能对下面的层有显著的损害(例如,把 SiO_2 从硅上面去掉),对掩膜材料的损伤最小。最好是用化学方法实现,只腐蚀一种材料,而其他材料没有化学反应(而不是纯粹的没有任何选择性的机械

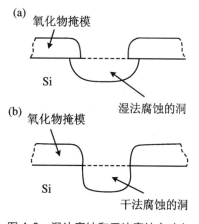

图 4.9　湿法腐蚀和干法腐蚀在硅上得到的洞

湿法(化学)腐蚀倾向于各向同性地腐蚀,往掩膜下方的侧向侵蚀与向下的腐蚀程度大致相同,然而,干法腐蚀的各向异性强得多,它产生的侧向侵蚀最小,腐蚀坑的侧面是垂直的

过程),因此就引入了等离子刻蚀——这是一种化学过程,利用"有活性的"气体原子而不是液体中的离子。例如,包含氯原子或氟原子的气体可以用来腐蚀 SiO_2,把样品放入包含有这种气体的真空系统,利用 13.5 MHz 的射频源激发产生等离子体。尽管选择性很好,化学和物理方法结合起来,等离子体中的反应性原子朝着样品表面加速(静电方法),可以最好地实现选择性和各向异性的理想组合。这种工艺过程称为"化学辅助离子束腐蚀"(CAIBE),已经被工业界广泛使用。投资水平大约是 10 万美元,与湿法化学过程的几百美元(欧元?)相比,显得昂贵,但是,和离子注入设备所需要的几百万美元相比,就便宜多了。

这么大的投资与追求更大的堆积密度和更快的信号处理直接相关,这两者都要求减小单个晶体管的特征尺寸。因此,我们回到这个主题上来。显然,晶体管整体尺寸的减小会导致更大的堆积密度,如专题 4.2 所述,MOS 电路的工作速度以 $1/L^2$(其中,L 是晶体管的栅极长度)的形式提高。还有哪些内禀的变化? 它们有些什么样的问题? 这些都不是显而易见的。

当考虑缩小晶体管尺寸的时候,首要的问题就是应用标度律的基础,例如,什么应当是保持不变的? 考虑一个 MOS 器件,其中每个晶体管的线性尺寸缩减了一个因子 k。如果只是缩减了尺寸,而其他一切保持不变,很容易看到,器件电流将会以 $1/k$ 的形式减小,因为它们依赖的标度是栅极的宽度。然而,因为器件电压保持不变,芯片单位面积上的电流增大了一个因子 k,同样的因子也表现在芯片功率密度上,这是非常不利的——这样缩减标度做不了多久,芯片很快就过热了。更好的也是最常用的方法是在缩减标度的同时保持所有的电场不变。这意味着减小外加电压,同时减小了栅极氧化物的厚度。现在可以看到,虽然芯片的电流密度会增加一个因子 k,但是功率密度保持不变,这个结果更令人满意。

标度的另一个重要方面是开关速度。参见专题 4.2,特别是公式(B.4.4),我们看到,在电场不变的假设下,延迟时间减小了一个因子 k(L 和 V_G 都缩减到原来的 $1/k$),这就是微处理器越来越快的原因。与此有关的是开关电路的品质因子,即开关功率和延迟时间的乘积(它等于开关能量)。开关电流按照 $1/k$ 的形式变化,开关功率是 $1/k^2$,延迟时间是 $1/k$,所以,功率-延时积是 $1/k^3$。这意味着单位芯片面积上的开关能量的标度变化律是 $1/k$。

显然,缩减单个器件的尺寸有很多好处,但是这就提出了一个问题:最终是否会碰到基本的(甚至是实际上的)极限? 有许多极限是不难预言的。例如氧化物厚度的标度,为了在减小栅极电压的同时保持电场不变,从而保持沟道电导率不变,当它达到大约 5 nm 的时候,就不可避免地遇到了困难。这时候,电子能够隧穿地通过氧化物,氧化物的绝缘性质很快就消失了。另一个问题与小的耗尽层有关,它存在于源区和漏区之间以及衬底里(记住,衬底与源区和漏区的掺杂类型相反)。

如果这两个耗尽区的宽度之和等于沟道的长度,器件就不工作了。增大衬底掺杂浓度,可以减小它,但是需要更大的栅极电压来打开沟道,这就限制了栅极氧化物的极限击穿电压,最终限制了栅极的长度,$L = 0.02\ \mu m$。标度的另一个实际限制因素是,电路电压必须大于背景电压,这样才能够可靠地检测,一个不容易让人满意的因素是自然出现的电离辐射所导致的错误事件。器件的连接器是另外一个问题。假定它们是以三维的方式标度的,正比于器件本身,那么,它们的本征 RC 时间常数就会保持不变,然而,必须在器件开关时间快速减小的背景下看待这个问题,所以,最大速度受限于连接器而不是晶体管。因此,相当多的研究被用于可能的光连接器(利用光束而不是导线里的电子),特别是对于更远的连接。

对于这个日益复杂的主题,讨论大概只能到此为止了——除了光刻的极限,它非常重要。当器件尺寸下降到 $1\ \mu m$ 的壁垒以下(心理上的壁垒,并不是物理上的壁垒),光波长设定的极限看起来很大。众所周知(参见任何光学课本!),光束的最小聚焦尺寸大约是光的波长。当前的紫外光刻术就因为这个原因而限制在大约 $0.2\ \mu m$ 的尺度(当前技术大致已经达到了这个尺度)。进一步的发展需要方法的基本改变,在过去 10 年里,人们已经严肃地探索了两种方法,使用 X 射线或者高能电子束而不是光。在讨论掩膜制作的时候,已经提到过电子束光刻,它依赖于这个事实:高能电子束具有德布罗意波长 λ,

$$\lambda = (1.226/V^{1/2})\ \text{nm} \tag{4.11}$$

其中,V 是加速电压(单位为 V)。10 keV 电子对应的波长是 1.226×10^{-2} nm,大约比典型的紫外光波长小四个数量级。因此,电子束曝光的潜在分辨精度远高于紫外光,但是,它需要高度复杂的电子成像系统,整个系统就贵得多了,还有电子背散射的困难——它把设定区域以外的电子束光刻胶也曝光了("近邻效应",当空间上靠得很近的两个图形被曝光的时候,散射电子的剂量就加倍了,这个问题就变得特别严重)。然而,作为"薄片直写"(也就是在硅基片上直接定义图案)技术,它的最大缺点是太慢了,因为电子束必须"辛辛苦苦"地扫描设定的区域。使用这种方法制作昂贵的用于复杂的微波应用的特殊器件,还是可以接受的,但是,对于市场上销售的高度竞争性的消费品来说,它就不合适了。另一种有可能实现的方法是使用离子束而不是电子束。近邻效应对它的影响很小,光刻胶对离子比对电子敏感得多(这样扫描就可以快得多),但是,对于商业应用来说,足够强的离子束还很难产生。

目前看来,软 X 射线($\lambda = 0.5 \sim 1.0$ nm)最有希望替代紫外光,已经制作了特征尺寸小于 100 nm 的图案。(应该这样看,2010 年将要制作 64 Gb 的动态随机寻址存储器,最小的特征尺寸是 $0.07\ \mu m$,也就是 70 nm。)为了实现这个目标,在设备资本和研究人员方面的投资太大了,应该仔细地研究一些问题,所以,在结束本节之前,我们对一些技术成就做点注释。可以先考虑把一个 3 cm×3 cm 的掩膜以大约 20 nm 的精度进行机械定位——相对精度大约是 10^{-6},远小于典型固体在温度变化 1 ℃ 时产生的热胀冷缩!100 g 的重量放在掩膜支架上带来的变形也有这么大!不仅掩膜的定位必须达到这种精度,在需要的时候,还必须很容易地把它移动到新的位置上,通常采用无摩擦的气浮支撑来满足这个要求。

掩膜设计本身也有很多要求,它必须非常薄,由最轻的元素制成,以便减少对 X 射线的吸收,同时能够支撑重元素区域,后者控制了图案中的黑暗区域。典型的掩膜包括 CVD 方法沉积的 SiC 或者 Si_3N_4 薄膜,大约 2 μm 厚,延展在硅基片的 3 cm×3 cm 窗口上,还要尽可能地均匀。后面这个条件绝对不简单——薄膜的张力就足以让硅的框架变形,而吸收材料的非均匀分布也足以改变应力的分布。另一个必要的要求是,在强烈的 X 射线的作用下,薄膜的退化要最小。在这方面,Si_3N_4 并不让人完全满意,SiC 和金刚石可能更好些。吸收材料可以使用金属钽,为了足够地减弱 X 射线流,它的厚度必须在 0.5 μm 左右。利用射频溅射的方法沉积钽。钽比金有个重要的好处,很容易用化学辅助的离子束腐蚀工艺去除,用高能量电子束光刻的方法制成图案,其中使用了高能电子。

如果需要把图案的最小特征尺度降低到 0.1 μm 以下,电子束光刻方法就会遇到困难。首先,这些掩膜有很多图案,制备掩膜具有的时间就会长得让人无法接受。为了解决这个问题,必须开发电子形状可以变化的电子束机器,在曝光大面积电子束光刻胶的时候不需要进行扫描,当然,也必须能够扫描精细的几何结构。其次,背散射电子导致的问题变得非常严重,当图案包含着非常靠近的空间结构的时候(近邻效应),需要仔细地设计机器和光刻胶技术。特别是,必须能够把电子束的能量从当前常用的 10~30 keV 增大到大得多的 100 keV。这样,背散射电子就会分布到更大的面积上,从而增大了峰值曝光与背景的比值。最后,不难看出,用于电子束聚焦和定位的电子系统必须达到前所未有的精度。例如,日本电报电话公司(NTT)正在开发的机器将会提供 50 nm 的特征尺寸,位移精度达到 10 nm。

最后一个问题是适当的 X 射线源,这个问题非常重要。光刻胶对 X 射线不很敏感,需要比通常更强的源,这种源只有在高电压电子同步辐射中才能够得到。同步辐射(基本的回旋加速器的延伸)是 1945 年首次提出的,已经建造了各种机器用来研究高能粒子物理学,但是,它们通常很大很笨重(典型直径在 100 m 左右),因此,不方便用在半导体工艺中。在 20 世纪 80 年代末期,许多工艺实验室接受了这个挑战,开发紧凑的、高流量的电子同步辐射储存环,其中的电子被加速到 500 MeV 量级的能量,然后用超导磁体($B=1~3$ T)把这个电子束弯曲到半圆形轨道上。只要电子速度超过了光速的 90%,弯曲过程就可以让电子辐射出很宽的光谱(从红外光到软 X 射线),具有高度准直的输出光束(宽度大约为 1 mrad,毫弧度)。通过聚焦镜和使用选择性窗口,可以在 1 nm 的范围内选择波长,得到的光束截面近似地平行于 3 cm×3 cm 的正方形。

把这个光束传递到半导体超净室里,用它对半导体薄片的一部分进行曝光(片子位于 X 射线掩膜的后面),整个片子用单步重复的方法曝光。利用复杂的光学干涉方法以及前文提到的超级精密的定位系统,把每个掩膜对准硅上面已经做好的图案。可以把电子储存环设计得能够提供几种 X 射线束,在需要的时候,可以把它们用于多个干涉设备,总体系统是个了不起的工程成就。摩尔定律(至少它的一个近似形式)看起来还会再持续 10 年左右。

4.4 东方的智者

微电子工业的爆炸式发展本身就很惊人了,但是,日本在 20 世纪 70 年代的成功"入侵"连美国人都吃惊了,虽然美国人已经适应了快速的不可预计的变化。本节考察这些世界性发展的一些方面,概述它们出现的可能原因。当然,我并不试图对此进行全面的讨论——对这个产业的商业方面感兴趣的读者,有相当多的文献可以参考——但是毫无疑问,对于专心工作的科学家和技术人员来说,这些发展同样是激动人心的研究工作,就像对商业心理学家一样!我觉得有必要介绍它们。其实,科学家对这种事情不大感冒的说法很可能指出了东方和西方处理这个主题时的重要差别。

我们已经简单地提到过,微电子学在欧洲的开展赶不上美国,至少有一部分是因为欧洲的政府开支和军事开支比较少。虽然国家和欧洲联合项目(例如ESPRIT 和 BRITE)已经在努力修正这些早期的忽视,但是欧洲在和美国竞争的时候仍然落了下风,很大程度上可能是因为工业界的态度不一样。为了定量地理解欧洲工业的早期"失败",我们简单地注意到,虽然欧洲和日本对半导体的需求启动得比较慢,到了 20 世纪 70 年代中期,它实际上超过了来自美国市场的需求——但是在很大程度上依靠美国的生产——只有 14% 是由欧洲公司供应的,这还是考虑了这样的事实:1978 年,飞利浦公司在半导体销售方面占据了值得夸耀的第三位,占据世界销售的 7.4%,西门子公司是第十位,占 3.3%(德州仪器公司是第一位,占10.5%)。然而,这个成就部分是由于他们对美国公司相当大的投资——飞利浦购买了西格尼蒂克公司,而西门子持有利托尼克斯公司和先进微电子器件公司的大量股份。法国也登上了这个舞台,主要是通过斯伦贝谢公司在 1979 年拿下了仙童公司。与应用的要求相比,半导体在欧洲本土的生产非常弱。此外,欧洲公司需要获取美国公司的授权许可才能追随半导体技术的快速发展,而德州仪器公司已经在英国(在贝特福德)建立了一个分公司,可以为欧洲的需求供货。(它也是唯一一家在日本建立了工厂的美国公司。)如果想准确地分析出现这种状况的原因,就完全超出本书的范围了(更不要说本书作者的能力了!),但是已经有很多书和文章分析过了。这里简单地说一些相关的因素,比较一下欧洲和日本的经历——日本的经历无疑更幸福一些。

美国成功的一个惊人特点是,小的新兴公司经常快速地崛起,例如德州仪器、仙童、惠普和英特尔。正是这些公司推动了微电子学前进,而不是庞大的、已经卓有建树的大公司,但是,欧洲显然缺少这样的成功企业。这肯定与美国产业界的另一个特点——个人在公司之间的频繁地迁移和跳槽有关。贝尔公司的员工在德州仪器公司里创立了半导体事业,肖克利本人离开贝尔公司去创立肖克利半导体公司,然后他的员工又离开了肖克利创建了仙童公司,最后,摩尔和诺伊斯开创了英特尔公司。这些举动引人关注,它们决定了文化——模仿他们的人成百上千,保证了专家知识和技术诀窍快速地在成长中的工业界里到处扩散。这与欧洲和日本形成了鲜明的对比——工作稳定性、养老金和对公司的忠诚度在不同程度上超过了企业的主动性,而且,不管怎么说,欧洲的风险投资是特别稀缺的。其他的文化差异可能同样显著。前面说过,欧洲极端认可纯粹的科学成就,基于的是"现代"物理学在 20 世纪 20 年代和 30 年代的惊人发展。这导致他们执著于纯粹的研究,单纯的技术不能够吸引足够多的人投入到新的工业发展中。在英国,大学和政府实验室里的研究工作获得的"奖赏"比工业界多得多,国内许多最聪明的研究人员对工业研究不感兴趣。就像一个美国评论者说的那样:"英国人想当科学家,美国人想做技术员。"非常奇怪的是,对待新技术的这种冷淡态度似乎渗透了整个管理层,而不仅仅是科学界。致力于推动技术进步的人常常沮丧地发现,他们很难得到上级的支持,皇家雷达实验室的科学家杰弗里·达默的遭遇辛辣地说明了这一点,他早期提议的集成电路的概念无法得到积极的响应——那是在 1952 年,在基尔比演示第一个实验电路之前大约六年!

欧洲的科学文化的另一个方面与研究和生产的结合有关,许多日本公司证明了这很重要。欧洲倾向于把研究和生产分得远远的。"欧洲"方法的一个极端例子是飞利浦研究室在 20 世纪 50 年代执行的"卡斯米尔准则",简单说就是:"招聘最好的科学家,给他们提供资金充足的实验室,让他们拥有最好的设备,然后就让他们自己干吧!有用的东西肯定会出现。"这不是没有理论上的优点——科学家就像艺术家一样,在追求自己想法的时候,他们工作得最有成效——但是,它没有注意到这个特别困难的问题:怎么把好点子变成卖得出去的产品?实践中会发生两件事:生产人员完全不考虑新想法(他们以前对这个新想法没有贡献!),他们更努力地工作以便改进现有的做事方法(众所周知的"帆船效应"①),或者他们在"更适于制作"的伪装下重新发明了这个想法。(这样他们自己就有本钱了!)在"传统"工业中,创新的速度比较慢,这可能并不很严重,但是,在电子学工业中,时间尺度短得很,价格跌得快,浪费时间的结果可能是灾难性的。当飞利浦在 20 世纪 80 年代重新建构的时候,他们也被迫承认这种论证的正确性。

思考这些事情的时候,我们应当花点时间考察日本的经验。在 20 世纪 70 年代,西方痛苦地想要了解日本成功的奥秘,许多观察者觉得,日本竞争的成功里面有些事情不公平,甚至是邪恶的。更近些时候,这已经成为许多商业研究的主题,写了好几本书,试图把歇斯底里压下去,提供些理性的解释。在这么短短的一节里,我不打算和他们竞争,只是简单地总结几个相关的因素。关于日本微电子工业的发展,首先要说的是,它来自最没有希望的开始。第二次世界大战摧毁了日本,许多城市变成了废墟,政府臣服于占领军——到了 70 年代,日本成了微电子学的一支力量,这件事说明了其恢复是惊人的。值得指出的是,这绝对不是军事支持的结果,在这段时期里,日本不能搞任何军事投资。同样清楚的是,也没有个体流动和小的新兴公司——日本文化很可能比世界任何其他地方都强调对公司的忠诚。那么,"秘密"是什么呢?

个体流动可以忽略不计,但并不能由此得到结论说,技术诀窍的"扩散系数"也是同样小的——日本政府控制创新过程的独特方法保证了在同一个研究合同下工作的公司可以有效地共享新技术。在讨论日本计算机和长途通信产业兴起的时候,弗兰斯曼很好地描述了这个过程的微妙之处——他用了这样的说法:"受控的竞争"。——一个例子是日本电话系统使用的电子交换系统。最终用户日本电报电话公司会知道供应商日本电气公司(NEC)、日立、富士和冲电气(Oki)公司进行的研究工作,同时自己也对整体项目作贡献,当然,还要保证做出最终的产品。为了公平地保证仪器的未来销售让所有的参与者都有利可图,每家公司会在一定程度上与竞争者共享自己的新技术。与此相比,美国或欧洲的系统更接近于"失控的战争"!日本政府确实为微电子产业的大多数部门提供了强力的支持,但是要先制定非常仔细的计划,这样就必须认真思考目标,而且要得到所有参与者的同意。在很大程度上,这只是常识而已!也许西方应该更早地认识到这一点,而不是到处乱找什么"魔法"来解释日本的商业成功。

但是,日本的组织工作不仅仅限于政府计划。他们获得成功的另一个重要因素是公司内部对产品开发的计划,这与政府支持并没有太大关系。主导原则是从一个产品开始,一个有可能卖得出去的产品,然后倒着想,确定研究和开发项目,设

---

① 新出现的创新产品促进了成熟产品的增长。为了对抗蒸汽动力船带来的威胁,帆船产业调整战略,研发出新的快速帆船,从而促进了自身的发展。——译者注

计就是为了实现这个目标。瞄准这个目标,日本公司就确保他们的研究、开发、生产和销售能够容易合作。因此就把它们尽可能地放在一起,这样他们就可以很容易地彼此交谈,而不是像西方模式那样把他们分开得远远的。不同部门之间人员的流动也有助于产品创新。这更符合常识了!但是,日本方法最重要的方面是,他们强调在生产中尽可能地实现高质量。这比其他因素更多地解释了他们获取了大量市场份额的原因,很有讽刺性的是(根据 Reid(2001)的说法),这些都是基于美国管理咨询师 W·爱德华兹·戴明鼓吹的想法。戴明尝试说服美国人,但是显然失败了,没有人听他的。然而,在日本,他的话成了福音书里的真理,他的点子得到了宗教狂热般的响应。在 1980 年,惠普公司的一个部门经理理查德·安德森用统计证据说明,日本生产的存储电路的质量和可靠性比美国的好得多。美国工业花了 10 年时间和精心搜索才赶了上来。又一次,"魔法"不是别的,就是对细节的认真关注。

毫无疑问,商业成功的公式非常复杂,其中一个重要因素是家用电子设备市场的需求日益高涨。日本的房子通常很小(即使在职业阶层里),因为能够用来建房子的地皮很少。由于长期的传统,他们的家具设施也很少,对于正在逐步走向富裕的社会来说,最吸引人的就是用最好的汽车和室内娱乐设施装备自己了,日本工业在这两个方面都已经占据了重要位置。此外,日本迫切需要发展长途通信能力,所以,日本具有强烈的动机建立强大的微电子工业。还不应该忘记,1868 年之前两个世纪里日本外交政策的特点是政治孤立主义,虽然这个政策早就过时了,但是日本实际上仍然是非常保守的社会(例如,参见 Thomas(1996)关于现代日本的社会学历史著作),一个内在的需求就是要自给自足。人们不会感到奇怪,一个仍然深受战争影响的国家会对外国投资进入这个至关重要的战后恢复行动保持戒心——只要在技术上有可能,就必须"自己制造"。

建造新工业不可能完全没有外国的援助,下述例子可以说明这一点:索尼公司 1953 年被迫和西方电气公司达成协议,获得晶体管技术的授权,付出了巨款 25 000 美元(对于索尼来说),大约是总资产的 10%!结果,索尼非常成功地进入到晶体管收音机领域,日本开始进入美国的微电子市场。到了 1968 年,日本制作的晶体管收音机有 90%出口,出口对象主要是美国!顺便说一下,索尼公司在日本电子工业中是个局外人——它是个小公司,1946 年创建的新兴公司,由于野心勃勃的企业政策而走向成熟,志在成为它选定的领域里的技术领先者,而不是谨慎的跟踪者。(最近,John Nathan(1999)(*Sony:The Private Life*)描述了索尼公司的有趣历史。)几乎所有其他公司都在战前就有了金字招牌,他们把固体电子学看作是早期活动的自然发展,所以他们的政策更保守。商业圈现在经常讨论企业的"核心竞争力",设计公司策略时需要把这些全都用上,日本公司对此似乎非常清楚。看看

"日本公司"(Company Japan)吧,在微电子学的早期阶段,(在战争期间发展起来的)高质量的光学技术和产业对于集成电路制造是必要的能力,这很可能是非常重要的。

说了所有这些以后,如果认为日本可以在任何环境下轻松地击败西方,那就错了。日本的成功实际上并不全面。在一些领域,例如电视和高保真音响方面,他们几乎横扫天下;在长途通信方面,他们把自己的市场保持得很好,但是不能够进入主要的美国市场;在计算机方面,他们战斗得很艰苦;在集成电路方面,他们的存储器非常成功,但是几乎没有进入微处理器的世界市场里,等等。这种片面性的成功的一个主要原因就是市场标准。例如,现在的主流微机采用的微处理器的世界标准是国际商业机器公司(IBM)制定的,那时候它被迫改变自己的哲学,从大型机转向个人电脑。因为它的个头很大,国际商业机器公司能够主导操作系统和主处理器的标准,分别与微软和英特尔签约。这样就有效地排除了这些重要领域里的竞争。并不是说日本公司缺乏必要的能力来设计软件或者微处理器——日本电气公司自己的个人电脑(9800系列)在日本市场上非常成功(占据了日本市场的一半份额),但是,它的软件和硬件都不和IBM兼容,所以,不可能销售到日本以外。长途通信领域的情况也类似。每个主要国家都倾向于建立自己的传送标准和开关设备,它们都是彼此不兼容的。美国电报电话公司建立了美国标准,英国电话公司建立了英国标准,日本电报电话公司建立了日本标准,所以,每个设备供应商都必须为特定的市场进行设计。美国供应商自然倾向于瞄准美国市场,日本供应商瞄准日本市场,等等。所以,日本的电子公司供应了几乎全部的日本电报电话公司要求的设备,但是,在美国市场上占有的份额却可以忽略不计——这并不奇怪。

计算机游戏的情况与此完全不同——任天堂公司主宰了适当的标准,在世界市场上相应地占据了很大的份额。另一方面,随机寻址存储器芯片的标准没有被限制,日本公司能够主宰动态随机存储器(DRAM)的世界市场,引起了西方的很大关注。在20世纪90年代中期,日本占据了计算机元件50%的市场,一个原因无疑是日本公司能够以非常低的价格生产高质量的元件。他们的商业力量的一个值得注意的特点是,他们可以为远低于西方国家的利润而工作,这就是日本的哲学:长期投资,股票拥有人对分红的要求很小。此外,还应该强调集成电路市场的另一个重要方面。从70年代开始,商业的本质发生了根本性的变化,现在生产的芯片特别大,特别复杂,需要投入的资本特别巨大。小企业不再能进入基本存储器的商业圈——只有大公司才付得起开发费。其中有许多是日本的大公司,这个事实似乎反映了他们专注于细致的计划和总体的商业考虑(以及国际贸易和工业部的一点帮助!)。

日本进入了世界微电子市场的一些领域,其惊人的力量让人觉得日本在和西方竞争,但是这至少忽略了两个要点:首先,日本公司彼此激烈竞争的例子有很多;其次,其他东方国家最近也让人感到了他们的存在。例如,一些观察者把著名的录像机大战视为飞利浦和日本的战争。远远不是这样——真正的商业战争发生在索尼公司和杰伟世公司(JVC)之间,索尼在 1975 年用他们的 Betamax 系统发动了预防性打击,杰伟世公司一年后用它们的家庭影院系统(video home system, VHS)进行挑战。这两个公司把战火蔓延到了世界市场,直到 1988 年,索尼公司被迫承认失败,转而使用对手的系统。在欧洲大陆以外,飞利浦的 V2000 系统从来不是个重要选手。认为日本公司由于政府的大力扶持而不害怕任何竞争的看法几乎得不到任何支持。类似地,显然还有其他东方国家和地区的竞争,特别是韩国和中国台湾正在严肃地进入日本主宰的市场。在 20 世纪 90 年代,三星公司成为世界上最大的存储器制造商之一。又一次击败了西方固有的想法——日本的成功有一些"不公平"的东西。实际上,它在很大程度上是因为在设计策略的时候对细节特别用心,再加上高质量生产的标准。惊人的低利率也支持了它,到目前为止利率太低了,90 年代末期日本经济大崩溃让人们突然注意到这个特点。就像其他人一样,日本开始认识到,它必须遵从规则,对经济管理进行健全的控制。但是,不要紧,新千年为电子学许诺了激动人心的时光,像中国这样的新国家进来了,引入了更多的竞争。然而,读者们肯定记得,本书关注的是历史而不是未来。

4.5　功率和能量:尺寸有时候很重要

这一章读到了这里,你可能已经得到了结论:硅的未来就是"越来越多、越来越小,直到无穷",但是,你很可能错了!大量的硅实际上用在与集成电路非常不同的其他应用上。空间探索现在太普及了,大多数人都熟悉硅太阳能面板,那些奇怪的附着物颤巍巍地悬挂在空间飞船上,为非常复杂的电子器件提供电力,这些器件控制它的每一个扭动和转身(有时候也会失控——这时候我们听得最多)。硅太阳能电池的历史和晶体管一样悠久,它是贝尔实验室 1954 年发明的(信不信由你!),是晶体管发展的一个衍生物。如果相信《半导体硅技术手册》的话,每年光伏应用使用的硅不少于 11 000 t,而集成电路的用量只有这个数量的一半!(这么大的差别当然是因为太阳能电池依赖于大面积的硅,而集成电路由于成品率的缘故倾向于保持比较小。)了解得不那么广泛的是硅器件与电力、航空和汽车业的重要关系,那里的器件通常也比较大。后面的章节再讨论太阳能电池。本节简要介绍功率半导体器件的主题,重点在于器件承载高电压和高电流的能力,而不是高速度和高密度。

　　讨论功率器件的一个方便的起点是大多数读者都熟悉的一种应用,电灯调光器。人们显然希望能够平滑、连续地控制光强,这用不着讨论,但是,在实践中如何实现这个目标,就不那么明显了。最简单的方法是,把一个可变电阻器(也叫变阻器)与电灯串联起来,但是它有个显而易见的缺点——费电。更好的方法是利用匝数可变的变压器把主电压变小,但是这个解决方法既占地儿又比较贵。因此,更容易的窍门是利用几个微小的电子器件。该方法的原理是,利用电子开关改变电源电压实际加在电灯上面的时间,从而控制电灯的平均功率。如果我们在供电线路频率的时间尺度上来做,就可以控制总亮度,而不会让人感觉到闪烁(因为人眼的视觉暂留)。这种方法如图 4.10 所示,但是需要做些解释,并不仅仅因为它使用了新器件"晶闸管"(也叫作半导体可控整流器)。

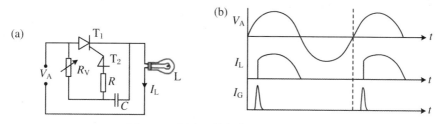

图 4.10　调光器的电路及典型的波形

(a) 调光器的电路,用于控制电灯的亮度。它使用了两个晶闸管,T_1 有栅极电压,T_2 没有。只有当 T_1 导通的时候,电流才可以流过电灯,这决定于 T_2 的开关作用,当电容 C 通过可变电阻器 R_V 被充到足够高的电压的时候。时间常数 CR_V 控制了 T_1 开通的时间,从而控制了电流流过电灯 L 的时间比例。(b) 典型的波形

　　我们已经说过,肖克利在 1956 年离开贝尔实验室去建立自己的公司——肖克利半导体实验室,这是 50 年代末期重要的半导体科学家的许多跳槽之一。不幸的是,这家公司在商业上并不成功,因为绝大多数新员工很早就离开并建立了仙童公司。一个主要原因是,肖克利痴迷于自己的另一个发明——四层的半导体器件,它具有双稳定的特性,因此,肖克利认为可以用它作为数字开关器件。这个点子无疑很巧妙,但是用当时的技术制作四层器件太困难了,而且公司没有把开发商品化的结式晶体管作为主攻方向(它的成功机会很可能大得多),而是分兵作战,结果两者都没有取得足够的进展。肖克利又一次证明了,他具有远大的视野,但是没有认清技术上的困难性。四层器件注定要获得功率器件晶闸管的光荣,它的双稳定特性非常适合于大电流和大电压的开关,而不是用于数字电路里微小的信号电流。讽刺的是,直到肖克利被迫放弃它们以后,场效应晶体管和晶闸管所需要的技术才出现! 在晶闸管的情况下,并不要等太长时间——早在 1957 年,位于申奈特迪的通用电气公司实验室首次演示了商用的功率器件。它们基于的是使用台面/合金技

术的 5 mm 硅片,能够阻止 300 V 电压下的 25 A 电流。

现代晶闸管的结构如图 4.11(a)所示,其中标出了适当的掺杂浓度和层厚。制作方法是:选择适当的 n 型衬底,扩散出两个 p 型层,然后做浅 p^+ 接触层(同时用氧化物掩膜保护上表面),最后扩散出 n^+ 区,利用图形掩膜定义出环形(下表面被保护了)。电流-电压特性如图 4.11(d)所示,它在正向偏压下(阳极为正)表现出关键的开关行为。在第一次加偏压的时候,正向电流保持比较小(器件表现为高阻抗),直到 V_F 超过了"转折"值 V_{BO},该处的阻抗迅速下降,"导通"状态的特性是大电流和小电压($V \approx 1$ V),只要正向电流保持在水平 I_H 以上。最后说明的一个特性是,改变栅极电流 I_G,就可以在一定范围内改变转折电压。因此,施加一个栅极电压,就可以改变晶闸管的状态,操作起来很方便。专题 4.4 从晶闸管的组成构件 n-p-n 和 p-n-p 晶体管出发,简单地分析了晶闸管的工作原理(图 4.11(c))。现在就可以理解图 4.10 中调光器开关的工作了。

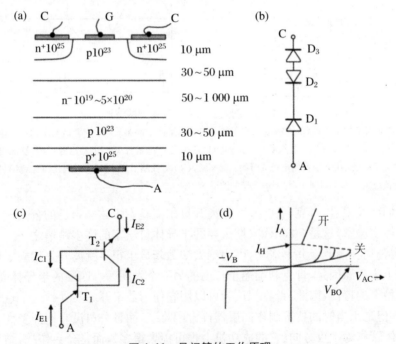

图 4.11 晶闸管的工作原理

(a) 典型的栅控晶闸管(SCR)的结构;(b) 器件反向偏置时的等效电路,它包含三个晶体管,其中两个是反向偏置的,因为 D_1 是 p-n$^-$ 结构,击穿电压较大,因此,它控制了晶闸管的反向阻止能力;(c) 晶闸管在正向偏置下的等效电路,p-n-p 和 n-p-n 晶体管连在一起;(d) 典型的正向偏置的开关特性,其中标出了转折电压 V_{BO},晶闸管在那里从高阻抗转变为低阻抗。不同的 V_{BO} 数值决定于栅极电流 I_G,I_G 越大,V_{BO} 就越小

起初,栅极控制的晶闸管 T_1 处于"关断"状态,所以电流不能流过电灯,全部电压 V_A 都落在串联组合 R_V 和 C 上。这样一来,C 就通过 R_V 被充电(时间 $\tau \approx R_V C$),直到电压 V_C 超过了 T_2 的转折电压,在该处($t = t_1$)栅极电流可以流向 T_1,把它转变到低阻抗的状态。现在,电流就可以从电源流到电灯,直到外加电压低于维持 T_1 所需的数值,然后就关断了,阻止了电流流动,直到下一个周期的相应点 $t = t_1 + T$(其中,T 是交流电源的周期)。净效应是时间 t_1 控制了通过电灯的平均电流——t_1 越长,平均电流越小。此外,因为 t_1 决定于时间常数 $R_V C$,改变 R_V,就可以控制电灯的功率,从而满足要求。这当然是低功率水平的应用,电流不到 1 A,相应的器件面积通常是 1 mm²。我们将会看到很多的大功率应用,器件也相应地更大了,直径为英寸的器件并不罕见。

专题4.4 晶闸管的开关特性

我们利用图 4.11 来理解(四层)晶闸管的开关行为。首先考虑反向特性,此时阳极为负电压(即 V_{AC} 为负的)。显然从图 4.11(b) 可以看出,这个极性意味着外面的两个晶体管 D_1 和 D_3 是反向偏置的,所以,流过这个晶闸管的电流非常小,直到这两个二极管都进入雪崩击穿区($V_{AC} = -V_B$)。在实践中,二极管 D_1 的击穿电压远大于 D_3,因此,它决定了总的击穿行为。为了理解正向(开关)特性,我们把晶闸管看作是由两个靠得非常近的晶体管 T_1(p-n-p)和 T_2(n-p-n)构成的,如图 4.11(c) 所示。起初,假定栅极没有偏置($I_G = 0$)。两个晶体管的集电极电流是

$$I_{C1} = I_{C01} - \alpha_1 I_{E1} = I_{C01} - \alpha_1 I_A \qquad \text{(B.4.5)}$$

$$I_{C2} = I_{C02} - \alpha_2 I_{E2} = I_{C02} + \alpha_2 I_A \qquad \text{(B.4.6)}$$

其中,I_{C0} 表示在没有注入少子载流子发射极-基极电流时的集电极电流,α 是晶体管的电流增益。

把 T_1 中的电流加起来,可以得到

$$I_A + I_{C1} - I_{C2} = I_A + I_{C01} - \alpha_1 I_A - I_{C02} - \alpha_2 I_A = 0 \qquad \text{(B.4.7)}$$

解出 I_A,并且考虑到截断电流 I_{C01} 和 I_{C02} 符号相反(因为这两个晶体管的类型相反):

$$I_A = I_{C0} / [1 - (\alpha_1 + \alpha_2)] \qquad \text{(B.4.8)}$$

其中,$I_{C0} = I_{C02} - I_{C01}$(实际上是个正数)。

对于非常小的外加电压 V_{AC},电流增益很小,但是,随着 V_{AC} 的增大,$\alpha_1 + \alpha_2$ 趋近于 1,阳极电流 I_A 趋近于无穷大。在实践中,它受限于外电路的阻抗,晶闸管在"开"状态下的阻抗很小。把阳极电流减小到一个很小的值($I \ll I_H$),使得晶体管

回到低增益条件下,以便让晶闸管返回到高阻抗状态。注意,如果栅极电极相对于阴极正偏置,就会增大 I_{E2},也就增大了 I_A(V_{AC} 保持不变),这就使得晶闸管在更小的 V_{AC} 值下翻转到"导通"状态。这样就可以用栅极电流的脉冲在任何选定时刻把晶闸管打到"导通"状态。

我想概述几个有代表性的例子。表 4.1 列出了许多功率器件在家庭和工业中的应用。尽管不完全,但是它有助于指出应用的宽广范围,其中,电子控制起到了重要作用,包括与电力电机相联系的许多应用,从 1 kW 的家用电机到高速电力机车上的 5 MW,应有尽有。毫无疑问,电机控制是功率电子学的很大一部分,所以,有必要更仔细地看看电机及其特性。

表 4.1　半导体功率器件的应用领域

1. 电源	15. 叉车
2. 电池充电器	16. 风能和太阳能发电的功率控制
3. 功率转换器,变压器	17. 冰箱
4. 电视机的偏转线圈	18. 电梯
5. 计算机外围设备	19. 吹风机、电扇、泵
6. 电灯调光器	20. 电感式熔炉的控制
7. 食物搅拌机速度控制器	21. 电焊
8. 真空吸尘器	22. 轧钢厂
9. 洗衣机	23. 水泥厂
10. 电动剃须刀	24. 纺织厂和造纸厂
11. 功率器件的速度控制	25. 电化学工艺
12. 电动列车	26. 飞机飞行控制
13. 电动汽车	27. 汽车点火和照明
14. 轮船驱动	

一般来说,我们需要考虑三种电机:直流电机、感应电机和同步电机,它们都广泛地应用于工业和家庭中。(实际上,家庭经济学在 20 世纪下半叶中的重要发展之一就是,家用的电力电机增加了许多,绝大多数家庭拥有的数目超过 20 个。)每种电机都具有自己的特性,任何讨论都远远超出了本书的范畴。简单地说,直流电机适合于需要高起始转矩的应用,但是它的缺点是需要电刷和整流器,这两者多多少少都需要经常维护,感应电机不需要把电连接到转子上,可以广泛应用于负载不大的或者存在高度可燃性气体的场合,同步电机适合于速度保持不变的应用,要求

负载的变化很小。然而,所有的情况都要求控制速度、力矩或者电机电流,可以利用功率电子学器件来实现。通常有必要在很宽的速度范围里保持控制,例如食品搅拌器、功率工具、电动牵引等等。此外,使用电子功率转换器,操作的灵活性就更大了,例如,用交流电源来驱动直流电机,或者用频率可变的电源来驱动感应电机。应用范围非常大,我们只能描述很少的几个例子,说明它的复杂性。

电力火车已经存在了很长时间,1879 年就出现了第一个电力火车头,但是,真正广泛的应用主要是在第二次世界大战以后。在 20 世纪的早期岁月,一些主干线列车开始电气化运行,但是,直到 20 世纪 50 年代才在法国、日本、德国和英国得到了广泛的使用,部分原因是基础投入太大了(还有部分原因是缺少方便的电子控制!)。但是无论如何,在今天的"西方世界"(有趣的是,并不包括美国!),通常 30%~60% 的轨道已经电气化了,主要是因为灵活性增大了,维修费用减少了,电力供应非常稳定,需要照顾的程度最小。为了减少维修费用和污染,电力几乎控制了所有的轨道,到了 1970 年,蒸汽火车头已经完全被内燃机电力代替了,即使在非电气化的线路上也是如此。虽然说了这么多,但是,电力牵引系统为什么大受青睐仍然不很清楚。直流电机有一些优点,特别是在提供高起始力矩方面,但是需要比较低的电压(通常约 1 kV),这就意味着高规格的供电线路(一个广为人知的例子:伦敦地铁使用 600 V 的轨道,电流高达几千安[培]!)。另一种(更常用的)供电模式是架空的高电压交流电力,可以被变换到电力机车上,欧洲标准是 25 kV、50 Hz。这个系统需要把交流电转换为直流电,还需要某种形式的速度控制。但是无论如何,它的使用很广泛,因为它可以在低速度时提供大的力矩,高速度时提供小力矩,这种特性适合于串联的直流电机。(电子学成本相对低廉,也是个原因!)从一开始就难以预测的是典型内燃机车的操作模式——利用交变器来产生交流电(你相信吗?),然后把它整流后再驱动直流电机。这样做当然有很好的理由,但是,这里只关注必要的电子学,所以就不多加评论了。另一个例子是,小功率工具在家里和周围的使用日益增长,这也是相对近期的发展。例如,广为人知的电动剪枝器(electric router)让树木的剪枝和造型工作变得很容易。它的一个特点是要保持边缘速度大致不变,从而优化效率并避免由于切削速度太快导致的烧伤。因为电刨子的齿的直径可以显著变化,需要在很大范围内控制角速度(也就是电机的速度)才能正常工作。最后,在很多应用中,负载的变化很大,但是要保持电机速度不变。典型的例子是,在建设机动车道路时用电力来压碎石头。好了,怎么利用半导体器件呢?

我们已经看到,利用晶闸管改变电灯的平均电流,可以控制客厅里的照明程度。类似的方法可以控制直流电机。直流电机的一个特性是,它的速度依赖于施加在转子上的电压,所以,为了改变速度,只需要调节转变器电路中晶闸管的控制

角 α（这个角度等价于图 4.10(b)中的 t_1）。如果电源是交流的（通常都是如此），典型电路如图 4.12(a)所示，它是个桥式整流器，使用了栅控晶闸管。当电源电压为正的时候，电机的电流从 T_1 和 T_2 流过；当电压为负的时候，从 T_3 和 T_4 流过。图 4.12(b)给出了负载上典型的电压脉冲序列。桥式电路利用了电源电压的正负两个半周期，从而降低了输出的波动。用直流电源也可以得到类似的效果：把一个晶闸管与电机串联起来，就可以产生直方波（这称为"斩波"电路）。大型电机通常是用三相交流电源驱动的，但是速度控制的方式是类似的。

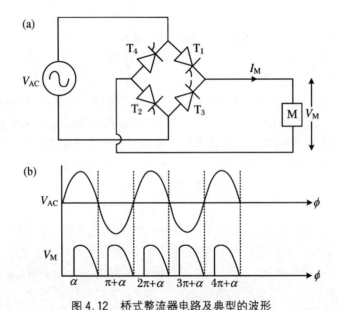

图 4.12　桥式整流器电路及典型的波形

(a) 桥式整流器电路，用交流电源驱动直流电机，用栅控的晶闸管控制施加在转子上的平均电压，从而控制电机速度；(b) 典型的波形。注意，这里没有给出定时电路

电控电机的另一个例子是高频交流电源驱动的感应电机。感应电机的运行速度通常比"同步速度"慢一些，但是无论如何，它决定于电源的频率。通常可以使用电网主频率 50 或 60 Hz，缺点是会产生低频声学噪声，在许多场合中很不合适。解决方法是使用更高的频率，20 kHz 甚至更高的量级，人就听不到了，但是，这些频率必须由适当的电路（称为"逆变器"）产生。这需要直流输入并把它转换为交流。我们不打算深入研究这种电路的细节，仅仅说两点。使用的开关序列要求开关必须既能关上也能打开，而且需要使用高频率，这就要求开关时间非常短（20 kHz 对应的时间是 $\tau = 1/\omega \approx 10\ \mu s$）；改变输出频率，也可以改变电机速度，但这意味着更短的时间，通常要达到 1 μs 甚至更短。为了实现这个目标，我们需要更仔细地考察功率电子器件的发展。

　　一点也不奇怪,第一个功率器件就是二极管。早在1952年,霍尔报道了用台面/合金工艺制作的锗功率二极管,具有阻止200 V和负载35 A电流的能力。如前文所述,第一个功率晶闸管出现在1957年,但是更大范围的应用需求导致了同样大范围的新器件的开发。这个清单让人印象深刻:二极管、晶体管、晶闸管(SCR)、可关断晶闸管(GTO)、反向导通的晶闸管(RCT)、光激活的晶闸管(LAT)、两端交流开关(DIAC)、三端交流开关(TRIAC)、功率金属氧化物硅场效应晶体管(功率MOSFET)、绝缘栅双极型晶体管(IGBT)、静电感应晶体管(SIT)、静电感应晶闸管、MOS控制的晶闸管,等等。随着新挑战的出现,新器件也涌现出来应对它们,这个调查远远没有结束,例如,近期开发了一种功率集成电路——"灵巧功率"器件,它们把控制电路和功率器件组合在同一个芯片上。很多书描述了这些发展(例如,Mohan et al(1995);Bose(1997);Benda et al (1999)),我们只能简单地说说其中的几个。我们选择几个例子继续前面的讨论,包括二极管、可关断晶体管、功率金属氧化物硅场效应晶体管和绝缘栅双极型晶体管,考察它们在反向阻止、正向损耗以及开关时间等方面的性能。

　　考虑图4.13所示的简单整流二极管,可以对功率器件的设计原则有很多了解。为了制作它,可以从一个n^+硅片开始(每立方米掺杂10^{25}个磷原子),在上面外延生长一层n^-层,然后用硼或铝原子扩散出一个p^+的顶层,这样就完成了这个结构。另一种方法是使用n^-掺杂的片子,在上面引入两个扩散层,扩散锑制作n^+接触,扩散铝作为p^+层,和以前一样。(注意,几乎所有的功率器件都是垂直结构,而不是平面结构。在这方面,它们与集成电路有着本质上的差别。)根据反向击穿电压的大小,决定n^-"漂移区"的厚度,如专题4.5所述。击穿电

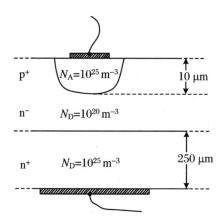

图4.13　n^+衬底的p^+-n^-功率二极管的结构

n^-漂移区的宽度依赖于器件的设计目标:是要尽量增大反向击穿(即阻止)电压,还是要更好的贯通功能(开关得更快了,但是击穿电压降低了)

压随着漂移区的掺杂浓度的下降而增大,但是同时,耗尽区宽度增大,为了安放它,漂移区就要更厚了。例如,在很好的近似程度上,为了得到阻断电压1 000 V,就需要掺杂浓度$N_D = 10^{20}$ m^{-3}和厚度100 μm。

　　5 MW电机的电力火车说明,有些应用非常需要高阻断电压。如果电机工作在1 kV,电流就是5 000 A,也就意味着器件面积为5×10^{-3} m^2(50 cm^2,基于安全

的电流密度 10^6 A·m^{-2}），对应于片子直径为 3 英寸的器件。显然，整流二极管需要阻止至少 1 000 V 的反向电压，但是，我们可以在电压和电流之间做一定程度的权衡，今天有些二极管可以实现 10 kV 的阻断电压。然而，读者会认识到，为了实现专题 4.5 计算得到的理想的阻止行为，器件设计者必须做些几何修正，把表面斜切或者添加"保护环"（有时候也称为"高氏环"），以同心圆方式扩散的 p$^+$ 环形区包围着 p$^+$ 二极管顶接触区域，从而把电场高于平均值的区域最小化。在任何一种情况下，这都倾向于把器件的有效面积降低到它的名义值以下。更重要的是，硅片的质量必须高度地均匀一致，掺杂浓度必须非常均匀。实际上，器件技术最完美的例子之一就是 1976 年引入的用于 n 型掺杂的中子辐照掺杂技术，在 3 英寸直径的片子上，均匀度达到了 1%。热中子的作用是把 ^{30}Si 原子嬗变为 ^{31}P 原子，用它作为 n 型掺杂原子。大自然希望看到 n 型硅做成的高阻断电压的器件！

专题 4.5　二极管的击穿电压

为了在反向偏压下维持很大的阻断电压，功率二极管的漂移区的掺杂浓度必须很低。在图 4.13 中，我们建议的数量级是 10^{20} m^{-3}。在数学上可以这样表述，对于一个 p$^+$-n 非对称结，我们可以忽略 p 侧的电压降，击穿电压

$$V_{BD} = \varepsilon\varepsilon_0 F_{BD}^2/(2eN_D) \tag{B.4.9}$$

其中，N_D 是掺杂浓度，F_{BD} 是击穿电场，每种半导体材料具有不同的特性。对于硅来说，$F_{BD} = 2\times10^5$ V·cm^{-1}，所以我们得到

$$V_{BD} = 1.3\times10^{23}/N_D \text{ V} \quad (N_D \text{ 的单位为 m}^{-3}) \tag{B.4.10}$$

由此可知，为了实现 1 000 V 的阻断电压，我们需要 $N_D < 1.3\times10^{20}$ m^{-3}。

相应的耗尽区宽度 W_{BD} 随着 N_D 的减小而增大：

$$W_{BD} = 2V_{BD}/F_{BD} \tag{B.4.11}$$

对于硅来说，

$$W_{BD} = 0.1 V_{BD} \ \mu\text{m} \quad (V_{BD} \text{ 的单位为 V}) \tag{B.4.12}$$

对于 $V_{BD} = 1\,000$ V，有 $W_{BD} = 100$ μm。

上面假定耗尽区没有贯通到高掺杂的 n$^+$ 电极去。有时候希望让漂移区的厚度小于上面计算的数值（见正文中关于开关速度的讨论），这样就发生了贯通，就需要稍微更复杂一点的论证。一部分反向电压 V_1 落在漂移区，一部分 V_2 落在电极区，因为电极区的掺杂浓度远大于漂移区，$V_1 \gg V_2$，我们得到另一个简单的（近似）结果：

$$V_{BD} = V_1 = F_{BD}W_d \tag{B.4.13}$$

其中，W_d 是漂移区的厚度。

漂移区的行为很像平行板电容器中的介电材料,它里面的电场是个常数。例如,假设我们选择 $N_D = 10^{20}$ m^{-3},对应于 $V_{BD} = 1\,300$ V 的非贯通的二极管,但是,为了得到快速的开关,我们让 $W_d = 10\ \mu m$,就得到一个小得多的数值,$V_{BD} = 200$ V,这说明可以在阻断电压和开关速度之间做些交易。

二极管的另一个重要性质是它的"导通状态下的电阻",在正向导电的情况下,它产生了不利的功率损耗。显然应该尽可能地减小它,一个有用的判据是把它和正向电流必然引起的损耗做比较。在漂移区,正向电流是由少数载流子携带的(在图 4.13 里是空穴),它们与 n$^+$ 电极注入进来的电子复合,同时产生了声子(也就是热)。单位面积上的功率损失近似等于二极管电流密度和带隙能量(单位为 V)的乘积,$P_0/A = JV_g \approx J$(因为对于硅来说,$E_g \approx 1$ eV)。对于典型值 $J = 10^6$ A·m^{-2},最小的正向损耗大约是 10^6 W·m^{-2}。这是不可避免的,但是也有可以避免的损耗,即来自电阻的损耗,如果知道二极管在正向偏压下的串联电阻,就可以估计它。可以用 $P_1/A = \rho W_d J^2$ 来计算,ρ 是漂移区的电阻率,W_d 是它的厚度(在图 4.13 里是 100 μm),但是必须注意计算 ρ 的方法——如果采用适合于 $N_D = 10^{20}$ m^{-3} 的体材料电阻率,就会得到 $\rho = 1$ Ω·m 和 $P_1/A = 10^8$ W·m^{-2},比 P_0/A 大 100 倍。然而它忽视了这个事实:在正向偏压下,漂移区里面注入载流子的密度很大。简单的计算如下进行:$J = eW_d n/\tau$(其中,τ 是复合寿命),所以,$n = J\tau/(eW_d)$。因此,如果 $\tau = 1\ \mu s$,我们得到 $n = 10^{23}$ m^{-3} 和 $P_1/A = 10^5$ W·m^{-2},是 P_0/A 的 1/10。这很可能低估了 P_1/A(在高密度的载流子中,其迁移率和寿命都减小了),可以预期,在实际的硅器件中,P_1/A 和 P_0/A 大致相等。另一种表达方式是,二极管正向电压大约是 2 V,而不是理想器件应该有的 1 V。减小漂移区的厚度 W_d,有可能减小它上面的电压降,但是,这也会导致反向的"贯通"(参见专题 4.5),相应地减小了反向阻断电压——功率电路的设计者必须权衡这个问题。还应该清楚,有必要仔细地设计低电阻接触——接触上的电压降太容易引起进一步的功率损耗了。

最后,我们必须考虑开关时间的问题,即二极管从它的关闭状态转变到导通状态(反之亦然)所需要的时间。在设计逆变器电路、用高频交变电压驱动感应电机的时候,这个问题特别重要。我们不打算详细讨论这个相当复杂的行为,只是说开关过程受限于漂移区填充(或去除)少数载流子电荷所需要的时间,因此,两种开关时间的大小都类似于复合寿命 τ,对于弱掺杂的硅来说,典型值是 10~20 μs。然而,如前文所述,为了让开关速度比声学频率(也就是 20 kHz 或更高)还要快,开关时间就要小于 10 μs,因此,实践中通常需要采取措施来减小 τ。在硅里面引入一些杂质原子(比如 Au 或 Pt),或者用高能量电子辐照硅,从而产生缺陷中心,可以实现这个目标。每种情况都是要产生"复合中心",从而主动地加快复合速率。这些方法很有效,但是会增大正向损耗,就像前面提到的那样,所以,在很多功率器件中,必须权衡这些彼此冲突的要求,通常由具体应用决定。关于简单二极管就讲这么多了。还有许多更复杂的功率器件,在结束本节之前,我们对其中的一些做点总结。

在 20 世纪 50 年代末期,功率晶体管(双极型结式晶体管)和晶闸管已经很成功了,添加一个栅极电极(构成半导体可控整流器),就可以从外部控制晶闸管的开关状态,虽然它们的指标与今天的器件比起来很普通。在 1960 年,典型晶闸管的指标是 200 V 反向阻断电压,再加上 100 A 载流能力。从那以后,这两个指标就开始稳定地提高,今天,单个器件的指标是 10 000 V 和 5 000 A,令人印象深刻,主要原因是硅片越来越大,掺杂越来越均匀(晶体生长总是非常重要!),而且,热设计和包装也改善了。此外,还出现了一些重要的新器件。首先,60 年代早期出现了"栅极关断的晶闸管"(GTO,半导体可控整流器的一种变型)。栅极关断的晶闸管不仅可以用栅极正脉冲导通,而且,栅极和阴极的交错对插设计使得它们产生了足够强的耦合,在栅极上施加一个负脉冲,就可以关断它,因此,灵活性就更大了。(回忆一下,在驱动高频感应电机的转变器中,需要关断电流)。接下来,经过相当的开发努力之后,70 年代后期出现了功率 MOSFET,这是第一个具有高输入阻抗的开关。作为电压控制的器件,它相比于双极型结式晶体管的优点在于,开关功率非常小(因为双极型结式功率晶体管的基区宽度很大,它的增益通常很小,往往需要很大的基区开关电流)。此外,作为多数载流子的器件,它相比于双极型晶体管的另一个优点是速度快得多,在很多应用中,开关频率需要达到 1 MHz,栅极关断的晶闸管替换了双极型结式晶体管。它确实也有缺点:电流和阻断电压小得多,价格也贵得多。最后,在 80 年代早期,MOS 技术和双极型技术的结合导致了绝缘栅双极型晶体管(IGBT)的出现,它是多功能的开关器件,速度范围在 10 kHz~1 MHz,同时具有很低的开关功率和导通状态的低损耗。当然,开发工作继续改善了性能的细节,达到了特别的要求,但是,现在的器件性能显然能够满足大多数要求,而且应用也在持续地增长。随着集成电路的尺寸变得越来越小,功率器件的尺寸却越来越大,它的成功同样令人印象深刻(只是传颂得不太多而已!)。有趣的是,最近的发展方向是把功率电路和逻辑电路组合为一体,做成同一个半导体芯片,改善了成本-效率比,在应用中具有更大的灵活性。一个值得注意的例子是控制汽车里所有的电气功能,一个大电流的总通路环绕车身,开关元件位于每个使用节点上(例如每个大灯、侧灯和指示器等等。),但是可以肯定,这只是未来几年里将要实现的许多应用中的一个而已。电力既清洁又方便,有效地使用和控制电力,对文明社会总是非常重要——"灵巧功率"肯定会成功。

4.6　硅也促进了物理学的发展

　　故事听到了这里,你一定不会忘记,硅在日常生活中的逐渐使用是从物理学开始的。正是理解这些新材料(后来称为半导体)的导电本质的迫切需求最终成就了它们在固态器件中的应用。晶体管工作原理的发现本身就是试图理解硅表面和锗表面的物理性质的结果。在 p-n 结应用到大功率硅整流器之前,相关的物理学研究就出现了。即使新器件出现在人们完全理解其物理学原理之前(有时候确实如此),正确的理论通常也有助于器件的最终优化。在任何高技术发展中,物理学和技术显然是不可分离的,后面的章节里还会有更多的例子。物理学显然刺激了技术的发展,相反的过程(技术的发展)也刺激了物理学,却并不那么显而易见。在硅作为技术上非常重要的材料而发展的过程中,物理学也受益良多。本节就要对此进行考察,首先看看硅材料本身,接下来是 MOS 器件研究中激动人心的进展。

　　对于硅和锗的技术发展来说,人们投入的大量努力有两个重要特点:首先,在 20 世纪 50 年代早期就能够提供大的、高质量的单晶;其次,能够用可控的方式掺杂它们,达到 10^{19} m^{-3} 的水平(大致是 $1/10^{10}$)。它们很可能是人类能够获得的最纯净的材料,对于半导体物理学工作者来说,这既是挑战,又是机遇。这种高纯度的一个重要特点是,杂质原子分开的距离比较大(10^{-6} m 的量级)。把这个距离与专题 1.4 描述的施主电子的玻尔轨道的尺寸(大约是 2×10^{-9} m)进行比较,可以看出,施主原子可以认为是完全隔离开的,在研究它们的物理性质的时候,不需要考虑它们之间的相互作用,这是一个突出的优点。我们将考察两个研究的例子,它们都受益于这个因素,都是从硅物理学的早期岁月开始的,一个是从 20 世纪 50 年代中期,另一个是从 60 年代早期。

　　最近,汤斯在《激光如何偶然发现》这本书里描述了第一台激光器的激动人心的发展过程:这些主要与新的微波放大器有关(称为微波激射器,即受激辐射产生的微波放大),最终在第一个卫星通信实验中得到了应用,而且对射频天文学有重要贡献。实际上,正是微波激射器检测了最早的微波辐射——它们来自著名的宇宙大爆炸。汤斯和其他人在 20 世纪 50 年代花费了大量时间寻找合适的原子系统来证明微波激射原理,一个关键要求是"粒子数反转"。爱因斯坦早在 1917 年就给出了必要的物理理论。考虑这样一个原子系统:可以用两个能级描述它,与"辐射场"有相互作用。我们可以定义三个过程,它们与原子和辐射场之间的能量交换有关:(1) 吸收,处于"基态"(两个能级中能量较低的那个)的原子可以从辐射场中吸收一个光子,从而激发到更高的能级上;(2) 自发辐射,处于激发态的原子可以自发地发射一个光子到辐射场里,从而损失了能量并返回到它的基态上;(3) 受激辐射,处于激发态的原子可以通过与辐射场的相互作用而受激地发射一个光子。第三个过程对于微波激射或者激光工作特别重要,因为它有效地产生了与激发光子相干的光子,从而增大了辐射场的强度——把它放大了。利用这个过程制作实际放大器的困难在于不可避免的吸收,吸收效应把光子从辐射场中移走,它的作用与发射正好相反。容易看到,如果上能级中的原子数比下能级多,受激辐射就会超过吸收,从而导致辐射强度的净增益。问题在于,在热平衡的时候,基态上的原子数目总是大于激发态。实现微波激射的秘密在于,把原子系统诱导到这种自然秩序的对立面,这样就产生了粒子数反转。这件事情可不简单,人们试验了很多方法,才在红宝石激光器上首次获得了成功。其中一种方法利用了硅里面的磷杂质原子束缚的施主电子的能级。

在理解相关能级的性质之前,我们必须注意有关的光子能量。为了制作频率为 10 GHz(当时称为 10 kMcs·s^{-1}!)的微波放大器,我们需要这样的一对能级,它们的间距为 $h\nu = 4.13\times10^{-5}$ eV(见公式 (1.2)),远远小于我们考虑过的与半导体性质有关的任何能量差。实践中发现,获得这么小的能量差的最便利的方法是对硅施加磁场 H,使得处于 P 原子周围的类氢原子轨道上的施主原子的基态能级发生适当的劈裂。这个结果出现的原因是电子的“自旋”。没有磁场的时候,每个电子的能级是自旋两重简并的——磁场劈裂了这个简并态,能量差为 $\Delta E = g\beta H$,其中,g 是电子的 g 因子(近似等于 2),β 是玻尔磁子,它的数值为 5.79×10^{-5} eV·T^{-1}。由此可知,$H = 0.36$ T 的磁场(这很容易得到)导致对应频率是 10 GHz 的能量劈裂。为了做实验,需要把硅冷却到足够低的温度,保证施主的电子束缚在 P 原子上($kT\ll50$ meV),而且(这个要求更加严格),这些电子的绝大多数处于其自旋基态上($kT\approx10^{-5}$ eV)。这就要求 $T\approx0.1$ K。实际使用的温度大约是 1 K,因为能够用液氦得到——为了获得更低的温度,实验就要更复杂了,而且没有必要——这限制了能够得到的粒子数反转的数量,但是并不会让原理失效。

为了证实上述分析的有效性,人们开展了实验工作,首先是在法国巴黎高等师范学院,然后是在贝尔实验室(高质量的硅来自这里)。首先进行的是电子自旋共振的研究——实际上测量了微波光子被自旋的吸收,把样品放在微波腔里进行检测(其实就是一个金属盒子,其共振频率为 $\nu = 10$ GHz),改变外加磁场 H,直到满足了下式定义的条件:

$$h\nu = g\beta H \tag{4.12}$$

第一件怪事是观测到了两个而不是一个吸收谱,它们的能量差是 10^{-6} eV 左右,这来自电子自旋和 ^{31}P 原子核($I = 1/2$)的“超精细”相互作用。注意,这个结果立刻告诉我们，被松散地束缚着的电子的波函数在原子核的位置上的振幅不为零，换句话说，电子穿透了成键电子的外部屏蔽，与 P 原子核发生了相互作用。实际上，这意味着施主的氢原子模型的原始假设并不十分精确。这个假设是，P 原子核与成键电子构成的原子实就像氢原子的原子核一样，而电子穿透到原子实中心的这个事实与此假设矛盾。它确实符合观测结果，施主电子的束缚能确实轻微地依赖于施主的性质(参见专题 1.4)。

为了实现微波放大功能，接下来就要求两个电子能级上的粒子数发生反转，把磁场快速地扫过吸收条件，就可以实现它(核磁共振实验首先证实了这个结果)。这个实验成功了，得到了净增益(虽然只够克服微波腔的内禀损耗)，但是，即使这种程度的成功也需要惊人的实验创造性才能实现。贝尔实验室的乔治·费尔发现，由于轨道电子和 ^{29}Si 原子核自旋(它在硅里面的自然丰度大约是 5%)的相互作用，自旋共振吸收的线宽显著增大。利用去除了绝大多数 ^{29}Si 的材料生长单晶硅，他把线宽减小到原来的 1/12，相应地提高了增益。然而，做了这些以后，下一个问题就是：在热平衡重新建立起来之前，粒子数反转可以持续多长时间？在大多数自旋共振实验中，"自旋-晶格弛豫时间"的量级是毫秒(甚至是微秒)。在这种情况下，第二个惊奇是观察到了长得多的时间，当样品冷却到 1 K 的时候，长达 1 h，但是，随着温度的升高，这个时间下降得很快。这么长的弛豫时间说明，硅晶体的质量特别高。

研究施主杂质性质的一个完全不同的方法是使用光致荧光谱技术，用光源激发硅样品，光子能量大于硅的带隙，而实验者监测(利用单色仪和适当的探测器)样品在能带带边以下发出的光的性质。激发光在硅里面产生了电子和空穴，它们很快在导带底部(价带顶部)达到热平衡，然后通过一个或更多个过程的复合。硅是间接带隙半导体，辐射复合过程(产生光子的复合过程)的效率很低，因为复合过程必须保持能量守恒和动量守恒，所以就需要声子提供必要的动量。但是无论如何，在低温下，通常可以看到丰富的发光谱线。其中的谱线主要与激子的衰变有关，所以，我们必须先看看激子的性质。

激子本质上是类氢"原子"，由一个空穴和一个电子构成，它们由于库仑相互作用而束缚在一起，利用专题 1.4 确定施主束缚能 E_D 的方法，同样可以计算出它的束缚能 E_X。唯一的差别在于使用了约化质量 $m_T = (m_e^{-1} + m_h^{-1})^{-1}$，而不是简单的电子质量。对于硅这样的半导体来说，电子和空穴的质量近似相等，激子束缚能大致是 E_D 的一半，也就是说，$E_X \approx 15$ meV(参见专题 1.4)。这种电中性的物体可以在晶体硅里面到处游荡，因为它具有热能量，这个热能量反映在荧光光谱的线宽上。它最终会由于电子-空穴复合而消失，在硅里面，这个过程必须包括一个光学声子，从而保持总动量守恒。因此，光子能量 $h\nu$ 由下式给出：

$$h\nu = E_g - E_X - E_p \tag{4.13}$$

其中，E_p 是适当的声子能量。这就是"自由激子"，它与晶体中的任何杂质或者缺陷都没有联系。然而，激子有可能被杂质束缚在局部地区，在这种情况下，它们把自己的动量给了晶格。特别是，它们可以和 n 型硅里的中性施主或者 p 型硅里的中性受主形成复合体。我们现在感兴趣的是中性的施主复合体，可以把它看作一个带正电的施主原子实束缚了三个粒子——两个电子和一个空穴。总体来说，它是电中性的。因为这个复合体与晶格强烈地耦合在一起，复合过程不需要声子的介入，必要的动量直接传递给了晶格，所以，此时的发射能量由下式给出：

$$h\nu = E_g - E_X - E_B \tag{4.14}$$

其中，E_B 是与激子局域化有关的束缚能。一会儿就会看到所有这一切与硅晶体中光荧光测量的相关性。

关于激子束缚在中性施主或受主杂质原子上的上述说法让人信心十足，现在它已经得到了很大范围里的半导体的几百个测量结果的支持，但是，在 20 世纪 50 年代末期，情况还不是这样。到了 1960 年，理查德·海尼斯发现了 n 型硅晶体中的一些新谱线，并用施主束缚的激子复合进行了解释。海尼斯以前和肖克利一起研究了结式晶体管，最著名的结果很可能就是海尼斯-肖克利实验（1949 年），证明了少数载流子沿着窄的锗薄膜扩散。海尼斯完成了这个力作，在接下来的 10 年里，他把大部分时间用于研究锗和硅的发光谱，澄清了带边附近的光跃迁的性质，所以，对他来说，认识这些新谱线是自然的发展。实验能够进行是因为有了高质量的硅单晶，杂质浓度非常低，而且已知杂质的浓度控制得非常好。在 1960 年，对于任何需要这种条件的科学家来说，贝尔实验室是个好地方。

荧光测量是在 25 K 温度下做的，有两个样品：(1) 纯净的晶体硅；(2) 硅晶体中包含的 8×10^{22} m^{-3} 的 As 原子。两个谱线如图 4.14 所示，在几个方面都有明显的差别。纯硅表现出很强的、有些展宽的发光谱线，峰值处的光子能量为 1.099 eV。如果我们取低温下硅的带隙为 $E_g = 1.165$ eV，激子束缚能为 $E_X = 14$ meV，横向光学声子（TO）能量为 $E_{TO} = 58$ meV，可以计算出（根据公式(4.13)）这条谱线的预期位置是 $h\nu = 1.093$ eV，与实验符合得很好。谱线的宽度（7 meV）以及它的非对称形状来自激子在晶格中的热运动。另一方面，As 掺杂的样品的谱线非常尖锐（海尼斯测量的数值小于 0.5 meV），表明这些谱线与束缚激子而不是自由激子有关。测量的光子能量 1.091 eV 和 1.149 eV 正好相差一个横向光学声子的能量，分别表示有声子参与的发光和没有声子参与的发光。注意，能量较低的谱线正好位于相应自由激子峰以下 8 meV，表明束缚在中性受主上的激子的束缚能是 $E_B =$ 8 meV。实际上，这个数值有点太大了——应该拿它与动能为零的激子所对应的自由激子束缚能做比较，这样调整以后，得到了更精确的数值 $E_B = 6.5$ meV。

海尼斯对很大范围的施主和受主重复了这些测量,发现测量结果 E_B 和施主或受主的电离能有着简单的近似关系:$E_B = 0.1 E_i$。这个关系称为海尼斯规则,(经过一些修改后)在很多其他材料中都成立。

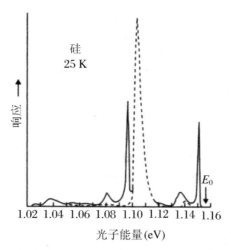

图 4.14　两个硅样品在 25 K 温度下测量得到的光致荧光谱

1.1 eV 处的较宽谱线表示高纯晶体中自由激子的复合,而尖锐的谱线被指认为束缚在中性 As 施主原子上激子的复合过程,样品中 As 的掺杂浓度为 8×10^{22} 个 As 原子/m³。
(取自 Haynes J R. 1960. Phys. Rev. Lett. 4;361. fig. 1)美国物理学会惠允重印

就像前面强调的那样,MOS 晶体管的发展对于集成电路的长期未来非常重要。这不仅因为硅是非常接近于完美的半导体,还因为技术人员能够在它上面生长出高质量的氧化物。这个氧化物在硅-氧化物-金属电容器中起到了介电材料的作用,MOS 器件依赖于这个事实:在金属栅极上施加电压,就会在氧化物-硅界面的附近产生反转层,在 NMOS 晶体管里,这是一薄层自由电子。这个结构的技术重要性使得它成为 20 世纪 60 年代深入研究的主题,特别是关于氧化物和界面区域中电子态的性质。在 Si-SiO₂ 系统里,这种态的密度很低,使得 MOS 晶体管首先成为可能,但是,这些态对栅极电压的快速响应也在器件应用中扮演了重要角色。此外,氧化物中存在着固定不动的或者移动比较缓慢的电荷,它们影响了晶体管的特性,产生了不良的效应。在 1～100 kHz 范围内研究电容和电导,结果证明了存在:(1) 氧化物中的"慢态",与钠杂质原子有关,在氧化过程中注意管理保护,最终把它去除了;(2) 氧化物-硅界面附近固定不变的电荷(由于存在额外的硅离子),选择适当的生长条件,也去除了;(3) 界面处的"快态",它们的能量分布在硅的能隙里,靠近能隙中部的密度大约是 10^{15} m⁻² · eV⁻¹,在能带边附近上升到大约 10^{16} m⁻² · eV⁻¹(定性上类似于第 10 章讨论的非晶硅中的深能级)。

除了电容响应的细节以外,MOS 沟道中自由载流子的迁移率在决定器件性能方面也很重要,这导致了 MOS 研究的另一个分支,在 1980 年产生了特别重要的发现——量子霍尔效应。反转层中的电子迁移率可以用几种不同的方法测量,但是一个重要的方法利用了霍尔效应。如 2.4 节所述(参见专题 2.2),测量霍尔系数和电阻率,就可以得到自由载流子密度和迁移率。已经在一定温度范围里这样做了,以便理解体材料硅中电子的行为,用适当的散射机制解释结果。宽泛地说,迁移率随着温度降低到室温以下而增大(受限于晶格散射),达到最大值,然后再减小。(这是电离杂质散射的结果——提供自由电子的施主由于失去一个电子而带有正电荷。)随着温度的下降,晶格散射变得不那么重要,因为温度越低,激发的声子就越少,而离子散射在低温下变得更强,因为电子移动得更慢了(它们的热能量变小了),感受杂质库仑势的时间更长了。对 MOS 沟道中的电子进行的类似研究表明,它们在室温下比体材料中的电子运动得慢,因为硅-氧化物界面处结构不完美性带来的散射,称为"粗糙散射"。随着温度的降低,迁移率表现出类似的增大,但是在非常低的温度下,迁移率并没有下降,这是因为电子产生的方式不一样——它们是由栅极诱导产生的,不需要施主,因此,电离杂质的散射非常小。实际上,正是因为在低温下能够得到密度比较大的高迁移率的电子($\mu_e \approx 30\,000\ \mathrm{cm}^2 \cdot \mathrm{V}^{-1} \cdot \mathrm{s}^{-1}$),才导致了量子霍尔效应的发现。

如第 2 章所述,在垂直于样品表面的磁场的作用下,霍尔条形样品两侧的霍尔电压随着样品电流 I_x 和磁场 B_z 线性地增大。这是经典的霍尔效应,可以让我们确定条形样品中的自由载流子密度 n。这样就可以从公式(B.2.5)得到

$$V_H = R_H B_z I_x / W \tag{4.15}$$

其中,霍尔系数为 $R_H = -1/(en)$,W 是导电沟道的厚度(在一个 MOS 沟道里,$W \approx 10\ \mathrm{nm}$)。可以用"霍尔电阻" V_H/I_x 把这个公式改写为

$$V_H/I_x = R_H B_z / W \tag{4.16}$$

上式表明,霍尔电阻随着磁场或者霍尔常数线性地增长(在 MOS 器件里,改变栅极电压就可以改变 R_H)。小磁场下的实验精确地表现出这种行为,但是,当磁场变得很大的时候(使用超导磁体,通常可以达到 10 T 或者更大),观测到了一种新的、完全没有预料到的结果,就像克劳斯·冯·克利钦、杰哈德·多达和麦克·裴泊在1980 年《物理学评论快报》上联合发表的文章所报道的那样——这是欧洲三个研究机构的成功合作,说明了现代科学研究的工作方式。

他们的样品设计如图 4.15(b)所示。它包括一个 p 型硅的 MOS 条形样品,电阻率为 $0.1\ \Omega \cdot \mathrm{m}$,(典型)长度为 $400\ \mu m$,宽度为 $50\ \mu m$,带有一个铝栅极电极,在每一端和侧面的探测电极处都有金属接触,可以对纵向电阻和霍尔电阻进行四端测量。氧化物的厚度随样品而有所变化,从 100 到 400 nm,长宽比也类似地从 25变到 0.65。测量条件是 1.5 K 温度、最高磁场达到 18 T。他们的结果不同寻常,如

图 4.15(a)所示,该图给出了霍尔电阻随着栅极电压的变化曲线,磁场保持 18 T 不变——霍尔电阻不再表现出简单的线性行为,而是包含了平坦的"平台"区,出现在特定的电阻值上:

$$(V_H / I_x)_{plateau} = h/(ie^2) \tag{4.17}$$

其中,h 是普朗克常数,$i(i = 1,2,3,\cdots)$是整数。这个惊人的结果在他们所有的样品中都精确地重现了,不依赖于样品的形状或者氧化层的厚度。它也出现在霍尔电阻随着磁场变化的曲线中(载流子的密度保持不变)。

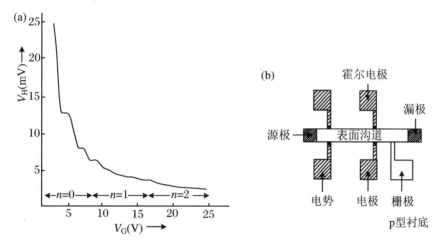

图 4.15 MOS 结构中的量子霍尔效应

(a) MOS 结构的霍尔电压随着栅极电压的变化关系。测量是在 1.5 K 温度下进行的。磁场保持在 18 T 不变,源-漏电流为 1 μA。需要注意曲线上定义得很好的平台,对应的霍尔电阻的数值为 $V_H/I_x = h/(ie^2)(i = 1,2,3,\cdots)$。注意,$n = 0,1,2$ 指的分别是最低的、第一激发的和第二激发的朗道能级。(b) MOS 结构示意图。(取自 von Klitzing K, Dorda G, Pepper M. 1980. Phys. Rev. Lett. 43:494, fig. 1)美国物理学会惠允重印

此后,其他许多人证实了这个效应的普适性,现在它成为电阻的标准,平台区电阻的数值($i = 1$)是 25 812.807 Ω,达到了 10^{-9} 的精度。(如果你想要了解这个主题,可以在《IEEE Transactions》(IM-34,1985:301)中的一系列文章里找到更多的细节。)第 6 章利用 AlGaAs/GaAs 异质结构更仔细地讨论了这个效应里的物理学,但是,它在实践和理论上无疑非常重要。直到量子效应出现以前,在将近 100 年的时间里,人们以为已经完全理解了霍尔效应——这是半导体技术/物理学(或者是物理学/技术,这依赖于个人的视角!)的又一个胜利。

参考文献

Baden-Fuller C. 1996. Strategic Innovation[M]. London: Routledge.

Benda V, Gowar J, Grant D A. 1999. Power Semiconductor Devices: Theory and Applications[M]. Chichester: John Wiley & Sons.

Bose B K. 1997. Power Electronics and Variable Frequency Drives[M]. New York: IEEE Press.

Braun E, Macdonald S. 1982. Revolution in Miniature[M]. Cambridge: Cambridge University Press.

Chapuis R J, Joel A E. 1990. Electronics, Computers and Telephone Switching[M]. Amsterdam: North-Holland.

Fransman M. 1995. Japan's Computer and Communications Industry[M]. Cambridge: Oxford University Press.

Jaeger R C. 1990. Introduction to Microelectronic Fabrication[M]. Reading, MA: Addison-Wesley.

Matsuda T, Deguchi K. 1998. Microfabrication technologies using synchrotron radiation[J]. NTT Rev., 10: 40 (see also several related articles in the same issue).

McCanny J V, White J C. 1987. VLSI Technology and Design[M]. London: Academic Press.

Mohan N, Undeland T M, Robbins W P. 1995. Power Electronics: Converters, Applications and Design[M]. New York: John Wiley.

Morris P R. 1990. A History of the World Semiconductor Industry[M]. London: Peter Peregrinus Ltd (IEE).

Nathan J. 1999. Sony: The Private Life[M]. Boston: Houghton Mifflin Co.

O'Mara W C, Herring R B, Hunt L P. 1990. Handbook of Semiconductor Silicon Technology [M]. Westwood, NJ: Noyes Publications.

Prahalad C K, Hamel C. 1990. The core competence of the corporation[J]. Harvard Bus. Rev., May-June 1990: 79-90.

Reid T R. 2001. The Chip[M]. New York: Random House Trade Paperbacks.

Riordan M, Hoddeson L. 1997. Crystal Fire: The Birth of the Information Age[M]. New York: W W Norton and Co.

Seitz F, Einspruch N C. 1998. Electronic Genie: The Tangled History of Silicon[M]. Urbana, IL: University of Illinois Press.

Sze S M. 1969. Physics of Semiconductor Devices[M]. New York: John Wiley & Sons.

Thomas J E. 1996. Modern Japan: A Social History Since 1886[M]. Harlow: Addison-Wesley Longman Ltd.

Townes C H. 1999. How the Laser Happened[M]. New York: Oxford University Press.

第 5 章
化合物半导体的挑战

5.1 干吗要操那个心?

硅在数字电路和功率器件方面非常成功,它的竞争者落在后面好伤心。真的要操心另一种替代材料吗? 当前硅器件的世界市场大约是 2 000 亿美元,而离它最近的挑战者 GaAs 的器件销售也只有 50 亿美元多一点,跟硅比起来简直是九牛一毛,但是绝对数量远远不可忽略——显然,这么大的市场值得让一些人操心! 然而,我们认为,一方面是硅占据统治地位,另一方面又需要其他半导体介入,考察这件事的一些原因肯定很有趣。

如第 1 章所述,已知的半导体材料超过了 600 种,为什么只有一种半导体如此重要? 当然是商业原因。(从沙子里得到的)硅不仅是地球上最普通的元素之一,而且,从技术上来说,它是最简单的半导体材料,具有合适的带隙,比所有的竞争对手都便宜得多。我们已经看到,锗是第一个被纯化的、能够以高质量单晶的形式获得的半导体,但是,它的商业前景受制于窄能隙无法避免的热漂移问题。硅驯服起来稍微难一些,但是,它的能隙大得多,而且还有一个没有预计到的优点,即它的氧化物很稳定,而且界面态的密度很低。这些优点使得硅可以在"传统"(这个说法很有问题!)电子器件的领域里击败所有的竞争者,这可能会刺激读者去考虑它有没有什么缺点。答案是确定无疑的"有",在商业应用中,硅并不是完美的器件。简单地说,其电子和空穴的迁移率很一般,而且它的能隙是间接的。第一个缺点使得它不那么适合高频工作的器件,而第二个缺点使得它不能够应用于激光和其他几种要求带边陡峭、电子光子相互作用强的光电子器件(也就是说,电子空穴复合的概率大,所以产生的是光而不是热)。在发光方面,硅的带隙太小了(1.12 eV),不能发出可见光(要求带隙为 $1.6\sim2.8\,eV$ 甚至更高),这一点也很重要。另一方面,它的带隙又太大了,不能吸收热成像系统利用的长波辐射(光子能量处于 $0.1\sim0.4\,eV$ 的范围)。显然,没有哪个半导体能够胜任所有这些应用——需要的带隙覆盖了很宽的范围,因此,后面几章将讨论这些不同的方面。要点在于,这些应用比硅主导的传统半导体电子学更加专门化,因此,它们的商业市场小得多。在纯粹数量的方面,没有一种材料会像硅那么成功,但是,这并不意味着它们不重要。例如,想一想没有光纤光学的通信世界或者没有光盘的音响工业!我们也不应该忽视丰富多彩的物理学,它们与范围广阔的半导体材料紧密相关——找个怕被人指责太唠叨,我再强调一次:在推动知识和商业发展方面,纯粹研究和应用研究的相互作用非常重要。

因此,在这个背景下,我们讨论化合物半导体这个主题。为什么是化合物?因为元素半导体的种类很少。已经考虑了锗和硅,其他就没几个了——金刚石有时候也可以算半导体,虽然它的能隙为 $5.5\,eV$,硒和碲也表现出半导体的性质(记住,第 2 章描述的早期的硒整流器),但是,其他的就很少了,更没有哪个可以自夸在技术上是成熟的。扩展到化合物材料,可供选择的数目立刻就戏剧性地增加了。只要看看Ⅲ-Ⅴ族和Ⅱ-Ⅵ族材料,就可以发现 20 多种可能性,其中许多已经得到了技术人员的严肃关注。此外,还有三元合金和四元合金(例如 InGaAs,CdHgTe,AlGaInP 和 ZnCdSSe),半导体的范围几乎是无穷的!这种无穷的可能性并不是唾手可得的,人们付出了很多劳动和汗水——为了把这些五花八门的材料发展到实际应用,花费了大量相应的时间和努力——有趣之处在于,应该有些适当的商业招揽活动证明必要的金融投资是正当的。在写作本书的时候,我们可以看到,不少于 50 年的开发工作致力于这些化合物。我不确定是否有人估计过总的投资,但是肯定会超过几十亿美元。必须认识到这一点:化合物肯定比元素半导体更难以控制,它们的学习曲线更加陡峭(也就更花钱)。这些巨大的开发努力中有许多是基于商业信仰的富有远见的行动,工业界、大学和政府研究实验室里的一小批乐观主义者推动了它们,他们对化合物的物理学和器件应用很有远见,但是还经常要对付相当大的怀疑。西里尔·赫尔桑就是这样的一个热心人,他写了一本引人入胜的书,记载了英国在Ⅲ-Ⅴ族材料研究中的经历,我强烈地推荐这本书(Hilsum,1995)。

因为这些材料的开发在商业和科学上确实都非常成功,如果想要全面协调地记载这些范围宽广的活动,就会有个基本的两难问题。不同化合物的研究工作是平行进行的,每种材料都有自己的发展规划,所以,严格地按照时间顺序进行描述是不实际的。过去通常采用的方法是把Ⅲ-Ⅴ族和Ⅱ-Ⅵ族化合物看作是不同的组,从纯粹教学的观点来看,这种方法很方便。但是,它忽视了一个确凿无疑的事实:不同材料的开发背景截然不同,通常(尽管并非完全如此)与它们的能隙有关系。Ⅲ-Ⅴ族化合物 InSb 是 20 世纪 50 年代很多开发工作中的一个,因为它是远红外探测器的重要候选材料。所以,它和Ⅱ-Ⅵ合金 CdHgTe(碲镉汞,也是重要的远红外材料)有密切关系,而与 GaAs 完全不同(GaAs 的商业开发来自人们对微波晶体管和半导体激光器的兴趣)。宽带隙Ⅲ-Ⅴ族氮化物半导体 InN,GaN 和 AlN 主要是作为可见光发射器而引起人们的关注,它们与宽带隙的Ⅱ-Ⅵ族材料联系在一起,如 ZnS,ZnSe,CdS,MgS 等等,它们是直接的商业竞争关系。反面的论证是这样的:所有这些材料的半导体物理是相同的,它们的不同应用在很大程度上是无关紧要的。从这个观点来看,用传统方式讨论不同组的材料很可能更有意义。这就是个两难问题。必须作出选择,选择不可能让每个人都高兴!我的选择基于这种假设:半导体的历史是由应用驱动的。因此,我没有采用标准的方法,而是在每个材料的商业背景上介绍它。你可以认为,这是因为我的工程师属性胜过了物理学家属性。(他们一直是竞争对手,但是很友好!)当然,这并不是说我不重视物理学的重要性——我已经坚信,它们的相互依赖关系非常重要。

接下来就是决定如何安排不同材料的出场顺序。编年史还是没有太大帮助——这些半导体的大多数工作都可以追溯到 20 世纪 50 年代甚至更早(关于Ⅲ-Ⅴ材料的工作的有趣记载,见 Welker(1976)和上面提到的文章 Hilsum(1995))。然而,如果考察与相应材料有关的商业兴趣,图像就会更清晰了——除了 InSb 以外(我们将在第 9 章讨论它),与硅进行了严肃竞争的第一种材料是 GaAs,接下来是 InP(竞争强度略低一些),它们是本章的主角。接下来的第 6 章讨论"低维结构",它们有很多基于 GaAs,而且强烈地影响了 GaAs 器件的后续发展。从快速技术发展中获益的其他两种材料是 GaP 和 InSb,前者用于可见光发射器,后者用于红外成像系统,第 7 章(宽带隙材料)和第 9 章(窄带隙材料)讲述了它们的故事。光学通信这个主题精彩纷呈而且至关重要,将在第 8 章讲述。我们将会看到,有很多激动人心的主题值得器件技术人员和纯粹物理学工作者"操心"。几百家商业公司销售基于化合物半导体的产品,它们在全世界的成功表明,化合物半导体也值得企业家和投资者"操心"。

5.2 砷化镓(GaAs)

到了 20 世纪 50 年代末期,许多化合物半导体的研究进展引人注目,马德隆在他的著作《Ⅲ-Ⅴ族化合物物理学》(Madelung,1964)的前言里给出了一个公式,把观测结果定量化了。这个公式指出，从 1952 年到 1964 年，每年发表的文章数目由下式给出：

$$N = 125\{\exp[0.1(t - 1952)] - 1\} \quad (t \leqslant 1961)$$
$$N = 常数 \quad (t \geqslant 1961) \tag{5.1}$$

用语言来描述就是，文章数目从 1952 年的 0 篇增加到 1961 年的 300 篇，然后，在接下来的三年里，文章数基本保持不变。根据 Honan 等（1980），公式（5.1）有些夸大了曲线的初期陡度，但是，他们同意 20 世纪 60 年代中期每年 300 篇的数据。1965 年以后，他们建议，这个数字继续增大到 1980 年的每年大约 2 000 篇。无论你接受哪种说法，这个增长速率都让人印象深刻，化合物半导体的发展仅仅比硅落后几年。然而，对于这种比较，我们必须小心——更好地量度这种时间延迟的方法，很可能是看看首次制成高质量单晶是在哪一年。硅是在 1952 年，梯尔和布勒从熔化物里拉出了单晶，而仅仅几年以后，这种切克劳斯基方法首次成功地应用到 GaAs 上——格利梅美尔在 1956 年描述了磁拉法。然而，现在喜欢用的液体包装式切克劳斯基技术要等到 1965 年才出现，这就强调说明了很难进行有意义的比较！下述事实无疑是正确的：Hilsum，Rose-Innes（1961）和 Madelung（1964）这两本著作总结了很大范围的 Ⅲ-Ⅴ 族化合物的物理性质，人们已经在小晶体上进行了很多有效的测量。在科学知识方面，GaAs 比硅落后不了几年，但是，在商业发展方面，它落后了近 10 年。我们讲得太快了——首先需要理解 GaAs 作为硅的商业竞争对手的潜在重要性，这就要了解它的一些电子性质。

GaAs 以立方闪锌矿的形式结晶，每个 Ga 原子被四个 As 原子构成的规则四面体包围，每个 As 原子被四个 Ga 原子包围。Ga 和 As 都紧挨着 Ge 位于元素周期表的同一行上，分别位于 Ge 的左右，注意到了这一点，耿（1976）把 GaAs 描述为"只是有个质子放错了位置的锗"！与锗的类似性也反映在键长上（也就是 Ga—As 和 Ge—Ge），它们的差别不到千分之一，相应的晶格常数 a_0 是 0.565 8 nm（Ge）和 0.565 3 nm（GaAs）。此外，因为 Ga（69.7）和 As（74.9）的原子量的平均值（72.3）接近于 Ge（72.6），它们的密度也很接近，分别为 5 323 kg·m^{-3} 和 5 318 kg·m^{-3}。然而，类似性就到此为止了—— GaAs 的直接带隙是 1.43 eV（在室温下），而 Ge 的间接带隙是 0.664 eV（这是因为 GaAs 化学键的离子键成分），其他性质大多也有显著的差别。由于能隙的差别，本征自由载流子的密度差别非常大，在室温下，Ge 是 2.3×10^{19} m^{-3}，而 GaAs 是 2.1×10^{12} m^{-3}，相应的电阻率分别是 0.5 Ω·m 和 10^6 Ω·m。本征 GaAs 的电阻率数值非常大，在实际中可以作为"半绝缘"衬底材料使用，例如，在它上面可以生长导电的外延薄膜用于场效应晶体管。衬底的电阻非常高，平行的导电通道可以忽略不计。如何在实践中实现本征导电，并不是显而易见的。但想一会儿就明白，利用浅能级施主或受主是非常困难的——必须把这种掺杂浓度降低到本征自由载流子浓度 2×10^{12} m^{-3} 以下(大约是 10^{-17}!),或者是保持施主和受主的密度在 10^{20} m^{-3} 的水平上相差约 10^{-7}!实际实现的方法依赖于使用的杂质或缺陷,它们提供了"深能级",靠近能隙的中央位置。这些深能级有效地束缚了来自非故意掺杂的浅能级掺杂原子的自由电子或空穴,不让它们对电导起任何作用。这些深能级杂质的密度必须大于浅能级杂质的密度。我们将会看到,在实际掺杂 GaAs 的时候,这是如何实现的。

图 5.1 给出了 GaAs 沿着两个主要的晶向(001)和(111)的能带结构示意图。价带与锗和硅的价带类似,包含三个不同的能带:"轻"空穴带和"重"空穴带,它们在布里渊区中心(Γ 点)处是简并的(能量相等);还有一个"劈裂"能带,位于其他两个能带下方,在布里渊区中心处的能量差为 $\Delta_0 = 0.34$ eV。(这个劈裂是自旋-轨道耦合的结果,但是我们不需要关心它的细节。)GaAs 的导带与锗和硅显著不同。能量最低的导带极小值出现在布里渊区中心,而 X 极小值和 L 极小值比它大 $0.3\sim0.5$ eV(记住,在 Ge 里,L 极小值的能量最低,在 Si 里,X 极小值能量最低)。这些数值上很小的差别立即产生两个重要后果:首先,GaAs 是直接带隙的材料,光学诱导的跃迁可以穿过带隙而无须声子的帮助,因此,GaAs 的光学跃迁比元素半导体强得多;其次,对于 Γ 点极小值来说,该点附近的能带曲率通常比 X 或 L 极小值附近的曲率小得多,换句话说,电子的有效质量小得多。回旋共振测量得到

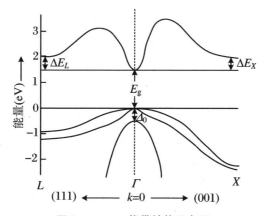

图 5.1 GaAs 能带结构示意图

给出了(001)和(111)两个晶向上能量随动量($E-k$)的变化关系。(与图 3.10 中硅的情况做比较。)能量最低的导带极小值出现在布里渊区的中心($k=0$),称为 Γ 点。这还对应着能量最高的价带极大值,使得 GaAs 成为直接带隙的材料。下一个极小值出现在 L 点,$\Delta E_L = 0.33$ eV,X 极小值比这还要大 0.19 eV,也就是说,$\Delta E_X = 0.52$ eV。价带包括三个不同的能带,它们在布里渊区中心靠得很近。其中两个在 $k=0$ 处是简并的,而第三个(称为"劈裂"带)与它们在能量上相差 $\Delta_0 = 0.34$ eV

的 GaAs 数值是 $m_e = 0.067\,m$,在所有晶向上都是相同的(把这个与表 3.1 中锗和硅显著的各向异性和更大的数值做比较)。由公式 (3.5) 可以知道,电子迁移率 μ_e 反比于 m_e(质量轻的电子更容易被电场加速),可以预期,GaAs 的迁移率比 Si 更高。实际上,质量的比值接近于 4,如果其他因素相同的话,我们会预期电子迁移率的比值也与此类似,然而,它们的散射机制有些不同,实际的比值更大,纯 GaAs 的数值是 $0.9\,m^2 \cdot V^{-1} \cdot s^{-1}$,而纯 Si 是 $0.15\,m^2 \cdot V^{-1} \cdot s^{-1}$,比值为 6。如前文所述,这就说明 GaAs 在高频电子器件方面比 Si 有优势。(因为它们的价带很相似,这两种材料的空穴迁移率基本相等,空穴也就没有什么优势。)在 n-p-n 双极型晶体管中,少数载流子扩散通过基区的速度要快得多,而在场效应晶体管中,沟道里的电子漂移速度应该更大。后面再详细讨论这些问题(见 5.6 节)。

再谈谈 GaAs 和硅的另一个主要差别——GaAs 的直接带隙,它使得 GaAs 在带边以上(当光子能量 $h\nu$ 超过能隙 E_g 时)的光学吸收很强,相应的辐射符合速率也很大。专题 5.1 更仔细地讨论了辐射复合,但是,它的重要结论很简单:辐射复合寿命 τ_r 的数值是纳秒而不是微秒的量级,也就是说,少数载流子的扩散长度比硅小了很多。它给 GaAs 双极型晶体管的开发提出了重要问题,如 5.6 节所述,但是,更重要的是,它对光发射器件有着非常积极的影响,例如发光二极管和激光,我们将在 5.5 节考察它们。

GaAs 和元素半导体还有一个差别——化学键的性质。元素半导体是纯粹的共价键,而 GaAs 有些离子键的性质。换句话说,Ga—As 化学键是有极性的——每个 (Ga—As) 原子对都有个电偶极,这对晶体作为整体有影响—— GaAs 是压电材料——如果沿着特定的晶向压缩它(例如,沿着 (111) 方向),就会产生宏观的电场。另外,如果在晶体上施加电场,晶格就会变形。这个性质很重要(但是表现得不那么明显),它对自由载流子和声子之间的散射有重要贡献。晶格振动表示晶格的周期性变形,所以,在压电材料中,它们携带了振荡的电场,与自由载流子相互作用。这样产生的散射称为"极向光学声子散射",在室温下限制了 GaAs 中自由载流子的迁移率,但是,硅里面没有类似的散射机制。

专题 5.1　GaAs 中的辐射复合

毫无疑问,GaAs 和元素半导体最显著的差别是它的直接能隙,所以,GaAs 的吸收边很陡峭,辐射复合很强(导带中的电子与价带中的空穴发生复合)。很容易理解,这种直接复合的概率依赖于电子密度和空穴密度的乘积,因此,可以把辐射速率 R 的表达式写为

$$R = -dn/dt = Bnp \tag{B.5.1}$$

其中，B 是一个常数。（负号表明，复合过程降低了电子的密度。）现在考虑背景掺杂浓度为 p_0 的 p 型样品，假定少数载流子电子的密度远小于 p_0，那么

$$- \mathrm{d}n/\mathrm{d}t = Bp_0 n \qquad (B.5.2)$$

注意到 Bp_0 是个常数，就可以解出这个微分方程，得到 n 随时间的变化关系

$$n(t) = n(0)\exp(- t/\tau_r) \qquad (B.5.3)$$

其中，τ_r 是"辐射寿命"，由下式给出：

$$\tau_r = (Bp_0)^{-1} \qquad (B.5.4)$$

对于直接能隙的材料来说，常数 B 的数量级大致是 $B = 10^{-16} \ \mathrm{m}^3 \cdot \mathrm{s}^{-1}$，因此，对于中等掺杂水平（$p_0 = 10^{24} \ \mathrm{m}^{-3}$）的 GaAs 样品来说，$\tau_r = 10^{-8} \ \mathrm{s}$，即 10 ns。做个比较：硅材料里面的典型寿命为微秒。

这么短的辐射寿命有一个重要结果。第 3 章讨论少数载流子的时候，我们定义了扩散长度 $L = (D\tau)^{1/2}$，其中，D 与自由载流子的迁移率 μ 有关，$D = \mu kT/e$。这样就可以把扩散长度表示为

$$L = (\mu\tau kT/e)^{1/2} \qquad (B.5.5)$$

把 GaAs 电子迁移率和辐射寿命的典型值 $0.5 \ \mathrm{m}^2 \cdot \mathrm{V}^{-1} \cdot \mathrm{s}^{-1}$ 和 $\tau = 10^{-8} \ \mathrm{s}$ 代入上式，可以得到 $L = 11 \ \mu\mathrm{m}$。做个比较：硅材料中的典型扩散长度为 $100 \ \mu\mathrm{m}$。

可以直截了当地把 GaAs 掺杂为 n 型或者 p 型。在这方面，它类似于锗和硅，但是，并非所有的半导体都是这样。特别是一些宽带隙材料，它们很难具有两种导电类型。对于 n 型掺杂，从周期表Ⅵ族元素中选一个是很方便的，它比 As 原子多一个外部电子。S,Se 或 Te 都被有效地使用了，因为它们倾向于在 GaAs 晶格中替换 As，把"多余"的电子捐献给导带。（另一方面，O 原子给出了一个位于禁带中很深位置上的杂质能级，因此不能用作施主。）根据浅施主的氢原子模型，可以预期施主电离能很小，有效玻尔半径相应地很大，这是因为电子的有效质量小。使用公式（B.1.6），利用 $m_e/m = 0.067$ 和 $\varepsilon = 12.5$，可以得到数值 $E_D^H = 5.8 \ \mathrm{meV}$，与实验测量得到的电离能符合得很好。相应的玻尔半径大约是 10 nm（大约是 Ga—As 键长的 40 倍）。可对于 p 型掺杂，常见的受主来自Ⅱ族，包括 Be,Mg,Zn 和 Cd，它们都可替换 Ga 原子。价带的一个特征是空穴的有效质量 $m_h = 0.36 \ m$，它使得受主电离能为 $E_A^H = 31 \ \mathrm{meV}$，与实验符合得很好，但是不同的掺杂原子会有些偏离，这称为"化学位移"。这还不是掺杂的全部故事。Ⅳ族元素表现出有趣的"两栖"行为（原则上说，它们既可以是施主，也可以是受主）。这样一来，Si 原子进入 GaAs 中的 Ga 位就表现为施主，Si 替换了 As 就表现为受主。在实践中，Si 通常表现为施主，在分子束外延生长中广泛地用作最方便的 n 型杂质。然而，在特殊环境下，例如，在晶面(111)上进行外延生长，或者在非常高的掺杂浓度下，有可能观察到受主行为。另一方面，Ge 原子和 C 原子在 GaAs 中通常只表现为受主，而 Sn 原子总

是施主。

对氢原子模型略作修改,就可以很好地理解与这些杂质有关的浅能级,但是,还有很多杂质,它们给出了能隙里的深能级。例如,许多过渡族金属(比如 Ag,Au,Ni,Cr 或 Pt)表现为深能级杂质,不同程度地影响了 GaAs 的电子学性质。这种杂质原子可以束缚自由载流子,从而降低了材料的电导率,它们也可以成为非辐射复合中心,大大缩短了少数载流子的寿命。例如,它可以束缚一个自由电子,然后一个自由空穴可以和这个被束缚的电子发生复合,这两个过程都把能量给予晶格振动,而不是以光的形式发射出去。这个过程称为"肖克利-瑞德复合",这两位作者在 1952 年发表了一篇决定性的文章,大多数半导体教科书都讨论了这个过程。(他们关注的是锗和硅,但是,原则完全具有普遍性。)两个深能级有着特别重要的实际意义,因为它们几乎位于禁带的中央——Cr 以非常可控的方式进入到 GaAs 里;另一个是"EL2 缺陷",它与 O 原子有关,出现在大多数体材料 GaAs 晶体中。它们俩都可以把 GaAs 变成半绝缘的,如前文所述。

为了便于参考,表 5.1 简要总结了砷化镓的主要性质,并且与锗和硅的相应数值进行了对比。

表 5.1　锗、硅和砷化镓的性质

性　　质	锗(Ge)	硅(Si)	砷化镓(GaAs)
晶体类型	金刚石结构	金刚石结构	闪锌矿结构
晶体常数(nm)	0.565 8	0.543 1	0.565 3
密度($kg \cdot m^{-3}$)	5 323	2 329	5 318
熔点(℃)	937	1 412	1 238
能隙(eV)	0.067	1.12	1.43
导带最小值	L	X	Γ
导带有效质量比	$m_L = 1.64$ $m_T = 0.082$	$m_L = 0.98$ $m_T = 0.19$	$m_e = 0.067$
价带有效质量比	$m_l = 0.044$ $m_h = 0.08$ $m_{so} = 0.077$	$m_l = 0.16$ $m_h = 0.49$ $m_{so} = 0.25$	$m_l = 0.08$ $m_h = 0.5$ $m_{so} = 0.2$
导带有效态密度(m^{-3})	1.04×10^{25}	2.84×10^{25}	4.47×10^{23}
价带有效态密度(m^{-3})	6.14×10^{24}	1.044×10^{25}	8.04×10^{22}
本征载流子密度(m^{-3})	2.34×10^{19}	1.00×10^{16}	2.10×10^{12}
电子迁移率($m^2 \cdot V^{-1} \cdot s^{-1}$)	0.39	0.15	0.90

续表

性　　　质	锗(Ge)	硅(Si)	砷化镓(GaAs)
空穴迁移率($m^2 \cdot V^{-1} \cdot s^{-1}$)	0.19	0.05	0.04
介电常数	16.2	11.7	12.5
光学声子的能量(eV)	0.037	0.063	0.035
热导率($W \cdot m^{-1} \cdot K^{-1}$)	60	130	46

5.3　晶体生长

　　前面已经多次提到,任何半导体材料成功的关键在于能够制备结构高度完美、背景杂质浓度很低的单晶。直到从熔化物中拉单晶的切克劳斯基技术变得完美了,硅的时代才到来,切克劳斯基晶锭的直径逐步增大,从 1952 年的大约 1 英寸到今天的 10 英寸,集成电路尺寸才能稳定地增加,费用才能稳定地下降。因此,你可能期待 GaAs 有类似的进展,在某种意义上,情况就是这样,但是有一个重要的差别——因为生产质量足够好的体材料很困难,GaAs 的商业发展大多依赖于外延薄膜的使用。然而,必须用合适的衬底支撑这些薄膜,它们都是用布里奇曼方法或切克劳斯基方法生长的 GaAs 片,当然与薄膜是完美的晶格匹配。制作的衬底越来越大,这个竞赛进行的方式与硅类似,只是 GaAs 现在被限制在 6 英寸的 LEC 片子上(大多数布里奇曼片子的直径只有 3 英寸)。

　　硅的发展很稳定,Ⅲ-Ⅴ族化合物的发展有些混乱,我们重点强调这两者之间的两个重要差别。因为比较早地发现了高质量体材料硅晶体能够从熔化物中生长出来,所以,人们几乎没有什么动力去开发其他的生长方法,然而,Ⅲ-Ⅴ族材料发展的特点是有许多种生长技术,包括体材料和外延生长,部分是因为获得高质量Ⅲ-Ⅴ族材料非常困难,这就让每种新方法觉得有希望显著地改善已有的方法,另一个原因是Ⅲ-Ⅴ族材料的专门化应用的范围非常广阔,经过多年发展成为了现实,每种专门化的应用都向材料科学家提出了挑战。在实践中,GaAs 的体材料单晶已经用水平和垂直的布里奇曼方法以及液体包裹技术(LEC)生长了,而薄膜已经采用了许多液体外延方法(倾斜法、蘸法、滑动法,就提这三个吧)、几种气相外延过程(氢化物、卤化物和金属有机化合物),还有基本的分子束外延过程的许多变种(固体源、气体源和迁移增强型)。对此进行全面的综述、提供精细的细节显然超出了本书的范畴,但是为了恰当地理解化合物半导体的发展,有必要了解这些不同技术的优点和不足——本节试图帮助读者理解这些内容。

早期实验中(也就是在20世纪50年代)使用的很多GaAs都是多晶,从液态Ga中的GaAs溶液[①]中生长出来的(例如,参见Cunnell在Willardson, Goering (1962)这本书里的文章)。但是无论如何,在多晶样品中仔细地挑选适当的区域,有可能获得小的单晶样品,这种方法对于研究材料的基本物理性质很有价值。确实,早期的一些激光研究工作就是用这种样品做的,但是,进一步的开发显然需要更大、更均匀的晶体,这就要求专心地应用以前建立的生长方法。首先尝试的是布里奇曼方法,在合适的坩埚里熔化多晶GaAs,放一个小的籽晶,缓慢地冷却,让材料从一端(放有籽晶的一端)固化。仔细地控制温度分布和冷却速率,生长出单晶晶锭。在图5.2中的水平式布里奇曼方法里,将材料熔化在石英(silica)舟或热解氮化硼(PBN)舟里,放在水平的管式炉里,这个舟缓慢地退出以便达到想要的冷却曲线。另一种方法避免了机械移动(以及伴随的振动和滑动问题),利用一组加热元件,设计程序让温度曲线沿着舟移动,这称为"水平式梯度冷却"法。每种情况都需要特别措施防止As从熔化物中跑掉(As是高度挥发性的元素),这是利用熔炉里的两个温度区域实现的。在第二个区里有一个舟,包含着固体As,其温度为617℃,这样产生的As蒸气压对应于1 238℃熔化温度时GaAs上方的As的分解气压(大约1大气压)。使用水平舟尽量减小舟和熔化物的接触,这有两个好处,既减小了晶体里的应力,又降低了来自舟的杂质(在石英舟的情况下特别重要,它是Si掺杂的一个来源)。它的缺点是,产生的晶体的界面没有轴对称性,因此,在随后的工艺步骤中不方便操纵。它还有杂质分布不均匀的缺点,所以,大多数布里奇曼生长法现在使用垂直构型(1986年引入的),如图5.3所示。得到的晶体具有圆形截面。在生长过程中还可以让晶体旋转,从而提高均匀性。

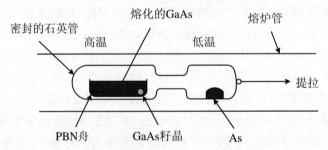

图5.2　用于生长GaAs的水平式布里奇曼晶体生长设备的示意图

熔化的GaAs放在水平舟里,再密封在石英管里,最后放置在水平的管式炉里。石英管从熔炉里缓慢地退出,以便从籽晶末端开始冷却GaAs舟,形成单晶晶锭。As放在石英管的一个分离的部分,温度保持在617℃,在GaAs表面提供大约1 atm的As蒸气压,防止As原子逃离晶锭

---

① GaAs是溶质,液Ga是溶剂。——译者注

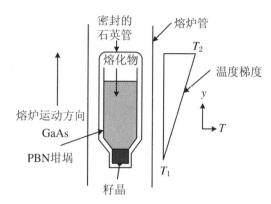

图 5.3　用于生长 GaAs 晶体的垂直式布里奇曼装置示意图
建立如图所示的温度梯度,并缓慢地沿着箭头方向移动,从籽晶的
一端开始冷却 GaAs,就像在水平法中一样

仍然可以用第二个温度区提供 As 的过压(over-pressure),但是垂直构型还可以采用另一种方法,使用氧化硼(B_2O_3)的液体容器,这个容器漂浮在表面上,封闭了熔化物,防止了 As 的损失(这个发明 24 年前就用于切克劳斯基法生长 GaAs了!)。这些布里奇曼方法的共同优点是,比较容易实现低位错密度,这对 GaAs 激光器的开发工作特别重要。它比任何其他因素都更有力地保持了垂直梯度冷却法(VGF)的商业重要性。把合适量的 Si,Te 或 Sn 掺杂到熔化物里,可以容易地得到激光器和发光二极管需要的 n 型晶体。

在第 3 章讨论锗和硅生长的时候(3.2 节),我们已经提到了拉单晶的切克劳斯基方法,其装置如图 3.8 所示。生长这些材料的高质量单晶取得了相当大的成功,晶体生长者自然也就希望把它应用到 GaAs 的生长上,格利梅美尔的磁拉法相当早(1956 年)就出现在 GaAs 的舞台上。因为 As 的蒸气压很高,他选择把熔化物封存在密闭的管子里,然后用磁耦合方法进行提拉和旋转。后来的工作使用了巧妙设计的移动式密闭管,但是,在腐蚀性的 As 蒸气环境中总是有问题,而整个装置的典型温度必须是 630 ℃(足以保持必要的 As 压)。重要的突破来自布莱恩·穆林及其合作者 1965 年在皇家雷达实验室发展的液体包裹技术方法。用氧化硼封闭了熔化物的顶端,他们就不需要 As 保持过压,而是能够在惰性气体如氮气或氩气中生长。这样就巧妙地避免了与腐蚀性气氛如 As 或(在生长 GaP 或 InP 时)P 有关的问题。典型装置如图 5.4 所示。在热解氮化硼(PBN)坩埚里装上 As 和Ga,有可能在约 800 ℃ 的温度下原位(in situ)地生长 GaAs,氧化硼防止了 As 的流失,它在大约 450 ℃ 的相对低的温度下变软,流到装料上面把它保护起来。然后把温度升高到熔点(1 238 ℃),籽晶穿过氧化硼进来与熔化物接触,等温度稳定了,再提拉籽晶,首先生长一个很窄的脖子,以便尽量减小位错密度,然后逐步扩张到最后的直径,2,3,4或者(现在的)6英寸(由于某种原因,晶体直径还没有采用米单位制!)。生长的这一步要求仔细编程控制的热输入和提拉速度,在今天的商业提拉机里,全都已经被数字计算机接管了。直径的控制也是这样,使用了一个感应器,具体形式是被生长着的晶锭反射的激光束,更常见的是测量晶体的重量。GaAs 的生长速率近似为 $1\ \mathrm{cm\cdot h^{-1}}$,转动的速率为 $10\ \mathrm{r\cdot min^{-1}}$。保护气大约是 20 atm。液体包裹技术方法广泛地用于生长场效应晶体管工艺所需要的半绝缘片子,最初是 Cr 掺杂的,但是最近更多是不掺杂的——1977 年发现,热解氮化硼坩埚里氧化硼薄膜下面原位生长的 GaAs 的纯度非常高,即使没有 Cr 掺杂,它们也是半绝缘的。一个关键是控制 B_2O_3 中的水含量,有效地去除了非故意的杂质。

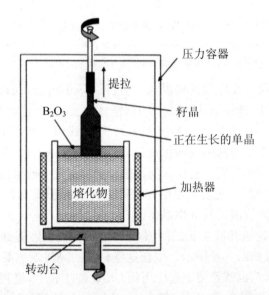

图 5.4 用于从熔化物中拉出 GaAs 单晶晶锭的液体包裹系统的一个例子

一层熔化的 B_2O_3 覆盖了 GaAs 熔化物,防止 As 从熔化物中流失。GaAs 籽晶穿过 B_2O_3 进来,然后缓慢地向上拉到熔炉中的冷却部分,同时绕着垂直轴转动。这有助于提高晶锭的径向均匀性。在压力容器中保持适当的惰性气体气压,用来平衡熔化物上方的 As 蒸气压

最后要记住,生长出来的晶锭仅仅是原材料。几乎所有的应用都需要切好、抛光的片子,不管是直接用于器件制作还是作为外延生长功能层时采用的衬底。这样一来,晶体取向的晶锭必须先用金刚石环形锯切成片,然后在(例如)次氯酸钠溶液中用化学腐蚀法去除切割带来的损伤,最后,把机械方法和化学方法结合起来,抛光两个表面。通常要用自动抛光机,涉及相当软的抛光布,以及溴的甲醇溶液。在使用之前,片子通常要去除油脂,然后轻微地腐蚀以确保去除表面氧化物和任何其他污染物。这种准备工作通常至关重要。

20 世纪 60 年代早期,出现了高效的 p-n 结荧光,并演示了激光器的工作,发现了耿氏效应,能够得到最好的 GaAs,用布里奇曼方法生长的或者从液体 Ga 溶液中长出来的、总的电离杂质浓度($N_D + N_A$)在 10^{22} m^{-3} 的低端范围内,室温下的电子迁移率只有纯材料的预期数值 0.9 m^2·V^{-1}·s^{-1} 的一半多一点。与锗和硅的情况相比很差,锗和硅的 $N_D + N_A$ 数值可以达到 $10^{17} \sim 10^{18}$ m^{-3} 的范围,显然需要尝试其他生长方法,希望获得纯度更高的样品,在微波耿氏器件的快速发展领域里,显然需要更好的材料。这就是气相外延法(VPE)和液相外延法(LPE)在 60 年代中期发展的背景。液相外延首先出现,它是溶液生长法的进一步发展,在 1961 年,美洲射频公司的尼尔森描述了"倾斜法"(tipping),把 Ga 液体中超饱和的 GaAs 溶液与水平式布里奇曼法生长的 GaAs 衬底接触。接着,气相外延出现在 1965 年,位于卡斯维尔的英国普莱西约翰·奈特及其合作者以及艾弗(也在卡斯维尔地区工作)大致同时描述了使用 AsCl$_3$-Ga-H$_2$ 系统在 GaAs 衬底上生长 GaAs 薄膜。这两种技术都成功地生长出杂质水平改善了的材料,许多其他工作者接受了挑战,在基本方法的基础上开发了天才的变型。

尼尔森引入的第一种液相外延法如图 5.5 所示。它是一个管式炉,放在平衡架上,可以在垂直平面内倾斜。液体 Ga 里面的饱和 GaAs 溶液保持在石英舟的一端,而另一端放着 GaAs 衬底,高纯的氢气在石英管中流过。然后把管式炉倾斜,让溶液流到衬底上,缓慢地降低温度(每分钟几度),从而在衬底表面上生长 GaAs 薄膜。最后,反转倾斜的角度,让溶液回到初始位置。有可能生长厚度为 $1 \sim 100$ μm 的薄膜,在溶液或者氢气流里添加适当的掺杂元素,可以生长掺杂的薄膜。典型的生长温度在 $600 \sim 900$ ℃ 的范围里。从这个早期工作开始,基本工艺引入了多次修改。1966 年,国际商业机器公司的茹珀莱施报道了"蘸法"(dipping),在垂直熔炉构型中,把 GaAs 衬底

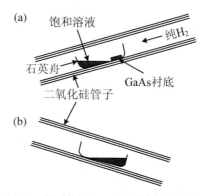

图 5.5 "倾斜法"GaAs 液相外延的示意图

(a)GaAs 在舟的一端溶解在液体 Ga 里,形成饱和溶液,然后接触位于舟的另一端的 GaAs 衬底。略微降低温度,使得 GaAs 从溶液中沉积出来,在衬底上形成一层外延薄膜。(b)当沉积了需要的厚度以后,溶液移回到初始位置,设备缓慢地冷却到室温

放在饱和溶液上方直至它达到稳态,然后把这个衬底蘸到溶液中,生长出预期厚度的 GaAs,最后再把它移回到初始位置。冷却速度很慢,小于 1 ℃·min^{-1},所以生长出来的薄膜具有更高的纯度。然而,最盛行的液相外延法使用了类似于图 5.6

所示的滑动舟系统,它的优点是灵活性大得多。基本想法是 1969 年由贝尔实验室的默特·潘尼施及其同事提出的,许多人学习并改进了它。从图 5.6 可以清楚地看出,它使用了几个库,分别包含着不同的饱和溶液,可以生长多能级结构(例如,p-n 结或者像 AlGaAs/GaAs 这样的异质结)。衬底(确实可以用几个衬底)放在基盘里的一个浅坑里,便于滑槽在它上面移动,通常在每个盒子的上面放一个合适的片子,从而保证溶液是饱和的。部件通常是用石墨而不是石英制成的,因为必须达到必要的制作精度。使用热处理石墨(在高温下处理石墨,使之变得致密),可以提高生长薄膜的纯度。不用说,基盘和滑槽固定在石英管里,纯氢气在管子里流过,整个结构放置在水平管式炉里面。为了器件生产的应用,已经开发了很大的系统,几个制造商现在仍然为可见光和近红外光谱区的光电子学应用提供液相外延片子。

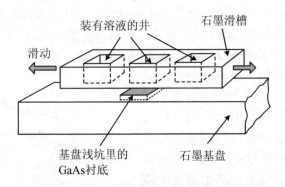

图 5.6 "滑动法"液相外延设备的一个例子

用来在 GaAs 衬底上生长 GaAs 和 AlGaAs 薄膜。衬底放在石墨基盘里的浅坑里,而不同的 GaAs 或 AlGaAs 饱和溶液放在滑槽的井里。保持很小的温度梯度,使得衬底的温度略低于熔化物,用特定的井来沉积薄膜,这个井在衬底上方移动一段合适的时间,然后再移走,如果需要生长另一层,就改用另一个井

从 20 世纪 60 年代末期的最高水平表明,液相外延极大地提高了材料的质量,最好的"没有掺杂的"GaAs 样品的自由电子密度大约是 10^{19} m^{-3},总的电离杂质浓度是 $N_D + N_A \approx 10^{20}$ m^{-3}(对比体材料的 10^{22} m^{-3})。这仍然比最好的硅样品高两个数量级,说明补偿水平效应 N_A/N_D 位于 0.8 的附近,但毕竟是前进了一大步,重要的是,它超过了耿氏振荡器材料的要求。特别是,室温迁移率完全受限于晶格散射,其数值大约是 0.9 m^2·V^{-1}·s^{-1}。但是,这种有利结果是因为对细节高度地关注才实现的——只能使用纯度最高的石英部件、Ga 和 GaAs 初始材料,设备的每一个部件都必须仔细地清洗,在许多情况下,使用前还要在纯氢气中烘烤。还必须尽量减小从石英部件带来的 Si,这种考虑建立在完全地理解了石英和氢气的化学反应的基础上。GaAs 中 Si 杂质的两栖性质也非常重要,它既依赖于衬底的

取向,也依赖于生长温度和冷却速率。

然而,如果认为所有的功劳都属于液相外延,那就错了——气相外延材料很快就追上来了,甚至超过了这些液相外延的重要统计数据,因此,我们必须简要地考察气相外延生长的原理。首次用于 GaAs 生长的是 $AsCl_3$-Ga-H_2 系统,虽然它比溶液方法更加复杂,但是也更加灵活,功能更多、更强大。典型装置如图 5.7 所示。熔炉里包含两个区,一端是放着高纯 Ga 的舟,另一端是 GaAs 衬底。纯氢气冒泡式地通过一个包含着液体 $AsCl_3$ 的石英气泡室,饱和的传输气体在 Ga 舟上方通过,在那里发生反应,生成气态的氯化砷和氯化镓。这些气体传输到衬底端,在那里进一步发生反应,在衬底上沉积固体 GaAs 并产生 HCl 作为废产物。Ga 舟的典型温度是 $800\sim850\ ^{\circ}C$,衬底是 $700\sim750\ ^{\circ}C$。必须选择高纯度的 Ga 和三氯化砷,但是,外延薄膜的纯度还依赖于气流中 $AsCl_3/H_2$ 的比值,也依赖于衬底的精确取向。必须尽可能地减小空气的泄漏,这也非常重要,因为氧气会让沉积的 GaAs 变得绝缘。在 20 世纪 60 年代末期,这种卤化物传输技术生长的最好材料的特性是,(非故意的)掺杂水平 $N_D = 5 \times 10^{19}\ m^{-3}$ 和 $N_A = 2 \times 10^{19}\ m^{-3}$,自由电子密度为 $n = 3 \times 10^{19}\ m^{-3}$,补偿比 $N_A/N_D = 0.4$。有许多方法可以很好地生长掺杂的薄膜。把 Si,Sn(n 型)或 Zn,Cd(p 型)这些掺杂物添加到 Ga 液体里,这种方法很容易,但是缺乏灵活性。更好的方法是使用气体源,例如,H_2S 或 H_2Se 用于 n 型掺杂,Zn 蒸气用于 p 型,这样就可以分别控制掺杂浓度,避免污染 Ga 熔化物。后来还发展了几种其他的液相外延方法,它们使用了不同的初始化学材料——例如,"砷烷"或"氢化物"方法使用 AsH_3-Ga-HCl,美洲射频公司的提滕和阿米克在 1966 年对此进行了报道,但是这里不讨论它们。每种方法都各有优缺点,分别适合特别的应用——我们需要理解的是,为了它们的发展,人们付出了巨大努力,贡献了很多灵感。

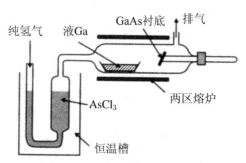

图 5.7 用于生长 GaAs 的气相外延设备的示意图

超纯的氢气冒泡式地通过液体 $AsCl_3$,由此得到的气体混合物经过包含有液 Ga 的舟,典型温度为 $800\ ^{\circ}C$。这样就形成了氯化砷和氯化镓,它们传输到温度为 $700\ ^{\circ}C$ 的 GaAs 衬底上,在那里沉积 GaAs,废气(大部分是 HCl)被抽走

在化合物半导体生长的研究圈子里,这些外延生长技术的传播非常迅速。浏览一下最早的四卷会议论文集,当时新建立的系列会议"GaAs 和相关化合物"(1966 年开始于英国的雷丁,简单地称为"GaAs",现在已经发展成非常大的国际会议,名字也变得更一般化了——"化合物半导体"),发现不少于 14 家公司(或者研究所)具有液相外延的技术,12 家具有气相外延的专家知识。由此显然可以看出,到了 1972 年,他们大多是在硅材料方面卓有建树的老朋友——美国的美洲射频公司、国际商用机器公司、仙童公司、德州仪器公司、惠普公司、孟山都、通用电气、通用电话和电子公司(GTE)、贝尔实验室和林肯实验室,欧洲大陆的飞利浦和西门子,英国的普莱西、标准电话实验室(STL)、穆拉德和皇家雷达实验室等,他们都非常相似。在日本,日本电气公司跑在最前面,然后有很多其他公司跟上来。在所有情况下,20 世纪 60 年代结束时的形势比刚开始的时候更令人满意。不仅布里奇曼法和液体包裹技术可以得到高质量的掺杂的和半绝缘的衬底,而且外延法能够生长纯度适合于当时器件技术要求的单晶薄膜。为什么还要得陇望蜀呢? 每个人都应当得寸进尺(也这样做了!),科学(或者说技术)就是这样前进的。

我们将在第 6 章看到,激光二极管要求外延技术能够生长厚度为纳米级而不是微米量级的薄膜,这就打开了晶体生长的进一步竞争的大门。20 世纪 70 年代早期存在的传统的液相外延和气相外延非常适合于生长 10～100 μm 厚的薄膜,生长速度为 1～10 μm·h^{-1},但是并不适合激光二极管要求的慢得多的生长速率——两个新主角登场了,金属有机化合物气相外延(MOVPE)和分子束外延(MBE),它们都强烈地影响了"纳米结构"这个迅速发展的领域。然而,它们发展的初始动机并不那么奇特,只是为了生长控制得很好的 AlGaAs/GaAs 异质结,满足激光和太阳能电池的需要。AlGaAs 薄膜可以通过在 Ga 溶液里添加 Al 到熔化物中来生长,但是不容易控制薄膜里 Al/Ga 的比例,而且铝容易氧化,在熔化物表面产生氧化物浮渣,造成了严重的困难。也可以改造气相外延系统,使之包含两种或更多的气体流,一种用于 GaAs,另一种用于 AlGaAs,这就要求 GaAs 衬底在两者之间快速地移动,生长过程就变得更复杂了。但是,更大的困难很可能在于薄膜沉积过程的内在性质——液相外延和气相外延都要求非常精确地控制生长温度——温度的微小变化决定了沉积(也就是薄膜生长)还是腐蚀(薄膜去除)。对于在厚衬底上生长单一材料层来说,这算不上问题,当生长多层结构的时候,这就是灭顶之灾,温度的微小差别就会溶解掉前面沉积好的薄膜,再加上对超薄薄膜的要求,这个问题就变得特别严重。幸运的是,由于非常不同的原因,金属有机化合物气相外延和分子束外延基本上不受这种缺陷的影响,它们很快就证明了自己在多层薄膜生长方面的超强能力。

1968 年,金属有机化合物气相外延首次在科学文献上建立了自己的信誉,北美罗克韦尔公司的马纳斯维特在《应用物理学快报》报道了不同氧化物衬底上外延薄膜的生长,但是,具有讽刺性的是,他没有提到自己的新生长方法,直到后来的更全面的文章于 1969 年发表在《电化学学会杂志》。为了传输 V 族元素(As,P 或 Sb),他利用氢化物(AsH_3,PH_3 或 SbH_3),它们可以用标准气瓶形式得到,用氢气稀释。对于Ⅲ族元素,他使用了合适的三甲基或三乙基金属有机化合物,例如,生长 GaAs、三甲基镓(TMG),化学式为 $Ga(CH_3)_3$。这些化合物能够以液体(室温下)的形式得到,装在带有可控阀门的密封的容器里。纯氢气冒泡式地通过 TMG,在气管里和 AsH_3-H_2 预先混合,提供给加热了的 GaAs 衬底上,放置在石墨制成的外延衬底托架上,后者可以用射频功率源进行电感式加热。石英反应器的温度比衬底低得多(与气相外延的通常设置差别很大,后者的整个反应器包含在电阻加热的管式炉里面),从提高层的纯度来说,这是个显而易见的好处。AsH_3 和 TMG 生成 GaAs 的化学反应发生在衬底表面:

$$(CH_3)_3Ga + AsH_3 \rightarrow GaAs + 3CH_4 \tag{5.2}$$

在高冗余度的 AsH_3 环境下生长,在 $600\sim800\ ℃$ 的温度范围内,生长速率不依赖于温度,可以用 TMG 的气流来控制生长速度,而导致衬底销蚀的逆反应的速度完全可以忽略不计。这与传统的气相外延有显著差别,在五年后需要生长超薄的多层结构的时候,这一点至关重要。马纳斯维特报道了 GaAs,GaP,GaAsP 和 GaAsSb 的生长,并且能够很好地控制 n 型和 p 型掺杂,分别用 H_2Se(一种方便的气体)或二乙基锌(DEZ)。让氢气冒泡式地通过 Zn 液体,从而产生 DEZ,与产生 TMG 的方式一样。

从器件的角度来看,最紧迫的要求是控制良好的 AlGaAs/GaAs 异质结在激光器、光探测器和太阳能电池中的应用,所以,在几年时间里,金属有机化合物气相外延在这个方面也成功了。添加一个分立的三甲基铝(TMA)瓶子,这样明显的改造是直截了当的,观察到生长速率正比于 TMG(TMA)的流速,可以预期能够很好地控制 Al/Ga 的比值。唯一的问题是 Al 的氧化问题。所有地方都必须仔细地去除氧,然而,只要这方面做好了,通常就足以保证整体的成功。

金属有机化合物气相外延可以看作是早期的气相外延活动的相当自然的发展,但是,它的主要竞争对手分子束外延的出现,似乎是个惊人的偶然现象,这是从纯而又纯的半导体表面研究中发展而来的。在 1968~1969 年,贝尔实验室的约翰·亚瑟忙着理解 Ga 和 As 原子在 GaAs 晶体表面的行为,这些研究需要在超高真空条件下工作($P<10^{-9}$ Torr),以便尽量减小背景成分带来的表面污染。他使用了许多奇特的技术,例如不锈钢真空系统、低温泵、高分辨率质谱仪和反射电子衍射。他的一个目标是测量 Ga 原子和 As 原子在超洁净的 GaAs 表面上的"粘连系数",把"克努德森原子炉"(一种很特殊的热蒸发源)发射的一束原子撞击到表面上,用

质谱仪测量反弹原子的比例。他要同时应用 Ga 和 As 原子束,这就证明了 GaAs 单分子层的生长。这样就诞生了 GaAs 分子束外延。的确,以前试过用蒸发方法生长 GaAs,但是,这种材料大多数是多晶——直到亚瑟的工作增进了人们对生长过程的理解,分子束外延才成为实用的技术。纯科学和应用的密切相互作用非常重要,这是我们的故事中经常出现的主题,这里是又 个例子。亚瑟继续在表面科学中的工作,并没有直接参与在分子束外延的发展,但是毫无疑问,他的工作强烈地影响了贝尔实验室的同事们,他们想要发现实际方法制作更好的激光器。

把基础的表面研究变成实际的生长方法,需要许多改造。克努德森原子炉对于物理学研究是理想的——简单地根据炉温就可以计算出原子(或分子)的发射通量,但是,能够得到的通量太小了,不能实现有用的生长速率。因此,在设计实际生长炉的时候,需要把孔扩大,但缺点是不能够简单地确定通量。实际的考虑要求增加炉的数目,以便满足两种掺杂类型(n 型和 p 型)的需要,而且系统很可能需要生长异质结构,例如 AlGaAs/GaAs(既要有 Ga 源,也要有 Al 源)。还需要安置真空中转区(interlock),可以用工具放入和取出衬底,而不用让系统暴露于大气。超高真空(UHV)系统需要很长时间缓慢地清洁,所以,外延薄膜的质量从一次生长到下一次缓慢地改善——系统暴露于大气就会让整个过程回到了起点。这就要求必须装配一些机械传动系统,以便把样品动态地通过真空中转区,把它精确地放到位置上,位于源炉的前面,这样就保证它可以拦截住 As,Ga,Al 和掺杂原子。炉子的安置构型还要求衬底在生长过程中能够绕着轴旋转,从而提高沉积薄膜的均匀性,这个难度可不小,因为任何旋转杆都必须通过真空系统,不能有任何润滑剂(与超高真空技术不匹配)的帮助。最后,为了在生长过程中控制合金组分或掺杂,需要在每个源炉前面安置可以移动的挡板,在不需要的时候,能够关断任何特定的束流。因此,每个分子束外延腔包含着很多运动驱动器,它们都必须能够长时间保持气密性和机械可靠性——任何失误几乎肯定意味着当前生长的放弃,而且,因为修理、烘烤以及重新抽气需要的时间可能长达一个星期,经常崩溃显然是不可接受的。

了解到这些复杂性,你可能认为,分子束外延确实变成了可行的生长方法这件事太惊人了,但是,在约翰·亚瑟进行开创性工作的两年内,贝尔实验室的卓以和(Al Cho)及其同事已经用分子束外延生长了 GaAs,AlGaAs 和 GaP,并且把它们掺杂为 n 型和 p 型。很快,其他人也赶上来了,在复杂异质结的生长方面,分子束外延快速地成为金属有机化合物气相外延的竞争者。分子束外延世界在 20 世纪 70 年代早期的一个快照揭示了激烈紧张的竞赛,不仅在贝尔实验室,而且还在国际商用机器公司,江崎玲於奈(Leo Esaki)及其同事正在探索短周期超晶格的性质(后面再谈),在英国瑞德希尔的穆拉德(飞利浦)研究实验室,汤姆·福克森和布鲁斯·乔伊斯正在建设欧洲第一台分子束外延设备。到了 1977 年,至少有两个日本研究小组(东京工业大学的高桥和以东京为基地的 Electrotechnical Laboratory 的椎田)以及德国斯图加特的马普所的克劳斯·普鲁格。所有这些早期工作的重点在于 GaAs,GaP,GaAsP 和 AlGaAs,清楚地证明了材料的质量可以与以前其他方法生长的材料相仿。

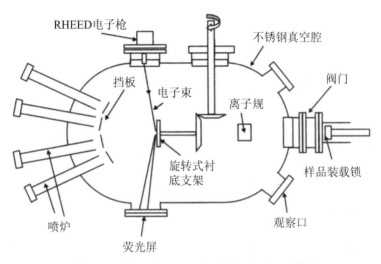

图 5.8　用于生长 AlGaAs 的典型的分子束外延设备

GaAs 衬底放在旋转的样品支架上,典型温度保持在 630 ℃,Al,Ga,As 和掺杂原子的束流从一系列热蒸发源(喷流炉)指向它。这个设备放置在不锈钢容器中,背景气压抽到 10^{-10} Torr 的水平,最大限度地减小背景杂质进入到生长薄膜里的可能性。可以用反射式高能电子衍射的方法监视生长表面的晶体结构,掠入射的电子束经衍射后在 ZnS 磷光屏上形成了 RHEED 图案

　　一台典型的用于生长 AlGaAs 的分子束外延设备如图 5.8 所示。在不锈钢超高真空腔体里,用离子泵和钛升华泵抽气,腔里面是一个加热衬底的支架以及一组分子束的源,还有许多复杂的诊断技术。源炉里包含着纯元素 Ga,Al,As 和掺杂元素,用电学方法加热产生合适的原子或分子流,它们经过源炉的几何构型准直后,形成了指向衬底的束流。离子规测量束流的强度,质谱仪分析生长前和生长过程中的背景气体,生长层的原子结构可以用反射式高能电子衍射的方法(RHEED)监视(参见专题 5.2)。5 kV 电子枪把电子束以接近掠入射的角度照在薄膜上,衍射强度由腔体另一侧的磷光屏显示出来。这个设备是从早期表面研究中保留下来的,在建立最优生长条件方面非常有价值,提供了关于"表面重构"的信息(表面原子重构的方式与体材料中略有不同),可以和生长过程关联起来。生长过程中,衬底温度通常处于 500~800 ℃ 的范围,对于这种"固体源"分子束外延工艺,典型的生长速率是 $1\,\mu\mathrm{m}\cdot\mathrm{h}^{-1}$(对于 GaAs 来说,这对应于每秒钟一个单原子层)。分子束挡板可以在小于 1 s 的时间里打开或关上,使得分子束外延能够生长非常陡峭的界

面,相对低的生长温度让互扩散达到了最小,保证了这种名义上的好处在实践中得以保持。RHEED 振荡(参见专题 5.2)提供了一个独特的方法实时地监测生长速率,在沉积单原子层的时候进行计数。尽管看起来很奇特,分子束外延在生长超薄外延方面具有完美无瑕的信誉,如第 6 章所述。成功的 n 型掺杂通常是利用来自标准源炉里的一束 Si 原子实现的,而 p 型掺杂用的是 Be。更常用的受主原子 Zn和 Cd 在 GaAs 表面的寿命非常短(它们脱附得非常快),完全没有效果。Mg 的使用有部分成功,但是它的表面寿命也很短,在生长温度上有很强的趋势扩散,难以控制掺杂的轮廓。

专题 5.2 反射式高能电子衍射在分子束外延中的应用

分子束外延生长的一个独特性质来自它和表面的基础研究的联系,反射式高能电子衍射(RHEED)是一种原位的诊断技术。本专题简要考察三个方面:表面重构的研究、生长模式的确定(二维生长还是三维生长)以及利用 RHEED 振荡来对单层进行"计数"。

实验构型如图 5.8 所示,RHEED 电子枪发射出来的电子被薄膜表面反射,在荧光屏上形成衍射图案,这个图案的性质提供了与表面结构有关的大量详细信息,也就是表面原子的精确位置。在原子级平坦的理想表面上,RHEED 图案是一组条纹(而不是斑点),条纹间隔依赖于薄膜表面的有效晶格常数,这个条纹图案的出现可靠地表明了薄膜是以二维模式生长的,也就是一层一层的。与此相反,如果是三维生长(随机的、空间分离的小丘),条纹就变成了斑点(这是因为电子穿透了小丘,就像被体材料的区域衍射了)。因为高质量薄膜通常只是二维生长的结果,这些条纹是最佳生长条件的重要证据。此外,条纹图案的对称性可能会随着晶体的取向和衬底的温度而变化,这个性质通常用来确定生长温度处于希望的范围。每种图案对应的不同表面结构也让专家能够理解生长的细节,如果没有这些数据,就只能靠猜测了。

在分子束外延的早期岁月里,这种信息本身是非常有价值的,但是,随着穆拉德(飞利浦)小组在 1981 年发现了"RHEED 振荡"的现象,又多了一个受人欢迎的好处。他们注意到,RHEED 衍射图案中反射斑点的强度随着时间发生周期性的振荡,其周期准确地对应于沉积单个单原子层材料所需的时间,这个发现对于可控制地生长非常薄的薄膜特别重要,后来在激光二极管(见第 6 章)生长的应用中得到了非常好的效果。完全理解这个机制很困难,但是,可以用一个模型定性地理解它,这个模型把电子束当作光束来类比。5 kV 电子的波长大约是 0.02 nm(见公式 (4.10)),比原子单层的台阶(GaAs 是 0.28 nm)小得多,所以台阶边缘就是有效的散射中心，它们在薄膜表面上的密度越大，散射也就越强，最终强度也就越小。假设生长始于原子级平坦的表面——对于成核生长的情况（也就是很小的、单原子层的岛随机地出现在表面上），台阶的密度单调地增加，直到覆盖了大约一半单层，然后减小，因为更多的成核填充了岛之间的空隙，直到完整的单原子层覆盖，又恢复到最初的平坦表面。这样，电子散射逐渐增加，直到覆盖了一半的单原子层，然后再逐渐减小，直到沉积了完整的单原子层，恢复到初始值，这就说明了观测到的强度振荡。

同一个小组在 1985 年的经典实验里验证了这个解释。在生长 GaAs "临近表面"（表面与精确的晶向（001）有几度的差别，从而引入了有些规则性的台阶，空间间隔线性地依赖于偏差角）的时候，监视振荡行为。他们的实验证明，随着生长温度的升高，振荡消失了，因为随机成核变成了"台阶边缘生长"——Ga 原子在表面上变得更活跃了，因为温度升高了，最后，所有沉积的 Ga 原子都可以到达台阶处，它们束缚在那里，二维成核完全停止了。

总结一下：RHEED 强度的测量对于发展"原子层外延"至关重要，它先沉积一个单层的 Ga 原子，然后再沉积一个单层的 As 原子，如此继续下去。能够监视单个单层沉积的能力使得这个技术在实践中可行。类似的评论适用于"迁移增强型外延"的发展，在沉积循环之间有一个停顿以让表面原子迁移到合适的位置，然后再开始生长下一层。这些技术允许在非常低的生长温度下沉积高质量的材料（$T < 500\ ℃$）。

最后，在结束这个长长的关于晶体生长方法的一节之前，我们还必须注意两种变型的分子束外延的发展，它们是在 20 世纪 80 年代末期从基本技术发展出来的。在传统的分子束外延里，使用固态源有个缺点，即时不时地需要更换源炉，需要把系统暴露在大气中。用气体源替换它们，就消除了这个限制，让操作变得更加灵活。可能具有讽刺性的是，这些变化运用了从金属有机化合物气相外延得到的经验，后者用金属有机化合物提供 III 族元素（TMG，TMA 等等，在纯氢气流中运过来），用氢化物提供 V 族元素。金属有机化合物分子束外延（MOMBE）把这种方法代入到超高真空实践里，用质量流控制器而不是挡板提供了束流的开关机制，而气体源分子束外延把这个工艺带到其逻辑终点，用硅烷、磷烷或者氨气分别生长砷化物、磷化物或氮化物。（英国的分子束外延圈里有个笑话说，分子束外延、有机金属分子束外延和化学分子束外延正好是一系列大英帝国勋章[①]，但是，这些"轻薄话"无疑值得我们的尊敬。）

[①] 这三个缩写碰巧对应于三个等级的大英帝国勋章，即员佐勋章（Member，简称 MBE）、官佐勋章（Officer，简称 OBE）、司令勋章（Commander，简称 CBE）。——译者注

挣扎着读完了关于晶体生长方法的这一节,你可能会问,这么长的叙述有什么好处? 但是,现在你肯定了解了实践中投入的这些巨大努力。也许你的主要兴趣可能是最终材料的物理学,或者是用它制作的复杂器件,认识到材料研究的重要性以及它涉及的巨大的货币投资(在实践中,每台金属有机化合物气相外延或者分子束外延设备的投资大大超过了 100 万美元),这是非常重要的。因此,本节做了这么长的描述(也许应该称之为"沉积"),而且,下一节也不是讨论器件而是谈论表征技术的兴起。Ⅲ-Ⅴ族大树的果实让人垂涎欲滴,品尝它们的机会将在 5.5 节呈现。

5.4 材料表征

在 20 世纪 60 年代和 70 年代,晶体生长的巨大努力要求在材料表征上进行相应的投资:没有合适的方法测量材料的性质,发展外延沉积的新技术就毫无意义。液相外延和气相外延显著改善了背景掺杂浓度和补偿比,意味着存在可靠的方法测量这些参数。此外,发展高质量Ⅲ-Ⅴ材料时遇到的困难更大(与硅相比),从而刺激了表征方法的快速扩张。在超过 10 年的时间里,硅的表征只不过就是测量电阻率而已,GaAs 却是在很宽的温度范围内测量霍尔效应,从用电容-电压法测量自由载流子分布轮廓,到一些深能级的研究、低温下的光致荧光(PL)研究,通常还有很多其他方法。人们不仅对半导体测量本身的兴趣增长了,而且确实需要控制更不友好的材料。还有许多书解释这些测量及其解释的微妙之处(代表性的选择包括:Look(1989),Stradling, Klipstein(1990),Orton, Blood(1990),Blood, Orton(1992),Perkowitz(1993),Schroder(1998),Runyan,Schaffner(1998)),今天,晶体生长者有很多方法表征他们的珍贵样品。表征并不是新现象,在 20 世纪 60 年代,技术的复杂性和重要性增加得很快,我们至少应该谈谈应用比较广泛的一些技术。

硅只需要知道电阻率就可以繁荣昌盛,这是因为硅的可重复性比Ⅲ-Ⅴ族材料好得更多。特别是,硅的自由载流子密度与它们的迁移率有很好的依赖关系(电子是一个关系式,空穴是另一个)。从专题 2.2 中关于霍尔效应的讨论可知,电阻率 ρ 与自由载流子密度 n(或 p)以及合适的迁移率 μ_n(或 μ_p)的关系是

$$\rho = (ne\mu_n)^{-1} \quad \text{或} \quad (pe\mu_p)^{-1} \tag{5.3}$$

由此可知,如果迁移率和载流子密度是精确关联的,测量电阻率就足以确定所有这三个参数。然而,当材料的补偿程度很显著(但是不知道具体数值)的时候,这个简

单的方法就有困难了。例如,考虑一个 n 型样品,包含 N_D 施主和 N_A 受主($N_D >$ N_A)。在室温下(利用霍尔效应)测量自由电子密度,给出了 $N_D - N_A$ 的数值,但是,N_D 和 N_A 仍然不知道。另一方面,电子迁移率与总电离杂质的密度 $N_D + N_A$ 有关(由于电离杂质散射),但是,μ_n 不再简单地依赖于 n。为了得到所有四个参数 ρ, N_D, N_A 和 μ_n 的数值,我们需要做两个测量,即 ρ 和 n。利用这些测量和关系式 $\rho = (ne\mu_n)^{-1}$,可以得到 μ_n,从而提供了 $N_D + N_A$ 的数值。最后,知道了 $N_D - N_A$ 和 $N_D + N_A$,就可以分别确定 N_D 和 N_A。宽泛地说,硅和 GaAs 的必要差别在于,硅对应于(容易的)没有补偿的情况(N_A 可以忽略不计),而 GaAs 属于补偿的类别,要求更复杂的处理。在实践中,在温度 77 K 下测量的迁移率比室温数值更灵敏地区分 $N_D + N_A$,所以,在表征 GaAs 的时候,这就变成了常事。因此,对室温和 77 K 下进行霍尔效应和电阻率测量的需求正在增长。

上述讨论采用了如下假设:迁移率和总电离杂质浓度有确定的依赖关系。你肯定想知道,这种关系是怎么建立起来的?答案是,对很大温度范围里(通常从 4 K 到室温)电阻率和霍尔效应的测量结果进行复杂的分析。当温度降低到室温以下,自由载流子逐渐被束缚在施主原子上("载流子冻结"),所以,n 减小得很快,而且,这碰巧可以测量施主电离能 E_D,但是,冻结的细节也与补偿比 N_A/N_D 有关,所以,仔细地分析实验数据 $n(T)$,就可以得到 N_D 和 N_A。然后就可以测量 $N_D +$ N_A,再加上一些样品的 $\mu_n(77\,K)$,画出 $\mu_n(77\,K)$ 随 $N_D + N_A$ 变化的曲线。总的说来,这涉及了很多非常细致的工作,可以从图 5.9 中的数据看出来,它们取自沃尔夫和斯蒂尔曼(当时在麻省理工学院林肯实验室)在 1970 年的一篇文章。此图给出了 4～100 K 温度范围测量的四种 GaAs 外延样品的电子迁移率,与根据 $n(T)$ 数据得到的 N_D 和 N_A 计算得到的迁移率进行比较。计算值和实验数据符合得很好的事实,不仅证实了 $n(T)$ 分析的结果,还证明了人们对限制了 GaAs 迁移率的散射机制的理解非常深刻。在图 5.9 的计算中,包括了不少于五种散射机制。

表征专家的主要任务之一就是尽可能地简化测量过程,这样就可以把它们常规地应用于大量的样品。硅的电阻测量很好地说明了这一点,它使用了"四探针法",一组四个金属点接触安置在一条线上,间距大约为 1 mm,用可控的压力压在硅片的表面上。电流通过最外面的一对探针,测量中间的两个探针上的电压。利用适当的公式(依赖于测量的是体材料还是外延薄膜),就足以确定探针定义的硅区域的电阻率且不需要特殊的样品形状或者制作接触电阻。还有一个更简单的过程,用单个探针测量"散布电阻"(电流从金属点接触流入到半导体里),但是这个方法有些不可靠,而且,为了达到好的精度,需要仔细的校准。显然,这两种方法都提供了快速的、容易使用的表征工具,多年以来,它们都很好地服务于硅技术。

GaAs 和其他化合物材料带来了更大的挑战。远远不只是需要更仔细的研究

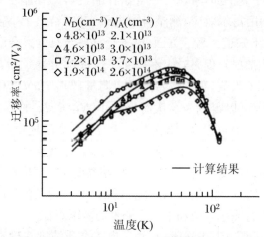

图 5.9　一组高纯 GaAs 样品的电子迁移率随着温度的变化关系

符号表示霍尔效应测量得到的实验数据,实线表示把五种不同的散射机制组合起来得到的计算值。注意:分析这些数据,可以得到 N_D 和 N_A 的数值。(取自 Wolfe C M,Stillman G E. 1970. Gallium Arsenide and related compounds. Institute of Physics,Conference Series No. 9:10)物理学会出版公司惠允

而已,应用金属探针接触进行测量的尝试立刻遇到了麻烦——接触电阻特别高,电

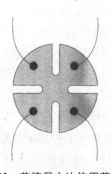

图 5.10　范德堡方法使用苜蓿叶形状的半导体样品

用于测量电阻率和霍尔效应。“翼瓣”为样品中央的小区域提供了接触

流-电压关系有强烈的非欧姆特性(也就是非线性),所以不可避免地要做些样品准备工作。通常采用“苜蓿叶”形状的样品,如图 5.10 所示,它可以用摩擦方法从体材料片子上切下来①(喷砂处理! 但是使用柔软的摩擦剂,例如 SiO_2 粉末),或者类似地定义在外延薄膜上,简单地切透薄膜到衬底(必须是半绝缘的衬底,避免测量被短路)。制作四个金属点接触,每个叶片上有一个电极,如图 5.10 所示,利用一对电流电极和一对电压电极,可以测量电阻率和霍尔效应。这个过程依赖于埃因霍温的飞利浦研究实验室的范德堡在 1958 年推导的公式,这种方法称为范德堡方法。它简化了样品准备,但是比表征硅的探针法要复杂得多。它使用的材料也更多,对于使用的那个片子是破坏性的——这个样品也许非常珍贵呢。

　　应用于 GaAs 的技术,第二重要的可能是 C-V 轮廓测量,主要目的是提供自由

_____

　　① 非常古老的方法,现在很少使用了。——译者注

载流子密度的分布轮廓,也就是测量 $n(x)$(或 $p(x)$),其中,x 表示到样品表面的距离。很容易假设外延层的电性质是均匀的,但是,并不总是如此,原因有很多。在一些应用中,究竟是不是均匀分布,可能非常重要。C-V 方法利用肖特基势垒接触的电容 C 随外加反向偏压 V 的变化关系,以相当直接的方式给出了这种信息。增大反向电压,扩大了与势垒有关的耗尽区(与3.4节讨论的 p-n 结完全一样),相应地减小了耗尽层的电容。如标准著作所述(例如 Blood,Orton(1992),公式(5.49)),$n(x)$ 可以从下述关系式得到:

$$n(x) = - \left[C^3 / (e\varepsilon\varepsilon_0 A^2) \right](dC/dV) \tag{5.4}$$

其中,ε 是 GaAs 的相对介电常数,A 是肖特基接触的面积。同时还可以得到测量 $n(x)$ 所在的深度位置

$$x = \varepsilon\varepsilon_0 A/C \tag{5.5}$$

利用合适的掩膜,把金薄膜热蒸发到 GaAs 表面上,可以制成需要的肖特基势垒(事先要按照半导体实践的优良传统进行仔细的清洗),然后把一根细金丝压焊到接触上。把测量自动化,用公式(5.4)计算 $n(x)$,用公式(5.5)计算 x,即得到想要的轮廓曲线,这些都是比较容易的,唯一的限制来自肖特基二极管的反向击穿电压。在足够大的反向偏压下,耗尽区的电场超过了 GaAs 的击穿电场,反向电流增加得非常快,这是雪崩过程的结果:耗尽区的少数几个自由载流子得到了充足的动能,它们与晶格原子的碰撞产生更多的电子-空穴对,这个过程很快就玩过头了,导致了二极管的破坏,除非用外部电路元件限制这个电流。无论如何,它都限制了可以施加的反向电压的大小,因此,也就限制了可以得到的最大的耗尽区深度。好像事情不够复杂似的,这种限制的耗尽区深度还依赖于样品的掺杂水平,而这正是测量想要达到的目标,一个近似指标是:在 $N_D = 10^{20}$ m^{-3} 时,$x_{max} = 100$ μm;而在 $N_D = 3 \times 10^{22}$ m^{-3} 时,$x_{max} = 1$ μm。

蒸发适当的肖特基势垒并为它做电极,这个过程有些长,它是常规 C-V 测量的一个严重缺点,所以,人们努力寻找其他方法。在20世纪70年代,一种很时髦的方法使用水银而不是金作为接触,除了需要避免操作者的汞中毒(!),这个方法很让人满意。接触面积由包含水银的管子的直径决定,只用几秒钟就可以做接触或者去除接触。公平地说,应当承认,这些结果并不总是像更复杂的方法那样精确,但是,在处理很多样品的时候,它确实有优势。在1974年,安布里奇和法科特改造了 C-V 轮廓法,避免了二极管反向击穿电压带来的基本限制,他们在英国邮政局工作,势垒采用电解液的形式。这种方法的重要优点是,可以用电解方法可控地去除材料,测量随之而来的电荷总量,可以监视分解的数量。这在灵活性和易用性方面前进了一大步,而且,选择合适的电解液,可以把这种方法用于很多材料。这种仪器开发了商业版,用于全世界许多研究和生产环境中,获得了很大的成功。

我们已经提到过半导体中深能级的重要性。它们可以来自精心引入的杂质，例如，让 GaAs 变成半绝缘材料的 Cr，或者减小了 Si 里少数载流子的寿命的 Au，它们也可能来自晶体里没有控制（通常是不希望的）的杂质或点缺陷。随着 GaAs 和其他化合物半导体的到来，人们又对测量深能级性质产生了浓厚的兴趣，主要是因为，化合物通常不像元素半导体晶体那么纯，它们的缺陷更多。解决问题的相关技术越来越多，有些书里已经做了详细的描述（在 Blood，Orton（1992）中，关于深能级测量的讨论超过了 350 页！）——这里只能概述几个一般性的原则。虽然光电导测量可以提供高电阻样品里深能级的信息，但是，大部分工作使用 p-n 结电容或者肖特基势垒电容方法，它们使用的范围更广。这些方法基于的是 p-n 结或者势垒耗尽区，需要在本来导电的样品上产生高阻区。

深能级的表征需要四个信息：它有多深（也就是它在禁带中的能量位置）、从允许的能带里捕获自由载流子有多容易、把载流子发射到能带里有多容易，以及存在多少个中心（也就是它们的密度是多少）。（我们当然还希望知道它的来源，但是通常很困难。）能量接近于能隙中央的深中心可以与两个能带里的载流子发生相互作用（这时候，它起到"复合中心"的作用），但是，更多的时候，一个深中心只与一个能带强烈联系在一起，为了简单起见，我们考虑位于禁带上半部分的深中心，它们只和导带发生相互作用。

深能级电容测量的原理可以利用图 5.11 中的能带图来理解，它表示与半导体表面上的肖特基接触有关的能带弯曲区。与深能级有关的重要特点是，靠近表面的深能级是空的，而更靠近耗尽区边缘的深能级是满的。分界点是由标为 E_F 的水平线（"费米能级"）定义的。专题 5.3 更仔细地讨论了费米能级的概念，但是，如果不想深入了解数学，你只需要知道这一点就可以了：在很大程度上，位于费米能级以上的电子态是空的，而位于费米能级以下的是满的。在图 5.11 中，(a) 给出了二极管施加零偏压时能带弯曲的程度，(b) 是施加反向偏压的情况。比较这两个图，耗尽区深度在偏压下从 x_d^0 增大到 x_d，这样就改变了一些深能级的占据情况——这些深能级位于费米能级的附近，也就是那些位于 x_1 和 x_2 之间的中心，它们起初是满的，但是现在空了。它们包含的电子被发射到导带并被扫到 x_d 处耗尽区边界右侧的半导体体材料里面。这个过程表示耗尽区内电荷的变化，它对二极管电容有贡献（记住，$C = dQ/dV$，其中，Q 是电荷，V 是电容两端的电压）。如果单位体积里有 N_t 个深中心，单位面积上的电荷变化就是 $eN_t(x_2 - x_1)$，它依赖于 N_t，这就给出了一种测量 N_t 的方法。

想象一下，我们不是用准静态的方式来改变反向偏压，而是把高速交变的电压施加在二极管上，偏压先增大，然后减小，再增大，等等。在原则上，靠近费米能级的深中心的占据就会同步地改变，表现为二极管电容振荡地变化的形式，我们就可

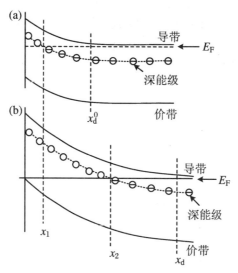

图 5.11　用于说明深杂质能级占据情况的能带示意图

这些深中心位于肖特基势垒接触下面的半导体的能带弯曲区里。虚线表示费米能级,对于电子来说,位于 E_F 以上的深能级实际上是空的,位于 E_F 以下的是满的。(a) 零偏压的情况;(b) 反向偏压的势垒。反向偏压增大了耗尽区宽度 x_d,改变了 x_1 和 x_2 之间深能级的占据情况

以测量它。但是要记住,这些占据的变化依赖于陷阱发射电子到能带或者从能带捕获电子的能力,这些过程需要一定的时间,例如,发射时间 τ_e 与发射速率 e_n 的关系是

$$\tau_e = e_n^{-1} \tag{5.6}$$

通过改变外加偏压的频率,可以测量这个时间。对于小于 e_n 的角频率 ω,陷阱的占据情况可以跟得上电压的变化,但是,当频率大于 e_n 的时候,就做不到了。观察发生这种转变的频率,就给出了发射速率 e_n 的数值。此外,因为 e_n 的温度依赖关系是

$$e_n = e_n^0 \exp[-(E_C - E_t)/(kT)] \tag{5.7}$$

上式表明,测量 e_n 作为温度的函数,画出 $\lg e_n$ 随 $1/T$ 的变化关系,就可以得到陷阱能量 E_t 的数值。从公式(5.7),可以容易地得出

$$\lg e_n = \lg e_n^0 - [(E_C - E_t)/(kT)] \lg e$$
$$= 常数 - 0.434\,3(E_C - E_t)/(kT) \tag{5.8}$$

这样的一条曲线如图 5.12 所示,显然,曲线的斜率表示了陷阱能量。从公式(5.8),可知

$$斜率 = -0.434\,3(E_C - E_t)/k \tag{5.9}$$

（注意,这些公式中的 e 是指数函数,绝对不能把它和可变参数 e_n 搞混了,后者是陷阱的特性。它们两个也不能和电子电荷 e 搞混了,后者根本就没有出现在这个公式里! 还要注意,这个描述有些过于简化了,但是我想让你了解测量的原理,更完整的叙述可以在适当的参考书中找到。）

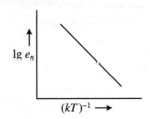

图 5.12　测量得到的深能级发射率 e_n 的对数随着温度的
倒数而变化的典型曲线(称为阿伦纽斯曲线)
曲线的斜率量度了半导体导带以下的深中心的能量

专题 5.3　费米能级和费米函数

费米能级是半导体物理学中使用得最频繁的一个概念,它与电子态实际包含一个电子的统计概率的数学描述有关。例如,我们知道:在高温下,本征半导体中的导带态比低温下更容易被填充。这意味着有一个依赖于温度的概率函数,它定义了占有率,这个函数称为“费米函数”(更严格地说,应当称之为“费米-狄拉克分布函数”,因为单电子遵从费米-狄拉克统计,但通常使用更简单的名字)。这个函数必须用到费米能量 E_F。

简单地说,在热平衡条件下,在温度为 T 的半导体中,能量为 E 的单电子态的包含一个电子的概率由下述概率函数给出:

$$P(E) = f(E) = \{1 + \exp[(E - E_F)/(kT)]\}^{-1} \qquad (B.5.6)$$

另一种考虑方法是,如果在能量 E_t 处有 N_t 个电子态,被电子占据的态数目就是 n_t,其中,$n_t/N_t = f(E_t)$。

注意,公式(B.5.6)并不能直接应用,因为它不仅包含电子态的能量 E(这个在原则上总是知道的),还包含费米能量 E_F,我们一开始并不知道它。需要进一步的信息来确定 E_F,我们用个例子说明这一点。考虑一个 n 型半导体,导带中的自由载流子密度为 n。利用费米能级的概念,可以得到 n 的下述公式:

$$n = \int N(E)f(E)dE \qquad (B.5.7)$$

其中,积分从导带底 $E = E_c$ 到 $E = \infty$,换句话说,对导带中的所有态进行积分。$N(E)$ 表示导带态的分布(能量为 E 的态有多少)。$N(E)$ 通常写为

$$N(E) = N_0(E - E_C)^{1/2} \tag{B.5.8}$$

现在,只要费米能级在导带底以下几个 kT 能量,就可以把 $f(E)$ 近似表示为"玻尔兹曼函数":

$$f(E) = \exp[-(E - E_F)/(kT)] \tag{B.5.9}$$

在这种情况下,可以计算公式(B.5.7)中的积分,得到非常有用的关系式:

$$n = N_C \exp[-(E_C - E_F)/(kT)] \tag{B.5.10}$$

其中,N_C 是"导带的有效态密度"。使用它可以把导带有效地表示为能量 $E = E_C$ 处的单能量态。公式(B.5.10)可以用来确定 E_F,

$$E_F = E_C + kT\ln(n/N_C) \tag{B.5.11}$$

注意,$n/N_C < 1$,所以 $\ln(n/N_C)$ 是负数,E_F 位于 E_C 以下。

你可能会奇怪,这个公式怎么会有用呢?我们所做的只是把 n 和 E_F 联系起来,用一个未知量代替了另一个!然而,费米能级真的很有用,一旦(用 n 的形式)确定了它,就可以用它确定系统中其他电子态的占据。用两个例子说明这一点。假设有个 n 型半导体,单位体积内的施主为 N_D,我们想知道,在任何特定温度下,有多少电子在导带中,有多少电子在施主原子里。可以用费米函数写出后者的表达式:

$$n_D = N_D\{1 + \exp[(E_D - E_F)/(kT)]\}^{-1} \tag{B.5.12}$$

这个式子再加上公式(B.5.10)和关系式 $N_D = n + n_D$,可以得到 n 的二次方程:

$$n^2 + N_C'n - N_C'N_D = 0 \tag{B.5.13}$$

其中,$N_C' = N_C\exp[-(E_C - E_D)/(kT)]$。利用已知参数 N_C,N_D 和施主电离能 $E_C - E_D$,可以解出这个方程。

第二个例子依赖于费米能级的一个重要性质:在热平衡条件下,费米能级是平的(即它在能级图中是一条水平线,如图 5.11 所示)。因此,根据体材料中费米能级的位置,就可以确定能带弯曲区里面深能级的占据情况,如正文所述。注意,在公式(B.5.6)中,如果 $E = E_F$,则 $f(E) = 1/2$,因此,在 E_F 与深能级相等的位置上,一半的深能级电子态被占据。当 $E_t - E_F > 3kT$ 的时候,深能级实际上是空的;当 $E_F - E_t > 3kT$ 的时候,它们实际上是全填满的。这样一来,在有限温度下,费米函数不是个阶梯函数,而是在几个 kT 的能量范围内逐渐变化。然而,当我们处理导带以下十分之几电子伏的能级时,在低温下,kT 不大于 0.01 eV,这时候,可以合理地认为它是个阶梯函数。

贝尔实验室的朗恩在 1974 年提出了"深能级瞬态谱"(DLTS)的经典方法,其中使用了发射速率的温度依赖关系,样品的温度缓慢地扫描(通常在 77 K 和室温之间),同时使用巧妙的电子技术确定特征温度,该处的发射率符合电子学设定的参考值。然后改变这个参考速率,再一次扫描温度,接下来是第三次,等等。最终,

获得了 e_n 随 T 变化的曲线,根据它得到上述的陷阱能量。最后应当注意,利用热动力学论证,可以把电子捕获速率与发射速率联系起来,这样就确定了表征陷阱需要的所有数据。

上述所有的表征技术都使用了电学测量——我们现在把注意力转向光学方法,它的优点是不需要电极,而且是非破坏性的。这种方法的原理是光致荧光,通过吸收激光(其光子能量大于带隙)在样品中产生少数载流子,由此导致的电子-空穴复合通过它们产生的荧光来监测。标准实践是用高分辨率的单色仪把复合光色散、用灵敏的光电倍增管探测它,输出的是发光强度随着光子能量(或波长)的变化曲线。这种"荧光谱"可以在很大范围的样品温度里测量,但是,通常集中在液氦区 1.5~4.2 K。虽然辐射复合通常在直接带隙材料中更有效,例如 GaAs,但是,在间接能隙中通常也可以观测到。我们在 4.6 节看到了海尼斯如何利用荧光测量来研究硅的性质,其中的复合过程涉及束缚在施主和受主原子上的激子。更一般地,复合过程可以有几种不同的机制,为很多半导体提供了能带结构、杂质或点缺陷的信息。(一个基本应用是测量三元系统例如 AlGaAs 的能隙,它们的合金组分通常了解得不够精确。)表征通常感兴趣的有三种参数:发光强度、发光峰的光子能量和宽度。

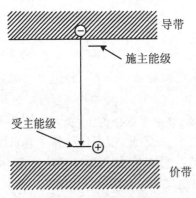

图 5.13 能量示意图

用于说明直接带隙半导体 p 型样品中自由电子到受主的跃迁,它在一般的样品温度下发出荧光。只要知道半导体的能隙,测量发射谱线的光子能量,就可以给出受主束缚能 E_A 的数值

GaAs 中一个有趣的例子是确认受主杂质。我们已经提到过 n 型 GaAs 中的补偿问题,其中,未知受主的密度通常只比占据主导地位的施主略微少那么一点儿。在晶体生长者看来,重要的是发现哪种受主是有关的,确认了以后,就有可能消除它。麻烦在于,至少有七种杂质存在,即 C, Be, Mg, Zn, Cd, Si 和 Ge,问题是如何指认"罪魁祸首"!仔细的掺杂研究已经发现,不同受主的电离能略有不同,从 C 的 26 meV 到 Ge 的 40 meV,所以,测量受主能量,就能够可靠地确认涉及的特定受主,可以用低温光致荧光谱得到受主能量。在 4 K 温度下,大部分电子被冻结在施主上,全部空穴有效地位于受主上,所以,"施主-受主跃迁"主导了复合,后面再更详细地讨论它。然而,当温度升到大约 15 K 的时候,电子逐渐从它们的施主原子中释放出来(但是空穴仍然是束缚的,因为受主电离能大得多——$E_A \approx 30$ meV,而对于施主,$E_D \approx 6$ meV),发光谱由导带-受主跃迁主导(也就是自由电子-束缚空穴)。从图 5.13 容易看出,这种跃迁的光子能量是

$$h\nu = E_g - E_A \tag{5.10}$$

其中，E_A 是受主的电离能，所以，只要知道了合适温度下的能隙(在这种情况下，我们确实知道)，测量光子能量，就给出了 E_A 的可靠数值。典型的谱线宽度是 3～4 meV，所以，测量 E_A 的精度有可能达到 ±1 meV，这就足以确定受主了。想要在将来的晶体里消除它，就要靠生长者猜测它的进入机制了，这需要灵感，但是，了解相关的化学成分，无疑是整个拼图游戏的一个关键。

检测 GaAs 中非故意杂质的另一种方法有些不一样，它使用了激子谱。激发的激光产生了电子和空穴，它们很快地分别热化到导带和价带的带边(它们在那里仍然保持运动)，然后就可以走到一起、形成激子，接下来这些激子可以束缚在施主或受主原子上，就像在讨论海尼斯关于硅的工作时说的那样。构成激子的电子和空穴的复合给出了一条尖锐的发光谱线，它是特定的施主或受主的特征。然而，如果样品中的杂质浓度非常低，激子有可能在找到适当的施主或受主寄居之前就复合了，在这种情况下，发光谱线是自由激子而不是束缚激子的特征，发光峰的光子能量大于束缚激子，相应的差值对应于激子局域化能量。由此可知，束缚激子和自由激子的发光强度比反映了杂质的浓度，可以作为监视材料生长质量的指标。对于硅的情况，甚至有可能从这种数据得到杂质浓度的定量数值，覆盖了 10^{18} ～ 10^{23} m^{-3} 的范围。

如果晶体中有应力，经常会改变发光谱线的能量，一个经典的例子来自在硅衬底上生长器件质量的 GaAs 的努力。因为硅不能提供有效的光发射，如果能够把 GaAs 和硅电子学电路结合起来，就会有很多光电子学上的应用。其中一种涉及了高速硅集成电路的不同部分之间的信号的光耦合——传统的金属互联的缺点是时间延迟太大了。然而，在硅上面生长 GaAs 激光器是非常困难的，因为这两种材料有很大的晶格失配。GaAs 和 Si 的晶格参数分别是 0.565 3 和 0.543 1 nm，大约相差了 4%，对于晶体生长来说就太大。非常薄的 GaAs 薄膜倾向于在硅上面同结构地生长(也就是说，与硅具有相同的晶格参数)，所以有很大的应变，但是，随着薄膜长得更厚了，应变能太大了，出现位错就在能量上变得更有利了，即释放应力并允许 GaAs 采用它的自然晶格尺寸。然而，高密度的位错非常不利于 GaAs 激光器的成功运行，这就解释了上述困难。在实践中，位错导致的应力可以在生长温度下完全释放，但是，当样品冷却到室温的时候，又诱导出额外的应力，因为薄膜和衬底的热膨胀系数有很大差别($\alpha_{GaAs} = 7 \times 10^{-6}$ K^{-1}，$\alpha_{Si} = 2.5 \times 10^{-6}$ K^{-1})，我们要注意，这导致了与晶格失配相反的应力。

荧光谱的测量可以确定 GaAs 薄膜中应力的残留，这个简单方法非常有价值。因为硅的晶格常数小于 GaAs，预期 GaAs 薄膜在界面平面内受到压缩应力(这是晶格失配的结果)，表现为体材料晶格参数 a_0 的减小，在与界面垂直的方向上(也就是在生长方向上)表现为张应力。a_0 的减小导致了 GaAs 带隙的增大,发光能量会向上移动,而应力的轴向分量消除了轻空穴和重空穴在 Γ 点处的简并(图 5.1),导致了这两个分量(e-hh 和e-lh)的发光谱的劈裂。位移和劈裂提供了 GaAs 薄膜里残余应力的信息。另一方面,热膨胀的差别导致发光能量向下移动,而且劈裂具有相反的符号。实际上究竟发生了什么? 图 5.14 给出了两个样品的低温荧光谱:生长在 GaAs 上的标准 GaAs 样品和生长在硅上面的 GaAs 样品。后者有两个显而易见的特点:首先,光谱向低能量移动,其次,单个的尖锐谱线劈裂为两个峰,它们的线宽比标准样品大得多。线宽增加是因为薄膜不同部分的应力分布,使得不同区域的谱线略有不同,总的效果是把线宽展宽了("非均匀谱线展宽")。然而,最显著的结果当然是光子能量相对于标准样品减小了,说明残余应力来自热膨胀的不一致,而不是晶格失配。在生长温度下,位错显然有效地释放了应力。

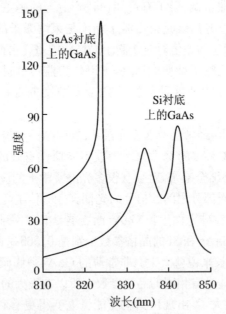

图 5.14　低温下测量得到的来自 GaAs 或 Si 衬底上外延生长的 GaAs 样品的近带边光谱
硅上面的 GaAs 样品向长波长方向移动(光子能量低),劈裂为一对谱线,显然比同质外延样品宽。这些结果都是因为异质外延薄膜里的应力。(取自 Lee H P, Wing S, Huang Y, et al. 1988. Appl. Phys. Lett., 32:213)美国物理学会惠允重印

还引入了其他很多技术,以便尽可能全面地对尽可能多的样品进行表征。红外吸收用于确认未知的杂质原子,利用"局域模"振动谱,这种技术能够提供位置对称性的信息以及杂质原子的性质。远红外光电导用来把电子激发到浅施主态以外并进入导带,这样就以引人注目的精度测量了施主电离能,其精度足以区分不同的

施主原子,其方式与前面描述的受主情况完全一样,但是,因为 GaAs 中的施主能量很小,只有 6 meV,为了区分它们,必须实现 0.01 meV 的精度,这远远超出了荧光谱的能力。光反射和压电反射方法用来研究激子谱的精细的细节,不同的磁荧光实验也是如此。时间分辨荧光技术给出了复合速率的重要信息,还发展了许多技术用于测量少数载流子的扩散长度。拉曼光谱经常用于确认晶格振动模式的能量和测量应力,它利用了一些模式对晶格的微小变形的灵敏性。

结构的质量(也是非常重要的)用 X 射线衍射(XDS)、透射电子显微术(TEM)、扫描电子显微术(STM)以及原子力显微术(AFM)监视,后者给出了表面粗糙度的原子级分辨率。化学组分可以用俄歇电子谱(AES)、二次离子质量谱(SIMS)、电子探针微分析(EPMA)、X 射线光发射谱(XPS)、能量色散的 X 射线分析(EDX)、扩展的 X 射线吸收精细结构分析(EXAFS)以及卢瑟福背散射(RBS)证实。在几种情况下引入的另一种有趣的技术是电子-正电子湮没谱,它能够表征半导体晶格中的空位。这个清单似乎是无穷无尽的,但是,我们的描述必到此为止了,这样才能重点关注一些器件的发展——正是它们让 GaAs 变得非常重要。20 世纪 60 年代,人们在表征测量方面投入了的巨大努力,而且一直持续到现在,我希望读者对此已经有了一些感觉。多年以来,很多材料都受益了,但是根本的推动力是人们希望控制 GaAs 的生长。

5.5 发光器件

前两节的主题是晶体生长和表征技术,对它们进行巨大投资的动机显然不仅仅是对半导体物理学的兴趣。GaAs 的发展很可能带来物质利益,因为它与已经成熟的材料硅有着重要的差别:一方面,能带结构上的差别导致了定性上不同的行为;另一方面,电子参数上的定量差别可以让它在器件性能上领先。实际上,直接带隙以及依赖于它的高效率辐射复合主导了 GaAs 初期的商业发展,导致了半导体激光器,也是密盘音响系统成功的关键。飞利浦公司在 1972 年开发了他们的首个光盘系统(影像光盘),但是,这个系统使用了 He-Ne 气体激光器,从来没有能抓住公众的想象力。1979 年,半导体激光器的出现才导致了 CD 音响的戏剧性成功,然后就是它的克隆——交互式视频光盘、CD ROM 以及更近期的数字万用盘。半导体激光器的世界市场现在大约是 40 亿美元,其中,超过 10 亿美元属于这些应用——但是,在 60 年代开发 GaAs 发光二极管的时候,没有人能猜测到财富会有这么大——开拓者们的坚持肯定值得我们的认可。

GaAs 电致荧光的最初报道出现在 1955 年,基于点接触的二极管,"光"(实际上是红外光)的能量比带隙大约低 300 meV。然而,只是随着控制良好的 p-n 结器件的发展,才能够持续地产生真正的带边荧光(在低温下,$E_g = 1.52$ eV,在室温下,减小到 1.43 eV,相应的红外波长对应于 800~900 nm 的范围)。为了理解这种二极管(发光二极管)的工作原理,我们回到 3.4 节(和专题 3.4)看看关于二极管行为的讨论。在正向偏压下,p-n 结二极管产生了正向电流,这个电流是由少数载流子携带的,它们注入 p-n 结,在 p-n 结界面两侧几个扩散长度的距离内复合。与硅或锗二极管不同的是,在 GaAs 二极管里,很大一部分的复合过程产生了"光"发射,导致了一个简单的光发射器,工作电压低(大约 1.3 V),电流不大(110 mA)。虽然这些早期的发光二极管的外效率很差(≈0.01%),而且辐射是看不见的,但是,它们显然将会提供极为便利的光源,用于光耦合器(把一个发光器和一个光二极管结合起来,在短距离上传递电信号,它的优点是完全的电隔离)。这样的应用,许多工作者接受了开发实际器件的挑战。(当时肯定没有认识到发光二极管的潜力——它能够发展为商业上更加重要的激光二极管。)

制作的基础是把 Zn 受主扩散到 n 型 GaAs 样品中,起初采用的是体材料单晶,到了 20 世纪 60 年代,可以使用外延技术了,就用 n 型薄膜替换了。p-n 结形成在表面以下大约 20 μm 的地方,那里,p 型掺杂的密度等于背景的 n 型掺杂浓度(图 5.15),发光过程出现在这个 p-n 结平面上下几微米以内。为了制作单独的器件,把 GaAs 片解理为方块,每个方块合金到一个镀锡的金属基片上,形成对 n 区的背接触(记住,Sn 在 GaAs 里是施主)。一个 In-Zn 小球被合金到 p 型层,形成顶接触,用根细线把它和电流源连接起来。最后,腐蚀 p 型区,从而定义器件的面积,大约为 10^{-3} cm²。

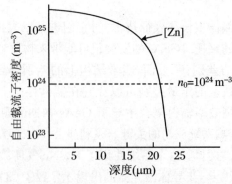

图 5.15 在一个 Zn 扩散的 GaAs p-n 结中,Zn 密度随着深度的变化曲线

这个 p-n 结用于制作发光二极管。在 p-n 结形成的位置上,Zn 的密度[Zn]等于背景 n 型掺杂浓度 $n_0 = 10^{24}$ m⁻³,也就是说,该处的深度大约 20 μm

用这种方法制作的器件,性能变化很大,显然依赖于材料质量和器件结构。虽

然室温下的性能一般,但是有证据表明,在低温下有可能实现高的发光效率(77 K以下)。在 1966 年第一届砷化镓会议的时候,这个温度依赖关系理解得很不好,仍然是一个主要问题,但是这并不能阻挡第一个半导体激光器的戏剧化发展进程——1960 年 7 月,休斯公司研究实验室的西奥多·梅曼宣布了第一个固体(红宝石)激光器,随后是贝尔实验室的阿里·贾万发明了 He-Ne 气体激光器,刚刚过了两年多一点,半导体激光器就诞生了。

专题 5.4 半导体激光器

很多书讨论了半导体激光器的理论和实践(例如,Casey,Panish(1978),Agrawal,Dutta(1993)),这些内容怎么可能浓缩到这么小的一个专题里呢?当然不可能,但是,我们必须简要地介绍一些重要的方面,以便让正文中的讨论变得清楚些。激光通常采用振荡器(也就是辐射源)的形式,它的特点是相干性、窄线宽和窄束宽(角向),这些都是发射过程(受激辐射)和具体结构的结果。

首先考虑激光过程。激光(laser)是辐射的受激辐射导致的光放大(Light Amplification by Stimulated Emission of Radiation)的首字母缩写,这意味着半导体材料作为增益介质(也就是作为光信号的放大器),是通过"受激辐射"过程实现的。考虑一个能量间隔为 $h\nu$ 的二能级原子系统,它位于频率为 ν 的辐射场中,有三种可能的辐射过程:(1)原子从辐射场中吸收一个光子,原子从基态跳到激发态;(2)原子通过自发辐射过程释放一个光子,光子进入到辐射场中;(3)由于辐射场的激发效应,原子通过受激发射过程释放一个光子,光子进入到辐射场中。最后一个过程对激光过程是必要的,它是吸收过程的精确的逆过程,具有相同的概率。此外,发射出的光子与激发光子具有相同的相位,从而产生了相干性。然而,在正常条件下,绝大多数原子位于能量较低的态(基态),所以吸收过程比发射过程强,受激辐射不那么重要。激光的诀窍在于一个天才想法,把正常情况"反转"过来,让上能级占据得比下能级多——我们称之为原子系统中的"粒子数反转"。这时候,受激辐射占据主导地位,半导体表现为放大介质——辐射场中已经存在的光子进一步激发了原子的辐射,因此,光子密度就增大了。但是,究竟怎么实现呢?

首先要说明,不同类型的激光器实现反转的方法各有不同,但是,半导体激光器是把少数载流子注入 p-n 结里(因此称之为"激光二极管")。考虑一个 p 型样品,空穴密度很高,我们把同样高密度的电子注入它里面,电子-空穴复合(相应地发射出光子)的概率就很大,可能会超过光子吸收的概率。这一点可以定量化吗?是的,确实可以——1961 年,法国长途通信国家研究中心(CNET)的两个法国人伯纳德和杜拉福格做到了。图 5.16 给出了半导体介质中价带里的一个态和导带里相应的一个态之间的电子跃迁。可以把这个跃迁的概率表达式简单地写为

$$r_{12} = B_{12}f_1(1 - f_2)\rho(\nu_{12}) \qquad (B.5.14)$$

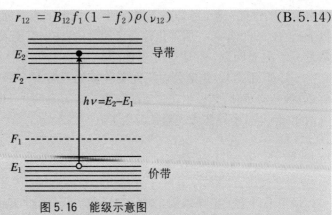

图 5.16　能级示意图

能量为 $h\nu$ 的单个光子被吸收了，它把价带中的一个电子激发到导带。

F_1 和 F_2 是两个准费米能级，分别描述了导带态和价带态的占据情况

其中，B_{12} 是爱因斯坦系数，f_1 是价带态被一个电子占据的概率，f_2 是导带态的占据概率，$\rho(\nu_{12})$ 是辐射场中的光子密度。用完全相同的方式，可以写出从态 2 跳到态 1 的受激发射概率

$$r_{21} = B_{21}f_2(1 - f_1)\rho(\nu_{12}) \qquad (B.5.15)$$

记住，$B_{12} = B_{21}$，容易看出，受激发射概率超过吸收概率的条件是

$$f_2(1 - f_1) > f_1(1 - f_2) \qquad (B.5.16)$$

（由于很快就会清楚的原因）它可以写为

$$1/f_1 - 1 > 1/f_2 - 1 \qquad (B.5.17)$$

现在只需要把这个结果表示为准费米能级 F_1 和 F_2（如图 5.16 所示）的形式。注意，专题 5.3 定义了单个费米能级，它表征了两个能带中态的占据情况——在本例中，因为注入的水平很高，系统远远离开了热平衡态，我们定义两个费米能级，每个能带有一个。这样就可以写出

$$f_1 = \{1 + \exp[(E_1 - F_1)/(kT)]\}^{-1} \qquad (B.5.18)$$

由此可以得到

$$1/f_1 - 1 = \exp[(E_1 - F_1)/(kT)] \qquad (B.5.19)$$

最后，受激辐射超过吸收的条件就可以简单地写为

$$\exp[(E_1 - F_1)/(kT)] > \exp[(E_2 - F_2)/(kT)] \qquad (B.5.20)$$

它可以重新写为

$$F_2 - F_1 > E_2 - E_1 \qquad (B.5.21)$$

上式表明，准费米能级的间距应该大于辐射光子的能量。

这个理论非常简单，它的美妙之处在于，F_1 和 F_2 量度了自由载流子在各自的能带里的态密度。例如

$$n \approx N_{\mathrm{C}} \exp[-(E_{\mathrm{c}} - F_1)/(kT)] \qquad (\mathrm{B}.5.22)$$

N_{C}是导带里的有效态密度,所以,我们可以把实现反转所需要的条件表示为注入的载流子密度,这样就可以估计适合的注入电流("透明电流"。此时,半导体中的净光学吸收等于零)。严格地说,公式(B.5.22)只有在$E_{\mathrm{c}} - F_1 > 3kT$的时候才成立,对于大注入条件,这可能不对,所以,只能把它视为对n的粗略估计,但是,这也很有价值。在实践中,达到"透明"的数值n大约是2×10^{24} m^{-3}(这时候,反转开始发生,GaAs里的净吸收等于零,材料在该波长处完全透明)。

关于激光过程就说这么多了。结构怎么样呢?主要目的是把放大器变成振荡器,这依赖于正反馈。完成这个功能的激光器结构如图5.17所示。它简单地包括一对(部分反射的)平行反射镜,具体形式是半导体晶体的解理面。当受激发射过程在材料中产生新光子的时候,这些光子被每个镜子反射回去,进一步激发受激辐射,光子密度(辐射强度)在与镜子平面垂直的方向上(这就是激光的窄束特性的原因)指数性地增加。在每个反射镜那里,一部分辐射逃离了"激光腔",因此就离开了增益介质。此外,腔里面也有损耗,可以用损耗系数α来表示(单位为m^{-1}),容易证明(图5.17(b)),增益大于损耗的条件是

$$g - \alpha > (1/L)\ln(1/R) \qquad (\mathrm{B}.5.23)$$

其中,g是激光增益系数(即长度x上的增益等于$\exp(gx)$),L是腔的长度,R是每个反射镜的反射系数(假定它们相等)。高反射率的镜子和长的激光腔使得增益介质的任务不那么困难,但是,显然g至少要大于腔损耗α。注意,公式(B.5.23)定义了激光工作的阈值条件,给出了定义良好的阈值电流密度J_{th},它比透明值略大一些。当电流密度低于这个值的时候,自发辐射占主导地位,高于它的时候,受激辐射就接手了,光输出增长得非常快,在光-电流特性曲线上出现了一个尖锐的弯曲。

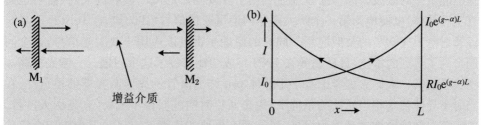

图5.17　本示意图表明,半导体激光器用一对平行的反射镜构成了光学腔
光在它们之间沿着腔的轴来回反射,半导体材料中的受激辐射提供了增益。(a) 物理构型;(b) 光强度随着腔内位置的变化关系。当$R\exp[(g-\alpha)L]=1$的时候,总增益正好等于腔的损耗

光学腔还有另一个重要功能,它帮助确定了激光发射频率 ν(或者波长 λ)。当腔长度准确地对应于波长的半整数倍的时候,腔里面的"环路"增益达到尖锐的最大值,这样就产生了一组"纵向腔模式",波长的差别

$$\Delta\lambda = \lambda^2/(2\mu L) \tag{B.5.24}$$

其中,μ 是半导体的折射率。对于一个 GaAs 激光器,发光波长 $\lambda = 850$ nm,腔长为 300 μm,折射率 $\mu = 3.5$,模式间距大约是 0.35 nm(对应的频率差为 1.51×10^{11} Hz,用能量单位表示就是 0.62 meV)。在实践中,增益曲线很宽,远大于模式间隔,所以,里面有很多模式,通常会有几个波长同时激射,我们称之为"多模激光器"(不怎么光彩哦!)。

最后,在简要介绍激光特性的时候,我们应该谈一谈激光发光谱线的宽度。激光器的一个重要特性是,线宽在激射阈值以上变得非常窄,这通常被用作发生激射的证据。它是任何振荡器的特性,同样可以应用到射频电路中 LC 控制的射频振子上——在腔的增益超过所有的损耗以后,腔的 Q 因子倾向于无穷大,因此,发射谱线的宽度趋近于零。当然,永远也达不到"无穷大"和"零"——二阶过程限制了这个效应——但是无论如何,实践中观察到了非常窄的线宽。虽然激光器的增益曲线的宽度大约是 10^{13} Hz(对应于阈值以下自发辐射的宽度),发射谱线可以窄到 $10 \sim 100$ MHz。

在《激光如何偶然发现》(Townes, 1999)里,查尔斯·汤斯精彩地讲述了激光的故事——汤斯因为对激光发明的贡献而分享了 1964 年诺贝尔物理学奖。非常简略地说,激光始于 1954 年,哥伦比亚大学演示了第一台氨分子微波激射器,它是一种独特的微波振荡源,靠着一些聪明绝顶的科学魔术,在一束氨气分子里产生了两个能级之间的"粒子数反转"(参见专题 5.4 以及 4.6 节的讨论)。这为辐射的受激发射超过更常见的自发辐射提供了条件,可以相干地放大频率对应于这两个能级的能量差的微波。同样的原理后来用于开发固体的微波激射放大器(碰巧也是红宝石晶体)以便检测第一个跨大西洋的卫星通信信号(1963 年的 Telstar 卫星),以及射电天文学中的类似应用。同样的原理是否可以应用于放大光信号,这个问题得到了热烈的争论,最后梅曼在 1960 年成功地回答了这个问题——激光振荡器变成了现实。人们立刻考虑基于半导体 p-n 结二极管的固体激光器的可行性,在当时半导体技术相当原始的条件下,短短两年时间就获得了成功,真是引人注目。关于第一台半导体激光器的发展,还有两个重要的事情是:首先,不少于四个实验小组在几周以内相继宣布成功(1962 年 9~10 月);其次,从 1953 年到 1962 年,在这些实际演示之前,理论研究的数量有很多(但是,它们大多数与实际的实现没有多大关系! 第一个也是最详细的理论之一,是约翰·冯·诺伊曼在 1953 年写的,但是直到 1963 年才发表,而且是以摘要的形式发表)。你可以在 1987 年 7 月的

IEEE Journal of Quantum Electronics 的一系列特刊文章中找到细节(例如介绍性的文章 Dupuis(1987)),包括诺伊曼文章的全文——它们读起来引人入胜。在事后诸葛亮看来,激光器成功的关键要求很清楚:(1) 直接带隙半导体,它偏好辐射复合而不是非辐射复合;(2) 半导体至少有一个具有小的有效质量的能带,这样态密度就低了,更容易实现专题 5.4 讨论的反转条件;(3) 能够实现高掺杂浓度,n 型和 p 型都要;(4) 适当的光学腔,提供激光工作所必需的反馈。因此,在这种背景下,注意到有多少早期工作提到硅或锗而不是 GaAs、多么少的文章认识到使用光学腔的重要性,就很有趣。然而,到了 1962 年上半年,很多人知道了(至少在美国的Ⅲ-Ⅴ族圈子里)可以从 GaAs p-n 结得到非常高效的荧光,每件事情都改变了。首先是在 3 月份 GTE 的萨姆纳·梅伯格提交的一篇会议文章中报道的,然后是其他两个组在 7 月份的固态器件会议上,林肯实验室的克耶斯和奎斯特以及美洲射频公司实验室的杰奎斯·潘克夫(关于这个主题,潘克夫还发表了一篇《物理学评论快报》的文章)。在这两种情况下都需要把二极管冷却到 77 K,但是,该温度下的内效率估计接近 100%,这个结果让几个审稿人赶紧跑回到实验室,抢着演示第一台半导体激光器。主要人员有尼克·霍罗尼亚克(那时候在通用电气公司希拉丘斯)、罗伯特·霍尔(通用电气公司申奈特迪)、马沙尔·内森(国际商业机器公司,约克顿海茨),他们三个和林肯实验室小组全都在冲刺,仅仅迟了两个月。霍尔实际上略微领先地赢得了竞赛——他的文章在 9 月 24 日收到,而国际商业机器公司的文章在 10 月 6 日收到,霍罗尼亚克和奎斯特分别是同月的 17 日和 23 日。虽然其他地方的工作肯定在进展中(特别是苏联),但是,在这个特殊的竞赛中,美国人显然大获全胜!成功的关键在于给基本的二极管结构添加了合适的光学腔,最容易的方式是使用一对平行的镜面——把激光晶体打磨出光学平面。霍罗尼亚克选择了三元合金材料 GaAsP,它发出红光,而其他人使用 GaAs,但是,所有人都了解直接带隙的重要性。

　　毫无疑问,1962 年 9 月是Ⅲ-Ⅴ族半导体科学的重要转折点,我们应该考察一下技术方面的成就。一个低电压器件已经产生了相干光,它既小又方便,还不贵,但是只能浸泡在(非常不方便的)液氮里。需要的电流密度也有些惊人——在所有的情况里,阈值都大于 10^4 A·cm^{-2},激光只能以短脉冲的方式工作,以便尽量减小热耗散。所以,好评的迷雾一旦消散了,室温、连续波工作的目标看起来就非常遥远。情况确实如此!虽然实现初步目标只用了两年,但是激光二极管注定要等待八年才能迎来下一个重要进展。困难在哪里?实际上有三个问题:材料质量仍然不够好,不足以在室温下实现高效的辐射复合,结构既没有办法把光限制在 p-n 结附近,也没有办法把注入的载流子限制住,它们从 p-n 结区自由地扩散走了,想在哪里复合就在哪里复合(而不是在它们应当复合的地方——靠近 p-n 结)。这让人想起约翰逊博士关于用后腿走路的狗的格言了——它做得很糟糕,这并不让人吃惊,吃惊的是,它居然能够做到! 重要的是,激光二极管的先驱们居然能够那么成功。

稍微更仔细地看看这三个方面。首先是材料质量。如 5.3 节所述,外延生长方法的引入对于提高质量是至关重要的,具体到激光的发展就是辐射效率。注入载流子可以辐射复合,产生受激辐射要求的光子,但是,它们也可以通过“复合中心”复合,只产生声子(也就是热)——能量从辐射场中损失了,这可不太妙。特别是,这两个过程的竞争倾向于在高温下偏好于非辐射复合,这个性质对室温工作不利。因此,提高材料质量的关键在于,尽量减少不想要的杂质原子和晶格缺陷——它们是复合中心。与熔化物生长相比,外延生长的温度低得多(典型是 700 ℃,而不是 1 300 ℃),优点是可以降低点缺陷密度(有个热动力学原因对此有利)和代入杂质(大多数杂质在高温下更容易进来),因此,特别幸运的是,GaAs 的液相外延生长在 20 世纪 60 年代早期就出现在激光领域了。但是,很可能更重要的是,液相外延能够生长三元合金 AlGaAs,这是国际商业机器公司的杰里 • 伍道尔在 1967 年证明的。正是这一点使得异质结激光器成为可能,接下来又导致了“分别限制的异质结”器件,把半导体激光器带入了重中之重的消费者市场。

几个人考虑了少数载流子扩散的问题。扩散过程使得珍贵的载流子弥散在空间上,而不是保持在 p-n 结附近——那里它们能够对受激辐射作贡献,在 1963 年,克勒默提出了利用异质结制止扩散的想法。他建议,把一薄层锗夹在两个 GaAs 层之间,以便把自由载流子限制在这层锗里面,能隙较大的 GaAs 提供了一个势垒,限制了它们向外流动。这个方法激进地偏离了当时的实践,它利用了这个事实:Ge 和 GaAs 的晶格常数非常接近,因此可以成功地生长在一起(但是,如前文所述,间接带隙使得 Ge 不适合作为激光器的功能区)。这个点子无疑帮助克勒默赢得了 2000 年的诺贝尔奖,但是奇怪的是,当时做激光器的人没有注意到它! 列宁格勒(现在的圣彼得堡)约飞研究所的阿尔费罗夫有个类似的点子,利用 GaAsP/GaAs 结构,但是直到 1967 年才发表它,所以,也没有产生立刻的效果。直到 1969 年才使用 AlGaAs/GaAs 异质结(图 5.18,就像在这个领域中以前发生的一样!)三个独立的研究小组几乎同时得到这个解决方法。国际商业机器公司的尼尔森和克雷斯尔以及贝尔实验室的林(Hayashi)和潘尼施发表了后来称为《单异质结激光器》的报告(图 5.18(a)),其中,通过 GaAs p-n 结注入的电子因为势垒(临近的 AlGaAs 层)的存在而不能扩散走。也是在 1969 年,阿尔费罗夫及其同事报道了 AlGaAs/GaAs “双异质结激光器”(DHL),载流子在两个方向上都被限制了(图 5.18(b))。虽然单异质结的阈值电流相对于同质结器件大幅度地改善了(室温下的数值为 $8.6 \, \mathrm{kA \cdot cm^{-2}}$,相比于 $50 \, \mathrm{kA \cdot cm^{-2}}$),阿尔费罗夫的双异质结结构做得更好,最佳值是 4 kA · cm^{-2}。随后很快实现了室温连续工作,林(Hayashi)和潘尼施以及阿尔费罗夫等人都在第二年报道了成功,阈值电流下降到大约 2 kA · cm^{-2}。实现可靠的室温器件的长期斗争终于成功了。

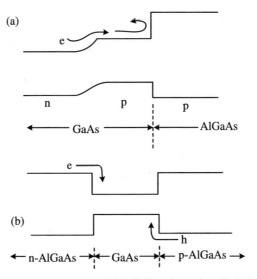

图 5.18 AlGaAs/GaAs 异质结的能带示意图:半导体激光二极管用异质结来限制复合的载流子

(a) 单个异质结,防止注入的电子从 p-n 结扩散走;(b) 双异质结,它捕获了空穴和电子,把它们限制在靠近 p-n 结的能阱里复合

    使用 AlGaAs 作为限制层的原因是,AlAs 的晶格参数与 GaAs 只相差大约 0.5%,能够生长想要的异质结而没有显著的晶格失配,可以实现最小的应变并且避免引入位错。这些通常与晶格失配联系在一起。后来人们认识到,单个位错可以使得 GaAs 激光器仅仅运行几个小时就坏了——灾难性的失败。AlAs 的能隙也比 GaAs 大得多,合金中添加少量的 Al 就够了。非常近似地,直接能隙的差别是 1.25x(eV)(其中,x 是 Al 的摩尔分数比),这个差别在导带和价带中按比例进行分配,$\Delta E_C : \Delta E_V \approx 2 : 1$。为了得到足够的限制,能量台阶必须是 kT 的几倍量级,在室温下要求 $x > 0.15$——这很容易满足。利用对 GaAs 有效的相同的掺杂原子,也可以把 AlGaAs 合金掺杂为 n 型和 p 型,对于外延沉积来说,这非常方便。

    首批双异质结激光器使用的典型腔长大约是 500 μm,载流子限制区 d 的厚度为 0.5~1.0 μm,限制层里 Al 点的比例 $x \approx 0.3$。很快就认识到,减小阈值电流的一个简单方法是减小 d,这样就减小了需要泵浦的材料的总体积(当然也减小了输出功率),实验上确实观察到,阈值电流线性地减小,直到大约 0.4 μm。然而,小于这个值以后,收益递减律就起作用了,因为载流子的限制和光的分布不匹配。1973

年引入了"分别限制的双异质结激光器"(SCL),它是由英国标准电话实验室的汤姆孙和克拉比以及贝尔实验室的林独立地提出来的,这个结构使用了 $Al_xGa_{1-x}As$ 合金系统的另一个特点,即折射率随着 x 的增大而减小(大致是 $n = 3.59 - 0.72x$),用光学平板波导的形式实现了光学限制(当外层材料的折射率小于中心条的时候,光就被限制在中心区域)。这个结构如图 5.19 所示,它可以独立地优化载流子和光的限制区,提供了半导体激光器的最终设计。阈值电流通常降低到大约 $500\,A\cdot cm^{-2}$,比 10 年前最初的异质结激光器的阈值下降了大约两个数量级(Gooch(1973)这本书的第 5 页有一张有趣的图,给出了 J_{th} 在 1962～1972 这 10 年期间随着年份的变化关系)。图 5.19 也指出,实际的激光器使用某种条形结构在水平方向上限制激射区域,条的宽度在 $50\,\mu m$ 到 $5\,\mu m$ 之间变化。还有很多要探索,包括控制激光模式的形状、阈值电流的温度依赖关系、输出光束的特性以及总输出功率的提高,但是,GaAs 激光器已经是可行的商业器件了。

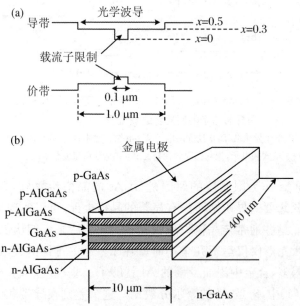

图 5.19　分别限制的双异质结激光器的能带图和物理结构

图(a)中的能带图表明,两个不同的 $Al_xGa_{1-x}As$ 层($x=0.5$ 和 $x=0.3$)分别用来限制载流子和光。这种安置方式优化了光和复合载流子的相互作用,光在复合发生的位置上强度最大。典型的台面条形激光器如图(b)所示,光从端面发射出来(垂直于图平面)

　　1978 年,飞利浦和索尼引入了光盘(CD)播放器(另一个必要因素是能够用高速集成电路处理数字信号,参见专题 4.1),但是,即使在那时候,也不能认为所有的技术问题都已经解决了。在设计第一个光盘系统的时候,激光波长的选择是非常重要的,因为它限制了激光束可以聚焦的最小光斑尺寸,从而限制了可以存储的信息密度——波长越短，每张盘存储的音乐就越多。妥协结果是 780 nm，这就要求进一步发展初出茅庐的半导体激光器。为了把波长从适合于 GaAs 的 880 nm 减小到 780 nm，必须在功能层引入大约 15% 的 Al，把能隙增大到要求的值，还要同步地增大束缚层的 Al 含量，在科学理论上，这一步并不重要，但是，它给技术人员带来了很大的麻烦。同时还要选择用哪种方法进行外延生长。液相外延、气相外延、金属有机化合物气相外延和分子束外延，那时候都可以用，它们各有自己的优势，但是，不管选择哪一条路线，都必须在低位错密度的衬底上生长，以便尽量减少"位错爬升"到激光功能区带来的灾难性的失败。

　　激光器的故事就要讲完了，最后做个评论吧。关于科学原理的演示和基于该原理的商业器件的实现之间的巨大鸿沟，你肯定不会再有任何疑问了（如果曾经有过的话）。半导体激光器在 1962 年就证明可以工作了，但是，第一个重要的商业应用直到 1978 年才出现——16 年以后！如果怀疑者想问"谁拦住了你们"，我们只需要指出，与 1962 年的先驱相比，最终出现在 1978 年的光盘播放器上的是窄条、分别限制、双异质结、发射红光的激光器，它包含了很多新技术。这一切丝毫不会减少我们对先驱们的敬佩之情——关键在于，对于最终的商业成功来说，戏剧性的发明和技术上的艰苦研磨都是必要的，两者缺一不可。

5.6　微波器件

　　GaAs 器件研究的早期岁月并不仅仅是利用它的高效发光，还试图利用高电子迁移率，1960 年，中等纯度的材料已经达到了 $0.85\ \mathrm{m^2 \cdot V^{-1} \cdot s^{-1}}$ 的数值（几乎比硅大 6 倍）。显然，对于双极型晶体管和场效应晶体管、隧穿二极管和微波肖特基二极管作为探测器（与硅具有战时声誉的猫须探测器做比较）和混频器，这个优势都很重要，它们都希望有更快的工作速度，特别是在 1 GHz 到 10 GHz 的微波区域中的应用。作为对比，我们从表 3.2 看到，在 20 世纪 60 年代初期，锗和硅的双极型晶体管正在努力达到 1 GHz，而雷达和卫星通信系统工作在 3～10 GHz 或者更高的频率。因此，人们很愿意把固体电子学移动到这个范围，GaAs 看起来成功的机会更大。

　　预言通常很少成功，这个也不例外。双极型晶体管只是短暂地露了个脸（但是，我们将会看到，它又以异质结双极型晶体管的形式复兴了），很快就由于少数载流子在基区中的强烈束缚而干脆利落地挂掉了，虽然隧穿二极管很大地冲击了半导体物理学，但是它并没有持续地影响器件领域，而最重要的微波器件之一（耿氏二极管)甚至都不在初始名单上。因此,本节主要关注场效应晶体管、混频二极管和耿氏二极管,它们都是 20 世纪 60 年代成功的微波器件,今天仍然工作得很好。

通常很难确切地说,这几个器件中先出现的是哪一个,但是公平地说,耿氏二极管在 20 世纪 60 年代早期出现得略微早一些,所以,我们在这里给它优先权。它真的应该称为 Ridley-Watkins-Hilsum-Gunn(RWHG?)效应二极管,以纪念它的几个发明者和发现者,但是因为它的工作依赖于"转移电子效应",所以也称为转移电子二极管(TED)。在最简单的形式里,它的结构极其简单:轻度 n 型掺杂半导体(通常是 GaAs 或 InP)的单个均匀薄膜,几微米厚,夹在一对金属电极之间,安放在适当的微波包装里。在电极之间施加几伏特的直流电压,就可以产生几毫瓦的微波功率,其频率精确地决定于薄膜厚度和电路特性的组合。在很多差频微波接收器中,它被广泛地用作局部振子,在微小雷达系统中,它作为微波源,例如,警察在公路限速区监视汽车速度(这只是它的许多应用中的两个)。它已经用于产生从 3 到 300 GHz 的微波频率(波长从 10 cm 到 1 mm),它的用途广泛、种类繁多,是有史以来最简单、最便宜的半导体器件之一。

故事开始于 1960 年,它实际上是个英国的故事,与激光器形成了鲜明对比。瑞德希尔的穆拉德研究实验室的布莱恩·瑞德利、汤姆·沃特金斯和荣·普莱特热情地寻找半导体中的"负电阻效应",在 1961 年,瑞德利和沃特金斯发表了两篇文章,他们预言,应当可以在适当的样品中观察到负电阻(电流-电压特性曲线上的负斜率)。他们考虑了两种机制,一个涉及带负电荷的深杂质中心在电场的辅助下捕获电子,另一个是转移电子效应。在第一种情况下,电子从外加电场获得的动能将会克服电子和负电荷中心之间的库仑排斥力,增大它们的俘获速率。因此,增加电场就会降低自由电子的密度,从而减小了电导。在第二种情况下,一个能带极小处的电子(或空穴)被外加电场加速,由此得到的多余能量把电子转移到一个不同的极小值,后者的能量略微高一些,具有较大的有效质量(迁移率也就相应地比较低)。迁移率减小了,在转移过程中载流子就变慢了,这样就降低了所有载流子的平均漂移速度,从而减小了半导体中的电流流动。随着外加电压的增大,电流先是增大,接着又减小,这个负的斜率(dI/dV)就是他们要寻找的负电阻。在原则上,它可以用来抵消电子线路中正常的正电阻,导致注入信号的放大(或者产生自发的振荡行为)。他们知道正在研究的锗没有适合于转移电子效应的能带结构,但是他们指出,施加应力有可能移动极小值,从而人工地产生合适的能带结构。

在实验上,他们成功地测量到了锗里面带负电荷的 Au 中心捕获电子导致的负电阻,但是,必须把环境温度降低到 20 K 才能够看到它。在转移电子效应方面,他们不那么成功,英国军队电子学实验室的西里尔·赫尔桑接过了火炬,仅仅 4 个月之后,他就提交了一篇文章,指出 III-V 族材料 GaSb 和 GaAs 的导带已经拥有必要的结构,他还报道了转移电子效应的计算,激励了进一步的探索。特别是,GaAs的导带结构(在当时)被认为具有中心极小值(Γ),大致在第一激发的(X)极小值之下 0.36 eV,而 L 极小值可能还在 X 以上 0.14 eV。(更近期的工作表明,X 和 L 极小值的顺序是颠倒的,见图 5.1,但是,这对于讨论的精华来说并没有差别。)在这个基础上,赫尔桑估计,当晶格温度为 100 ℃、外加电场大约超过 3 kV·cm^{-1}(3×10^5 V·m^{-1})的时候,就会发现负微分电阻。他还建议,需要使用半绝缘的 GaAs,以便尽量减小这种电场下大电流引起的耗散。

实验又失败了,让人很沮丧,在 Baldock 能够做到的进展很小。下一步实际上是在约克顿海茨的国际商业机器公司沃森研究中心得到的,但是发现者也是一个英国人——J·B·耿,他在 1959 年进入国际商业机器公司,其兴趣是把短脉冲技术应用到半导体研究上。然而,他在研究"热电子效应"的时候,发现 GaAs 和 InP 样品发出了高频振荡——这很大程度上是运气。虽然他知道瑞德利和沃特金斯的文章和赫尔桑文章,但他很满意地证明了(碰巧,沃特金斯正在访问国际商业机器公司,他对这个证明也很满意),他们的预言没有为他的观察提供满意的解释。1963 年,他在《固体研究通讯》上发表了自己的发现——超过一定阈值电场,他在射频频率(范围为 0.47~6.5 GHz)上观察到相干振荡,它与样品的厚度成反比依赖关系(有些让人吃惊,样品厚度在决定振荡频率方面起了主导作用),给出了微波到直流的转换效率为 1%~2%,这个数值"看起来高得足以让这个现象有些技术重要性"。但是不管怎样,后来的实验证明,转移电子效应(RWHG 效应)确实在实验上是真的,虽然这个证明又过了两年才出现。

最后的确定性实验是贝尔实验室的 A·R·哈特森及其同事在 1965 年报道的。他们给 GaAs 样品施加流体静压强,研究了振荡行为,他们观察到,首先,阈值电场随着压强的增大而减小,而进一步的增大导致了振荡的完全消失。更早的工作已经表明,流体静压强能够减小 Γ 和 X 导带极小值之间的能量差,所以,他们的结果说明,振荡是因为热电子从 Γ 转移到 X 极小值。随着能量差的减小,这种转移逐渐变得更容易,但是,当能量差太小的时候,热能量就足以让转移发生了,负电阻就消失了,振荡也就停止了。

你可能想知道,在均匀的半导体薄膜两端施加直流电压,为什么能够导致在微波频率出现振荡(或者在任何频率上!)。这可不是显而易见的。有趣的是,解释碰巧和第一个实验观察大致同时出现,虽然是很独立的。瑞德利在发表于 1963 年的另一篇文章中指出,当存在转移电子式的负电阻的时候,电场的均匀分布是不稳定的,它会分化为高场区和低场区,这与非均匀的自由载流子密度有关。专题 5.5 讨论了这种非均匀性的精确形式,这里只要这样说就足够了:高电场以及载流子密度变化了的区域("畴")沿着器件从一个电极传输到另一个电极,速度为 $v_D \approx 10^5$ m

· s^{-1}，在外电路中产生了一系列电流脉冲，其重复频率为 $\nu = 1/\tau_t = v_D/L$，其中，τ_t 是畴的渡越时间，L 是样品长度（与耿的观察结果定量地符合）。对于厚度 $L = 10\ \mu m$ 的器件，我们就得到 $\nu = 10\ GHz$（用工程术语来说，这个频率是"X 波段"）。这种畴的跑动是由耿本人在实验上测量的，并在 1964 年巴黎的一个会议上报道，大致与克勒默的一篇 IEEE 文章同时出现，后者很可能做了第一个让人信服的论证，说明了振荡是这种形式的，而且它来自转移电子效应。如前文所述，这个论证的最终证明比哈特森等人的文章发表正好晚了 12 个月。

从这些蹒跚学步开始，生长出了整个产业。IEEE 发表了一系列回忆文章，其中之一是耿本人的回忆（Gunn，1976），他描述到：

实验室和个体工作者的数目增加得很多。那时候，整个领域似乎太拥挤了，在得到想法的当天，如果不做实验的话，其他地方可能就做了，机会就没了。发展的速度达到了最快，领域的性质正在改变。进展的关键不再是高速脉冲电子学和新实验技术，而是材料技术和器件工程。

当商业化即将变成现实的时候，生活就是这样！1970 年开始有了世界范围的商业活动——外延生长取代了起初使用的相当原始的体材料样品，重点从基础研究转到了应用。新产品和新应用以惊人的速度出现——这是高速电子学的典型风格。Mills & Boon 出版社还出版了一本关于这个主题的书（Orton，1971）！原因很简单——耿氏二极管是第一个方便的微波源。直到 1970 年，微波工程师只能用磁控管（行波管，用于大功率）和调速管（用于低功率），它们不仅非常笨重、比较昂贵，而且需要奢侈的高电压电源。利用毫米尺寸的器件产生普通的微波功率，在 10 V 直流电压下工作，费用只有几美元，一夜之间，这种可能性改变了整个应用的范围。警察使用的便携式多普勒雷达系统就是一个明显的例子。

专题 5.5　耿氏振荡器

转移电子器件的计算基础是电子的"速度场"特性，图 5.20 给出了 n 型 GaAs 的例子。下面做些说明。导带最小值 Γ 处的自由电子在外加电场中加速并获得动能。在室温下的弱掺杂 GaAs 中，限制电子速度的主要散射机制是极化光学声子散射，它具有这样的性质：一旦电子获得的动能超过了某个特定的阈值，它们的速度就会增加得更快，实际上，它们获得了足够的能量转移到更高的 X 极小值处，比 Γ 点的能量高 0.36 eV。这种转移的媒介是"布里渊区边界"声子的相互作用，它提供了必要的动量，典型的转移时间是 10^{-13} s 的量级。阈值以上的负微分迁移率的原因是，X 极小值处电子的迁移率远小于 Γ 处的电子，所以，平均迁移率就突然减小了。电子转移的阈值电场是 3.31×10^5 V·m^{-1}，微分迁移率 dv/dF 的数值大约是 -0.2 m^2·V^{-1}·s^{-1}。

　　一旦器件的偏压超过了阈值,负电阻就会导致空间电荷的不稳定性,表现形式是电偶极畴,如图 5.21 所示。这种畴在阴极附近形成,以速度 v_D(它接近于"谷"速度,也叫饱和速度,如图 5.20 所示)穿过整个器件,$v_D \approx 10^5$ m·s^{-1}。注意,畴里面的峰值电场很高——通常是 5×10^6 V·m^{-1} 的量级——这意味着畴外的电场远小于平均值 $F_{av} = V/L$,所以,一旦形成了畴,就不可能再形成第二个畴,直到第一个畴到达阳极,离开了器件。

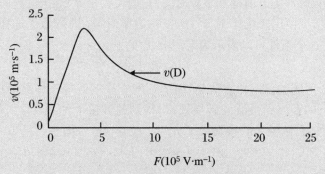

图 5.20　GaAs 速度场的实验曲线

v 是电子在电场 F 里的平均漂移速度。速度随着电场强度的增大而增大,等到电子开始转移到导带的迁移率低的极小值处,它们就突然慢下来。过了峰值以后,特性曲线的负斜率表示负电阻,它可以用来产生微波振荡。速度 v_D 表示电偶极畴在耿氏二极管阴极和阳极之间运动的速度

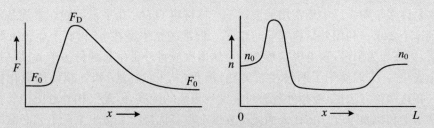

图 5.21　耿氏二极管中电偶极畴的特性示意图

它给出了电场在耿氏层中随位置的变化,以及相应的自由载流子密度的变化。背景掺杂浓度是 n_0。畴外面的电场 F_0 太小了,不足以产生第二个畴

　　与形成畴有关系的时间常数 τ_D(负的介电弛豫时间——与公式(3.10)进行比较)是

$$\tau_D = \varepsilon \rho' = \varepsilon / (n_0 e \, dv/dF) \qquad (B.5.25)$$

其中,ε 是 GaAs 在微波频率的介电常数,ρ' 是(负)微分电阻率,n_0 是层里面的背景自由电子密度。对于掺杂浓度 $n_0 = 10^{21}$ m^{-3},$\tau_D \approx 3 \times 10^{-12}$ s,可以得到形成畴的时间大约是 10^{-11} s。为了比较,我们注意到,对于 X 波段(10 GHz)器件($L = 10\ \mu$m),渡越时间是 $\tau_t = 10^{-10}$ s。

现在考虑从器件流到外电路的电流的性质。在畴完全形成以后,电流密度

$$J_0 = n_0 e v_D \tag{B.5.26}$$

但是当畴到达阳极的时候,电子速度上升到接近于图 5.20 中的峰值 v_{pk}($v_{pk} \approx 2.21 \times 10^5 \text{ m} \cdot \text{s}^{-1}$),所以,电流增大到峰值水平

$$J_{pk} = n_0 e v_{pk} \tag{B.5.27}$$

结果是类似于三角形电流脉冲的序列叠加在直流水平上。为了让功率产生最大化效率,有必要让脉冲上升时间和下降时间(它们大致相等)等于渡越时间的一半,也就是 $\tau_D = \tau_t/2$,因为 τ_D 反比于 n_0,所以就需要对 n_0 进行最优选择。还有,因为 τ_t 正比于 L,这个条件可以表示为乘积 $n_0 L$ 的形式,

$$n_0 L \approx 10^{16} \text{ m}^{-2} \tag{B.5.28}$$

处理这个问题的另一种方法是,畴的长度应该近似等于样品长度的一半。计算这种条件下的直流到微波的转换效率,得到的数值大约是 5%。对于一个优化的 X 波段器件,$L = 10~\mu\text{m}$,掺杂浓度 $n_0 = 1 \times 10^{21} \text{ m}^{-3}$,面积约是 10^{-8} m^2,直流输入为 100 mA,5 V(电流密度 10^7 A $\cdot$ m^{-2} = 1 kA $\cdot$ cm^{-2}),它产生的微波功率输出大约是 25 mW。

最重要的进展很可能来自外延的引入。如专题 5.5 所述,为了优化器件的性能,必须精确地控制工作材料的掺杂水平和厚度。对于 X 波段来说,这要求 $n_0 = 10^{21}$ m^{-3} 和 $L = 10~\mu\text{m}$;对于 Q 波段(35 GHz),$n_0 = 3.5 \times 10^{21}$ m^{-3} 和 $L = 3~\mu\text{m}$——这些是许多早期应用中最常用的波段——体材料 GaAs 几乎不可能在常规基础上达到这个要求。利用外延就完全可能了。标准的技术是在 n$^+$ 衬底上生长 n 型功能层,衬底作为阳极,顶电极是蒸发的金属薄膜或者外延生长的另一个 n$^+$ 层(接着是金属化)。人们使用了两种生长方法,液相(从 Ga 溶液)和气相使用氯化物传输。在这两种方法里,液相外延有可能实现更高的纯度,但是气相外延更擅长控制掺杂水平和薄膜厚度。它在表面光滑程度上也有优势——对于生产工艺必需的大面积光刻来说,这是重要的。一个必须解决的有趣问题是,自由载流子密度 n_0 通常是不均匀的,特别是在层与衬底(也就是阳极)之间的界面附近,那里通常有个小坑。这可能是灾难性的,因为它在阳极处产生了很大的电阻区(电场也就很大),导致在阳极形成畴,而不是像实际需要的那样在靠近阴极的地方形成畴。这个著名的坑可以用肖特基势垒载流子密度 C-V 轮廓法方便地监视(见 5.4 节),结果发现,一个好势垒可以得到的耗尽深度的最大值略大于功能层的厚度,因为耿氏模式工作的 $n_0 L$ 条件(公式(B.5.4))对于很大范围的器件都成立。

在耿氏二极管刚刚出现在商业环境中的时候,目标是光滑、平坦的掺杂轮廓,但是,随着对各种可能的工作模式的深入了解,产生了梯度轮廓的实验,特别是用"热电子"注入阴极。随着工作频率的增加,人们认识到,在器件阴极端的扩展区有

些被浪费了——为了让电子获得足够的能量，从而能够在能谷之间转移，需要相当长的时间，在此过程中，电子在功能层里行进了相当长的距离。答案在于用适当的能量把它们从阴极"发射"进去，这是用梯度势垒接触实现，通过仔细地选择 AlGaAs 的能隙制成的。进入功能层的电子具有预先选定的能量，在 GaAs 底部 Γ 极小值以上。因此它们奔跑着冲入 GaAs 晶格(!)，只要再有很少的刺激就能转移到上方的极小值里。为了在高频处获得可以接受的效率，需要这个天才的想法，但是，更有趣的可能是这个问题：能够产生的最高频率是什么？极限决定于谷间散射(转移)所需要的时间，它依赖于自由电子和声子的相互作用的强度。这是个复杂的问题，我们不打算讨论它——重要的是最后结果，对 GaAs 来说，截止频率大约是 100 GHz。但是，即使这个值也不是最终极限——利用聪明的电流设计，有可能在自然频率的二次谐波处提取惊人的大量功率，有可能在高达 150 GHz 的频率处得到几毫瓦的功率。在基本模式中，典型的现代 GaAs 器件在 90 GHz 产生 100 mW 的连续波，在 35 GHz 是 500 mW，在 10 GHz 是 1 W，对热沉投入的关注与电路设计一样多。无论如何，这都是一个辉煌的成就。

在结束这段描述之前，应当作两个评论。首先，这些指标应当与另一种非常不同的器件做比较，即冲击电离雪崩渡越时间(IMPATT)二极管，它产生的功率水平通常要大 10 倍，但是，因为它依赖于雪崩过程，所以，噪声也更大。其次，我们将会看到(在 5.7 节)，InP 耿氏二极管有可能比相应的 GaAs 器件工作在更高的频率。然而，在实践中，每种器件都找到自己的应用场所，GaAs 耿氏二极管仍然占据了显著的市场份额。

我们已经在转移电子器件上停留了很长时间，不仅因为它表示了Ⅲ-Ⅴ族半导体前进的重要一步，还因为它概括了这么多技术进步的混乱风格。但是无论如何，现在必须前进了，我们要讨论一个更重要的发展—— GaAs 场效应晶体管，它在微波集成电路和低噪声高频放大器领域产生了巨大的冲击。

如前文所述，场效应晶体管的故事开始于很早的 1930 年，虽然它的成功在很大程度上归功于肖克利。在 1952 年，肖克利发表了一篇文章，其中发展了场效应晶体管的"渐变沟道"模型，今天仍然用这个模型来描述它的工作。此外，贝尔实验室的这个小组还知道，需要发现一种方法绕过表面态的影响(在早期尝试制作实际器件的过程中，表面态的影响非常让人沮丧)，最终导致了结式场效应晶体管(或 J 场效应晶体管) 的实现，其中，栅极电极采用了 p-n 结的形式，把栅极有效地埋在半导体表面以下，远离了表面态的屏蔽。给栅极电极施加反向偏压，导致 p-n 结的耗尽层扩展，逐步地切断沟道，从而控制了它的电导。几种结式场效应晶体管结构已经在 20 世纪 50 年代报道了，首先基于 Ge，然后是 Si，但是，它们的性能比双极型晶体管差得多，后者已经在成长中的电子学市场里找到了位置，因此，它们很快被放弃了。直到 50 年代末期,硅表面的热氧化物的喜人发现才让人们重新对场效应晶体管感兴趣,这导致了现在无处不在的 MOS 晶体管,它们造就了硅集成电路的戏剧性发展。然而,有许多技术人员认识到,GaAs 有潜力提供高频性能,因为它的电子迁移率大得多,60 年代,他们的希望实现了。第一个实际的 GaAs 金属半导体场效应晶体管在 1969 年成为现实,高频截止频率为 10 GHz,大约是可比的硅器件的 4 倍,到了 70 年代中期,GaAs 作为微波场效应晶体管的主要材料的地位建立起来了。此外,它们还在高速逻辑电路中有了应用。接下来还有很多艰苦的工作要做,但是不能否认,作为今天宽带微波系统、手机、卫星通信以及光纤光通信系统中的关键器件,它们现在非常重要。工作频率已经达到了 100 GHz,微波场效应晶体管的每年市场已经超过了 10 亿美元,正在快速地发展——这正是人们期待的!

GaAs 的故事真正开始于 20 世纪 60 年代中期,第一个场效应晶体管的栅极长度很大,$L \approx 50 \mu m$,相应地,截止频率比较低,为 100~200 MHz。(场效应晶体管的速度依赖于自由电子注入沟道区的时间或者响应栅极电压的变化离开沟道区所用的时间,栅极长度大了,这个渡越时间也就长了。)不奇怪,第一批器件基于的是已经存在的硅器件,它们是结式场效应晶体管和 MOS 场效应晶体管结构,但是,后一种结构里应用了沉积的 SiO_2 薄膜——GaAs 本身的氧化物附着得不好,"臭名昭著"!这些当然不是微波晶体管,但是它们证明了原理。实际上,在 1968 年,Caswell 的普莱西实验室的吉姆·特纳和布瑞恩·威尔逊已经能够揭示一种重要的原理,即在短栅极器件里($L < 10 \mu m$),性能不是受限于电子迁移率,而是受限于饱和漂移速度 v_s。图 5.20 表明,虽然 GaAs 的峰值速度大于 $2 \times 10^5 m \cdot s^{-1}$,饱和速度只有 $1 \times 10^5 m \cdot s^{-1}$,但在这方面,它与 Si 没有太大区别——一个跟头就吞掉了 GaAs 似乎扫空一切的主要优势!然而,我们将会看到,这并不是全部的故事,"速度过冲"现象(Ruch(1972),见 van de Roer(1994):78)冲出来解救了短沟道晶体管,有效地维持了现状!

专题 5.6 GaAs 金属半导体场效应晶体管

有些读者可能希望更加详细地理解正文中的评论,本专题为你简要地介绍金属半导体场效应晶体管的工作和设计。然而,它并不能替代课本中给出的更为完整的介绍,例如 van de Roer(1994)或者 Shur(1990)。

金属半导体场效应晶体管的结构如图 5.22 所示。绝大多数场合我们指的是图 5.22(a)中的简单结构。可以看到,栅极下面的耗尽区倾向于截断沟道并减小它的电导。在栅极上施加负电压,可以让耗尽区扩大,直到沟道被完全关断,此时源-漏电流达到饱和。耗尽区有着古怪的形状,因为源漏之间的正电压有效地添加到栅-沟道电压上,因此,漏端的电压增大了。需要耗尽层来完全贯通沟道层,因此,层的厚度与掺杂浓度 N_D 有关系,这就给出耗尽层厚度的如下表达式:

$$W = [2\varepsilon\varepsilon_0 V/(eN_D)]^{1/2} \tag{B.5.29}$$

如果取关断电压 $V_0 = 5\ V$,$N_D = 10^{23}\ m^{-3}$,就可以得到 $W \approx 0.25\ \mu m$,这能够用外延方法实现。然而,这需要精确地控制缓冲层-沟道的界面——掺杂必须在 $0.01\ \mu m$(即 $10\ nm$)的距离上从 0 增加到 $N_D = 10^{23}\ m^{-3}$,所以,液相外延法和气相外延法就逐渐被控制得更好的分子束外延法或金属氧化物气相外延法替代了。

另一个重要的设计判据与工作频率有关。截止频率 f_{co} 决定于自由载流子穿过栅极长度 L 所需的渡越时间,在这里,我们必须区分长栅极器件和短栅极器件。如果 $L = 50\ \mu m$,就可以用低场迁移率 μ 和沟道里的电场 $E \approx V_0/L$ 写出漂移速度 v_D。这样就有

$$\tau = L/v_D = L/(\mu E) = L^2/(\mu V_0) \tag{B.5.30}$$

由此可以得到

$$f_{co} = 1/(2\pi\tau) = \mu V_0/(2\pi L^2) \tag{B.5.31}$$

把 $L = 50\ \mu m$、$V_0 = 5\ V$ 和 $\mu = 0.5\ m^2 \cdot V^{-1} \cdot s^{-1}$ 代入,得到 $f_{co} = 160\ MHz$,与这种长栅极器件的早期实验结果符合得很好。然而,当栅极长度减小到 $10\ \mu m$ 以下的时候,这种"经典"理论就失效了,因为沟道中的电场很大,漂移速度饱和了,我们必须使用另一个关系式 $\tau = L/v_s$,由此给出

$$f_{co} = v_s/(2\pi L) \tag{B.5.32}$$

把 $v_s = 10^5\ m \cdot s^{-1}$ 和 $L = 1\ \mu m$ 代入,可以得到 $f_{co} = 15\ GHz$,与测量结果又符合得很好了。这也意味着,$L = 0.1\ \mu m$ 的器件的截断频率大约是 $150\ GHz$,但是,由于"速度过冲"的缘故,实际结果还要更好些。简而言之,当器件长度低于大约 $1\ \mu m$ 和工作频率在 $100\ GHz$ 左右的时候,半周期里的平均速度可以显著地大于饱和速度,最终数值位于饱和速度 $1.1 \times 10^5\ m \cdot s^{-1}$ 和峰值速度 $2.2 \times 10^5\ m \cdot s^{-1}$ 之间(图5.20)。换句话说,沟道中的电子处于非平衡态,它们达到最大速度的时间只有振荡周期的一半左右。在这方面,GaAs 比硅多了一个优势——硅里面没有转移电子效应,硅里面的最大可能速度就是饱和速度。

需要说明高频场效应晶体管的另外两个设计特点。它们涉及寄生电路元件,一端与沟道电阻串联,另一端与栅极相连。看一看图 5.22(a) 就知道,栅极正下方的沟道部分与部分耗尽的沟道材料的两个区串联,它们表现为源极-栅极电路(即输入端)的电阻和漏极-栅极电路(输出端)的电阻。这些寄生电阻降低了增益、噪声指标和截断频率的性能,因此,必须尽可能地减小它们,图 5.22(b) 给出了达到这个要求的一种方法。它使用了退栅极技术(recessed gate technology),栅极放在沟道中腐蚀出来的区域里,寄生的接触由更厚的沟道区构成,这样就减小了它们的电阻。

此外,它们使用重掺杂 n⁺ 材料构成,减小了接触电阻,最后,栅极采用自对准工艺 (self-aligning process)制成,寄生沟道元件的长度达到了最小。它利用了这个事实:在腐蚀掩膜的下方几乎总是出现侧向腐蚀,用源金属和漏金属作为掩膜,在它们之间的间隙里蒸发栅极金属。栅极电阻的问题是因为高频器件的栅极长度非常小。采用标准厚度的蒸发金属的时候,栅极金属化本身的电阻很大,增大厚度并且制作 T 形截面,可以进一步增大金属化的截面面积,从而解决这个问题,如图 5.22(c)所示。

金属半导体场效应晶体管的主要应用是微波接收器的第一级放大器,因此,在提供有用的增益的同时,需要保证只引入最小量的噪声,这非常重要。在这方面的能力通常用它的"噪声因子"F 衡量,它的定义是

$$F = (P_S/P_N)_{\text{In}}/(P_S/P_N)_{\text{Out}} \tag{B.5.33}$$

其中,P_S 和 P_N 分别是信号功率和噪声功率,下标 Out 和 In 分别表示场效应晶体管的输出和输入。F 通常用分贝(dB)作单位——如果把单位为分贝的噪声因子定义为 F',可以写为

$$F' = 10 \lg F \tag{B.5.34}$$

完美放大器的噪声因子是 $F' = 0$ dB,但是,因为任何实际放大器必然引入一些噪声,F 不可避免地大于1,在一个低噪声场效应晶体管中,F' 的典型大小是 1 dB,即 $F = 1.26$。换句话说,输出端的信噪比大约比输入端差 25%。

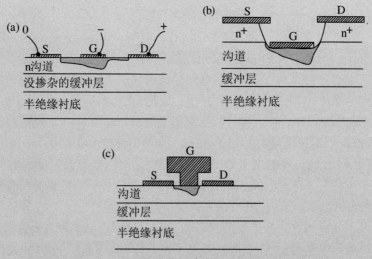

图 5.22　GaAs 金属半导体场效应晶体管的三种典型结构
(a) 基本结构,栅极长度显著小于源-漏间距;(b) 自对准栅极把栅极和其他两个电极之间的"死空间"减到了最小,栅极下方的阴影区表示外加栅极电压可以控制深度的耗尽区;(c) T 形栅极的金属化,它减小了栅极电路的电阻

1967 年有一个重要的突破,仙童公司的胡泊尔和里赫尔报道了第一个 GaAs 金属半导体场效应晶体管,其中的栅极用一个蒸发的金属薄膜作为肖特基势垒(参见专题 5.6)。前一年,米德刚刚建议了这样的结构,说明了它的实现是非常迫切的。这个发展的主要原因在于,在结式场效应晶体管中,形成栅极结非常困难。必须把 Zn 扩散到 n 型沟道以便形成结,这是个高温过程($T \approx 800\ ℃$),使得结构的其他部分出现了不想要的变化,然而,为了形成肖特基势垒,温度不能高于 150 ℃,远低于任何"损伤"阈值。对于 GaAs 来说,这更是特别重要,因为 GaAs 的带隙很大。在 Si 或 Ge 里,势垒高度小得多(它们大致是能隙的一半),在栅极电压下,将会产生显著的栅极漏电流。在 GaAs 中,对于几种可以显著减小漏电流的金属,eV_B 通常是 0.8 eV 左右。再加上半绝缘 GaAs 衬底(它把器件的功能区与电路的其他部分隔离开),GaAs 场效应晶体管的结构就完全了。只需要把栅极长度减小到微米尺度以下,并且开发没有缺陷的沟道材料,就可以得到完美的微波晶体管!如果说材料之神对硅青睐有加,给了它合作性这么好的自身氧化物,那么他们又做了些补偿,让 GaAs 拥有绝缘的衬底和表现优异的肖特基栅极。

1970 年,普莱西小组报道了电子束光刻法制作的栅极长度为 1 μm 的金属半导体场效应晶体管,在 6 GHz 实现了增益 8 dB,截止频率高达 20 GHz,而多尔贝克(德州仪器)报道了 $f_{co} = 30$ GHz,他们使用了自对准栅极技术。四年后,日本电气公司的野崎等人引入了另一个重要的创新,用气相外延法生长 10 μm 的没有掺杂的缓冲层,去除了沟道层与衬底的接触,显著地减小了由于后者电学质量差而引起的寄生效应,很快成为了所有 GaAs 微波晶体管的标准工艺。利用 1 μm 栅极的器件,他们实现的最大振荡频率 $f_{max} = 60$ GHz。在 70 年代的后半期,人们对金属半导体场效应晶体管的兴趣发展到了世界范围。栅极长度降低到 1 μm 以下,f_{max} 增大到接近于 100 GHz,噪声指标在 10 GHz 处达到了 1.4 dB——低噪声放大器就登上了表演台,长期以来,人们希望把它用到微波接收器的前端——功率晶体管也登上了世界舞台,在接近于 10 GHz 频率处的输出功率高达几瓦。微波世界显然是 GaAs 的天下!但是,真正的大显身手还需要进一步的发展——集成电路。最早的实际进展来自 1974 年惠普公司的查尔斯·里弛迪,他报道了使用 GaAs 金属半导体场效应晶体管的数字集成电路,但是,可能更显著的是 1976 年普莱西公司的瑞·彭格利和吉姆·特纳,他们宣布了集成一体化的 X 波段金属半导体场效应晶体管放大器,第一个单体的微波集成电路(MMIC)。GaAs 半绝缘衬底又一次证明了自己的价值,这一次是作为微带电路的绝缘层,它最终造就了整个器件。还有一个发明要登台亮相,这就是使用离子注入的沟道区,极大地改善了整个片子的均匀性。虽然它对于微波电路的好处有限,但是对于集成逻辑电路显然非常重要——在集成逻辑电路中,不同的器件必须都能满足严格要求的指标,这一点非常重要。因此,这两个技术终于分道扬镳,但是每一个都取得了巨大的成功。

20 世纪 70 年代还有一件事值得说一说。1975 年,巴瑞拉和亚彻报道了 InP 金属半导体场效应晶体管。虽然还有更多工作要做,但是 InP 显然提供了比 GaAs 速度更高的前景。后来的工作证实了这一点,测量得到的 InP 饱和漂移速度比 GaAs 要大 30%。

在结束这个长长的一节之前,我们还要说说 GaAs 在微波系统中的另一个重要应用,这就是探测器二极管和混频器二极管的开发。第 2 章描述了微波二极管的早期工作,那时候,它是点接触器件,在第二次世界大战的雷达系统中扮演了重要角色。这些器件基于的是硅或锗,它们是那时候能够得到的唯一(合情合理!)控制好的半导体材料,尽管它们显然是新出现的半导体的一个重要成果,但是,它们的可靠性和可重复性仍然让人怀疑,而且,因为依赖于猫须技术,它们的噪声很大。对于那些希望提高微波系统性能的人来说,GaAs 有两个很有吸引力的特点:电子迁移率高,能够制备很好的肖特基势垒。前者减小了串联电阻,后者提高了二极管特性的可重复性和稳定性。噪声指标也有很大的改善。关键技术包括低温(典型是 200 ℃)制作肖特基势垒,势垒高度为 0.7~0.9 eV,在用化学方法清洗了的 GaAs 表面上蒸发适当的金属(例如金、铂或镍),接着用光刻法定义二极管,直径为 10 μm 左右。然后用细金丝把它们连接起来,安装在标准的微波管座里,例如老的点接触器件使用的管座,在 20 世纪 60 年代中期,这种方法就很好地建立起来了。在 70 年代中期,微波条带技术的发展已经与混合型混频二极管匹配得很好,与耿氏二极管局部振子结合起来,就像后来发展的单体微波集成电路一样。用同样的材料制作这种二极管显然很方便,就像更重要的金属半导体场效应晶体管使用的材料一样。

5.7 磷化铟(InP)

半导体技术的发展及其在要求不断增长的电子学和光子学领域中的应用,难免有些错误的开始、无法实现的空想、困难的选择,还有已经成熟的普通表现者和显然有天赋但尚未成熟的新来者之间的冲突。GaAs 最后建立了自己作为电子学材料的地位(在光电子学那里遇到的困难少一些),在很多方面,胜利来自信心和好运再加上决不放弃的坚持。它的电子迁移率很高,它在这方面的"天赋"显而易见、不可否认,但是,它的优点也伴随着缺点,技术上更困难,价格上贵得很。硅是地球上分布范围最广泛的元素之一,但是 Ga 和 As 不是这样——一个 6 英寸的硅片大约是 5 英镑,而类似的 GaAs 衬底大约贵 10 倍。成功的 GaAs 器件几乎完全依赖于外延——硅的许多应用则不需要。此外,还有不可避免的"帆船效应"(硅只能变得更好),往上爬总是很难的。当 InP 进入微波领域的时候,同样也面临着类似的问题。是的,它可能比 GaAs 稍微有些好处,但是,代价是什么?基本上需要开发一整套全新的技术。但是,战斗仍然在进行。在已经卓有建树的 GaAs 王国里,新人 InP 可以造成多大的冲击?这还很不清楚,但是肯定可以假设,InP 的未来不会超过 GaAs 市场的一小部分,就像 GaAs 只拿到 Si 的市场的几个百分点那样。如果 InP 能够事先确定好自己的未来,事情可能会非常不同——这就是市场的魅力!然而,这样就颠倒了事物发展的顺序,就像把商业的大车放到了科学的小马前面一样。那么,有关的技术考虑是什么?

InP 与对手 GaAs 看起来非常相似,有着大小相仿的直接带隙(E_g = 1.35 eV),能带结构也非常相似。电子有效质量(导带极小值附近的曲率)和 GaAs 非常接近,$m_e/m = 0.077$(GaAs 是 0.065),所以,纯净的材料具有相仿的但是略微小一点的电子迁移率,约 0.5 $m^2 \cdot V^{-1} \cdot s^{-1}$,而 GaAs 是 0.9 $m^2 \cdot V^{-1} \cdot s^{-1}$。同样重要的是,InP 也可以得到半绝缘的形式(用铁杂质来掺杂它)。当然,略微小一点的带隙意味着更大的本征载流子密度,InP 的最大电阻率比半绝缘 GaAs 大约小一个数量级。表面看来,InP 似乎没有什么优点。它是磷化物,这实际上是个消极因素。磷的蒸气压比砷大得多,因此,InP 更难以生长体材料晶体,虽然它的熔点比 GaAs 略微低一些。那么,一个新材料,它的重要统计数据相比于成熟的对手并不那么可爱,为什么还有人打算给它投资呢?在试图回答这个问题的时候,我们将会看到,InP 的开发经历了相当曲折的道路,证明了科学和技术进步经常是"非线性"的。

这个故事围绕着 InP 在转移电子效应中的应用。实践中发现,如果只考虑晶体管,直接的 InP 金属半导体场效应晶体管从来都不是重要的参与者——只是在 20 世纪 80 年代和 90 年代,随着低维结构的进展,InP 场效应晶体管才开始挑战它们的 GaAs 前辈,因为这是第 6 章的主题,这里就不再说了。InP 当然是 1963 年耿在转移电子效应的开创性研究中使用的材料之一(虽然那时候他并不知道可以这样解释自己的观测结果!),但是我们应该清楚,他的样品相当原始——实际的耿氏二极管的开发还要等着 LEC 体材料晶体的出现和外延的应用,分子束外延只是在 20 世纪 60 年代末期才得到了广泛的应用,所以,初期的努力给了 GaAs,就不那么奇怪了。InP 的重大发展显然需要一些特别的刺激,它在 1970 年到来了——皇家雷达实验室的西里尔·赫尔桑和大卫·瑞斯发表了一篇理论文章。在这篇文章里,他们做了一个勇敢的预言:InP 的耿氏振荡以一种非常不同的方式工作,与已经成熟的 GaAs 器件不一样,因为三个导带极小值具有不同的顺序。在 GaAs 中,人们通常相信,顺序是(按照递增顺序)Γ—X—L,L 极小值在转移电子效应中没有任何作用——热电子从布里渊区中心 Γ 极小值转移到 X 极小值,在那里,它们的漂移速度减小了很多,给出了需要的负微分电阻。Γ 和 X 之间的耦合被认为是强的——用"形变势"D 表示,大约是 1×10^{11} eV·m^{-1}——利用这个模型,还可能算出 GaAs 的速度场特性曲线,与图 5.20 中的实验曲线符合得很好。赫尔桑和瑞斯宣称,不仅 InP 中极小值的顺序是不同的,L 极小值位于 X 的下面,而且 Γ 和 L 的耦合($D=1\times10^{10}$ eV·m^{-1})也比 Γ 和 X 以及 L 和 X 的耦合弱得多。在他们的 InP 模型中,热电子从 Γ 强烈地转移到 X,然后再从 X 转移到 L,电子们待在那里,既不能回到 X,因为能量差的缘故($E_X-E_L\gg kT$),也不能回到 Γ,因为耦合很弱。(注意,这两个极小值之间的跃迁速率正比于形变势的平方。)他们建议说,这种"三能级"机制会让电子更有效地转移到低迁移率的极小值,产生了更大的负电阻和更大的"峰谷比"(平均漂移速度的最大值和最小值的比值)。图 5.23 可以把所有这些都讲清楚,它包括了预言的速度场特性曲线(取自赫尔桑和瑞斯的文章)。

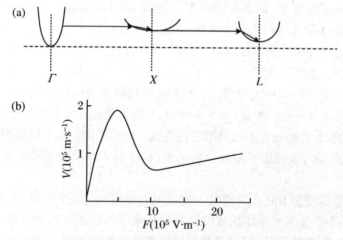

图 5.23 InP 耿氏二极管中的转移电子机制及速度场特性

(a) 赫尔桑和瑞斯建议的 InP 耿氏二极管中的转移电子机制。Γ 和 X 极小值以及 X 和 L 极小值的耦合很强,而 Γ 和 L 的耦合弱。这就让电子非常有效地转移到低迁移率的 L 极小值。(b) 利用这个模型计算得到的速度场特性。他们预言,InP 耿氏二极管的效率比它们的对手 GaAs 更高

如果他们的模型是正确的,就会预期耿氏二极管的效率更高,它们倾向于以体材料负电阻器件的形式工作,没有 5.6 节描述的行进的电偶极畴——这确实激励了英国的研究,即使没有影响其他地方的话。1970 年,皇家雷达实验室的穆林及其合作者报道了用于生长体材料 InP 晶体的液体包裹技术,而且液相外延和气相外延技术大致也出现在同一时期。在 12 个月的时间里,用于检验这些预言的合适

质量的材料已经可以在相当大的范围里得到了。结果有些模棱两可——虽然有些效率提高了的证据，器件长度与工作频率之间似乎仍然有关联，即暗示着某种形式的行进畴，但是更让人困惑的可能是速度场测量的结果。好几个不同的实验室报道了这些结果，在不同来源得到的材料上，虽然演示了可以接受的自洽性，但是并不符合赫尔桑-瑞斯曲线。一个典型例子如图 5.24 所示，从中可以看出下述不符合的地方：负电阻出现的阈值电场远大于预言值（$F_{thr}=1.2\times10^6$ V·m^{-1}，而预言的数值是 5×10^5 V·m^{-1}），没有预言的阈值之上的速度最小值（实际上，InP 曲线倾向于逐渐饱和，与 GaAs 曲线基本相同），测量的峰值速度看来接近于 3×10^5 m·s^{-1}，而预言值小于 2×10^5 m·s^{-1}。这些并不全都是坏事。虽然对赫尔桑-瑞斯模型提出了一些疑问，这些结果确实表明，峰值速度和阈值电场相比于 GaAs 器件明显增大，肯定有希望提高功率。还有，虽然在图 5.24 中并不明显，但是有些清楚的暗示表明，InP 中的弛豫效应不那么严重，有潜力达到更高的最终工作频率。

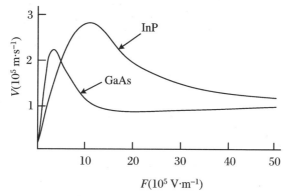

图 5.24　测量得到的 GaAs 和 InP 的速度-电场特性

可以看到，InP 的峰值速度大得多，但是，电子转移的阈值电场也大得多。重要的是，在 InP 的 V-F 实验曲线里，没有看到赫尔桑和瑞斯预言的极小值

　　这件事歇了几年，但是已经足以鼓励这个信念：至少在毫米波长，InP 有可能成为更适合耿氏器件的材料。这个信念促进了材料和器件应用的发展。实际上，如果不是因为 GaAs 前沿的发展出乎预料，这件事可能会继续停滞不前。1976 年揭示了最终的结果，一系列文章合理地证明了，已经接受的 GaAs 导带极小值的顺序是不对的——人们发现，L 极小值位于 X 极小值以下大约 0.2 eV。一夜之间，GaAs 变成了一个三能级系统，就像 InP 一样，现在人们认为，这两个材料定性上是相同的。极小值的能量差以及谷间弛豫时间的微小差别，再加上略微不同的低场迁移率，可以解释观察到的器件特性的差异——其他全都是想象！调和这些明显差别的关键在于，在每个材料里，Γ-L 形变势都不像起初预期的那样小，现在接受的数值接近于 1×10^{11} eV·m^{-1}，而不是赫尔桑和瑞斯为 InP 提议的小得多的数

值。这当然意味着,三能级振子的概念根本就不能用——材料也不是真正的三能级系统! 但是,这并不能改变这个事实:今天,InP 材料更适合于制作 $100\sim300$ GHz 谱区的耿氏振荡器。

这东西真是既昂贵但又无关紧要,对吗? 根本不是! 在任何科学或技术的圈子里,这种事情屡见不鲜。在现实情况的对比之下,赫尔桑-瑞斯理论现在失败了,丢盔卸甲,但是无论如何,它是个精妙的想法,激励了人们进一步开发 InP,否则它有可能不得不等待很长时间。当人们真正需要 InP 的时候,就已经能够得到质量可以接受的材料了——情况确实如此,但是这并非命中注定啊!

我们已经注意到 InP 在低维结构领域中的重要性,现在,InP 最大的市场可能是在光电子学领域,那里希望用它把电子学和光子学器件集成到同一个衬底上,但是,这个故事必须等到第 9 章了。本章到此结束。

参考文献

Agrawal G P, Dutta N K. 1993. Semiconductor Lasers[M]. New York: Van Nostrand Reinhold.

Astles M G. 1990. Liquid-Phase Epitaxial Growth of Ⅲ-Ⅴ Compound Semiconductor Materials and Their Device Applications[M]. Bristol: Adam Hilger.

Blood P, Orton J W. 1992. The Electrical Characterisation of Semiconductors: Majority Carriers and Electron States[M]. London: Academic Press.

Casey H C, Pannish M B. 1978. Heterostructure Lasers: Part A Fundamental Principles, Part B Materials and Operating Characteristics[M]. New York: Academic Press.

Dupuis R D. 1987. IEEE J. Quantum Elect., QE-23: 651.

Gallium Arsenide and Related Compounds. Institute of Physics Conference Series[C]. Bristol: IOP Publishing Ltd.

Gooch C H. 1973. Injection Electroluminescent Devices[M]. London: John Wiley & Sons.

Gunn J B. 1976. IEEE Trans. Electron Devices, ED-23: 705.

Hilsum C. 1995. The Use and Abuse of Ⅲ-Ⅴ Compounds[M]//Hawkes P W. Advances in Imaging and Electron Physics: Vol. 91. New York: Academic Press: 171.

Hilsum C, Rose-Innes A C. 1961. Semiconducting Ⅲ-Ⅴ Compounds[M]. New York: Pergamon Press.

Hollan L, Hallais J P, Brice J C. 1980. The preparation of gallium arsenide[M]//Kaldis E. Current Topics in Materials Science, 5, 1. Amsterdam: North Holland.

Hurle D T J. 1994. Handbook of Crystal Growth: Vol. 2: Bulk Growth; Vol. 3: Thin Films and Epitaxy[M]. Amsterdam: North Holland.

Look D C. 1989. Electrical Characterisation of GaAs Materials and Devices[M]. Chichester: Wiley.

Madelung O. 1964. Physics of Ⅲ-Ⅴ Compounds[M]. New York: John Wiley.

Orton J W. 1971. Material for the Gunn Effect[M]. London: Mills and Boon Ltd.

Orton J W, Blood P. 1990. The Electrical Characterisation of Semiconductors: Measurement of Minority Carrier Properties[M]. London: Academic Press.

Perkowitz S. 1993. Optical Characterisation of Semiconductors[M]. London: Academic Press.

van de Roer T G. 1994. Microwave Electronic Devices[M]. London: Chapman and Hall.

Runyan W R, Shaffner T J. 1998. Semiconductor Measurements and Instrumentation[M]. 2nd ed. New York: McGraw-Hill.

Shroder D K. 1998. Semiconductor Material and Device Characterisation[M]. 2nd ed. New York: John Wiley.

Shur M. 1990. Physics of Semiconductor Devices[M]. NJ: Prentice-Hall.

Stradling R A, Klipstein P C. 1990. Growth and Characterisation of Semiconductors[M]. Bristol: Adam Hilger.

Townes C H. 1999. How the Laser Happened[M]. Oxford: Oxford University Press.

Welker H J. 1976. IEEE Trans. Electron Devices, ED-23: 664.

Willardson R K, Coering H L. 1962. Compound Semiconductors: Vol. 1, Preparation of Ⅲ-Ⅴ Compounds[M]. New York: Reinhold Publishing Corporation.

第 6 章

低 维 结 构

6.1　小就是美

　　无论哪位半导体科学家都会告诉你,低维结构让人上瘾。科学团体在 20 世纪 70 年代早期注意到它,从那以后,上瘾者的数目以惊人的方式增长。60 年代的巨大发展与外延有关,出现了第一个控制得很好的异质结,70 年成功实现了双异质结激光器。接下来的 10 年(1970~1980)里,这些技术扩展到包括非常特殊种类的异质结,其尺寸小得前所未有。双异质结激光器的基本结构具有一层 GaAs 功能层,厚度只有 $0.1~\mu m$(100 nm)——在接下来的 10 年里,尺寸在 1~10 nm 范围内的结构让它相形见绌。实际上,尺寸的单位不久就用"单层"而不是纳米了,一单层 GaAs 只有单个分子层,一层 Ga 原子加上一层 As 原子,总厚度(在(001)方向上)只有 2.83 Å (0.283 nm)。但是,重要性何在? 简而言之,重要性在于这么少量的材料显示出来的物理性质,它与体材料性质截然不同,而且这些新特点可以应用的范围非常广泛,既有科学的,也有技术的。这些"低维结构"对新的半导体物理的冲击更大,还是对半导体器件领域的冲击更大,这是个可以争论的看法,但是不会长久地纠缠我们——两个方面我们都欢迎,这再次印证它们之间相互作用的重要性。

　　为了理解这些新结构,我们要面对两个问题:尺寸为什么有关系? 什么量级的尺寸重要? 这些实际上是我们研究问题的两个互补的方式,它们都依赖于电子行为的量子力学描述。第一个是电子"隧穿"通过势垒的性质,第二个依赖于电子的空间活动范围与它的能量之间的关系。隧穿出现得早,所以我们先处理它。经典力学处理宏观大小的粒子,势垒的存在(图 6.1(a))意味着粒子只能够到达其能量大于势垒的地区——没有泄漏地穿过的概念! 然而,在量子力学里,这种泄漏确实以有限的概率出现。我们用概率的形式表示粒子撞击势垒的一侧并且出现在势垒另一侧很远的地方,虽然它的能量显著地小于势垒高度。这种可能性依赖于许多因素,例如粒子的质量、势垒的高度和厚度。在半导体结构中,我们关心的是电子的有效质量 m_e 和势垒高度,典型值是 1 eV 或更小,所以,我们可以用量子隧穿理论的标准公式估计势垒的厚度,以便让电子以显著的概率隧穿过去。答案大约是1 nm,因为隧穿概率随着厚度指数地下降,我们可以有效地忽略比这个值大得多的厚度的隧穿效应。由此可知,需要非常薄的半导体薄膜。

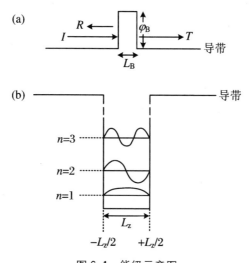

图 6.1　能级示意图

(a) 电子隧穿地通过方形导带势垒,势垒的高度为 $\varphi_B \approx 1$ eV,厚度为 $L_B \approx 1$ nm;
(b) 电子限制在无穷深方形量子阱中,宽度为 L_z。图(a)中,假设电子波从左面撞击势垒,反射概率和透射概率分别是 R 和 T,它们依赖于势垒的高度和厚度。
图(b)中,画出了前三个束缚态的波函数的振幅,它描述了在量子阱里任何一点 z处发现电子的概率,它们的能量是 E_n(E_n 是从量子阱底部向上测量的)

　　由两个势垒限制的电子有关的计算方法如图 6.1(b)所示。为了简单起见,我们假设势垒是无穷高的,电子完全限制在势垒之间的半导体里(电子出现在势垒区的概率为零),减小中间层的厚度,我们可以把电子限制在越来越小的空间里。那么会发生什么呢? 为了说明问题,我们考虑电子束缚在原子上的情况,为了简单起见,考虑氢原子。电子能量和它的轨道尺寸(它的活动空间的大小)有明确的关系——电子被原子核限制得越紧,它的束缚能当然也就越大;量子力学只允许特定的能量存在。基态对应于电子波函数的轨道长度只有一个波长的情况,第一激发态是两个波长,第二激发态是三个波长,等等(参见专题 6.1)。对于电子被束缚在两个势垒之间的情况,存在类似的关系,电子能量随着限制空间变小而增大,有一系列能态,在这种情况下,它们对应于两个势垒之间的半波长的整数倍。如专题

6.1 所述,这些能态的能量是

$$E_n = n^2 h^2 / (8 m_e L_z^2) \qquad (6.1)$$

其中,L_z 是受限层的厚度(注意,下标 z 表示阱的厚度方向在笛卡儿坐标系中沿着 z 轴——这个不同寻常的术语是在实际使用中确定的,这是实践中通常采用的方式),m_e 是电子的有效质量,$n = 1, 2, 3, \cdots$。(注意,E_n 是从体材料半导体导带的底部向上测量的。)对于 10 nm 厚的 GaAs 层,$m_e / m = 0.067$,可以得到,$E_1 = 56$ meV,$E_2 = 224$ meV,等等,即使在室温下,这些能量也显著地大于 kT,所以,量子阱中几乎所有的电子都处在基态能级 E_1 上(在热平衡条件下)。在实践中必须记住,任何真实量子阱的深度都是有限的,所以,这个基本理论不再是精确的,通常来说,束缚能要比上述估计值小得多。但是无论如何,我们还是可以得到结论:在量子阱材料厚度减小到约 10 nm 以下的时候,这种束缚能才变得重要——简单地控制层厚,就可以控制电子能量,这样就可以很灵活地调节材料的性质。这就解释了对超薄层的第二个需求。

专题 6.1 盒子里的粒子

电子在势阱中受到限制,这是大多数量子力学课本都有的一个波动力学的基本问题——有限大小的盒子里的粒子。一维的量子阱问题实际上更简单。需要求解自由电子的薛定谔方程,该电子位于坐标 $z = -L_z/2$ 和 $z = +L_z/2$ 之间(图 6.1)。实际上,真正的物理在边界条件上。假设量子阱是无限深的,电子处在势垒中的概率为零,为了让量子阱和势垒中的波函数匹配,在 $z = \pm L_z/2$ 处必须满足 $\Psi(z) = 0$。为了尽量简化这个问题,我们定义势阱底部的能量为零,因此,阱里面到处都是 $V(z) = 0$。薛定谔方程具有如下形式:

$$- h^2 / (8 \pi^2 m_e) \mathrm{d}^2 \Psi_n / \mathrm{d} z^2 = E_n \Psi_n \qquad (\text{B.6.1})$$

这里的电子被认为是完全自由的,但是,考虑到电子处于半导体晶体里,我们赋予它以质量 m_e 而不是自由电子的数值 m。容易看到,该方程具有下述形式的解:

$$\Psi = A \cos kz \quad \text{或} \quad \Psi = A \sin kz \qquad (\text{B.6.2})$$

这里,$|\Psi(z)|^2$ 表示在点 z 处发现电子的概率。

考虑 $\cos kz$ 形式的解。为了满足边界条件,我们要求 $\cos(k L_z/2) = 0$,也就是说,$k L_z/2 = \pm \pi/2, \pm 3\pi/2, \pm 5\pi/2, \cdots$。换句话说,$k = n\pi/L_z$,其中,$n = 1, 3, 5, \cdots$。它们是偶对称的解:

$$\Psi_n = A \cos(n\pi z / L_z) \quad (n = 1, 3, 5, \cdots)。 \qquad (\text{B.6.3})$$

类似地,奇对称的解是

$$\Psi_n = A \sin(n\pi z / L_z) \quad (n = 2, 4, 6, \cdots)。 \qquad (\text{B.6.4})$$

常数 A 并不是完全任意的,因为电子处于量子阱中的总概率必然是 1,因此可以写出

$$\int \Psi^2 \mathrm{d}z = 1 \tag{B.6.5}$$

由此可以得到,$A = (2/L_z)^{1/2}$,但是,我们以后并不会用到这个结果。

更重要的是,把这些波函数代回到公式(B.6.1)里面,可以得到能量为

$$E_n = h^2 k^2/(8\pi^2 m_e) = n^2 h^2/(8 m_e L_z^2) \tag{B.6.6}$$

注意,这些能量是从势阱底部往上测量的——它们称为"束缚能"——它们构成了能量间距递增的序列(因为能量正比于 n^2)。因为势阱是无限深的,所以有无限多个束缚态。

这个结果与简单谐振子的解有些相似,后者是抛物线型的势阱,而不是上面假设的方势阱。在抛物线势阱中,能量当然正比于 n 而不是 n^2(参见任何量子力学课本),能级是等间距的,但是,它也有无穷多个允许的量子态。

可以把这些解设想为电子在 $z = \pm L_z/2$ 处的无穷高势垒之间碰撞往返。由于这种运动,电子具有动量 p,该动量随着 z 而变化,而且在 $z = \pm L_z/2$ 处改变符号。p 的平均值一定是零,因为电子沿着 $+z$ 方向运动的时间等于沿着 $-z$ 方向运动的时间。然而,p^2 的平均值显然不等于零(见专题 3.1):

$$\langle p_n^2 \rangle_{\mathrm{av}} = 2 m_e E_n = n^2 h^2/(4 L_z^2) \tag{B.6.7}$$

这个结果的有趣之处在于,可以用它得到电子的德布罗意波长 λ(见专题 3.1):

$$\lambda_n = h/p_n = 2 L_z/n \tag{B.6.8}$$

换句话说,$L_z = n \lambda_n/2$,电子的德布罗意波长精确地对应于由薛定谔方程得到的波函数。

氢原子的旧量子力学理论给出了波函数匹配的类似概念。该模型引入了量子化条件,类似于角动量 p_φ 的普朗克条件:

$$\int p_\varphi \, \mathrm{d}\varphi = nh \tag{B.6.9}$$

因为角动量是个运动常数,$\int p_\varphi \mathrm{d}\varphi = p_\varphi \int \mathrm{d}\varphi = 2\pi p_\varphi$,所以

$$p_\varphi = nh/(2\pi) \tag{B.6.10}$$

利用关系式 $p_\varphi = ap$,其中,a 是轨道半径,我们可以得到德布罗意波长的表达式

$$\lambda_n = h/p = ha/p_\varphi = 2\pi a/n \tag{B.6.11}$$

因此,普朗克条件表示,轨道周长必须是波长的整数倍,$2\pi a = n \lambda_n$。

低维结构的历史可以追溯到江崎和朱兆祥(Tsu)的一篇文章,1970 年发表在

《IBM 研究和发展杂志》，讨论的是半导体"超晶格"的性质，它是一串二维层状材料，能隙有规律地上下变动。这种结构里的电子输运涉及势垒层的隧穿、进入到相邻的量子阱里，它们的厚度与上面讨论的类似，但是，理论描述它们的性质需要考虑其周期性。在许多方面，这种结构在层的平面内看起来像通常的半导体晶体，但是，在垂直于平面的方向上，具有不同的"晶体结构"，江崎和朱兆祥预言说，它们具有一些很不寻常的性质。特别是，由于能带结构不同寻常，它们可能会表现出负电阻。然而，有一个主要问题，那时候不可能生长这种结构——到了 1970 年，外延术已经有了很大进步，但是，为了生长控制得很好的、厚度为几百个单层的光滑层，还必须等待分子束外延和金属有机化合物气相外延的发展。江崎很清楚这一点，当卓以和与亚瑟在贝尔实验室首次成功生长了分子束外延薄膜的时候，江崎已经在国际商业机器公司建立了一套分子束外延设备，利用分子束外延生长的超晶格，江崎在 1974 年证明了他的原创预言是基本正确的。贝尔实验室和国际商业机器公司在分子束外延方面的开创性工作对于这两个实验室在低维结构的早期发展中的统治地位确实是至关重要的。1974 年还是另一个重要的转折点，贝尔实验室的瑞·丁格尔及其合作者报道了量子阱结构的光学性质的测量结果，表明存在着一系列束缚能量态，就像专题 6.1 中概述的理论所预言的那样，这个工作很快导致了量子阱半导体激光二极管（1975 年首次报道），在很广泛的应用范围里成为了标准。贝尔实验室的分子束外延能力的一个重要例子是，1976 年，阿特·高萨德及其同事报道了基于 AlAs/GaAs 多层结构的单层超晶格的生长，而高萨德和丁格尔都出现在第一批报道，即关于"二维电子气"中的二维导电的初次报道（1978～1979 年）中，它导致了激动人心的场效应晶体管结构的新形式——日本川崎的富士通实验室的三村及其同事首次演示的高迁移率晶体管。从 1975 年起，其他小组加入了这个显然是高度刺激、很可能利润丰厚的竞争领域——先是飞利浦（瑞德希尔）的乔伊斯和福克森，然后是克劳斯·普鲁格（斯图加特），以及日本的高桥和権田，接下来就是世界范围的基于分子束外延的活动。后来，金属有机化合物气相外延也能够生长这些超薄结构，这两种方法的竞争成了 80 年代和 90 年代半导体物理和技术发展的推动力。低维结构发展了，也收获了，远远超过了绝大多数固体物理学分支，即使到了今天，也仍然没有衰减的迹象。用维度的术语来说，我们刚刚描述的量子阱结构可以看成是二维的，因为电子可以在量子阱平面的两个方向上任意地自由运动，仅仅在第三个维度上受到了限制。因此，它们在量子阱平面内的行为类似于构成量子阱的体材料样品的性质——束缚效应的能量实际上表示量子阱材料二维导带的底部。因此，束缚能态不应当被看作是尖锐的单个能级。但是，为什么要停留在二维呢？人们很快就认识到，进一步降低电子的自由度，可以更有趣（也更赚钱）。"量子线"（一个自由度）和"量子点"或者"量子盒"（0 个自由度）承诺了更多的科学内容,物理学家太乐于分享(和推销!)它们了。20世纪80年代和90年代同样让人兴奋。说几个名词以供将来参考:"分数量子霍尔效应"、"弹道输运"、"介观器件"、"电子干涉"、"应变超晶格"、"单电子效应"、"库仑阻塞"、"共振隧穿"、"应变层量子阱激光器"、"垂直腔激光器"、"异质结双极型晶体管"(HBT)以及高迁移率电子晶体管——投资机构把他们的美元(更不用提什么日元、英镑和欧元了)投进去,获得了丰厚的成果。但是,这些宝藏绝不是唾手可得的——分子束外延是专门设计用来生长单层厚度薄膜的,但是,为了产生第二个和第三个维度上的限制,就需要光刻,这可不是一码事——在这种情况下,技术工艺只能达到微米而不是纳米,需要很多天才的想法才能得到真正的一维结构,更别说零维的点了。接下来的几节将考察几种发展。同时也请读者注意那些精彩地描述了该领域的许多书籍。不可能全部列举出来,但是我强烈推荐下面几本书:Willardson,Beer(1987),Bastard(1988),Jaros(1990),Weisbuch,Vinter(1991),Kelly(1995)和Davies(1998)。

6.2 二维电子气

二维电子气最早出现于硅金属氧化物场效应晶体管中,位于硅和氧化硅之间的界面处(见4.6节),但是,直到瑞·丁格尔及其合作者1978年在贝尔实验室发展了 GaAs/$Al_{0.3}Ga_{0.7}As$ 多层结构中"调制掺杂"的概念,它才真正变得重要起来。这个天才的想法用来把电子迁移率提高到 n 型掺杂 GaAs 中的数值以上(特别是在低温下,迁移率通常受限于电离杂质散射)。对于导带中每个可运动的电子来说,必然存在一个电离了的施主原子(它提供了电子),在中度到重度掺杂的材料里,与这些正电荷离子相联系的电场主宰了导电电子的散射。在很长时间里,人们一直认为,没有办法避免这种散射过程——为了产生显著的导带电子密度,就必须掺杂,这就必然降低了电子的迁移率,从而相应地减小了电导。但是,突然间灵光一现,贝尔实验室的科学家证明了有一种方法可以打破这个明显的僵局——他们把硅掺杂原子放在 AlGaAs 层里,而得到的电子却留在了 GaAs 层,这层 GaAs 材料夹在带隙更宽的合金层之间,形成了量子阱(图 6.2(a))。在垂直于 GaAs 层的方向上,电导当然是被 AlGaAs 势垒禁止的,但是,平面内的电导(也就是二维电导)仍然不受阻碍。势垒里产生的电子被转移到阱里,因为不同层之间的势能有差别(看一下图 6.2(a)就清楚了),这样就把它们和产生它们的电离施主漂亮地分开了。一下子,电离杂质的散射就变成了不起作用的旁观者!好了,只是几乎如此！因为电子和施主之间的静电相互作用实际上是个长程效应，它们在空间上的有限分离只是减小了相互作用——电荷相反的物体仍然可以相互影响，但是程度减小了很多。

丁格尔等人当然很清楚这一点，他们在设计结构时还有一个窍门，在 AlGaAs 势垒里设计了没有掺杂间隔层，掺杂原子被放在（只有分子束外延才能够放置它们！）每个势垒区的中间部分。势垒区在每个界面附近都有大约 6 nm 宽的没有掺杂的区域，从而进一步分开了荷电物体，而且这个距离是仔细控制的。当然，新概念要靠实践来证明——他们测量了低温下的迁移率 $\mu_e = 2 \, \mathrm{m^2 \cdot V^{-1} \cdot s^{-1}}$，而可比的掺杂 GaAs 层的典型数值是 $\mu_e = 0.2 \, \mathrm{m^2 \cdot V^{-1} \cdot s^{-1}}$。如果需要的话，这就是有说服力的证据！在室温下，晶格散射占据主导地位，优势要小得多，但是，即使在室温下，也有一些明显的改善。贝尔实验室又一次领先进入了人们没有想象到的新世界（就像我们将要看到的那样）。

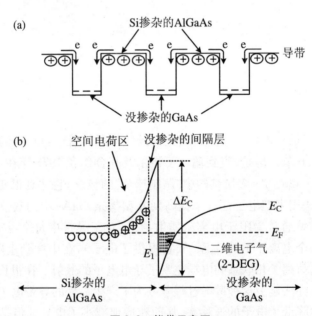

图 6.2　能带示意图

(a) 调制掺杂的 AlGaAs/GaAs 多层结构；(b) 单个异质结（带有更多细节）。掺杂限制在 AlGaAs 势垒区，产生的导带电子则由于这两个材料的势能差异而留在没掺杂的 GaAs 里。ΔE_C 是两层材料之间的导带带阶，来自能隙的差别。在典型情况下，ΔE_C 大约是 0.3 eV

一旦建立了调制掺杂的原则，应用到单个异质结而不是多层膜中就简单了。丁格尔小组又一次领先了（来自格勒诺布尔的访问者霍斯特·斯托默加入进来，后来他由于在这个结构上的工作而分享了诺贝尔奖）——他们在 1979 年报道了第一个单异质结的二维电子气。图 6.2(b) 给出了这个结构的能带图，其中，Si 掺杂原子位于 AlGaAs 势垒层，与没掺杂的 GaAs 间隔层有一些距离。如前文所述，靠近 AlGaAs/GaAs 界面的导电电子倾向于掉进 GaAs 的导带里，把带正电的施主留在 AlGaAs 层，在靠近界面的地方形成了空间电荷区。因此，AlGaAs 里面就出现了能带弯曲，形成了一个势垒，阻止了电子的进一步转移（也可以说，电子和施主的分离建立了电场，阻止了进一步的转移），而界面另一侧的电子气让 GaAs 里产生了相反的能带弯曲。这就形成了一个近似的三角形量子阱，它把电子气限制在靠近界面的地方（通常大约是 10 nm）。当电子气填充了量子阱中所有能够填充的态，直到电子的费米能级处，平衡就达到了，费米能级必然连续地通过界面，最后接近于图左侧的体材料 AlGaAs 中的施主能级。注意，GaAs 量子阱有个束缚能 E_1，与前面讨论过的方形量子阱的方式基本相同，所以，电子占据了这个比最小值大的能级。所有这一切都可以用自洽的方式计算，但是，这种计算有些复杂，我们就不再追究细节了。从实际的角度来说，AlGaAs 里的掺杂浓度接近于 10^{24} m^{-3}，二维电子气的面密度大约是 1.1×10^{16} m^{-2}。

贝尔实验室小组演示了适当的技术以后，其他的分子束外延生长者很快就实现了他们自己的二维电子气结构，它们具有类似的电学性质——伊利诺伊大学的哈迪斯·默寇克领先了，但是到了 1984 年，罗克韦尔公司、国际商业机器公司、富士通、飞利浦公司、东京大学、德国邮政局和斯图加特的普朗克研究所都参与了进来（到了 1987 年，法国和希腊也加入了），争取得到更高的低温迁移率、更加深入地理解相关的散射机制。不用说，相当的兴趣也在于开发新的基于二维电子气的高迁移率晶体管，但是，我们把这些讨论留给 6.5 节，这里集中讨论基本物理学。

就在这时候（1980 年），当 AlGaAs/GaAs 结构开始伸展其二维翅膀的时候，克利钦等人在原始的二维导体硅 MOSFET 里发现了量子霍尔效应。这看起来是个偶然事件，但是，有了这样的刺激，有人要在新的二维系统中寻找类似的现象就不奇怪了，这些人来自贝尔实验室就更不奇怪了。崔琦和高萨德迎接了这个挑战，一年后就发表了他们的结果，指出 GaAs 基系统的优点是有效质量小得多（$0.067m$，而硅是 $0.19m$），更容易观测到霍尔平台。MOSFET 的研究工作要求温度低于 2 K，磁场大于 15 T，而 GaAs 的相应数值是 4.2 K 和 4.2 T。为了理解这个效应，需要理解它的起源，这就要求一些全神贯注的思考。我们就此开始吧！

首先要搞清楚实验结果。AlGaAs/GaAs 二维电子气测量的量子霍尔平台的例子如图 6.3 所示，$n = 1 \times 10^{15}$ m^{-2}，可以看到，在小磁场下，霍尔电阻 R_{xy}（$= V_H / I_x$）随着磁场线性地增大，就像第 2 章描述的经典霍尔效应那样（专题 2.2），然而，在大磁场下，出现了间隔有规则的平台，分辨得很清楚。实际上，这些平台的特征是 $R_{xy} = h/(ie^2)$，其中，h 是普朗克常数，e 是电子电荷，i（$i = 1, 2, 3, \cdots$）是整数。（注意基本常数 $h/e^2 = 25\,812.807\ \Omega$，它当然不依赖于用来测量的样品。）图 6.3 中

的平台被适当的 i 值确认。注意,随着 i 的增大,平台分开得不那么好了,汇聚成了经典的直线,但是实验发现,当样品冷却到更低温度的时候,还可以分辨出更多的平台。有一个参数——平台的宽度确实依赖于样品。

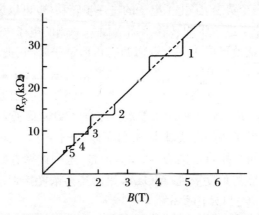

图 6.3　AlGaAs/GaAs 二维电子气在 4.2 K 的典型实验数据

在填充因子 $i=1,2,3,4,5$ 的位置上,出现了明显的量子霍尔平台。载流子的面密度是 $n_s=1\times10^{12}\,\mathrm{m}^{-3}$,$R_{xy}$ 是霍尔电阻($R_{xy}=V_H/I_x$),单位为 kΩ。B 是磁场强度,单位为 T

这个效应的完整解释超过了本书的范围,但是,我们可以用相当直接的方式得到一些理解。要点与这个结构中电子态的形式有关。在垂直于二维电子气平面的方向上,电子被静电势阱限制住了——这个阱我们现在很熟悉了。在量子阱的平面上,电子可以在 GaAs 的导带里自由地移动。然而,当大磁场垂直施加在样品平面上的时候,电子在平面上也受到了限制,原因是 3.3 节提到的回旋轨道。根据那里的解释,磁场把导带态分裂为一系列朗道能级,它们的能量是

$$E_n = (n + 1/2)[h/(2\pi)]\omega_c \qquad (6.2)$$

相应的轨道半径为

$$a_n = [(2n + 1)h/(2\pi eB)]^{1/2} \qquad (6.3)$$

其中,回旋频率

$$\omega_c = eB/m_e \qquad (6.4)$$

而 $n=0,1,2,3,\cdots$。在这里讨论的二维情况中,因为电子在所有维度上都被束缚了,它们的朗道能级是尖锐的、良好定义的能级,就像原子里的能级一样。图 6.4 给出了 GaAs 的 E_n 随着磁场变化的曲线,有效质量 $m_e=0.067m$。

朗道能级的第二个重要性质是,它们的简并度 N_s(也就是每平方米上所有允许的电子态的数目)随着磁场的增加而线性地增大。也就是说,

$$N_s = eB/h \qquad (6.5)$$

上式表明,$B=1$ T 时的简并度可以写为 $N_s=2.42\times10^{14}\,\mathrm{m}^{-2}$。这意味着二维电子

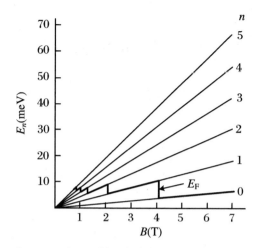

图 6.4　在一个 AlGaAs/GaAs 样品中,朗道能级 E_n 随磁场 B 的变化关系

粗黑线表示电子费米能级的位置,随着磁场的增大,它依次跟随每个能级,等到该
能级变空了,费米能级就落到下一个更小的能级上,最后到达最低能级 $n = 0$。注
意,在本图的尺标上,$T = 4.2\,\mathrm{K}$ 时的热能量 kT 大约是表示能级的每根线的宽度

气中的 n_s 个导带电子分布在不同的朗道能级上,其分布方式随着磁场的变化而改
变。特别是,在低温下,当 B 的数值超过大约 4.13 T 时,所有 $n_s = 1 \times 10^{15}\,\mathrm{m}^{-2}$ 个
电子就都处在最低的能级上($n = 0$)。在这种情况下,决定能级占据情况的电子费
米能级(参见专题 5.3)离这个朗道能级很近。如果 B 减小,N_s 就会相应地减小,
全部的电子不再能够都处在 $n = 0$ 的能级上,因此,其中有一些必须转移到 $n = 1$
的能级,费米能级就靠近第二个能级了。随着 B 进一步减小,n_s 的一部分就转移
到第三个能级($n = 2$),接下来是第四个能级,等等。从图 6.4 可以看出,费米能级
走的是能级间的"之"字形轨迹,在特定磁场 B 的数值处突然向上跳起,这些 B 的
数值由条件 $n_s = (n + 1) \times N_s$ 给出,由此可以得到

$$B_i = h n_s / (i e) \tag{6.6}$$

其中,"填充因子" $i = n + 1$ 取值为 $i = 1, 2, 3, \cdots$。当 $i = 1$ 的时候,电子处于最低的
能级上,当 $i = 2$ 的时候,它们处在最低的两个能级上,等等。注意到图 6.3 中的直
线(对于一个二维系统),可以得到相应数值 R_{xy} 的表达式:

$$R_{xy} = V_H / I_x = B / (e n_s) \tag{6.7}$$

这样一来,对应于 B_i 的 R_i 就是

$$R_i = B_i / (e n_s) = h / (i e^2) \tag{6.8}$$

这是个激动人心的结果,因为它表明了霍尔平台对应于费米能级在朗道能级之间
跳跃时 R_{xy} 的数值。同时,这个结果还有些让人沮丧,因为它没有解释平台为什么
出现!根据这个论证,平台的宽度应该是零,因为图 6.4 中费米能级的跳跃是严格

垂直的——它就应该观测不到！显然,如果想要理解平台的宽度为什么是有限的,我们就必须对模型做些重要的修改。

这个悖论来自我们的假设——朗道能级在能量分布上是无限尖锐的,它把实验条件过于理想化了。真实的样品在很多方面是不完美的,实际上,每个朗道能级都是"非均匀展宽的"。假设 AlGaAs 和 GaAs 层的界面不是完美的平坦,这两个层有些随机地彼此略为渗透。那么,GaAs 的能隙和界面势垒的高度就会在整个界面上表现出随机的变化,每个朗道能量也就表现出差别。这样就不能认为每个能级在能量上是尖锐的,必须允许它们有些展宽,如图 6.5 所示。此外,在界面的某些位置上,这种随机的不完美性导致了载流子的局域化——这些"无序"导致的势阱足够深(大于 kT),可以束缚电子并防止它们参与导电过程(当然也就不能够产生霍尔电压)。图 6.5 中用阴影区标出了这些能量范围,它们对应于朗道能量分布的两翼上的局域化的、不导电的态。这种修正模型的好处是,它不仅更真实,而且可以完整地解释实验观察到的平台。特别是,随着费米能级在朗道能级间的移动,变化不再是突然发生的,而是在一定范围的磁场里发生的。换句话说,磁场需要有限大小的变化才能让费米能级从一组导电态移动到另一组导电态,整个磁场范围就表示了霍尔平台。

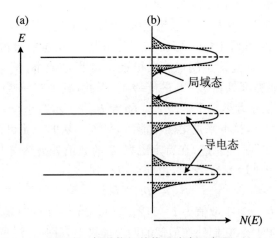

图 6.5　朗道能级的能量分布示意图

它来自 AlGaAs/GaAs 界面的随机不完美性。(a) 尖锐的朗道能级构成了基本模型的基础;(b) 修正模型包含了非均匀展宽。不仅导电态变宽了,而且,在能量分布的两翼里存在着局域态,它们对电导没有贡献。注意,这里谈论的是磁场固定不变的情况

需要论证的东西还很多,但是我们必须离开这个话题并回到前面的评论:在 AlGaAs/GaAs 结构中,更容易观测到量子霍尔效应——现在可以理解它了！观察

这个效应需要两个条件:首先,电子在被散射之前能够完成几次回旋(这是能够定义朗道能级的条件);其次,能级之间的能量差远大于 kT(这就防止了电子在能级之间的热转移,保证它不会与量子效应竞争)。第一个条件可以表达为 $\omega_c\tau\gg1$,其中,τ 是散射时间,因为 ω_c 随着磁场的增大而增大,存在一个最小值,如果 B 小于它,就不可能看到任何量子现象。把散射时间用电子迁移率 μ_e 来表示,这个条件可以写为

$$\mu_e B\gg1 \qquad\qquad (6.9)$$

上式表明,GaAs 的迁移率比硅大(因为它的有效质量小得多),这是第一个好处。第二个条件决定于朗道能级随着磁场变化而发散的速度。相邻能级的能量差就是 $h/(2\pi)\omega_c=h/(2\pi)eB/m_e$,所以,GaAs 中电子的有效质量更小就又占便宜了——可以在比硅更高的温度下满足第二个条件(当温度相同的时候,需要的磁场更小)。不管哪种情况,大多数的量子霍尔研究使用的是 AlGaAs/GaAs 结构。再做两个最后的评论:首先要认识到,达到 $i=1$ 平台所需要的磁场(为了让所有的电子都位于能量最低的能级上)依赖于载流子面密度 n_s,所以,必须仔细地控制它,比较容易得到 $n_s=1\times10^{15}$ m^{-2} 附近的数值;其次,材料质量不能太好,这一点很重要——前面已经看到,为了观察到定义得很好的平台,材料里需要有一定程度的无序,这样就降低了迁移率。人生啊,处处都需要妥协!

当磁场足够大的时候,二维电子都处在最低的朗道能级上,应当期望 R_{xy}-B 曲线没有其他特点,因为费米能级再也不能在能级间移动了。1982 年,崔琦、斯托默和高萨德的贝尔小组报道,当磁场远大于 $i=1$ 平台所要求的磁场的时候,出现了几个新的平台,这就太让人吃惊了。这个新现象表现出与现在熟悉的"整数"效应非常类似的行为,但是,它的特点是填充因子是分数,即 $i=1/q$ 和 $i=1-1/q$,其中,q 是个奇数。显然,这个特点不能够用费米能级在朗道能级间的移动来解释,但是肯定需要某种形式的能隙。最低的朗道能级的特性是完全不知道的。这就诞生了"分数"量子霍尔效应,它开辟了全新的物理学领域,即使在今天也仍然给出了人们没有预料到的新结果。人们发现了越来越多的新的分数填充因子,有些分母是偶数而不是奇数。这一点也变得明显了:与这些奇特性质联系的神秘的准粒子携带的电荷是一个电子电荷的 1/3,与科学家长期相信的 e 是电荷的基本单位完全矛盾。凝聚态理论物理学找到了这么一大块肉骨头,它贡献了多年的美餐和许多的成功。现在的理解建立在多体相互作用理论的基础上——准粒子由强烈相互作用的电子构成,它们确实表现得好像具有分数电子电荷。与此相联系的能隙实际上被测量了。分数填充因子可以被预言出来。工作仍然在继续。我们不打算钻进理论森林里这个茂密的灌木丛——只能强调一下这个神奇的物理学新领域的重要性,它超过了 1982 年以前任何人的最狂野的梦想。崔琦、斯托默和劳克林(他的

多体波函数第一次给理论森林的深处带来了阳光)在 1998 年获得了诺贝尔物理学奖——可怜的高萨德,他的晶体生长技巧使得这一切成为可能,但是没有获奖! 全世界的晶体生长者应该武装起来,捍卫他们的职业。

很快就清楚了,为了观测分数量子霍尔效应,二维电子气样品的质量必须高于表现出定义得很好的整数平台的样品,这就促使人们努力去提高低温电子迁移率,"百万迁移率"的竞赛开始了! (那些日子里,迁移率的单位总是 $cm^2 \cdot V^{-1} \cdot s^{-1}$,所以"百万"指的是 10^6 $cm^2 \cdot V^{-1} \cdot s^{-1}$。)例如,在 $AlGaAs/GaAs$ 中第一次观测到整数效应的样品是 $\mu_e = 2 m^2 \cdot V^{-1} \cdot s^{-1}$,然而,观测到分数效应的样品是 $\mu_e = 10 m^2 \cdot V^{-1} \cdot s^{-1}$,样品的迁移率和分数霍尔"谱"中发现的越来越多的细节有着明显的联系。对于分子束外延生长者来说,这个挑战并不容易,如图 6.6 所示,到了 1987 年,最初的目标已经满意地达到了,但是,始于 1979 年的这场竞赛还没有完全结束。样品纯度的精细调节持续到 2000 年左右,低温($T \approx 1 K$)迁移率的指标超过了"1 000 万"。图 6.6 的另一个惊人特点是,努力真的是世界范围的——涉及的分子束外延设施的数目有几十个,包括不少于六个国家:美国、日本、英国、德国、法国和以色列。特别有趣的是,这件事在很大程度上是个学术活动,但是,工业实验室的贡献超过了大学。长期来看,显然可能有超小的电子器件使用几个(甚至一个)电子,但是,追求更高迁移率的主要动力肯定是分数量子霍尔效应的研究,它可能会揭示激动人心的新物理。很可能有两个因素:首先,工业实验室更可能拥有昂贵的分子束外延设备,对于生长这种奇特的外延样品来说,这是必需的;其次,20世纪 80 年代很可能是工业界自由探索研究的黄金时期。由于晶体管开发的成功神话触发的对于工业实验室中纯基础研究的赞誉仍然很高,但是,90 年代遭遇了商业竞争的残酷反击,现在看来,类似的学术研究几乎不可能再靠工业基地了。

图 6.6 表明,电子迁移率提高了两个半数量级,增长得很显著,而且是从一个很高的起点出发的。这是怎么得到的呢? 为了理解这个成就,我们必须考察限制电子迁移率的各种散射机制,了解它们的特性。可以把它们排列如下:声学声子散射、远处的电离杂质散射、局域背景杂质散射、界面粗糙散射和合金无序散射。我们先对每种散射做些评论,与更普通的三维情况相比,它们在二维情况下表现出不同的特性(也就是温度依赖关系)。声学声子散射超出了晶体生长者的控制,必须认为它是不可避免的。然而,它的温度依赖关系是 $\mu \propto T^{-1}$,所以,降低温度就可以尽量地减小它——在最好的样品里,这种方法意味着温度要低于 1 K。如前文所述,AlGaAs 势垒层里的电离施主仍然可以和二维电子气里的电子发生相互作用,但是,可以为样品设计大的没有掺杂的间隔层,把这些带正电荷的施主更远地推离界面,尽量减小这个散射过程。然而,这是有代价的。更厚的间隔区降低了界面处的自由载流子密度,相应地降低了迁移率。这是因为,它减小了费米能级处电子的

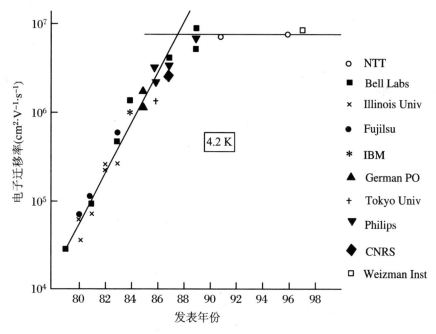

图 6.6　在 4.2 K 温度下测量的最好的二维电子气的电子迁移率
　　　　随着报道年份的变化关系

迁移率在 20 世纪 80 年代逐渐提高，然后就基本上饱和了。在 4.2 K，由于声学声
子散射，最佳材料的迁移率大致是 $(3{\sim}7)\times10^2$ m² · V⁻¹ · s⁻¹。当温度低于 1 K
的时候，迁移率基本上不依赖于温度，数值高达 1.3×10^3 m² · V⁻¹ · s⁻¹

动能（从而减小了它们的热速度），而电离杂质散射随着电子速度的下降而增大。
净效果是，随着间隔层厚度的增加，电子迁移率在 50～100 nm 的厚度区域内达到
最大值，所以，真正的高迁移率样品的间隔层的厚度设计为这个尺度。GaAs 里的
电离杂质靠近二维电子气，所以，在追求高迁移率的时候，这是特别不希望的。答
案当然是除掉它们，在分子束外延腔体里残留气压最低、纯度最高的条件下生长，
使用 Ga,Al 和 As 的高纯源，在优化的生长温度下。所有生长者最终都认识到，关
键在于保持分子束外延设备在真空中连续很多批次地生长，随着生长次数的增加，
系统得到了稳定的清洗——最好的样品出现在 50 次以后。界面粗糙度在一些情
况下可以影响迁移率，但是，通过优化生长条件，可以改善它。一个有效的方法是，
在生长没有掺杂的 GaAs 层之前，先生长 AlGaAs/GaAs 超晶格。这可以让随后的
界面实现单原子层的光滑生长，还有降低背景杂质的好处，因为它们被束缚在超晶
格的多个界面里了。AlGaAs 合金的随机性质导致的合金散射似乎是不可避免
的，但是，并没有明显的证据证明它显著地限制了迁移率。

　　图 6.7 给出了贝尔实验室的劳伦·费佛尔及其同事在 1989 年的一篇文章里

的数据，它是有史以来最好的二维电子气样品之一。显然有三个温度区：大约高于 50 K，迁移率受限于光学声子散射；在 2～50 K 范围，是声学声子散射（注意，迁移率大致是 T^{-1} 的依赖关系）；在 2 K 以下，迁移率不依赖于温度，其数值略大于 10^3 m² · V⁻¹ · s⁻¹（10^7 cm² · V⁻¹ · s⁻¹）。学者们把这个极限值归因于电离杂质散射，因此，样品的背景杂质浓度必然小于 2×10^{19} m⁻³。英国（飞利浦）、日本（日本电报电话公司）和以色列（魏兹曼研究所）的研究小组也报道了类似的结果。最后一个必要的评论——用于分数量子霍尔效应研究的理想样品并不总是具有最大的迁移率。记住，在低电子密度的样品中，更容易实现把所有电子放入最低朗道能级的这个目标，低电子密度可能更重要，虽然它也降低了迁移率。分子束外延生长的最终挑战是生长高迁移率和低电子密度的样品。

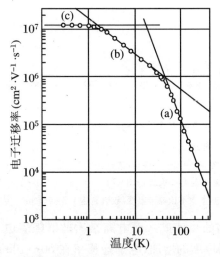

图 6.7　贝尔实验室 1989 年生长的一个 AlGaAs/GaAs 二维电子气
样品的电子迁移率-温度曲线

这是有史以来最好的二维电子气样品之一，GaAs 中的杂质背景密度估计小于 2×10^{19} m⁻³。注意三个不同的温度区，占据主导地位的分别是（a）光学声子散射、（b）声学声子散射和（c）电离杂质散射。（取自 Pfeiffer L, West K W, Stormer H L, et al. 1989. Appl. Phys. Lett. 55，1888，fig. 1）美国物理学会惠允重印

起初，提高二维电子气迁移率的动机是寻找分数量子霍尔效应谱的更多细节，这个目标已经成功地实现了，但是，人们很快就清楚了，故事并没有结束——弹道输运和介观系统也是重要的结果（见 6.3 节），它们依赖于二维电子气结构中的电子在低温下长得出奇的平均自由程。平均自由程 l 显然与平均散射时间 τ 有关（我们已经遇到好几次了）：

$$l = v_{\mathrm{T}}\tau \tag{6.10}$$

其中，v_T 是电子的热速度。记住，τ 也和电子的迁移率有关系，$\mu_e = e\tau/m_e$，我们可以把平均自由程写为

$$l = \mu_e m_e v_T/e = (\mu_e/e)(2meE_K)^{1/2} \tag{6.11}$$

其中，E_K 是电子的动能。3.3 节用这种方法计算了电子在正常的三维样品中的平均自由程，其中，$E_K = kT$，但是，在二维电子气的情况里，电子处于简并电子气中，E_K 必须是费米能量 E_F，具有典型值 $E_F = 30$ meV（图 6.2(b)）。利用 $\mu_e = 10^3$ m^2 · V^{-1} · s^{-1}，我们得到 $l = 150\ \mu$m。把这个值与 3.3 节估计的 0.1 μm 做比较。即使对于不那么神奇的样品，高迁移率使得平均自由程达到了 10 μm 的量级。这些长的平均自由程的真正显著之处在于：(a) 可以用光刻技术实现比它小得多的物理尺度；(b) 实验中确定电子轨道的精度可以比它小很多。但是，详细的讨论就留给下一节吧——这是 6.3 节的主题。

6.3　介观系统

"介观"（mesoscopic）这个词来自希腊语，意味着"中等尺寸的"，用来描述这样的物理现象：其结构的尺寸介于微观（也就是原子的）和宏观（也就是熟悉的日常的）之间。这很难算是个准确的定义，但是（可能很方便）包含了很大范围里的效应。本节看看其中的四个：弹道输运、量子干涉效应、共振隧穿以及与单电子效应有关的库仑阻塞。这些效应都和电子输运有关（我们把光学效应留给 6.4 节。）

掌握了制作高迁移率二维电子气结构的艺术以后，低维系统的下一个目标就是控制电子在结构平面内的运动。怎么能够限制电子、让它们只沿着一个方向运动呢？怎么能够制作量子"线"呢？一种方法是，认为电子限制在电子波导里——微波波导或光波导的电子对应物。为了回答这个问题，需要对电子波长——德布罗意波长有些了解，4.2 节和 6.2 节（专题 6.1）简要地描述过它。可以写出 $\lambda_n = h/p$，其中，p 是电子的动量，$p = (2m_e E_K)^{1/2}$，所以

$$\lambda_n = h/(2m_e E_K)^{1/2} \tag{6.12}$$

E_K 是电子的动能，在二维电子气的情况里，可以认为它就是费米能量 E_F，如前文所述，它的典型值大约是 30 meV，所以，波长就是 $\lambda_n = 28$ nm。能够做一个横向尺寸这么小的波导吗？今天的光刻技术可以制作小于 100 nm 的特征尺寸，这已经靠得很近了。但是怎么做呢？显然的方法是把二维电子气上方的材料腐蚀掉，留下一个窄条，如图 6.8(a) 所示。在 1986～1989 年期间，不同的实验室（例如剑桥大学、格拉斯戈大学、国际商业机器公司、贝尔实验室和其他地方）尝试了这种方法，

但是,只得到了非常有限的成功。碰到的问题是用作腐蚀的粒子束造成了损害。这种表面损害以及与之相关的高密度的表面态产生了强烈的能带弯曲,常常耗尽了线里面的自由载流子——宽度小于 100 nm 的线实际上完全是空的! 然而,故事并没有结束,均匀性(也许应该说是非均匀性)使得情况更加糟糕。如果宽度和表面态密度是完全均匀的,就有可能用宽一些的条,它的中央区域没有被耗尽(图 6.8(b)),量子线的边缘是抛物线势垒而不是物理边界。这样就可以把载流子与表面态和表面粗糙度隔离开来。但是,不可避免的非均匀性导致了变化的耗尽区宽度,沿着量子线长度方向伴随有势的波动(0.1 eV 的量级)——对于在低温下(其中,kT 是 0.1 meV 的量级)传播弹道电子的导体来说,这可不太合适。

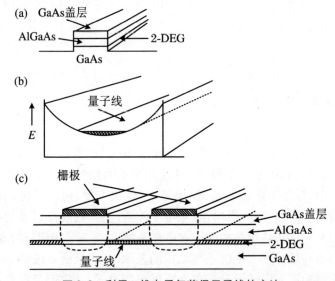

图 6.8　利用二维电子气获得量子线的方法

(a) 把二维电子气结构刻蚀掉而留下一个窄台面,从而形成量子线;(b) 能级示意图表明,腐蚀出来的台面侧边产生了能带弯曲的效果,这是因为腐蚀损害了表面,电子气被能带弯曲形成的势阱在横向上限制住了;(c) 另一种方法利用了两个肖特基势垒的栅极,它们分开了一点儿距离,在这两个电极上施加负偏压,耗尽了它们下面的电子,从而在耗尽区的边缘之间留下了一个窄的量子线

　　一个更好的方法避免了表面损害的影响,它沉积了两个分离的肖特基势垒栅极,从而可控地耗尽载流子,如图 6.8(c)所示。在栅极上施加负电压,可以扩大每个电极下的耗尽区,帮助控制它们之间的二维电子气的线宽度。栅极间距的非均匀性又一次导致了线宽度的变化,但是程度比腐蚀条小得多——足以进行很大范围的一维导电的实验研究。然而,在继续描述它们之前,应当先注意电子沿着这种波导传播的一个特点——来自侧壁的反射。热速度的随机性质意味着波导中的电子将沿着所有的方向行进,肯定会和侧壁经常接触。这些碰撞是"弹性的",它们保

持电子能量守恒,认识到这一点很重要。动量当然会改变,因为运动的方向改变了,但是,速度的大小没有改变,因此,能量也不变。这个观察结果的重要之处在于,电子波函数的相位是守恒的,或者形象地说,电子在碰撞过程中记得自己的相位。这是波导中弹道输运的条件。在这里,有关的平均自由程是破坏相位记忆的碰撞之间的距离——这些碰撞改变了电子的能量。

建立了基本规则以后,我们现看一个有趣的实验,它明显地展示了电子的波动性质——阿哈罗诺夫-波姆效应。图 6.9 中给出了一个理想的量子线的电路,其中,一个电子从左向右传输,在 A 点有个转盘,没有哪个方向更适合行进——电子以相同的概率顺时针或逆时针行进。在宏观世界里,电子只能走其中的一条路,但是,在量子世界里,它把两条路都走了,在 B 点与自己干涉。因为另一条路径具有相等的长度,这个干涉是相长的。因此,电子在 B 点发现自己的概率就增强了。另一方面,如果我们能够以某种方式把其中一个方向上的有效路径长度改变半个电子波长(约 14 nm),干涉就是相消的,从 A 到 B 的透射概率就会减小。换句话说,流过器件的电流就可以控制了。实际上,已经演示了两种不同的方法改变路径的长度,一种是电的,一种是磁的。

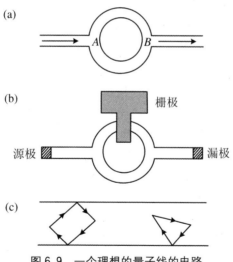

图 6.9 一个理想的量子线的电路

(a) 理想的阿哈罗诺夫-波姆环形结构,用来演示电子的自干涉。假设一个电子流从左向右传输。当环的两臂长度相等的时候,B 点的干涉是相长的,此时电流增强。(b) 一个反向偏置的肖特基栅极,用来改变上半个环里的电子波长,这样就改变了干涉条件,从而控制了漏极电流。(c) 在单根线里形成阿哈罗诺夫-波姆环,它来自杂质和线的势垒上的弹性散射

在第一种情况下,用一个肖特基栅极覆盖在环的一侧(图 6.9(b)),施加反向

偏压,可以改变那个区域的自由载流子密度。这样就影响了电子波长,从而改变了环的上方臂中的波长的数目,使得波在 B 点的相位相对于下半环移动了。原则上,有可能把源-漏电流调节 100%,但是,在实践中,典型量子线里的电子分布在几个一维子带上,它们具有不同的波长,不可能让所有的电子都得到 π 相移。这些"量子干涉晶体管"还有其他的问题(还没有说它们需要在 10 K 以下温度才能工作呢),因此,它们不大可能投入实际应用,但是,它们确实为有趣的新科学研究提供了器材。改变路径长度的另一种方法使用了垂直于环平面的磁场,穿过环的磁通变化为 $\Delta\varphi = h/e$(基本磁通量子,参见专题 6.2)的时候,两个电子波的相对相位就改变了 2π,也就是说,干涉从相长变为相消,然后再变回到相长。这就是阿哈罗诺夫-波姆效应,1959 年在真空中首次得到验证。对于典型的环直径 1 μm,容易证明,为了把相位改变 2π,磁通密度的变化 ΔB 大约是 5.3 mT,所以,在量子线里证明这个效应并不难。1989 年,剑桥小组能够得到许多电导振荡,其周期与此类似,他们利用 AlGaAs/GaAs 二维电子气和适当的栅极形成了必要的环形量子线。

20 世纪 80 年代量子线研究中的另一个基本现象是"普适电导涨落"。证明介观阿哈罗诺夫-波姆效应的早期尝试让人困惑,人们观察到了电导明显的、量级为 e^2/h(电导的基本单位,参看前面关于整数量子霍尔效应的讨论)的非周期涨落,后来逐渐清楚了:这些涨落来自量子线中微小的阿哈罗诺夫-波姆环,如图 6.9(c)所示。这种环是由弹性散射事件产生的,电子被量子环里的杂质原子以及量子线的内壁反射,形成了微观的环,同时保持了相位相干性。这种随机干涉效应组合起来,即使在没有磁场的时候,量子线电导也会发生随机的(也就是非周期的)涨落,对于任何形式的弹道输运实验都有重要的意义,但是,它们可以通过测量电导随着磁通密度的变化关系而得到最好的证明。每个环里的阿哈罗诺夫-波姆效应在每个点处调制了量子线的电导,因为环尺寸的随机变化,电导的变化具有随机的周期。在 20 世纪 80 年代末期,利用带有图形的 AlGaAs/GaAs 二维电子气结构做实验,人们广泛观测到了这个现象。

专题6.2 磁通量子

在讨论阿哈罗诺夫-波姆效应的时候,我们引入了磁通量子的概念——当电子波函数的相位改变 2π 的时候,穿过导电环的总磁通变化了一个固定量 $\Delta\varphi = h/e$。磁通的这个微小增量表示磁通的基本单位——磁通量子,本专题研究它的起源。

电子在大磁场 B 中的运动包括垂直于磁场的平面内的圆周运动,这个运动的波动力学描述表明,电子能量不是连续变化的,而是量子化的,允许的数值是

$$E_n = (n + 1/2)[h/(2\pi)]\omega_c \qquad (B.6.12)$$

其中，ω_c 是回旋频率 eB/m_e，$n = 0, 1, 2, 3, \cdots$。这些能量是朗道能级的能量，前面已经说过几次了。每个能量对应于不同大小的轨道，这些轨道的面积是

$$A_n = (n + 1/2)h/(eB) \tag{B.6.13}$$

因为磁通密度 B 假定保持不变，所以，穿过每个轨道的总磁通就是

$$\varphi_n = A_n B = (n + 1/2)h/e \tag{B.6.14}$$

由此可以看到，h/e 是相邻轨道之间的磁通变化量，称为磁通量子。代入 h 和 e 的数值，可以得到 $\Delta\varphi = 4.136 \times 10^{-15}$ T。在任何宏观大小的电路中，n 的数值确实非常大。然而，在与自由电子运动相联系的小的回旋轨道里，$n = 0, 1, 2, 3, \cdots$，如果 $B = 1$ T，基态（$n = 0$）是

$$a_0 = (A_0/\pi)^{1/2} = [h/(2\pi eB)]^{1/2}$$
$$= 2.566 \times 10^{-8} \text{ m} = 25.66 \text{ nm}$$

比值 h/e 具有磁通的量纲，这一点绝非显而易见，但是，我们可以用下述方式看出它的正确性：

h/e 的单位是 J·s/C=J/A=V·A·s/A=V·s。如果我们现在使用法拉第电磁感应定律，电磁场 $= -\mathrm{d}\varphi/\mathrm{d}t$，就可以看出，它的单位（V·s）确实等价于磁通的单位！

20 世纪 80 年代后期研究的基于弹道输运的新物理学的范围让人印象深刻，任何希望认真研究这个主题的读者可以参考西斯·比内克和亨克·范·侯顿在《固体物理学》丛书中的综述文章（Beenakker, van Houten, 1991）。对于我们的目的来说，再描述两个特点（即量子点接触和电子聚焦）很可能就够了。在 80 年代中期，当埃因霍温的飞利浦公司的瑞德希尔实验室首次能够得到高迁移率二维电子气样品的时候，那里的研究小组发明了这种把电子注入量子线或二维电子气中的方法。如图 6.10 所示，它包含一对电极，间距远小于电子的非弹性平均自由程。在两个电极上施加反向偏压，扩张了它们下面的耗尽区，截断了它们之间的沟道，但是，当这个偏压逐渐减小的时候，沟道打开了，可以让电子流过。如果我们假定，接触某一侧的电子密度略大于另一侧，电子就会沿着密度梯度流动，实验发现，以 $\Delta G = 2e^2/h$ 表示的通道电导 G 是量子化的，这是理论要求的结果，电子动量在 y 方向的分量（图 6.10）被限制得"适合"沟道的宽度 W。

为了考察注入电子束的性质，使用如图 6.10(b) 所示的一对点接触是方便的，一个作为发射极，另一个作为集电极。向垂直于二维电子气平面施加磁场，产生了圆形的电子轨道，探测的电流强烈地依赖于磁场与点接触间距的关系。第一个极大值对应于如下条件，回旋直径 $2mv/(eB)$ 等于点接触的间距 L，也就是

$$B = 2mv/(eL) \tag{6.13}$$

假定费米速度是 $v = 4 \times 10^5$ m·s^{-1}，点接触的间距是 $L = 3$ μm，就得到 $B = 0.1$ T。

第二个极大值出现在 L 对应于两个回旋直径的时候,第三个对应于三个直径,等等,所以,我们预期电流峰值出现在 $B = 0.1\,T, 0.2\,T, 0.3\,T$,等等。随着磁场的增大,实验中观测到一系列电流峰,准确地符合预言。显然,这是以前的真空实验的固体版本。产生这种电子束的能力也帮助演示了电子聚焦。因为电子速度依赖于费米能量(从而依赖于电子密度),所以,有可能通过改变局域的静电势来改变速度。接着,因为电子束的方向依赖于电子束的速度,与光束穿过折射率不同的两个介质的方式完全一样,让电子束通过自由载流子密度不同的二维电子气区域的界面,有可能改变电子束的方向。图 6.11 给出了一个示意图,在这个实验中,电极的形状设计得起到了聚焦透镜的作用,又一次用固态手法模拟了典型的真空技术。

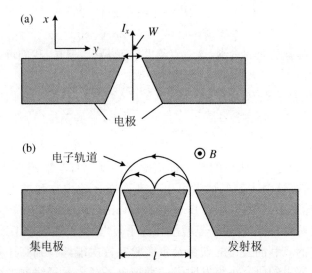

图 6.10 把电子注入到量子线或二维电子气中的方法

(a) 量子点接触电子发射器的示意图:电极表示肖特基接触,在上面施加偏压,可以控制电子发射必须通过的区域的有效宽度。(b) 例子:一对点接触用来作为发射极和集电极。改变与图所在的平面垂直的磁场,可以控制电子的轨道。图中给出了让探测器得到最大电流的最初的两个轨道

上述例子全都和量子受限的电子气平面内的电导有关。现在考虑与量子阱平面垂直的方向上的电导,它依赖于电子隧穿通过窄势垒的概率。首先看看一对势垒形成的量子阱共振隧穿的例子,如图 6.12 所示。为了简单起见,我们只考虑量子阱中最低的能量束缚态。在零偏压下,结构左侧的 n^+ GaAs 中费米能级上的电子不能够隧穿到量子阱中,因为没有电子态供它们使用。当前向偏压 V_F 增大到 $V_F = V_1$ 的时候,GaAs 中的费米能级与量子阱中的二维导带的底部对齐,电子就可以隧穿了。隧穿概率极大值发生的条件是能量守恒和动量守恒,它们在图 6.12(b) 中都得到了满足——GaAs 导带中 $k = 0$ 的电子隧穿到量子阱中 $k = 0$

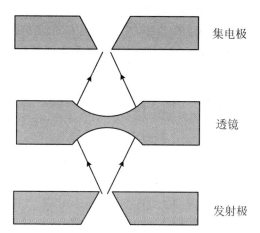

集电极

透镜

发射极

图 6.11 利用一个肖特基接触形式的双凹透镜进行电子聚焦的示意图

透镜下方的耗尽减小了自由载流子密度,从而减小了电子速度,使得电子束偏离了电
极边缘的法线方向。可以看到,这就把电子束聚焦到作为接收器的另一个点接触上

的态。进一步增大 V_F,量子阱中的态还是可以使用的,但是它们的特性是 $k>0$
(因为能量 $E>E_1$,而二维能带中的 E-k 关系是 $E = E_1 + h^2 k^2 / (4\pi^2 m_e)$)。因此,
当 V_F 增大到 V_1 以上的时候,通过这个结构的隧穿电流就减小了,I-V 特性曲线
表现出负的微分电阻。与耿氏二极管的工作方式类似,这可以作为高频振荡器的
基础,已经报道了很多例子。人们希望,共振隧穿器件的速度最终能够比转移电子
效应实现的速度高得多,麻省理工学院一个研究小组在 THz 区的频率演示了负微
分电阻效应,从而支持了这个希望。用实际的术语来说,产生的最高频率(直到大
约 1995 年)位于 $400\sim700$ GHz 的频率——GaAs/AlAs 结构是 420 GHz,InAs/
AlSb 系统是 712 GHz,但是功率相对低,只有 $0.2\,\mu$W 的量级。对于这种功率水
平,可以利用工作在 $100\sim200$ GHz 的耿氏振荡器进行谐波生成,所以,现在还不
清楚这个领域会如何发展。

然而,隧穿器件固有的高速度有一个重要得多的应用,在取代传统器件的未来
晶体管中,器件尺寸变得很小,现在的工作原理不再适用了。与尺度稳定缩小有关
的一个主要困难是功率耗散,由此可以得到结论:理想器件应该用单个电子工作,
而不是目前设计中隐含的高密度。换句话说,最终的数字比特应该用单个电子电
荷的存在与否来表示。实际上,这并不是幻想——在 20 世纪 90 年代早期,单电子
晶体管就存在了,虽然它们工作在非常低的温度下。图 6.13 给出了这种晶体管的
电路示意图。它包含一个小岛,一对隧穿结与大的电子库连接,可以通过隧穿结给
小岛充电和放电。此外,这个岛还可以从电容式的栅极电极得到电荷。注意,这个
栅极和隧穿连接有一个重要的差别:后者依赖于隧穿,是以电子电荷为单位而量子

化的,但是,栅极不允许电子流到小岛上,它依赖于诱导产生的极化,电荷可以连续地改变,可以小于 e。另外,这个岛很小,它的电容 C 非常小,大约是 10^{-17} F 的量级。这就保证了用单个电子给它充电所需要的能量大得足以和热能量 kT 进行比较。这样一来,

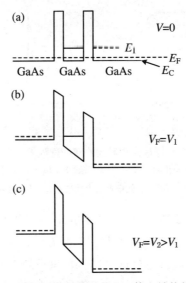

图 6.12　导带能级示意图说明了双势垒结构的共振隧穿

(a) 在零偏压下,位于重掺杂 GaAs 区的费米能级上的电子不能够隧穿到量子阱中,因为它的能量和束缚能级不匹配;(b) 施加偏压 $V = V_1$,这些电子能够隧穿进入量子阱的二维能带的底部的态;(c) $V = V_2$,隧穿又不可以了,因为它会涉及进入 $k > 0$ 的态的跃迁。这意味着,在 $V = V_1$ 和 $V = V_2$ 之间,电流-电压特性表现出负的微分电阻

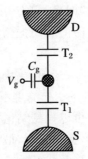

图 6.13　单电子晶体管的示意图

源 S 和漏 D 表示大的电子库,它们通过隧穿结 T_1 和 T_2 与小岛连接。这个岛也通过栅电容 C_g 与栅极电压 V_g 联系起来。恰当地选择栅极电压,在小岛上诱导产生的电荷可以让电子从 S 隧穿到 D,每次只有一个电子通过

$$e^2/(2C) \gg kT \qquad (6.14)$$

对于 $C = 10^{-17}$ F,有 $e^2/(2C) = 2.56 \times 10^{-21}$ J,所以,上述不等式在 $T \ll 186$ K 时成立。实际上,很多实验工作是在 1 K 温度以下进行的。

这个不可能实现的要求有什么意义吗? 我们必须仔细地考虑,当单个电子隧穿到小岛上的时候,充电能来自哪里呢? 显然不是热能量,它太小了。实际答案是,它从哪里都得不到——电子实际上根本就不能进行这种跃迁! 这个不寻常的条件称为"库仑阻塞"——为小岛电容器充电需要的库仑能太大了,这样就阻止了隧穿。没有电流从源极流到漏极——器件处于"关断"的状态。怎样利用栅极改变这个状况呢? 假设我们施加正的栅极电压 V_g,它在小岛上诱导出有效电荷 $q = C_g V_g$,假定 $q = e$。结果是有效地抵消了因电子从源库里隧穿而导致的负电荷——充电能等效为零,电了可以跃迁——电流出现了,器件就处于"导通"的状态。电子没有理由不隧穿到漏极里去,一旦它这样做了,另一个电子可以从源隧穿进来,等等。但是要注意,每次只有一个电子电荷移动,这与传统的场效应晶体管形成了鲜明的对比,后者(即使是栅极非常短的器件)涉及了成千上万个电子。这样就发明了单个电子的晶体管——"单电子晶体管"(SET)。

剩下来的唯一问题是,如何让小岛足够小,让它的电容达到 10^{-17} F 的量级! 在二维电子气结构的表面上放置一组栅极,施加负的栅极电压,可以挤出一个面积非常小的包含有电子的区域,通常称之为"量子点"。(我们将在 6.4 节进行更多的讨论。)隧穿结、控制电极和量子点栅极的制作有些困难,但是,当技术发挥到极限的时候,它的成功也真是令人印象深刻,单电子晶体管实际上已经可以在 mK 的温度下工作——它们能不能在室温下工作? 这是个非常高的目标,因为这个小岛至少还要再小至原来的 1/100。做些妥协,在 77 K 温度下工作,这也许是可以接受的,但是,现在说什么都太早了。进展确实已经非常精彩,如果说"永远也不可能",那就太莽撞了。

6.4 量子阱的光学性质

6.1 节介绍了量子阱中束缚能的概念,现在可以更仔细地考察如何用这些概念理解量子阱样品的光学性质以及开发这些性质的新应用。1974 年,丁格尔发表了一篇经典文章,给出了量子阱光学吸收的基本理论,证明了它的基本正确性。为了描述光学吸收,需要考虑价带电子态和导带电子态之间的跃迁——在量子阱样品中,这些态是两个量子阱里的受限态,一个量子阱与导带相关,另一个与价带有关。我们需要在两个方面拓展 6.1 节的叙述：首先，把导带和价带都包括进来；其次，真实的量子阱并不像以前假定的那样是无限深的，它的典型深度为零点几电子伏，必须把这一点考虑进来。

量子阱的有限深度带来的重要差别是，电子（或空穴）波函数不再是完全地限制在量子阱材料中，而是有一部分穿透（隧穿）到势垒里。量子阱里的波函数看起来非常像图 6.1(b) 所示的波函数，而在势垒中，波函数以指数形式衰减到零。量子阱越窄，穿透到势垒里的部分就越多，电子有更多的时间待在势垒里。实际上，当阱的宽度变为零的时候，波函数必须变成势垒材料里自由载流子的波函数。显然更重要的可能是这个事实：受限量子态的数目是有限的，而不是无限的，在实践中，对于窄阱来说，这个数目很小。图 6.14 说明了一组位于 $Al_{0.3}Ga_{0.7}As$ 势垒间的 GaAs 量子阱的这种性质。可以看到，这种情况下（导带）阱的深度是 250 meV，15 nm 宽的阱只包含四个束缚态，而对于更窄的阱，这个数字就更小了。图 6.14 还指出了另一个性质：随着宽度 L_z 的减小，每个态逐渐被推得更靠近势阱的顶部。显然，在很窄的量子阱里，受限态的能量接近于势垒的能量，符合我们的预期。然而，有个一般性的定理指出，任何量子阱里至少有一个束缚态。

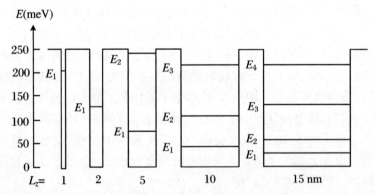

图 6.14　位于 $Al_{0.3}Ga_{0.7}As$ 势垒间的 GaAs 量子阱中，计算得到的能级

阱的深度是 250 meV。当阱宽 L_z 变得更小时，能级被推向量子阱的顶部并跑出去，减少了窄阱中受限态的数目。然而，即使最窄的量子阱也至少有一个受限态

类似的考虑也适合于空穴态，但是，有两个附加条件：首先，价带阱的深度大约只有导带的一半，其次，价带要复杂得多。如图 5.1 所示，GaAs 价带包含三个分支：轻空穴带和重空穴带，它们在 $k = 0$ 处是简并的；自旋-轨道劈裂带，它的能量大约要低 350 meV。因为它与另外两个带的距离大于阱的深度，我们可以忽略这个劈裂带，在量子阱约化的对称性中，轻空穴和重空穴不再是简并的；而且，因为它们的有效质量不同，它们给出了两组不同的束缚态（注意，公式(B.6.6)中的束缚能正比于有效质量的倒数）。因此，在 GaAs 量子阱的吸收谱中，我们可以预期，两组

空穴态和每个电子态之间都可以测量到光学跃迁。然而，"选择定则"只允许量子数 n 不变的跃迁。例如，跃迁 HH_1—E_1（重空穴 1 到电子 1）很强，然而，HH_1—E_2（重空穴 1 到电子 2）就弱（常常弱得测不到）。此外，我们还必须考虑这些不同二维带的态密度，图 6.15(a)给出了一个例子。注意，态密度包含一系列台阶，每个台阶对应于一个束缚能级，而台阶高度的包络与量子阱材料的三维态密度（图 6.15(a)中的曲线）一致。因此，吸收谱强度在每个新束缚能级开始的位置上出现了相应的台阶，而不是像图 3.11 那样光滑地上升。

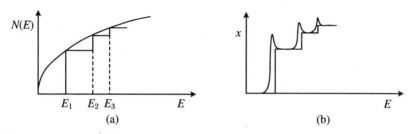

图 6.15　(a)典型的量子阱样品的台阶式态密度，台阶出现在能量 E_n（它们是束缚能，见图 6.14）；
　　　　　(b) 激子吸收改变了吸收谱，在每个台阶前添加了一个尖锐的激子峰

　　然而，故事并没有结束——为了给出完整的图像，必须把激子效应考虑进来，结果发现，激子在量子阱里比体材料中更重要。原因在于，与体材料的情况相比，势垒的束缚势把电子和空穴压缩得更紧了，从而增大了电子-空穴束缚能。对于 GaAs 来说，体材料中的激子半径大约是 10 nm，所以，任何宽度小于 20 nm 的量子阱显然会影响束缚能。可以证明，对于理想的二维激子，束缚能 E_x 是体材料激子的 4 倍，对于 GaAs 来说，这意味着束缚能从大约 5 meV 增大到 20 meV——量子阱中的激子更难以热分解了。我们预期，即使在室温下也可以看到激子效应。然而，在实践中，量子阱并不太深，宽度可以比较大（相对于激子的尺度比较大），所以，激子束缚能的增强并没有那么大。图 6.16 给出了一个典型例子，计算得到的激子束缚能随着阱宽度的变化关系——注意，对于非常窄的量子阱，E_x 又变小了，就应该这样，因为在零阱宽的情况下，它又变成体材料激子了，只是现在它是势垒材料里的激子了，而不是势阱里的。

　　我们终于可以理解真实量子阱的吸收性质了。它包含两套强的激子吸收峰，叠加在台阶状的态密度曲线上，如图 6.15(b)所示。我们还可以观察到额外的"禁戒的"跃迁，其中的量子数 n 改变了 1 甚至 2，虽然它们很可能比 $\Delta n = 0$ 的跃迁弱得多。实验上用激子峰表征一个量子阱样品——台阶状的态密度产生了一个上升的背景，但是，台阶总是不够陡峭，在吸收谱中不能给出足够的精度。激子出现在台阶边缘以下 E_x 能量处，与计算得到的束缚能（它们当然指的是台阶）进行比较的时候，必须考虑这一点。还要注意，禁戒跃迁的存在有助于可靠地解释特定的

测量。

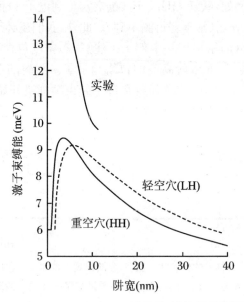

图 6.16　对于一个 $Al_{0.3}Ga_{0.7}As/GaAs$ 量子阱,计算得到的激子束缚能 E_x
　　　　随着量子阱宽度 L_z 的变化关系

实线是(HH_1—E_1)激子,虚线是(LH_1—E_1)激子。注意,束缚能的极大值出现在 $L_z=$
$3\sim6$ nm 的区域。(取自 Greene R L, Bajaj K K, Phelps D. 1984. Phys. Rev., B29:
1807)实验曲线表示 $Al_{0.35}Ga_{0.65}As/GaAs$ 多量子阱样品中(HH_1—E_1)激子的实验数据
(见正文,取自 Dawson P, Moore K J, Duggan G, et al. 1986. Phys. Rev., B34:6007)

在这个简述里,我们不能详细地分析这个光谱,但是,还是应该了解一下那些在 20 世纪 70 年代和 80 年代关心这种分析的人所面对的问题。困难在于未知参数的数目,这些事先未知的参数决定了设计的光子能量。前面的分析隐含着如下假设:量子阱的宽度 L_z 是可靠的,阱的深度可以从 $Al_xGa_{1-x}As$ 垒势垒中 Al 的比例 x 推断出来(而且,x 本身是精确的),激子束缚能已经很好地算出来了,整个样品的阱宽度是常数,阱和垒的界面是原子级陡峭的,等等。实际上,这些猜想的"事实"没有一个是可以确信的。例如,晶体生长者可能坚信他们能够把生长条件控制得很好,能够以足够的精确度预言层的厚度,但是,实验检测并不总是能够证实这一点!X 射线衍射和透射电子显微镜的仔细分析也表明,即使最好的界面也不是原子平坦的,但是,这两种材料的相互渗透通常只发生在名义界面的每侧一两个原子层里(在 20 nm 的阱里,这可能不重要,但是,在 $L_z=1$ nm 的阱里,这却至关重要!)。虽然 Al 组分 x 可以从生长参数中近似地知道,但是,究竟怎么测量它呢?还有,能带差别在导带和价带的相对部分是多少? 也就是说,"带阶比"是多少? 从理论工作者的角度来看,还有其他的不确定性,例如,空穴有效质量的合适数值——体材料的数值肯定不合适,也不清楚如何才能得到可靠的数值,把它们用于全世界正在做的许多计算中。所有这些问题都要解决——这很可能解释了为什么花费了很长时间。

让我们简要地考察其中的两点。1974 年,丁格尔等人很有信心地报道了 AlGaAs/GaAs 的带阶比是 Q_c:$Q_v = 85$:15,然而,到了 1985 年,飞利浦瑞德希尔实验室的乔夫·杜根也估计了这个情况,在一篇发表于《真空科学和技术杂志(B)》的文章中,他给出了如下评论:"带阶比约 60:40 更符合大多数的近期结果。"不仅是名义比值有很大差别,经过 11 年的努力之后,它的具体数值也仍然模棱两可! 乔夫本人开创了一种方法,用理论参数拟合测量得到的吸收谱,但是,从来没有能够让他(或者任何人)有信心地得到带阶比。到了 1987 年,他的同事菲尔·道森,作为贝尔实验室的访问人员,利用"第二类"量子阱的光谱,能够直接地、没有明显争议地测量 AlGaAs/GaAs 的价带带阶。起初的样品是 AlAs/AlGaAs 结构,它们包含着窄量子阱,AlGaAs 中唯一的束缚电子态位于 AlAs 势垒中 X 极小值以上,产生的荧光发光谱线对应于跃迁 $X_C(\text{AlAs})$—$\Gamma_V(\text{AlGaAs})$,但是,飞利浦瑞德希尔实验室后来把这些实验扩展到 AlAs/GaAs 结构。这里不打算进行详细的分析,只是简单地引用这些后来的研究结果,Q_V 位于 $0.33 \sim 0.34$ 的范围(因此,$Q_C = 0.66 \sim 0.67$)。最后(1987 年),不确定性下降到 3%! 据说,科学是 1% 的灵感和 99% 的汗水——实验又一次支持了这个假设。

我们要考察的另一个问题与激子束缚有关。如前文所述,E_x 的理论估计值位于 $5 \sim 10$ meV,显著地修正了计算得到的束缚能。但是我们能不能在实验上测量 E_x 呢? 这又花费了很长时间,答案最终是"可以"。1986 年,飞利浦小组报道了分辨率很高的发射谱线和吸收谱线的测量,它们来自 1s 和 2s 激子态。激子很像氢原子,一个轻的电子围绕一个重的空穴,存在着一整套能量态,最低能量(或基态)是 1s,第一激发态是 2s,接下来是 2p,3s,3p 等等,可以计算它们的相对能量,表示为 1s 态电离能的分数的形式。特别是,飞利浦小组计算了二维激子 2s 态的束缚能,它是比较小的 1.5 meV(所以,即使计算不是特别精确,对最终结果也没有太大影响)。把这个值加到测量的 1s~2s 劈裂上,他们就得到了激子 1s 态的束缚能的第一个可靠的数值,在四个多量子阱样品中,阱宽的范围是 $5.5 \sim 11.2$ nm。在图 6.16 中的"实验"曲线给出了 HH 激子的结果,说明了在这些二维系统中做出满意的计算是多么困难! 实验得到的束缚能的峰值至少是 14 meV,比计算值大 50% 左右(碰巧更接近于简单的 GaAs 二维数值,大约是 20 meV)。为什么用了这么长时间才到达这一点? 问题还是要等待质量足够高的样品,有些讽刺性的是,汤姆·福克森为了获得高迁移率二维电子气的努力打开了道路。在那个特定轮次里,分子束外延设备已经生长了超过 $100~\mu m$ 的 GaAs,背景杂质浓度降到了 $10^{20}~m^{-3}$,然后才生长这些多量子阱样品。只有那时候,光学谱线宽度才小得足以在适当的光谱里达到要求的精度。科学发展的方式太神秘了!然而,更有趣的是,这些重要的实验结果似乎逃脱了所有写书人的注意,他们全面地描述了这个激动人心的领域,却没有提到这个事实。有多少工作者仍然相信格林尼(Greene)等人的计算表示了激子束缚能的最佳估计值?但是,就算是请求吧,我声明一点,有很多重要的信息没有得到应有的关注,这只是其中的一个例子——这个领域的科学文献太多了,没有人能够完全地描述它,虽然人们的愿望非常美好,但是有许多时候,有用的信息还是悄没声地就消失了(而且这些结果发表于世界上声望最高的物理学杂志《物理学评论》上)。

低维结构有许多光学性质适合在本节讨论,这里再关注一下量子点这个主题。在低维结构的早期岁月里,人们就认识到,有许多结构可能带来激动人心的新物理和新器件,量子阱仅仅是其中的一个。量子阱的领先是不可避免的,因为这种结构可以直接用分子束外延(以及后来的金属有机化合物气相外延)生长。如 6.3 节所述,制作一维结构(即量子线)有些的额外复杂性——制作零维结构(即量子点)会更加困难吗?但是无论如何,从理论观点来看,量子点显然会特别有趣,因为它们的态密度包括尖锐的类原子的能级,与量子阱的能级非常不同(图 6.15)。实际上,我们已经遇到过这种能级的一个例子,二维电子气在垂直强磁场中的朗道能级。在这种情况下,磁场导致了电子在平面内的局域化——$B=1~T$ 的磁场把电子限制在直径大约为 50 nm 的基态轨道里(参见专题 6.2)。在一个量子点里,起作用的是静电束缚势(由于表面的能带弯曲),但是,这里的问题是把量子点做得足够小、能够在三个维度上都表现出量子束缚效应。实际上,人们已经尝试了很多方法(Banyai,Koch,1993)——分散在玻璃里的杂质原子团簇、化学沉淀、溶胶-凝胶法、把半导体材料放到宿主材料(例如沸石)的小洞里、生长非常小的晶粒。本节将重点关注两种制备量子点的方法,它们依赖于传统的半导体工艺技术。第一种方法是在二维结构上施加网格形式的肖特基栅极(这是量子线制作技术的扩展),第二种使用晶体生长的一个不常见的性质,产生了"自组织的"量子点。后一种方法非常有吸引力,因为它不需要光刻,可以用来生长三维阵列的量子点,从而制作出一种具有一维性质的准三维材料。

故事开始于 1986 年,贝尔实验室和德州仪器公司的研究小组报道了基于 AlGaAs/GaAs 量子阱结构的量子点阵列,其中,量子点是用电子束曝光技术定义的栅极形成的。这些量子点的横向尺寸是 100 nm 的量级,小得足以让光荧光或者阴极荧光的峰能量表现出显著的位移,与没有改造的量子阱的发光相比,它们的能量增大了 10~50 meV。这种位移随着量子点的减小而增大,符合量子限制的想法。一年以后,贝尔实验室的另一个小组报道了晶格匹配的 InGaAs/InP 结构的类似结果。这就开始了一场世界范围的竞赛——控制和理解这些零维赝原子的性质。理论似乎比实验跑得快一些——到了 1990 年左右,有了很多理论理解,Banyai、Koch(1993)这本书对此进行了全面的总结。虽然受阻于实现真正小尺度的横向限制工艺的复杂性,但是,实验也已经开始有了些成果,在 20 世纪 90 年代早期,量子点可以在分子束外延晶体生长中形成了,不需要光刻来定义。讽刺性的是,它颠覆了分子束外延生长中形成已久的方针:分子束外延总是想实现二维生长,也就是一层一层地沉积。反射式高能电子衍射图案(专题 5.2)可以把这种模式与不想要的三维或者岛状生长模式区分开,后者生长的晶体质量通常很差。

这种自组织生长的量子点最早来自 GaAs 衬底上生长的 InAs 层。有可能以严格的二维形式沉积 1.5~2 个单层的 InAs,但是,继续生长就会产生岛,厚度和横向尺寸都在增大,直到它们连在一起,形成连续的但有缺陷的 InAs 薄膜。量子点生长的秘密在于,在适当的时刻停止 InAs 的沉积,当岛仍然很小、足以产生量子限制效应的时候(例如,横向尺寸大约为 30 nm)就停下来,然后用带隙更宽的 GaAs 势垒层把量子点材料覆盖起来。这样一来,这些量子点就完全埋在 GaAs 里,(至少在原则上)能够不受随后的任何生长的影响。这个过程最引人注目的特点可能是它的均匀性和可重复性。你可能预期量子点的形状和尺寸在很大范围上是随机的,但是,在扫描隧道显微镜和电子显微镜的仔细检查下,人们发现尺度的变化不超过 ±10%。显然,有些内在的控制机制起了作用,人们很快认识到,这肯定依赖于 InAs 和 GaAs 衬底之间存在的 7% 的晶格失配(InAs 的晶格更大些)。发生的过程似乎是这样的:初期生长的 InAs 的面内晶格常数对应于 GaAs 的晶格常数,它是高度应变的层。在沉积了大约 1.75 个单层的时候,应变能变得太大了,导致了生长过程产生 InAs 岛,具有正常 InAs 的晶格常数,而不再是有大应变的二维薄膜。换句话说,接下来的 InAs 分子在能量上更有利的生长方式是沉积在岛上面,而不是沉积在平面上。惊人的是,这些岛没有位错——生长模式的变化使得应变没有产生通常的位错。实际上,这不是随机的过程,而是自然控制的过程,这就解释了量子点尺寸的相对均匀性。大自然确实喜欢量子点这个想法!实际上,人们逐渐发现,用其他失配材料的组合也可以生长量子点,例如 SiGe/Si 和 InN/GaN——这个现象显然非常普遍。

虽然这些结构的均匀性很惊人,但是,尺寸的分布仍然大得足以把任何光谱展宽到让人不希望的程度。法国长途通讯公司实验室 1994 年的工作很好地说明了这一点。在两篇通讯中,一篇发表在《应用物理学快报》,另一篇在《物理学评论快报》,默伊森、马钦及其合作者描述了 GaAs 衬底上生长的 InAs 量子点。在 1.75 个单层的二维生长之后,它们的层状材料分裂为小面的量子点,典型高度为 3 nm,

直径是 24 nm,间距大约是 60 nm,能够发出很强的荧光,波长大约是 1.1 μm(光子能量 $h\nu = 1.12$ eV),线宽是 $\Delta h\nu = 50$ meV。(在低温下,高质量 GaAs 薄膜的线宽是 0.1 meV。)为了证明这个线宽的非均匀性质,他们使用了光刻定义的台面,直径从 5 000 nm 减小到 100 nm,并且对得到的荧光谱进行比较。较小的台面只包含几个量子点,因此,能够分辨出每个量子点的发光谱,这样得到的发光谱包含许多尖锐的谱线,宽度小于 0.1 meV(他们的仪器的分辨精度),测量得到的光子能量分布完全符合大面积台面观测到的 50 meV 的线宽。因此,这个实验证明了,量子点中的光学线宽非常窄(符合它们的能级的类原子性质),演示了光学器件中使用量子点遇到的实际问题。为了得到有用的光强度,必须使用多量子点,但是它们不可避免的(?)尺寸分布让发光(或吸收)谱线宽得不符合希望。

这些观察在很大范围里激发了人们对量子点详细性质的兴趣,伦敦帝国学院和美国国际商业机器公司以及德克萨斯大学的近期工作表明,它们的形成机制(不可避免的?)比早期设想的更为复杂。特别是,量子点(a) 部分地掩埋在 InAs"浸润层"里,(b) 包含了显著数量的 Ga——高达 30%,(c) 组分上是不均匀的,金字塔核心处的 In 含量很高。所有这一切表明,电子和空穴的束缚势肯定显著不同于通常使用的理想化模型,预测量子点材料的有效能隙和束缚能级的位置(因此,发光能量的大小)就变得特别困难。研究活动正在进行中,但是注意,人们已经成功地使得 InGaAs 量子点在靠近 1.3 μm 的波长处发光(光纤通信激光器对此特别感兴趣)。还没有迹象表明谱线宽度降低到大约 30 meV 以下,但确实发现线宽与量子点间距有关——量子点的面密度可以在 $1\times10^{14}\sim1\times10^{15}$ m^{-2} 范围变动,为了得到 30 meV 的线宽,面密度需要位于这个范围的低端。

密度的问题对于实际应用非常重要,所以,这个发现很重要:能够生长多层的量子点,从而形成三维的阵列。在这个背景下,这些阵列表现出自组织的倾向,一个平面上量子点位于下一个平面上量子点的正上方。这是因为应力场的存在,当层生长得更加靠近或沉积了更多的层的时候,阵列的完美程度就增加了。量子点的典型体密度在 $10^{22}\sim10^{21}$ m^{-3} 的范围,比典型的杂质掺杂浓度小很多。在 6.6 节讨论量子阱激光器的时候,我们还会遇到量子点。

6.5 电子器件

我清楚地记得,在 20 世纪 80 年代,英国的低维结构项目已经大张旗鼓地进行了大约 3 年,一个大学里的熟人担心地问我:"这些说好了的新器件都在哪里呢?"

他担心的可能是,如果"产业界"不能立刻拿出好东西证明投资的正当性,政府也许就不乐意资助了,但是,他对于时间尺度的看法太天真了。低维结构提供了激动人心的新技术,但是,新器件不仅需要技术,还需要可以受益于那些新技术的新应用。(把研究转化为产品需要相当大的投资,必须搞清楚商业化的正当性——英国工业没有胡思乱想的习惯!)时间将会证明,但是,当时没有人预见到有个巨大的消费者需求——以"手机"的形式出现的微波系统将在 20 世纪 90 年代把我们彻底吞没。1980 年首次演示了高迁移率电子晶体管,它找到了很好的位置,在每个卫星电视接收器的前端作为信号放大器,从那以后,这个市场持续稳定地增长——如果不是爆炸式增长的话。(但是,从英国沙文主义的观点来看,这可能是不幸的——绝大多数利润给了富士通公司,而不是英国通用电力公司!)但是无论如何,"手机"的发展把低维结构真正地带入了家庭,激发人们为了实现最佳的噪声性能而激烈竞争(也许是为了把吱吱声降低到最小?)。因为人们担心微波带来的生物学伤害(这是可以理解的),自然就要努力让系统工作在最低可能的信号功率水平上,不仅要求低噪声的放大器,还需要用半导体器件作为发射器的功率源以替换掉笨重的行波管。高迁移率电子晶体管是个理想的预放大器,但是,其他功能可以用重新登场的双极型晶体管(以 HBT 的形式)实现。本节介绍这两种广泛使用的器件,然后再讲个"阳春白雪"的例子——量子霍尔效应的电阻标准。

这不奇怪,第一批高迁移率电子晶体管用的是久经考验的 AlGaAs/GaAs 材料系统,其典型结构如图 6.17 所示。在这个器件里,后退式栅极位于掺杂的 AlGaAs 层上,源极和漏极位于重掺杂的 GaAs 接触区,到二维电子气的连接是通过离子注入的重掺杂柱子实现的。没有掺杂的 AlGaAs 层把二维电子气与电离的杂质原子分隔开,整个结构生长在半绝缘的 GaAs 衬底上,后者用于器件的电学隔离。为了改善早期器件的性能,人们进行了各种尝试,这种特殊的接触技术就是其中的一个成果。起初,金属电极直接沉积在 AlGaAs 层上,不用把栅极后退,但是,与二维电子气沟道的接触电阻产生了严重的问题。特别是,它减小了器件的跨导 $g_m = dI_{SD}/dV_G$,而且对高频性能有致命影响(用简单的等效电路就可以很好地理解它)。富士通的原始文章并没有报道射频测量,但是,Thomson CSF(Laviron et al,1981)和康奈尔大学(Judaprawira et al,1981)的后续文章指出,测量到的接触电阻把 g_m 减小了 50%。必须采取一些措施!但是,必须使用更为精致的工艺。对于快速产生的各种名称,也应该做些事情——法国小组立刻把这个器件重新命名为二维电子气的场效应晶体管(TEGFET),美国也不甘落后,他们采用了另一个名字:调制掺杂的场效应晶体管(MODFET)。后来,一些作者引入了折中的名字——异质结场效应晶体管(HFET),但是,这个调解矛盾的努力用心良苦,却让问题更复杂了!我们坚持用最初的日本名字——高迁移率电子晶体管!(虽然它的室温迁移率并不那么高,现代的窄栅极器件的主要优点是提高了饱和漂移速度。)

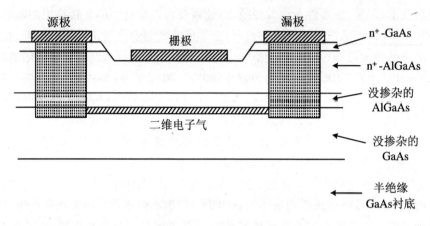

图 6.17　后退式栅极 AlGaAs/GaAs 高迁移率电子晶体管的示意图

源极和漏极位于重掺杂的 GaAs 区,保证了低电阻的接触,到二维电子气末端的连接也是通过重掺杂材料实现的,以便减小源和漏的接触电阻。在 AlGaAs 势垒处引入没有掺杂的空间间隔区,把二维电子气与提供自由电子的电离杂质分隔开

　　不管怎么称呼它,这种器件显然抓住了全世界工程师的想象力,在改善原始的 AlGaAs/GaAs 结构的性能方面,以及在新材料的引入方面,进展都快得惊人。早在 1983 年,贝尔实验室两个独立的小组报道了首次把 InGaAs 应用到高迁移率电子晶体管技术中,基于合情合理的论证,InGaAs 的电子有效质量比 GaAs 小,因此,迁移率(和饱和速度)也就更高。他们使用了已知的事实:$Ga_{0.47}In_{0.53}As$ 与 InP 是晶格匹配的,所以,他们用 Fe 掺杂的半绝缘 InP 作为衬底,但是做了些改进,添加了一层掺杂的 $Al_{0.48}Ga_{0.52}As$ 作为势垒(也是晶格匹配的),为二维电子气提供自由电子。接着,在 1984 年,富士通小组引入了另一种方法,用掺杂的 InP 作为提供层,InP 的带隙(1.35 eV)比 $Ga_{0.47}In_{0.53}As$(0.65 eV)更宽。最后,在 1985 年,国际商业机器公司的研究者演示了第一个赝形性高迁移率电子晶体管,其中,InGaAs 沟道层与传统的 AlGaAs 提供层组合起来。"赝形性"(pseudomorphic)这个词指的是如下事实:InGaAs 和 GaAs(或 AlGaAs)不是晶格匹配的,InGaAs 作为一薄层(20 nm)应变层生长在 GaAs 上面,具有 GaAs 的平面内晶格常数。为了说明人们对此感兴趣的程度,我们注意到,在 20 世纪 80 年代末期,下列实验室积极地开展了高迁移率电子晶体管的研究工作(排名不分先后):贝尔实验室、国际商业机器公司、霍尼韦尔、桑迪亚、富士通、东芝、西门子、Thomson CSF、惠普、罗克韦尔、通用电气公司、英国通用电力公司、飞利浦、日本电气公司、康奈尔大学、伊

利诺伊大学、布朗大学,当然还有很多其他地方。在写作本书的时候,一些名字已经变了,但是兴趣仍然很大,虽然更偏向于商业了。然而,所有这些都忽视了定义驱动力的逻辑——让我们退一步,考察一下事情为什么会这样发生。

两篇综述文章很好地描述了高速高迁移率电子晶体管器件直到 20 世纪 80 年代末期的进展,它们出现在《半导体和半金属》丛书里,即 Morkoc,Unlu(1987)和 Schaff 等(1991)。这里试着概述一下——希望了解更多细节的读者请参考这些来源。富士通首次演示了直流特性以后,测量微波和高速逻辑电路中的性能显然很重要,富士通立刻接受了这个任务,此外还有贝尔实验室、Thomson CSF 和霍尼韦尔。到了 1984 年,栅极长度为 1 μm 的 AlGaAs/GaAs 器件的开关速度大约为 10 ps,而且,栅极长度为 0.7 μm 的器件已经用于工作频率为 5 GHz 的频率分频器,最高频率达到 6.3 GHz。0.35 μm 栅极的低噪声微波高迁移率电子晶体管工作在 Q 波段(35 GHz),噪声指标低达 2.7 dB,两年以后,通用电气公司报道,1 μm 器件在 18 GHz 处的噪声指标为 0.8 dB。进展确实让人印象深刻,但是,并不是每个人都对全局感到满意。器件特性表现出一些古怪之处,至少有一些来自"DX 中心"的影响。AlGaAs 中的 Si 掺杂原子给出了一种杂质深能级,它产生了不想要的高频效应,以一定的速率捕获和释放电子,跟不上外加的微波信号。这就把势垒层的 Al 组分限制在 0.2~0.25,带阶限制在大约 0.25 eV。二维电子气中自由电子的最大密度只有 1×10^{16} m^{-2},从而限制了源-漏电流的最大值。

怎么办?人们尝试了不同的方法。如上所述,去除 DX 中心的一种方法是用不同的材料做势垒。AlInAs 不受 DX 中心的伤害,还有其他的优点,可以在 AlInAs/GaInAs 界面处提供更大的带阶(约 0.5 eV)。它可以让二维电子气的面密度更大($n_{max} = 2.5 \times 10^{16}$ m^{-2}),再加上 InGaAs 中 v_s 的数值也更大,这样就显著地改善了跨导和饱和电流。这种方法的缺点是,薄膜生长更困难,还需要 InP 衬底,InP 衬底的质量更差,而且价格比 GaAs 衬底贵得多。类似的评语也适用于 InP 势垒层,这种方法好像从来没有人追随。另一个激进的解决方案是改动 AlGaAs 本身,把它生长为 AlAs/GaAs 超晶格的形式,只对 GaAs 进行掺杂(这样就避免了 DX 中心),或者,采用"δ 掺杂"(δ-doping)的方式来安放 Si 原子。这需要中断分子束外延生长,在 AlGaAs 的合适位置上沉积一单层 Si 原子。最后,经受住时间检验(以及商业认可!)的方法是在势垒层中使用更低的 Al 组分(大约为 15%~20%),同时使用 InGaAs 功能层(大约 15%~20% 的 In)。这种方法可以最大限度地减小 DX 中心的问题,得到了更大的带阶和更高的漂移速度,而且用的是 GaAs 衬底。(如前文所述,InGaAs 必须沉积为一薄层,以免应力通过引入位错而释放,但这是直截了当的。)虽然生长 In 组分更大的 InGaAs 应变层起初是很困难的,但是终于(在 1988 年)能够放入 25% 的 In,最大面密度达到了 $n_{max} = 2.5$

$\times 10^{16}$ m^{-2},等于 AlInAs/GaInAs 结构的数值。与此契合的是,人们搞清楚了(Weisbuch,Vinter,1991:151),测量得到的数值 f_T(注意,$f_T \propto v_s$)按如下顺序单调地增加:GaAs 金属半导体场效应晶体管,AlGaAs/GaAs 高迁移率电子晶体管,AlGaAs/InGaAsP 高迁移率电子晶体管,AlInAs/InGaAs/InP 高迁移率电子晶体管,总的改善略小于 1/3。(专题 6.3 试图说得更清楚些。)已经报道了长度只有0.1 μm 的栅极,给出的 f_T 数值大约是 200 GHz,这确实是个进步,从实践的观点来看很重要,因为 些军事用途要求工作在 94 GHz 的晶体管。永远不要忘记军事需求在刺激新的(通常是昂贵的)器件发展方面的作用。最后,我们应当强调,噪声指标改善了很多,在 20 世纪 90 年代早期,在 10 GHz 的数值时小到了 0.8 dB,60 GHz 时为 1.5 dB,94 GHz 时为 2.5 dB。对于低噪声放大器电路的应用来说,高迁移率电子晶体管显然是个美妙的发明。

专题 6.3 微波 HEMT 的理论

为了帮助理解高迁移率电子晶体管(HEMT)的特性,这里介绍它工作的简化模型。不用说,真正的工程模型需要引入很多详细的修正,但是,我们这里至少说明了用于描述 HEMT 的不同参数之间的一般关系。

我们重点关注栅极下面的器件区。它的长度为 L(沿着从源到漏的方向),宽度为 W。面电子密度是 n_s(m^{-2}),可以用栅极电压 V_G 控制。我们把 AlGaAs 势垒层看作是厚度为 d 的绝缘层,栅极和沟道电荷 $q_s = n_s eLW$ 形成了平行板电容 C_G,

$$C_G = \varepsilon LW/d \qquad (B.6.15)$$

其中,ε 是 AlGaAs 层的介电常数($\varepsilon \approx 10\varepsilon_0$)。这就给出了 n_s 和 V_G 的简单关系:

$$q_s = C_G V_G$$

或者

$$n_s = (\varepsilon LW/d)V_G/(eLW) = \varepsilon V_G/(ed) \qquad (B.6.16)$$

对于工作在饱和漂移速度条件下的短栅极器件来说,可以把源-漏电流写为

$$I_{SD} = en_s v_s W = \varepsilon V_G v_s W/d \qquad (B.6.17)$$

这就给出了器件跨导 g_m 的重要关系式:

$$g_m = dI_{SD}/dV_G = \varepsilon v_s W/d \qquad (B.6.18)$$

最后是器件极限速度的表达式,它依赖于电子在栅极下通过的渡越时间 τ,

$$\tau = L/v_s \qquad (B.6.19)$$

当频率 f_T 满足 $2\pi f_T = 1$ 的时候,晶体管的有效增益减小为 1。即

$$f_T = 1/(2\pi\tau) = v_s/(2\pi L) \qquad (B.6.20)$$

利用式(B.6.15)和式(B.6.18),可以把上式写为

$$f_{\text{T}} = g_{\text{m}}/(2\pi C_{\text{G}}) \tag{B.6.21}$$

公式(B.6.20)表明,为了提高工作频率,需要尽量增大饱和漂移速度 v_{s},尽量减小栅极长度 L。前者当然完全是材料参数,InGaAs 比纯 GaAs 更大,后者则是技术人员的事情,他们要把 L 减小到 $0.1\ \mu\text{m}$,这可不容易。

我们把适当的参数值代入到这些公式中,看看它们与实际器件结果的关系。取 $v_{\text{s}} = 2\times10^5\ \text{m} \cdot \text{s}^{-1}$ 和 $L = 0.1\ \mu\text{m}$,可以得到 $f_{\text{T}} = 300\ \text{GHz}$(实验数据约是 $200\ \text{GHz}$),开关时间就是 $T = 0.5\ \text{ps}$。取 AlGaAs 的厚度为 $d = 20\ \text{nm}$,从式(B.6.18)可以得到典型的跨导值,$g_{\text{m}}/W = 1\ 000\ \text{S} \cdot \text{m}^{-1}$(通常写为 $1\ 000\ \text{mS} \cdot \text{mm}^{-1}$),也就是 $1\ \text{S} \cdot \text{mm}^{-1}$ 的栅极宽度(这些数值实际上已经实现了)。利用 $n_{\text{s}} = 2\times10^{16}\ \text{m}^{-2}$ 和 $v_{\text{s}} = 2\times10^5\ \text{m} \cdot \text{s}^{-1}$,可以由式(B.6.17)得到源漏电流的饱和值,$I_{\text{sat}} = 600\ W\ \text{A}$。换句话说,$100\ \mu\text{m}$ 的栅极宽度会给出 $I_{\text{sat}} = 60\ \text{mA}$,输出功率约是 $100\ \text{mW}$($100\ \text{W} \cdot \text{mm}^{-1}$)。注意,栅极电容 C_{G} 的数值约是 $1\ \text{pF} \cdot \text{mm}^{-1}$,这意味着实际电容是 $0.1\ \text{pF}$ 或更小,需要非常仔细地减小杂散电容。

到了 1990 年,高迁移率电子晶体管显然已经站稳了脚跟,接下来的手机市场的成长不仅强调了它的重要性,还在更新换代中带来了优化的需要,没有什么东西比广大的消费者市场更强调方法的微妙差别了。貌似微小的改变再乘以每年大约 5 亿部手机的销售量,就可以节省几百万美元!高迁移率电子晶体管不是躺在荣誉上睡大觉,而是继续追求更好的性能。特别是,GaAs 基 PHEMT 继续与 InP 基的 AlInAs/GaInAs 进行竞争,各种支持者作出了更加夸大的宣称。此外,技术也在继续进步。InP 基的器件现在使用的 InGaAs 层含有 80% 的 In,在这个过程中,它们本身变成了赝形性结构,而简单的 GaAs 基的器件仍然包含不超过 30% 的 In。关于成本的争论也在继续——InP 衬底仍然比 GaAs 贵很多,可以获得 6 英寸的 GaAs,而 InP 只有 3 英寸,进一步强调了这个差别。但是,故事肯定不会在那里结束——GaAs 技术又以"变形性高迁移率电子晶体管"(Metamorphic HEMT)的形式反击了,它在衬底和 InGaAs 层之间使用了梯度的 AlGaAsSb 衬底层,让功能层能够使用 80% 的 In,提供的性能与 InP 基的器件非常接近,同时还有价格上的优势!InP 现在应该怎么办?毫无疑问,会有人想出新办法的,在本书出版之前,这个描述就已过时了——我不打算预言最终的结果,而是继续饶有兴致地观察。现在的纪录是,截止频率通常大于 $300\ \text{GHz}$,已经报道了频率超过 $200\ \text{GHz}$ 的放大器。$94\ \text{GHz}$ 处的噪声指标是 $2\ \text{dB}$ 左右。

低噪声放大器是微波接收器必不可少的器件,但是,发射器对功率有要求,这方面的竞争也同样激烈。又一次,InP 基 PHEMT 的表现超过了直接的 GaAs 基 PHEMT,在功率加效率(PAE)方面超过了大约 50%,但是,由于 SiC 和Ⅲ族氮化

物(InN,GaN 和 AlN)的近期发展,这个特定的论证逐渐变得无关紧要了。SiC 和 GaN 在发光器件领域已经段有历史了,第 7 章将讨论它们,但是,它们在高功率微波晶体管方面也非常重要,这一点在 20 世纪 90 年代也变得明显了,显然这里应该讨论这些发展。SiC 和 GaN 是宽带半导体,它们在击穿电场方面有优势,这些材料做成的晶体管的工作电压可以比 GaAs 和 InP 基的器件高得多。它也有高温工作的潜力,汽车和航空工业对此很有兴趣。SiC 的热导性也很高,对于任何功率器件来说,这都是非常重要的——工作时不可避免地产生大量的热,必须传导给方便的热沉,否则,器件就会被烧掉。GaN 体材料晶体不能方便地用作衬底(第 7 章中将对此进行更详细的讨论),所以,GaN 结构通常生长在 SiC 衬底上,在热设计方面给了它们类似的优势。这两种材料的主要差别在于,SiC 器件是金属半导体场效应晶体管或金属-绝缘体-半导体(MIS)器件,然而,氮化物采用的形式是 AlGaN/GaN 高迁移率电子晶体管。在写作本书的时候,还有很多东西要搞清楚,但是宽泛地说,SiC 很可能主宰低频区域,大约到 10 GHz,而氮化物在更高频率处有明显优势,因为它们的饱和漂移速度高。现在的器件的典型功率密度如下:GaAs 在 10 GHz 是 $1.5\ \mathrm{W \cdot mm^{-1}}$,SiC 在 1 GHz 是 $3\ \mathrm{W \cdot mm^{-1}}$,AlGaN/GaN 在 10 GHz 是 $7\ \mathrm{W \cdot mm^{-1}}$,在 18 GHz 是 $3\ \mathrm{W \cdot mm^{-1}}$。然而,氮化物器件还有很大的发展空间,现在预言其最终表现还为时过早。

AlGaN/GaN 结构的一个迷人特点是沟道区压电诱导的电子,在物理学家中激发了很大的兴趣。氮化物晶体是纤锌矿结构,具有轴对称性(其他Ⅲ-Ⅴ族化合物是立方对称性),在受到应力的时候,表现出很强的压电效应。因此,AlN 和 GaN 有着相对大的晶格失配(平面内晶格常数大约相差 2.7%)这件事就特别重要,它在 AlGaN 层产生了应力,从而生成了压电电场。AlGaN/GaN 界面处电场的变化使得界面上必须有一层电荷(二维电子气)——即使 AlGaN 层并没有掺杂。部分是由于这个原因,部分是由于这种材料体系提供了很大的导带带阶,它的电子面密度非常大,常规的就能达到 $1.5 \times 10^{17}\ \mathrm{m^{-2}}$ 的高密度(10 倍于以前的器件能够达到的数值)。另外,GaN 的电子漂移速度很大,显然有利于功率器件得到很大的源-漏电流,再加上可以在高电压下工作,所以,很可能产生大的功率密度。最后,我们注意,AlN 和 InN 的晶格失配(11%)显著大于 GaN,这个材料系统的压电效应更大。

我们将会看到,GaN 基光学器件的发展实际上是由日本推动的,所以,美国在大功率氮化物方面的主导作用就特别惊人。据说,在 20 世纪 90 年代中期,美国觉得在蓝光的发光二极管和激光二极管方面落后得太多了,他们的投资机构决定专攻微波器件——他们的对手不太重视这件事! 也许吧,但是,在证明 GaN 高迁移率电子晶体管作为微波功率源的潜力方面,美国大学和公司的领先角色无可置疑。

康奈尔大学的里斯特·伊斯特曼小组(长期研究基于分子束外延生长的微波半导体器件)可能已经领先了,但是其他人紧追不舍,特别是伊里诺伊大学的哈迪斯·默寇克和加州大学圣塔巴巴拉分校的斯蒂夫·登·巴斯。有很多美国公司[①],几乎都是(毫不奇怪)半导体工业早期发展中的无名小卒。

金属半导体场效应晶体管和高迁移率电子晶体管显然让微波革命成为了可能,双极型晶体管留在 MHz 区作为逻辑电路中金属氧化物硅(MOS)晶体管的助手! 一个原因当然是,人们很早就认识到,GaAs 双极型器件由于少子载流子寿命非常短而灾难性地失败了。另一个原因是,因为高频晶体管要求基区很窄,所以,基区电阻通常都很大,这是不希望的。因此,有必要把基区掺杂得比低频器件高得多,这又让发射效率变得很差。在 n-p-n 晶体管中,发射极/基极结必须设计成 n^+-p 结,从而保证在正向偏压下,电流几乎完全来自发射区注入基区的电子。反方向的空穴流必须远小于注入的电子流。掺杂基区必然会增大空穴注入,降低了发射极的效率,当工作频率增大的时候,这个两难问题变得更加尖锐。有些奇怪的是,答案在很多年以前就有了。肖克利这位大明星在 1951 年的一个专利中提议,使用异质结发射结来阻止空穴注入,同时仍然使用重掺杂的基区。对此没有做任何事情,原因很简单,不存在相应的技术,但是,克勒默在 1957 年又捡起了这个想法,后来(在 80 年代,当技术允许的时候)给出了很多特别的提议想让它实现。特别是,他提议使用 InGaP/GaAs 的组合作为发射极/基极材料,让 p-n 结梯度化,从而改善注入效率(我们将看到这样做的原因)。特别有趣的是,根据 Hilsum,Rose-Innes (1961)第 203 页,第一个有增益的 GaAs 双极型晶体管实际上是发射极由 GaP 构成的异质结双极型晶体管(HBT),但是第一个实用的异质结双极型晶体管很可能是 1981 年北美罗克韦尔公司的彼得·阿斯贝克及其合作者报道的,近年来,随着这种器件的高频能力的快速进步,人们对它们在实际微波电路中的应用更感兴趣了。已经使用了几种材料系统,包括重要的非Ⅲ-Ⅴ族的系统——Si/SiGe。后者的明显优点是符合传统的硅技术,因此值得关注,即使是在主要讲Ⅲ-Ⅴ族化合物半导体的这一章里也这样!

严格地说,异质结双极型晶体管并不是低维器件,但是,它的成功依赖于分子束外延或金属有机化合物气相外延生长的异质外延技术,所以,它适合在这里讨论。另外也因为它是高迁移率电子晶体管的一个对手,这一节里关于后者我们已经讲了很多。为了把点子集中起来,图 6.18 给出了典型晶体管的物理设计,以及 AlGaAs/InGaAs 发射极/基极结器件的能带图。除了重要的价带台阶(它阻止了空穴流)以外,整个能带图还有两个特点:首先,导带有突起;其次,基区有梯度(从

---

① 原著这里有很多美国公司的名字,大多是缩写,很难核对全称,而且对理解上下文来说并不重要,所以略过不译。——译者注

发射结到集电结，$In_x Ga_{1-x} As$ 中的 x 在增大）。这个突起不全是好事，因为它减小了电子到基区的注入，但是，结区里仔细设计的组分梯度可以减小甚至消除这个影响。基区的梯度很有价值，因为它引入了一个电场，让电子加速通过基区，比正常的扩散式输运好得多。（这个发明是克勒默的又一个贡献，始于 1954 年，终于在 1981 年用上了！）实践中用它来增大基区厚度而不至于牺牲渡越时间，还减小了基区电阻。梯度基区器件已经实现了高达 300 GHz 的 f_T 数值，说明了这个工艺的有效性。（注意，InGaAs 和 GaAs 不是晶格匹配的，但是，因为基区很薄，需要的 In 的量很少，它是作为赝形性应力层生长出来的。）

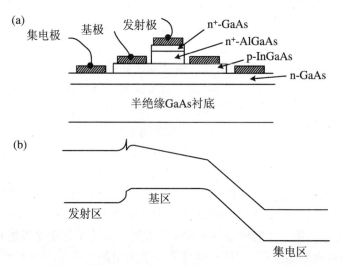

图 6.18　一个典型的 AlGaAs/InGaAs 高迁移率电子晶体管的结构和能带示意图
发射极/基极结是陡峭的 p-n 结，它引入了导带突起。InGaAs 基区是梯度化的，提供了内建电场，用来减小基区渡越时间。不同层的厚度如下：n^+-GaAs 100 nm，n^+-AlGaAs 230 nm，p-InGaAs 30 nm，n-GaAs 300 nm

至于高迁移率电子晶体管技术，已经尝试了许多材料体系，包括使用 $In_{0.3}Ga_{0.7}P$（与 GaAs 晶格匹配）而不是 AlGaAs 作为发射极。价带带阶因此变得更大了一些，导带突起更小了一些，现在有很多高迁移率电子晶体管的设计使用 InGaP 替换 AlGaAs——主要原因是更好的可靠性和可重复性。克勒默又一次说对了——他在 1983 年做了这样的推荐！但是，公平地说，他的主要论证建立的基础是，假设了 AlAs/GaAs 系统中导带和价带的分配是 0.85/0.15。现在我们知道，正确的数值接近于 0.67/0.33，这个论证的说服力就差多了（还有说服力吗？）。另一个重要的晶格匹配的材料系统是 $InP/In_{0.53}Ga_{0.47}As$，如前文所述，它已经相当成功地用在了高迁移率电子晶体管上。InGaAs 中的高电子迁移率对于异质结双极型晶体管的工作是非常有价值的，一些最令人印象深刻的性能指标与此有关。

然而,对于高迁移率电子晶体管,有些商业上的理由不利于任何基于 InP 的技术,如何解决商业和技术压力之间的平衡问题? 这个问题仍然有待于时间检验。很可能大多数应用可以满足于 GaAs 基的器件,除了一些非常高频率的要求以外。(但是记住,我们在书写历史,而不是预言未来!)非常清楚的是,异质结双极型晶体管正在许多微波应用中寻找位置,特别是在功率很重要的情况里(高迁移率电子晶体管仍然具有更好的低噪声性能),在这个背景下,应当注意观察 AlGaN/GaN 异质结双极型晶体管,特别是在工作温度高的时候。现在,基区接触电阻是个问题,但是,如果这个问题可以解决呢? (我们还是不要预言了吧!)

最后但绝非最不重要的是,几乎从 Si 晶体管发展的早期岁月起,人们就对 Si/SiGe 系统非常感兴趣。在很长时间里,这个体系太难了,无法生长满意的合金材料,但是,分子束外延和低气压化学气相沉积(LPCVD)的出现改变了一切,迎来了异质结双极型晶体管的快速发展。在 1998 年早期,一家名叫泰米克的德国公司(戴姆勒-奔驰公司的一部分)显然就要生产第一个商业化的 SiGe 器件了,但是,因为泰米克公司正在被出售,他们的市场领先地位失去了光彩——国际商业机器公司宣布,到 1998 年底,SiGe 射频电路工作在 $1\sim2$ GHz 的范围。虽然现在还太早,无法形成清楚的图像,但是,随着其他很多制造商参与竞争,SiGe 很可能会在 $1\sim10$ GHz 的器件市场里大显身手。

SiGe 合金的重要特性是,它们的带隙比纯 Si 小,Si/SiGe 界面的能带台阶几乎完全在价带,非常适合于 n-p-n Si/SiGe 结构中的基区。恰当设计合金中 Ge 组分的梯度,也可以形成梯度化的基区,就像已经描述的 AlGaAs/InGaAs 的方式一样,最后,SiGe 可以被掺杂到密度很高的 p 型,对于降低基区接触电阻非常有利。大自然显然喜欢硅(!),但是,有一个问题—— Ge 的晶格常数比硅大了 4% 左右,所以,使用的 Ge 组分不能太多,以便实现合金薄膜的赝形性生长——如果 Ge 太多了,就会产生位错、释放应力,从而降低器件的性能。还有更微妙的地方——对于宽度为 50 nm 的、完全稳定的基区应变层来说,Ge 的组分大致应当低于 10%,但是,只要不经受高温,Ge 含量高达 30% 的结构仍然是亚稳态的。这就导致了两种背道而驰的策略,它们依赖于 SiGe 器件是否与传统的 Si 电路放在同一个芯片上。如果是,硅的处理温度就要求低的百分比选项,如果不是,就可以使用更大的 Ge 组分,碰巧也利用了更高的 p 型掺杂。因此,器件的性能显著依赖于对上述问题的回答,在进行决策的时候,必须知道哪个区域是相关的。两种类型的器件现在都可以在市场上买到,SiGe 肯定会对以前属于 III-V 族材料的一部分高频市场发起强烈的挑战。这就是电子学的方式——历来如此!

幸运的是,生活里有许多方面并不像高速电路的竞争性一个那么强——强得邪乎。我们现在转向半导体研究中更有绅士风度、变化更慢的方面,用量子霍尔效应作为电阻标准。从 1980 年发现量子霍尔效应,到 1990 年 1 月 1 日它正式成为电阻标准,整整 10 年过去了。并不是说探索已经结束了——人们仍然在努力把适当的技术变得更加完美。在 1985 年的第 35 卷 *IEEE Transactions on Instrumentation and Measurement* 里,一系列文章描述了早期的工作,一篇有用的介绍性文章是 Hartland(1988),近期的发展可以在 Witt(1998)这篇文章中找到。

在量子霍尔电阻(QHR)被接受以前,电阻标准采用的是浸没在温度可控的容器中的绕线电阻器,金属线是锰或镍铬(nichrome)合金,以便实现非常低的电阻率温度系数。这个温度系数在 10^{-6} K^{-1} 的附近,温度稳定在"室温",精度为 1 mK(虽然"室温"在不同的实验室意味着略为不同的东西——介于 20 ℃ 和 28 ℃ 之间)。通常的数值是 $R = 1 \Omega$ 和 $R = 10$ kΩ。关于这些电阻器的详细性质,人们进行了很多研究。例如,人们发现,它们随着时间单调地漂移,速度是每年 10^{-7}!有证据表明,电阻随着温度循环表现出回滞行为。在采用交流测量而非直流测量的时候,测量值作为频率的函数有明显差别——等效电路毫不奇怪地包含有串联电感和并联电容。世界上的标准实验室用任何二级标准与初级版本进行比较的时候,都不得不容忍所有这些特点。实际上,精确比较的问题以前是(现在还是)整件事情的中心问题,这个挑战激励了人们开发极其精确的桥式电路,能够以 10^{-9} 的精度比较两个电阻。显然,这种设备至少有一些要能够在不同实验室之间运输的、以便保持世界范围的标准。这些努力的净结果就是大家都同意的电阻标准,精度达到 10^{-7} 的量级。

克利钦等人发现的量子霍尔效应立刻激发了全世界标准实验室的兴趣。显而易见的问题是:这个新效应能够提供不依赖于单个霍尔样品的标准、精度至少不低于当前的标准吗?还要记住,测量用了些很奇特的、很昂贵的设备,人们希望它实际上能够真正提高精度和可靠性。1990 年对电阻标准进行了国际比较,用量子霍尔电阻来校准,结果发现,不同标准的平均值与量子霍尔电阻的差别为 $1/10^8$。不同实验室的不同的量子霍尔电阻测量的比较(使用了可以运输的量子霍尔电阻设备)表明,只要遵循一些指导原则,R_H 的不同数值的差别在十亿分之几的程度,非常让人满意,比绕线电阻器能够得到的原始精度高了两个数量级。必须注意,只能用中等大小的测量电流,因为量子霍尔效应在大电流下会崩溃,有必要测量 $i = 2$ 和 $i = 4$ 的平台,以便检验漏电流达到了最小,测量温度必须保持很低(最好是 1.3 K),检验纵向电阻 R_{xx} 的数值也很重要(在霍尔平台区,这个值应该尽可能接近于零)。当然,还要使用量子霍尔电阻来校准标准电阻,这包括几个步骤:量子霍尔电阻首先和阻值接近于 $R_H(i)$($i = 2$ 或 4)的电阻进行比较;然后这个电阻和 100 Ω 的电阻进行比较;最后再和 1 Ω 的电阻比较。在一个特定的实验里,总体精度达到了 $2/10^9$。

在 1992 年以前,所有的测量都是直流测量(有一个是在 $f = 4$ Hz),但是,从使用校对过的"可以计算的电容"作为阻抗标准的趋势来看,人们希望进行 kHz 的测量,所以,现在人们对于交流而不是直流的量子霍尔电阻测量很感兴趣。在写作本书的时候,交流测量(1.6 kHz)和直流测量的差别是 $1/10^8$,但是,对于理解这些测量到底能够有多接近,目前还没有什么理论上的帮助。可以预期会有更多的进展。

6.6 光学器件

低维结构对电学器件的影响大还是对光学器件的影响大? 这是个争论点(很可能不那么重要!)。在结束本章之前,我们讨论两个非常不同的光学器件,它们显然都从低维结构那里得到了好处。其中更重要的是半导体激光器,它因为引入低维结构而大为改善,市场增加得很快,而光学调制器在科学上更有趣。

在第 5 章里,激光的故事已经讲到了 1970 年,实现了室温下的连续工作,阈值电流密度大约是 2 kA·cm^{-2},在 1973 年,分别限制的双异质结激光器进一步把阈值电流降低到 500 A·cm^{-2}(1962 年,最初的同质结器件的指标是 50 kA·cm^{-2})。这些指标显然证明了 AlAs 和 GaAs 晶格匹配好的优点,但是,故事并没有结束——量子阱的引入最终导致了 $J_{th} \approx 50$ A·cm^{-2},比 1962 年的同质结激光器小三个数量级,在不到 20 年的时间里,阈值电流的改进真是令人印象深刻。与 1990 年的垂直腔激光器一起,它们彻底改变了半导体激光器的商业地位,市场快速地扩张,现在大约是 40 亿美元,仍然在高速地增长。我们可以把市场大致分为大功率激光器(主要是 GaAs)、光通信激光器(主要是 InGaAsP)和光盘(读或者写)激光器(GaAs,InGaP 和 GaN)。本节讨论 GaAs 量子阱激光器,把其他材料留给适当的章节——第 7 章讨论 InGaP 和 GaN,第 8 章讨论 InGaAsP 通信激光器。

1975～1976 年,贝尔实验室首先报道了 AlGaAs/GaAs 量子阱结构的激光发射。米勒等人和范·德·兹勒等人在光学泵浦的结构中观察到激光行为,它没有p-n 结,只是给起初用于荧光研究的标准量子阱结构加了一对反射镜。这些报告来自贝尔实验室,并不让人吃惊——量子阱的首次荧光研究就是 1974 年在那里做的,但是,它的发展速度肯定值得尊敬。如前文所述,样品是用分子束外延生长的,那时候,贝尔实验室已经发展了很好的能力,下面这件事是个很好的说明:卓以和与凯瑟已经使用分子束外延生长了双异质结激光器,其性能接近于液相外延材料生长的器件。其他希望研究量子阱结构的实验室由于缺乏适当的生长设备而进步缓慢,但是,三年以后,伊利诺伊大学的科尔巴斯等人报道了类似的光学泵浦实验,样品是用金属有机化合物气相外延方法生长的。这特别有趣,因为它预示了长期战斗的来临:哪种生长方法更优越?战斗持续到20世纪90年代,最后的结论是,它们真的没有什么可挑的——两种技术都能够生长好的激光器,需要的投资也一样多!

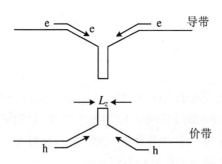

图6.19 能带结构示意图说明GRINSCH结构提高了量子阱捕获载流子的能力。梯度化的 AlGaAs 层很像一个漏斗,让电子和空穴都加速进入量子阱,然后在那里复合

曾焕天(Won Tsang)在贝尔实验室开展了另一个分子束外延活动,他在1979年报道了 AlGaAs/GaAs p-n 结多量子阱结构的阈值电流密度 $2\ \text{kA}\cdot\text{cm}^{-2}$,这个数值与那时候传统的双异质结激光器相仿。人们很快就认识到,使用量子阱的一个问题是,少数载流子进入量子阱的捕获概率很差,曾焕天(1981~1982年)第一个发现了解决方法——GRINSCH 结构,这个听起来很吓人的大写字母缩写表示"梯度折射率的分开限制的异质结"。代表性的能带结构如图6.19所示,可以看出,梯度化的带隙材料作为电子漏斗把两种载流子都导引到中心量子阱里。效果很显著——曾焕天报道了这种器件的阈值电流密度低达 $250\ \text{A}\cdot\text{cm}^{-2}$,真正地把量子阱激光器推上了光电器件的舞台。

但是,这一切都忽视了一个重要的问题:为什么起初有人想探索量子阱在激光器中的应用?答案显然来自非常早的岁月:人们预期量子阱激光器的性质显著不同于传统的双异质结激光器。1975年,在一篇关于量子阱性质的综述文章中,瑞·丁格尔指出,因为激射跃迁与 $n=1$ 量子受限态联系在一起,量子阱激光器可以用改变量子阱宽度 L_z 的简单方法调节,而且可以预期,增益会保持不变,如专题6.5所述。他还建议,因为导带和价带的台阶状的态密度,电流-增益特性曲线也会表现出显著差异(图6.15)。特别是,这个特点进一步降低了阈值电流密度,因为它的光学增益更大(具体解释参见专题6.4),此外,因为二维态密度随着温度线性地变化,与三维情况的 $T^{3/2}$ 关系相比,J_{th} 的温度依赖性降低了,在许多应用中,这是个重要的优点。量子阱降低了阈值电流密度,一个相当明显的因素不应该忽视:被泵浦的材料的体积大幅度地减少了。相应地,阈值电流当然也更小了,这可能是个重要的优点,但是,我们应当认识到,不那么好的一面是,输出功率也相应地小了。显然,看待这些特点的方式依赖于特定应用的要求,但明显的是,相比于它的三维竞争对手,量子阱激光器有几种可能的优势。怎么实现呢?

专题6.4　荧光线宽

半导体荧光谱线的宽度依赖于两个参数:温度和导带(价带)态密度。作为例子,我们假定相应的光学跃迁是导带中的电子与束缚在受主能级上的空穴复合(图6.20)。因此,空穴态没有色散(即所有空穴态的能量都相同)。对于体材料半导体来说,导带态密度 $N(E)$ 的变化关系是 $(E-E_C)^{1/2}$,其中 E_C 表示导带底的能量。在荧光实验中,电子注入导带里,然后很快地热化(thermalize)到带底,占据了从导带底向上 kT 数量级内的态。

实际上,可以把电子能量的热分布写为

$$
\begin{aligned}
n(E) &= N(E)\exp[-(E-E_C)/(kT)] \\
&= A(E-E_C)^{1/2}\exp[-(E-E_C)/(kT)] \\
&= A(kT)^{1/2}x^{1/2}e^{-x}
\end{aligned}
\tag{B.6.22}
$$

其中,$x=(E-E_C)/(kT)$。发光线形就满足这个关系,如图 6.20 所示。可以看出,它是个非对称函数,峰值位于 $x=1/2$,半高宽 $\Delta x=1.80$,即 $\Delta E=1.80kT$。对 T 的这种依赖关系表明,电子占据了能量在 E_C 以上数量级为 kT 的态。在室温下,荧光线宽约是 47 meV,在 4 K 下,约是 0.62 meV。当然,其他因素也对线宽有贡献,特别是在低温下,它们掩盖了热贡献。我们想说的是,$1.80kT$ 是这种跃迁的最小线宽。注意,一个类似的但更复杂的计算表明,导带到价带跃迁的形状函数是 xe^{-x},而不是 $x^{1/2}e^{-x}$,它的峰值位于 $x=1$,半高宽 $\Delta x=2.45$。

在量子阱发光的情况下,态密度的不同之处在于,在每个受限的能量台阶上,它是个常数(不依赖于能量)。在这种情况下,线形函数在低能端有个陡峭的截断,在高能端有个指数式的带尾。半高宽很容易得到,$\Delta x=0.693$,在室温下,$\Delta E=18$ meV,大约是体材料中能带-能带跃迁的线宽的 2/7(但是,量子阱发光通常由激子复合过程主导)。我们在这里强调,非常类似的论证适用于量子阱激光器的增益谱,它也相应地比体材料激光器更窄。为了达到特定峰值增益,需要的注入载流子密度的数值显著变小,阈值电流密度也就更低,这是量子阱激光器受到高度重视的一个主要原因。

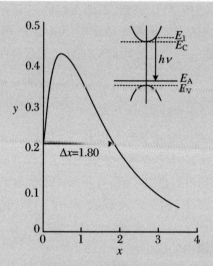

图 6.20　体材料 GaAs(或其他直接带隙材料)导带到受主的发光谱线的线形函数

参数 $x = (E - E_C)/(kT)$ 和发光强度作为能量的函数正比于 $y = x^{1/2}e^{-x}$。可以看出，发光峰值位于 $x = 1/2$，半高宽为 $\Delta x = 1.80$。因此，发光线的峰值能量就是 $h\nu_{pk} = (E_C - E_A) + kT/2$。这些结果基于的假设是，导带态密度为 $N(E) = A(E - E_C)^{1/2}$，适用于纯的无缺陷的半导体(对于很多真实情况来说，这是个很好的近似)

专题 6.5　量子阱激光器

为了理解量子阱激光器的行为，我们必须仔细地研究一个简单的模型：注入自由载流子密度和光学腔中光波的相互作用。图 6.21 就是为此目的而设计的。我们假定，宽度为 L_z 的单量子阱提供了光学增益，它位于宽度为 W 的光学波导的中心，为了简单起见，假定这个波导支持平面波，光在长度为 L 的光学腔的两端之间传播。每个腔镜反射一部分(R)的光强度，而另一部分($1 - R$)透射出去。专题 5.4 已经证明了，激射的阈值条件是

$$G = \alpha + (1/L)\ln(1/R) \tag{B.6.23}$$

其中，G 是"模式增益"，α 是腔内损耗，最后一项表示由于光从腔的端镜发射出去而带来的损耗。G 是整个波导截面上有效的平均增益。因为实际增益(或者说"局部"增益)g 只发生在量子阱的位置上，我们定义"填充因子"Γ，满足

$$G = g\Gamma \tag{B.6.24}$$

从图 6.21 显然可以看出，在这个简单模型里，$\Gamma = L_z W^{-1}$，这个数很小。在实践中，$L_z \approx 10$ nm，而 $W \approx 1$ μm，所以，$\Gamma \approx 0.01$。

在激光工作的基本模型里,假定局部增益 g 是注入载流子密度 n 的线性函数。这样就有

$$g = a(n_{th} - n_0) \tag{B.6.25}$$

其中,n_{th} 是阈值处的 n 值,n_0 是透明值(见专题 5.4)。比例因子 a 在量子阱的宽度范围内是个常数。利用这个表达式,可以得到模式增益 G 和阈值电流 I_{th} 关系的表达式。我们看看在阈值以下流进和流出量子阱单位面积的电流。输入就是电流密度 J,而出射光来自电子空穴复合。可能发生不同的复合过程,但是,复合寿命通常在很大程度上决定于非辐射复合,我们把这个速率写为 An(其中 A 是个常数)。还有相当程度的辐射复合(自发辐射),但是其速率远小于 An。(换句话说,辐射效率很低。)在此模型中,复合电流密度是 $J_R = e\,dn_s/dt = eAnL_z$,因此,对于任何 J,可以得到

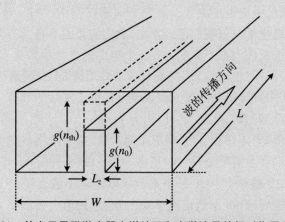

图 6.21 单个量子阱激光器中增益区和光学波导的相对位置示意图
假设光以平面波的形式传播,可以看出,填充因子 $\Gamma = L_z/W$,其中,W 是波导的宽度。腔长是 L,每端的反射镜都反射了一部分光

$$J = eAnL_z \tag{B.6.26}$$

最后,利用式(B.6.25)和式(B.6.26),我们得到 G 和 J 的关系式:

$$G = g\Gamma = [aL_z/(WeAL_z)](J_{th} - J_0)$$
$$= [a/(WeA)](J_{th} - J_0) \tag{B.6.27}$$

我们并不打算用公式(B.6.27)计算 G 的数值,只是给出一个重要结论:G 不依赖于量子阱宽度。改变 L_z,就可以调节激光波长,而且不会影响增益(因此也就不会影响阈值电流)。注意,这个结论依赖于 A 是常数这个假设,而不依赖于量子阱宽度。换句话说,我们认为量子阱中的复合与体材料一样。如正文所述,这个假设并不一定正确。

最直接的证明是激光波长随着量子阱宽度的减小而减小。这近似地符合束缚能随着 L_z 的减小而增大的预言,1984 年,飞利浦瑞德希尔实验室的工作戏剧性地证明了这个结果——卡尔·伍德布里奇及其合作者在 1.3 nm GaAs 量子阱中观测到可见光(707 nm)的激射,GaAs 的有效能隙增大了 320 meV,只要让它足够薄就可以了! 在原则上,同样的效应可以在以 $Al_{0.26}Ga_{0.74}As$ 作为功能材料的传统的双异质结激光器中实现,但是,不要忽略这个事实:很难生长质量足够好的 AlGaAs——Al 总是倾向于捕获氧,而氧在 AlGaAs 中形成了深能级,作为一个复合中心,它大大降低了辐射效率,然而,GaAs 量子阱受此影响的程度非常小(因为受限制的载流子波函数渗透到 AlGaAs 势垒中很少一部分)。权衡的结果是,在量子阱功能层使用普通的 Al 组分,这种方法实现了短到 650 nm 的波长。然而,这两种情况都有明确的证据与简单模型的预言有矛盾(专题 6.5)——随着波长的减小,测量得到的阈值电流也增大了。有两个因素起作用:首先,台阶状的态密度的假设很可能过于简化了——我们已经指出,真实的界面不是无穷陡峭的,量子阱的宽度也不是在整个平面内都不变的,1~2 个单层的变化很常见,这就导致了束缚能的非均匀展宽(不同"地理位置"的能量取值略有不同)。换句话说,台阶的边缘模糊了,专题 6.4 中计算得到的发光谱线宽度低估了实际的线宽。因此,实际的阈值电流大于理想模型的计算值。此外,因为 L_z 的 1~2 个单层的变化对于窄量子阱的影响更为显著,当 L_z(和 λ)变得更小的时候,这个效应就越大。其次,因为载流子波函数渗透到势垒的部分(相对)更多,当 L_z 减小的时候,势垒材料中非辐射复合的概率增大,专题 6.4 中 A 是个常数的假设就不成立了。实际上,如果势垒中的复合占据了主导地位,A 就正比于 L_z^{-1},因此,阈值电流密度 J_{th} 也以 L_z^{-1} 的形式变化。因此,在真实的量子阱激光器中,J_{th} 随着波长的减小而增大。

在宽量子阱($L_z \approx 10$ nm)激光器中,观察到了关于 J_{th} 的温度依赖性改善了的预言,但是,当减小 L_z 以实现更短的波长的时候,改善就趋于消失了。这个效应可以很复杂(就像量子阱激光器的大多数性能一样!),但是,主导机制很可能是阱中载流子的热发射,从而增强了势垒区里的复合。随着 L_z 的减小,受限制的电子态向上移动,接近于量子阱的顶端,热发射就更容易发生了。

量子阱激光器的另一个特点也得到了实验支持:在阈值以上,器件具有更大的微分增益(也就是说,公式(B.6.25)中的参数 a 更大)。这是因为二维导带底部(以及二维价带顶部)的态密度很大,虽然这个效应被上面提到的展宽效应缩减了一些,但是仍然很显著——至少对于宽量子阱是这样的。它有两个主要后果:首先,阈值以上的高增益提高了激光在大电流下的效率(因此,输出功率大)。量子阱激光器在大功率水平下表现出优秀的性能,影响了大功率器件的发展,在很多应用中对 CO_2 气体激光器发起了挑战。其次,大的微分效率导致了高频(130 GHz)区的"弛豫振荡",它是所有半导体激光器的本征特性。这一点很重要,因为它使得量子阱激光器的调制频率比它们的体材料竞争对手高得多。在今天的光电子系统中,使用的比特速度日益增大,这一点非常重要。

虽然量子阱激光器已经证明了自己的价值,激光发展的脚步并没有停下来。人们很早就认识到,既然量子阱能够提供比体材料更好的性能,量子线和量子点可能还会更好。这个结论直接来自进一步限制载流子导致的态密度(DOS)的变化。我们已经熟悉了二维限制的台阶状的态密度以及(参见专题 6.4)由此导致的激光发射对应的光学跃迁的线宽的减小——原则上可以预期,进一步的局域化将会带来更大的好处。与量子线相联系的态密度函数,在低能量端在 $E = E_i$ 处有尖锐的台阶,在高能量一侧下降得非常快($N(E) \propto (E - E_i)^{-1/2}$)($E_i$ 对应于一维能带底部的能量),这个能量范围相当窄,使得相关的光学跃迁变得非常尖锐,增大了局部的增益,相应地减小了阈值电流。量子点的情况就更是如此,它的态密度是单个能量的尖锐能级。实际上,在 1986 年发表的计算工作中,浅田等人预言了体材料、量子阱、量子线和量子点结构的 J_{th},它们分别是 1 000 A·cm^{-2}、400 A·cm^{-2}、150 A·cm^{-2} 和 50 A·cm^{-2},这就说明,增加限制有很大的内禀优势。还可以预期,温度依赖性也减小了,因为态密度分别正比于 $T^{3/2}$,T,$T^{1/2}$ 和常数。特别是,在这个简单模型里,量子点激光器的阈值电流应当不依赖于温度。这些结果对应的当然是理想的情况——能够生长物理尺寸均匀的量子线和量子点。我们已经看到,即使量子阱也并非完全如此,对于更小的结构,就不太可能是真的了——实际上是更不可能了,因为它们更加复杂。这些精细的结构几乎必然会有尺寸展宽,从而导致了非均匀展宽,对于任何试图在实际器件中利用它们的人来说,他们的日子都会因此而特别难过。如前文所述,量子点能够得到的最大的均匀度大约是 10%,对应的荧光谱线的宽度是 30~50 meV,比室温下的 kT 略大一些,与体材料的宽度相近。因此,关于激光增益谱的宽度可以做类似的评价。生长均匀的量子线和量子点结构是个重要的技术挑战,它们的进展要比量子阱激光器慢一些。

尽管说了这么多,进展当然不是完全没有。量子点的首次荧光测量是在 1986 年做的,但是,又过了八年,室温下连续工作的量子点激光器才出现,成功的团队是个乍看起来有些奇怪的组合,即圣彼得堡的约飞研究所以及德国柏林和温堡的研究小组。实际上,它反映了这么一件事:西方科学家强烈地感到,需要帮助他们的俄国同事——在 20 世纪 80 年代末期,随着共产主义政权的结束,俄国科学家在经济上陷入了困境。这时候建立了几种合作方式,第一个量子点激光器就是这种合作的早期成果之一。让人高兴的是,13 个作者中有一个正是泽罗斯·阿尔费罗夫,他与 1970 年双异质结激光器的发明有密切关系,2000 年获得了诺贝尔奖。这个激光器基于的是 AlGaAs/GaAs 结构中自组织的 InAs 量子点,发光波长接近于

970 nm,阈值电流密度略低于 1 kA·cm^{-2},与当时的量子阱激光器相比,并不是非常有竞争力,但是,初次亮相无疑是激动人心的。未来更加美好——同样的团队在1999 年报道了 InAs 量子点激光器,工作波长为 1.3 μm,阈值电流低到 65 A·cm^{-2},与量子阱激光器相比,现在已经非常有竞争力了,位于阿尔布开克的新墨西哥大学的研究者在一个类似结构中测量到 J_{th} = 24 A·cm^{-2},温度高达100 ℃。这个器件还表现出低得让人敬佩的温度依赖性,就像理论预测的那样。经过多年的努力,终于有了真正的希望,量子点激光器能够冲击终极性能了。这个场景还在不断地变化,我们只能拭目以待。

同时,量子线激光器也有了进展。这里同样有均匀性的问题,需要在材料生长方面有重要突破才能产生显著性的结果。量子线激光器的早期工作利用图形衬底上 V 形槽顶端形成的量子线,典型的技术形式(荒川在 1994 年描述的)如图 6.22所示。氧化硅的条沉积在 GaAs 衬底上,改变了随后的 AlGaAs 薄膜的生长条件,从而生长出一系列三角形截面的条。在它上面再生长 GaAs 量子阱,就在条的顶部产生了局部区域的宽阱,自由载流子局限在那里。观测到的荧光显然来自这些量子线,但是,均匀性让人失望,线宽的量级是 100 meV。另一个困难是激光器结构里量子线的数目比较少(典型为 100)。更大的成功需要另一种技术,它依赖于生长在"高指数"面上的量子阱。一个例子是日本大阪大学东胁及其合作者报道的,他们用分子束外延在(775)B 取向的 GaAs 衬底上生长 GaAs 量子线。1997年,他们报道了生长量子线,1999 年,又报道了激光二极管。以前,分子束外延薄膜生长在(100)晶面上,它们在整个表面的生长速度是均匀的,但是,这些高指数表面的特点是,不同晶向上的生长速率不同,这样就产生了起伏的表面,如图 6.22所示。重要的是,AlGaAs 生长为大致平坦的表面,而 GaAs 生长的表面有起伏(因为 Al 和 Ga 的表面迁移率不一样)。东胁等人能够生长 AlGaAs/GaAs 量子阱,阱的厚度周期性地变化,周期是 12 nm,厚度的最大值和最小值分别是 2.7 nm 和1.5 nm。载流子被限制在阱里,那里的厚度最大,形成了量子线,垂直于图所在的平面。人们还发现,有可能生长这些量子线的自组织的堆,在单个激光器结构中的量子线可以超过 10^4 个。荧光发射是在 670 nm(对于 GaAs 量子阱来说,这个波长非常短),线宽(在低温下)是 15 meV,这说明了均匀性非常好。最佳的激光阈值大约是 1.5 kA·cm^{-2}(对于这么短的波长来说,这个指标很了不起),而且温度依赖关系表现出希望,小于同时生长在(100)衬底上的量子阱。

低维半导体激光器已经为提高激光器性能作出了巨大贡献,从阈值电流低达1 mA(适合在高速集成电路中作为信号连接)的低功率器件,到能够切割钢铁的大功率器件。现在,单个 GaAs 激光器的输出功率能够达到 10~15 W,而相阵列激光器已经报道了能够达到 150 W。大功率器件的一个特定用途是泵浦掺铒光纤放大器,它们在光纤光学通信中的使用数量正在增大。在玻璃光纤中掺入铒作为杂质,可以让光纤成为激光器,在长途通信系统的中继站里用作低噪声放大器,对于海底光缆绝对是至关重要的。然而,铒激光器是在 980 nm 或 1 480 nm 波长处泵浦的,前者用得更多些。为了产生 980 nm 的辐射,需要 InGaAs 而不是 GaAs,但是,通常采用应变层量子阱的形式。窍门是传递尽可能大的功率(大致为 1 W)进入到光纤的末端——更大的功率意味着更多的粒子数翻转,还需要提高噪声性能——噪声性能改善了,中继站就可以分离得更远,不用说,它的商业价值非常高!这些泵浦激光器的市场价值大约是 5 亿美元,而且正在快速增长。更短波长(780 nm)的激光器的另一个重要市场是激光打印机,那里有个机械扫描系统让激光束扫描一张纸,从而产生了相应信息的电荷"像",然后用静电吸引碳粉颗粒,从而形成了最终图像。这个市场也在增长,但是仍然比泵浦激光器的市场小一个数量级,与光盘存储系统使用的读和写的激光器的需求比较,就差得太远了——后者已经超过了 10 亿美元。

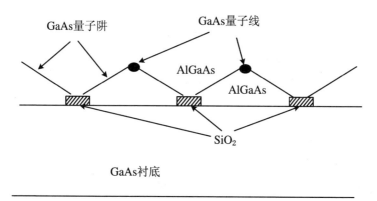

图 6.22 荒川生长 GaAs 量子线阵列的技术示意图

首先在 GaAs 上做出条形的氧化硅,然后生长一层 AlGaAs,形状像倾斜的屋顶(因为 SiO₂ 改变了生长条件)。然后再生长一薄层 GaAs 量子阱,接着是最后的 AlGaAs 盖层。在"屋顶"的最高处,量子阱比其他地方厚一些,阱里面的电子就局限在这些更厚的区域里,因此,它就表现为量子线。(注意,量子阱中的束缚能在更厚的区域里更小,所以,电子能量也相应地更低。)

我们讨论过的所有激光器都是条形激光器,也就是说,它们是又细又长的条形,光从条的末端(它们形成了光学腔的端镜)发出。典型的尺寸是 500 μm × 10 μm × 2 μm,但是整个结构生长在导电衬底上(例如,Si 掺杂的 GaAs),衬底的厚度可以是 200 μm。这个结构固定在铜制的热沉上,热沉再固定在某个支撑体上,给条的顶部和底部提供电学接触(例如晶体管的管座)。在单个 GaAs 片子(或者其他合适衬底)上生长很多个激光器,接下来必须切划和解理,把它们分成单独的器件。这种技术非常适合于制作单个使用的激光二极管(例如光盘播放机),但是不太适合阵列器件,也不适合要求发射光垂直于半导体片子表面的单个器件。因此,我们需要"垂直腔面发射激光器"(VCSEL),它利用平面工艺制成,符合大规模阵列的制作要求。这种器件可以应用在并行信号处理上,其中的信号由平行的光束表示(而不是电流),还可以用于集成电路之间的信号光学耦合(第一个电路使用激光,第二个电路使用光探测器)。垂直腔面发射激光器的另一个优点是,它的截面积比较小,工作电流就很小,而且,它的圆形光斑适合于耦合到光纤里(传统的激光器产生了很扁的椭圆形光斑,必须用合适的透镜进行校正)。在 20 世纪 90 年代,人们对这种激光器的兴趣和需求迅速增长,投入了很大力量开发它。现在,垂直腔面发射激光器的市场达到了大约 10 亿美元,到了 2010 年,将会是这个数字的 10 倍。

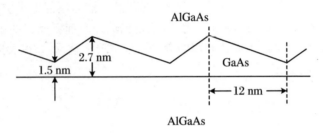

图 6.23　在高指数(773)B 面的 GaAs 衬底上用分子束外延生长
"瓦楞状起伏的"GaAs 量子线

AlGaAs 倾向于生长为比较平坦的表面,而 GaAs 的厚度随着高指数表面台阶的位置而变化。电子局限在量子阱中更厚的部分,从而导致了量子线的行为

垂直腔面发射激光器可不仅仅是让传统激光器翻了身! 首先要认识到,任何外延生长的垂直结构在厚度上最多也只有几微米,这就严重限制了腔的长度。因此,如果增益类似于传统激光器,构成光学腔的镜子的反射率就必须大得多。利用公式(B.6.23),很容易地把这一点定量化。如果我们把它写为下述形式,那就更容易了:

$$R = \exp[-L(G - \alpha)] \tag{6.15}$$

其中,R 是镜子的反射率,L 是腔长,G 是模式增益,α 是损耗。垂直腔面发射激光器的填充因子 Γ(参见专题 6.5)接近于 1,所以,模式增益等于局部增益 g,典型数值是 10^5 m^{-1} 左右。假设 $G \gg \alpha$,令 $L = 1\ \mu$m,我们发现 $L(G - \alpha) = 10^{-1}$,所以,可以把公式(6.15)写为

$$R \approx 1 - L(G - \alpha) \tag{6.16}$$

这样就得到了结果,$R = 1 - 0.1 = 0.9$,显然远大于传统设计中解理面反射镜的典型值 $R = 0.3$。为了得到这个反射率,需要使用金属反射镜,曾田等人在 1979 年就是这样做的,他们演示了第一个垂直腔面发射激光器。(半导体激光器可能主要是美国的发明,但是,垂直腔面发射激光器同样是个日本的发明,早在 1977 年,东京

工业大学的伊贺等人就已经提出了这个想法。)这种情况下的功能区是 $1.8\ \mu\mathrm{m}$ 厚的 GaInAsP 层（夹在 InP 电极层之间），它在 77 K 温度下实现了脉冲激射，阈值电流密度高得惊人，为 $11\ \mathrm{kA \cdot cm^{-2}}$，这是因为使用了很大的功能区体积——$V = 4\times10^{-15}\ \mathrm{m^3}$，而典型的双异质结条形激光器是 $6\times10^{-16}\ \mathrm{m^3}$（$300\ \mu\mathrm{m}\times10\ \mu\mathrm{m} \times 0.2\ \mu\mathrm{m}$），10 nm 单量子阱器件是 $3\times10^{-17}\ \mathrm{m^3}$。（但是要记住，第一个同质结激光器的阈值电流密度大约是 $50\ \mathrm{kA \cdot cm^{-2}}$。）前进的道路有两个方向：首先，把功能材料改变为 GaAs（电极变为 AlGaAs）；其次，减小功能区体积，逻辑性的结论又是 10 nm 的单个量子阱。然而，这是有代价的。公式（6.16）清楚地表明，如果 $L = $ 10 nm，反射率需要变为 $R = 0.999$，也就是 99.9%！反射率最大的金属镜也只有大约 98%，达不到这个要求。人生啊，从来都不容易！

终究还是有些进展的，这可以从阈值电流密度在 1984～1999 年期间的减小趋势看出来（图 6.24）。1984 年，东京小组演示了带有金反射镜的 AlGaAs/GaAs/AlGaAs 结构在室温下的脉冲工作，阈值电流很高（约 $10^5\ \mathrm{A \cdot cm^{-2}}$），因为功能层的厚度很大（$2.5\ \mu\mathrm{m}$）。发光波长是 874 nm，远场光斑是圆的，发散角小于 10°。他们还证明了激光的相邻纵模的间隔是 $\Delta\lambda = 11\ \mu\mathrm{m}$，符合光学腔的长度 $7\ \mu\mathrm{m}$，表明比较容易实现单模工作。事情搞得差不多了，但是还要降低阈值电流，才有可能慎重地考虑把这个器件投入应用。减小功能区的厚度，可以减小阈值电流和电流密度，减小器件面积，也可以减小阈值电流，但是，不会减小电流密度。不用说，减小器件电流不可避免地减小了光功率，但是，很多应用只需要普通的功率，所以，这并不太严重。

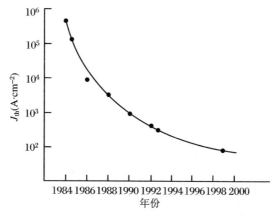

图 6.24　1984～1999 年，一些垂直腔面发射激光器研究小组报道的阈值电流密度的测量值

可以看到，在 15 年的时间里，J_{th} 下降了三个数量级多一点，进展速度比条形激光器在 1963～1980 年期间快得多。后者的 J_{th} 从大约 $30\ \mathrm{kA \cdot cm^{-2}}$ 降低到 $300\ \mathrm{A \cdot cm^{-2}}$

　　如前文所述,功能层更薄了,总增益就减小了,必须用更高的反射率来补偿。在单个量子阱的极限下,这就要求镜子的设计有个全新的方法,实践中很快就使用多层布拉格反射镜而不是金属反射镜了。其原理(以 AlAs/GaAs 堆为例)如图 6.25(a)所示,它可以用分子束外延或金属有机化合物气相外延方便地生长。在每个界面处,折射率有个突变,产生了很小的反射,如图所示,如果每层的厚度是功能层发光波长的 1/4,相邻界面的反射光就会相长地干涉。一个多层堆里的每一对界面都是如此,即使每个界面只反射大约 0.6% 的光,总反射率随着对子数目的增多而急剧增大(图 6.25(b))。为了达到 99.9% 的反射,需要大约 30 个 AlAs/GaAs 对子,每层大约是 80 nm 厚(总厚度大约是 5 μm)。

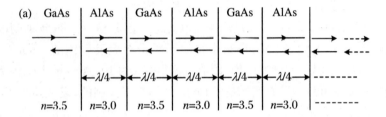

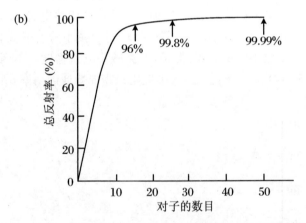

图 6.25 AlAs/GaAs 多层布拉格反射镜的示意图

从左边入射的光在每个界面处都部分地反射,在每个 AlAs/GaAs 台阶处得到相位 π(这里的折射率突变是正的),在每个 GaAs/AlAs 台阶处没有相位变化(折射率突变是负的)。当每层的厚度都是波长的 1/4 时候,每个界面发射的光波就相长地干涉,总反射率强烈依赖于 AlAs/GaAs 对子的数目,如图 6.25(b)所示

　　现在该看看使用布拉格反射镜的垂直腔面发射激光器的典型结构了,例如,加州大学圣塔巴巴拉分校的拉里·寇尔准小组的吉尔斯等人使用的器件,他们在 1990 年演示了第一个室温下连续工作的垂直腔面发射激光器。1970 年,激光世界为第一个连续室温的条形激光器而欢呼,这一次,垂直腔面发射激光器也取得了相

应的突破,依赖于同等程度的复杂性。基本特点如图 6.26 所示。整个结构由分子束外延生长,器件的功能区包括 8 nm 的应变 $In_{0.2}Ga_{0.8}As$ 量子阱,夹在两个 10 nm GaAs 势垒层之间,发光波长是 $\lambda = 963$ nm。注意,光子能量显著小于布拉格反射镜材料的能隙,从而尽量减小了镜子的吸收损耗,对于实现高反射率非常重要。n 型反射镜堆包含 28.5 个 AlAs/GaAs 对子,掺杂浓度为 $n = 4 \times 10^{24}$ m^{-3},而 p 型反射镜包含 23 个对子,掺杂浓度类似。(从图 6.26 显然可以看出,驱动电流流过反射镜,所以,必须尽可能地高地掺杂它们,以便减小串联电阻。)器件的 p 端被反应离子刻蚀定义了一个 $12\ \mu m \times 12\ \mu m$ 到 $1\ \mu m \times 1\ \mu m$ 的截面,这样产生的柱子被沉积了一层聚酰亚胺(一种方便的绝缘材料)薄膜来钝化。对于许多 $12\ \mu m \times 12\ \mu m$ 的器件,阈值电流接近于 1.1 mA,相应的电流密度是 800 $A \cdot cm^{-2}$,阈值电压是 4.0 V,比功能层的能隙略大一些,这是因为结构中剩余的串联电阻。布拉格镜子带来了一个基本问题,即它们在导带和价带里引入了很多台阶,每个都是很小的电压降。吉尔斯等人把它们的影响减到了最小,在每个台阶处利用梯度化的 Al 组分,还包括一个梯度化的短周期 AlAs/GaAs 超晶格,这就是前面说它们的设计很复杂的原因之一。基于他们文章中给出的信息,做个简单的加法,就可以估计到,需要生长的不同层的总数大约是 935!不用说,分子束外延设备是计算机控制的,在生长以前,整个结构就已经编好程序了。

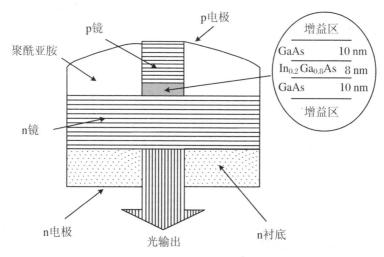

图 6.26 第一个室温连续工作的垂直腔面发射激光器的结构示意图(吉尔斯等人)

功能区包括单个 InGaAs 量子阱,位于一对 AlAs/GaAs 布拉格反射镜之间。用反应离子刻蚀来定义截面,用聚酰亚胺薄膜钝化了暴露出来的表面。因为光子能量小于 GaAs 的能隙,激光的输出光束可以从衬底透射出来

这些发展使得垂直腔面发射激光器作为重要的实际器件站稳了脚跟,定下了

未来发展的调子。因为光学设计的改善(把功能区放在光学腔里面)和电学截面制作技术的改善,阈值电流持续改善。现在,后面这个工艺引入了单个的 AlAs 厚层,它从器件的边缘被氧化,在靠近功能区的地方形成了绝缘"领子"(或"电流孔"),避免了反应离子刻蚀工艺引入的表面损害的影响,让这种损害远离了功能区。现在,最小的阈值电流密度是 100 A·cm^{-2} 左右,在 2 μm × 2 μm 的器件里,阈值电流已经减小到 20 μA 左右 ,对于垂直腔面发射激光器应用于高速电路中的信号传输,这是非常重要的。在理想情况下,人们希望使用数字信号本身来驱动激光,而不需要单独的电压。但是,为了避免人们误以为垂直腔面发射激光器只在非常低的光强水平上才是有用的,需要指出,德国乌尔姆大学最近已经开发出小阵列器件(19个激光器),适合于泵浦铒光纤激光器。其他的重要进展与垂直腔面发射激光器在光学通信领域里的应用有关,也就是在波长为 1.3 和 1.55 μm,但是,这个讨论还是留给第 8 章吧。

　　垂直腔面发射激光器无疑是个惊人的成功故事。光电子领域现在有很多光发射器,覆盖了很宽范围的波长和输出功率,具有对称的输出光束形状和相对窄的光束发散,很适合于耦合到光学光纤里。垂直腔面发射激光器比传统的条形激光器有许多优点,它们的工艺更简单,自然地发出单个纵模,可以很好地成为大的、平面阵列的形式,适合于并行光信号处理。此外,它们的平面技术符合其他平面电子学器件制作要求,能够与不同的电子学和光学功能组合在单独一个半导体片子上。我们还要看到这个事实:它们的设计策略依赖于使用量子阱。因此,垂直腔面发射激光器提供了优秀的论证,安慰了我那些担心的大学朋友——它在发展阶段待的时间可能有些长,但是,它确实有些好东西值得等待。

　　本章的最后一个主题是一个有趣的物理效应的发现和初步利用,它是低维结构中一个独特的效应,称为"量子受限斯塔克效应"(QCSE)。斯塔克效应在几个领域里很有名,特别是在气相原子光谱中。它指的是,大电场可以影响原子能级,可以用它们的发光谱或者吸收谱来检测。这里的差别仅仅是,它涉及了量子阱的能级。为了理解这个效应,应当再看看量子阱中光吸收的性质。如前文所述,吸收边对应于从价带中 $n = 1$ 的重空穴态到导带中 $n = 1$ 的电子态的光学跃迁(为了方便起见,图 6.27(a)把它重新画了出来),但是,我们还应该记得,二维系统中的激子效应非常重要。激子的光子能量等于量子阱材料的能隙加上两个束缚能量,再减去激子束缚能。垂直于量子阱平面施加电场 F 的时候,情况会怎么样呢?图 6.27(b)给出了答案 ——如图所示,带边倾斜了,特别是,量子阱的底部不再是平坦的,而是一个斜坡,能量高度为

$$\Delta E = eFL_z \tag{6.17}$$

发生了两件事情:首先,束缚能增大了(相对于最低的导带/最高的价带能量);其

次,电子和空穴被拉开了,所以,它们聚集在量子阱里相对的两端。认识到这一点很重要:它们都被量子阱势垒拦住了,所以,激子仍然存在(显著不同于体材料半导体中的情况,那里的激子被电场拆散了),因此,激子吸收仍然发生。然而,光子能量减小了(很大程度上是因为带边的坡度),电子和空穴波函数的重叠也减小了。换句话说,随着电场的增大,激子峰移到了更低的能量,吸收强度也减小了。有可能用激子峰的向下偏移制作一个光调制器。如图6.27(c)所示,如果一束光穿过这个结构,在略小于激子吸收能量的 $h\nu_1$ 的地方,吸收损耗很小,但是,施加合适的电场,可以把激子吸收向下移动,直到这个峰位于我们选定的能量,吸收损耗就大大增强了。周期性地改变电场的振幅,与一个适当信号同步,信号就能够以幅度调制的方式叠加在这个光束上。这个过程可能非常快,因为它仅仅受限于电子和空穴跑过量子阱的宽度所需要的时间。

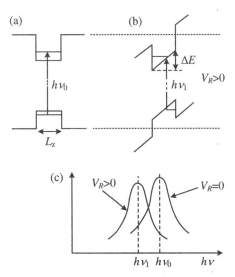

图 6.27　量子受限斯塔克效应光学调制器的物理原理示意图

(a)量子阱中 $n=1$ 的重空穴态到 $n=1$ 的电子态的跃迁。激子吸收的能量比这小一些,两者的差别对应于激子束缚能。(b)垂直于量子阱平面施加大电场产生的影响。电场使得能带边发生倾斜,电子和空穴朝着阱相对的两端移动,束缚能也相应地改变了。净效应减小了适合于激子吸收的光子能量,(c)用这个激子位移实现了一个基于光学频率 ν_1 的光学调制器。在零偏压下,吸收很小,在 p-i-n 二极管两端施加合适的反向偏压 V_R,激子吸收的能量减小,显著增大了工作频率 ν_1 处的吸收损耗

为了设计这个调制器,必须知道需要多大的电场。显然,它应当大得足以把激子峰移动大致为线宽的数量(10 nm 量子阱的典型值大约是10 meV),如果用公式(6.17)对移动量进行非常粗略的估计,可以得到,$F \approx 10^{-2}/10^{-8} = 10^6 (\text{V} \cdot \text{m}^{-1})$。这肯定是低估了,因为它忽略了前面提到过的束缚能的增大(它起的是反作用,减

小了移动),因此,实践中需要大一些的电场,大致是 5×10^6 V·m^{-1}。接下来的问题就是:怎样才能方便地产生这个电场?答案是,应当利用反向偏置的 p-n 结中已经存在的电场。更好的方法是使用 p$^+$-i-n$^+$ 结中的电场,因为没有掺杂的 i 区里的电场是均匀的。为了把最大吸收值增大到有用的水平,希望使用很多量子阱(比如50 个),所以,电场至少要在 50×20 nm $= 10^3$ nm $= 1$ μm 的厚度上是均匀的。1984年,贝尔实验室的伍德等人首次演示了基于这些原理的调制器。他们在一个包含有 50 个周期的 AlGaAs/GaAs 多量子阱的 GaAs p-i-n 二极管上施加 8 V 的反向偏压,吸收系数改变了 2 倍,测量得到的翻转时间是 2.8 ns(受限于二极管的 RC 时间常数),已经成为后来许多实验的样板。

这个透射式调制器很简单,它的明显缺点是难以得到很大的开关比,但是,后来基于布拉格反射镜的反射调制器极大地改善了这个性能。入射光两次穿过调制器多量子阱,被布拉格堆反射。对这个结构的详细分析表明,总反射率对多量子阱里的损耗非常敏感,伦敦大学学院的怀特海在 1989 年报道了开关比大于 100∶1。然而,单次通过的调制器仍然很重要,可以作为集成的光调制器单元,其中,一部分多量子阱结构被正向偏置,从而产生激光,相邻的区域是反向偏置的,作为调制器。这种安置有个很大的优点:光束在量子阱平面内行进,这样就显著地增大了吸收长度。现在,光纤光学通信对这种结构有很大兴趣。

多量子阱调制器的基本原理也被巧妙地用在光学开关上。1984 年,贝尔实验室的戴维·米勒及其合作者首先描述了它,把它命名为"自电光效应器件"(SEED)。之后,它得到了很多改进,但是,现在仍然不清楚光学信号处理和光计算(这些与它有关)是否拥有灿烂的商业前景。这个器件的新特点依赖于这个事实:位于 p-i-n 二极管中的多量子阱结构是个有效的光探测器——当光被多量子阱层吸收的时候,光电流流过二极管并通过外电路。考虑图 6.28 所示的电路。在没有光的时候,二极管表现出高阻抗,几乎所有的外加电压都落在二极管上。假设光子能量对应于零偏压吸收峰的光照射在二极管上——少量吸收所产生的光电流有效地减小了二极管阻抗,更多的电压落在负载电阻上,二极管上的电压就减小了。因此,吸收峰就向上移动,从而增大了光学吸收(就像前面解释的那样),产生了更多的光电流,落在二极管上的电压就更小了。显然这是个正反馈,二极管很快从高阻-低吸收态转变到低阻-高吸收态,只要光继续照射,这就是稳定的。减小光强度,自电光效应器件就会返回它的初始状态。对一些自电光效应器件,已经测量到了最短为 30 ps 的翻转时间,但是,翻转过程依赖于电子电路这个事实被一些人看作是严重的缺点——在许多应用中,人们更喜欢全光学开关。

低维结构这个主题就要结束了,但是要强调一下,低维结构的想法和技术已经强烈地冲击了其他许多半导体研究领域。有许多例子,但是,用一个例子就可以很好地说明这一点:近期人们对Ⅱ-Ⅵ族化合物和Ⅲ族氮化物的发光器件(见第 7 章)越来越感兴趣。显然从一开始,基于这些材料的发光二极管和激光二极管就用量子阱(甚至量子点)作为它们的功能区。一旦初始材料系统(例如 AlAs/GaAs)确立了低维结构的基本行为,自然而然就要把它们应用到其他材料和其他问题,而且获得了同样的成功。毫无疑问,低维结构已经站住脚了。最后再评论一下。你应该已经注意到,本章中没有一节讲"物理"。为什么不讲呢? 因为低维结构的各个方面显然都有物理。试图把任何特定方面分离出来并称之为"物理",似乎是很不合适的——我们一直和物理在一起。

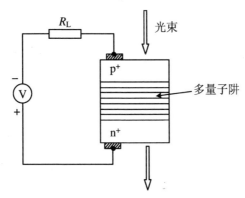

图 6.28　自电光效应器件光开关的工作电路示意图

器件在高阻-高透射态和低阻-低透射态之间变化,这是两个效应的结果:(ⅰ)二极管的多量子阱区的光学吸收产生的光电流;(ⅱ)二极管反向偏压导致的多量子阱激子吸收峰的能量变化

参考文献

Banyai L, Koch S W. 1993. Semiconductor Quantum Dots[M]. Singapore: World Scientific Publishing Company.

Barnham K, Vvedenski D. 2001. Low Dimensional Semiconductor Structures[M]. Cambridge: Cambridge University Press.

Bastard G. 1988. Wave Mechanics Applied to Semiconductor Heterostructures[M]. Edition de Physique Les Ulis France.

Beenakker C W J, van Houten H. 1991. Solid State Physics, 44: 1.

Davies J H. 1998. The Physics of Low Dimensional Structures[M]. Cambridge: Cambridge University Press.

Hartland A. 1988. Contemp. Phys., 29: 477.

Hilsum C, Rose-Innes A C. 1961. Semiconducting Ⅲ-Ⅴ Compounds[M]. Oxford: Pergamon

Press.

Jaros M. 1990. Physics and Applications of Semiconductor Microstructures[M]. Oxford: Clarendon Press.

Kelly M J. 1995. Low Dimensional Semiconductors[M]. Oxford: Clarendon Press.

Morkoc H, Unlu H. 1987. Semiconductors and Semimetals, 24: 135.

Schaff W J, Tasker P J, Foisy M C, et al. 1991. Semiconductors and Semimetals, 33: 73.

Weisbuch C, Vinter B. 1991. Quantum Semiconductor Structures[M]. San Diego, CA: Academic Press.

Willardson R K, Beer A C. 1987. Semiconductors and Semimetals: Vol. 24[M]. San Diego, CA: Academic Press.

Witt T J. 1998. Rev. Sci. Instrum, 69: 2823.

第 7 章
要　有　光

7.1　基本原理

半导体技术更激动人心、更引人关注的方面是可以把电能直接转化为光能。第 5 章已经讲到了 GaAs 发光二极管。一个正向偏置的 p-n 结在红外光谱区发"光"（$\lambda = 880$ nm），它在 1955 年初次亮相，但它是卓有建树的发光器件传统的自然结果。早在 1907 年，就出现了第一篇电致荧光的报道，英国人 H·J·荣德（他有段时间是马可尼的助手）报道了关于 SiC 的实验结果，诺夫哥罗德州射频实验室的俄国人奥列格·罗谢夫给予这个结果更加科学的基础，他在 20 年代认识到了正向偏压和反向偏压的差别。然而，直到 1952 年，科特·雷奥维奇及其同事（蒙默斯堡信号工程研究实验室）才用少数载流子注入 p-n 结的方式讨论了这个效应（使用了他们对当时还很新的晶体管的深刻认识）。接下来，贝尔实验室的海尼斯和布里格斯很快就在锗和硅中观察到正向偏置的电致荧光，到了 1955 年，在许多 Ⅲ-Ⅴ 族材料中都得到了类似结果，例如 GaAs，GaSb 和 InP。

人们很快就认识到，如果用能隙更宽的半导体材料做出类似的器件，它们就可以在可见光波段发光（$\lambda = 700 \sim 400$ nm，对应于 $h\nu = 1.77 \sim 3.10$ eV）。早期的例子是 SiC，ZnS 和 GaP，但是，因为 ZnS 不能够掺杂成 p 型，这种情况下的发光是交流的电致荧光，在 20 世纪 50 年代发展得很广泛。明亮的黄光非常赏心悦目，但是，因为技术上的困难和对机制缺乏合适的理解，它没有被广泛接受。SiC 的 p-n 二极管能够发出蓝光，但是效率非常低，直到 60 年代，GaP 作为材料才发展得足够好，它的红光和绿光器件进入了市场。SiC 和 GaP 都是间接带隙材料，所以很难高效率地发光——第一个直接带隙的可见光发射器是 GaAsP，它能够在红光波段发光,霍罗尼亚克把它用在自己开创性的激光工作中(如第 5 章所述)。液相外延法生长用于异质结激光器的 AlGaAs 材料的发展,使得 20 世纪 70 年代早期出现了效率更高的红光二极管,很快跟上来的是它的主要竞争对手 InGaAlP,它也是直接带隙材料,但是能隙稍微大一些,能够发出红光、橘黄色光和黄光。

这种情况持续了一段时间——效率为几个百分点的红光二极管很容易得到,其他能够用几伏特和几十毫安的正向偏置发光的器件就是基于 GaP 的效率很低的绿光器件和基于 SIC 的效率非常低的蓝光器件。红光发射器很快就用作指示灯,还以七段数码管的形式广泛地用在数字显示上。再后来,红光和黄光发射器也已经开始占据汽车和卡车上的刹车灯和信号灯。因为眼睛对光谱的绿色部分敏感得多(参见专题 7.1),GaP 器件看起来亮度相仿,也得到了广泛的使用,但是,缺少高效率的蓝光发射器阻止了实用的全彩色显示的发展——白光发射器。液晶显示是很多应用中的主要竞争者,因为它们的功率消耗更低,20 世纪 80 年代平板液晶显示的发展使得液晶在显示领域的优势比发光二极管大得多。不同形式的等离子显示器也强烈地竞争,减缓了发光二极管的商业发展。但是无论如何,相对高效的、自照明性质的发光二极管还是很有吸引力的,保证了它们在市场上的持续存在——尽管没有有效的蓝光器件,在 90 年代早期,发光二极管的市场也超过了 10 亿美元,现在更是超过了 30 亿美元。

专题 7.1　发光二极管的效率

发光二极管的效率显然是个重要参数,它决定了单位驱动电功率下的表观亮度。毫不奇怪,文献中充斥着"效率"这个词,但是,我们必须注意它的精确含义,它有几种不同的定义。首先,必须区分量子效率和"功率效率";然后,要知道"内效率"和外效率的(可能很大的)差别(参见专题 7.2);最后,我们必须认识到,光输出可以表示为 W(即功率)或 lm(即光通量),而后者的使用很容易引起误会! 整本整本的书讨论了光的单位这个主题(例如 Keitz(1971)),这里只能浮光掠影地介绍一下,即使简单的介绍也有助于避免读者被彻底搞晕。

首先考虑内量子效率。发光二极管的工作原理如下:电子流从 p-n 结的一端注入,遇到另一端注入的空穴流,电子和空穴在 p-n 结附近复合,产生了光(光子)和热(声子)。产生光的量子效率定义为比值:(光子数)/(光子数 + 声子数)。(注意,这里假定,二极管的全部电流都用于电子-空穴复合。)还可以定义内功率效率,它是产生的光功率(单位为 W)和二极管输入功率的比值。不用说,这两个效率是密切联系的。假定每秒钟有 N_{ch} 个电子-空穴对在结区复合,产生了 N_{ph} 个光子。显然,内量子效率 η_i^q 就是

$$\eta_i^Q = N_{ph}/N_{ch} \tag{B.7.1}$$

同样也可以把二极管电流 I 写为 $I = N_{ch}e$，因此，电功率就是

$$P = IV = eN_{ch}V \tag{B.7.2}$$

其中，V 是二极管上的正向偏压。产生的光功率

$$L = N_{ph}h\nu \tag{B.7.3}$$

由此可知，功率效率为

$$\eta_i^P = L/P = N_{ph}h\nu/(N_{ch}eV) = h\nu/(eV)\eta_i^Q \tag{B.7.4}$$

其中，$h\nu$ 是光子能量。在实际工作条件下，eV 和 $h\nu$ 都非常接近于带隙的能量 E_g，所以，功率效率和量子效率相差一个比较小的因子（很少超过 2），但是，我们还是要知道这个差别。

从应用的角度来看，考虑外量子效率是有用的，它与"光提取效率" F 有关（两种情况都是），专题 7.2 计算了一个例子。这样我们就有

$$\eta_{ext} = F\eta_i \tag{B.7.5}$$

显然，公式（B.7.4）对外量子效率也成立。需要强调的是，这里关心的是从二极管发出来的总光功率——我们不关心它的角分布（虽然它本身也很重要）。经常用于实际的发光二极管的一个表达式是"插头效率"（wall plug efficiency），它就是外量子效率（单位为 W 的光功率除以单位为 W 的电功率），但是有一个重要的变种，即单位为 lm/W 的外效率。为了理解它的重要性，需要进一步的理论，这样我们就进入了光度量学的领域。

首先要说明的是，光度量学的单位衡量的是光对眼睛的影响——辐射是按照视觉效果测量的（这个概念可能有些模糊，但是完全适用于发光二极管的输出，因为它显然是设计来让眼睛看的）。在第一阶近似上，可以把二极管当作点光源，但是，它并不是在所有方向上都均匀地发光（见专题 7.2）。因此，如果我们研究光通量 Φ，就会发现它依赖于观察方向（见图 7.2，它是角度 θ 的函数）。更精确地说，我们应当定义特定方向 θ 上固定立体角 Ω 里的光通量，在这种情况下，发光二极管的光强度 I 就是

$$I(\theta) = d\Phi/d\Omega \tag{B.7.6}$$

光强的单位是"坎德拉"（candella，cd），利用铂的熔点温度下的黑体辐射来定义。光通量的单位是"流明"（lumen，lm），它是强度为 1 cd 的光源在单位立体角里的光通量。注意，"发光的"（luminous）这个词的使用意味着这个单位被解释为视觉感受而不是用 W 来表示。显然需要知道如何把 W 和 lm 联系起来，后面我们会这样做，但是，还是应当先解释一下强度和"亮度"的关系，"亮度"（brightness）也称为光亮度（luminance），经常用来表示光源的表观辐射强度。实际上，亮度是一个扩展光源单位面积上的强度，它也是视角的函数。亮度的单位有 lm·m^{-2}（apostilb）、 lm·cm^{-2}（Lamberts）、lm·ft^{-2}（foot Lamberts），每一个指的都是单位立体角。虽然国际单位制是 apostilb，但文献上经常用 Lamberts 和 foot Lamberts，因此，最好还是知道它们的定义。只要我们把发光二极管视为点光源，最好还是记住光强度的概念——测量单位是 lm。

为了把这些参数与器件的总效率联系起来，我们先要注意，总光通量为

$$\Phi_T = \int d\Phi \qquad\qquad (B.7.7)$$

其中，要对所有的立体角积分（理论上是 4π 立体角，但是，对于许多发光二极管，实际上用的是 2π 立体角）。这要和前面引入的总光功率 L 做比较。现在，我们用下述公式表示光功率和光通量的关系：

$$\Phi_T = KL \qquad\qquad (B.7.8)$$

其中，K 是转换常数，单位是 lm·W^{-1}。这个关系式看起来很简单，实际上却很复杂，因为眼睛的灵敏度强烈地依赖于波长，相对灵敏度如图 7.1 所示。显然，转换常数也强烈地依赖于波长，在 $\lambda = 555$ nm 处达到最大值 $K_m = 683$ lm·W^{-1}，位于光谱的绿色部分。在实践中，需要把 K 写为 λ 的函数，我们这样做：

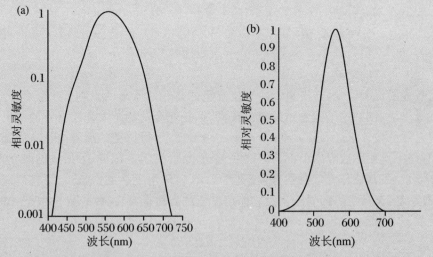

图 7.1　(a) 人眼对不同波长的光的相对灵敏度的标准曲线；(b) 曲线的峰值出现在 $\lambda = 555$ nm，该处的光效率是 683 lm·W^{-1}
这两个曲线是同一组数据，分别用对数坐标和线性坐标画出来的

$$K(\lambda) = K_m V(\lambda) \qquad\qquad (B.7.9)$$

其中，$V(\lambda)$ 是眼睛灵敏度函数，如图 7.2 所示。对于 $\lambda = 650$ nm 的红光，$K = 73.1$ lm·W^{-1}；对于 555 nm 的绿光，$K = K_m = 683$ lm·W^{-1}；对于 440 nm 的蓝光，$K = 15.7$ lm·W^{-1}。

现在的问题是如何处理白光? 白光在很宽的范围里有很多波长,显然必须把关系式表示为对所有波长的积分

$$\Phi_{\mathrm{T}} = K_{\mathrm{m}}\int_0^\infty \left[dL(\lambda)/d\lambda\right]V(\lambda)d\lambda \qquad (\mathrm{B}.7.10)$$

其中,$dL(\lambda)$是波长 λ 处增量 $d\lambda$ 里的光功率(单位为 W),$V(\lambda)$是图 7.2 给出的眼睛灵敏度曲线。为了算出这个积分,需要知道光的组成细节,也就是 $L(\lambda)$ 的精确形式。最简单的情况是,所有可见光波长上的光强度都相等,这时候只需要简单地求 $V(\lambda)$ 的积分。利用数值法或图形法,容易给出有效值 $K_{\mathrm{av}} = K_{\mathrm{m}}V_{\mathrm{av}} \approx 300\ \mathrm{lm}$ $\cdot\ \mathrm{W}^{-1}$。因此它表明,白光的"转换因子"大约就是这个数值,即 $300\ \mathrm{lm}\cdot\mathrm{W}^{-1}$,但是要记住,"白光"有许多组成方式,上述结果只能当作有用的指导值。

最后,我们用这个机会定义另一种效率,一个特定发光体的光效率(luminous efficiency)η^{L}。它的单位还是 $\mathrm{lm}\cdot\mathrm{W}^{-1}$,但是注意,它既考虑了发光体的外量子效率,也包含了眼睛的灵敏度曲线。在数学上,

$$\eta^{\mathrm{L}}(\lambda) = \eta^P_{\mathrm{ext}}K_{\mathrm{m}}V(\lambda) \qquad (\mathrm{B}.7.11)$$

显然,η^{L} 是在器件外部测量的,因此可以安全地忽略"ext"这个下标。更重要的是,我们必须记住,η^{L} 由于眼睛灵敏度曲线 $V(\lambda)$ 而强烈地依赖于波长。

20 世纪 90 年代中期,随着Ⅲ族氮化物材料的发展,盼望已久的全彩色发光二极管显示器终于出现了。日亚化学公司靠近日本的德岛市,中村修二领导的研究小组在 1994~1995 年演示了蓝光和绿光的发光二极管,效率是几个百分点,又过了几个月(至少看起来是这样的!),全彩色的室外显示器就出现在日本的许多商业街上。蓝光/绿光交通灯的实验也以类似的速度进行了,现在,发光二极管做成的交通信号灯出现在绝大多数发达国家里,它们的效率更高、可靠性更强,地方政府用适当的投资就可以节约显著的经济开支。更让人期待的蓝光激光器很快也出现了。经过 25 年的等待以后,这就是神话般的突破! 可能更加重要的是,高效的发光二极管推动了白光二极管的发展,终于在 1996~1997 年开始出现了。通过把红光、绿光和蓝光二极管组合起来,或者用发光二极管泵浦合适的磷(荧光粉),可以产生白光,这里的关键是效率——如果总体效率可以提高到大约 50%,白光二极管就可以和传统光源进行激烈的竞争。人们非常兴奋。但是,我们不会看不到这个事实:发光二极管的市场仍然是被便宜的、效率一般的、60 年代开发的 GaAsP 和 GaP 器件主宰着(只要它们发的光足以作为有效指示灯和数字显示,制造商就没有动力为它们更加昂贵的"子孙"投资),超亮的发光二极管的市场肯定会成长、再成长——只要 10 年多一点的时间,发光二极管就会在几乎所有场合里成为发光和照明的同义词。

简而言之,这就是可见光二极管的故事,但是,还有许多细节需要补充(例如,参见下面的著作和综述文章:Bergh, Dean(1972); Bhargava(1975); Craford

(1977)；Willardson，Weber(1997～1999)：vols 44,48,50,52,57)。我们先考察一些普遍性原理。在第一个例子里，为了产生可见光，半导体的能隙必须至少和光子能量一样大，但是，在很多情况下，它还要显著地更大一些(GaP 是个很好的例子)。这个材料也必须能够掺杂为 n 型和 p 型，以便形成 p-n 结。基于 GaAs 的经验，还希望功能材料有直接带隙，这样就更容易得到高的内量子效率。没有什么定律否定间接带隙材料高效率地发光的可能性，但是，因为它们的辐射寿命很长，非辐射复合过程就更容易参与竞争。如果我们把辐射复合速率写为

$$- (\mathrm{d}n/\mathrm{d}t)_\mathrm{R} = n/\tau_\mathrm{R} \tag{7.1}$$

非辐射复合速率是

$$- (\mathrm{d}n/\mathrm{d}t)_\mathrm{NR} = n/\tau_\mathrm{NR} \tag{7.2}$$

那么，辐射过程中的内量子效率就是

$$\eta_\mathrm{i}^0 = (n/\tau_\mathrm{R})/(n/\tau_\mathrm{R} + n/\tau_\mathrm{NR}) = 1/(1 + \tau_\mathrm{R}/\tau_\mathrm{NR}) \tag{7.3}$$

显然可以看出，高效率要求比值 $\tau_\mathrm{R}/\tau_\mathrm{NR}$ 远小于 1。因为非辐射复合过程的寿命通常很短，辐射寿命显然就要更短，这样就有利于直接带隙材料。然而，因为大多数非辐射过程涉及能隙中深能级上的复合，如果可以制备晶体质量非常高的材料，不想要的杂质原子非常少，有可能让 τ_NR 大于 τ_R，即使间接带隙的半导体也是可能的。GaP 的情况也是如此。然而，应当认识到，这些要求使得在生产条件下保持材料质量的任务变得比直接带隙半导体困难得多，后者的可接受范围更大。

如果把功能区夹在两个能隙更大的材料层之间，就会很方便，就可以利用重掺杂区向没有掺杂的功能层里注入两种类型的载流子，它们在那里高效率地复合。我们看到，在 GaAs 的情况里，这些注入层由 AlGaAs 构成，这个原理可以拓展到这样的情况：AlGaAs 构成复合层——只要注入层的 Al 组分更大就可以了。然而，这并不总是可能的，一些发光二极管，例如 GaP 和 SiC 利用简单的同质结，这是权衡了两个因素的结果：需要重掺杂来增强辐射复合，但是，太多的重掺杂很可能会降低材料的质量，这样就增强了非辐射复合。

内量子效率的问题就讲这么多了。显然，最终的目标是在器件结构外面得到尽可能多的光，这也需要相应的设计原则。两个因素很重要：第一个也是最重要的一个是外部和内部的光能之比；第二个是发光的空间分布。专题 7.2 简单地计算了透射穿过半导体/空气界面的光的比例，因为大多数半导体的折射率大于 3，简单平面结构的最大外效率是 $\eta_\mathrm{ext}\approx 2\%$。从图 7.2 可以看出，半导体内发出的光的大部分都因为器件上表面的全内反射而损失了。由此可知，光强的角分布具有这样的形式：$I = I_0\cos^2\theta$，其中，θ 是观察方向与表面法线方向的夹角。如果故事就这样结束了，发光二极管就不那么让人兴奋了——肯定要采取一些措施提高光的提取因子 F，而且，确实也做了很多事情。

专题7.2 平面发光二极管的光发射

半导体的折射率比较大,把光从发光二极管中提取出来的时候,就产生了显著的问题。图7.2给出了材料表面以下一个点光源发出的光的折射效应。利用图7.2(a),我们可以把光折射的斯涅尔定律应用到光的出射角 θ 和入射角 φ 的关系上,

$$\sin \theta = n \sin \varphi \tag{B.7.12}$$

然后利用它计算从上表面出来的光功率占 P 点发光总功率的比例。假定 P 点发光在所有方向上都是均匀的,就可以得到(图7.1(b))与法线夹角为 φ 的光占的比例为

$$dF = 2\pi r \sin \varphi \cdot r d\varphi / (4\pi r^2) = \sin \varphi d\varphi / 2 \tag{B.7.13}$$

从 $\varphi = 0$ 到 $\varphi = \varphi_{max}$ 对这个表达式进行积分,就得到从上表面出来的光功率的比例,其中,φ_{max} 是 φ 的最大值,对应于 $\theta = \pi/2$,即

$$\sin \varphi_{max} = n^{-1} \sin (\pi/2) = n^{-1} \tag{B.7.14}$$

对于 $n = 3.5$ 的半导体,$\varphi_{max} = 16.6°$,显然,只有很小一部分光可以从表面射出来,其余的都是全内反射。对公式(B.7.13)求积分,我们得到

$$F = (1 - \cos \varphi_{max})/2 \tag{B.7.15}$$

把上面的 φ_{max} 数值代入,我们得到 $F = 0.021$,也就是说,只有大约2%的光出射。其余的都反射到器件里面去了,可能被吸收、散射或者再从背面反射回来。很小一部分可以再次到达上表面后,再试着逃离一次,所以,上面的估计值可能略微有些小。最后,我们注意,虽然这个结果针对的是一个点光源,我们可以把发光二极管的实际发光看作是由很多点光源组成的,就可以把它拓展到整个发光二极管。

从图7.2(a)可以看出,发射出来的光在表面以上180°的范围里都有,我们可以用同样的方法得到角分布。设想有个观察者从上方观察,到像点 P' 的径向距离都相同(图7.2(a))。这个观察者的眼睛以固定不变的立体角(由 $d\theta$ 确定)接收光,这个立体角正比于 $(d\theta)^2$——我们需要计算这个立体角里的光的相对数量随着角度 θ 的变化关系。我们知道,半导体里面的光强正比于 $(d\varphi)^2$,而且不依赖于 φ。因此,我们需要计算 $d\varphi$ 作为 θ 的表达式,它对应于固定的 $d\theta$。对公式(B.7.12)求微分就可以得到,因此

$$\cos \theta \cdot d\theta = \cos \varphi \cdot d\varphi \tag{B.7.16}$$

由此可以得到

$$d\varphi = \cos \theta \cdot d\theta / (n \cos \varphi) = \cos \theta \cdot d\theta / [n(1 - \sin^2 \theta / n^2)^{1/2}]$$
$$= \cos \theta \cdot d\theta / (n^2 - \sin^2 \theta)^{1/2} \tag{B.7.17}$$

因为典型半导体的 n 值很大,公式(B.7.17)里的分母随 θ 的变化很小(通常在 9 和 10 之间),所以,我们可以得到 $\mathrm{d}\varphi \approx \cos\theta \cdot \mathrm{d}\theta$,观察者看到的光强就是

$$I = I_0 \cos^2\theta \tag{B.7.18}$$

其中,I_0 是沿着半导体表面法线方向观测到的光强。

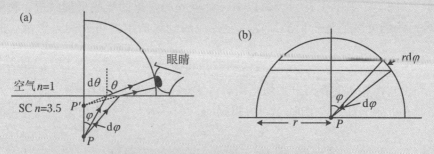

图 7.2　发光二极管表面发光方式的示意图

(a) 光线从二极管的 P 处到达观测者的眼睛,瞳孔在空气中的张角为 $\mathrm{d}\theta$,半导体里的相应张角就是 $\mathrm{d}\varphi$;(b) 半导体里在 0 和 φ 之间总光通量的计算。φ 的最大值($\varphi_{\max}$)决定于全内反射角,$\theta = 90°$

　　原则上最简单的解决方法是把 p-n 结大致安置在半球形半导体的中心位置,就像德州仪器公司的卡尔和皮特曼在 GaAs 半导体上演示的那样(图 7.3(a))。上半球体内发出的所有光都以接近于正入射的方式照射在界面上,至少 70% 的光透射出去。紧靠着 p-n 结的下方放一个金属反射薄膜,可以进一步提高效率,把向下的发光反射回去,让它也照射在球面上。利用这种结构,外效率可以超过 50%。这个方法有两个缺点:首先,光在半导体材料中走的距离很长,这就增大了吸收损耗;其次,材料要求的厚度不适合采用外延技术。虽然前一个困难可以用双异质结克服——发射光的光子能量远小于覆盖层的能隙,但是,后一个困难是不可避免的,而且是要受指责的!典型的 p-n 结尺寸是 200 μm,球的半径就是 300 μm 左右,此外,每个二极管还必须单独成型,这是生产管理者的噩梦!类似的反对也适合于其他很多构型,例如维尔斯特拉斯球(图 7.3(b)),它把发射光束聚焦在垂直方向的一定范围内,从而提高了正面的亮度。在实践中,大多是商业器件使用了折中的解决方法,如图 7.3(c)所示,把二极管包在某种塑料圆拱里。这种材料的典型折射率是 1.5～1.6,效率比平面器件改善了大约 3 倍,有效地反射了向下走的发光,这就让外效率达到 10%～15% 左右,在很长时间里,这就是商业上可以达到的最佳性能。在原则上,使用特殊的玻璃,就像 1969 年美洲射频公司的费舍尔和纽斯开发的那种材料,折射率处于 2.4～2.9 的范围,还可以把光的提取因子再改善 2 倍,但是,这并没有被广泛地采用,因为它和半导体材料的热膨胀系数不匹配。最后

我们要注意,当半导体材料不吸收发射光的时候(例如,在 GaP 的情况里),在器件外面放个曲面反射镜,可以收集向侧面和向下面发射的光,这样就收集了发射光束的很大部分。利用这种方式,早在 1970 年,GaP 红光二极管就实现了 10%左右的效率。

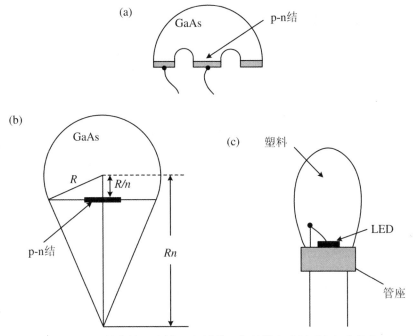

图 7.3　LED 结构的一些例子,设计的目标是增大发射到空气中的光

(a) 使用半球形半导体,p-n 结处于靠近曲率中心的位置。所有向上发出的光都以接近于正入射的方式照射在半导体-空气界面上。(b) 维尔斯特拉斯球可以聚焦发射光,从而增大正面看的亮度。在实践中,许多商业的发光二极管被装在塑料圆拱里,如图(c)所示。在增加光提取因子方面,它并不那么有效率,但是,制作起来很便宜

　　发光二极管依靠的是注入 p-n 结的载流子的复合,复合过程的精确性质本身就非常有趣。实际上,很多关于辐射过程的工作是在 1955～1965 年期间在 Ⅱ-Ⅵ 族化合物材料上进行的,例如 CdS,ZnS 和 ZnSe,并且在 60 年代拓展到Ⅲ-Ⅴ族材料。GaP 提供了很多有趣的科学结果,我们将在适当的小节里考虑它们,但是,在这个领域里认真工作的人必须长久地感谢Ⅱ-Ⅵ族化合物的工作,它们搞清楚了辐射复合性质的很多细节。不幸的是,从实际器件发展的角度来看,这些化合物有个大缺点:它们只能掺杂为 n 型,因此,虽然可以得到有效的光发射,但是,在很长时间里,它在发光二极管上的应用仍然是可望而不可即。直到 90 年代早期,分子束外延生长可以用 N 受主把 ZnSe 掺杂为 p 型,它才成为宽带隙光源的Ⅲ族氮化物的竞争者。这个故事将在 7.4 节与氮化物一起讲,但是,我们必须先回到 1962年——开发 GaAsP 作为第一种实际的发光二极管材料。

7.2 发红光的合金

20 世纪 60 年代早期,效率还行的 GaAs 发光二极管已经出现了,突然之间,把这个性能扩展到可见光领域就变得更加紧迫了。问题是:怎么得到能够发出可见光的直接带隙材料? 而且要记住,眼睛的灵敏度曲线如图 7.1 所示,如何让波长尽可能短? 例如,在 670 nm 发光的器件,相比于 700 nm 的类似器件(具有相同的量子效率),看起来亮 10 倍。因此,稍微增大一点能隙(4.5%,$h\nu$ 从 1.77 eV 增大到 1.85 cV),视觉感受增强的效果就像花了几个月的时间去提高内量子效率和光提取因子一样。看一眼"可以得到的"Ⅲ-Ⅴ族化合物就知道,只有三个候选者具有更宽的能隙,即 AlP($E_g = 2.45$ eV),GaP($E_g = 2.26$ eV)和 AlAs($E_g = 2.17$ eV),不幸的是,它们三个都是间接带隙。另一个方法是寻找合适的合金,特别是,已经有了 GaAsP。(另外两个,AlGaAs 和 InGaP 将要出现。)用 P 替换 GaAs 中的一部分 As,增大了直接能隙,近似地与 P 的浓度成正比,但是只到某一点——如图 7.4 所示,在浓度接近于 45% 的时候,能隙从直接变为间接,对于所有更高的 P 比例,X 导带极小值位于中央 Γ 极小值以下。最大的直接带隙是 1.95 eV,对应的波长($\lambda = 640$ nm)很好地落在光谱的红光部分。(早在 1963 年,霍罗尼亚克小组就把这些都搞清楚了。)高效率可见光发射器的希望就在于此,而且,如前文所述,第一个(半导体)红光激光器的希望也在于此。

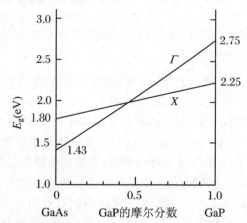

图 7.4 能带结构图说明了合金半导体 GaAsP 的能隙 E_g 随着 GaP 的
摩尔分数 x 的变化关系

当 x 位于 0 和 0.45 之间的时候,合金是直接带隙的,对于更大的 x 值,间接的 X 导带最小值位于中央的 Γ 极小值以下。两者交叉时,能隙 $E_g = 1.93$ eV

有一点非常有趣：这一次，技术环境变化得非常快。赫尔桑和罗斯-因尼斯在1961年出版的书里总结了Ⅲ-Ⅴ化合物的情况，他们没有提到发光二极管（实际上，索引里连"电致荧光"这个词都没有！）——他们有专门的章节讨论变容二极管、微波二极管、开关二极管和隧穿二极管，但是没有发光二极管。仅仅一年以后，半导体激光器就出现了！还有一点也很有趣：当霍罗尼亚克采用GaAsP的时候，考虑的不是红光，而是希望增大的带隙有可能让他做出更好的隧道结！这确实做到了，但是，我们只能佩服他的速度非常快——改变路线、参与第一个半导体激光器的竞争，1962年9月，他就在冲锋陷阵。这就是技术进步的方式——实验主义和机会主义经常超过了长期的计划！有趣的是，除了几个演示器件以外，他似乎对红光二极管很少关注，当其他人都忙于发光二极管的时候，仍然对自己的激光二极管项目保持信心。

就像任何器件一样，发光二极管成功的关键是确定生长技术。霍罗尼亚克用多晶GaAsP制作激光器，在封闭的管子里输运GaAs和GaP气体。随后再扩散Zn到n型材料中，形成p-n结，深度大约为25 μm。大约两年以后（1964年），美洲射频公司的安斯利等人得到了类似质量的舟生长的材料，但是，严肃商业过程的基础——从气相外延生长可控的薄膜——不得不等到1966年。提滕和阿米克（也是在美洲射频公司）演示了在GaAs衬底上生长GaAsP，他们让HCl气流过Ga舟的上方来传送Ga，用气体砷烷和磷烷传送Ⅴ族元素。三年以后，北美罗克韦尔公司的马纳斯维特等人报道了用金属有机化合物气相外延方法成功生长了GaAsP（三甲基镓、砷烷和磷烷），从此，商业发展就建立在这些过程的基础上。早在1962年，通用电气公司就推出了第一批商业化的红光发射器件（基于体材料晶体生长），但是规模非常小，直到1968年，惠普公司和孟山都公司把卤化物生长工艺商业化了，开始大批量生产。今天，世界范围的公司（由日本、中国台湾、美国和德国主导）激烈地争夺这个高速增长的市场，但是，大多数人喜欢用扩散Zn到n型GaAsP外延里的方法制作p-n结，而国际商业机器公司的纽斯及其同事证明了外延生长的p-n结也同样有效。前一种方法用适当掩膜辅助的扩散过程制备不同的器件，后一种方法利用的是腐蚀——除此之外，别无选择。

使用GaAs衬底显然很方便，因为它们容易得到，但是有个晶格失配的问题，使用体材料晶体，就可以自动避免它。如果GaAsP直接生长在GaAs上，得到的层包含着很高密度的位错，严重地降低了发光二极管的性能（GaP和GaAs之间有4%的晶格失配）。解决方法（更精确地说，可能是"部分的"解决方法）是生长梯度化的缓冲层，约10 μm厚，P的组分从0%光滑地增加到40%（或者任何适合于特定器件的数值），然后生长20 μm厚的均匀的GaAsP层——Zn的扩散就是在这一层中做的。第二个设计问题是，在 X 极小值的影响变得显著之前，最多能够引入多少 P？因为电子在 X 极小值处的有效质量远远大于 Γ 极小值处的有效质量，X 极小值的态密度也就大得多，如果两个极小值在能量上相等，几乎所有的电子都会处于 X 极小值。因此，有必要调节 P 的含量，保证 Γ 极小值至少在 X 以下 0.05 eV（也就是 $2kT$）。实际上，当 $[P]>0.3$（$h\nu=1.77$ eV）的时候，量子效率开始下降了，但是，因为眼睛灵敏度曲线对此的补偿，测量的亮度大约在 $[P]=0.4$（$h\nu=1.91$ eV）时达到峰值，正好位于红光光谱区（$\lambda=650$ nm）。这些红光二极管的最佳量子效率大约是 0.05%，总的流明效率是 0.035 lm·W^{-1}（在 $J=10$ A·cm^{-2} 的时候，亮度为 $1\,700$ ft·L）——商业器件稍微差一些，$\eta_L=0.02$ lm·W^{-1}，但是，对于很大范围的应用来说，还是足够的。

这就是 20 世纪 70 年代初期的情况，那时候，来自 GaP 红光二极管的竞争开始需要认真对待了——确实需要改善，而且，赶来救驾的不是一个创新，而是两个。首先，在 1973 年，孟山都公司的乔治·克拉福德和他的研究小组报道了使用 N 作为 GaAsP 的掺杂源，从而提高了二极管在更短波长处的发光效率，允许它们生产橘黄色和黄色的灯，流明效率接近于 1 lm·W^{-1}。这是从 GaP 那里借用的点子，N 掺杂被用来得到绿光，如 7.3 节所述——N 构成了浅杂质能级，它把导带中的电子和价带中的空穴束缚住，形成了束缚激子，它们高效率地辐射复合——即使在间接带隙的材料里也是如此。其次，惠普公司的索伦森及其小组报道了使用 GaP 衬底而不是常用的 GaAs，把外效率提高了一个数量级，GaP 的透明性允许他们收集更多的光。这就把红光二极管的流明效率提高到大约 0.4 lm·W^{-1}，仍然显著地低于最佳的 GaP 红光发射器，但是足以挽救 GaAsP 了，因为后者的技术更简单、可靠性更高。但是也要注意，使用 GaP 衬底生长的二极管约比 GaAs 上生长的贵了 10 倍，所以，起初的技术仍然继续用于尖端性能不那么必要的应用——GaP 衬底的主要优点是提供了选择的灵活性，用户的偏好总是极端重要的。根据巴格瓦的说法，在 1975 年，发光二极管的大规模生产仍然是基于 GaAsP，那时候，他报道的产量是每年约 10^6 平方英寸（接近于每年 10^3 m²），但是竞争肯定是出现了。GaP 在红光区的亮度更高，而且更重要的是，绿光发射也可以让人接受，而 AlGaAs 和 InGaP 是红光器件的巨大市场中有潜力的竞争者。也许它们能够给出更高的效率？肯定有很多空间——几十个百分点肯定是可能的。

20 世纪 60 年代后期，因为双异质结 GaAs 激光器要使用 AlGaAs，相关材料的发展使得希望提高红光二极管性能（或降低成本）的人可以沿着与以前 GaAsP 相同的路线探索这个合金系统。人们发现，AlGaAs 系统在这个方面类似于 GaAsP，导带结构在 Al 组分接近 40% 的时候有直接-间接交叉，有必要以完全相同的方式优化合金组分。1967 年，茹珀莱施及其同事在国际商业机器公司实现了生长技术的初次突破。他们修改了"蘸法"液相外延过程（由尼尔森最初用于 GaAs

生长),发展了一种方法,在同一次生长过程中,既生长 n 型 AlGaAs,也生长 p 型
AlGaAs。起初,Ga 熔化物被 Te 施主掺杂,当它缓慢冷却的时候,先生长的一层是
n 型,然后在生长过程的中间阶段,熔化物被 Zn 反掺杂,形成了重掺杂的 p 区。这
样就可以在单个沉积过程中生长出想要的 p-n 结。他们演示了发光在 1.70 eV
($\lambda = 730\ nm$)的二极管,外效率高达 1.2%,当包装在合适的树脂圆拱里的时候,外
效率高达 3.3%。图 7.2 中的眼睛灵敏度曲线表明,这些二极管对眼睛来说不是太
明亮($0.02\ lm \cdot W^{-1}$),但是,对于第一次尝试来说,效率还是值得认可的。显然,
液相外延工艺产生了缺陷相对很少的薄膜,辐射效率很高——缺点在于,表面通常
不那么光滑,不利于随后的光刻工艺。它也不像其他的气相生长工艺那么容易工
业化。

物理前沿上当然还是有问题,直接-间接交叉的精确位置是什么?相应的最大
直接带隙是什么?有趣的是,这个问题讨论了很长时间,E_g-x 曲线的新公式出现
在 20 世纪 80 年代,但是,困难的源头在于 x 的测量(Al 在合金中的摩尔分数),它
比能隙的测量还要难。到了 1970 年早期,关于红光二极管的最优光子能量,人们
有了合理的共识。室温下交叉发生在带隙 $E_g = 2.0\ eV$ 处,表明最大的直接荧光跃
迁发生在 $h\nu = 1.93\ eV$($\lambda = 640\ nm$)。在这个波长处,外效率 1% 对应着流明效率
$1.4\ lm \cdot W^{-1}$。国际商业机器公司的小组完善了他们的技术,报道了(在 1969 年)
6% 的外效率(光子能量为 1.65 eV,即 $\lambda = 752\ nm$),在 1.83 eV 处($\lambda = 678\ nm$)为
0.8%。对应的流明效率分别是 $0.033\ lm \cdot W^{-1}$ 和 $0.11\ lm \cdot W^{-1}$——为了优化视
觉效果,获得尽可能短的波长就非常重要。1971 年,德州仪器公司的德尔什等人
使用液相外延生长和 Zn 扩散,报道了 695 nm($0.14\ lm \cdot W^{-1}$)处的 $\eta_{ext} = 4\%$ 和
675 nm($0.07\ lm \cdot W^{-1}$)处的 0.4%。同时,国际商业机器公司的布拉姆和希恩报
道了大致类似的性能。尽管有了这些努力,结果却仍然赶不上改善了的 GaAsP 二
极管,又过了好几年,才达到最佳性能。高质量双异质结激光器在 70 年代的发展,
使得类似的结构被用作发光二极管,到了 80 年代早期,最佳波长 650~660 nm 处
的效率达到了几个百分点,在欧洲、日本和美国能够可重复地达到。例如,在 1983
年,松下公司的石黑等人利用液相外延生长了厚的 AlGaAs 衬底,腐蚀掉起初的
GaAs 衬底,从而得到具有全透明盖层的双异质结激光器。这样他们就在 $\lambda =$
660 nm 处实现了 8% 的外效率,流明效率是 $4.4\ lm \cdot W^{-1}$。随着工艺的稳步发展,
90 年代可以常规地得到 10%~15% 的效率($\eta_L = 7~10\ lm \cdot W^{-1}$),改进了的生长
技术所生产的材料对于光刻是足够光滑了,增大了商业开发的可能性。到了这个
时候,GaAsP 已经落在后面很远了,但是同时,其他竞争者正在得到关注——
AlGaInP 的性能有希望超过 AlGaAs。

AlGaInP 的故事也是在 20 世纪 60 年代开始的,始于一场争论。首先探索的

是三元合金 $Ga_xIn_{1-x}P$，因为 InP 是直接带隙材料而 GaP 是间接带隙材料，我们可以预期，带隙随着 Ga 组分比例 x 变化的曲线看起来很像图 7.4 所示的 GaAsP。实际上，第一个这样的曲线是 1968 年由"欧洲"组合赫尔桑和泡特乌斯在莫斯科的"半导体物理学"会议上报道的——直接带隙的 Γ 极小值近似线性地变化，如图 7.5 中的实线所示，与（几乎平坦的）X 极小值在 $x_c = 0.63$（即 $E = 2.25\ \text{eV}$）交叉。然而，同一年晚些时候，美国国际商业机器公司沃森研究中心的一个小组在

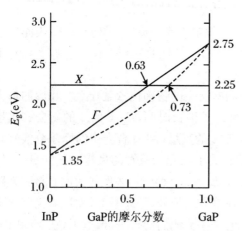

图 7.5　三元合金 $Ga_xIn_{1-x}P$ 的能带结构图
欧洲阵营和美国阵营得到的 E_g 随着 Ga 组分比例 x 变化的实验结果有矛盾。特别是，直接/间接交叉点显著不同，分别是 0.63 和 0.73

《应用物理学快报》发表了一篇文章，给出的数据非常不一样。他们的结果沿着一条显著弯曲的曲线（图 7.5 中的虚线），交叉点出现在 $x_c = 0.73$（$E_g = 2.26\ \text{eV}$）。起初，这个差别似乎来自测量技术——前者用的是光学吸收，后者用的是电致荧光——但是时间以及欧洲和美国的许多进一步的测量否定了这个简单的解释。荧光和吸收数据清楚地给出了带隙能量非常类似的数值，但是差别仍然存在——一个小组的发表结果偏向于 $x_c = 0.63$，另一个小组则是 $x_c = 0.73$，争论一直持续到 1978 年，凯瑟和潘尼施出版了关于异质结激光器的经典著作。原因

很可能是材料的质量——利用了不同的生长方法，体材料生长，在失配的衬底（例如 GaAs）上外延，在匹配的衬底（GaAsP）上外延——奇怪的是，晶格匹配最好的材料给出了较低的带隙能量，与人们对这种事情的直觉相反。当然，可以争辩说这没有实际意义，因为相关的直接能隙最大值实际上是相同的，两种情况都是 $E = 2.25\ \text{eV}$，为了得到高效率荧光，最大光子能量大约是 $2.2\ \text{eV}$（$\lambda = 560\ \text{nm}$），处于光谱的绿光部分，非常接近于眼睛灵敏度曲线的峰值位置。显然这让人很兴奋，不管上述差别的原因是什么，国际商业机器公司小组测量的发光二极管效率高达 3×10^{-4}，对应于流明效率 $0.2\ \text{lm} \cdot \text{W}^{-1}$，与早期的 GaAsP 基二极管相比，它亮得惊人。与往常一样，最终问题还是要生长具有这个能隙的高质量材料。体材料生长（布里奇曼法的一个版本）是可能的，但是，它通常产生多晶材料，在匹配的 GaAsP 衬底（实际上是梯度化的 GaAsP 外延生长在 GaAs）上外延导致了比较高的位错数目，在失配的衬底（GaAs 或 GaP）上外延，质量就更糟糕了。高流明效率似乎没指望了，真让人沮丧。怎么办？

　　晶格匹配的 AlGaAs/GaAs 的优势指出了道路。有可能在 GaAs 衬底上生长晶格匹配的 $Ga_x In_{1-x}P$，当 x 数值接近于 0.5（在 1972 年的一篇文章中，斯纯费罗说明了必须把组分搞正确）时，看一下图 7.5 就明白，可以预期这个合金的带隙是 1.92 或 2.08 eV（光子能量大约是 1.85 或 2.00 eV）——依赖于个人的立场！然而，很多关心发光二极管和激光二极管的实验工作者后来得到的数据偏向于较小的数值，对应的波长大约是 670 nm。根据"欧洲"数据预言的另一个数值的起源仍然有些神秘。如果能达成共识就好了，但让人失望的是，最短波长被限制在红色光谱区。图 7.5 暗示的黄光和绿光的希望让人眼热，至于说"这些真诚的努力还是停止吧"，这样的想法可没有什么人接受。幸运的是，事情并非如此。

　　实际上，"药方"早就到手了——它就是类似的三元合金 $Al_x In_{1-x}P$ 的数据（也是由国际商业机器公司小组在 1970 年得到的）。在这种情况下，E_g-x 曲线具有预期的（近似）线性行为，在 $x_c = 0.44(E_g = 2.33 \text{ eV})$ 的位置上表现出交叉行为（1987 年，康奈尔大学鲍尔和史雷的测量实际上证实了他们的数据）。表面上看，这还是让人沮丧，因为它表明了与 GaAs 晶格匹配的合金组分对应于间接带隙，荧光效率不太可能高。然而，它建议了探索四元系统 AlGaInP 的可能性——用 Al 替换 $Ga_{0.5}In_{0.5}P$ 中的一些 Ga，有可能增大直接带隙，同时保持晶格匹配条件。只需要确定：在带隙变为间接之前，可以有多少 Al 被替换。最后，日本电报电话公司的朝日等人实现了它。他们用分子束外延生长了这种四元合金，证明了它在 Al/Ga 比达到 0.35 的时候仍然是直接带隙，直接带隙增大到 2.3 eV，有希望在绿色光谱区 550 nm 波长处得到高的流明效率。泄洪闸打开了，全面地冲向红光、黄光和绿光的发光二极管和激光二极管的目标——本章最后一节再讨论激光器，这里继续讲述发光二极管的故事。

　　这么说吧，AlGaInP 这种合金特别难生长，必须努力控制组分并且要和 GaAs 衬底保持足够好的晶格匹配。与 AlGaAs 的情况很不一样，用液相外延生长薄膜是不实际的，因为熔化物中 Al 组分比生长出来的晶体多得太多了，所以这个领域必须使用分子束外延和金属有机化合物气相外延。这两种方法都被改造了，也都很成功。实际上，两者都实现了商业化，虽然金属有机化合物气相外延看起来主宰了发光二极管的活动——在克服了一个有趣的古怪缺点以后。金属有机化合物气相外延起初是为了生长 AlGaInP 而在 20 世纪 80 年代末期引入的，人们发现，带隙随着 GaAs 衬底的晶向而变化！对于通常的（100）晶向的衬底，测量的带隙大约比液相外延生长的类似样品小 100 meV。接下来又发现，在高指数衬底上生长的时候，带隙增大了，特别是，如果使用（111）B 或（511）A 取向的衬底，带隙恢复到预期的数值。最后发现这是因为分凝现象——在 GaInP 的情况里，Ga 和 In 原子倾向于形成有序的结构，而不是在晶体里随机分布。换句话说，晶体采用的形式是短周期超晶格,它的有效带隙(就像预期的那样)比等价的随机合金小。布鲁等人已经在 1977 年确定分凝出现在 GaInP 中,关于它在分子束外延生长的样品中出现的一些可能证据,有人在 20 世纪 80 年代早期就被注意到了,但是完全认识它的重要性,却等到了 80 年代结束的时候,一组日本工作者引入了金属有机化合物气相外延。这可能解释了 70 年代充满争议的 E-x 测量,但是,有序结构使得带隙甚至小于以前比较小的那个数值! 但是无论如何,为了得到高亮度的发光二极管和激光器,必须找到一种方法消除它。幸运的是,使用高指数的衬底,禁止了这种有序过程,允许样品表现出"自然的"带隙。

一旦能够控制晶体的生长,就有可能推动高亮度二极管向前发展,20 世纪 90 年代的进步非常大。这个工作基于双异质结的应用,类似于用在激光二极管的那些材料,允许使用没有掺杂的高晶体质量的功能层,还有对发射光透明的盖层。使用 $Ga_{0.5}In_{0.5}P$ 功能层的结构可以产生红光($\lambda = 660 \sim 700$ nm),更短波长的橘黄光、黄光和绿光发射器要求用 Al 替换不等数量的 Ga。根据惠普公司研究小组(领导者是无处不在的乔治·克拉福德),需要 Al 的组分高达 70%,才能实现绿光区 560 nm 的波长(也许朝日等人的首创工作在这里错了?),但是效率比更长的波长处($640 \sim 590$ nm)降低了很多。这指向了关于 Γ-X 交叉的另一个争议。朝日等人的首创工作认为它发生在 $x = 0.35$($E = 2.3$ eV),然而,克拉福德似乎认为它更靠近 $x = 0.7$! 显然需要仔细的测量来解决这个差别,英国谢菲尔德大学在 1994 年得到的无序材料的结果提供了可靠的数值 $x = 0.5$($E = 2.25$ eV),与威尔士大学得到的 AlGaInP 测量结果一致。这暗示了直接带隙材料的光子能量最大值大约是 2.20 eV($\lambda = 564$ nm)。在这个基础上,惠普公司的材料显然是间接带隙的,这就是效率降低的原因。

一旦材料可控了,进一步的发展就依赖于结构上的创新,在 20 世纪 90 年代,外效率得到了惊人的提高。例如,在二极管上面生长厚厚的 GaP 层作为窗口,导致 η_{ext} 超过 6%;去掉吸收性的 GaAs 衬底并用衬底键合的 GaP 衬底替换它,又改善了一个因子 2。利用多个薄层而不是单个厚层构成的功能区($L_z = 50$ nm),实现了效率超过 30% 的二极管,利用"切头翻转金字塔结构"(图 7.6)以便优化光提取因子,实现了 $\eta_{ext} > 50\%$。所有这些改进的净效果是,发光二极管在波长 610 nm 处(橘黄色光)的流明效率达到了 100 lm·W^{-1},虽然在 600 nm 以下效率就急剧下降。大量地使用 Al,显然还是有问题,即使在绿光光谱区,已经演示了接近于 10 lm·W^{-1} 的流明效率,比标准的 GaP:N 绿光二极管大了 10 倍。等我们讲完了当前可以利用的发光二极管技术以后,再进一步讨论这些发展——这些戏剧性的进展给几种卓有建树的发光技术施加了压力,知道这一点就足够了。

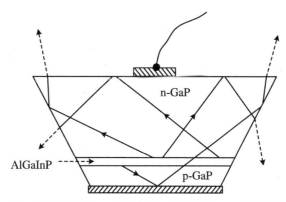

图 7.6 许多不同结构的一个例子:用于提高发光二极管的光提取效率
这就是"切头翻转金字塔"结构,惠普公司的研究者用它增强了橘黄色
AlGaInP 器件的亮度。最大尺度大约是 1 mm。图中画出了一些典型光
线,说明了光在逃离器件之前是如何反射的。重要的是,金字塔材料对
发射光是透明的。这种技术实现的外效率超过了 30%

7.3 磷化镓(GaP)

　　磷化镓是最早研究的发光材料之一。早在 1955 年,就报道了很原始的结构中发出的电致荧光,到了 1961 年,贝尔实验室制作了"真正的"发光二极管,在红色和绿色光谱区发光,但是效率很低($10^{-8} \sim 10^{-4}$)。1963 年,欧洲出现了类似的结果。在这些早期工作里,GaP 薄膜通过气相外延方法沉积在 GaAs 衬底上,1968 年出现了切克劳斯基法生长的衬底材料,商业化实用器件的发展才有了显著的进步。另一个重要生产商使用液相外延生长更纯的薄膜,非辐射复合中心的密度更低。效率的提高是显著的—— 1969 年,贝尔实验室的索罗等人报道了红光的效率高达 7%,在 1972 年,仙童公司的所罗门和德弗莱实现了 15%。绿光二极管的相应结果没有这么惊人,来自贝尔实验室和美洲射频公司的最好结果大约是 0.7%,虽然综述文章 Bergh,Dean(1972)中有信心地说,GaP 提供了当时最好的红光和绿光器件。因为眼睛灵敏度强烈地依赖于波长,绿光二极管看起来比红光更明亮,尽管它们在效率上有差距。

　　GaP 发光材料的发展中特别有趣的是,我们对复合机制的理解快速提高了。我们已经知道,它具有非直接能隙,这个事实对于开发商业化的发光二极管可能是个缺点,但是,在解释与辐射复合有关的复杂物理学方面,却是个优点。因此,我们将借此机会补充一些必要的、前文忽略了的背景。复合的载流子可能是通过正向偏压 p-n 结注入的(就像在发光二极管里一样),也可能是在阴极荧光里用高能电子束激发的,或者是用光子能量大于带隙的光束激发的(就像在光致荧光里一样)——我们在很宽范围里关心可能的复合机制。在实践中,电子和空穴被它们与晶格振动(声子)的相互作用所散射的速率要远远快于典型的复合速率,所以,可以合理地假定这个过程是这样开始的:电子的分布在热化后靠近导带的底部,而空穴接近于价带的顶部。一个可能的复合过程显然是一个导带电子直接和一个价带空穴复合——通常称为"本征的"复合过程。在间接带隙材料中,这个过程的概率小于其他过程,后者涉及自由载流子被能隙里的复合中心捕获。有必要更仔细地考察其中的一些过程。

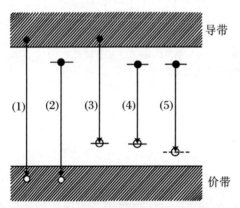

图 7.7　能带结构示意图说明了可能的
辐射复合机制

(1) 本征的带-带复合;(2) 施主到价带的跃迁;
(3) 导带到受主的跃迁;(4) 施主到受主的跃迁;
(5) 施主束缚的激子的复合

一些可能性如图 7.7 所示——强调一下,我们关心的是辐射过程——当然有各种各样的非辐射过程与光产生机制竞争,但是,这些过程通常理解得不那么好,这里不打算详细地描述它们。带-带过程已经讨论过了,现在继续讨论图 7.7 说明的第二种过程:一个被浅施主捕获的电子与价带中的自由空穴的复合。注意,这是一个运动的粒子(空穴)和一个局域化的粒子(电子)的复合。电子局域化在下述意义上是重要的:电子一旦被施主束缚了,它就不能自由地选择许多非辐射复合中心了,后者与辐射复合竞争,降低了辐射的效率。假定电子保持被束缚的状态,

它最终必然会辐射地复合,所以,从辐射过程和非辐射过程竞争的角度来看,重要的参数不是复合时间,而是捕获时间,后者很可能更短。那么就要问这个问题了:电子是否保持被施主束缚的状态? 一般来说,它总是有点概率从晶格振动得到足够的能量而逃脱到导带里去。然后它就自由地运动,这样就容易被其他施主或者非辐射中心捕获。因为 GaP 中的施主束缚能量通常是 100 meV 左右(在室温下,$E_D \approx 4kT$),逃脱概率包含一个因子 $\exp[-E_D/(kT)]$,这个电子被束缚的时间可能长得足以发生辐射复合——即使在间接带隙半导体里也是如此。至少可以有信心地说,辐射复合更有可能通过这个过程而不是带-带过程发生。从图中显然也可以看出,发射光的光子能量比带隙稍微小一些——实际上,发光峰的能量出现在

$h\nu = E_{\mathrm{g}} - E_{\mathrm{D}} + kT/2$（参见专题 6.4）。

第三种复合过程是第二种的镜像——束缚的空穴与一个自由电子复合，上面的很多评论同样可以用在这里。然而，GaP 中许多常见受主的束缚能量 E_{A} 接近于 50 meV，逃脱概率显著更大——因此，辐射过程不一定会在室温下占据主导地位。（这里，非辐射中心有个优点——一旦它们捕获了自由载流子，就再也不让它跑了！因为它们通常位于能隙中更深的位置上。）显然，降低温度会有重要影响，有很多证据表明低温荧光来自这些过程，但是，随着测量温度升高到室温，强度迅速地下降，因为空穴变成热的非局域化的了。最后一点评论——如果这个材料被掺杂为（比如说）n 型，就会有很多自由电子，所以，少数载流子空穴决定了辐射效率，这时候，第三种过程就特别重要，在 p 型材料中，第二种机制是重要的。

再说说图 7.7 右边的第四种辐射过程，为了试图揭示它的奥妙，半导体科学家花费了很多时间！此时的情况是这样的：两种载流子都是局域化的，电子在施主上，空穴在受主上，这个复合过程称为施主-受主对复合。在 20 世纪 50 年代中期，研究Ⅱ-Ⅵ族化合物的人最早认识到它，特别是普雷纳和威廉姆斯（1956 年）关于 ZnS 的工作，但是，在 60 年代和 70 年代早期，关于 GaP 的工作使得人们彻底理解了这种机制。GaP 样品发光谱中施主-受主对谱线的最早观察是 1963 年由贝尔实验室的霍普菲尔德、托马斯和格申丛报道的，泄洪闸就这样打开了，几百篇文章汹涌而出，探索、揭示、证实和细化了基本概念，复杂得令人难以置信。这个看起来简单的现象为什么如此吸引人？有两个原因：首先，在探索高效率发光器的过程中，GaP 是个重要材料，因此，吸引了全世界许多工业实验室（说明了晶体生长发展得很好，提供了大范围的仔细控制的样品）的很多注意力；其次，那时候的科学文化重视基础研究，大西洋两岸的研发管理者强烈地支持基础研究去理解与商业有关的材料和现象——在这种特定情况下，贝尔实验室、美洲射频公司和飞利浦扮演了重要角色。半导体科学带来了晶体管和它的小兄弟集成电路，巨大成功带来的幸福感仍然影响着研发投资。只要管理者看到了商业产出有希望，就同意年轻热情的科学家继续前进。这解释了商业上的兴趣，但是，科学上的兴趣是什么呢？

施主-受主对的复合过程的独特之处在于，它依赖于一对杂质中心，它们可以在晶格里占据很多不同的相对位置，从最近邻的配对到非常远距离的配对。因此，在每个特定的样品里，有许多不同的对子，每一个对子都为荧光谱作贡献，这样的光谱里有大量的细节，涉及特定的施主和受主样本。为了理解这一点，需要考察每个施主-受主对发出的辐射的光子能量的表达式：

$$h\nu = E_{\mathrm{g}} - (E_{\mathrm{D}} + E_{\mathrm{A}}) + e^2/(4\pi\varepsilon\varepsilon_0 r) - C/r^6 \qquad (7.4)$$

其中，r 是施主和受主之间的距离，ε 是半导体的相对介电常数。表达式右边的前两项是显然的,只要看一下图 7.7 的(4)就明白了,剩下的两项需要一些解释。r^{-1} 的项表示距离为 r 的一对电荷之间的库仑能量,它出现的原因是,在复合跃迁之前,这两个中心是电中性的,但是,在跃迁之后,它们带有大小相等、符号相反的电荷。在跃迁之前,库仑能量与这个对子没有关系——跃迁以后,显然就有关系了。引入这两个电荷就做了功,它对发射光子的总能量有贡献。最后一项表示极化的影响,除了靠得很近的对子,这一项很小,我们将忽略它。

表 7.1 GaP 中施主和受主的束缚能

施主能量(meV)		受主能量(meV)	
O	895.5	Be	50
S	104.1	Mg	53.5
Se	102.7	Zn	64
Te	89.8	Cd	96.5
Si	203	C	48
Sn	65	Si	82.1
		Ge	300

从公式(7.4)可以看出,特定的对子具有特定的 E_D 和 E_A 的数值,它们有很多发光谱线,与所有可能的 r 数值联系在一起,r 决定于宿主晶体的结构和晶格常数。典型的荧光谱看起来就像图 7.8 中的例子,每个尖锐的谱线对应于对子间距的特定数值 r,在距离很大的时候,单独的谱线就分辨不出来了,融合为一个宽带。不难想象,为了仔细地解释它们,付出了多么专注的努力啊!(专题 7.3 做了进一步的解释。)此外,有 6 种不同的施主和 7 种不同的受主,它们有着不同的电离能(表 7.1),它们都需要考虑,总共有 42 种不同的对子,每个对子有自己的特性谱线集。隐藏在这个陈述下面的是另一个微妙之处——有 4 种不同的对子。如果我们看看施主,例如 O,S,Se 和 Te,当它们替代了 V 族位置的时候(也就是替换了 P),它们表现为施主,而 Si 和 Sn 是 IV 族元素,是 III 族元素位置上的施主。类似地,Be,Mg,Zn 和 Cd 是 III 族原子位置上的受主,而 Si 和 Ge 是 V 族原子位置上的受主,所以有很多选择:V 族施主和 III 族受主,V 族施主和 V 族受主,III 族施主和……它们都给光谱数据分析这道大餐里添加了调料。"热切的年轻科学家"确实应该感激万分啊!

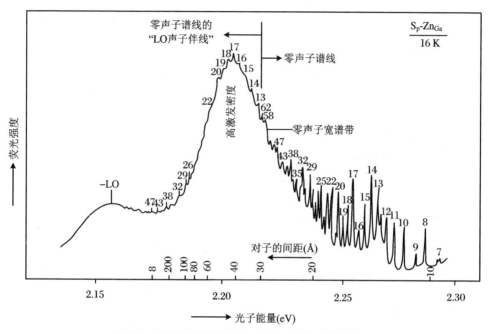

图 7.8　低温下测量的施主-受主对的荧光谱的例子

施主是处于 P 位置上的 S 原子,受主是处于 Ga 位置上的 Zn 原子(第一类光谱)。光谱里的尖锐
谱线来自比较近的对子,宽谱线来自比较远的对子,还有来自"声子伴线"的更弱的尖锐谱线(跃
迁涉及同时发射声子和光子)。标记每个尖锐谱线的数字是"壳层数"(参见专题7.3)。(取自
Vink A T. 1974. Ph. D. Thesis. Technical University of Eindhoven. p. 12)埃因霍温技术大学图书
馆惠允

专题7.3　施主-受主对的荧光

解释施主-受主对(D-A 对)光谱线中细微结构的关键在于计算公式(7.4)中的
库仑项。这就需要找到闪锌矿晶格中不同"壳层"半径的表达式,对应于(1) 最近
邻分离,(2) 次近邻分离,(3) 第三近邻分离,等等。数字 1,2,3 等等指的是壳层数
m,我们需要知道 m 和相应半径 r 的关系,记住有两种类型的对子:施主和受主处
于不同晶格位置上的对子(第一类),施主和受主处于相同晶格位置上的对子(第二
类型)。早期文献中处理了这个问题。例如,参见 Thomas et al(1964),他推导出
下述表达式:

$$第一类 \quad r(m) = (m/2)^{1/2} a_0 \quad (B.7.19)$$

$$第二类 \quad r(m) = (m/2 - 5/16)^{1/2} a_0 \quad (B.7.20)$$

其中,a_0 是晶格常数(对于 GaP,$a_0 = 0.545$ nm)。

考虑第一类的光谱。利用数值 $r_{nn} = 0.236$ nm 和 GaP 的低频介电常数 $\varepsilon =$ 11.0,可以计算最近邻的对的库仑项,$e^2/(4\pi\varepsilon\varepsilon_0 r_{nn}) = 0.555$ eV。如果我们接下来取 GaP 的典型值 $E_D + E_A = 0.15$ eV,可以得到光子能量在能隙以上 0.4 eV! 这就说明,我们看不到最近邻的对子。实际上,为了让 $h\nu$ 减小到能隙以下,需要让 r 的数值大于 0.9 nm,接近于最近邻距离的 4 倍(大约为 $1.7a_0$)。这对应于第一类对子的第六个壳层。在实践中,可以看到第七个壳层以上的谱线,直到谱线间距密得无法区分为止,它们融合为一个宽的"远对子"(distant pair)谱线。

可以估计相邻谱线的典型能量差:

$$\Delta E_{8,9} = E_8 - E_9 = e^2/(4\pi\varepsilon\varepsilon_0 a_0)[(2/8)^{1/2} - (2/9)^{1/2}]$$
$$= 6.86 \text{ meV} \tag{B.7.21}$$

在光谱的高能端,相邻谱线的能量差大约是 7 meV。随着壳层数的增大,这个能量差逐渐减小。对于 50 以上的壳层数,能量差大约是 0.5 meV(公式(B.7.21)里方括号中的项变为 $(2/50)^{1/2} - (2/51)^{1/2}$),无法区分单独的谱线。在低能端,发光线像尾巴一样减小,因为复合寿命变得很长,发光速率趋近于零(见正文)。这样就一般性地解释了图 7.8 中的所有结构。

激动人心的故事还没有结束。在测量复合寿命的时候,又出现了更多的微妙之处。每个发光谱线对应于不同的对子间距,表征了被束缚的电子和空穴波函数之间的重叠程度。如第 1 章所述(专题 1.4),束缚在施主上的一个电子可以被看作是一种氢原子,每个束缚态有个类氢原子波函数,它表示在距离"核"(施主原子)特定距离处发现电子的概率。特别是,基态的平均距离由玻尔半径表征,它依赖于电子的有效质量,也就依赖于施主的束缚能,但是,在离施主很远的地方,发现电子的概率是指数式减小的。类似的评论适用于束缚在受主上的空穴,所以,每个施主-受主对由波函数重叠来表征,它依赖于(1) 参与的施主和受主的性质,(2) 每个特定的间距。这很重要,因为每个对子的复合寿命反比于波函数重叠的平方值,可以预期,寿命随着对子间距而发生显著的变化。实践中发现确实如此——典型地,时间从相当近($r = 1$ nm)的对子的 10 μs 变化到距离更远的对子($r = 5$ nm)的 1 s,而且在很宽范围的施主-受主谱上测量了。注意,这些时间在 GaP 里是比较长的,因为 GaP 是间接带隙——在直接带隙材料例如 GaAs 中,类似测量得到的时间要小三个数量级(但是,GaP 谱中如此清楚的精细结构,在 GaAs 中并没有分辨出来)。

最后还要做个评论。所有这些测量都是在低温下进行的,因为随着温度升高到室温,两个中心(施主或受主)中较浅的一个就容易电离,荧光强度就转移到适当的自由-束缚跃迁(free-to-bound transition)。为了确定些,我们考虑 GaP 中的 S-C 对的情况,其中,施主能量远大于受主能量,空穴从 C 受主中激发出来,而电子仍然束缚在施主上,所以,主导性的荧光跃迁就变为图 7.7 中标号为(2)的跃迁。

此外,同样因为这个原因,在发光二极管的室温工作下,施主-受主复合显然就不重要了。它的主要好处在于极大地帮助了我们理解 GaP 的性质,特别是辐射复合的一般性质。

那么,GaP 发光二极管的主要辐射过程的性质是什么? 我们先考虑绿光的发射。室温下 GaP 的能隙是 $E_g = 2.26$ eV,而绿色发光峰的位置大约是 2.21 eV($\lambda = 560$ nm),涉及了比较浅的复合中心。因为 GaP 中几种受主的电离能位于 50 ~60 meV 的范围,有人可能会认为,适当的跃迁是“自由电子-束缚空穴”的类型(e-A),这个猜想基本上合理,但是这种跃迁发生的概率太小了(因为 GaP 是间接带隙)。绿光发射的奇特性质是它的效率比较高,尽管 GaP 能带结构是间接带隙,因此,这似乎意味着一些新的过程——确实是新的。它依赖于少量的 N 进入到 GaP 晶体中,N 构成了后来称为“等电子中心”的东西,因为 N 来自元素周期表中与 P 相同的一列,所以,具有类似的外围电子构型。在这方面,它不同于我们现在熟悉的施主和受主——后者来自相邻的列,比它们替换的宿主原子多一个电子或者少一个电子。显然,N 既不是施主,也不是受主。但是很奇怪,它能够束缚导带中的一个电子,束缚能大约是 10 meV。类似的中心在 1964 年被认出来了,飞利浦实验室的艾腾和哈恩斯特报道了 CdS 中的 Te 中心,所以,已经有了一个先例,仅仅一年以后,贝尔实验室的托马斯等人发现,GaP 中的 N 具有类似的性质。

这些中心怎么能够束缚住电子呢? 相关的理论很复杂——只要说它依赖于杂质相对于宿主原子的尺寸和电负性就可以了——但是确实需要强调的一个特性是,局域化的程度很强。电子被限制在 N 中心非常近的地方,这种情况显著地不同于电子因为库仑吸引力而被施主原子束缚的情况。这非常重要,因为它决定了束缚电子的相应动量。海森伯不确定原理的一种陈述方法是

$$\Delta x \Delta p = h/(2\pi) \tag{7.5}$$

电子的位置 x 知道得很准确,它的动量 p 就有很大的不确定性,由此我们立刻看到,束缚电子的强局域化意味着它的动量分布是很弥散的。换句话说,电子波函数包含着在布里渊区里的动量矢量——自由电子的特征是只含有那些靠近布里渊区边缘 X 点处的动量值,但是,束缚电子波函数包括所有的 k 值,包括那些来自布里渊区中心 Γ 点的数值。这是至关重要的,因为它意味着从束缚态到价带顶的 Γ 态的光学跃迁的概率大得多。换句话说,辐射复合的概率远远大于正常的带-带跃迁过程(或者有浅施主或浅受主参与的跃迁)。这正是有效的光发射所需要的,在很大程度上克服了我们对间接带隙半导体的偏见(有些合理的)。大自然喜欢让我们吃惊,但是,这种情况下的主要惊奇在于,生活并不像我们想的那么难!

GaP 发射绿光还有另一个微妙之处。电子束缚在 N 等电子中心上,构成了带负电荷的复合物(这也和束缚在施主上的电子不一样),所以,它很容易吸引一个自

由空穴形成束缚激子,再复合发出绿光。显然(早在 1966 年),这是对绿光二极管发光起作用的过程。注意,它同样受益于电子的强局域化,这很重要,因为总的束缚能仍然只有几十毫电子伏,复合体在室温下很容易热分解。因此,这个中心任务就是尽可能快地辐射复合——在热分解扼杀了它而把机会给了隐藏的非辐射复合中心之前。(最高效率很少能超过 1%——尽管材料科学家尽了最大努力,但是,生活岂能尽如人意!)注意,GaP 晶格里每立方米大约有 10^{25} 个 N 原子存在,这个事实对自由载流子密度没有影响——必须把这个材料掺杂为 n 型和 p 型,形成必要的 p-n 结,复合过程可以发生在结的任何一侧,依赖于使用的 n 型和 p 型掺杂的比率。然而,放入的 N 原子的密度确实产生了重要的影响。早在 1966 年,贝尔实验室的托马斯等人观察到并解释了重掺杂 GaP 晶体的吸收谱存在着很多的尖锐谱线,由于形成了 N-N 对子,它们也束缚激子,发光谱线的波长在黄色光谱区。黄光二极管很快就开发出来了,但是,它们的效率从来都不太好,现在被效率高得多的 AlGaInP 器件替代了。

这个故事更有趣的历史之一与 N 首次登场的方式有关。1964 年,贝尔实验室的弗洛施报道了一种新的气相外延过程,用来生长 GaP 薄膜,它使用了 GaP 和水蒸气在 1 000 ℃ 的化学反应。让水蒸气通过装有 GaP 片子的小舟的上方,产生了 Ga_2O 和 P_2,把它们输送到 GaP 衬底,在那里发生了逆向化学反应,沉积了一层外延的 GaP 薄膜。这个反应发生在开放式管子里,当使用石英管子的时候,薄膜不含 N,但是,如果使用的是氮化硼管子,水就会腐蚀管子,产生 NH_3,从而让 N 进入 GaP 薄膜。这种非常幸运的偶然方式确立了绿荧光和 N 的联系。在未来的方法里(特别是在使用液相外延生长的时候),N 的引入是靠精心地引入 NH_3 气体或者通过在溶液里溶解少量的 GaN。结果发现,氮气形式的 N_2 的化学稳定性太高了,不能作为 N 中心的实用来源。

领会了上述的物理学解释,就不难理解 GaP 发红光的原因。它是 1962 年在英国巴尔多克的军队电子学实验(SERL)中发现的,在 GaP 的发展中是很早的,当这个材料用 Zn 在有氧条件下掺杂(把它变成了 p 型)的时候,产生了很强的红光发射,但是,人们花了一些时间才认识到:它是来自一种微妙的束缚激子复合形式。在典型的(外延)生长温度下,O 和 Zn 都以离子的形式 O^+ 和 Zn^- 存在于晶格里,因此,它们就相互吸引。所以不奇怪,它们倾向于形成紧密的对子(也就是占据最近邻的晶格位置),从而形成电中性的中心。复杂的红外光谱也证明了这一点——局域振动模式的测量。一个 Zn-O 最近邻对子,虽然总体上是电中性的,但实际上是一个电偶极,以电磁波的形式施加振荡电场,可以让它振动起来。在共振的时候,波的频率对应于这一对原子的自然振动频率(位于红外光谱区),能量就从电磁波传递给机械振动,导致了吸收光谱。如果辐射是平面偏振的,当电矢量与偶极的轴向对齐的时候,吸收显然达到最大值(对于最近邻对子,这是(111)晶向),这就证实了原子对的取向。测量共振频率,就可以与计算得到的 Zn-O 对子的振动频率进行比较,从而验证这个中心的性质。

证实了它们的性质以后,稍微发挥一下想象力,就可以认识到,它们类似于刚刚讨论过的等电子中心,在理论上努把力,就可以证明它们也能够束缚激子。重要的差别是束缚能大得多——大致是 300 meV——足以把波长移动到 690 nm。束缚能增大了,热离解的可能性就降低了,效率也就更高了。然而,两个彼此竞争的辐射过程让这个故事变得复杂了。虽然国际商业机器公司的摩根等人在 1968 年的工作证明了,红光发射确实来自这个束缚激子过程,但是贝尔实验室的亨利等人的相关工作(也是在 1968 年)表明,另一种机制也可以产生红光——束缚在 Zn-O 中心上的一个电子与束缚在孤立的 Zn 受主上的空穴发生复合。在英国人保罗·迪恩的领导下,贝尔实验室的另一个研究小组证明了束缚激子过程在室温下占据着主导地位。所以,终于搞清楚了,束缚在等电子中心上的激子的复合使得 GaP 发光二极管在室温下发射红光和绿光。经过十多年专注的科学努力,人们对 GaP 中辐射过程的理解也更加深入了。

7.4 宽带隙半导体

在 1975 年左右,覆盖红色、橘黄色、黄色和绿色光谱区的任务已经胜利完成了,照明效率至少达到了约 1 lm·W^{-1}。红光二极管用 AlGaAs 制成,绿的是 GaP:N,中间的颜色是 GaP:NN 或 GaAsP:N。剩下来的主要问题是让蓝光和紫光发射器达到相似的性能。当时最好的蓝光二极管是用 SiC 做的,但是量子效率只有 0.02% 左右,照明效率大约是 0.004 lm·W^{-1},大约是红/绿光区域效率的 1/250。这样就不可能把发光二极管用于全彩色显示,严重地限制了它们的应用范围。到了 20 世纪 90 年代中期,高效率的 GaN 发光二极管的发展才改变了局势。本节主要讲述 GaN 的故事,但是先简要地介绍其他宽带隙材料,它们也有潜力扮演这个特定的角色。

碳化硅(见 Bergh, Dean(1972);Morkoc et al(1994);Willardson, Weber(1998):vol. 52)的带隙大约是 3 eV,适合于可见光发光二极管,它很可能是第一个表现出电致荧光的半导体材料。1907 年,H·J·荣德观测到 SiC 射频探测器发出的黄色荧光。接着,罗谢夫和其他人在 20 年代观测到类似的荧光,对光发射和整流之间的关系有了一些理解。在这些早期工作里,材料是比较不可控的,第一次真正地尝试生长高质量单晶是在 1955 年德国的雷利研究升华方法的时候。然而，就像大多数化合物半导体一样，器件的有效进展依赖于外延的引入。1969 年，位于伦敦的英国通用电力公司赫斯特研究中心的鲍勃·博兰德及其同事发展了一种液相外延方法，使用升华法生长衬底，而美国通用电气公司的波特等人利用了一种气相外延方法。在接下来的 30 年里，人们探索了许多其他方法，既有用于衬底生长的，也有用于外延的——今天，Cree 公司很可能是 SiC 生长的领军人物，他们在升华法生长的衬底上进行化学气相沉积。

SiC 作为光电子学材料有很多问题：首先，它有很多种不同的多型（polytypes，相邻层的堆积方式不同），每种的带隙都不一样；其次，这些都是间接带隙（没有迹象表明它也有类似于拯救了 GaP 那样的等电子中心）；第三，虽然它的熔点有时候被认为是 2 800 ℃，但是，仍然不清楚究竟是否存在液态相；第四，它的化学键非常强，这就要求几乎任何工艺处理都在 2 000 ℃ 左右进行，例如，美国通用电气公司在 20 世纪 60 年代试图提供绿光和蓝光发射器，生长的晶体要求温度为 2 500 ℃，而扩散受主、形成必要的 p-n 结的工艺是在 2 200 ℃ 进行的。高效发光二极管要求，生长材料必须具有很好的结构和化学完美性，但是，这么高的处理温度就带来了很多麻烦。例如，石英或其他容器中的杂质很可能进入到正在生长的 SiC 晶体里——纯度总是受到威胁。

在 20 世纪 60 年代，通用电气公司、英国通用电力公司、英国和苏联都真正地尝试着驯服这种材料，大多数工作与"6H 型"有关，它的带隙是 3.0 eV。用 N 施主和 Al 受主制作 p-n 结，虽然 N 实际上产生了两个施主能级，而 Al 受主能级非常深（200 meV），限制了室温下能够得到的自由空穴密度。N 掺杂的材料给出了蓝色荧光，Al 掺杂导致了绿光发射，红光二极管同时掺杂了 Al 和 B，但是效率一直很低，通常为 3×10^{-5}，甚至更糟。显然，这些器件不能和 GaP，GaAsP 和 AlGaAs 竞争。当时的衬底尺寸也很小，这是阻碍商业化的另一个壁垒。然而，既然能够得到蓝光二极管，就有充足的理由继续努力，它们的效率逐渐提高了——1969 年，博兰德报道了 10^{-5} 的指标，1978 年蒙池（汉诺威）宣称了 4×10^{-5}，1982 年霍夫曼（西门子）宣称了 1×10^{-4}，1992 年，埃德蒙德（Cree 公司）实现了 3×10^{-4} 的指标。不用说，商业化的二极管还要更差一些，但是，它们好得足以保持合理的稳定的（但是普通的）市场水平。然而，明亮的、全彩色的发光二极管显示这个目标仍然很遥远，SiC，其主要优点是化学稳定性和热学稳定性以及很大的热导率，似乎更有可能在大功率微波器件中找到应用，它们可以在 300～400 ℃ 的温度下工作（见 6.5 节）。

还有两组材料的带隙也宽得足以发出蓝光——Ⅲ族氮化物，GaN 和 AlN，E_g 分别是 3.4 eV 和 6.2 eV，Ⅱ-Ⅵ族化合物 ZnSe（2.7 eV），ZnS（3.7 eV）和 CdS（2.5 eV）。这两组材料有些相似性，例如，它们都以立方（闪锌矿）或者六方密堆

(纤锌矿)的形式结晶,这些宽带隙材料都很难做到既有 n 型掺杂又有 p 型掺杂,但是在历史上,Ⅱ-Ⅵ族化合物发展得比氮化物更早。例如,早在 1956 年,人们就认识到了 ZnS 中的施主-受主对发光,CdS 中的等电子中心的激子复合是在 1964 年,到了 1967 年,Ⅱ-Ⅵ化合物有了自己的会议(Thomas,1967)。相形之下,马德隆在 1964 年总结Ⅲ-Ⅴ族化合物半导体性质的时候,几乎没怎么提到Ⅲ族氮化物,在早期的"GaAs 及其相关化合物"会议论文集(1966,1968,1970)里,也找不到它们——直到 70 年代,氮化物才有了重要的半导体物理研究。有趣的是,导致可见光的发光二极管和激光二极管的重要技术突破(也就是做到既有 n 型掺杂也有 p 型掺杂)在这两组材料里几乎是同时发生的。但是无论如何,我们将追随历史的脚步,先讨论Ⅱ-Ⅵ族化合物。综述文章请参看 Morkoc et al(1994)和 Willardson et al(1997:vol. 44)。

  Ⅱ-Ⅵ族化合物的早期工作是在相当原始的体材料晶体样品上进行的,大多数是在比较高的温度下用气相输运法生长的——这并不奇怪。不可控的杂质浓度很高,典型样品是相当强的 n 型(例如 CdS,ZnS 和 ZnSe)或 p 型 (ZnTe),人们对此显然无计可施。实际上,甚至都没有采用任何措施来改变体材料的这些偏好——直到 20 世纪 70 年代末期,随着分子束外延和金属有机化合物气相外延的发展,转变类型的希望才重新升起,1990 年终于成功了。然而,通过测量体材料,包括观察明亮的可见光荧光,搞清楚了很多有用的物理理论,证实了所有这些化合物都具有直接带隙的特性,因此,做不出 p-n 结就更让人沮丧了。可能有两个原因:一方面,可能是不想要的施主(在 ZnTe 的情况下是受主)杂质的数量太大了;另一方面,或者(许多年里大家都这么认为)问题在于晶格缺陷导致了某种形式的"自动补偿",阻止了任何引入 p 型掺杂的尝试。第一个困难原则上可以用提高晶体生长技术来克服,然而,后一个困难看起来完全无法解决。总的说来,人们用了大约 40 年,证明了第一个解释的正确性!面对着几乎不可能完成的任务,科学家们总是坚韧不拔。

  首先需要选择合适的受主(从这里开始,我们集中关注宽带隙材料 CdS,ZnS 和 ZnSe)。有一段时间,大多数人认为应该是 Li,只要它占据了Ⅱ族原子的位置,就会表现为受主,但是,p 型掺杂几乎没有任何成功。1983 年,保罗·迪恩(他已经从美国回到了皇家雷达实验室)证明了 N 在 ZnSe 中具有受主的性质。虽然这种方法仍然不可能实现类型反转,但是,通过分析施主-受主对的光谱,他能够测量受主束缚能(111 meV)并得到重要的结论:得不到 p 型材料的原因来自多余的不可控的施主杂质,与宿主晶体并没有必然联系。这样,就进一步增强了努力减小这个背景的决心,寻找可行的解决方案的任务就交给了分子束外延生长。分子束外延有个很大的优点,可以很好地控制生长薄膜的化学配比,从而如愿地降低施主的密度。然而,还有如何把 N 受主添加进去的问题——使用氮气已经证明是完全无效的,随着"等离子体氮源"的发展,才终于成功地生长了 p 型 ZnSe。具体原理是利用射频放电产生氮的等离子体,从而产生一束氮原子(而不是氮分子)。1990年,美国的帕克等人演示了这种技术,得到的自由空穴密度达 3.4×10^{23} m^{-3},制作了发射蓝光的原型发光二极管($\lambda = 465$ nm)。随后,金属有机化合物分子束外延差不多立刻就成功地应用了,Taike 等人在日本的日立实验室得到了 p 型 ZnSe,$p = 5.6 \times 10^{23}$ m^{-3},他们使用 NH$_3$ 作为 p 型掺杂物。一年以后,Qiu 等人实现了 $p = 1 \times 10^{24}$ m^{-3},但是,显然需要[N]$>10^{25}$ m^{-3},而进一步增大空穴密度的尝试实际上减小了 p。从制作合适的 p-n 结的角度来说,这肯定不是灾难性的,但是,给 p-n 结的 p 端制备低电阻的欧姆接触的时候,就带来了严重的问题,后来的成功不得不依赖于许多微妙的技巧——器件技术人员的日子不那么好过。

上述大多数工作用的是 GaAs 衬底上生长的 ZnSe 薄膜(它们非常接近于晶格匹配),现成的体材料 ZnSe 晶体发展得不那么好,而 GaAs 衬底更大、更便宜。然而,使用 GaAs 有个显著的缺点,即它们的热膨胀系数严重失配。即使薄膜在生长温度下是匹配的,在室温下,薄膜里肯定存在应力。如果能够商业化地生产高质量、大尺寸的 ZnSe 晶体,从长期来看,它们就会比 GaAs 更合适——只有时间才能检验。

一旦有了突破,人们马上就试图制作基于 ZnSe 的发光二极管和激光二极管。实际上,已经用了很复杂的结构来实现载流子和光的限制,在 7.5 节讨论可见光激光器的时候将描述它们。现在,我们只是简单地提及,美国和日本的几个研究小组已经制作了明亮的发光二极管。1995 年,伊森等人(北卡罗来纳州大学和伊格皮彻公司)描述了分子束外延生长在 ZnSe 衬底上的蓝光二极管和绿光二极管。Cl 用于 n 型掺杂,而 N 用于 p 型掺杂。蓝光二极管使用的功能层包含有 ZnCdSe 量子阱,而绿光二极管使用单层 ZnSeTe。量子效率分别是 1.3% 和 5.3%,而发光效率为 1.6 和 17.0 lm·W^{-1}。ZnSe 衬底的直径是 50 mm,对于初步的商业过程大概足够了,但是,这些二极管的工作寿命还不够长,只有 500 小时。这指出了Ⅱ-Ⅵ族器件的一个严重问题:它们对线缺陷(位错)非常敏感。这些问题的克服绝不是轻而易举的,但是最近来自住友电工的报道说,他们打算把基于 ZnSe 的白光二极管商业化——蓝光来自功能区,而更宽的黄光来自 ZnSe 衬底,总体表现是白光。这肯定很有趣,但是愤世嫉俗的人也许会觉得,它的主要美德在于能够绕过一堆专利,这些专利覆盖了基于氮化物的类似器件(我们很快就会更仔细地讨论它们)。最后,如 7.5 节所述,索尼公司仍然在推动 ZnSe 基的激光器,所以,Ⅱ-Ⅵ族的可见光和紫外光发光器还是很有可能的。具体怎么实现呢? 让我们拭目以待。

现在应该讲讲氮化物的传奇故事了! 如前文所述,氮化物的认真研究始于 20

世纪 70 年代早期,那时候,人们能够得到质量还行的 GaN 晶体,但是,它们不是体材料晶体,而是利用卤化物气相外延法(HVPE)在晶格失配的衬底上(主要是蓝宝石)生长的外延薄膜。这立刻就指向了一个主要的技术问题——极端缺乏 GaN(以及其他氮化物)晶体的衬底,它主导了整个工作,与Ⅲ族氮化物的物理和商业利用有关。为什么? 简单地说,因为体材料晶体的生长非常困难。例如,GaN 大约在 2 800 ℃熔化,在这个温度,GaN 上方的氮气压不小于 45 kbar(45 000 atm),根本不可能用切克劳斯基法生长。在实践中,体材料晶体生长一直是华沙的高压研究中心的珀罗斯基教授领导的研究小组的禁脔,他们的工作起源于对高压下固体性质的长期兴趣。GaN 生长是在 80 年代发展起来的,方法的改造建立在用液镓中的 GaN 饱和溶液进行溶液生长的基础上,饱和溶液放在氮化硼(BN)坩埚里,温度是 1 500 ℃,外部氮气压强为 10 kbar。生长时需要保持管式炉中的温度梯度,在大约一天的时间里,晶体以大约 100 μm 的小片的形式生长出来。在早期工作中,横向尺寸只有几毫米——经过几年的发展,能够达到 1~2 cm 了。直到最近,晶体是强 n 型的($n \approx 2 \times 10^{25}$ m^{-3}),所以不能用作器件材料,但是,这个组近期已经发展了一种方法,通过掺杂 Mg 来生长半绝缘材料。这些晶体无疑对整个氮化物研究领域作出了重要贡献,但是,对于商业发展没有任何帮助,因为造价太高了。人们尝试了很多其他方法来制作衬底,但是,到目前为止,所有重要的商业计划采用的都是某种形式的异质外延。

回到 1970 年,我们注意到,气相外延工艺自然地来自其他Ⅲ-Ⅴ族化合物的早期工作,特别是 GaAs。Ga 以 GaCl 的形式传输,把 HCl 气体通过盛有液 Ga 的热舟的上方。在生长 GaAs 的时候,As 是由 AsCl$_3$ 提供的,然而,在 GaN 的情况里,没有 N 的卤化物,N 以 NH$_3$ 的形式传输,因为 NH$_3$ 分子比 AsCl$_3$ 稳定得多,它要求的生长温度高得多,需要 1 000~1 100 ℃而不是 800 ℃,才能够让分子断裂。这又要求衬底能够在此温度下保持稳定,因此就排除了Ⅲ-Ⅴ化合物,只能选择蓝宝石,尽管它与生长的薄膜有很大的晶格失配。卤化物气相外延工艺的主要优点可能是生长速度快,大于 10 $\mu m \cdot h^{-1}$,容易生长比较厚的薄膜(50~100 μm),越靠近上表面,薄膜的质量就越好。这意味着材料质量可以满足很大范围的测量,在 70 年代就可以对 GaN 的电学和光学性质进行可靠的分类。有三个活跃的小组:贝尔实验室的丁格尔和伊利坚斯、美洲射频公司的潘克夫,以及瑞典隆德研究所的默尼玛,他们使用的都是卤化物气相外延法生长的材料。

GaN 的(直接)带隙位于 4 K 的 3.503 eV 和室温的 3.44 eV 之间,价带的结构也用光致荧光谱和光吸收的方法研究了。实验结果表明,在布里渊区 Γ 点处,存在着预期的三个分立的价带极大值——"预期的"是因为 GaN 晶体偏好于六方(纤锌矿)结构,"晶体场"的轴向分量解除了闪锌矿晶体简并的两个价带(图 5.1)。它还表明,薄膜有不同程度的应变,因为 GaN 和蓝宝石的晶格常数和热膨胀系数不匹配(应力改变了带隙,相应地移动了光子荧光谱线)。对于杂质(例如 Mg,Zn 和 Cd)掺杂 GaN 的效果,也进行了各种研究,预期它们会表现为受主。结果不那么清晰,但是暗示了受主束缚能比预期大得多,分别是 250 meV、350 meV 和 550 meV 左右(用有效质量估计,应当是 100 meV 左右)。这些数值似乎与单个原子的电负性有关,但是还没有什么解释得到了广泛的认同。更重要的是,这些受主都不能让材料变成 p 型——并不是特别奇怪,我们注意到,名义上没有掺杂的薄膜是 n 型的,自由电子密度通常在 $10^{24} \sim 10^{25}$ m^{-3} 的范围里。通常认为这是由于晶体中存在 N 空位,V_N 表现为浅能级施主(但是这个解释最近有了争议,人们更愿意用没有控制的杂质例如 Si 或 O 来解释——在 II-VI 族的研究工作中,类似的争议持续了很多年!)。

　　GaN 是效率非常高的可见光发射器,因此,p 型电导率的明显不给力就变得更让人沮丧了。实际上,早在 1971 年,基于金属-绝缘体-半导体(MIS)结构,潘克夫确实演示了一种蓝光二极管,但是,这些器件的效率通常没有什么竞争力,这个也不例外! 随着时间的流逝,实现类型反转的需求更让人绝望了,在 80 年代,人们对氮化物的兴趣显著地降低了,它们的"政治"地位和 II-VI 族化合物一样。干吗要花钱打水漂呢? 然而,并不是每个人的看法都这么消极——在日本,名古屋大学的赤崎勇教授仍然坚定地高举着氮化物的旗帜,他的研究小组试图把金属有机化合物气相外延生长应用于 GaN。金属有机化合物气相外延的发明人马纳斯维特很早(1971 年)就把它推上了氮化物的舞台——基本上用三乙基镓(或三甲基镓)而不是 GaCl 来输送 Ga,仍然使用 NH$_3$ 作为 N 源,像以前一样在 1 000~1 100 ℃生长。它的主要优点是稳定性,可以更好地控制生长过程,在 70 年代和 80 年代,在 AlGaAs /GaAs 系统的低维结构的发展中,这个优点非常有价值。然而,它对氮化物的冲击并不是立竿见影。早期的薄膜在冷却到室温的过程中碎裂得很厉害,花了很长时间才找到解决方法。直到 1986 年,天野浩等人(赤崎小组)发现,在蓝宝石沉底和 GaN 薄膜之间引入特殊的缓冲层(AlN 薄膜)很有好处。这层薄膜是在低温(约 500 ℃)下生长的,因此是非晶的,但是,接下来把温度提高到 1 000 ℃甚至更高,用于生长 GaN 薄膜。在此过程中,缓冲层里到底发生了些什么,我们并不很清楚,但是,净效果非常有戏剧性——能够生长几微米厚度的 GaN 薄膜,此外,背景载流子密度下降到更容易接受的水平 10^{23} m^{-3},肯定提高了 p 型掺杂成功的概率。

　　接下来发生的事情很有点代表性——GaN 的研究总是让人吃惊。赤崎勇决定试着用 Mg 进行 p 型掺杂,起初的工作并不比与之前几十年做得更成功,但是他注意到,在用扫描电子显微镜对它们进行研究以后,一些样品确实表现出想要的结果——终于测量到 p 型导电了。电子束在薄膜表面上扫描,魔术般地"激发"了足够数量的 Mg 受主,抵消了背景施主的影响,把薄膜变成了 p 型。这是在 1989 年。这个过程马上被命名为低能量电子束辐照(LEEBI),许多其他实验室拷贝了这个技术——对 GaN 的兴趣很快就复活了。能够制作 p-n 结,这个可能性突然改变了所有的一切。仍然不能理解低能量电子束辐照能够激发 Mg 的机制,但是,人们很快就清楚了,它只在薄的表面区域有效,而不是在整个薄膜体里,这至少是不方便的,所以,当下一个重要进展出现的时候,人们都松了一口气——简单的退火工艺也可以实现激发,在 Mg 掺杂的整个区域都有效。看来这是个更实用的技术——确实如此。从那以后,发展就不可阻遏了——1993 年演示了高亮度的蓝光二极管,1995 年后期出现了第一个蓝光激光器(室温下脉冲模式工作)。这时候,日本和美国的一半实验室已经建立了某种 GaN 计划,而欧洲表现得有些迟疑(也许只是更隐蔽?),跟随的步伐看起来慢得出奇。无论如何,大家终于都行动起来了(第一个欧洲 GaN 研讨会在 1996 年召开),今天,"氮化物半导体"是全世界最卓有建树的计划之一,有专门的国际会议,吸引了超过 500 人。它还有个特点:综述文章和图书多得让人吃惊,我们把一些比较新的列在参考名单里:Mohamad et al (1995),Mohamad,Morkoc(1995),Akasaki,Amano(1996),Neumayer,Ekerdt (1996),Ponce,Bour(1997),Orton,Foxon(1998),Gil(1998),Edgar et al(1999),Wardson,Weber(1997: vol. 50;1999: vol. 57),Nakamura et al(2000)。认真的学生不会觉得学习材料不够用!

但是这就扯得太远了。最明亮的发光二极管是怎么出现的? 这个故事自有迷人之处。1979 年,一位年轻的物理学家加入了一家小的日本公司,他就是中村修二,只有德岛大学的本科文凭,这家小公司就是日亚化学公司,距离德岛市只有几英里。中村修二起初研究的是传统Ⅲ-Ⅴ族材料,虽然没有特别大的成果,但还是给公司总裁留下了深刻的印象,使得他在 1988 年投下了惊人的赌注,用 300 万美元资助中村修二,让他承担一个项目,研究当时非常困难而且希望渺茫的 GaN 材料。中村修二在佛罗里达大学待了一年,学习金属有机化合物气相外延技术,然后回到了日亚化学公司,建立了自己的生长工艺,开始在蓝宝石衬底上生长 GaN 薄膜。他的第一个发明是在 1991 年,使用非晶 GaN 而不是赤崎勇的 AlN 作为缓冲层,1992 年,他又发现了热退火处理可以让 Mg 受主有效地实现 p 型掺杂。他还猜测,相关的物理机制是受主的氢补偿,在外延生长过程中形成了(H-Mg)复合体(在金属有机化合物气相外延过程中,氨分子破裂产生了氢),它们在热处理过程中分解了。后来的工作证实了这个假设的正确性——1993 年;波士顿大学的莫斯塔卡斯小组和北卡罗来纳大学的戴维斯小组证实了,在分子束外延生长中用 Mg 来掺杂(其中不存在氢),这样生长的材料直接就是 p 型导电的,不需要退火处理。

制作第一个高效率的蓝光二极管的擂台搭好了,两位参赛者都是日本人! 现在的材料质量已经大幅度提高了，主要问题是设计二极管，让它在合适的波长发光。GaN 在室温下的带隙是 3.4 eV，然而，希望的光子能量是 2.75 eV（$\lambda =$ 450 nm），小了约 0.65 eV。在第一个例子里（1991 年），两个小组制作了简单的同质结二极管，一侧用 Si 掺杂，另一侧用 Mg 掺杂。结构如图 7.9 所示（注意，因为蓝宝石衬底是电绝缘的，所以，为了制作电极，必须腐蚀到 n 型层）。这些二极管的蓝光发射来自 p-n 结的 p 侧，与 Mg 中心有关（方式有些古怪！）。测量得到的效率约是 0.2%，比 SiC 略好一些，但是仍然不足以激发广泛的兴趣。赤崎勇及其同事继续研究这个简单的同质结器件，最终得到了 1% 甚至更大些的效率，而中村修二试验了各种不同的结构。他的第一个变型在功能区使用了 InGaN，加入 In 把带隙朝着期待的方向减小。然而，需要大约 30% 的 In，才能得到 2.75 eV 的带隙，而且，GaN 和 InN 的晶格失配是 11%（图 7.10），因此引入了太多的缺陷，效率就比较差。他的解决方法是用 Zn 掺杂 InGaN，这样就引入了深能级，只用几个百分点的 In，就可以把光子能量降低到想要的波长。这种结构实现了 3% 的效率，但是，还有进一步提高的余地，使用窄的 InGaN 量子阱作为功能层，夹在 n 型和 p 型的 AlGaN 盖层之间。这涉及高组分的 In，因为它非常薄，这个层是应变的，但是，只包含相对很少的位错。中村修二用这个结构实现了接近于 10% 的效率，比当时最好的红光二极管（1995 年）还要好很多。几乎在同一时间，他还报道了绿光发射器（通过增加阱里面的 In 含量），得到了 6% 的效率（细节请见 Nakamura et al (2000)）。在 1991～1995 年期间，材料质量显然改善了很多，但是，有件事情特别惊人、难以置信——人们发现，蓝宝石衬底上生长的 GaN 薄膜包含着大约每平方米 10^{14} 个缺陷，但是仍然做成了效率非常高的发光器。在许多其他半导体中，这样的密度意味着完全的黑暗，然而，GaN 不仅明亮地发光，而且工作寿命特别长，退化的问题似乎非常小。如前文所述，GaN 仍然有能力让人吃惊。

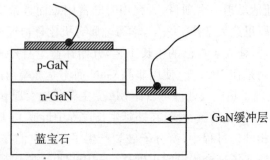

图 7.9 一个简单的同质结 GaN 发光二极管的结构示意图

在蓝宝石衬底上生长非晶 GaN 缓冲层，从而提高晶体质量，接着再生长一层 Si 掺杂的（n 型）GaN。然后是 Mg 掺杂的（p 型）层，把它部分地腐蚀掉，以便在结的 n 型一侧做电极。因为蓝宝石是绝缘的，所以不能用更常见的背电极

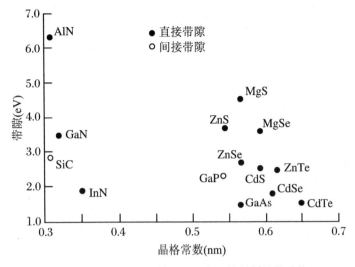

图 7.10　制作发光二极管的一些半导体材料的带隙能量
随着晶格参数的变化曲线

空心圆点表示间接带隙材料。注意,GaN 和 InN 的晶格失配非常大
(11%),AlN 和 GaN 的晶格失配小一些,但也很显著(2.3%)

　　不管怎么说,在戏剧性的四年时间里,发光二极管的重要问题终于解决了,发展全彩色大面积室外显示器的道路畅通了。只要在东京(或者任何其他日本大城市)的繁华区里走一走,就可以看到结果——美得惊人而且极其壮观! 1997 年,德岛市在使用蓝光/绿光交通灯方面进行了首次大规模实验,希望将来能够节省大笔的电费,同时大幅度地降低维护成本。在全世界许多其他大城市中,类似的实验正在进行。此外,高效的红光、绿光和蓝光二极管让人能够把合适数量的颜色混合起来而得到明亮的白光光源。结果相当惊人,乐观的人已经开始考虑冲击(巨大的)通用照明市场。在结束本节之前,我们应当更仔细地考察一下这个发展,但是,首先需要强调,日亚化学公司不再是蓝光和绿光二极管领域唯一的商业参与者。日本现在有日本丰田合成公司(与赤崎勇有关的一家公司),美国有 Cree 公司和惠普公司,欧洲有 Osram,这些只是比较大的玩家。对于有希望成为高利润市场的竞争既激烈又残酷,在技术期刊上,专利诉讼案件出现的频率和技术发明一样多! Cree 在这里有个特殊的角色,他们也生长 SiC,用 SiC(而不是蓝宝石)做衬底的优势是具有导电的背电极。不需要腐蚀掉二极管的顶层来为 p-n 结的 n 侧做电极了,他们的器件符合其他二极管使用的封装标准。缺点是 SiC 比蓝宝石更贵,这很可能让竞争又恢复了平衡。

　　1965～2000 年,发光二极管的流明效率提高得非常惊人,如图 7.11 所示,“克拉福德定律”干净利索地总结了它的发展趋势(乔治·克拉福德在 20 世纪 80 年代后期提出):流明效率每十年增加 10 倍。显然,它和另一个著名的预言(集成电路的摩尔定律)非常类似,摩尔定律宣称,每平方英寸里晶体管的数目每年增加一个因子 2。摩尔定律(在一个略为修改的版本里,每年增加的因子为 1.6)注定还能再挺儿年——当二极管效率达到了 100% 的时候,克拉福德定律就要不可避免地停顿了,因此,它看起来已经接近了自己的宿命。从通用照明的角度来看,有两个因素需要考虑——流明效率和成本,在此背景下,成本是个强大的推动力。从图 7.11 可以看出,现在,绿光和黄光二极管的流明效率已经超过了钨丝灯,正在(在 2000 年)挑战荧光管和钠灯的性能。然而,白光二极管的性能还要进一步提高,才有希望取得照明市场中的显著份额。通常认为,流明效率 200 lm·W^{-1} 是个合理的目标,这就要求红光、黄光和蓝光二极管的效率都能达到 50%(跟完美只差了因子 2!)。如前文所述,这个数值已经在一两种情况下实现了,在相对近的未来,这是个现实的目标,但是,究竟能不能用可以接受的成本实现,就不容易预测了。这个微妙的局势的演变有待于时间检验,但是,白光二极管很快就会在特殊场合找到应用,在那里,成本可能是个次要因素,例如飞机里的个人阅读灯和医院手术室里的照明。

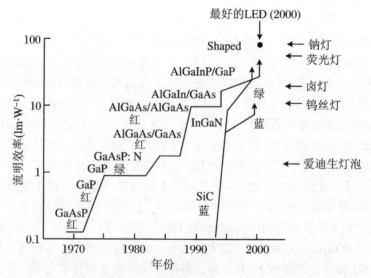

图 7.11 "克拉福德定律"描述了流明发光二极管的可见光效率从 1963 年到 2000 年的演化过程:效率每十年增大 10 倍

注意图的右边,氮化物发光二极管戏剧性地崛起,它已经远远超过了钨丝灯。可见光效率的最大允许值是 683 lm·W^{-1},对应的外量子效率是 100%。(图片拷贝自 Meyer M. Compound Semiconductor. March 2000:26)鲁米雷斯公司惠允

至少已经有三种方法可以产生白光——三原色的直接混合,明亮的蓝光二极

管与合适的荧光粉同时使用，使用紫外光二极管和荧光粉。在第二种方法里，荧光粉吸收一部分蓝光，发射出宽带的红光和绿光，它们与剩下来的蓝光组合起来，产生了白光。紫外光二极管使用了三种荧光粉，分别用于一种原色。从功率转换的角度来看，这个过程的效率必然低于 100%，蓝光光子比红光和绿光光子的能量都要大——在红光的情况下，这个比值大约是 1.5（也就是说，最大效率是 67%），这就足以让很多应用排除荧光法了。类似的评论就更适合于紫外光二极管了。然而，它们的优点是紧凑——如果需要小的亮光源，它就有很多优点。

7.5　短波长激光二极管

第 6 章关于激光二极管的故事讲到了这里：双异质结 AlGaAs/GaAs 器件基于的是量子阱功能区，典型工作波长在 750～850 nm 的范围，最大的单个应用是光盘音响系统，它的设计围绕着 780 nm 激光器。这是 1985 年的情况。到了 80 年代末期，量子点激光器登上了舞台，针对的是更长的波长，适合于光纤光学通信系统。80 年代中期开始向更短的波长发起冲击，但仍然基于 AlGaAs 材料体系。如前文所述，利用窄的 GaAs 量子阱，波长有可能达到 700 nm 左右，如果量子阱材料包含 Al，就可以达到 650 nm（很好地处于红光区）。缺点是阈值电流增大了很多，用这种材料进一步减小波长的希望很渺茫。进一步的发展显然需要改变半导体。但是我们需要把动机搞清楚。

把三原色应用于显示，当然有普遍的兴趣，但是，它的影响远小于光盘存储系统这个更特殊的需求。光盘音响系统是在 1979 年引入的，它在商业上已经非常成功，不可避免地导致了更先进的视频存储的研发工作，例如光盘交互式系统，更显著的是 DVD 影像记录仪/播放器设备，它是在 20 世纪 90 年代发展起来的。（"DVD"的含义是什么？"数字式多功能光盘"还是"数字式影像光盘"？很可能没有太大关系——谁也记不得到底是哪个解释，人们只知道这个系统就是 DVD！）大致在相同的时间，光盘成为了个人计算机数据存储的关键因素，这两种应用都需要更高的存储密度（也就是每平方英寸中有更多的比特）。这在一定程度上可以通过聪明的数据压缩软件来实现，但是无论如何，都迫切希望单个比特能够做得更小，只有在读和写的时候都使用波长更短的激光，才能满足这个要求。音响系统中使用了 600 nm 宽的"比特"（烧制在母盘上），用直径（在功率下降到一半的地方）大约为 1500 nm 的激光斑点来读它。这些限制由衍射效应决定，为了让光盘容量加倍，就需要把波长减小一个因子 $\sqrt{2}$，要求激光波长是 550 nm，远远超出了 AlGaAs

系统的能力。有其他选择吗?

这个问题的答案已经在讨论发光二极管的时候搞清楚了,再加上一个额外的条件:只有直接带隙材料才能发射激光。这就排除了 GaP,只留下了 AlGaInP 系统、Ⅱ-Ⅵ族材料或者氮化物。在 20 世纪 90 年代之前,Ⅱ-Ⅵ族材料和氮化物都不能掺杂成 p 型,所以,开发注入式激光器的唯一可能性就是 AlGaInP,它的最大带隙接近于 2.25 eV,相应的电致荧光的最小波长是 560 nm 左右(因为还要有限制区和盖层,激光发射通常限制在波长为 620 nm 以上)。实际上,在 80 年代,开发激光二极管的工作与发光二极管平行前进,早在 1985 年,日本电气公司的小林等人和索尼公司的池田等人就报道了第一个室温连续工作的激光器(接着是另一个日本小组在 1986 年报道的,这次是东芝公司)。与很多早期工作相同的是,这些器件使用了 $Ga_{0.5}In_{0.5}P$ 功能区,它与 GaAs 衬底是晶格匹配的,发光波长是 680 nm。AlGaInP 只是作为限制区。更短的波长需要使用量子阱(晶格匹配的或者应变的),或者把 Al 放入功能区。

我们知道,在初次尝试的时候,任何新型激光器的阈值电流都很可能特别高,这些也不例外——早期结果的典型数值是 $J_{th} = 4\ kA \cdot cm^{-2}$,而当时的 800 nm AlGaAs/GaAs 激光器的典型数值是 100 A·cm⁻²。显然有改进的余地(和需要)。20 世纪 80 年代末期采取了两个重要的步骤:首先,认识到激光电流中包含了电子通过结构的漏电流,它没有参与功能区里的复合(从而不必要地增大了阈值电流);其次,把量子阱放入到功能区。为了理解第一点,需要看一看正向偏置的典型激光器的能级结构图,如图 7.12 所示。该图表明,从功能区热激发出来的电子可以在势垒区复合,或者被进一步激发,越过限制层和盖层之间的势垒。无论哪种情况,这个电流对激光都没有任何贡献,此外,因为它依赖于热激发,随着温度的升高,它显著地增大了。这就解释了通常观察到的阈值电流在室温以上的急剧增大现象,这是基于 AlGaInP 系统的激光器的缺点,当工作波长减小到 630 nm 的时候,情况就更糟糕了。无论如何,一旦理解了这个特点(威尔士大学的彼得·布拉德小组在 1995 年澄清了细节),就有可能尽量增高势垒,从而尽量减小这个效应。人们认识到,这需要在 $Al_{0.5}In_{0.5}P$ 盖层中进行高密度的 p 型掺杂,这个要求并不能直接得到满足。通常使用的受主 Zn 很难放入 Al 组分很大的合金里,而且无论如何,它是个相当深的受主能级。幸运的是,受主 Be 和 Mg 受这个缺点的影响比较小,能够得到可以接受的掺杂浓度 $2 \times 10^{24}\ m^{-3}$。Be 以前是(现在还是)分子束外延生长使用的标准的 p 型掺杂原子,因此,很多小组选择使用这种材料制备方法而不是金属有机化合物气相外延。

量子阱在降低阈值电流方面作了重要的贡献,但是,具体方式相当微妙,需要在这里讲一讲。如第 6 章所述,量子阱降低了阈值电流,因为需要泵浦的材料体积

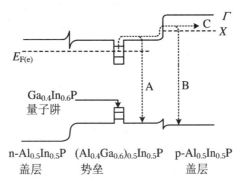

图 7.12 典型的 AlGaInP 量子阱激光器在正向偏置下的能带结构示意图

点状线表示电子损失过程,它来自电子被热激发出量子阱。A 表示 p 型势垒区中的复合,B 是 p 型盖层区的复合,C 是少数载流子流到 p 型电极里。注意,B 过程和 C 过程涉及了 X 极小值处的电子,在 $Al_{0.5}In_{0.5}P$ 中,X 极小值位于 Γ 极小值以下

减小了,但是,另一个重要的因素依赖于英国苏利大学的亚当斯在 1986 年提出来的一个想法:使用应变量子阱。(那时候,他关心的是长波长 InGaAsP 激光器,我们将在第 8 章讨论,但是,当应用到 AlGaInP 器件上的时候,原则是一样的。)换句话说,量子阱材料选择的不是与激光匹配的那个组分 $Ga_{0.5}In_{0.5}P$,而是略有些不同,例如 $Ga_{0.4}In_{0.6}P$。因为 InP 的晶格常数大于 GaP(图 7.10),这个合金的没有应变的晶格常数大于 GaAs 衬底。但是,只要阱的厚度足够小,阱材料就被压缩得具有 GaAs 的平面内晶格常数,而且,垂直方向的晶格常数显著增大了(与泊松比有关)。因此,这是双轴压缩,有两个重要结果:首先,增大了阱材料的带隙;其次,改变了轻空穴价带和重空穴价带的相对位置,最上面的能带具有轻空穴的特性。因此,它的态密度比较小,只需要更小的空穴密度就可以把电子和空穴的准费米能级分得足够开,从而允许激光工作(参见专题 5.4 中的讨论,特别是公式(B.5.21))。总的效果是,既降低了阈值电流密度,又缩短了工作波长,两者对光学存储的应用都很有价值。

在实践中,阈值减小得非常显著,而波长实际上是增大了,这是因为组分的变化减小了带隙(Ga 少了,In 多了,带隙朝着 InP 的方向降低了,见图 7.5)。

日本对短波长激光器的兴趣清楚地表现在这个事实里:关于室温连续激光器的最早的三个报道都来自日本。日本电气公司、索尼和东芝继续报道改善了的性能,到了 1988 年,阈值电流下降到 $1\,kA \cdot cm^{-2}$,但是,他们并不能独占这个领域,飞利浦的哈根等人在 1990 年报道了 $J_{th} = 1.2\,kA \cdot cm^{-2}$,而道格拉斯的小组在 1991 年实现了 $J_{th} = 425\,A \cdot cm^{-2}$,施乐公司的鲍尔等人在 1994 年实现了低于 $200\,A \cdot cm^{-2}$,都是比较长的波长。可以得到小于 670 nm 的波长,代价是阈值电流增大了,鲍尔等人报道了一个器件在 623 nm 工作,$J_{th} \approx 1.5\,kA \cdot cm^{-2}$。

　　一旦能够制备波长为 620～690 nm 的有用器件,许多进一步的应用就显而易见,当波长减低到 633 nm 的时候,一个特别的目标就实现了(也许这个比喻有些前后不一致?)。He-Ne 气体激光器是在 1960 年发明的,它的发射波长是 632.8 nm,在许多应用领域中卓有建树,已经应用了很长时间,例如,在第一个飞利浦视频光盘系统中("激光视频")。不用说,半导体激光器的热心人士乐于提供更方便的、小得多的替代品——633 nm AlGaInP 激光器终于成功了,在贾万首次演示气体激光器之后 30 年。第二个重要目标是大功率输出。从光盘读数据,只要不到 10 mW 的光功率,但是,往母盘上写数据,需要的功率就大多了,写的速度明显依赖于激光功率。这只是推动激光向更大功率前进的动力之一,还有其他应用,包括泵浦固体激光器和激光打印。第 6 章讲过半导体激光器用于泵浦掺铒光纤光学放大器——其他重要的例子(见 Smith(1995):Chapter 8)包括掺钕的 YAG(钇铝石榴石)和掺铬的 Li[Ca,Sr]AlF$_6$ 固体激光器。在所有情况下,高效泵浦的关键在于,宿主材料中活性离子的能级能够良好地匹配泵浦波长。Nd:YAG 激光器必须在 809 nm 泵浦(使用 AlGaAs 激光器),铬基的激光器需要的波长是 670 nm,只能从 AlGaInP 器件中得到,促使 1990 年早期发展了输出功率超过 1 W 的器件。激光印刷还要求更高的分辨率,它也依赖于这些发展,而且,高速度仍然要求大功率的激光。

　　AlGaInP 的故事还没有结束。其他的应用有激光笔、短距离塑料光纤(光纤损耗最小值在 600 nm 波段)通信系统的光源,以及光动力学治疗领域中的应用。(光动力学治疗是一种对付癌症的方法,药物对光灵敏,把合适波长的光通过光纤照射在癌变细胞上,把药物的作用限制在那里。许多这类药物的相关吸收带位于红光光谱区。)一旦新的激光技术恰当地建立起来,应用的数目就快速地增长,非常引人注目,这与 1960 年发明了第一个激光器之后的情况形成了鲜明的对比。那时候,对激光进展的常见反应是冷嘲热讽,激光是"一种方法,它需要寻找问题",然而到了今天,在必要的器件离开绘图板之前,我们已经看到了具体的应用。尽管应用是这么广泛,到目前为止,DVD 播放器无疑还是这些激光二极管最重要的应用市场。写到这里的时候(也就是 2002 年),第一代 DVD 播放器已经严肃地吸引了消费者的关注,每个机器使用了 650 nm 或 635 nm 的 AlGaInP 激光器(根据制造商),它允许每个光盘容纳高达 4.7 GB 的信息(而 CD 是 650 MB)。第二代很可能采用蓝光氮化物激光器,每个光盘的容量达到 15 GB——过一会儿再讲它吧。

　　DVD 播放器也刺激了开发 ZnSe 基激光器的兴趣。ZnSe 的带隙是 2.7 eV,意味着可能的激光波长是 460 nm,把它和 ZnS 放在一起做合金,可以增大带隙,实现更短的波长。在 20 世纪 80 年代,几个小组报道了光泵浦的激光工作,直到 1990 年,随着分子束外延生长实现了 p 型掺杂,才有可能制作注入式激光器。这立刻吸引了人们的兴趣,寻找合适的 II-VI 组合来提供量子阱、势垒和盖层材料,以及设计实验来选择最佳衬底。有两个选择:体材料 ZnSe 晶体,它的大小和质量都还可以,或者是 GaAs,它和 ZnSe 接近于晶格匹配(失配程度大约是 0.25%)。在实践中,两个解决方案都有困难——同质外延有问题,需要建立合适的衬底表面准备技术,异质外延很复杂,因为衬底和外延的原子价不同。此外,两种方法都遭遇到位错带来的困扰,这些位错来自衬底-外延界面,是 II-VI 族材料的严重问题,它们对这种缺陷特别敏感。

根据前面关于 AlGaInP 激光器中应变量子阱的讨论,我们可能预期这里使用类似的技术。在这种情况下,量子阱材料选择了 ZnCdSe,从图 7.10 可以看出,它的带隙小于 ZnSe(后者可以作为势垒材料),近似地与 GaAs 晶格匹配。精确地选择组分和量子阱宽度,可以在 490~530 nm 的范围里(蓝光-绿光)调节工作波长。然而,在设计基于 ZnSe 的激光器的时候,很快就发现了另外两个问题:提供合适的盖层以及为结构的 p 侧做电极。1991 年,位于明尼苏达州圣保罗的 3M 公司的哈斯等人首次报道了蓝光/绿光激光器,使用了单个的 ZnCdSe 量子阱、ZnSe 势垒和 ZnSSe 盖层。他们在 77 K 观察到脉冲激光发射,阈值电流密度为 320 A·cm^{-2},低得鼓舞人心。把 ZnS 放到盖层里,肯定增大了带隙,不太理想的是,ZnSe 和 ZnSSe 之间的导带带阶非常小(带隙差别的大部分出现在价带边)。因此,电子束缚得不太好,类似于 AlGaInP 激光器的情况,但是程度很夸张。它刚刚满足了 77 K 工作的情况,但是不可能在室温下成功,通过增加 ZnS 组分而增大势垒的任何努力很可能由于晶格失配的增大而受挫(图 7.10)。必须做重大的改进。它的实现并没有等待太长时间——1991 年后期,索尼公司的奥山等人建议使用新型的四元合金 ZnMgSSe,它不仅可以让带隙在 2.8 和 4.0 eV 之间"调节",还显著地改善了电子势垒,而且介电常数小于 ZnSe,符合光学波导的要求。另外还发现,能够把合金掺杂为 p 型,从而可以把空穴注入功能区。(经常误用的俗语"皆大欢喜"用在这里似乎很合适!)这导致了如图 7.13 所示的复杂的激光结构,后来的参与者们都喜欢它。注意,使用 $ZnS_{0.06}Se_{0.94}$ 而不是纯粹的 ZnSe 作为势垒,从而保证与 GaAs 衬底实现完美的晶格匹配。索尼公司在此基础上开发了第一个室温连续激光器,他们在 1993 年做了报道,但并不是唯一的——飞利浦公司、3M 公司、普渡大学和布朗大学在 1991~1993 年期间实现了室温脉冲工作,而且大学里的合作者也在 1993 年报道了连续工作。然而,这些早期的连续器件没有一个活得长的,其典型的寿命是 10 s 左右,灾难性的退化与"暗线缺陷"(位错)的存在有关,它们是在外延生长的早期阶段引入的("连续"工作也许是有些用词不当?)。

早期激光器的另一个明显的问题是工作电压。理论上,这个数值应当接近于功能材料的带隙,通常是 2.5~3.0 V。然而,实践中的测量值高达 20 V。困难在

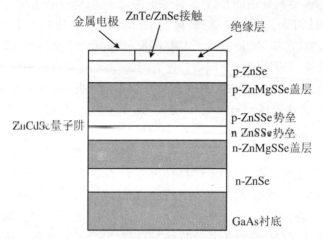

图 7.13　典型的蓝光/绿光 ZnSe 基的激光二极管的结构
功能区包括单个 ZnCdSe 量子阱和 ZnSSe 势垒。盖层是由四元合金
ZnMgSSe 构成的,其组分保证它和 GaAs 衬底晶格匹配。电极区包括
ZnSe 和 ZnTe 的组合,从而尽量减小串联电阻(参见专题 7.4)

于,p 型电极的串联电阻很大,外加电压大部分都落在它上面。专题 7.4 相当仔细地讨论了这一点,简单地说,困难在于 p-ZnSe 电极区很难得到足够的空穴密度(AlGaInP 激光二极管也是这样,但是原因完全不同)。用活性的(也就是原子的)N 进行有效的 p 型掺杂,这个发现让Ⅱ-Ⅵ技术前进了一大步,但是,最大空穴密度仍然限制在 $5 \times 10^{23} \sim 1 \times 10^{24}$ m^{-3} 的范围里(ZnTe 的数值是 3×10^{25} m^{-3},但是它只有 p 型)。实际上,解决方法利用了 ZnTe 的高掺杂浓度,在金属化电极与 ZnSe 接触层之间插入了一层 ZnTe 层。这还不够,因为它只是把问题推给了 ZnTe/ZnSe 界面——在实践中,这两者之间需要插入梯度化的 ZnTe/ZnSe,采用了层厚梯度化的 ZnTe/ZnSe 超晶格进行优化。本已复杂的结构当然就变得更加复杂了,但是,电压降低了,达到了 4.5 V 左右,器件的体材料部分上的电压降很小。

　　剩下的问题显然是延长工作寿命——为了让激光器能够真正用于商业应用,需要 10 000 小时的连续工作寿命。这就要求努力减小器件功能区的各种缺陷,最直接的目标是提高衬底/器件界面的质量,致命的线缺陷从这里开始传播。选用了两种方法:一种是用 ZnSe 替换 GaAs 衬底,另一种是在生长器件之前先外延生长一层 GaAs 缓冲层。后一种方法需要建立双腔分子束外延设备,一个腔用于 GaAs 生长,另一个腔用于Ⅱ~Ⅵ层。住友电工公司实验室走的是第一条路,这些Ⅱ-Ⅵ族研究领域的新人们已经发展了技术,能够生长自己的 ZnSe 衬底。他们在 1998 年演示了实现连续激光工作的能力,但是,寿命刚刚超过 1 分钟。索尼公司继续在 GaAs 衬底上不断改进,1998 年报道了寿命超过 100 小时,仍然远远低于期望的目标,但是确实前进了很多。似乎在这个时候,他们克服了界面问题,剩下的退化机制与点缺陷有关,例如 Se 空位。在后面这工作里,阈值电流密度显著降低了,索尼公司报道了 430 A·cm^{-2},住友电工的数值只有 220 A·cm^{-2}。这些结果肯定是鼓舞人心的,相比于 GaN 基的激光器有了显著的改善,现在我们就描述它。

专题 7.4　为 II-VI 族半导体激光器做电极

II-VI 族半导体激光器的电极问题是工作电压高,因为 ZnSe 接触区里很难得到高密度的 p 型掺杂(结构如图 7.13 所示)。本专题略微仔细地考察接触的性质以及改进的方法。我们先考虑直接的金属-ZnSe 接触,然后再看看引入 ZnTe,从而降低接触电阻的方法。

图 7.14(a)给出了金属和 p 型 ZnSe 电极在零偏压下的能带弯曲。在这种情况下,价带边有一个势垒 φ_b 阻碍电流流动,

$$\varphi_b = E_g + \chi_{ZnSe} - \varphi_m \tag{B.7.22}$$

对于典型的金属,上式给出 $\varphi_b \approx 1$ eV。3.3 节关于金属-半导体接触的讨论表明,界面态有可能让这个公式不再成立,对于 Ge,Si,GaAs 和许多其他材料,情况确实如此,但是,对于 II-VI 族化合物,公式(B.7.22)确实是个好的近似。因此,金属和半导体体材料就被厚度为 x_D 的耗尽区分隔开,其中,x_D 正比于 $\varphi_b^{1/2}$ 和 $N_A^{-1/2}$(其中 N_A 是 ZnSe 中的受主密度)。如果电流在它们之间流动,电子必须隧穿通过势垒,如图 7.14(b)所示,这是施加了小的正向电压的情况。首先,价带中的电子只能够隧穿进入金属中费米能级以上的空态;其次,从 ZnSe 到金属的电流表示从金属到 ZnSe 中的空穴流,往相邻的 p-n 结里注入空穴(图中没有画出来)。

与接触技术有关的关键事实是 x_D 依赖于 N_A。为了增大隧穿,势垒就要尽可能的薄,也就是说,N_A 必须尽可能的大,对于 ZnSe 来说,这是个严重的问题,很难让受主密度超过 10^{24} m^{-3}。另一方面,ZnTe 很容易掺入受主,在 ZnTe 和功函数大的金属(比如 Pt 或 Au)之间,比较容易得到低电阻(公式(B.7.22)表明,尽可能地增大 φ_m,可以让 φ_b 达到最小值)。实际上,可以得到 5×10^{-6} Ω·cm^2 这么低的特征接触电阻,当电流密度为 1 kA·cm^{-2} 的时候,电压降只有 5 mV。然而,还是有问题:这么好的结果怎么才可以变为能让人接受的金属/ZnSe 接触电阻? 问题在于,在 ZnTe/ZnSe 界面处,价带的带阶非常大,$\Delta E_v \approx 0.8$ eV,从而产生了严重的界面势垒,问题从金属/半导体界面转移到了 ZnTe/ZnSe 界面! 幸运的是,渐变地把组分从 ZnTe 变到 ZnSe,可以在很大程度上解决这个问题;不幸的是,这两种材料的晶格失配导致了结构缺陷,它是激光二极管性能退化的一个原因。最终的解决方法是,在组分渐变的 ZnSe/ZnTe 超晶格中,利用相邻量子阱的共振隧穿,

半导体的故事

如图 7.15 所示。因为我们用的 ZnTe 量子阱很薄,它们被压缩了,并没有在每个界面处引入位错——真是个天才的解决方案!

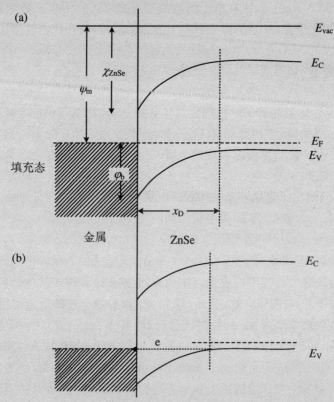

图 7.14 能带图说明了金属(Au 或 Pt)与 p 型 ZnSe 接触的性质

金属和 ZnSe 体材料被高度为 φ_b、厚度为 x_D 的势垒区分开。(a) 零偏压的情况;(b) 在结两端施加小的正向电压,电子从 ZnSe 价带隧穿到金属费米能级以上的空态里

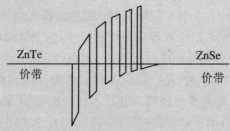

图 7.15 能带图说明,组分渐变的超晶格使得 p 型 ZnTe 和 p 型 ZnSe 之间的隧穿电流达到最大

仔细设计超晶格量子阱的宽度,使得受限能量态具有相同的能量(相对于 ZnTe 的价带边)。空穴电流流入 ZnSe,符合激光二极管的要求

GaN 蓝光激光器的影响当然不能跟点接触晶体管相提并论,但是,这个成就的命运肯定要古怪得多。在光电子学这条光辉大道上,应当只有顶级的电子公司在奔跑,但是,第一个到达终点的却是一家默默无闻的日本化学公司,几乎没有任何高贵的研究血统,这件事永远都会是一个著名公理的经典例子:真相比小说还要古怪。7.4 节已经概述了故事的背景,这里就不用重复了。我们从 1995 年继续讲述,这时候,中村修二成功地开发了"超级明亮"的绿光和蓝光发光二极管。他已经把自己小组惊人的材料生长技术推广到雄心勃勃的激光器项目,就像他们报道第一个激光器的时间选择所证明的那样。这发生在 1995 年底,有些不同寻常的是,它是在日本电视节目里报道的——在相关文章 1996 年 1 月发表于《日本应用物理学杂志》之前。该激光器在室温下脉冲方式工作,输出波长为 $\lambda = 417 \text{ nm}$(紫色,而不是蓝色),阈值电流为 $J_{th} = 4 \text{ kA} \cdot \text{cm}^{-2}$。很可能让人最不满意的是,阈值电压为 34 V,大约 10 倍于理想器件的预期数值,再次反映了为 p 型宽带隙材料做电极的困难。激光器结构与量子阱发光二极管非常类似——在功能区里有 26 个周期的 2.5 nm 的 $In_{0.2}Ga_{0.8}N$ 量子阱和 5 nm 的 $In_{0.05}Ga_{0.95}N$ 势垒,而光学限制是用 $Al_{0.15}Ga_{0.85}N/GaN$ 波导实现的。因为激光器生长在 c 平面的蓝宝石上面,它不容易解理,反射镜是用反应离子刻蚀方法制作的,这可不是商业开发喜欢的工艺,但是,足够证明存在性定理了。

这个戏剧性的发展出现在首次观察到 GaN 的 p 型导电性之后仅仅几年,日亚化学公司远远超过了几乎所有的竞争对手——只有名古屋工业大学的赤崎勇小组处于竞争的位置,在 1995 年底,他们做了有限程度的竞争,报道了一个非传统的垂直腔结构中的激光工作。无论如何,显然需要一些显著的改善。对于 DVD 应用来说,连续光工作是必要的,显著降低工作电压也是必需的,解理的反射镜面以及至少部分减小的阈值电流也是高度希望的。在接下来的几年里,所有这些问题都解决了,取得了惊人的成功——1997 年底,中村修二报道了室温连续工作的激光器,工作寿命超过了 3 000 小时,预期寿命超过 10 000 小时(还要用一年半的时间才能证实它!)。他们确实证实了它,到了 1999 年 1 月,日亚化学公司宣布提供样品数量的紫光激光器,保证连续工作寿命为 10 000 小时,这真是了不起的成就。

这些商业样品与上面的原型器件差别很大——它们只用了两个量子阱,且依赖于解理面反射镜(采用了权宜之计,把蓝宝石衬底的晶体取向从 c 平面变到 a 平面),它们的阈值电流是 $1.2 \text{ kA} \cdot \text{cm}^{-2}$,电压是 4~5 V。每个激光器的功率可以高达 400 mW,足够 DVD 光盘的读写操作以及激光打印的需要。这些改善主要来自两个重要的技术发明,一个是可以绕过异质外延问题的新方法,另一个提高了结构的导电性质。因为氮化物层是直接生长在蓝宝石衬底上,位错密度必然很高(10^{14} m^{-2}),虽然对发光二极管的工作似乎影响不大,但是显著地降低了激光的寿命。然而,利用新颖的生长方法,用光刻技术在蓝宝石上的 GaN 层上制作出 SiO_2 条,然后再生长第二层 GaN——这种方法也称为外延横向生长(ELOG)或者横向外延生长(LEO)——可以把它们的密度降低到大约 10^{10} m^{-2}。如图 7.16 所示,这个再生长的 GaN 先是在条之间生长,缺陷密度很高,然后就在条的上方横向生长,缺陷密度低多了。如果在条上面的材料里制作激光器,它们的寿命比普通衬底上制作的器件长多了。第二个创新是用 AlGaN/GaN 超晶格替换 AlGaN 盖层,它改善了掺杂效率,因此改善了导电性质。(随着 AlGaN 中 Al 组分的增加,掺杂原子就更难进入了,此外,它们的电离能也增大了,从而降低了掺杂效率,因此,包含有 GaN 层的超晶格更容易掺杂。)超晶格还使得 GaN 层不那么容易碎裂了。

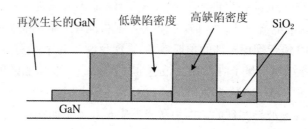

图 7.16 用于说明横向生长(ELOG)现象的示意图

蓝宝石衬底上生长的 GaN 初始层包含了高密度的位错。在 GaN 层上制作了 SiO_2 条形图案,接着生长第二层 GaN 层。初始生长仅仅发生在条形之间,而且材料是高度缺陷的,但是,当 GaN 厚度超过 SiO_2 的时候,薄膜开始在条的上方横向生长,比垂直方向的生长速度快得多,这种横向生长的特性是位错密度小得多。这个材料奠定了激光器结构的生长基础

不用说,其他地方不会把日亚化学公司的领先地位视为不可动摇的,从 1997 年开始,大规模的追赶行动开始了。报道了氮化物激光器能力的公司现在包括:日本丰田合成公司、Cree 公司、日本电气公司、施乐公司、Osram、三星公司、日本电报电话公司、松下、索尼、富士通等等。在为世界提供 DVD 蓝光激光器的战斗中,这些战士并非全都幸存下来了,但是这说明了每个人都认为这个新器件非常重要。这条路也还没有走到头——AlN 的大带隙(6.2 eV)鼓励了这个信仰,类似的器件可以开发出来,发射波长深入到紫外光谱区。日亚化学公司已经迈出了第一步,最近报道了 369 nm 的连续激光,虽然进一步的进展无疑是困难的,但是,很有希望在不远的将来达到更短的波长。在这个背景下,比较一下 Ⅱ-Ⅵ 和 Ⅲ-Ⅴ 短波长激光二极管的相对位置是有趣的。这两种材料系统都能够产生更短的波长,虽然氮化物在工作寿命方面明显领先,但是,Ⅱ-Ⅵ 材料在阈值电流方面有明确优势。从理论的角度来看,GaN 的电子有效质量比较大($m_e = 0.22m$),意味着阈值电流总是远大于(例如)AlGaAs 器件,现在的数值约是 1 kA·cm^{-2},有可能接近于能够达到

的最低值,但是,最好的 ZnSe 基的激光器的特征数值低到了 200 A·cm^{-2}。另一方面,Ⅱ-Ⅵ器件的退化问题还远远没有解决,而氮化物在这方面表现得非常顽强。GaN 中的位错相当稳定,移动的趋势很小,与它们的Ⅱ-Ⅵ伙伴不一样,这个现象与 GaN 中共价键显著地更强有关系。在这个背景上,德国沃尔兹堡在Ⅱ-Ⅵ族半导体激光器方面的近期工作已经证明,把 Be 引入到势垒和盖层里,Be 的硫属化合物(BeS,BeSe,BeTe)比它们的 Zn 的对应物有更强的共价键,注意到这一点很重要。AlGaAs 激光器的发展也经历了类似的退化问题并且克服了它,所以,肯定不能排除实现长寿命Ⅱ-Ⅵ器件的可能性。但是,所有这些都只是猜测——我们拭目以待吧!

开发商业上可行的紫外激光器的进展太有戏剧性了,人们很容易忽略了这个事实:关于控制 InGaN 量子阱中发光的复合机制,仍然有许多东西都还不理解,所以,在结束本节之前,我们简单地讨论一些相关的物理学。这些论证主要围绕着量子阱材料的精确性质和应变的存在。很久以前,长村等人(1972)测量了 In$_x$Ga$_{1-x}$N 的带隙随着组分比例的变化,发现 E_g-x 曲线显著地向下弯曲。后来,中村修二把它用下述形式进行了参数化:

$$E_g = xE_g(\text{In N}) + (1 - x)E_g(\text{GaN}) - bx(1 - x) \tag{7.6}$$

其中,$E_g(\text{InN}) = 1.95\,\text{eV}$,$E_g(\text{GaN}) = 3.44\,\text{eV}$,弯曲参数 $b = 1.00\,\text{eV}$(这意味着 50%组分比的合金的能隙比线性插值得到的数字小 $0.25\,\text{eV}$)。这些测量是在厚膜上做的,因此它们是完全弛豫的(也就是没有应变的),但是必须记住,GaN/InGaN 量子阱中的材料是压缩应变的,带隙大于公式(7.6)给出的数值。另一方面,最近有测量声称,弯曲参数还要更大了,甚至对基本的没有应变的能隙也产生了怀疑。下述事实把情况搞得更复杂了:对于任何随机合金,都会存在"带尾态",它们会延伸到名义带边以下的能量位置,这些态具有局域化的性质,和能带态不一样(也就是说,这些态里面的电子或空穴不能够在晶格中自由移动)。最后,有证据暗示,InGaN 很少能够生长成随机合金——更常见的是,InN 和 GaN 有某种程度的分凝,但是,通常随着 In 组分比例的增大,分凝的程度也越大。这倾向于减小有效带隙,而且显著地增加了局域化的带尾态,严重影响了复合发光的性质。例如,由此可以得到,热化到带尾态的电子和空穴的复合将会发生在比合金带隙预言的波长更长的位置上,而且应当用长辐射寿命来表征,与我们考虑 GaP 发光过程时讨论的施主-受主跃迁的方式大致相同。(这些态是空间分离的,从而减小了电子和空穴波函数的重叠。)在 InGaN 薄膜的荧光测量里,通常确实如此,但是,它的解释仍然很不清楚,有两个原因:首先,有证据暗示,InN 和 GaN 的分凝有可能达到了形成 InN 量子点的程度,其次,即使在行为良好的量子阱里面,对于大多数实验数据,也还有其他的解释。这就是"量子受限斯塔克效应"(QCSE)。

在讨论 AlGaN/GaN 高迁移率电子晶体管的时候,我们指出,因为自然产生的极化效应以及与应变有关的极化效应,这种氮化物结构里存在着很强的电场。类似的考虑也适用于 InGaN 量子阱,这样产生的电场强烈地影响了辐射复合。图 7.17 说明了电场对量子阱能带结构的影响,电子和空穴被推到阱的相对两侧,它们发生了辐射复合。这有两个后果:发射出的光子的能量小于没有电场时的能量,电子-空穴波函数的重叠显著地减小了,换句话说,复合寿命可以延长很多。这些效应确实发生在 InGaN 量子阱里,许多研究人员已经得到了相关的实验证据,但是很难确定复合过程发生在任何特定环境下的精确性质,因为量子受限斯塔克效应和局域化的带尾态的效应的影响是非常相似的。在激光器里面,情况就更加复杂了,因为达到阈值所需要的自由载流子密度很大。带尾态很可能全被填满了,能带态又变得重要起来了,量子阱中的电场很大程度上被屏蔽掉了,因此,量子受限斯塔克效应变得很小,很难充分地描述整个过程。此外,最近的报道建议,InN 的带隙实际上是 $0.7\,\mathrm{eV}$ 左右(而不是以前测量的 $1.95\,\mathrm{eV}$),所以,合金带隙的预期数值现在完全搞乱了,对此我只能深表同情 ——这件事本来就很复杂! 理想地说,技术跟着科学跑,但是有些时候,技术远远地跑在科学的前面,这就是个很好的例子。但是激光已经有了,而且工作得非常好——将来我们很可能会理解它是怎么做到的!

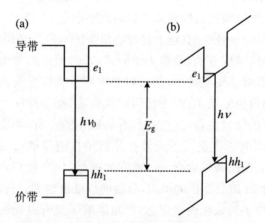

图 7.17　单个量子阱的能带

(a) 没有电场;(b) 施加了大电场。电场强迫电子到量子阱的左边,空穴到右边。这就减小了电子和空穴波函数的重叠,也改变了束缚态的能量,使得辐射复合的光子能量 $h\nu$ 显著地小于没有电场的情况

参考文献

Akasaki I, Amano H. 1996. J. Cryst. Growth, 163: 86.

Bergh A A, Dean P J. 1972. Proc. IEEE, 60: 156.

Bergh A A, Dean P J. 1976. Light Emitting Diodes[M]. Oxford: Clarendon Press.

Bhargava R N. 1975. IEEE Trans. Electron Dev., ED-22: 691.

Bhargava R N. 1997. Wide Bandgap Ⅱ-Ⅵ Semiconductors: EMIS Data Reviews No. 17[M].
London: INSPEC, IEE.

Casey H C, Panish M B. 1978. Heterostructure Lasers[M]. New York: Academic Press.

Craford M G. 1977. IEEE Trans. Electron Dev., ED-24: 935.

Edgar J H, Strite S, Akasaki I, et al. 1999. Gallium Nitride and Related Semiconductors:
EMIS Data Reviews No. 23[M]. London: INSPEC, IEE.

Gil B. ed. 1998. Group Ⅲ Nitride Semiconductor Compounds[M]. Oxford: Clarendon Press.

Gooch C H. 1973. Injection Electroluminescent Devices[M]. London: John Wiley & Sons.

Keitz H A E. 1971. Light Calculations and Measurements[M]. 2nd ed. London: Macmillan.

Madelung O. 1964. Physics of Ⅲ-Ⅴ Compounds[M]. New York: John Wiley & Sons.

Mohamad S N, Morkoc H. 1995. Progress in Quantum Electronics[M]. London: Elsevier.

Mohamad S N, Salvador A A, Morkoc H. 1995. Proc. IEEE, 83: 1306.

Morkoc H, Strite S, Gao G B, et al. 1994. J. Appl. Phys., 76: 1363.

Nakamura S, Pearton S, Fasol G. 2000. The Blue Laser Diode[M]. 2nd ed. Berlin: Springer.

Neumayer D A, Ekerdt J C. 1996. Chem. Mater., 8: 9.

Orton J W, Foxon C T. 1998. Rep. Prog. Phys., 61: 1.

Ponce F A, Bour D P. 1997. Nature, 386: 351.

Smith S D. 1995. Optoelectronic Devices[M]. London: Prentice Hall.

Thomas D G, Gershenzon M, Trumbore F A. 1964. Phys. Rev., 133: A269.

Thomas D G. 1967. Ⅱ-Ⅵ Compound Semiconductors[C]. Proceedings of the International
Conference, New York: Benjamin.

Willardson R K, Beer A C, Weber E D. 1997. Ⅱ-Ⅵ Blue/Green Light Emitters-Device Physics and
Epitaxial Growth[M]//Semiconductors and Semimetals, Vol. 44. New York: Academic Press.

Willardson R K, Weber E R. 1997. High Brightness Light Emitting Diodes[M]//Semiconduc-
tors and Semimetals, Vol. 48. New York: Academic Press.

Willardson R K, Weber E R. 1997. Gallium Nitride[M]//Semiconductors and Semimetals,
Vol. 50. New York: Academic Press.

Willardson R K, Weber E R. 1998. SiC Materials and Devices[M]//Semiconductors and Semi-
metals, Vol. 52. New York: Academic Press.

Willardson R K, Weber E R. 1999. Gallium Nitride[M]//Semiconductors and Semimetals,
Vol. 57. New York: Academic Press.

第 8 章
光　通　信

8.1　光纤光学

毫无疑问,把光引入世界长途通信网络是现代社会最重要的"革命"之一,在此过程中,半导体扮演了重要角色。本章重点描述这个贡献,但是,我们首先概要地介绍光纤光学的革命史,从而把半导体的角色放到适当的背景里。这一切都因为《光的城市》(Jeff Hecht,1999)这本书而变得更轻松,对于任何想要仔细研究这个主题的人来说,这本书都值得强烈推荐。

光纤光学的革命发生在 1970～1990 年——时间短得惊人,在此期间,光纤逐渐担当了连接长途电话中转站的角色,从城市局域网一直到跨洋长途光缆。世界长途通信业务通常是保守的,对于这么大的变化来说,这个时间尺度真是短得惊人。从 20 世纪 40 年代电报的发展开始,铜线就是远程信息交换技术的主要依靠,1866 年底有了第一条跨越大西洋的电报电缆(得到了物理学家威廉·汤姆孙——后来的开尔文勋爵的大力帮助),然后是 80 年代长途电话的发展,直到第一次世界大战之后,无线电逐渐发展为严肃的竞争者。第二次世界大战之后,微波通信发展了,但铜仍然是局域通信的介质。此外还有 1956 年第一条跨大西洋长途电话电缆 TAT-1,它使用了同轴电缆。(顺便说一下,它有 51 个中继器,每个中继器上都有真空管放大器——直到 1968 年,才出现第一个晶体管化的电缆!)1963 年发射了 Telstar 通信卫星,宣示了长途卫星通信时代的到来,冲击着跨洋电缆的业务,但是,计划中的陆基通信仍然建立在铜的基础上,虽然可能采用的是毫米波导的形式,以便传送大规模的数据。在短短几年时间里,光纤就彻底改变了整个局势,这绝对是惊人的。今天,我们理所当然地认为,光纤就应该主宰短途通信和长途通信,却忘了第一批实用光纤直到 1970 年才出现(长途通信则要等到 1980 年)。留下的唯一争论是著名的"最后一千米",把数据链路直接连到每个用户家里。由于成本的关系,现在主要还是铜,但是,交互式宽带通信将会把它们换成光纤——只是需要点时间而已。

变革的动力来自日益增长的对更大带宽的需求,基于两个不同的要求:普通长途电话的数目增加了,同时,需要引入高速的数据服务,例如电视或计算机数据联络。此外,对高效率长途电话联系的需求也在快速增长。即使在 20 世纪 50 年代,用户经常要事先预约长途电话呼叫,还要忍受噪声和串线的干扰。向世界各地直接拨号,现在我们认为这理所当然,但是,它出现的时间非常短!而且,它当然依赖于数字数据处理技术,如第 4 章(专题 4.1)所述,需要的带宽显著大于相应的模拟技术。

对于每个通话,初期的模拟长途电话系统需要大约 3 kHz,一对铜线就足够了。只要通话的数目允许每根线路上只有一个通话,一切就很好,但是,随着需求的快速增加,需要同一个线路同时承担许多通话,这就要求更为复杂的方法。采取了调制载波的形式,不同的通话使用不同的载波频率,起初是在 100 kHz 左右,因此需要 100 kHz 的带宽,而不是 3 kHz。载波频率逐渐增加到 MHz 的范围,最后进入到 GHz 范围,同轴电缆替代了起初的传输线技术,从而尽量减小导线的辐射效应。然而,"趋肤效应"增大了同轴电缆的损耗,使得它不能够把 GHz 频率传递到大约 1 km 以外的距离。立刻想到的是用微波联络进行中距离通信,即使这样也不能完全避免损耗,这就限制了任何模拟传输系统能够达到的最大距离。(放大器中继站既放大信号,也放大噪声,所以不会改善信噪比。)数字技术为长途通信提供了唯一可靠的解决方案,最终在 60 年代引入(虽然英国发明家阿雷克·瑞福斯早在 1937 年就提议了数字通信技术,他还激励了靠近哈罗的标准电话实验室对光纤光学通信进行研究)。第一个真正意义上使用数字信号的意向(脉冲码调制)与贝尔实验室提议用毫米波导建立城市间通信有关,在 50 年代后期,它处于开发阶段,目的也是把带宽再增大一个数量级。然而,这有着严重的困难——即使很小的弯曲也会让信号泄漏,"模式太多"这个事实(波导中有很多传播模式)导致了模式跳跃的问题。1975 年,美国和英国终于进行了实地演习,证明了毫米波导确实是可能的,但是很难工程化。然而,毫米波导没有机会了——光纤在关键的时刻成熟了,把带宽提高了四个数量级,毫米波导被搁置起来,连配角也当不上。另一方面,数字技术很快成为了标准——虽然它们要求的带宽比模拟技术更大,如果用光来做载波,就有很多带宽可用。(不要忘了,初期的电报系统本身就是基于数字技术——莫尔斯码提供了非常宝贵的(虽然有些缓慢的)通信语言——早在 1866 年,就铺设了第一条横跨大西洋的电缆,使用了等间隔的中继站来再生信号,就像今天一样。电话的出现引入了模拟技术,在接下来的 100 年里面,它主宰了通信。)

使用光作为通信介质,这当然不是个新现象。印第安人的烟信号和著名的阿马达篝火信号只是两个早期的例子,用途更多的系统是 18 世纪末期克劳德·齐柏在法国建立的旗语通信系统信号链。他的中继站的链路能够把文本信息传送到 100 km 甚至更远的距离(只要相邻中继站之间的可见度足够好!),把通信时间从天降低到小时,在很多战役中大大地帮助了拿破仑的军队。英国海军在伦敦和普特茅斯之间建立了类似的系统,时间上却要晚得多。然而,所有这些都依赖于自由空间传播,当距离超过 100 m 的时候,就变得很不可靠,甚至让人沮丧——发展真正可靠的光学通信系统,显然需要一种方法把光在某个安全的通道里导向传输。在 20 世纪 70 年代成功地使用玻璃光纤之前,人们研究了很多东西。

光可以导向传输的想法首次出现在 1841 年另一个法国人丹尼尔·柯纳丹的演示里,而英国人约翰·丁道尔(与法拉第一起工作)在 1854 年重复了这个实验,显然不知道柯纳丹的优先权。让光束沿着窄的水流照射,他们观察到,当水流在重力的作用下弯曲的时候,光也随之弯曲,在维多利亚时代,这个现象广泛地用于制作精巧的吸引人的光饰喷泉。美国人威廉·惠勒在 1880 年提议了一个更有用的应用(但是从来没有被认真采用),用光管子系统把电弧发出的光导向,用来照明同一栋建筑里的不同房间。1880 年,贝尔还发明了"光话"(photophone),用振动的反射镜调制一束光(实际上是一束太阳光!),用硒光电导探测器进行探测。贝尔为它写了首诗:"我听到阳光发出的动人演说。我听到光线在笑在喘在歌唱。我能够听到阴影,甚至用耳朵感觉到云彩遮住了太阳。"不幸的是,信号能够传送的距离很短,这个器件从来没有得到广泛的应用。无论如何,它显然是通向光波通信的重要的第一步。

玻璃光纤的初期使用与导光没有任何关系,它是物理学家 C·V·博伊斯用扭摆测量引力常数的必要部件。他的贡献在于,能够从熔化玻璃的坩埚里"拉"出来非常细但是很坚韧的玻璃纤维,这非常重要。他的方法有点让人吃惊,用十字弓把一根箭沿着走廊射出去,熔化了的玻璃就留下来一条轨迹!这是 1887 年——直到 1930 年,一名德国医科学生海因里希·兰姆演示了用一束玻璃纤维传送光学图像。这种实验在医学行业中很有意思,有希望发展出灵活的"胃镜"来检查病人的食道,但是实际的成功必须等到 20 世纪 50 年代。这些早期结构的问题是,它们使用了没有包层的纤维,相邻光纤里的光能够相互泄漏,图像就变得模糊了。使用折射率比芯材料略小的玻璃作为包层,这个关键想法(参见专题 8.1)的历史比较曲折,它是在 1951 年由美国的一位光学教授布莱恩·奥布瑞恩首次提出来的。玻璃-盖层纤维的首次实际演示是在 1956 年底,密歇根大学的本科生拉里·柯提斯把高折射率的棒熔化在低折射率的管子里,再把得到的棒子拉成丝。这种光纤的初次应用(在 1958 年)是以光纤束的形式把一对图像增强管之间的图像耦合起来——这个项目(主导者是 J·威尔伯·黑克斯)是美国光学公司的主要商业成果,奥布瑞恩在 1953 年进入了这家公司。当他还在美国光学公司的时候,黑克斯负责拉出了第一根"单模"玻璃光纤(参见专题 8.2),但是,他马上就离开了,去开创自己的事业,不再追寻这个目标。这家公司并不认为自己属于通信领域,所以也没有继续做,虽然单模光纤后来被认为是整个远程通信行业中最重要的部件。这就是技术发展中常见的方式,它更像随机行走而不是线性运动,而且原因也很明显——预见未来比回顾过去要困难得多。

专题8.1 光纤波导

形式最简单的光波导就是在折射率为 n_1 的圆柱形玻璃芯外面包裹着折射率为 n_2 的管状包覆玻璃,如图 8.1(a)所示。它作为波导使用的关键是我们在讨论发光二极管时遇到的全内反射效应(专题 7.2)。在那种情况下,它是件需要克服的讨厌事,但是,在光纤这里,它是件大好事。光束在纤芯和包层界面处发生了全反射,意味着泄漏的损耗是零,从而有可能在很长的距离内发生的损耗很低。然而它也意味着,光照射在光纤开口端的时候,受到了接收角 θ_i 的限制(图 8.1(b))。(很多关于光纤系统的书讨论了这件事以及更多的事情,见 Agrawal(1997)以及那里的参考文献。)由斯涅尔定律,可知

$$\sin\theta_r = n_1^{-1}\sin\theta_i \qquad (B.8.1)$$

在全内反射的临界角处,我们有

$$\sin\varphi_c = n_2/n_1 \qquad (B.8.2)$$

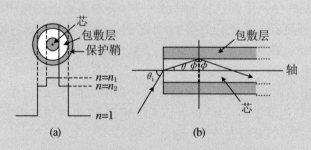

图 8.1 光在阶梯折射率光纤中的传播示意图

(a) 光纤直径上的折射率变化;(b) 一个典型光线在光纤中心进入,被折射,然后在纤芯-包层界面处发生全内反射。为了发生全内反射,入射角 θ_i 有个最大值,这就是光纤的接收角

所有大于 φ_c 的角度 φ 会导致全反射,所以,入射角 θ_i 应当小于 θ_c,其中

$$\sin\theta_c = n_1^2 - n_2^2 \tag{B.8.3}$$

（我们利用了关系式 $\sin\varphi = \cos\theta = (1-\sin^2\theta)^{1/2}$。）

$\sin\theta_c$ 是光纤的数值孔径，用符号 NA 表示，在实践中，n_1 和 n_2 的差别很小，所以，我们可以近似地写为

$$NA = n_1(2\Delta)^{1/2} \tag{B.8.4}$$

其中，$\Delta = (n_1-n_2)/n_1$ 是纤芯-包层界面处折射率的变化比。

为了尽可能地增大接收角，我们还应该让 Δ 尽可能大，但是，这有个不幸的缺点："模式色散"，即不同光线以不同的速度沿着光纤行进。我们比较两条这样的光线，一个与临界角 φ_c 匹配，另一个沿着光纤中心直线前进且与界面没有接触。两种光线的实际速度都是 $v = c/n_1$，但是，它们在沿着光纤行进 L 所对应的距离不一样，它们到达该点的相应时刻就有个时间延迟

$$\Delta t = (n_1/c)(L/\sin\varphi_c - L) = (L/c)(n_1^2/n_2)\Delta \tag{B.8.5}$$

如果我们把一个光脉冲聚焦到光纤的端面上，它的能量会分布在接收角的范围内，在沿着光纤传播的过程中，它显然会有一定程度的展宽，由时间延迟 Δt 确定。显然，这种展宽应当小于相继脉冲的时间间隔，所以，它就限制了比特速率 B，符合光纤的长度 L。这个关系是

$$BL < (c/\Delta)(n_2/n_1^2) \tag{B.8.6}$$

因为 n_1 和 n_2 都非常接近于 1，可以把它近似表示为 $BL \approx c/\Delta$，由此容易看到，乘积 BL（光纤的一个有用的指标）依赖于 Δ。例如，典型值 $\Delta = 2\times10^{-3}$ 对应着 $100~\text{Mb}\cdot\text{s}^{-1}\cdot\text{km}$——我们可以在 10 km 的距离上以 $10~\text{Mb}\cdot\text{s}^{-1}$ 的速度传递，但是 $1~\text{Gb}\cdot\text{s}^{-1}$ 的速率只能传输大约 100 m，然后就读不出来了。注意，相应的数值孔径是 $NA\approx0.1$，接收角只有 $6°$。

为了避免光纤性能受到这样的严重限制，贝尔实验室的斯图阿特·米勒在 1965 年提出了梯度折射率光纤的概念，纤芯的折射率从中心到边缘光滑地变化，如图 8.2(a)所示。在这种类型的光纤里，光线的路径大致如图 8.2(b)所示。与简单的阶梯折射率光纤的关键差别在于，每个光纤的局部速度不再是常数，而是随着它与光纤轴的距离而发生变化，随着这个距离的增大而增大（记住，$v = c/n$）。因此，走得远的光线速度大，与阶梯折射率光纤相比，这个性质减小了时间差。恰当地设计折射率的形状，有可能使 BL 满足

$$BL < 8c/(n_1\Delta^2) \tag{B.8.7}$$

由此可知，对于 $\Delta = 0.01$ 的光纤，可以在 100 km 的距离实现的比特速率为 $100~\text{Mb}\cdot\text{s}^{-1}$，而且接收角显著增大，发送效率也相应地更大了。

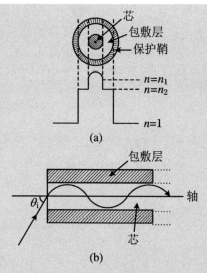

图 8.2 与图 8.1 类似,但这里是梯度折射率光纤,纤芯玻璃的
折射率近似地以抛物线的形式变化

这样就会产生如图 8.2(b)所示的弯曲光线,沿着光纤行进的色散远小
于阶梯折射率光纤

专题8.2 波导模式

专题 8.1 中用光线图方法描述光波导性质,有助于提供生动的图像,但是它的能力有限。精确的描述必须求解麦克斯韦电磁方程组(就像在标准课本中那样,例如 Agrawal(1997)及其中的参考文献)。我们只是陈述一下:从麦克斯韦方程可以得到波动方程,它的解预言了光纤里有几个不同的能量传播模式。这些解的特性不仅依赖于边界条件(例如,在阶梯折射率光纤里,纤芯-包层界面处的折射率台阶),还依赖于纤芯的半径。每个模式用纤芯玻璃中不同的电磁场空间分布来表征,具有不同的传播速度(能量沿着光纤运动的速度)。这种"波导色散"使得光脉冲沿着光纤运动时发生展宽,因为光能量不可避免地在许多模式上分散开,各自以不同的速度传播。幸运的是,这种模式传播得到的时间色散的大小密切对应于专题 8.1 中几何光学方法得到的结果!

可能更重要的是,模式理论建议,把波导色散最小化的方法是减小纤芯的直径 a。典型的多模光纤的内径是 $a = 25~\mu m$,支持超过 100 个模式,但是,减小直径可以迅速减少这个数目,如果 $a < 4~\mu m$(这个条件很容易满足),就只有一个模式可以传输。这种"单模光纤"没有多模式色散,可以显著改善 BL 乘积。然而,

色散仍然不是零,因为有"波长色散"——传播速度依赖于所使用的光波长,光源本身的波长 λ 具有有限的展宽。(我们在发光二极管的情况里讨论了这一点,例如,在第 6 章专题 6.4。)光脉冲的能量仍然会有速度分布,因此,当它沿着光纤行进的时候,就会在时间上展宽。然而,这个时间展宽显著小于因为多模式传播导致的展宽,使得 BL 乘积满足

$$BL < (D \cdot \Delta\lambda)^{-1} \tag{B.8.8}$$

其中,色散参数的典型值为 $D \approx 1$ ps $\cdot$ km^{-1} $\cdot$ nm^{-1},得到的 BL 乘积为 2×10^4 Mb $\cdot$ s^{-1} $\cdot$ km,如果光源是个发光二极管,线宽为 50 nm,如果使用多模激光器,线宽 2 nm,那么,BL 乘积为 5×10^5 Mb $\cdot$ s^{-1} $\cdot$ km(多模光纤的典型值为 $BL = 100$ Mb $\cdot$ s^{-1} $\cdot$ km)。

故事还没有结束,因为还有材料色散的现象:玻璃的折射率(其他固体也是如此)依赖于光的波长。随着波长的增大,折射率通常减小。图 8.3 给出了纯硅的数据,标为"n"的下方曲线表示通常的折射率 $n = c/v$(其中 v 是光在玻璃里的相速度),而标为"n_g"的上方曲线对应于群速度 v_g(它是能量在介质中传播的速度),也就是,$n_g = c/v_g$。容易证明(例如,见 Ditchburn(1952):Section 4.29),n_g 和 n 的关系是

$$n_g = n[1 + (\lambda/n)\mathrm{d}n/\mathrm{d}\lambda]^{-1} \tag{B.8.9}$$

由此可以根据 n 的曲线得到 n_g 的曲线。需要注意的是,n_g 在 $\lambda \approx 1.25$ μm 处给出了最小值,那里的材料色散等于零。材料色散为零的精确波长实际上依赖于纤芯或包层材料的掺杂(用于控制折射率,例如,GeO_2 或 P_2O_5 可以增大纤芯区的折射率 n,B_2O_3 可以减小包层的折射率 n),但是仍然非常接近 1.3 μm。

为了评价单模光纤的总体性能,需要把波长色散和材料色散结合起来,对于标准的阶梯折射率光纤,总色散等于零的波长略大于 1.3 μm。然而,巧妙地设计折射率梯度的轮廓,可以让这个"零色散"波长移动到 1.55 μm,从而把最小色散和最小损耗组合在一起。但是要注意,即使那里的色散也不完全是零,因为二阶效应,乘积 BL 的最小值由下式给出:

$$BL < [S(\Delta\lambda)^2]^{-1} \tag{B.8.10}$$

其中,二阶色散参数 S 的典型值为 $S = 0.05$ ps $\cdot$ km^{-1} $\cdot$ nm^{-2},当使用 $\Delta\lambda = 2$ nm 的激光器的时候,$BL = 5 \times 10^6$ Mbs^{-1} $\cdot$ km(或者 5 Tb $\cdot$ s^{-1} $\cdot$ km)。这对应于在 500 km 的距离上比特速率为 10 Gb $\cdot$ s^{-1}(在此长度上的损耗为 100 dB,可能需要五个中继器来再生信号)。使用单模激光器还可以进一步提高性能。需要强调的是,在实践中很难保持激光功率充分地靠近零色散条件,真实系统很少达到这个性能。实践中可以期待的最佳情况是线性色散参数 D 的数值很小(公式(B.8.8))。

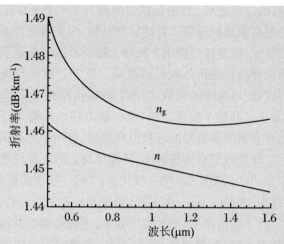

图 8.3　纯硅的折射率曲线,波长位于 0.3 μm 和 1.6 μm 之间

n 是相速度 $v = c/n$ 定义的折射率,n_g 是群速度 $v_g = c/n_g$ 定义的折射率。n 和 n_g 的关系由公式(B.8.9)给出。(摘自 Agrawal G P. 2002. Fibre Optic Communication Systems. New York:John Wiley & Sons:40)约翰·威利父子公司惠允使用

康宁玻璃公司也不属于通信行业,但是他们的看法不一样——如果通信高速公路要用玻璃制成,那么他们的最大利益就是保持兴趣——所以他们在 20 世纪 60 年代中期接受了挑战,大致同一时间,标准长途通信实验室和(当时的)英国邮政局也投入进来。有趣的是,贝尔公司那时候正在大力投入毫米波导,它只表示了一点兴趣——虽然在毫米波导投入了很多的设施和人力,但还是有点维持性的光纤项目。驱动力是要降低光纤损耗,当时它高得可怕,在 1 dB · m^{-1} 的量级(每 3 m 光纤,光强减小一个因子 2)。根据仔细的理论研究,STL 小组估计,如果光纤真的能变得有点重要的话,损耗就不能超过 20 dB · km^{-1},意味着吸收系数要减小到 1/50 左右,这就需要更好地理解损耗的根源。许多人觉得这不可能成功,前进的道路在于空心光管子,还试验了很多点子。内壁镀银的铜管损耗太大了,因为涉及大量数目的反射,所以,尝试用共聚焦透镜系统(透镜之间的间距等于各自焦距的 4 倍)来避免反射。更天才的想法是使用气体透镜,在充气管道中建立温度梯度,但是,光束太难以稳定了。实际上,所有这些想法都遭遇到弯曲带来的问题——只要波导绝对笔直,就能建立波导,但是,真实的传送系统必须有弯曲。可能更严重的是,波导掩埋处的温度涨落和地面沉降带来的微小弯曲就足以让光束变得不稳定,就像它们对毫米波导的影响一样。经过很多努力之后,在 20 世纪 60 年代早期得到了悲哀的结论:"只有光纤这条路了"!(Hetht,1999:104)

无论困难是什么,需要做什么是明显的——必须让光纤玻璃的损耗变得更小,

这意味着大幅度降低杂质浓度,特别是铁过渡族元素杂质(见第1章表1.1)。但是,首先必须选择最有前途的玻璃。直到这个时候,大多数研究人员使用低熔点的玻璃,它比较容易操控,但是远远谈不上纯净。鲍勃·默尔是康宁公司里一个研究小组的头儿,他勇敢地决定使用熔融石英玻璃。康宁公司在石英玻璃方面经验丰富,默尔知道,它是当时最纯净的玻璃,但是它的熔点略高于1 600 ℃,用它做工作很困难。他领导着小组开始了玻璃之旅,集中精力制作石英光纤。已经知道如何拉光纤,接下来就有必要发展合适的芯和包敷玻璃,有一个严重的问题——需要一种方法来掺杂石英,既能改变它的折射率,又能保持它的本征纯度。他们实现了这个目标,利用康宁公司的长期经验,用二氧化钛(TiO_2)掺杂芯玻璃,到了1970年,他们能够演示损耗为16 dB·km^{-1}的光纤,测量波长是633 nm。这是光纤世界翘首以盼的突破——终于搞清楚了,至少在原则上,光线能够达到通信系统使用的理论要求。长途通信工程师(和管理者)站起来了、注意到了。还有很多其他事情要做:寻找合适的光源和探测器,检查光纤的机械性能,发展把光高效地照射到微小的玻璃波导里面的方式和方法(专题8.1),但是现在已经有了个"存在性定理",它鼓励世界范围的长途通信公司投资于进一步的研究。它还鼓励了康宁公司加倍努力,在这个早期成功的基础上进一步提高。他们做得沉着自信,在1972年,报道了用GeO_2而不是二氧化钛掺杂的芯,损耗降低到4 dB·km^{-1}。用来拉石英光纤的设备奇迹般地出现在贝尔实验室、标准长途通信实验室、位于马特杉西斯的英国邮政局实验室、纳南普顿大学、日本电报电话公司和富士通,以及世界各地很多其他实验室。开发实用系统的竞赛正式开始了! 有些古怪的是,英国西南部的多赛特警察系统在1975年首先尝试了光纤系统。一次闪电和雷击干掉了伯恩茅斯警察控制室里的电路系统,警察局局长想用无线通信,这样就可以让替换设备免受进一步的攻击。标准长途电话和电报公司(STC)被要求提供光纤传输线,只用几个星期就完成了,这家公司也得到了很好的广告效应。距离真正的长途电话系统还很遥远,但是,它比科学会议上的十来篇文章更好地证明了可能性(当然,研究实验室STL也没有忘了提交文章!)。

日本迈出了重要的下一步。1976年,日本电报电话公司的堀口正治和藤仓电线公司的小山内裕报道了石英光纤,在波长1.2 μm处损耗为0.47 dB·km^{-1},这太重要了,开辟了通向真正的长程光纤系统的道路。两年后,他们又前进了一步,报道了1.55 μm处的损耗低到0.2 dB·km^{-1}。以前,系统设计基于的是880 nm的GaAs激光器(第一台室温连续激光器出现在1970年),但是,两个发展彻底改变了大家对这件事的看法:首先,人们发现,石英玻璃在波长1.2~1.3 μm范围内表现为零色散(参见专题8.2);其次,日本工作者证明,最低损耗出现在接近于1.55 μm的波长(图8.4)。(注意,为了达到这么低的损耗,必须把铁族杂质浓度降

低到 10^{-9} 以下,水蒸气低于 10^{-8}!)虽然 880 nm 处的损耗低得足以满足短距离通信的要求,人们很快就搞清楚了,长距离和中距离通信最好使用更长的波长,但是有个困难——这两个波长都没有合适的光源,必须开发相应的器件。这样就诞生了 InGaAsP 激光器,我们将在 8.2 节讨论它。

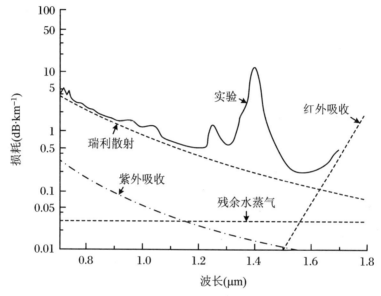

图 8.4 实验测得的纯二氧化硅光纤里损耗随着波长的变化关系

在波长 1.55 μm 处的损耗最小。$\lambda = 1.3$ μm 处的第二个极小值对应于材料的最小色散(参见专题 8.2)。1.4 μm、1.25 μm 和 1.0 μm 处的损耗峰来自残余水蒸气,密度大约为 10^{-8}!(取自 Agrawal G P. 2002. Fibre Optic Communication Systems. New York:John Wiley & Sons:36)约翰·威利父子公司惠允使用

约从 1977 年开始,真正的光纤系统看来有些迫切需要了。ATT 和英国邮政局在 1977 年使用梯度折射率光纤和 880 nm 波长传递长途电话信号,1978 年,他们同意发展第一个横跨大西洋的光纤光缆,使用单模光纤,工作波长为 1.3 μm。同一年,日本电报电话公司演示了 53 km 的通信系统,工作波长为 1.3 μm。从 1982 年起,单模光纤替换了梯度折射率光纤,1984 年,英国长途通信公司(现在从邮政局分离出来了)安装了第一条水下光缆,在怀特岛和英国本土之间——距离比较短,但是展示了决心。1985 年,单模光纤穿过北美大陆,以 400 Mb·s^{-1} 以上的速度传递长途电话信号,1988 年,第一个横跨大西洋的光纤光缆 TAT-8 投入使用,工作波长是 1.3 μm。1987 年,南安普顿大学的大卫·佩恩演示了第一个掺铒光纤放大器,它能够放大光信号而不用先把它们变成电信号。这是前进的一大步,注意到这一点很重要:铒在 1.55 μm 而不是 1.3 μm 处放大——最

近人们更关注这个波长,主要原因就在于此。另一个因素当然就是,最小光纤损耗出现在 $1.55\ \mu m$,现在,"色散偏移的"光纤也在 $1.55\ \mu m$ 处表现出最小的色散,逆潮流而动就没有什么意义了。20 世纪 90 年代,光纤中比特率的发展几乎让人无法相信,1996 年达到了 $1\ 000\ Gb \cdot s^{-1}$,即 $1\ Tb \cdot s^{-1}$(贝尔实验室、日本电报电话公司和富士通实验室)。实际系统的工作速率达到了 $10\ Gb \cdot s^{-1}$,利用了波分复用技术(每根光纤载有四种不同的波长,每个波长以 $2.5\ Gb \cdot s^{-1}$ 的速度传送信号)。$640\ Gb \cdot s^{-1}$ 的系统已经计划在 2003 年投入使用。对于未来的水下光缆来说,唯一的限制就是天空!

关于通信行业里光纤的历史,就讲这么多了。但是,这一切与半导体器件有什么关系呢? 在结束本节之前,我们总结一下重要的事项。它们可以分为三类:光源、探测器和电子学。系统显然需要合适波长的光源(还必须满足许多其他要求)、高效的光探测器(能够以需要的数据率工作——速度)以及相关的电子学,它能够建立信号再生器、放大器、波长区分器等等。我们按着顺序来,每个都看一看。

如前文所述,第一个光纤系统工作在 880 nm 附近,由 GaAs 发光二极管或激光器提供,因为它们是当时能够得到的唯一光源,但是在 20 世纪 70 年代,人们认识到,更长的波长具有损耗低和色散小的优点,对于工作在 $1.3\ \mu m$ 和 $1.55\ \mu m$ 的激光器就有了迫切的需求。而且,它们还必须稳定,寿命长(特别是跨洋光缆的使用),能够以高比特率调制——比特率的增加似乎根本就没有极限! 人们很快就认识到,与此有关的重要参数就是阈值电流和波长的温度稳定性。特别是在波分复用系统中,这是至关重要的,不仅波长必须选择得很精确,而且,它必须在工作的所有时间里变化非常小(即使环境温度发生了很大的变化)。因为长距离系统对时间色散最小化的需要,激光器发射谱线也要尽可能地小,这就要求是单模工作。这些光源还需要很高的总体工作效率,特别是那些用在水下光缆中继器的光源,那里的功率来自长程输电线。

至于光探测器,确定要求是直截了当的。这些要求就是灵敏度(在合适的波长)、快速响应和没有噪声。特别是在使用长波长激光器的时候,探测器材料的带隙应当小得足以吸收合适的入射光,但又不能太小,这样才能尽量减小自由载流子的热生成(它表现为不利于光生信号的噪声背景)。在一个长距离系统里,中继站的间距很大,所以,探测器上的信号水平很低,为了尽量减小中继器的数目,就要求探测器具有最大的灵敏度。它还必须能够以高频率响应,这样就不会扭曲数字脉冲,为了尽量减小误码率,必须清楚地识别数字脉冲。

最后,我们注意,一些范围的电子器件必须作为脉冲生成器、调制器和放大器等工作。需要用低噪声放大器跟随光探测器,驱动中继器里的脉冲再生器,功率放大器作为脉冲调制器去驱动激光器,混频器要与相干接收器合作(也就是超差频探测),它也要求合适的中间频率(intermediate frequency,IF)放大器。这里的一个重要事项是光电集成的问题——把光学器件和电学器件组合在单独一个片子上,从而优化性能并降低成本。因为长波长激光器是做在 InP 衬底上的,所以要发展InP 基的电子器件,但是现在希望发展基于 GaAs 衬底的激光器,它能够与标准的GaAs 电子器件组合起来。还有很多药正在锅里熬着呢,但是"光子学"线路的未来肯定在于更大程度的集成以及发展完整的模块替代更多的单个器件——它们现在提供了各种必要的功能。现在,光波系统的处境似乎和硅集成电路出现以前晶体管电子学的发展有些类似。这个类比很可能是不完美的(大多数类比都是如此!),但是,各种迹象表明,光子学想要成熟还需要很多改变。现在,我们就单独地看看各种光电器件吧。

8.2　长波长的光源

20 世纪 70 年代,人们第一次清楚地认识到,光纤光学在通讯中前途远大。我们已经讲过一个重要的里程碑,AlGaAs/GaAs 双异质结激光器已经能够在室温下连续工作。因此,长途通信工程师们很自然就考虑把它用到第一个光纤系统中,尽管它不是单模激光器,受限于多模光纤比较大的色散(即使梯度折射率光纤也是如此)。在那个阶段,它并不碍事儿,因为 15~20 dB·km^{-1} 的光纤损耗把中继器的间距限制到只有几千米,色散效应相对不重要。GaAs 激光器的主要贡献是提供了立足点,直到长波长器件能够发展起来并为短距离连接(局域网)提供比较便宜的光源,那里的距离通常小于 1 km。然而,它的重要性肯定不应当被忽视——它证实了重要的原则:光纤光学通信系统确实能够工作。

关于 GaAs 这个主题,我们也不应当忽略这个事实:GaAs 发光二极管也能够作出有价值的贡献。与激光相比,它们的缺点是功率更低、光束张角更大、发射线宽更宽、调制带宽更小,但是,在局域网的情况下,它们给出的方案肯定比激光更便宜,性能可以满足许多小规模系统的要求。在光纤通信的早期阶段,发光二极管的可靠性也更好——GaAs 激光器遭受到"暗线缺陷"(位错穿过结构,破坏了器件)带来的严重的退化问题,为了根除它,研究人员花费了相当的时间和努力——在好多年里,发光二极管给出了更长的工作寿命,在很多情况下更受欢迎。已经应用了两种类型的发光二极管:表面发射和边发射。前者的典型是"柏若斯二极管"(贝尔实验室的 C·A·柏若斯在 1970 年发明的),利用黏合剂把光纤固定在功能层附近,而二极管电流位于光纤末端的正下方。黏合剂还可以降低光发射位置的折射率台阶,从而提高了光收集效率,接近 1% 的光被光纤接受。边发射器件的结构很像激光二极管,只是功能区的一侧带有高反射涂层,而另一侧发射端是增透膜。因为光在功能区里传导,发射角远小于面发射器件的发射角,所以收集效率可以大得多。

我们在第 6 章看到,发光二极管的发光线宽大约是 $2kT$(在室温下大致是 50 meV),GaAs 发光二极管大约对应于 30 nm。因为不同波长在光纤里的传播速度略有差别(波长色散),这导致了对 BL 乘积(比特率×距离)的限制(参见专题 8.2),但是,它远小于多模光纤中的时间色散(参见专题 8.1),所以并不影响局域网的应用。换句话说,对于短距离传播来说,发光二极管的效果和激光二极管一样好。更严重的限制可能是直接调制(也就是利用开关驱动电流来调制光源)的调制带宽。发光二极管的最大调制速度决定于电子-空穴复合寿命,直接带隙材料的典型值是 3 ns,因此,最大调制频率为 50 MHz 左右。这与上一节提到的 Gb·s^{-1} 比特率有着鲜明的对比,但是,对于许多局域连接来说已经足够了(记住,把个人电脑和电话线联系起来的调制解调器的速度,即使在今天也只有 50 kb·s^{-1})。我们不再谈论发光二极管光源了,而是关注更先进(也更激动人心)的长波长激光二极管。但是有很多时候,成本的考虑超过了技术复杂性,在这些情况下,发光二极管仍然可以大有作为。

人们很早就开始寻找长波长激光材料。1972 年报道了两个有趣的进展。日本电报电话公司的武藏野实验室的杉山和斋藤报道了基于 AlGaAsSb 系统的双异质结激光器,发光波长是 980 nm。材料中包含 15% 的 Sb,把带隙从 GaAs 的 1.43 eV 减小到 GaAsSb 合金的 1.27 eV。限制层材料中包含大约 25% 的 Al 组分,提供了带隙更大的晶格匹配的材料。整个结构是用液相外延方法在 GaAs 衬底上生长的(它不是晶格匹配的),室温下脉冲式工作的阈值密度是 8.5 kA·cm^{-2}。大约同时,帕罗阿托的瓦瑞安公司的杰拉德·安迪帕斯等人报道了激动人心的新发明——“负亲和势”的光电阴极,用于红外夜视管,基于的是四元合金 InGaAsP,与 InP 晶格匹配。第 9 章再更详细地讨论它,但是,对于我们当前的目的来说,认识到这一点就足够了:这个器件对 1.1 μm 的波长也灵敏,有可能使用类似合金在这个波长上发光。因为 InP 的带隙是 1.34 eV,显然有可能用它作为双异质结激光器的限制层,整个结构和 InP 衬底是晶格匹配的。专题 8.3 解释了 InGaAsP 系统对长波长器件的重要性。

其他人也试过这两个想法,1976 年,贝尔实验室的纳豪瑞等人报道了一个 GaAsSb/AlGaAsSb 双异质结激光器,它在室温下连续工作,具有小得多的阈值电流密度 2.1 kA·cm^{-2},发光波长是 1.0 μm。它也是用液相外延方法在 GaAs 衬底上生长的,利用 GaAsSb 梯度层减小晶格失配的影响。苏联的博伽托夫等人也成功地用 AlGaAsSb 实现了,在 1975 年报道了第一个基于 InGaAsP/InP 的激光器,在 1976 年,麻省理工学院林肯实验室的谢肇金(Jim Hsieh)也报道了一个基于 InGaAsP/InP 系统的室温连续激光器,阈值电流密度是 $4.7\ \text{kA} \cdot \text{cm}^{-2}$,波长是 $1.1\ \mu\text{m}$。美洲射频公司也参与了竞争,纽斯和奥尔森早些时候在 GaInAs 合金中演示了 $1.0\ \mu\text{m}$ 的激光。他们在 GaAs 衬底上生长样品,使用梯度化的 GaInP 层处理 GaAs 和 GaInAs 的晶格失配。1978 年,人们首次认识到,石英光纤中 $1.3\ \mu\text{m}$ 和 $1.55\ \mu\text{m}$ 处的低损耗非常重要,那么就要问了:上述材料系统能够把激光拓展到这些更长的波长上吗?

专题 8.3 晶格匹配的 $\text{Ga}_x\text{In}_{1-x}\text{As}_y\text{P}_{1-y}$ 的带隙

四元合金 $\text{Ga}_x\text{In}_{1-x}\text{As}_y\text{P}_{1-y}$ 的重要性在于,它可以在很大的组分范围内与 InP 衬底晶格匹配(图 8.5),材料带隙位于 $1.35\ \text{eV}$ 和 $0.75\ \text{eV}$ 之间(波长位于 $0.92\ \mu\text{m}$ 和 $1.65\ \mu\text{m}$ 之间)。这包括了长距离光纤通信中感兴趣的波长,即 $1.3\ \mu\text{m}$ 和 $1.55\ \mu\text{m}$,还为双异质结激光器和量子阱激光器提供了合适的载流子限制和光学限制,使用晶格匹配的合金还保证了缺陷密度最小。

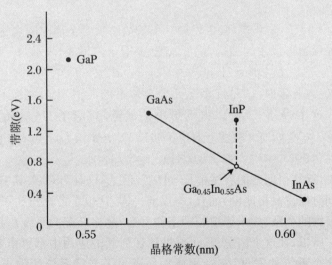

图 8.5 合金 $\text{Ga}_x\text{In}_{1-x}\text{As}_y\text{P}_{1-y}$ 的能隙 E_g 和晶格常数 a 的关系
控制比值 $y : x$,令 $y = 2.21x$,就可以让晶格匹配 InP 衬底。相应的带隙
(它们都是直接带隙)对应于虚线给出的区域,从 $0.73\ \text{eV}$ 到 $1.33\ \text{eV}$

晶格匹配的要求意味着合金中 Ga 和 As 的比例(即参数 x 和 y)有一定的关系。为了找到这个关系,请注意它依赖于二元化合物 GaP,InP 和 InAs 的晶格常数之间的差别(图 8.5)。让我们做个假想实验,从 InP 开始,用 Ga 原子替换一部

分 In 原子——这就会让晶格常数变小,但是我们可以用适当比例的 As 原子替换 P 原子(让晶格常数变大),从而抵消它。因为 $a(\text{InP})$ 和 $a(\text{GaP})$ 的差别远大于 $a(\text{InAs})$ 和 $a(\text{InP})$ 的差别,Ga 原子产生的影响远大于 As 原子,所以,为了保持平衡,我们需要相应地引入比 As 更多的 Ga。为了定量地描述,假定三元合金 $\text{Ga}_x\text{In}_{1-x}\text{P}$ 随着 x 线性地变化(这就是维伽德定律),这样就可以写出

$$a(x) = a(\text{InP}) - x[a(\text{InP}) - a(\text{GaP})] \tag{B.8.11}$$

类似地,对于 $\text{InAs}_y\text{P}_{1-y}$,

$$a(y) = a(\text{InP}) + y[a(\text{InAs}) - a(\text{InP})] \tag{B.8.12}$$

由此可以得到,为了让四元合金保持晶格匹配,必须有

$$x[a(\text{InP}) - a(\text{GaP})] = y[a(\text{InAs}) - a(\text{InP})]$$

或者

$$y/x = [a(\text{InP}) - a(\text{GaP})]/[a(\text{InAs}) - a(\text{InP})] \tag{B.8.13}$$

把数值 $a(\text{GaP}) = 0.5451 \text{ nm}$、$a(\text{InP}) = 0.5869 \text{ nm}$ 和 $a(\text{InAs}) = 0.6058 \text{ nm}$ 代入,可以得到结果为

$$y/x = 0.0418/0.0189 = 2.21 \tag{B.8.14}$$

因为 x 和 y 都不能大于 1,所以,晶格匹配的合金范围可以用 $0 < y < 1$ 确定,对应于 $0 < x < 0.453$。

给定了 x 和 y 的关系式,就可以用一个参数给出合金能隙的表达式。拟合光荧光测量和光反射率测量的结果,就可以把它(用 y 的形式)表示为

$$E_g(y) = 1.35 - 0.72y + 0.12y^2 \quad (\text{eV}) \tag{B.8.15}$$

$E_g\text{-}y$ 曲线有些向下弯曲,这是许多三元合金体系的典型现象,我们以前看到过。把 $y = 1$ 代入这个表达式,可以得到最小的能隙,对应于 $\text{Ga}_{0.45}\text{In}_{0.55}\text{As}$ 合金,$E_g(\min) = 0.75 \text{ eV}$,如前文所述。对应于波长 $1.3 \, \mu\text{m}$ 和 $1.55 \, \mu\text{m}$ 的 y 值分别是 $y = 0.61$ 和 $y = 0.90$($x = 0.28$ 和 $x = 0.41$)。

原则上说,这三个问题的答案都是"可以",但是,只有 InGaAsP/InP 系统能够这样做且能同时保持晶格匹配,而且,与以前一样,这也是考虑过头了。缺陷是半导体激光二极管的死敌,如果想要长的工作寿命,晶格匹配的系统总是要获胜,而且轻松获胜。所以,在这个情况里,可靠性比任何其他应用中都更重要。因此,我们重点关注这个系统的发展,它特别成功地满足了光纤系统的需求。故事始于 1976 年,如前文所述,谢肇金在室温下实现了 $1.1 \, \mu\text{m}$ 激光器的连续工作。接下来的一年,他在麻省理工学院的小组报道了工作波长为 $1.3 \, \mu\text{m}$ 的类似器件,1980 年,谢肇金帮助建立了新公司"镭射通公司",目标是制作用于光纤通信产业的长波长激光器。这个决定非常棒——到了 80 年代中期,镭射通公司雇用了 350 名员工,收入是 2 800 万美元。然而,他们并不孤独——简单翻一翻 1979 年的文献就可

以知道,日本的日本电报电话公司和国际电信电话公司(KDD),英国的 STL 以及美国的美洲射频公司和贝尔公司都在开发长波长器件,已经实现了 1.55 μm 的最终目标。

有趣的是,除了美洲射频公司使用气相外延以外,其他的这些发展都基于液相外延,追随瓦瑞安小组的开创性工作——最初是为了长波长光电阴极而开发 GaInAsP 材料。然而,光电阴极要求微米厚度的功能层,因此,液相外延技术非常合适,双异质结激光器需要的是厚度为 0.1 μm 的薄膜,后来,不可避免地转移到量子阱结构,尺寸又减小了一个数量级。因此,液相外延对早期发展作了重要贡献,但是,它命中注定要被金属有机化合物气相外延和分子束外延这样更灵活的技术替代。(无论如何,把液相外延应用于更长波长的四元合金都有个技术问题。)在这种情况下,金属有机化合物气相外延胜利了 ——到了 20 世纪 90 年代早期,其他生长方法都很少被提到了。我们可能记得,GaAs 是在 1973 年用金属有机化合物气相外延方法生长的(马纳斯维特),所以,随着要求的发展,其他Ⅲ-Ⅴ族化合物与合金当然就跟上来了。Thomson CSF 的度斯明在 1979 年报道了 InP 的生长,让·皮尔·赫斯在 1981 年报道了它在 GaInAsP 中的应用。1981 年,第一个金属有机化合物气相外延生长的激光器以脉冲形式工作,但是,进展非常快,到了 1983 年,Thomson 的研究人员(瑞泽吉等人)就得到了连续激光,阈值电流密度低于 500 A·cm^{-2}——从此,金属有机化合物气相外延就不断地进步。(如果想要更仔细地了解金属有机化合物气相外延的故事,可以参考 Razeghi(1989)。)

为了欣赏激光技术接下来的进展,有必要重复一遍早期岁月里决定研究目标的关键要求。除了波长的选择(1.3 μm 和 1.55 μm)以外,它要求适当地控制合金组分(参见专题 8.3),尽量减小阈值电流及其温度依赖关系,实现长寿命的稳定工作,实现单模工作,从而尽量减小发光线宽。惊人的是,到了 1985 年,实现这些目标的工作都进行得很好,《半导体和半金属》系列丛书(Willardson,Beer,1985)里对此做了总结。阈值电流密度已经比最初的数值 5 kA·cm^{-2} 降低了一个数量级,已经对它的温度依赖关系的起源有了一些理解。这样说吧,后一个特点一直被认为是长波长激光器的主要问题之一,许多科学家花费了很多时间试图去改善它。通常的实践是用一个参数 T_0 把温度依赖关系表示如下:

$$J_{th}(T) = J_{th}(T_1)\exp[(T - T_1)/T_0] \tag{8.1}$$

其中,T_1 是一个方便的参考温度(例如室温)。这意味着 J_{th} 随着器件温度而指数式地变化。虽然使用这个形式并没有多少理论上的正当性,但是,它有相当多的实际支持——虽然有时候需要使用不同的 T_0 数值来表征不同的温度范围。这个单独参数确实很有用,可以用来比较不同的激光器。注意,T_0 的数值大意味着 J_{th} 随着温度的变化小。长波长四元合金激光器的问题可以简洁地表达为,它们的典型

值是 $T_0 \approx 50\ \mathrm{K}$，而 GaAs 激光器的相应数值 $T_0 \approx 150\ \mathrm{K}$。这就严格地限制了它们在较高温度下的性能，对于需要在功率水平高、变化范围大的环境里工作的器件来说，这个实际限制很重要。

这个行为的物理解释并不那么直截了当。在 20 世纪 80 年代早期，人们考虑了许多机制，包括辐射复合过程、价带间吸收、载流子从双异质结构的势垒上方泄漏，还有非辐射"俄歇复合"。我们简要地看看每一种机制。辐射寿命依赖于温度的原因是，导带和价带的态密度本身有温度依赖性，有证据表明，这有可能影响了低温下的 T_0。非辐射电流的一部分贡献来自光学吸收，价带中靠近 Γ 点的一个空穴转移到劈裂价带上，但是，吸收系数的直接测量表明，在测量的 T_0 数值里，这个机制可以忽略不计。载流子泄漏肯定影响了 GaAs 和 AlGaInP 激光器里的 T_0，它们的束缚势垒的高度比较小，但是，在 $1.3\ \mu\mathrm{m}$ 和 $1.55\ \mu\mathrm{m}$ 激光器里，这些势垒太大了，不可能出现显著的泄漏，这种机制不重要。在计算复合速率的各种不确定性中，俄歇复合在长波长器件中很可能是更重要的，它可以合理地解释实验观察结果。如下事实使得解释变得很困难：有几种不同的俄歇过程，不容易确定每一种的跃迁概率。（这类过程的一个例子如图 8.6 所示，涉及两个电子的跃迁，其中一个导带电子落到价带上，它的能量传递给另一个电子，把后者激发到导带更高位置上。）俄歇复合寿命的计算表明了解释实验 T_0 值所需的强烈的温度依赖关系，还建议了 $1.55\ \mu\mathrm{m}$ 激光器的 T_0 值应当比 $1.3\ \mu\mathrm{m}$ 器件小得多——符合实践中常见的结果。因为俄歇过程在长波长激光器中是不可避免的，因此，对于双异质结 GaInAsP 器件的小的 T_0 值，我们没有什么办法。通常有必要控制环境温度，而且电流密度不能太大，以便降低焦耳热。

然而，在优点方面，人们很快就认识到，长波长器件比 GaAs 耐用得多得多。早期 GaAs 激光器的两个重要的失效机制是"暗线缺陷"和灾难性的反射镜损伤，但是，四元合金器件没有发现类似的事情，很可能是因为它们的光子能量小得多。非辐射复合把带隙能量转变为功能区里的热量，使得破坏性的位错从衬底传上来、到达功能区，或者是让反射镜过热。长波长器件的光子能量小得多，热量也就小得多，有助于提高器件的稳定性。当然，这个简单的解释完全忽略了对退化机制的任何详细理解，但是，$1.3\ \mu\mathrm{m}$ 激光器从一开始就清楚地表现出惊人的耐用性，到了 1985 年，预言的工作寿命超过 25 年（10 000 小时[①]）看来完全是现实的。这是个实际的奖励没有被预言到，但是对产业是件大好事，因为产业依赖于对超稳定性能的长期投资。感谢幸运女神的赏赐吧——详细的理解会跟上来的，但并不是必要的。

[①] 作者说，这个 10 000 小时可能是在某个较高温度下测量的寿命，由此推算出正常工作条件下的寿命超过了 25 年。——译者注

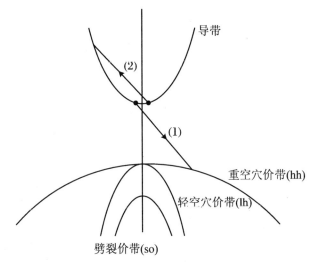

图 8.6 两个电子的俄歇复合过程的示意图

例如,发生在 GaInAsP 长波长激光器中。复合电子(1)产生的能量传递给第二个电子
(2),把后者激发到高处的导带里。这个被激发的电子发出一串声子,返回到能带底部,
所以,总的过程没有辐射。注意,这两个电子的总动量是守恒的。还有几个类似的过
程,它们涉及不同价带之间的跃迁

另一方面,对单模工作的追求在很大程度上由激光设计工程师们控制着,它的
实现是激光制作技术的巨大成功。首先要搞清楚"单模"工作意味着什么。我们必
须区分激光光学腔的"横向"和"纵向"模式。理想地说,激光光学腔近似于长方体
(或砖块),它的尺寸大致是:长 $L = 500\ \mu m$,宽 $W = 2\ \mu m$,厚 $t = 0.2\ \mu m$。就像第
5 章讨论 GaAs 激光器的时候一样,长度是由部分反射的端镜定义的,厚度由外延
生长的光学限制层定义(它们的功能依赖于折射率上的小台阶,见图 5.19),宽度
则需要更详细的讨论。纵向模式决定于 L,波长的差别是 $\Delta\lambda = \lambda^2/(2\mu L)$(公式
(B.5.24)),横向模式决定于宽度 W。为了让激光波导只支持一个基本的横向模
式,W 必须小于极限值 W_0,它是波长 λ 的量级。单模工作意味着激光应当只在这
个基本的横向模式和一个纵向模式中振荡,我们必须分别考察这两个要求。先看
看横向模式的问题。

两种不同机制决定了光学腔的宽度,一种是"增益导向"的激光器,另一种是
"折射率导向"的激光器。增益导向的结构如图 8.7(a)所示,功能区的范围决定于
顶电极的条。因此,电流和载流子注入就限制在这个电极的正下方,光学增益也受
到类似的限制。原则上,有必要直接让顶电极条的宽度小于 W_0,以便得到想要的
基本模式,但不幸的是,这个方法过度简化了电流在条下面的弥散以及电流注入对
电极下方折射率曲线的修正效应。自由载流子减小了折射率,引起了光波的"反导

向"(antiguiding)。净效果是,增益导向激光器的模式结构很难稳定,或多或少地排除了它在单模式工作中的使用。

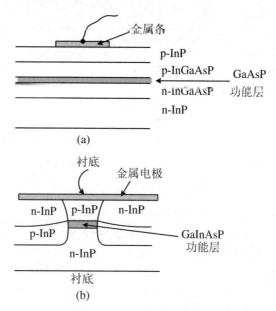

图 8.7　两种激光器结构

(a) 增益导向激光器结构,其中,增益被限制在金属条形电极正下方的 GaInAsP 功能区,电子和空穴在那里复合。注意,光强度也同样局限在那里。(b) 折射率导向结构。图中显示了埋藏的异质结,其中的光学限制是通过 GaInAsP 功能层和 p 型 InP 层的折射率在水平方向上的台阶实现的

图 8.7(b)是另一种选择的例子:折射率波导结构,其中,W 由折射率的台阶定义,与确定有效厚度 t 的方式有些类似。这个结构是在 1980 年引入的,称为"掩埋式异质结"(BH)激光器。它是这样制作的:先生长 n 型 InP 层,然后是没掺杂的 GaInAsP 功能层,接着腐蚀出一个台面,从而定义了宽度 W,再重新生长 p 型 InP 层,用来隔离功能层。进行第二次腐蚀,接下来是最后的 n 型 InP 层,用来提供电流限制。其精髓在于,利用第一个台面腐蚀以及功能层和相邻的 p 型 InP 之间的折射率台阶 $\Delta n = 0.3$,从而精确地控制宽度 W。为了实现单个面内模式,W 必须小于 W_0,其中

$$W_0 = \lambda / \left[4 (\Delta n)^{1/2} \right] \tag{8.2}$$

把数值 $\Delta n = 0.3$ 代入,得到 $W < 0.5\lambda$,对于技术人员说,这算不上什么挑战。实践中偏好更复杂些的结构,其中的折射率台阶减小到 $\Delta n = 0.01$ 左右,$W_0 = 2.5\lambda$,但是,我们现在关注的是原理,而不是技术细节。不管怎么样,到了 1985 年,原理和技术都很好地建立起来了。

为了讨论纵向模式的问题,我们再看看第 5 章公式(B.5.24)给出的模式间距,当 $L = 500\ \mu m$ 的时候,它对应着大约 $0.35\ meV$。然而,典型的增益分布大约是 $50\ meV$,因此,一旦略微超过了阈值电流,很可能就有几个纵向模式被激发。实际上,简单的掩埋式异质结激光器对此毫无办法,光学信号的有效宽度大约是 $1\ meV$(相应波长的有效宽度大约是 $2\ nm$)。如专题 8.2 中所述,这给出了有极限的 BL 乘积,大约是 $5 \times 10^6\ Mb \cdot s^{-1} \cdot km$,即使对于"零色散"单模光纤来说,这个数值也太大了,不能用于未来的长距离系统所计划的高比特率(例如 $640\ Gb \cdot s^{-1}$,见 8.1 节)。只有单模激光光源有可能满足这种发展,问题在于,在增益曲线内的几百个纵模里,如何只选择一个模式。20 世纪 80 年代早期研究了几种方法,取得了相当的进展。

公式(B.5.24)给出了选择模式的简单方法——减少腔长 L,从而增大模式间隔,这样就只有一两个模式与增益峰靠得足够近,能够被激发。特别是,如果 L 从 $500\ \mu m$ 减小到 $5\ \mu m$,最多有两个模式落在增益光谱区里,只有一个模式被激发的概率非常高。这种论证显然建议使用垂直腔面发射激光器结构,虽然已经有了一些有限的成功,但是,制作长波长垂直腔面发射激光器太难了(后面再仔细地讨论这一点),所以需要一些其他方法。更可取的方法利用波长选择性反馈代替当时几乎所有激光都使用的法布里-珀罗反射镜。很简单,如果能够设计一种反射镜,让它只能强烈地反射一个波长(处于增益谱中的一个波长),那么这个激光器就会在这个波长上振荡,而不会是其他波长。窍门是设计一个反射镜,它的反射率峰值对应于纵向模式的一个波长,而反射率-波长曲线尖锐得足以排除两侧的其他任何模式。

已经研究了实现这个目标的不同方法,其中的三种如图 8.8 所示。理解起来最简单的是利用外部反射镜,而不是依靠激光端镜本身。一个端镜涂上增透膜,所有的激光就可以透射出去照到反射镜上,如果这个反射镜采是衍射光栅,如图 8.8(a)所示,把它旋转适当的角度,就可以调节它的反射率、选择出希望的波长。还有额外的好处:可以在一定波长范围里调节激光,通常是 $50\ nm$。这种配置的缺点是不方便,整体结构比激光器本身大很多倍,而且需要机械调节来实现波长调谐。一种好得多的方法是基于多层膜的原理设计反射镜,从而制作垂直腔面发射激光器的反射镜(也就是布拉格反射镜,见 6.6 节和图 6.25),其中,反射率的峰值波长决定于层的厚度,这些层具有交替不同的折射率。堆的周期 Λ 既与激光的真空波长 λ_0 有关,也与半导体的平均折射率 n 有关,

$$\Lambda = \lambda_0/(2n) \tag{8.3}$$

在平面激光结构中,不可能外延地生长这样的交替折射率结构——需要腐蚀一层材料(比如说 InP 层),从而形成起伏的表面,然后再在这个沟槽上面生长另一层不

同折射率的材料(InGaAsP)。从边缘看过去,对于传播方向平行于原来的 InP 表面的光来说,这种结构具有交替的折射率(图 8.8(b))。从图中可以看出,激光的每一端都制作了类似的反射镜,反射率最大值出现的波长位置决定于沟槽的周期。对于 1.55 μm 的工作波长,这个周期应当是 0.2 μm 左右,可以用激光全息技术实现——两束激光在涂有光刻胶层的半导体表面发生干涉,光刻胶显影出干涉图案,然后再用它作为掩膜,腐蚀出想要的沟槽。这种激光器通常称为分布式布拉格反射镜(DBR)激光器。第三种方法是在激光器本身的增益区里放入了光学反馈,换句话说,布拉格反射镜沟槽本身就是增益区的有机部分,整个结构中的反馈是连续的(图 8.8(c))。这种变型称为分布式反馈(DFB)激光器,已经广泛地用在光纤系统中,提供了很高的比特率($B>2.5\ \mathrm{Gb\cdot s^{-1}}$)。注意,器件的端镜也是个反射镜,但是,腔里面的周期性沟槽超过了 2 000 个,它们主导了反馈,保证只有单个纵模能够振荡。

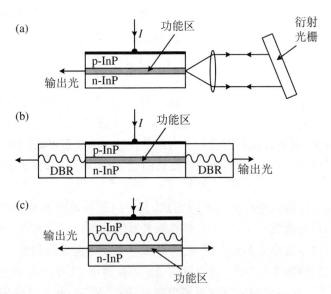

图 8.8 长波长单模激光器结构的三个例子

(a) 反射镜的选择是通过使用外部反射镜实现的——选择合适取向的衍射光栅;
(b) 传统的端镜被一对分布式布拉格反射镜(DBR)替换了;(c) 光学反馈分布在所有的激射区(DFB)。布拉格反射镜的制作方法:把光栅图案刻蚀到合适的层,然后再沉积折射率不同的层。因此,沿着激光方向的折射率就具有周期性

GaAs 激光器不仅是许多早期光纤系统的光源,还为长波长器件的发展提供了原型,在 20 世纪 70 年代早期,已经在 AlGaAs/GaAs 系统中开发了分布式布拉格反射激光器和分布式反馈激光器。1971 年,贝尔实验室是寇格利克和申克首次演示了布拉格反射器,把它用于染料激光器,但是很快,很多其他实验室就赶上来了

（贝尔公司、施乐公司、加州理工学院、休斯公司、日立公司和东芝公司），把它应用到 GaAs 激光器。起初的工作利用了相当基本的光学泵浦结构，但是，1974 年，施乐公司和日立公司演示了电学注入激光器。阈值电流很高，很快就搞清楚了，这里面有两个原因：反馈沟槽腐蚀得不够深；而且，在分布式反馈结构中，离子束刻蚀反馈沟槽造成了损伤。后面这个问题的答案在于，从激光的功能区里去除反馈区域，就像 1975 年贝尔实验室的凯瑟等人演示的那样，他们利用分别限制的双异质结在分布式反馈激光器中实现了 $J_{th} = 2.2\,\mathrm{kA \cdot cm^{-2}}$。同一年，贝尔实验室的另一个小组（莱恩哈特等人）演示了分布式布拉格反射镜 GaAs 激光器，$J_{th} = 5\,\mathrm{kA \cdot cm^{-2}}$。这些布拉格反射镜激光器的一个重要特点是，与传统的法布里-珀罗器件相比，激射波长对温度的依赖很小。分布式布拉格反射镜激光器的典型值是 $\mathrm{d}\lambda/\mathrm{d}T - 0.07\,\mathrm{nm \cdot K^{-1}}$（决定于折射率的温度依赖关系），而同样材料制成的传统器件是 $0.3\,\mathrm{nm \cdot K^{-1}}$（决定于半导体的能隙）。它们的另一个特点是，当注入电流增大到阈值以上的时候，发光波长保持不变，与法布里-珀罗激光器不同，后者受到模式跳跃的困扰。

这些 GaAs 激光器的发展显然鼓励了它向长波长器件的拓展，1979 年，日立公司（分布式反馈）和东京工业大学（分布式布拉格反射镜）演示了低温下工作的 GaInAsP/InP 激光器。随后很快就出现了室温工作的激光器（东京工业大学，1980 年；日本电报电话公司，1981 年）。到了 1984 年，已经有几个日本实验室报道了（东京工业大学、日本电报电话公司、日本国际电信电话公司、日本电气公司）室温连续工作，还有贝尔实验室的两个小组，以及英国马特杉西斯的英国长途通信公司实验室。一个要点是，反馈沟槽的起伏必须足够深，英国长途通信公司实验室威斯布鲁克等人利用了标准生长方法的有趣变种，即用液相外延生长结构的第一部分，用分子束外延生长（也就是一种低温生长方法）更高的层，从而避免了沟槽的部分销蚀。另一个要点是，当激光用于传送实际光纤系统的纳秒脉冲的时候，必须是单模式工作，更早的工作已经证明了，激光能够在驱动时实现单模发射，连续工作通常不能在短脉冲工作下保持这样。只要这么说就足够了：这些分布式反馈激光器华丽地通过了这个测试——贝尔实验室用波长 $1.5\,\mu\mathrm{m}$ 的器件演示了比特率 $2\,\mathrm{Gb \cdot s^{-1}}$，输出线宽小到了 $0.1\,\mathrm{nm}$。最后，阈值电流密度降低到了 $2\,\mathrm{kA \cdot cm^{-2}}$，输出功率增加到 30 mW 左右，在电流 2 倍于阈值、温度达到 100 ℃ 的时候，仍然能够单模工作。未来的长距离通信光纤系统对光源的要求得到了保证。并不是说将来就不能再提高了，而是说基本要求在 20 世纪 80 年代中期肯定就达到了。

有趣的是，此前谈论的分布式反馈激光器包括了双异质结的很多修正，但是没有包括量子阱器件。如第 6 章所述，量子阱激光器在 AlGaAs/GaAs 材料体系中的发展始于 1975～1976 年，但是，那些研究长波长器件的人要做的事情很可能太多了，直到 80 年代中期以前，他们都顾不上考虑量子阱。早在 1977 年，就用液相外延生长了 InGaAs/InP 多量子阱激光器结构，但是，人们对这些器件的重大的兴趣大致是从 1977 年开始的，那时候能够广泛地得到金属有机化合物气相外延生长的 InGaAsP。（分子束外延的影响小得多，因为超高真空系统里很难处理磷。）在降低阈值电流和提高输出功率方面，AlGaAs/GaAs 多量子阱激光器已经确立了重要优势，但是，它们对光纤通信的影响仍然有待于认识。这里的关键事项包括阈值电流和输出线宽的最小化以及调制带宽的优化，从 1985 年到 1995 年的十年里，每一个方面都得到了深入的研究，结果鼓舞人心——受益于量子阱激光器的特性，在阈值电流以上的增益很大。

如专题 8.4 所述，典型的单模激光器的连续线宽以 a^{-2} 的形式变化，其中，a 是激光增益系数 dg/dn（n 是自由电子密度——不是折射率！），而且这个量在量子阱激光器中显著更大。实际上，在 1985～1995 这十年里，在几种长波长多量子阱激光器中，测量到低达 100 kHz 的线宽，而体材料器件的典型值是 10 MHz。然而，如果激光器要用驱动电流的直接变化来调制的话，这件事的好处就很有限，因为高速调制会导致"频率啁啾"——模式频率的一种同步振荡，它有效地把线宽增大到几十吉赫[兹]，必须用这个数值估计实际系统性能的极限。多量子阱激光器又一次占了上风，因为 $\Delta\nu_{\text{chirp}}$ 与增益系数成反比，典型线宽大约为 20 GHz（对应于 $\Delta\lambda$ = 0.2 nm）。这是多模激光器的有效线宽的 1/10，使得 BL 乘积增大了相应的倍数。当比特率是 20 Gb·s^{-1} 的时候，传递距离的实际极限（见 Agrawal（1997）：200）大约是 100 km，利用 1.55 μm 多量子阱分布式反馈激光器和色散偏移的单模光纤，已经验证了这个性能。值得注意的是，使用连续激光器和外部调制器（为了避免啁啾），还有潜力进一步提高（8.4 节将考察这一点）。

量子阱激光器中的调制带宽 B_m 也增强了。B_m 有效地决定于"弛豫振荡"共振频率 Ω_r，它以 $a^{1/2}$ 的形式变化（参见专题 8.4）。20 世纪 90 年代实现的 B_m 数值已经高达 30 GHz，继续满足系统设计者日益增长的要求。

专题 8.4　激光动力学

前面讨论激光的时候，只考虑了稳态情况，对于 CD 和 DVD 系统来说，连续光工作是合适的。然而，在光学通信里，直接改变驱动电流的调制方法一直被看作是个显著的优点。因此就提出了这样一些问题：激光可以调制得多快？也就是说，极限调制带宽是多少？调制对其他参数如发射线宽有什么影响？这些效应如何依赖于特定的激光结构？更一般地，应该怎样为高速光纤传输选择激光器？本专题简要地考虑激光性能的三种重要方面：连续光的线宽、调制带宽和"频率啁啾"。我们只考虑单纵模激光，例如长波长分布式反馈激光器。激光动力学的主题非常复杂，需要求解耦合速率方程(见 Agrawal,Dutta(1986):Chapter 6),通常工作在大信号区。这里汇集了一些简单的结果,来说明激光动力学行为与光通信有关的重要特性。

所有振荡器的共同特点是,随着振荡的建立,发射线变得更窄了,所以,我们显然期望,激光线宽显著地小于相应的发光二极管($\Delta\nu\approx10^{13}$ Hz)。对于多模激光器来说,有效线宽决定于纵向模式的间隔和被激发模式的数目,典型值大约是 2 nm(大约 3×10^{11} Hz),但是,对于分布式反馈单模激光器,我们预期线宽会小得多。实际上,单个模式的频率宽度由下式给出:

$$\Delta\nu = \Delta\nu_0(1 + \alpha^2) \tag{B.8.16}$$

其中

$$\Delta\nu_0 = R_{sp}/(4\pi P_{ph}) \tag{B.8.17}$$

R_{sp} 是自发辐射速率,P_{ph} 是激光光学腔里的总光子数。注意,输出功率 P 正比于 P_{ph},所以,ν_0 反比于激光功率。当输出大约为 1 mW 的时候,$\nu_0\approx1$ MHz。

参数 α 是"线宽增强因子",它非常重要。对于典型的体材料激光器,$\alpha\approx5$,所以,在 $P=1$ mW 的时候,发射线宽大约是 25 MHz(在 25 mW 的时候是 1 MHz)。它的产生机制非常微妙,与自发辐射噪声有关。自发辐射的随机性质使得激光光学腔里的自由电子密度发生涨落,从而导致折射率 μ 的微小变化,振荡模式的频率也随之产生了微小的变化。第 m 个模式的波长是

$$L = m\lambda/2 \tag{B.8.18}$$

其中,L 是腔长,λ 是半导体中的波长。记住 $\nu=c/(\mu\lambda)$,可以得到

$$\nu = mc/(2\mu L) \tag{B.8.19}$$

上式表明,模式频率反比于折射率。从实际的观点来看,α 与激光增益系数 $a = dg/dn$ 成反比,了解这一点很重要,其中,对于体材料激光器,

$$g = a(n - n_0) \tag{B.8.20}$$

n_0 是透明时的电子密度。这样一来,为了得到最小的线宽,需要尽量减小 a,这可以通过使用多量子阱 MQW 激光器来实现,台阶式的态密度使得 a 的数值比体材料器件大得多。在实践中,$\alpha<1$ 的数值已经在多量子阱激光器中实现了,连续光线宽达到了 70 kHz 这么窄。

单模激光器的高速调制产生了"频率啁啾"的现象。电流调制改变了自由载流子密度,这样就改变了折射率,使得模式频率发生了同样的变化。净效应是发光线宽 $\Delta\nu_{chirp}$ 变大了,它依赖于调制电流 I_m 的大小和线宽增强因子 α,这样就有

$$\Delta\nu_{chirp} \propto \alpha I_m \tag{B.8.21}$$

在这种情况下,线宽随着激光功率的增大而变宽。它还随着调制速度的增大而增大,而且,在 1.5 μm 波长处的线宽比 1.3 μm 的大 2 倍左右。在实践中,对于

1.55 μm 激光器和 1 Gb·s^{-1} 以上的比特率,在驱动电流约 40 mA 的时候,$\Delta\lambda_{\text{chirp}}$ ≈0.3 nm,用频率做单位,就是 $\Delta\lambda_{\text{chirp}}$≈4×10^{10} Hz。就像这种机制预期的那样,相比于连续光线宽,它大了许多个数量级(但是比多模激光小一个数量级左右)。

最后考察一下调制带宽的极限,它与"弛豫振荡"这种现象密切相关。如果突然开启激光,光输出的振幅不是立刻达到其平衡值,而是先以几吉赫[兹]左右的"弛豫频率"振荡。3 dB 调制带宽 B_m(该频率处的调制输出功率下降为低频功率的一半)通常约等于弛豫频率 Ω_r。这个频率由下式给出:

$$\Omega_r = \left[\Gamma v_g a(I - I_{\text{th}})/(Ve)\right]^{1/2} \tag{B.8.22}$$

其中,Γ 是光学填充因子,v_g 是光子在激光腔里的群速度,a 是增益因子,V 是光学腔体积。为了尽量减小 B_m,就需要大的增益值和小的激光腔长度。量子阱激光器的优点是增益系数很大,在这种情况下,也需要使用几个量子阱来优化填充因子。(注意,Ω_r 表示调制频率的基本极限——必须尽量减小寄生电阻和电容,它们可能把 B_m 限制到更小的数值。)在实践中,B_m 的范围约是 5~25 GHz。

InGaAsP/InP 材料体系方便地满足了分别限制的双异质结激光器的要求。如专题 8.3 所述,带隙可以裁减到 0.75 eV 和 1.35 eV 之间,同时还保持晶格匹配,所以,典型的 1.55 μm 激光器可以使用 10 nm 宽的 Ga$_{0.47}$In$_{0.53}$As 阱,用 Ga$_{0.28}$In$_{0.72}$As$_{0.61}$P$_{0.39}$ 作势垒,InP 作光学限制层,合适的能级结构如图 8.9 所示。这种结构的发展刚刚开始,苏利大学的亚当斯就在 1986 年给出了提案,建议引入应变量子阱的优点。我们在第 7 章看到过应变对 AlGaInP 红光激光器的影响——应变去除了价带在 Γ 点的简并,使得轻空穴价带处于较高的位置,轻空穴价带的态密度更小,这样就降低了阈值电流,提高了微分效率。亚当斯的建议讲的当然是长波长激光器,这些效应正是在这个背景下首次验证的。在 1994 年写综述的时候,提斯等人(Thijs et al, 1994)指出,已经实现了阈值电流密度 100 A·cm^{-2},阈值电流低到了 1 mA,对总体效率有了重大贡献,而且,增益系数的提高也改善了动力学性能,如前文所述。现在,几乎所有的通信激光器都以应变量子阱结构为标准。我们还要注意接下来的发展——这些器件大多数都使用几个量子阱,从而改善光学限制因子 Γ(增益区的截面积与光学模式的总截面的比值)。模式宽度是结构中光波长的量级(也就是大约 0.5 μm),而 L_z 不超过这个值的百分之几,所以,通常可能使用 10 个量子阱,从而把应变增加 10 倍,但可能会引入位错而释放应变。为了保持量子阱中大应变而不产生位错,现在常用的方法是使用应变相反的势垒材料,恰当地选择组分和势垒厚度,使得到的总应变接近于零,这种技术称为"应变补偿"。

起初的器件比较简单(双异质结激光器),现在已经引入了很多复杂的东西——分布式反馈、多量子阱、单独的光隔离(折射率光导)、应变补偿的功能区,需要两个或更多的生长序列,使用低温生长以避免后续的扩散效应(减少反馈起伏)——但是,这些只不过是今天半导体产业的标准实践而已。重要的是能够满足系统要求,如果这一切都是必要的,那么就必须做到。当然价格也要合适! 总而言之,工业可以对它的贡献很满意(当然还有大学研究的有价值的创新!),虽然有一点不那么理想——阈值电流的温度系数仍然大于希望值(T_0 太小了,通常只有70 K 左右,如果是 150 K 就更好了)。多量子阱激光器也是如此,这是因为俄歇复合过程,它在长波长(光子能量小)激光器中很重要。在 8.5 节讨论最新进展的时候,我们会更多地说说它——光的发射器就说这么多了,接下来,我们讲讲探测器。

8.3 光探测器

在光学通信还没有任何明显需求之前很多年,人们就已经发现了半导体光探测器的原理。我们在第 2 章看到,19 世纪 70 年代就发现了硒里面的光电导效应和光伏效应。实际上,光电导和本章的主题有个有趣的联系,长距离通信——当威楼柏·史密斯在 1873 年发现光电导效应的时候,他正在测试潜艇电缆,为了这个目的,他需要稳定的高数值电阻。在接下来的报告中(发表于 *Nature*),他这样描述了自己的发现:

把[硒]条固定在有滑盖的盒子里,挡住所有的光,它们的电阻就达到最大值,保持为常数,满足我要求的所有条件;但是,一旦移走了盖子,电导就增加了15%～25%,这依赖于照射在条上的光强。

为了揭示半导体中光诱导电效应的许多复杂之处,人们付出了多年的努力,原谅这样的对比吧:史密斯的盒子和潘多拉的盒子! 他的发现引领了很多年的实验研究,认识了这个现象的复杂本性——很多材料表现出这种属性。(早期工作的一个有用的总结出现在理查德·布博关于光电导的经典著作(Bube,1960)中,如果想要了解更多的细节,可以在那里找到许多进一步的参考文献。)如前文所述,因为没有半导电性的量子理论,在 20 世纪 30 年代末期之前,人们对这些效应的理解几乎没有什么进展,但收集了很多实验上的细节。特别是,人们认识到,光电导是体材料的性质,而光伏效应与表面或界面有关。缺少高质量的单晶材料,也不利于获得恰当的理解,但是肯定不能阻止人们很好地利用这些效应——实验设计的光探测器用硒、铜氧化物和硫化铊制成,它们在照相术和影片工业的早期岁月里得到了应用。

就像晶体管的发展一样,锗和硅的高质量单晶对于科学进展是必要的。例如,我们在第3章里看到,用光照射到硅和锗并测量由此产生的光电压,这样就揭示了 p-n 结,从而导致了光探测器的发展——可靠的实验数据和理论模型的结合,推动了光探测器的设计。实际上,到了 20 世纪 50 年代中期,已经在很宽的波长范围内演示了光探测器,这都基于各种不同的半导体:Ge、Si、CdS、InSb、PbS、PbSe、PbTe 等等,且其工作原理已经确定得相当细致了。但是无论如何,在今天的光通信系统里的高速、高灵敏的光探测器出现之前,还有待进一步的发展。因此,本节按照这个逻辑进行介绍,在此过程中,可以理解很多不同类型的光探测器,学习一些适当的物理学知识。

光电导可能是最容易理解的光探测器。工作原理如图 8.10(a)所示。均匀的高电阻率半导体厚块由两个电极连接,并施加普通大小的电压,同时测量由此得到的小电流,就可以确定它的电阻。让波长对应于半导体能隙的光照射样品的顶部,就产生了空穴和电子,它们在外加电场的作用下漂移到电极,从而增大了电流("光电流"),且增量正比于光强。在合适的高电阻样品里,光电流可以大于初始的暗电流,所以,测量总电流(在固定的外加电压下),就给出了总光强。马上就出现了两个问题:为了优化器件的灵敏度,样品应该有多厚? 对短脉冲光的响应有多快? (数字通信显然要问的问题。)第一个问题很容易回答——厚度决定于光的吸收系数。如果吸收系数是 α,我们可以写出简单的表达式:

$$\Delta L = (1 - R) L_0 (1 - e^{-\alpha x}) \tag{8.4}$$

对应于厚度为 x 的半导体中吸收的光的数量。L_0 是照射在样品上表面的光强,R 是反射率。理想地说,ΔL 应该接近于总光强 L_0,所以,我们要求 $R \approx 0$(应该使用增透膜)和 $e^{-\alpha x} \approx 0$(αx 至少应该是 3,或者 $x \geqslant 3/\alpha$)。对于间接带隙的材料,例如硅或者锗,α 的典型值大约是 $(1 \sim 2) \times 10^5\ m^{-1}$,所以,样品厚度至少应该是 20 μm——为了保险,就用 30 μm 吧。这个论证还表明,光子能量应该略大于半导体能隙,因此,灵敏度有个长波截断——波长大于 $\lambda_g = c/v_g = hc/E_g$ 的光不会被吸收。(记住,如果 λ 的单位是 μm,E 的是 eV,这个关系式就是 $\lambda_g = 1.240/E_g$。)这是用作光探测器的半导体材料的重要性质,因此,我们必须为每种应用选择适当的材料。为了探测可见光,$1.5 \sim 2.0$ eV 的能隙是适当的,然而,为了探测波长为 10 μm 的热辐射,需要能隙大约为 0.1 eV 的材料。

响应速度的问题更复杂。它依赖于相互影响的多种特征时间,包括 3.3 节讨论的介电弛豫时间 t_d(其定义见公式(3.10))、少数载流子和多数载流子的复合寿命、自由载流子的渡越时间(从注入点到连接点,例如金属电极)。先问个辅助问题。假设我们把一些电荷突然注入半导体样品中,测量电路要用多长时间才能检测到它的效果? 介电弛豫时间在这里扮演了重要的角色,它是系统受到扰动后重新恢复电中性所需要的时间。假定我们把少量的额外电荷注入金属线里,问:需要

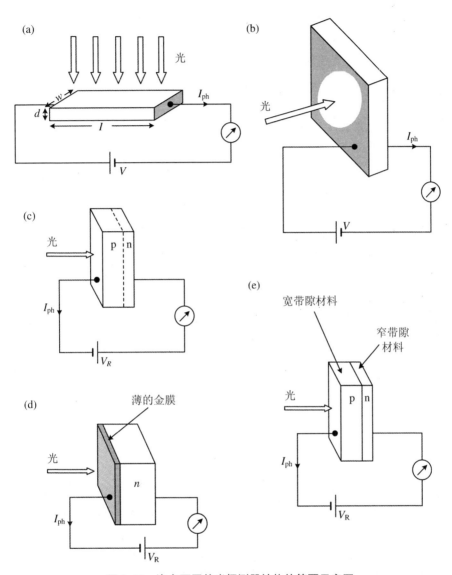

图 8.10 许多不同的光探测器结构的简要示意图

(a) "传统的" 光电导,它做得很厚,能够吸收照在它上面的所有的光,它是弱掺杂的,从而尽量减小了暗电流。施加小电压 V,测量光电流 I_{ph},就得到了光强度。(b) 修改了的光电导构型,测量光电流的时候利用了光照的一面。(c)、(d)和(e)是 p-n 结光二极管的例子,它们工作在反向偏压 V_R 下。p-n 结的大电场很快地分开了空穴和电子,在外电路里产生了光电流,如图所示。(d) 中的表面势垒二极管用金薄膜做成了肖特基势垒,厚度是13 nm 左右,薄得足以透过绝大部分的入射光。(e) 中的异质结器件用宽带隙材料做窗口,吸收的光很少,大部分光被靠近 p-n 结的 n 型材料吸收了

多长时间才能影响到金属线的另一端(也就是外电路)? 答案是,时间真的非常短,因为注入电荷由于附近电子的快速运动而达到了局部的电中性,这种运动通过类似的局部扰动沿着金属线转移,直到电子被"推"出了金属线的末端。发生这样的事情所需要的时间是介电弛豫时间的量级,对于金属来说,它特别短,$t_d \approx \varepsilon_0 \rho \approx 10^{-11} \times 10^{-7} = 10^{-18}$(s)。对大多数实际目标来说,这个响应是瞬时的。(注意,在这种情况下,注入的电子不需要沿着金属线移动到另一端。)然而,对于高电阻的半导体样品,电阻率是 $\rho \approx 100\ \Omega \cdot m$, $t_d \approx 10 \times 10^{-11} \times 100 = 10^{-8}$(s),这个响应时间肯定不是瞬时的了。实际上,它可能与复合寿命或者渡越时间相仿。Ⅲ-Ⅴ族化合物的复合时间通常是 10 ns 的量级,但是,在硅和锗里,我们预期毫秒甚至更长的时间(这就是响应时间,参见专题 8.5)。典型的渡越时间又是多少呢? 首先考虑图 8.10(a)中光电导的情况,金属电极的间距 L 大约是1 mm。自由电子的运动速度是 $v = \mu_e V/L$,其中,V 是电极之间的电压,μ_e 是电子迁移率,所以,渡越时间就是

$$t_t = L/v = L^2/(\mu V)$$

利用典型值 $L = 1\ mm$, $\mu = 0.1\ m^2 \cdot V^{-1} \cdot s^{-1}$ 和 $V = 1\ V$,我们得到 $t_t \approx 10^{-5}$(s),这个时间比较长。考虑另一个可能情况:反向偏压的 p-n 结,耗尽宽度 $d = 10^{-7}\ m$,其中的电场很大,电子的"饱和漂移速度"是 $v_s = 10^5\ m \cdot s^{-1}$,我们得到,$t_t \approx 10^{-12}$ s。实际上,这比本征耗尽区的介电弛豫时间短得多,所以,必须等到注入的电荷漂移地穿过了耗尽区,测量电路中才能有所响应。显然,必须仔细考察每种特定情况才能确定它的性质。

专题 8.5　光探测器的响应时间

　　考虑图 8.10(a)中的光电导探测器,假定半导体是硅。假定在 $t = 0$ 时刻打开光束,外电路对它的响应有多快? 应当分两步回答这个问题,首先,半导体中光生自由载流子的产生有多快? 其次,需要多长时间来检测它? 先回答第二个问题。假定半导体的掺杂很弱,电阻率高达 $100\ \Omega \cdot m$,可以计算出介电弛豫时间,$t_d \approx 10^{-5}$ s(见正文)。然而,随着光生载流子密度的增大,这个时间会减小(情况变得很复杂!)。电子到达电极的渡越时间也是 10^{-5} s,情况更复杂了! 只能这么说:不管自由载流子产生的速度有多快,外电路需要几微秒的延迟才能感受到它。现在回到第一个问题。

　　半导体吸收了光,就会产生相同数目的空穴和电子。为了简化问题,假设自由载流子减少的唯一方式是能带间的复合,且定义了复合寿命 τ。如果在时刻 t 的总电子数为 $N(t)$,(稳定的)电子产生率为 G(G 正比于光强),就可以得到 N 的净增加速率

$$dN/dt = G - N/\tau \qquad (B.8.23)$$

假定在 $t = 0$ 时刻，$N = 0$，这个微分方程显然可以给出 $N(t)$ 的如下表达式：

$$N(t) = N_0[1 - \exp(-t/\tau)] \qquad (B.8.24)$$

表明自由载流子的产生速率决定于复合寿命 τ。N_0 是 N 的稳态值

$$N_0 = G\tau \qquad (B.8.25)$$

在公式 (B.8.23) 中，令 $dN/dt = 0$，就可以得到这个结果。注意，高灵敏度要求 τ 值很大，而快速响应要求 τ 很小！

硅的典型值 τ 可以是 10^{-6} s，在这种情况下，N 可以在几微秒内达到稳态值，然而，因为还有介电弛豫效应，探测到这一变化的总时间可能比这略长一些。需要注意的是，即使光脉冲的上升时间是 1 ns，探测器也需要几微秒才能响应。关断光以后，自由载流子密度的衰减就更容易得到了：

$$N(t) = N_0 \exp(-t/\tau) \qquad (B.8.26)$$

上式表明，关断光以后，信号的衰减也需要类似的响应时间。

为了让光探测器响应得更快，需要用贵金属（例如金或铂，它们作为复合中心，"干掉"了寿命）原子对硅进行掺杂，从而减小 τ，还需要用施主（或受主）进行掺杂，减小硅电阻率，从而减小 t_d。两者都会降低灵敏度。如前文所述，灵敏度正比于 τ——增大背景载流子密度，就会增大"暗电流"，从而更难在这个背景下测量光电流了。总之，光电导探测器不适合用作高速光探测器。我们再看看另一种方案。

假设光在 p-n 结的耗尽区被吸收。这是个高场区，可以非常快地分离电子和空穴，把电子扫入 p-n 结的 n 侧，把空穴扫入 p 侧，它们在那里都是多数载流子（图 8.11）。实际上，p-n 结电场大得足以把载流子很快地加速到"饱和漂移速度"，大约是 10^5 m·s^{-1}，如果选择硅掺杂使得耗尽区的宽度大约等于 1 μm（为了吸收合适比例的光），载流子穿过它的渡越时间大约是 10^{-11} s，远小于耗尽区的介电弛豫时间 t_d，在这种情况下，t_t 就决定了探测器的响应时间。换句话说，t_t 决定了载流子能够多快地离开材料工作区，因此，它就替代了上述公式里的 τ。耗尽区里的电子和空穴被高速地扫走了，它们连复合的时间都没有——τ 和 t_d 都不再是有用的参数了。硅的 n 型掺杂和 p 型掺杂的电极区的介电弛豫时间可以是 10^{-13} s 的量级，所以，它们可以有效地把信号传递给外电路，需要的时间远小于渡越时间。这种方法显然更有前途，可以让探测器快得足以响应 Gb·s^{-1} 的比特率。即使这样，还有其他因素需要权衡。如果想要制作高灵敏的探测器，我们希望增大耗尽区的厚度，以便吸收更大比例的光，但是，这就必然增大了渡越时间，让器件变得更慢。

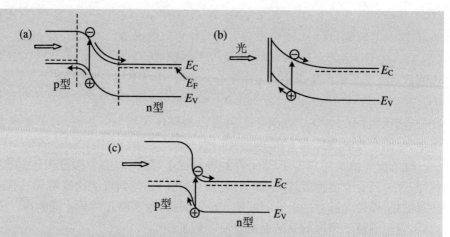

图 8.11 反向偏压 p-n 结的能带图,用来说明它们在光探测器中的应用
p-n 结里面的大电场分离了空穴和电子,把它们快速地扫到掺杂电极区,那里它
们是多数载流子。空穴和电子的这种流动可以作为光电流在外电路中测量。
(a) 传统的 p-n 同质结;(b) 表面势垒探测器,超薄的金属膜可以让绝大多数光透
过;(c) p-n 异质结,p 型材料的宽带隙对于入射光是个透明窗口,注意价带上的
那个小尖,它可以限制空穴流过 p-n 结

如果这些东西把你搞晕了,那就考虑一些特定的情况,也许会清楚些。如专题
8.5 所述,图 8.10(a) 中的光电导器件不太适合快速响应,所以,我们重点关注不同
类型的光二极管,光沿着垂直方向照射在结平面上。图 8.10(b) 所示的光电导器
件说明了这一点,通过测量沿着入射光方向流动的光电流来测量光的吸收。一个
p-n 结靠近结构的后面,收集少数载流子通过结电场产生的光电流,20 世纪 50 年
代很多早期实验采用这种几何结构。例如,在 1949 年,贝尔实验室的谢夫在薄的
Ge 样品的背面用了一个点接触二极管,收集光照射在另一个面上产生的载流子。
器件的灵敏面积很小(直径大约为 0.2 mm),但是,确实能够探测光,波长直到
1.6 μm,频率响应“直到 200 kc·s^{-1} 都是平坦的”(那时候还没有广泛采用 Hz 做
单位)。也许你觉得它们非常慢,但是应当记住,当时的结式晶体管正在努力实现
20 kHz 的速度(表 3.2)。在 1951 年,贝尔实验室的另一位研究人员皮腾博报道了
一个修改了的结构,收集端采用了 p-n 结的形式,它是在一个薄的 Ge 片子的背面
进行杂质扩散做成的,但是,它的响应速度不超过 20 kHz。(注意,虽然 Ge 提供了
直到 1.6 μm 波长的响应,但这纯粹是偶然的。当时没有一个人能够预言,将来需
要 1.6 μm 做响应——Ge 碰巧是发展得最好的、最容易获得的半导体。)

考虑这些器件的工作原理是有指导性的。照射在前表面的光被比较厚的 n 型
Ge(它构成了 p-n 结的一侧)吸收了,所以,这里关心的是少数载流子空穴的光电

流,它被 p-n 结电场扫过耗尽区之前,必须扩散到 p-n 结里面(n 型材料中的电场很小,漂移可以忽略不计)。如第 3 章所述,少数载流子的扩散与等量的多数载流子的流动同时进行,从而保证了电中性——在 p-n 结里,空穴和电子分开了,在外电路形成了光电流。但是,对于响应速度更重要的是,扩散是个慢过程——它的进行速度决定于"扩散速度"$v_D = L/\tau$(L 为扩散长度,τ 为复合寿命),对于 Ge 来说,其数值大约是 $10\,m \cdot s^{-1}$(或 $10^7\,\mu m \cdot s^{-1}$)。Ge 片子至少是 $10\,\mu m$ 厚,以便吸收合理比例的光,所以,极限响应时间大约是 10^{-6} s。那时候,制作这么薄的半导体层有问题(例如,晶体管的基区宽度是 $500\,\mu m$ 的量级),实际的响应时间很可能更靠近 10^{-5} s,相应的频率响应大约是 30 kHz。谢夫实验中实现的 200 kHz 意味着 Ge 样品的厚度大约是 $50\,\mu m$,这是仔细腐蚀的结果。

这个结构还有一个与无处不在的表面态有关的问题,它挫败过肖克利制作场效应晶体管的尝试。光照射在 Ge 表面上,那里的表面态等着捕获少数载流子(空穴),激励它们与金属电极中的电子复合。换句话说,"表面复合寿命"τ_s 远远小于体材料中的 T_r,所以,靠近前表面产生的大多数空穴被拉到了"错误"的方向上,显然不利于灵敏度! 它导致了"表面势垒光二极管"的早期发展(图 8.10(d)),把金薄膜蒸发在半导体表面上,形成肖特基势垒。它的厚度大约是 15 nm,薄得足以让大部分光透过。体材料 Ge 中产生的空穴扩散回到表面,它们在那里被势垒电场扫到电极里(图 8.11(b))。这种结构的优点是不需要特别薄的半导体片子——整个光探测过程发生在被照射表面的附近,其余的半导体只是电极而已。因此,对它仔细地进行了中等程度的掺杂,就限制了能够施加的反向偏压(在击穿之前)的最大值。然而,表面势垒有效地避免了两个集电结之间的竞争——原则上说,所有的少数载流子都在表面上被收集。我们使用"原则上说"这个词,因为一部分少数载流子在到达耗尽区之前就在体材料半导体里复合了——这是扩散和复合的竞争。如果扩散长度 L 比吸收长度 α^{-1} 长得多,那么大多数的载流子就会在表面被收集,否则的话,就只有很少的载流子能够走完这段旅程,灵敏度就会受到影响。虽然 Ge 的特点是扩散长度很长($L \approx 50\,\mu m$,$\alpha^{-1} \approx 20\,\mu m$),但是并非所有的半导体都是如此。例如,在 Si 里面,$L \approx 5\,\mu m$,平衡就朝着相反的方向倾斜。

表面势垒光二极管的概念很早就出现在单晶半导体的历史上——1949 年,普渡大学的本泽描述了 Ge 光二极管,它是用金属点接触做成的,或者是在高阻 Ge 晶体上蒸发一薄层金构成的。你可能记得,第 2 章描述了普渡大学对 Ge 晶体的兴趣,这与他们在猫须微波探测器方面的工作有关,光二极管是他们关于高的背电压整流器研究工作的副产品。其他研究者继续研究它,包括美洲射频公司实验室的潘切尼克夫,1952 年,他报道了在 Ge 上制作灵敏的表面势垒光二极管。奇怪的是,花了很长时间才拓展到硅晶体——到了 1962 年,美国军队信号实验室的阿尔斯顿和伽特纳报道了在弱掺杂 n 型硅上制作的类似的二极管。

　　一个原因可能是人们更关注 p-n 结光二极管,就像林肯实验室的索耶和瑞迪克在 1959 年描述的那些器件,使用薄基区的 Ge 二极管,Ge 片子被腐蚀到只有几微米厚。它的好处是响应更快,3 dB 截止频率高达 2 MHz。他们为自己的二极管建立了详细的理论模型,认为有可能实现高达 20 MHz 的响应速率,但值得注意的是,他们认为这完全来自少数载流子向 p-n 结区域的扩散,并没有包括耗尽区产生的载流子的贡献。在薄基区器件的情况里,耗尽区吸收的光与 n 型基区吸收的光差不多,碰巧伽特纳已经在四年前指出了这一点!如专题 8.5 所述,它也让光电流响应时间变得很快。为了设计高速光二极管,耗尽区应当尽可能多地吸收光。

　　20 世纪 60 年代是异质结的时代,特别是它见证了双异质结激光器的诞生,人们还做了很多工作以理解异质结的性质以及它们在光探测方面的应用(例如,参见 Milnes,Feucht(1972))。在 1962 年,瑞迪克向前迈进了一步,他提议用异质结光二极管避免 p-n 结器件里的表面复合问题。他的点子是使用宽带隙 n 型 GaAs 窗口(沉积在 p 型 Ge 晶体上的外延层,见图 8.10(e))。这种探测器表现出带通式的波长响应,响应曲线被 GaAs(1.43 eV)和 Ge(0.67 eV)的带隙限制,也就是说,探测器对 870 nm 和 1.85 μm 之间的所有波长都敏感。林肯实验室的研究人员提议使用这种特殊的异质结,因为 GaAs 和 Ge 的晶格常数匹配得非常好(如 5.2 节所述),这个特点保证了界面态的密度很低,有希望为 p-n 结探测器提供理想的形式。在实践中,GaAs/Ge 界面并不像预期的那么好——GaAs 从来不能确定是从 As 面还是 Ga 面生长,这就在 GaAs 里产生了单原子层台阶,表现得像颗粒状边界。但是,我们将会看到,在其他材料中,这个原理是无价之宝。

　　20 世纪 60 年代还有两个重要发展,它们与 p-i-n 二极管和雪崩二极管有关。我们依次考察它们。p-i-n 二极管是 p-n 结二极管的简单拓展(在事后诸葛亮看来,聪明的点子总是很简单!),用掺杂非常弱的、接近于本征的层代替了耗尽区,夹在重掺杂的 p 型和 n 型电极区之间。这个器件在反向偏压下的能带图如图 8.12 所示,说明了 i 区产生的电子–空穴对是如何扫到合适电极上去的,与 p-n 结的方式一模一样。p-i-n 结构的巨大优点是,它可以独立地控制高电场区的厚度,不依赖于 p 区和 n 区的掺杂水平,可以恰当地设计它,让光吸收达到最大。在 p-n 结里,耗尽区的厚度决定于每侧的掺杂水平,宽耗尽区(要求低掺杂)和高度导电性的电极区(要求高掺杂)有冲突。这样一来,在硅器件里,i 层可以是 30~50 μm 厚,光吸收接近于 100%,而电极可以掺杂到 10^{25} m^{-3}。把顶电极层的厚度设计得远远大于 i 层,最大限度地减小了进入到 p-i-n 结里面的扩散流,响应时间在很大程度上决定于载流子漂移地穿过 i 区的渡越时间——在这种情况下,它是$(2\sim3)\times10^{-10}$ s,

对应的频率约是 1 GHz。硅 p-i-n 二极管在早期的光纤光学系统中得到了广泛的使用,与 GaAs 发光器一起,它们的高效率、稳定性和普通的成本,使得它们非常适合这个波长(880 nm)。

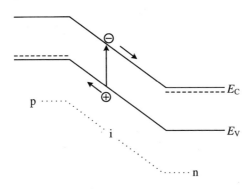

图 8.12　典型的 p-i-n 二极管的能带结构示意图

表明了中心 i 区生成的电子和空穴如何被扫到电极区,它们在那里成为多数载流子。

这个 p-i-n 结构相对于简单 p-n 结的优点是,i 区的宽度不依赖于电极的掺杂水平

这些硅二极管的响应时间相当普通,在第一代光纤系统(大约在 1980 年)还是可以接受的,但是,如前文所述,后来对比特率的要求更高了,这就需要更大的速度,i 区也就要更窄了。然而,为了保持足够的光吸收,必须使用吸收系数更大的材料,这当然意味着直接带隙的材料。同时,向长波长系统发展的趋势意味着使用窄带隙材料,例如 $Ga_{0.47}In_{0.53}As$,这个合金与 InP 晶格匹配,它的能隙是 $E_g = 0.75\ eV$,探测器的灵敏波长大约是 $\lambda = 1.65\ \mu m$。它还引入了异质结,其中一个 InP 窗口用来透射光,进入到吸收光的 i 区,以便完全地消除光电流的扩散成分。在 $1.5\ \mu m$ 波长上,这种合金的吸收系数是 $\alpha \approx 10^6\ m^{-1}$,说明层的厚度应该是 $3\ \mu m$,这样就可以让工作频率达到 10 GHz。还可以得到更快的响应,代价是牺牲量子效率,把 i 层的厚度减小到 $1\ \mu m$ 或更小,不可避免地在 i 层后面电极区材料中产生扩散流的问题,所以,背电极有必要也用 InP 来做,只有非常薄的 i 层是用 GaInAs 做的。这种双异质结看起来有些像双异质结激光器,响应速度可以达到 100 GHz。

但是,有一个"但是"!夹在两个电极层之间的 i 层构成了一个电容 C,它和负载电阻 R_L(用来测量光电流)串联在一起,这个 RC 时间常数很容易就主宰了系统的响应——无论二极管本身有多快。假设我们的目标是让工作频率达到 100 GHz,它要求渡越时间为 1 ps 左右,i 区的厚度必须不大于 $0.1\ \mu m$。这意味着 $C = \varepsilon\varepsilon_0 A/d \approx 10^{-3}A$(其中,$A$ 是二极管面积,单位为 m^2)。如果 $R_C = 100\ \Omega$,而且我们要求 $R_L C \approx 10^{-12}\ s$,这就要求 $A < 10^{-11}\ m^2$,也就是说,二极管的直径不能大于 $4\ \mu m$!注意,这碰巧对应于单模光纤的纤芯直径——惊人的巧合!我们可以把探测器直接粘到光纤的末端,希望在收集所有光的同时还保持时间常数足够小。

"一切都很棒,"你可能会说,"但是杂散电容怎么样?"幸运的是,设计适当的电路并不是我们的责任,然而,上面这个简单的计算说明了这样的设计是多么困难,有助于我们保持谦卑、尊敬那些实际做事而且成功了的人！只要这么说就可以了:成功依赖于把光—极管和低噪声场效应晶体管集成在同一个半导体芯片上。

刚才绕的有点太远了,到了几乎不可能实现的领域,现在应该讨论 20 世纪 60 年代第二个重要进展了——雪崩光二极管(APD)。一个良好设计的 p-n 结或 p-i-n 结二极管,工作的量子效率接近于 1,也就是说,每个照射在前表面的光子都让外电路收集到一个电子。光电流 I_{ph} 由下式给出:

$$I_{ph} = \eta e N_{ph} \tag{8.6}$$

其中,N_{ph} 是每秒钟照射在二极管上的光子数,$\eta(\eta \leqslant 1)$ 是量子效率。雪崩光二极管的有趣性质是它有内在的倍增机制 ——这种情况下的光电流是

$$I_{ph} = M\eta e N_{ph} \tag{8.7}$$

其中,倍增因子 M 可以高达几百。它的物理机制是,当偏压接近于击穿值的时候,反向偏置的耗尽区发生雪崩式的倍增。耗尽区里的电场很大,把光生载流子加速到很高的速度,足以引起半导体的碰撞电离,也就是说,把更多的电子提升到导带里。这个过程不断重复,产生的自由载流子密度比普通的 p-n 或 p-i-n 二极管高很多倍。如果我们把乘积 $M\eta$ 看作是有效的量子效率,显然它的数值可以比 1 大很多,这个优点是显而易见的,特别是在探测非常弱的光信号的时候。在 20 世纪 60 年代,很多工作投入到开发硅和锗的雪崩光二极管,硅的雪崩二极管经常用于第一代的光纤系统。在实践中,雪崩二极管与 p-i-n 二极管在结构上的差别是,前者有一个额外的层,倍增过程发生在那里,i 层吸收光后产生的载流子被转移到高场倍增层,这样就增大了电流。

探测器总灵敏度这个主题很复杂,这里不打算讨论它(见 Agrawal(1997):Chapter 4),但是,关于雪崩二极管的性能,我们有三个评论。首先,雪崩过程本质上有很大的噪声,根据对雪崩光二极管噪声的详细研究,性能依赖于发生雪崩的材料的特定性质。从碰撞电离的本质来看,显然它既可以被电子驱动,也可以被空穴驱动,通常定义两个电离系数,一个用于电子(α_e),另一个用于空穴(α_h)。接收器的重要参数是这两个电离系数的比值。如果比值接近于 1,显然就不太妙,如果比值很大或者很小,就是好消息。硅的特性是 $\alpha_e/\alpha_h \approx 300$,可以做很好的雪崩光二极管,而 Ge 的比值接近于 1,噪声性能就差得多。不幸的是,GaInAs 的比值非常类似于 Ge,作为 APD 材料来说很不理想。其次,在制作雪崩光二极管的时候,有必要让雪崩均匀地发生在整个二极管区域里,这通常很难实现。它当然反映了材料的均匀性,硅还是表现得很好,而 InGaAs 就更困难了。第三,不应该认为任何条件下都希望 M 数值很大,因为倍增对探测器的带宽有致命的影响。这可以简单地

表示为

$$M(\omega) = M(0)\{1 + [\omega t_e M(0)]^2\}^{-1/2} \qquad (8.8)$$

其中，t_e 是有效渡越时间（它大于 t_t，因为建立雪崩过程需要时间），$M(0)$ 是低频率下的倍增因子。这个式子意味着接收器具有带宽 B，近似由下式给出：

$$B = [2\pi t_e M(0)]^{-1} \qquad (8.9)$$

上式说明了带宽和灵敏度之间的权衡关系。

还是回到我们的故事吧，硅二极管的早期成功自然促使人们尝试在光纤光学的长波长区域开发雪崩光二极管，但是，起初的成功非常有限。不但在 GaInAs 中很难得到雪崩，因为隧穿击穿出现在雪崩击穿之前，而且电离系数的比值接近于 1，这个不利因素使得噪声性质远远不够理想。然而，在 20 世纪 70 年代，很多的努力用于改善这种情况，最后终于成功了——把吸收区和倍增区分开，让倍增发生在 InP 而不是 InGaAs 里面。（这种二极管称为雪崩和倍增分离的二极管，SAM。）在 InP 中，$\alpha_h > \alpha_e$，所以，器件设计让空穴在 n 型 InP 中引起雪崩，其结构如图 8.13 所示，吸收发生在薄的 GaInAs 薄膜中，其余的结构是用 InP 制成的。这个结构的唯一困难在于 GaInAs 和 InP 之间的能带台阶很大，难以把空穴转移过界面，响应速度让人失望。最后，到了 80 年代末期，梯度化界面解决了这个问题，使用了晶格匹配的梯度化的几十纳米厚的 GaInAsP 层。倍增因子大约是 10，在 90 年代早期，这种结构的增益带宽积大约是 100 GHz。用短周期 AlGaInAs/AlInAs 超晶格制作倍增区，得到的性能更好，但是，只有在 80 年代，金属有机化合物气相外延代替了长期偏爱的液相外延过程以后，这才有可能。

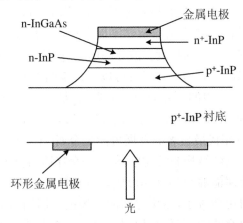

图 8.13　典型的 InGaAs 雪崩光二极管的结构示意图
光被薄的弱掺杂的 InGaAs 层吸收，而倍增过程发生在相邻的 n-InP 层。电极是通过重掺杂的 n^+-InP 和 p^+-InP 接触区制成的。二极管面积决定于被腐蚀的台面，典型直径大约为 10 μm，以便尽可能地减小二极管的电容

　　有人也许会认为,传送的信息数量将会达到某种程度的饱和,但是,现在还没有任何饱和的迹象! 因此,光二极管必须工作得越来越快,同时还保持很高的量子效率,每十年都必须实现新的更好的设计。那么,20 世纪 90 年代产生了什么呢? 有三件事:法布里-珀罗腔提高了光吸收效率,半导体波导把光接收器与金属-半导体-金属(MSM)光二极管集成起来,从而提高了频率响应,还有就是器件很容易集成了。下面就依次看看每一个。我们讲过要权衡带宽和灵敏度,因为需要足够的光吸收长度(以便得到高量子效率),同时尽量减小耗尽区的宽度(以便让渡越时间最小化)。由于对比特率的要求越来越高、增长得很快,这个妥协变得越来越紧张。人们采用各种不同的方法把吸收长度与漂移长度脱离开来。第一个想法是把吸收薄膜放在法布里-珀罗光学腔里,让光多次通过吸收层。这样一来,即使这个层薄得只有 $0.1~\mu\mathrm{m}$,为了把 t_t 减小到 1 ps 左右,量子效率仍然可以达到 50% 以上。怎么做的呢? 在吸收层下面立刻外延生长布拉格反射镜,然后在结构的上表面交替地沉积 CaF_2 和 ZnSe,做成介质膜反射镜。这种结构起初是为了开发设计二极管,用于探测 880 nm 波长 GaAs 激光器的辐射。吸收层是大致为 $0.1~\mu\mathrm{m}$ 的 $In_{0.1}Ga_{0.9}As$,而 AlAs/GaAs 对子的布拉格反射镜以及顶部的介质膜反射镜对于感兴趣的波长是透明的,整个结构生长在 GaAs 衬底上。长波长的等价物本来可以使用 InP 衬底上的 InP/GaInAsP 布拉格反射镜,不幸的是,这种材料体系的折射率差别太小了,所以,更好的方法是把 InP 基的光探测器压焊键合(bonding)到 GaAs 基的布拉格反射镜上。顶部的反射镜不需要改变。

　　利用半导体波导把光信号送到接收器电路的适当位置上,这个想法需要使用边照明模式的探测器二极管。如果不是从上面照射二极管(也就是与结平面垂直),而是从边缘照射它(也就是在 p-n 结平面内),吸收长度很容易达到几微米,同时允许渡越宽度达到亚微米的尺度。波导的形式类似于 InGaAsP 激光器,包括一个 InP/InGaAsP 双异质结,而光二极管可以是传统的 InP/InGaAs p-i-n 结构,吸收层厚度为 $0.2~\mu\mathrm{m}$,平面内的尺寸为 $10~\mu\mathrm{m}$ 左右,足以吸收所有的光,同时总体的器件面积很小,可以把二极管电容减小到很容易接受的比例。

　　最后,20 世纪 90 年代最显著的发展可能是金属-半导体-金属(MSM)光探测器,如图 8.14 所示。它的结构非常简单,包括一套穿插的金属指头(蒸发沉积在半导体表面上),这些金属能够与半导体形成肖特基势垒。从上方照射,可以在指头之间的区域里产生自由载流子,指头之间的电场把它们扫到电极里。这个结构的优点是电极之间的电容非常小(部分原因是电容器的有效面积非常小),渡越时间决定于电极间距。典型尺寸为:总面积 $(30\times30)~\mu\mathrm{m}^2$,指头宽度 $1~\mu\mathrm{m}$,指头间距 $2~\mu\mathrm{m}$。吸收长度可以比较大,吸收接近于 100%,但是,电极的阴影效应把有效量子效率降低到 50%～60%。虽然渡越时间不再决定于吸收长度,但是很难让电极

间距比 $0.5\,\mu m$ 小很多,所以,最终的 t_t 数值不小于 $5\,ps$。在实践中,吸收长度确实影响 t_t(测量得到的 t_t 通常大于 $10\,ps$),所以,希望把它尽可能地减小,还是利用法布里-珀罗腔让光束反射来回地通过吸收薄膜。起初的探测器是在 $880\,nm$ 波长区,基于的是 AlGaAs/GaAs 材料系统,比较直截了当,GaAs 可以与很多金属形成很好的肖特基势垒(势垒高度为 $0.8\,eV$ 左右),例如 Au 或 Pt。

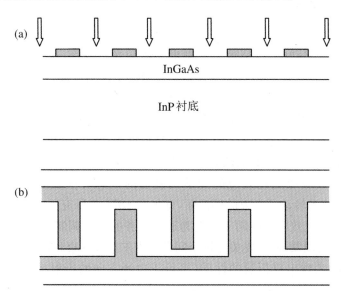

图 8.14　金属-半导体-金属光探测器的(a)截面和(b)平面的示意图
典型尺寸为:指头宽度为 $1\,\mu m$,指头间距为 $2\,\mu m$,总面积为 $(30\times 30)\,\mu m^2$。
穿插结构的交替指头连接在一起,施加了相反的偏压。光从上方照下来,在指头之间的区域里产生了自由电子和空穴,分别漂移到相对的电极上

拓展到长波长就不那么直接了,因为吸收层 $In_{0.53}Ga_{0.47}As$ 的带隙很小,只有很小的势垒高度(大约 $0.2\,eV$)。最终发现了一种解决方法,在金属和 InGaAs 吸收层之间插入薄薄的 AlInAs 势垒层。AlInAs 的带隙大得多,与 Au 这样的金属形成了很好的势垒。它的厚度必须足以防止隧穿,典型厚度大约是 $80\,nm$。面积为 $(50\times 50)\,\mu m^2$ 的器件表现的 RC 时间常数大约是 $2\,ps$,渡越时间大约是几十皮秒,探测器带宽为 $3\,GHz$。带宽通常显著小于期望值($10\,GHz$),这个问题来自 AlInAs 层和 GaInAs 层的界面处的电荷堆积,因为它们的能隙差别很大。后来解决了这个问题,引入短周期 AlInAs/GaInAs 超晶格(周期为 $6\,nm$),把这两个合金之间的能隙梯度化:接下来是梯度层,厚度从比值 9:1 变化到 1:9。(此外,我们注意到,在上海工作的 Zhang 等人描述了这个解决方法——越来越多的贡献来自中国大陆,而且无疑会继续下去。)净结果是 $10\,GHz$ 的带宽,就像预言的那样。这个性能肯定有用,虽然并没有震撼世界——MSM 探测器的主要优点实际上是,容

易与低噪声场效应晶体管放大器结合,它的平面结构与场效应晶体管的结构契合。人们现在认为,光电集成电路(OEIC)对光纤光通信的未来非常重要。

8.4　光调制器

简单地改变驱动电流,就可以调制半导体激光二极管,这无疑非常方便。然而,频率啁啾是个不幸的副产品,弛豫振荡也限制了调制带宽。显然就提出了这个问题:也许更好的方法是让激光器连续工作,同时用一个单独的器件实现想要的光调制,这样有可能提供更高的调制带宽,同时保持单模激光器非常窄的线宽。两者对于实现更高的比特率和更长的传输距离都很重要,因此,这里用一小节考察这个方法的一些方面。它对激光器的设计有影响,也为我们介绍了半导体调制器。

基于电光效应或磁光效应的光学调制器的概念有很长的历史。法拉第在1845年发现,磁场转动了光束的偏振面,克尔在1876年研究了电场对介质材料折射率的影响。电光效应已经用于开发为通信服务的快速调制器,因此我们将忽视其他范围广阔的现象,而主要关注这个问题。克尔本人观察到,一个各向同性的固体在电场 F 中表现出双折射的性质(平行于电场方向的折射率与垂直方向不一样),折射率之差正比于 F_z。后来的研究表明,一些各向异性的晶体材料表现出线性的电光效应(有时候称为泡克耳斯效应),显著地大于原始的克尔效应,故人们投入了很大努力去寻找电光系数大的材料。例子包括磷酸二氢钾(KDP)、磷酸二氢铵(ADP)、铌酸锂(LiNbO₃)、钛酸锂(LiTaO₃)和许多的聚合物。开发 $1.3\sim1.55\ \mu m$ 光谱区的调制器的工作始于20世纪80年代早期(在1976~1978年发现这些"窗口"之后),基于的是 LiNbO₃。更近些的时候,聚合物材料变得重要起来,但是,半导体调制器主宰远程通信的商业市场的可能性更大,因为它们的集成性更好。

在最简单的形式里(更多细节可以参见 Smith(1995):Chapter 7),电光调制器包括一个薄片材料,顶部和底部的电极提供必要的电场,光沿着薄片的长度方向传播,平行于电极平面(在这个构型里,调制器称为"泡克耳斯盒")。当光在晶体中传播的时候,调制器转动了偏振面,因此,为了得到强度调制,需要使用一对垂直的偏振片,如图 8.15 所示。当两个电极之间没有电压的时候,光不能通过整个结构——施加电压(典型是2~5 V)转动了偏振,一部分光就可以透射过去。角度为 $\pi/2$ 的转动让所有光都透射过去(除了一点插入损耗以外),振幅合适的电学脉冲可以产生方形的光脉冲,符合数字式信号传输的要求。

有这样一个问题:调制器的响应有多快? 为了达到现代光纤系统中典型的高

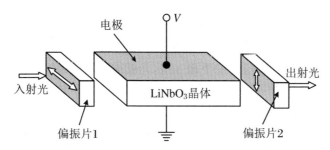

图 8.15 基于单晶 LiNbO₃ 的电光调制器的示意图

入射光经过偏振片 1 成为水平偏振的,而偏振片 2 垂直于 1。当调制器晶体上没有施加偏压的时候,光不能透过系统,但是施加偏压的时候,它转动了 LiNbO₃ 中光的偏振面,一部分光就可以透过了。特别是,当转动角度是 π/2 的时候,所有的光都透射过去,所以,通过开启和关闭适当的电压 $V(\pi/2)$,有可能产生方波脉冲的光

比特率要求的速度,设计者必须考虑光通过调制器的渡越时间——对于长度 1 cm(为了转动足够大的角度,需要这么长),这个时间大约是 100 ps,与 10 Gb·s⁻¹ 比特率中单个比特的时间相仿。当比特率比这还高的时候,就不可能分辨单个脉冲,除非沿着调制器施加微波场,让微波前进的速度和光一样,光场的一个特定部分在渡越过程的所有时间里看到的电场都一样。换句话说,电极必须是传输线——在实践上,把这两个速度匹配起来还不仅仅是有点困难而已。这个问题在 20 世纪 80 年代肯定动员了很多拥护者尝试许多不同的方法,逐渐提高了成功度。对于光的传播速度,我们无计可施,所以,有必要建立某种形式的慢波结构来调整电信号的速度。只要这么说就足够了:调制带宽从 1985 年的 10 GHz 逐渐增大到 1995 年的几乎 100 GHz,这真是了不起的成就,大致与系统工程师的要求保持同步。

一些最好的结果是用聚合物材料得到的,而不是历史更久但更加昂贵的 LiNbO₃。通常使用马赫-曾德尔干涉仪,而不是图 8.15 所示的简单构型。在这种构型里,光束沿着波导传播,该波导有个 Y 形结,能量在那里平均地分配到两个全同的路径上,接下来是另一个 Y 形结,两束光在那里汇合。其中一条路径上有电极,如图 8.15 所示,用来控制该路径里的光相位。在没有外加电压的时候,这两条路径是相长干涉的,但是,如果一条路径中的光因为电场诱导的折射率变化而变慢了,相对于没有变化的光波得到了相位差 π,这两者相消地干涉,组合后的光束强度就非常接近于零。用这种方法,在 1.3 μm 和 1.55 μm 处都实现了 30 dB 的"消光系数",驱动电压为 2~3 V,性能确实非常好,但是,总体结构的长度是厘米而不是微米。

后面这个特点激励人们开发其他基于半导体电吸收性质的调制器,特别是利用半导体量子阱中的量子受限斯塔克效应。第 6 章已经描述了这个效应(6.6 节,

特别是图 6.27)——与量子阱中 $n=1$ 的束缚态有关的激子吸收被移动到更低的光子能量(更长的波长),它依赖于垂直于量子阱平面施加的电场。如果零偏压下的吸收带略微高于我们想要调制的光的光子能量 $h\nu$,吸收就很小。施加合适的偏压,就把吸收带移动到刚好在 $h\nu$ 上面一些,光就被强烈地吸收。在实践中,有必要使用几个量子阱,从而得到足够的衰减。已经报道了基于这个原理的 $1.55~\mu m$ 的调制器,达到了 $10\sim15$ dB。

这个效应最早是 20 世纪 80 年代早期在 AlAs/GaAs 多量子阱结构里发现的,一旦认识到它们的重要性,它们就被应用于更长的波长,$1.3~\mu m$ 和 $1.55~\mu m$ 的重要性变得越来越清楚。1989 年,小高(Kotaka)等人报道了 $1.55~\mu m$ 多量子阱调制器,利用了夹在 InAlAs 势垒之间的 InGaAlAs 量子阱,光在量子阱平面内传播了大约 $100~\mu m$ 的距离,在 4 V 偏压下的开/关比是 10 dB,带宽 $B > 20$ GHz,清楚地证明了这种方法的潜力。在 90 年代早期,美国、欧洲和日本的许多工作者研究了类似的系统,特别是 InP/InGaAsP 结构。到了 1996 年,维因曼等人报道了一个基于 InGaAs/InGaAsP 张应变量子阱的调制器(应变增大了吸收强度),带宽为 42 GHz,工作电压只有 1.8 V。它的长度是 $120~\mu m$,使用了脊形光波导。他们还指出了电吸收方法的一个优点:调制深度对光的偏振状态不灵敏。

这种器件建立了电吸收调制器的原理,但是,显然还需要越过另一个重要的障碍——集成化的问题。到这个时候(20 世纪 90 年代中期),任何人都不怀疑光纤光学系统的未来必须依赖于硅集成电路的光学等价物,也就是 OEIC(光电集成电路,更常见的说法是光子集成线路)。60 年代和 70 年代,半导体平面光学波导的出现已经提供了光学集成线路的可能性,直到 90 年代,由于比特率的要求越来越高,集成化才得到了严肃的考虑。把调制器和分布式反馈激光器组合起来总是可能的,但是,如果用手来做,就会既要求技巧又花费时间(也就是说,成本高!)。如果光纤光学系统想要达到它们的商业潜力,器件就必须尽可能地集成在一起,激光器-调制器的组合就是关键。第一个要求很清楚——它们应当都是用同样的材料做的,也就是说,InGaAsP/InP——但是有个问题,它们都依赖于多量子阱结构,乍一听,很理想,但是,当考虑到细节的时候,却有麻烦了,令人沮丧。假定两组量子阱和势垒在同一个外延阶段形成,调制器部分的吸收跃迁正好和激光发射跃迁完全一样,因此,就会强烈地衰减。施加偏压只会让吸收边的能量变小,总体效果几乎没有差别! 需要的是这样的吸收边:它在零偏压时略大于激光跃迁,这样就可以把吸收最小化——施加偏压就会让它向下移动,产生强烈的衰减。这似乎是不可能的。没辙了吧? 几乎如此——但是,永远也不要忽视科学家们在遭遇严重挑战时表现出来的天赋。

为了绕过这个小困难,首先尝试了复杂的外延序列以及选择性腐蚀,确实有点效果,但只是偶尔如此!想想面对的困难吧:调制结构的高度必须和激光器匹配,以便让它们实现光学耦合。显然需要一些更微妙的事情,20 世纪 90 年代出现了不止一个解决方案——出现了两个解决方案。首先是,青木等人在 1991 年观察到,在两个 SiO₂ 条的夹缝里沉积 InGaAs,可以控制它的外延生长速率——它们之间的夹缝越窄,生长速度就越快(夹缝的宽度在 5～400 μm 的范围里)。这样就可以在同一个衬底上生长两套宽度不同的量子阱,只要沉积两组间隙不同的 SiO₂ 条就可以了。不同的阱宽度意味着不同的束缚能,所以,现在有可能分开 $n=1$ 的激子能量,尽管只有一个生长阶段。只需要用宽的量子阱制作激光器、用窄的量子阱做调制器就可以了。1993 年,他们演示了一个激光器-调制器组合,在 1 V 偏压的时候,衰减为 12.6 dB,带宽为 14 GHz。

第二个解决方法利用了 20 世纪 80 年代在 AlAs/GaAs 量子阱中首先研究的一个现象——量子阱无序,基于量子阱材料和势垒材料的互扩散。换句话说,Al 原子扩散到阱里,而 Ga 原子扩散到势垒里,改变了量子阱材料的基本带隙,同时把陡峭的阱-垒界面变得光滑了些,所以,量子阱不再是"方的",而是变得有些像抛物形(在能量上)。总的结果是,激子跃迁发生了蓝移,也就是往光子能量更高的地方移动了。为了实现这种互扩散,需要升高温度,但是集成问题的关键在于,在多量子阱结构的顶部沉积 SiO₂ 薄膜,也可以影响扩散。实际上,氧化物的存在促进了扩散,这就提供了另一种机制,可以让多量子阱的两个区域变得不同。只要在一个区域上覆盖一条氧化物,而其余的部分不覆盖。这样就可以在无序的区域制作调制器,而在其他地方制作激光器。还能比这更简单吗?宫泽等人在 1991 年把 Si₃N₄ 薄膜而不是 SiO₂ 应用于 InGaAsP 系统,瑞丹等人在 1995 年报道了一种成功的 1.55 μm 激光器-调制器的组合,利用 SiO₂ 作为条形材料,在 3 V 偏压下得到了 10 dB 的衰减。同一年,坦布克等人也报道了使用相同技术集成的分布式反馈激光器和马赫-曾德尔调制器。道路终于畅通了——现在,集成的激光器-调制器组合已经是标准单元了。集成一个光二极管,用来监视激光输出功率,再通过合适的反馈电路来控制输出,这就比较简单了。所有这一切使得半导体调制器遥遥领先于电光调制器。虽然电吸收调制器能够获得的带宽确实还比不上电光器件,但是,单体集成的方便性就足以补偿了——无论如何,这个方向上的进展仍然在继续。

8.5 最新进展

对速度更快、功率更大的通信系统的需求没有变慢的迹象——越来越多的人正在发现互联网的奇迹,视觉信息正在"数字化",人们用电子邮件进行的随意通信很可能涉及图像和文字,交互性系统正变得日益时髦,等等。刚刚满足了带宽的一个需求,其他两个需求又引起了注意,载波频率从微波到光的变化又获得了巨大的带宽,以前某个时刻看起来似乎是无穷的,现在看起来很可能不久就会用光了。必要的通信网络的供应者对此如何反应?两个趋势是显然的——更有效地使用现有带宽的技术,让价格变得更便宜。第一类的例子是对波分复用的日益强调和相干探测系统的发展。第二类的例子包括光学集成线路的迅速发展,前面已经几次揭到过,试图用 InP 基的技术替换 GaAs 基的技术,还有长波长垂直腔面发射激光器的引入。不用说,这种发展对半导体技术人员提出了相应的要求,所以,最后一节简要地概述一些相关的半导体器件发展。值得指出的是,与此有关的半导体器件市场将在 2004 年达到 250 亿美元,努力(在成功的地方)总是有回报的。

每根光纤需要传递的信息越来越多,这个需求很快导致了时分复用技术——不同的比特流在时域中穿插。这涉及使用更短的数字脉冲,要求光源和探测器有更高的频率响应,实际极限由单个元件的性能设定,如前文所述。沿着复用通道(并不仅仅限制于此)前进的下一步是用不同的波长传递不同集合的比特流。原则上说,这打开了整个光谱,但是,光纤损耗低和色散小的要求把长距离通信限制到波长 1.3 μm 和 1.55 μm 附近。一个明显的问题是:不同的通道可以靠多近? 答案是依赖于每个通道工作得有多快。换句话说,如果时分复用比特率是 10 Gb · s^{-1} 的量级,则每个通道的带宽是 10 GHz,它把通道之间的最小间距限制为 40 GHz(为了避免通道之间的串扰),这又限制了允许的频率范围里的通道总数。例如,如果假定 1.55 μm 附近的波段限制在 1.48~1.60 μm 的波长范围里,这就刚刚超过了 15 THz(1.5×10^{13} Hz),允许 400 个左右的单独通道。未来的趋势是更快的比特率,通道间距就会更大,但是,这可以用更宽的光谱带宽来补偿。

对于那些负责激光器设计的饱受煎熬的凡夫俗子来说,这一切意味着什么呢? 一个非常重要的要求变得清楚了——波分复用系统需要更多的激光光源,它们具有精确控制的发射波长,每个光源应当稳定在几吉赫[兹](大约是 0.03 nm,或者是 3/10^5),尽管有着不可避免的外界温度涨落。如前文所述,典型的分布式布拉格反射镜激光器的波长的温度系数是 dλ/dT = 0.07 nm · K^{-1},所以,温度的变化应该稳定在 0.5 K 以下! 但是事情还没有结束。任何让人接受的通信系统必须提供可靠的服务,具有最小的空闲时间,这意味着能够让备用激光器覆盖整个波段——上面的例子需要不少于 400 个不同的器件! 显然,更有效的覆盖方法是使用可调谐激光器,这样就大大减少了备用激光器的数目。这当然要求一种简单、方便的方法来调节波长。

我们在 8.2 节看到,利用外部衍射光栅选择工作波长,可以在 50 nm 左右的范围内进行调节(图 8.8(a)),但是,这可不是"简单而方便的"方法。更好的方法也许是利用激光波长的温度依赖关系。在任何情况下,如果需要稳定温度,在合适的范围里控制它就是直截了当的,波长改变 1 nm,温度就要变化大约 15 ℃。优点是能够光滑地调节,但是,显然限制在比较小的调节范围里——即使为了覆盖 10 nm,温度的变化范围也会大得不合理。波长变化得也很慢,而一些现代应用要求纳秒的转换时间! 控制波长的纯粹电子学方法显然是更好的,更多的工作用来开发适合的结构。两种成功的方法如图 8.16 所示,一种基于多结的激光器结构,另一种使用电-力学原理。

多区分布式布拉格反射镜激光器如图 8.16(a)所示,它由三个电绝缘的区域组成,每个区域由单独的电流源驱动。左边是传统的多量子阱激光器结构,当泵浦到阈值电流以上的时候,它提供了增益;右边是波长可变的布拉格反射镜;中间是相位匹配区,它的作用是在一定程度上的进行精密调节。反射镜必要的调节性质依赖于 p-n 结两侧材料的折射率随着自由载流子密度而变化。(最大反射率的真空波长 λ_0 和布拉格起伏的波长 Λ 之间的关系由公式(8.3)给出,$\lambda_0 = 2n\Lambda$,其中 n 是两个组成材料的平均折射率。)改变图 8.16(a)中的 I_3,就可以改变自由载流子密度,反射率峰值位置是电流的光滑函数。然而,激光发射波长倾向于从一个法布里-珀罗模式不连续地跳跃到下一个模式,因为布拉格峰值与每个模式逐个地匹配,这种模式跳跃通常是 0.5~1.0 nm,依赖于功能区的长度。因为希望波分复用系统的波长差别只有 0.3 nm,显然需要让这种模式跳跃行为变得光滑,因此就要求中心区能够可控地改变功能区的长度。当需要更长的波长移动的时候,出现了另一件复杂事儿,必须使用不同周期的布拉格光栅的阵列而不是图 8.16 所示的单个光栅,此外还有第四个区,作为路程调节器选择阵列中特定的光栅。我们不打算深入地讨论细节,但是要了解一点:因为波分复用对激光光源的要求,产生了一些设计上的困难。

在新世纪的前几年里,出现了另一种调节波长的方法,它的基础是垂直腔面发射激光器,顶部的反射镜可以电-力学地移动,从而改变它和功能区的间隔。垂直腔面发射激光器的腔长非常短,如 8.2 节所述,实质上是个单波长发射器(法布里-珀罗模式在波长上分得很远)。微小地改变有效腔长,就能够在很宽的波长范围里光滑地调节这个器件,实现这个目标的一个实际方法如图 8.16(b)所示。顶部的反射镜由悬梁吊在激光小孔的上方,在调节接触点上施加电压,可以改变反射镜的角度。因为Ⅲ-Ⅴ族化合物是压电性的,电场给悬梁施加了一个力,导致要求的移动。使用类似的电-力学调节结构,已经演示了 40 nm 这么大的调节范围。

人们早就认识到,垂直腔面发射激光器给光纤通信提供了好处,因为它们是单模的,光斑是圆形的(与圆柱形的光纤匹配得很好),还容易封装。在切分单个器件

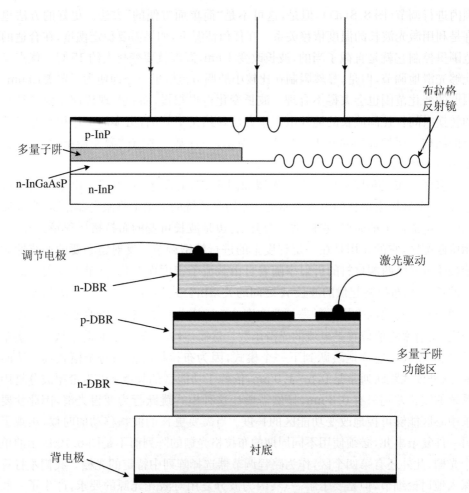

图 8.16　有两种非常不同的方法制作电调节的激光二极管

（a）注入电流 I_3 到多区激光结构的布拉格反射镜区，生成的自由载流子改变了折射率，从而调节了布拉格反射镜的共振频率。I_1 表示传统多量子阱平面内激光器的驱动电流，而 I_2 用于调节相位匹配的中心区的折射率，它有效地改变了激光器的腔长。（b）电-力学调节的垂直腔面发射激光器。顶部反射镜放在支杆上，在调节电极上施加电压，可以让支杆弯曲，移动了反射镜相对于功能区的位置，从而改变了有效腔长。利用外加电压，可以在很大的调节范围里光滑地调节波长

之前，就可以在芯片上检查器件成品率，这是另一个吸引人的特点，而且，它们能够用于并行的光学数据处理，这个能力进一步鼓励了人们。在 20 世纪 90 年代后期，这些优点变成了实际效应，以 880 nm 的 GaAs 基的垂直腔面发射激光器的形式，它广泛地应用于多模光纤的短距离系统中。然而，朝着长波长器件的拓展非常困难、让人沮丧，因为 InGaAsP 系统中的折射率差别很小——这对于布拉格反射器的性能非常不利。AlAs/GaAs 系统中折射率的最大差别大约是 0.6，而四元合金

材料限制在 0.3 左右,为了实现垂直腔面发射激光器要求的足够高的发射率,需要的反射层的数目大得不切实际。另一种方法利用 InGaAlAs/InGaAs 反射镜,它与 InP 衬底匹配,但是也只好一点点。把 AlAs/GaAs 反射镜安置到 InGaAsP/InP 结构中(例如,图 8.16(b)中悬吊的反射镜是由 AlGaAs/GaAs 多层膜制成的,能够用比较少的层提供足够的反射率)解决了这个僵局,但是有额外的复杂性。第一个成功的尝试依赖于晶片键合技术,反射镜和功能区是分别生长的,接着在适当的温度和气压下融合在一起。后来人们发现,插入合适的应力释放层,有可能利用外延方法生长全部的结构,但是,从制造商的角度来看,这两种方法都不是特别理想。迫切需要一些激进的新想法。

1996 年,日本日立公司有了新想法,依赖于一种新的合金系统 InGaAsN,可以和 GaAs 衬底晶格匹配,激光器的发射波长接近于 1.3 μm。90 年代初期建立了生长 GaN 薄膜的成功技术,接下来自然是尝试着把 N 放入 GaAs 或 GaP 结构中。就像三元合金 GaAsP 提供了红光和黄光二极管使用的带隙范围一样,可以合理地预期,GaAsN 的带隙范围更宽(1.43~3.43 eV),覆盖了整个可见光光谱。然而,在这件事情上,这些希望被证明了是没有根据的——放入到 GaAs(或 GaP)中的 N 原子很难超过百分之几,而且,它对带隙的影响与预期的相反。因为 GaAsN 系统中的弯曲因子大得不同寻常,把 N 加到 GaAs 里,带隙实际上减小了,而不是增大了。然而,可见光二极管的拥护者失望了,长波长垂直腔面发射激光器的拥护者却看到了希望。此时的问题是带隙可以有多小——它能从 1.43 eV 减小到 0.95 eV($\lambda = 1.3$ μm)甚至 0.80 eV($\lambda = 1.55$ μm)吗?日立公司的科学家们的关键贡献在于,他们认识到再往材料里添加些 In 带来的好处。众所周知,用 In 原子替换 Ga 可以减小带隙,但是,如果有可能把 In 和 N 都放进来,得到的四元合金能够和 GaAs 衬底晶格匹配。(立方结构的)GaN、GaAs 和 InAs 的晶格常数分别是 0.45 nm、0.565 nm 和 0.606 nm,它们的差别是 $a_0(\text{GaAs}) - a_0(\text{GaN}) = 0.115$ nm 和 $a_0(\text{InAs}) - a_0(\text{GaAs}) = 0.041$ nm。根据类似于专题 8.3 对 GaInAsP 四元系统提出的论证,如果让 In 和 N 的比值等于 2.8,得到的合金的晶格常数近似等于 GaAs,就有可能让垂直腔面发射激光器结构与 GaAs 晶格匹配。

1996 年,日立公司的研究人员演示了基于这种方法的垂直腔面发射激光器,工作波长是 1.2 μm——后来,慕尼黑的英飞凌公司(西门子公司的子公司)和美国的桑迪亚国家实验室又接着做,但是,所有这些小组都发现,当 N 的含量超过 2% 的时候,荧光效率下降得很快,因此,功能层使用应变的 InGaAsN 量子阱。现在的情况是,在 1.3 μm 波长得到了预期的性能,热性质改善了(与标准的 InGaAsP 分布式布拉格反射镜激光器相比)——已经报道的 T_0 数值约是 100 K,而标准器件的典型值大约是 60 K。然而,添加 N 的困难已经妨碍了 1.55 μm 波段附近的激光器的发展。这个方向上的未来进展很可能需要更好地理解材料的生长过程,似乎需要在非常低的温度下生长(通常是 500 ℃),到目前为止,一个成功的工作基于的是分子束外延而不是金属有机化合物气相外延。

最后,我们可以谈谈 GaAs 激光器的开发工作的另一个方面,还是集成的问题。在大衬底(6 英寸)上制作高速 GaAs 电子器件的能力提供了便宜和单体的光子集成线路的诱人可能性——光电子通信产业的光辉大道——但是,现在还没有 1.55 μm 的 GaAs 激光器,在长距离系统向这个波长移动的人背景下,这就更让人沮丧了。可以中肯地指出,电子器件的最高速度实际上是由 InP 基电路实现的,而不是 GaAs。这些彼此冲突的要求现在还不能达到平衡或得到调解,但是,我们确信未来会有许多有趣的发展——这仍然是最激动人心、发展最迅速的半导体研究领域之一。

参考文献

Agrawal G P. 1997. Fibre Optic Communication Systems[M]. 2nd ed. New York:John Wiley & Sons.

Agrawal G P, Dutta N K. 1986. Long Wavelength Semiconductor Lasers[M]. New York: Van Nostrand Reinhold.

Bube R H. 1960. Photoconductivity of Solids[M]. New York:John Wiley & Sons.

Ditchburn R W. 1952. Light[M]. London:Blackie & Sons Ltd.

Hecht J. 1999. City of Light[M]. Oxford:Oxford University Press.

Milnes A G, Feucht D L. 1972. Heterojunctions and Metal Semiconductor Junctions[M]. New York:Academic Press.

Pearsall T P.1982. GaInAsP Alloy Semiconductors[M].Chichester:John Wiley & Sons.

Razeghi M. 1989. The MOCVD Challenge:Vol.1[M]. Bristol:IOP Publications.

Smith S D. 1995. Optoelectronic Devices[M]. London:Prentice Hall.

Thijs P G A, Tiemeijer L F, Binsma, J J M, et al. 1994. IEEE J. Quant. Electron, QE 30:477.

Willardson R K, Beer A C. 1985. Semiconductors and Semimetals:Vol. 22 (parts A, B, C and D[M]. San Diego:Academic Press.

第 9 章
红外波段的半导体

9.1　红外光谱区

　　两个世纪以前,人们第一次发现,红外光谱区有辐射。1800 年,赫歇尔勋爵用玻璃棱镜进行色散,用简单的水银温度计演示了波长大于红光的辐射的热效应。从这个开创性工作开始,基于红外辐射的应用发展得越来越广,包括夜视系统、热成像系统、防盗警报系统、火警、温度测量、红外光谱、红外激光器、导弹的导航、红外摄影、乳腺癌的探测、工业过程的控制、电视机遥控等等。作为红外光源和探测器,半导体在很多方面扮演了重要角色,所以才有了这一章。我们也不应当忽略红外测量在推进人们对电磁辐射性质的基本理解方面的重要影响——很大程度是建立在这个基础上,普朗克在 1901 年提出了著名的辐射定律,结合了辐射量子即光子的革命性概念。这又导致了爱因斯坦的光电效应的量子理论(1905 年)、玻尔的原子理论(1913 年)以及海森伯和薛定谔的量子/波动力学(1925~1926 年)。不用说,这些技术发展里有许多强烈地依赖于这个改进了的理论,同样,反向的关系也确实存在。例如,复杂的原子和分子红外光谱的观测强烈地推动了理论量子化学的发展。本节简要地概述了成像和控制系统中红外辐射的主要特点。至于更为全面的描述,读者可以参考 Smith et al(1968),经典著作 Herzberg(1945)处理了红外谱的重要主题(最近的描述,见 Duxbury(2000))。

　　首先是“一个小故事”,就像《法国美食指南》的作者们喜欢说的那样。在赫歇尔的最初发现之后,进展是缓慢的而不是朝气蓬勃的。第一个重要进展是热堆(热电偶阵列),与简单的水银温度计相比,灵敏度提高了很多,1847 年发现了红外区的光学干涉效应。这很重要,因为它证明了红外辐射是波动,就像可见光一样,而且第一次精确地测量了它的波长。在很长时间里,测量限制在近红外波长,但是到了 1880 年,范围扩展到了 7 μm,到了 1900 年,远远超过了 100 μm——人们逐渐认识到,实际上没有极限。在 20 世纪 30 年代,短的无线电波和长的红外波之间的间隙终于闭合了。然而,此前还有其他重要的发现:1843 年,贝克勒尔发现近红外辐射的摄影效应;1880 年,朗利利用衍射光栅来色散红外辐射,还有刚发明的辐射热计——一种热探测器,比当时的热堆灵敏得多。第一次世界大战刺激了两大敌对阵营努力开发用于军事的红外系统,包括"内光电效应"(也就是光电导)。这是在 1917 年由 T·W·凯斯(美国的凯斯研究实验室)报道的,他发现,经过适当的活化处理,硫化铊薄膜能够形成灵敏的高速探测器,波长大约为 1.1 μm。很快就在 1919 年开发了灵敏的红外薄膜。第二次世界大战进一步刺激了光电导探测和成像(注意,与微波雷达相比,红外成像系统提供了更高的分辨精度,因为使用的波长更短),PbS 薄膜可以探测 4 μm 的波长,随后就是 PbSe 和 PbTe,把探测范围拓展到接近于 10 μm。这些半导体光子探测器比最好的热探测器的灵敏度提高了两个数量级,表现出更短的响应时间(微秒而不是毫秒),对于后来开发探测飞机引擎热辐射的导弹导航系统至关重要。它们还应用于研究分子振动和旋转谱的红外光谱,在实验室和广泛的工业应用中(包括自动过程控制),一直是必不可少的。特别是 1943 年,美国把红外光谱应用到合成橡胶的制造(基于硫化铊探测器)。几乎同样重要的是后续工作,在 20 世纪 60 年代,红外光谱应用到很大范围的固体的光谱中(当然包括半导体),进一步深化了对固体物理学的理解。战争时期的其他发展是基于红外光电效应的应用(被光照射的固体表面发射出电子),S1(Ag-O-Cs)光阴极首先由美洲射频公司在 30 年报道,直到 1.3 μm 的波长都灵敏。它用于制作夜视管,帮助在夜间开车(用红外大灯),称为"狙击手瞄准镜"和"夜视镜"。后来用多种碱金属(Na,K,Cs,Sb)的 S20 光阴极实现了更高的红外灵敏度,随后是 70 年代更好的负电子亲和势半导体阴极(基于 GaAs 及其合金 InGaAs 和 InGaAsP)。与 60 年代发展的多通道电子倍增器组合起来,这些红外的光阴极为影像转换管提供了惊人的弱光性能,起初是军用,后来成为研究夜晚野外生命的必要帮助! 50 年代和 60 年代更多探测器材料有了发展,例如,InSb、杂质掺杂的 Ge 以及三元合金碲镉汞(HgCdTe)和碲锡铅(PbSnTe),后者在 1966 年导致了第一个远红外激光器;在 80 年代和 90 年代,AlGaAs/GaAs 量子阱结构强烈地推动了探测器和激光器的发展,使用"子带间"跃迁而不是"带间"跃迁。材料活动的这种繁荣当然是被系统发展的快速增长所刺激的,很大程度上集中于长波长热成像,近期工作的一个主要目标是实现室温下工作(热辐射探测器必须冷却,以便达到足够的灵敏度)。另一个主要目标是探测器阵列与电荷耦合器件(CCD)影像处理器的集成,这样就实现了远红外光谱区的"全固态的"成像系统。最后我们注意,现在的半导体激光器覆盖了直到 100 μm 甚至更长的所有波长,进一步扩大了红外技术的范围。看到这些浓缩在单独一段里的多得吓人的信息,你应当不会怀疑红外光谱区的重要性了——无论基础研究还是技术应用。此外,你也许还认识到这两种活动的相互作用的重要性——这个主题不断地出现在我们的讨论里!但是现在(终于!)可以回到我们讨论的主流里了。

专题 9.1　普朗克分布函数

"黑体"是理想化的物体,可以吸收照在它上面的所有波长的辐射(众所周知,对此理想的很好的近似是均匀温度 T 的封闭腔,上面有个小孔,可以让合适的辐射通过)。由此定义可知,黑体也可以在所有的波长上以最大效率发射,而任何真实物体的发射效率都要低一些。通常用数学把它表示为黑体辐射强度乘以发射率因子 $\varepsilon(\lambda) \leqslant 1$。注意,发射率 ε 本身往往是波长的函数,因此,真实物体与理想黑体之间的关系就变得更复杂了。但是无论如何,记住黑体的基本性质还是有用的,因为它可以用热动力学推导出来,还可以作为真实物体的极限值。

黑体辐射的一个重要性质是它对波长的依赖关系 $P(\lambda)$,这个函数对发展辐射的量子理论至关重要。经典理论预言,分布函数在波长趋于零的时候无限增长,正是这个奇异性鼓励普朗克引入了辐射量子(或光子)的概念,引导他得到了另一个分布函数:

$$P(\lambda, T)\mathrm{d}\lambda = (2\pi hc^2/\lambda^5)(\mathrm{d}\lambda/\{\exp[ch/(\lambda kT)] - 1\}) \qquad (\text{B.9.1})$$

其中,h 是普朗克常数,c 是真空中的光速,T 是黑体的热力学温度。在这个形式里,$P\mathrm{d}\lambda$ 表示黑体在每秒钟单位面积上在波长 λ 和 $\lambda + \mathrm{d}\lambda$ 之间发出的能量。对公式(B.9.1)求微分,可以证明,$P(\lambda)$ 在 $\lambda = \lambda_m$ 处取最大值,

$$hc/\lambda_m = 4.965kT \qquad (\text{B.9.2})$$

用 μm 表示 λ_m,它非常近似地表示为

$$\lambda_m = 3\,000/T \qquad (\text{B.9.3})$$

峰值 $P(\lambda_m)$ 是

$$P(\lambda_m) = 1.286 \times 10^{-11} T^5 \ \text{W} \cdot \text{m}^{-2} \cdot \mu\text{m}^{-1} \qquad (\text{B.9.4})$$

发出的总功率(对所有波长求积分)是

$$P_T(T) = 5.669 \times 10^{-8} T^4 \ \text{W} \cdot \text{m}^{-2} \qquad (\text{B.9.5})$$

公式(B.9.5)就是熟悉的斯忒藩定律。由此可知,在室温下($T = 300$ K),每平方米的黑体表面大约辐射出 460 W。另一方面,太阳的黑体辐射温度为 6 000 K,辐射功率为 73.6 MW · m^{-2}。类似地,公式(B.9.3)告诉我们,峰值波长分别大约是 10 μm 和 0.5 μm,这解释了为什么进化让我们的视觉对此波长最敏感(图 7.1)。

它还表明,热成像系统最好是在 10 μm 附近达到最大效率。图 9.1 给出了许多实际热源的黑体辐射曲线。注意,在图 9.1(a)里,用线性坐标画出来的函数 $F(\lambda,$ 300 K)是无量纲的比值 $P(\lambda)/P(\lambda_m)$,适合室温 $T = 300$ K 的物体,而图 9.1(b)中的 $P(\lambda)$ 的单位是 W · m^{-2} · μm^{-1}。

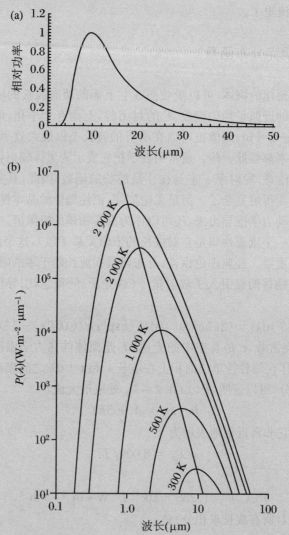

图 9.1 普朗克函数(公式(B.9.1))对应于热力学温度 T 的黑体的
辐射功率随波长 λ 的变化关系

(a) 温度为 300 K 的黑体的归一化的分布函数;(b) 不同温度的黑体发射功率的对数曲线。$T =$ 2 900 K 对应于典型的钨丝灯(如果要求波长大于 3 μm,就需要注意包覆材料),典型的辉光灯的工作范围是 1 000～2 000 K。峰的位置随着温度的升高而向短波方向移动,见公式(B.9.3)

"黑体"(该物体吸收所有照射到它表面的光)热辐射最显著的特点之一是辐射能量随着波长的分布函数(温度 T 大于热力学零度)。经典理论预言,这个分布函数随着波长 λ 趋于零而变得无穷大("紫外灾难"),这显然是错误的,因此,普朗克提出了替代的公式,其数学形式由专题 9.1 中的公式(B.9.1)给出。根据发射功率随波长的变化曲线,显然可以看出黑体在不同温度下的特点如图 9.1 所示。辐射功率的峰值出现在波长 λ_m,它反比于温度,峰值功率也强烈地依赖于温度(图 9.1(b)中使用了对数曲线)。两个特殊情况显然很重要,一个是太阳辐射,特征温度是 $T = 6\,000$ K;另一个是室温物体的热辐射,$T = 300$ K。它们的峰值波长分别出现在 $\lambda_m = 0.5\,\mu m$(500 nm)和 $\lambda_m = 10\,\mu m$ ——进化过程使得我们的视觉灵敏度最大值出现在 500 nm 附近(图 7.1),热成像系统也要设计成在"中红外"光谱区灵敏。(笼统地说,"近红外"、"中红外"和"远红外"分别对应于 $1\,\mu m$、$10\,\mu m$ 和 $100\,\mu m$ 附近的波长。)

在设计用来对物体进行探测或成像的任何系统中,两个关键参数是从物体到达探测器的辐射(信号)的强度和背景辐射(也就是干扰)的强度。另一方面,背景辐射通常对于信号的产生非常重要,它指出了两种系统的差别:一个系统的信号采用热辐射(物体发出的辐射)的形式,另一个系统是物体反射的辐射。后者当然需要有个合适光源的背景辐射。(在我们最熟悉的视觉成像中,这可以是太阳、月亮或者合适的人工照明;在夜视系统中,它可以采用近红外区的夜空辐射或者在长波长光谱区的激光束。)在第一种情况下,物体的特征是它的(依赖于波长的)发射率;在第二种情况下,是(依赖于波长的)反射率。为了了解物体,我们不仅依靠它的形状,往往还要依靠它的"颜色"。红外系统可能是这两种形式中的任何一种。因此,夜空的近红外辐射被夜视管用在反射模式,而热的(通常仅仅是温暖的)物体发出的辐射被用在更长的波长。但是热系统可能更重要,因此,本章首先讨论热辐射。

任何探测系统的第三个重要特点与系统工作于其中的介质的透射性质有关。在实践中,背景辐射也许不包含图 9.1 所示的光滑的波长分布,因为大气的吸收或散射是有波长选择性的。类似地,一个物体的热辐射可能到不了探测器,如果它的波长与大气吸收带重合的话。显然,系统设计者应当熟悉透射性质,不仅是地球的大气,还有辐射在到达实际探测器之前必须通过的透镜或窗口等固体介质。例如,一个用来冷却探测器的玻璃杜瓦,将会吸收波长大于 $3\,\mu m$ 的辐射,因此,如果要求系统工作在更长的波长,就要安装红外窗口。这可以是氧化铝、熔融石英、岩盐矿或者许多氟化物(例如 CaF_2)和溴化物(例如 KBr)中的一种,根据重要的波长范围进行选择(细节请见 Smith et al(1968):Chapter 9)。

大气透射率的研究本身有很长的历史,可以追溯到 19 世纪中期。到了 1886 年,在 $1\sim5\,\mu m$ 的波长范围里,人们已经得到了非常好的数据,它表现出一些不同的"窗口",其中的辐射损耗特别小。后来,20世纪30年代和40年代的工作把它拓展到波长 20 μm 以上,对仔细的吸收测量进行比较,发现主要的吸收带来自大气中的水蒸气和二氧化碳。1～14 μm 范围的大气透射率的典型例子如图9.2所示,窗口存在于1～2 μm、3～5 μm 和 8～14 μm 的区间,这个信息对于红外成像系统的设计显然很重要。在实践中,利用了所有这三个带,如9.3节所述。

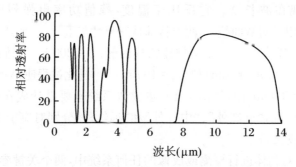

图 9.2 测量得到的大气透射率,波长范围是 1～14 μm

纵轴表示在海平面附近大约 1 英里空气的百分比透射率。注意,高透射区位于波长 1～2 μm、3～5 μm 和 8～14 μm 的范围里。这个曲线是经过光滑后的版本,原始数据来自

Gebbie H A, Hardmg W R, Hilsum C, et al. 1931. Proc. Roy. Soc., A206:87

大气透射率的重要性在光谱的可见光部分很好地显示出来——我们从个人体验就了解得很清楚,微小的水滴和烟尘严重地散射了可见光。然而,人们经常发现,散射的严重程度随着波长的增大而减小,所以,红外透射受到的影响比可见光小,尽管这依赖于散射物尺寸的细节。只要它们的直径远远小于涉及的波长,瑞利散射定律就适用,散射截面以 λ^{-4} 的形式变化,因此,成像性能在更长的波长处改善了很多。烟尘粒子的直径通常小于 1 μm,因此,中红外成像仪在防火救灾方面的应用很成功。另一方面,雾滴通常更大一些,在1～10 μm 的范围,需要更长的波长才能得到类似的优点。然而,远红外波段能够提供的热辐射更少,不利于这种方法,除非得到适当的明亮的长波长光源(例如远红外激光器)。

红外辐射的场景布置好了,我们就可以更详细地讨论任何红外系统中的必要元件了,主要是光源和探测器。下一节概述了相关的合适器件,随后的几节逐个考虑不同的半导体材料和器件。

9.2 红外元件

一般可以预期,任何实际的红外系统包括合适的能量源、光学系统和适当的探

测器。在被动探测或成像系统的情况下,可以是自然光源,例如夜空或者被探测的物体本身。在主动系统中,采用的形式可能是激光器或者高温热源,例如,经过适当滤光了的钨灯。我们将在9.6节讨论红外激光器,所以,这里不再谈论它们。类似地,因为热源通常就是不同的被加热的物体,读者可以参考 Smith,Jones,Chasmar(1968)这本书的第8章。本节概述探测器,重点在于半导体的光探测器,它是我们的主要兴趣,但是也包括了一些作为对比的热器件。我们将考察不同类型的探测器,它们已经为测量红外光谱作了贡献,特殊的材料留在后面几节里描述。

不同的光探测器大致分为两类,分别用于红外光谱和成像应用。第一种可以分为三种探测器构型:光电导(PC)、光二极管(PD)和光电磁(PEM)探测器,第二种构型有两类半导体材料:"本征的"和"非本征的"探测器。上一章(8.3节)已经介绍了光电导和光二极管,读者可以参考那里的描述。英国的赫尔桑和罗斯以及美国的柯尼克和茨特在20世纪50年代末期演示了光电磁器件。它的工作原理如图9.3所示。光在靠近上表面的地方被样品吸收,产生的自由载流子从表面向体材料里扩散,外加磁场偏折了它们。可以看出,电子和空穴朝着相反的方向移动,在末端电极之间建立了光电压,构成了输出信号。(这实际上是自由载流子扩散产生的霍尔信号,而不是通常的漂移。)在特定环境里,它可以比简单的光电导给出更大的信号,但是需要用磁铁,所以它不太方便,从来没有被商业化。本征材料和非本征材料的差别已经在几个场合出现了——本征的光电导使用高纯的半导体样品,光生载流子来自光的带间跃迁,而在非本征器件中,则是杂质能级和价带(或导带)之间的跃迁(图9.4)。下面将会讨论这些跃迁的重要性。

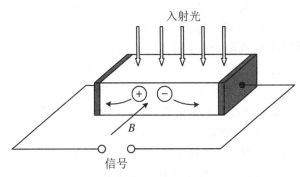

图9.3 半导体"光电磁"(PEM)光探测器的示意图

吸收入射光产生的自由载流子向下扩散到样品里,由于磁场 B 的存在而偏折。空穴和电子沿着相反的方向运动,在末端电极之间建立起了光电压

本节还要讨论一个合适的指标,"归一化的探测率"D^*,用于比较不同探测器的灵敏度,另一个重要的特征是探测器的响应时间 τ。为了恰当地理解探测率,有

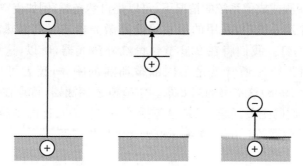

图 9.4　用于说明本征光电导和非本征光电导的半导体能带图
本征光吸收来自价带和导带之间的跃迁,非本征光吸收则是
杂质能级和导带(或价带)之间的跃迁

必要考虑影响探测器性能的各种噪声源,但是,我们只作些定性的讨论,避免通常教科书中的大多数数学(详细的讨论参见《半导体手册》中的文章 Elliott Tom,Gordon Neil(1993))。

　　探测率是个通用的概念,应用于任何辐射探测器。它依赖于这个事实:随机噪声限制了探测器能够记录的最小信号。假定探测器输出的信号电压经过放大器输送给显示器,重要的参数是放大器输出端的信号、噪声比 S/N(信号功率/噪声功率)。在实践中,对于大多数红外系统,放大器产生的噪声可以忽略不计,我们只需要考虑探测器输出端的 S/N 值,用这些项定义探测率。通常把"等效噪声功率"(NEP)定义为探测器输出端的 S/N 值等于 1 时所对应的输入端信号功率。这就是可以探测的最小信号,是探测器的重要指标。为了计算任何特定探测器的这个指标,有必要计算探测器输出端的噪声功率的所有贡献,它们有两种类型:发生在探测器里面的和发生在信号里面的。例如,在一个热成像系统中,照射在探测器上的辐射既有来自物体的贡献(假设物体的有效温度是 500 K),也有来自温度为300 K 的热背景(图 9.5)。显然,背景辐射会影响信号,它是一个噪声源,也许你会认为,利用现代化的信号处理技术,应当能够"去除"任何稳态的背景水平,使得信号完全没有背景。如果背景真的是常数,确实会这样,但是我们知道,背景由随机发射的光子构成,正是发射的随机性质给出了噪声。照射在探测器单位面积上的辐射功率随着时间涨落,在计算 S/N 信噪比的时候,正是用这些涨落的幅度与信号功率做比较。专题 9.2 更详细地讨论了这一点,定义了常用的指标 D^*,用于比较任何两个探测器的性能。简单地说, D^* 是"等效噪声功率" NEP 的倒数($D^* = (NEP)^{-1}$),其中的 NEP 是单位带宽和单位面积的探测器的等效噪声功率。

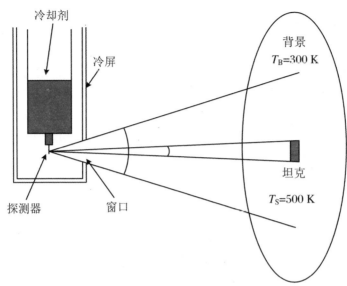

图 9.5　一个被冷却的探测器示意图

测量的热辐射来自一辆坦克(温度为 $T_s = 500\ \text{K}$ 的黑体)和温度为 $T_B = 300\ \text{K}$ 的背景。θ 定义了有效视角,而物体的张角为 φ。为了尽量减小到达探测器的背景辐射,需要冷却探测器周围的所有材料

专题9.2　背景限制的探测

为了理解"背景限制的探测"这个概念,我们考虑一个典型问题,用一个对 $4\ \mu\text{m}$ 波长敏感的探测器在背景温度 300 K 下探测一辆坦克(有效温度为 500 K)。假设探测器前面的光学系统的接收圆锥角为 θ,而坦克张开的圆锥角 φ 小得多(图 9.5)。虽然坦克单位面积发出的 $4\ \mu\text{m}$ 辐射的强度比相同面积的背景辐射强 100 倍(图 9.2(b)),到达探测器的总的背景"信号"可能与坦克的信号大小类似。探测问题就可以这样陈述:"探测器能够在背景中把坦克检测出来吗?"

在回答这个问题之前,必须搞清楚背景噪声的性质。背景辐射本身并不表示噪声功率——实际上,减去稳态的背景水平很简单,信号完全不受影响。但是,背景不是稳态的,它包含着(时间上)随机发射的光子流——每秒钟照射在探测器单位面积上的背景光子数 N_B(对探测器敏感的所有波长进行积分)随时间涨落,其振幅正比于 $N_B^{1/2}$,因此,总噪声功率正比于 $(AN_B)^{1/2}$,其中,A 是探测器的面积。现在的问题是:怎么区分坦克的信号和背景噪声的涨落?这就导致了等效噪声功率的概念,它定义为信噪比 $S/N = 1$ 时所对应的探测器输入端的信号功率。经过仔细考虑,可以得到如下表达式:

$$NEP = h\nu(2AN_{\mathrm{B}}B/\eta)^{1/2} \tag{B.9.6}$$

其中，ν 是辐射的频率，N_{B} 是照射到探测器上的背景光子流，η 是探测器的量子效率（每个光子产生的电子的数目）。在这个定义里，接收器的带宽 B 取为 1 Hz。

等效噪声功率显然是探测器性能的一个重要标志，因为它是能够探测的最小信号功率。作为一个指标来说，它可能不太理想，因为小的数字表示好的性能——很快它就被自己的倒数代替了。探测率定义为 $D = (NEP)^{-1}$，在表达式中去掉探测器的面积，就得到更一般的表达式（即单位面积单位带宽里的探测率）。这就是广为使用的"归一化的探测率"$D^* = a^{1/2}D$，所以

$$D^* = (h\nu)^{-1}(\eta/N_{\mathrm{B}})^{1/2} \tag{B.9.7}$$

它的单位很奇特，为 m·Hz$^{1/2}$·W^{-1}。（注意，文献中经常碰见 cm·Hz$^{1/2}$·W^{-1}。）

显然，公式（B.9.7）里 N_{B} 的数值依赖于背景温度和视角（图 9.5 中的 θ）。它还依赖于探测器响应的波长范围——记住，N_{B} 是所有探测波长上总的光子通量。D^* 还通过式（B.9.7）中的第一项依赖于波长，因此，对于背景限制的探测，不能引用 D^* 的任何确定值。然而，D^*_{BLIP} 是个有用的参数，它表示一个完美探测器的最高性能——在某些条件下，真实的探测器有可能非常接近这个性能。

我们要清楚上一段里说的是什么。探测器的背景噪声为任何光探测器的性能设置了最终极限（也就是探测率）——探测器本身的其他噪声来源只能够把性能降低到这个背景限制的水平之下。注意，如果假定探测器的量子效率是 1，则公式（B.9.7）给出的 D^* 表示了可能的最佳值（即最大值），它只依赖于背景和光学小孔（即图 9.5 中的角度 θ）的性质。但是，在解释图 9.5 的时候要小心，因为探测器"看到"的不只是角度 θ 的光锥中的背景辐射，还包括它周围的东西，包括窗口框架——通过这个窗口，它才能看到外面的世界。因此，所有这些都向探测器辐射能量，对背景噪声有贡献，只有把它们冷却到室温以下，才能尽量减小这个贡献。在图 9.5 所示的情况下，探测器及其周围的所有材料都处于制冷液体的温度，从而保证唯一显著的背景辐射来自场景。这样，也只有这样，我们才能严格地实现背景限制的性能——通常被缩写为"BLIP"（背景限制的红外光探测器）。保证 BLIP 性能的附加条件是，探测器中所有其他噪声源与来自背景的噪声相比都可以忽略不计，为了减小背景噪声而采用更小的探测器小孔（即 θ）的时候，这个条件显然难以满足。因为 D^*_{BLIP} 依赖于 θ，也依赖于探测器灵敏的波长范围，不可能引用精确的数值，但是，在 5~10 μm 波段工作的探测器的典型值可能是 $D^*_{\mathrm{BLIP}} = 10^9$ m·Hz$^{1/2}$·W^{-1}。（这个单位有点怪，这是因为 D^* 指的是单位面积（1 m^2）的探测器为带宽为 $B = 1$ Hz 的放大器工作，参见专题 9.2。）这意味着可以探测的最小信号在探测器输入端的大小是 10^{-9} W。然而，如果探测器面积实际上是 1 cm^2，而不是 1 m^2，这个指标减小为 10^{-11} W，如果接收器的带宽被增大到 100 Hz，两个指标都增大了一

个因子 $10(NEP \propto B^{1/2})$。

背景噪声已经说得够多了。该说说探测器了。我们先简要地讨论热探测器，然后再概述光探测器。如 9.1 节所述，第一个用于红外测量的灵敏探测器是热堆，热电偶的阵列(Sb/Bi 对)的一个例子如图 9.6 所示。(串联连接的目的在于提高灵敏度，但是，更仔细的理论分析表明，单个热电偶是同样有效的。)用金膜把热结搞黑，从而增强对辐射的吸收，而冷结与热沉保持接触。为了进行测量，还要用灵敏的电流计检测输出信号。实际上，为了提高性能，人们花了很多努力来设计电流计。一个有趣的例子是 C·V·博伊斯的微辐射计(1888 年)，利用了他成功制作的细石英光纤悬挂(8.1 节介绍了他制作光纤的新方法)。有些设计虽然很灵敏，但是缺乏鲁棒性，后来的发展依赖于电子放大器。因为设计稳定的直流放大器方面的问题，更常见的方法是以低频(几赫[兹])对信号进行斩波，并利用调谐到斩波频率的交流放大器。另一个主要发展是热堆材料，它们包括许多金属性的合金和一些半导体。蒸发金属薄膜制作的近代器件不仅坚固，而且响应相当快——D^* 可以高达 $10^7\ \mathrm{m} \cdot \mathrm{Hz}^{1/2} \cdot \mathrm{W}^{-1}$，响应时间短到了 1 ms(见 Stevens(1970))。这些热堆的一个特点(实际上是所有热探测器的特点)是，当波长大于 $100\ \mu\mathrm{m}$ 的时候，响应不依赖于波长。

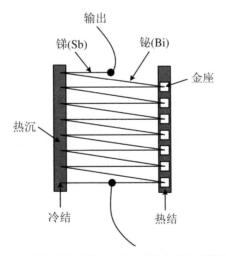

图 9.6　热电偶的安置：一个典型的红外热堆探测器

"黑色的"金台子覆盖了用来检测辐射的"热结"，以便优化光的吸收。冷结被埋藏在热沉里，保持固定不变的参考温度。输出信号送给灵敏的电压计或者低噪声放大器

热探测器技术的下一个新发明于 1880 年到来了，朗利引入了铂金条形式的辐射热计，它的电阻随着温度变化。在实践中，他使用了两个完全相同的条，其中只有一个暴露在辐射下。这两个铂金电阻放在惠斯通电桥里，在没有任何辐射的时

候,用可变电阻器让它达到平衡。照射到第一个铂金条上的光产生了不平衡性,表示为期望的信号电压。后来的发展使用了被斩波的辐射以及低频放大器,方式大致与上面描述的热堆相同。半导体材料的温度系数远大于金属,因此提供了更大的响应率,贝尔实验室的布拉顿(他因为 Ge 点接触晶体管而著名)和贝克尔在 1946 年引入了它们。最好的 D^* 值和响应时间非常接近于前面提到的热堆。然而,热辐射计的一个有趣变种(也是始于 20 世纪 40 年代)利用了接近于转变温度的超导体,那里的电阻随着温度的变化非常大,从而显著地提高了性能——已经报道的 D^* 值接近于 10^9 m·Hz$^{1/2}$·W^{-1},但是,它需要液氦冷却和非常仔细的温度控制,超导辐射热计的使用在很大程度上被限制在实验室中,作为极远红外区域的探测器,它的价值非常大。

高莱盒(Golay cell)是 20 世纪 40 年代的另一个新发明。一个很小的填充有气体的盒子,一侧是红外吸收性的薄膜,另一侧是非常薄的有弹性的反射镜。薄膜吸收辐射产生了热,从而升高了气体的温度,这样就增大了压强,扭转了反射镜,使得反射光束改变了方向。方向的变化用高度灵敏的光放大器记录下来,产生的信号输送给传统的电子放大器。最佳探测率 D^* 大约是 3×10^7 m·Hz$^{1/2}$·W^{-1},典型响应时间大约是 10 ms。

另一种热探测器是 1938 年首次提出的,但是直到 20 世纪 60 年代才开始严肃地开发,它就是热电探测器(Putley(1970)详细地描述了它)。它利用了这个事实:某些非中心对称的晶体材料,例如 LiNbO$_3$、BaTiO$_3$ 和硫酸三甘氨酸(TGS),当它们的温度改变的时候,电极化会发生变化,它们称为“热电性的”,而且这种极化电荷可以用电学方法探测。在一薄层这种材料的两个表面上放置电极,构成一个电容器,它的电荷状态随着晶体温度的变化而改变。如果入射光是以频率 ω 调制的,电容器两侧就会出现这个频率的交流信号,它可以接着被放大。今天的热电探测器的性能接近于最好的辐射热计,而且还有响应更快的优点。付出了探测率显著降低的代价,器件已经能够以 1 MHz 的频率响应。商业产品很容易得到,已经应用在很多防盗警报系统中。

上述所有器件的功能都依赖于检测入射光引起的温度变化。我们现在讨论“光探测器”这种半导体器件。它们的电学性质因为吸收红外光子而发生直接的变化。例如,在光电导里,器件电阻因为光生电子和空穴而下降,在光二极管里,这种电子和空穴在 p-n 结处的分离产生了电流。有三个显而易见的优点:不需要用“黑色”薄膜覆盖器件以便高效地吸收入射光(直接带隙半导体中的带带吸收本身就非常有效),也不需要把器件做得小而薄以便尽量减小热容量,最后,光电导的响应时间通常远远小于热探测器的响应时间,因为它受限于电子学时间常数而不是热学时间常数,典型值是微秒而不是毫秒。另一个特色不是那么明显,它与这个事实有关:辐射产生的电子的数目正比于每秒钟撞击在探测器上的光子数目 $N_{\rm ph}$,也就是说,$n \propto N_{\rm ph}$。因此,信号电压 $V_{\rm s} \propto N_{\rm ph}$,如果我们定义探测器的响应率(单位为 $\mathbf{V \cdot W^{-1}}$)如下:

$$R_\lambda = V_{\rm s}/P_{\rm ph} \tag{9.1}$$

其中,$P_{\rm ph}(=N_{\rm ph} \cdot h\nu)$是探测器上的辐射信号功率,$R_\lambda \propto (h\nu)^{-1} \propto \lambda$。入射光的波长越长,响应率越大,这个结果适用于任何类型的光探测器。

为了让光探测器适合于特定的应用,必须区分本征器件和非本征器件(依赖于光子的吸收是由于价带-导带跃迁还是杂质能级-能带跃迁)。首先考虑前一种类型,主要要求是半导体的能隙应当小得足以吸收所需的辐射,这个条件可以写为

$$E_{\rm g}({\rm eV}) \leqslant 1.240/\lambda(\mu{\rm m}) \tag{9.2}$$

另外,公式(9.2)也定义了带隙为 $E_{\rm g}$ 的特定半导体能够吸收的最大波长。大致可以预期,响应率随着波长的增大而增大,直到截止波长 $\lambda_{\max}$,响应率在那里很快地减小到零,如图 9.7 所示。截止不是无限尖锐的,它依赖于吸收边的形状(例如,见图 5.11),直接带隙材料和间接带隙材料有显著的差别。这个差别对吸收长度的影响也很重要(入射光强度降低到初始值的所需要距离的 $1/e$),带边附近的典型值是:直接带隙为 $1\,\mu{\rm m}$,间接带隙为 $10\,\mu{\rm m}$。这又决定了材料有效地吸收辐射所需要的厚度,分别是 $3\,\mu{\rm m}$ 和 $30\,\mu{\rm m}$。

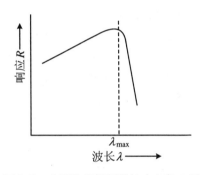

图 9.7 典型的光探测器的响应率 R 随入射光波长 λ 的变化方式

在短波长区,R 线性地增加,当 λ 超过公式(9.2)定义的截止波长 $\lambda_{\max}$ 的时候,R 很快就减小到零。截止的陡峭程度依赖于半导体的吸收边

对于非本征探测器,吸收的波长通常大于基本能隙对应的跃迁波长。例如,硅里面的施主杂质可以具有 $50\,{\rm meV}$ 的电离能,对应于截止波长为 $25\,\mu{\rm m}$,然而,窄带隙半导体 InAs 的带隙为 $0.35\,{\rm eV}$,截止波长为 $3.5\,\mu{\rm m}$。另一个重要差别是,吸收系数依赖于杂质原子(例如施主)的浓度,非本征探测器难以得到足够的吸收。在一些情况下,杂质的溶解能力不足,即使这个不是限制因素,杂质原子间的相互作用也会出现问题,当浓度为 $10^{26}\,{\rm m}^{-3}$ 或更大的时候,间距是 $1\,{\rm nm}$ 左右。

这就带来了如何针对特定应用选择最佳材料的问题。乍一看,能隙非常小的材料适合探测所有的波长,但是不要忽视这个事实:能隙 $E_{\rm g}$ 越小,本征载流子密度 $n_{\rm i}$ 越大(式(1.3)),为了减小探测器噪声,希望尽量减小 $n_{\rm i}$。如第 1 章所述,$n_{\rm i}$ 来自电子和空穴的热激发——在热平衡情况下,产生和复合达到了动力学平衡——虽然 $n_{\rm i}$ 的稳态值可以用电学方法抵消,但是,产生和复合过程的本性是随机的,就

像上面讨论的热激发的背景噪声一样。n_i 越大,生成-复合噪声也就越大,探测率就越差,因此,我们应当选择半导体的能隙刚刚小得足以探测感兴趣的最长的波长,但是不要再小了。此外,因为 $n_i \propto (m_e m_h)^{3/2}$,希望选择导带和价带的有效质量都小的半导体。但是,更重要的是选择工作温度——n_i 对 $-E_g/(2kT)$ 的指数依赖关系使得生成-复合噪声随着温度剧烈地变化,如果想要实现 BLIP 性能,通常需要把探测器冷却。在考虑生成-复合噪声的时候,需要认识到设计光电导探测器的另一个微妙之处。因为生成-复合噪声止比于样品中本征自由载流子的总数,可以通过减小样品的厚度来降低它。另一方面,如果做得过分了,信号电流就会减小,因为只有一部分入射光子被吸收了。最佳的设计要求,厚度大致是上面定义的吸收长度的 3 倍,对于直接带隙材料,大约是 3 μm。相比之下,间接带隙材料就痛苦了,因为它们必须厚许多倍,才能吸收大部分的信号光子。

最后,除了这些以外,还要考虑 9.1 节提到的地球大气的透射性质(图 9.2)。在 8~14 μm、3~5 μm 和 1~2 μm 的区间有透射"窗口",所以,它们广泛地应用在红外系统上,前两个用于热辐射,第三个用于夜视管,如下一节所述,光探测器的带隙已经匹配了这些要求。

9.3 两次世界大战以及战后的情况

虽然红外器件已经在日常生活中有很多应用,但是主要的发展动力显然来自军事需求的刺激。第一个演示了有用的红外性能的半导体光探测器是第一次世界大战期间在纽约奥本的凯斯研究实验室里研究的。这是"硫化铊盒子",通过在氧气环境里熔化硫化铊制作的光电导,然后进行真空处理以提高其灵敏度。灵敏度在 1 μm 处达到最大值,当波长超过 1.2 μm 的时候降为零,这是带隙大约为 1.1 eV 的材料的典型特征(当然,那时候并没有这样的解释——带隙随着固体的量子理论在 20 世纪 30 年代到来)。在钨丝灯的强度为 0.06 fc 的光照下,最佳器件的暗电阻下降了 50%。记录下来的响应时间是 10 ms。虽然它们在战争的后来阶段有些应用,也被一些其他国家仿造(意大利、德国、苏联和英国),但是这些探测器不稳定,容易被可见光或者紫外光损坏。在第二次世界大战的早期阶段,终于克服了这些问题,但是,它们只在近红外区灵敏,作为夜空辐射探测器是有用的。它们与红外影像管竞争,我们后面将会看到,后者很快就主宰了这个光谱区。

第一次世界大战以后,红外器件的工作有一段平静期,直到 20 世纪 30 年代德国开始重新武装,硫化铅(PbS)作为红外探测器有了重要发展。实际上,早在 1904

年,玻色就演示了第一个光伏器件,使用天然的方铅矿晶体,但是,这些材料的质量变化很大,缺乏可靠性——我们现在知道,它们包含了数量不可控的杂质。30年代的重要突破来自可控地沉积硫化铅薄膜,真空蒸发到玻璃衬底上,或者是通过化学反应(醋酸铅和硫脲在过氧化钠存在的环境里发生反应)。就像硫化铊盒子的情况一样,氧在提高灵敏度方面扮演了非常重要的角色,需要精心地加入(在蒸发炉里保持少量的氧气压,或者在用化学方法沉积了薄膜以后再进行氧气烘烤)。有趣的是,德国的研究大量使用与点接触二极管有关的光伏效应——猫须探测器,我们的老朋友,扮演了非常重要的角色:在射频的早期岁月里作为高频整流器,在第二次世界大战中(基于硅和锗)作为微波雷达探测器(见第2章)。

PbS 的重要性质是响应波长比 Tl_2S_3 长得多(图 9.8),截止波长大约是 3 μm(在室温下),用液氧把器件冷却到 90 K,截止波长移动到 4 μm(今天的环保斗士肯定会揭竿而起,但是,那时候还没有更安全的液氮!)。当第二次世界大战来临的时候,PbS 成了第一个对(普通温度的物体的)热辐射灵敏的半导体,引起了广泛的兴趣。大西洋两岸都很努力地研究 PbS,因为事关军事秘密,所以这些研究基本上是独立的。即使在今天,这种分离主义在很大程度上仍然存在,比如说,美国出版物例如《半导体和半金属》(见第 5 卷、第 15 卷和第 18 卷)或者 *Proceedings of the Institute of Radio Engineers*(第 47 卷)主要包含美国作者的文章,而欧洲对应的出版物《物理学进展》(第 2 卷)或者《半导体手册》(第 4 卷)大多来自欧洲的贡献。

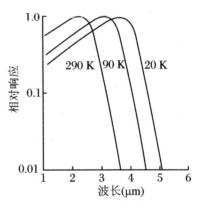

图 9.8 PbS 光电导的典型响应曲线

在温度降低的时候,截止波长向更长的波长移动。这样就可以在一定程度上"调节"响应峰以便匹配系统要求。冷却还提高了探测率

这个工作的结果是开发了 1~4 μm 波长范围内(当时)最灵敏的探测器。探测器被冷却到 195 K(利用固体 CO_2),测量得到的探测率的数值是 $D^* = 3 \times 10^9$ m · $Hz^{1/2}$ · W^{-1},接近于 300 K 的 BLIP 性能。把探测器冷却到更低的温度,截止波长就增大了,如图 9.8 所示,但是,只有仔细地屏蔽室温背景辐射,才能得到最佳性能。如图 9.8 所示,液氧(或液氮)冷却的 PbS 探测器可以用于超过 4 μm 的波长,但是这并没有完全覆盖大气的 3~5 μm 窗口——在探测 500 K 热辐射(它的峰出现在 6 μm 左右,见图 9.1)的时候,一些扩展显然会提高性能。此外,8~14 μm 窗口远远超出了 PbS 的范围,材料显然需要一些重要修改,才能探索这一区域。实际上,朝向这一目标的第一步来得很早,德国的战时工作探索了硒化铅和锑化铅

（PbSe 和 PbTe）的使用，但是只取得了很有限的成功。到了战后，英国的进一步发展才表明，这些材料可以得到非常优异的性能，而且重要的是，在截止波长方面有显著扩展（例如，Smith（1953））。图 9.9 给出了这三种铅盐的响应曲线，它们鼓励了人们，冷却的 PbSe 探测器在超出 8 μm 的波长上是灵敏的，有点神秘的是，PbTe 的截止波长位于 PbS 和 PbSe 之间，而不是像我们根据它的化学性质预期的那样，位于更长的波长。不幸的是，仍然没有达到 8～14 μm 的带，但是，PbSe 和 PbTe 都能够很好地覆盖 3～5 μm 的带，灵敏度非常好。

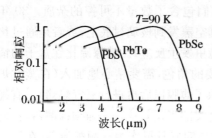

图 9.9　三种铅盐在 90 K 温度下的
相对响应曲线

注意这个奇怪的事实：PbTe 曲线位于其他两个之间，而不是像根据它的化学性质预期的那样处于更长的波长

所有这些器件都是用薄的光电导薄膜（约 1 μm 厚）沉积在玻璃或石英衬底上——石英用得更多，因为人们发现，玻璃中的杂质扩散到薄膜里，降低了它的性能。这不奇怪，它们都是多晶，晶粒尺寸约是 0.1 μm，因此，它们的工作模式不那么确定。第 10 章将详细地讨论多晶材料，那里有很多其他的例子，包括技术上重要的多晶，但是，这里还要提到一个特别的问题。构成薄膜的每个微小晶粒之间的晶界扮演了什么角色？简单地说，它们很可能表现为电子电荷的陷阱，导致了晶粒内部的能带弯曲，在每个晶粒之间形成了势垒。它在两个方面影响了光电导：光生载流子必须越过这些势垒，才能向末端电极前进（有效地增加了样品电阻），而晶界处束缚的光生少数载流子降低了势垒高度（这样就减小了电阻），这些复杂性使得薄膜性质变得很不容易理解（碰巧，以前人们认为，氧在决定晶粒之间的势垒方面扮演了重要角色）。如下一章所述，需要对晶粒尺寸、势垒高度和半导体掺杂进行权衡，它们导致了多晶光电导的一些没有预期到的行为，但是，在 20 世纪 40 年代和 50 年代，人们在探测铅的硫属化合物的时候，对这些都没有什么理解。有些讽刺性的是：从单晶转向多晶薄膜，在技术上无疑是成功的，但是，对性能极限的科学理解却变得更难了。杂质浓度受控的人造单晶的生长肯定会提供答案，对吧。真的吗？

人造单晶的成功生长是由 W・D・劳森在英国皇家雷达实验室于 1951 年（PbTe）和 1952 年（PbS 和 PbSe）首次实现的。他使用了布里奇曼法的一个版本（从熔化物中生长），PbS、PbSe 和 PbTe 的熔点分别是 1 127 ℃、1 081 ℃和 924 ℃。冷却过程导致的应力产生了一些问题，切克劳斯基生长方法后来解决了这个问题，但是这里不能够应用，因为硫属化合物的蒸气压很高（在 GaAs 生长中引入的液体包装盒方法直到 1965 年才出现，见第 5 章）。单晶使得人们可以在很大范围里进行光学测量和电学测量,从而了解这些材料的基本性质。光学吸收测量的结果支持了光探测器截止波长对应于带隙能量的解释,(在室温下)分别是 $E_g = 0.30$ eV (PbS)、0.22 eV(PbSe)和 0.25 eV(PbTe),从而证实了这个没有预期到的顺序。所有这三种盐的 E_g 的温度系数都非常接近,大约为 $+2.5 \times 10^{-4}$ eV·K^{-1},符合探测器响应曲线的行为。(注意,这个正号与大多数半导体中的数值相反,很可能与晶体结构有关——铅盐的结晶形式是 NaCl 面心立方结构,有着八面体的对称性,而不是Ⅳ族、Ⅲ-Ⅴ族和Ⅱ-Ⅵ族材料的四面体对称性。)霍尔测量和电导率测量表明,自由载流子迁移率很高,但是,热带隙能量(根据本征自由载流子密度的温度依赖关系推导出来。)比光学带隙大几倍,这个差别起初并没有解释。这个问题很可能是因为研究的大多数晶体的非本征载流子密度太高了——实际上,后来的结果符合得更好了,热带隙和光学带隙都被修改了。现在接受的数值是 $E_g = 0.42$ eV、0.27 eV 和 0.31 eV,而温度系数是 $+4.7 \times 10^{-4}$ eV·K^{-1}——到了 20 世纪 70 年代,才搞清楚这些事情,大约 20 年过去了!(又一次说明了研究半导体材料有多么困难。)早期的能带结构计算指出,所有的“铅盐”都是间接能隙,但是,后来的工作表明,这又错了。现在人们认为,这些硫属化合物半导体具有直接带隙,但是,每个材料的能带极值处于布里渊区的 L 点,也就是沿着(111)方向(有四个等价的这种极值,就像我们在第 3 章看到的导带最小值一样。)关于铅盐的更仔细的描述由 Lovett(1977)给出。这里就不再讨论了。

物理学上的困难并没有影响铅的硫属化合物成为高效的红外探测器,但是逐渐地出现了一个显著的实际问题:响应时间的问题。测量发现,薄膜样品中的少数载流子寿命位于 $0.1 \sim 1.0$ ms 附近(很可能是因为载流子束缚在晶界上了),这样就限制了响应时间。这些数值仍然小于当时的热探测器的响应时间,但还是太长了,不适合热成像的重要应用,后者是 20 世纪 50 年代后期迅速出现的技术。关于成像系统的任何详细讨论都有些离题太远了——你可以参考 Lloyd(1975)的著作和 Morten(1971)以及 Jervis,Lockett(1971)的文章——但是,对探测器响应时间的重要性有些了解总是好的。

后来的工作使用一维和二维阵列的探测器,但是第一个红外成像系统基于的是单个探测器单元,通过转动反射镜、棱镜或者一个合适的斩波盘,图像被机械地扫描到这个单元上,如图 9.10 所示,其中,转动轴相互垂直的两个反射镜实现了扫描,类似于电视扫描的方式,线扫描反射镜转动得比帧扫描快得多(在帧扫描从一根线扫到下一根的时间里,线扫描必须完成一整条线)。然而,一个关键的要求是,需要在人眼的视觉暂留时间里完成整个帧,也就是在大约 1/25 s,简单的计算表明,在这种情况下,每个(名义上)的场景像素照射在探测器上的时间不超过 $1/(25N)$ s,其中,N 是像素的总数目。即使一幅粗糙的图像只包括 $20 \times 20 = 400$

个像素,探测器的响应时间也要小于 10^{-4} s。毫秒响应时间完全不能接受,合适的
目标水平更可能是 10 μs。怎么办?

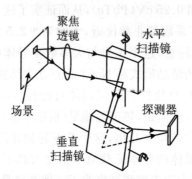

图 9.10 基于单个辐射探测器的用于红外成像仪的简单扫描系统

第一个旋转反射镜用来线扫描(也就是水平扫描),而第二个用来帧扫描(也
就是垂直扫描)。注意,这两个反射镜的旋转轴是相互垂直的

有两种可能性:一个是使用光二极管而不是光电导(由第 8 章可知,光二极管
比光电导快得多),另一个是改变材料。第一个选项要求单晶形式的铅盐能够可控
地进行 n 型和 p 型掺杂,虽然这不是完全不可能,但是还远远不够直截了当。单晶
里的背景掺杂水平相对高这个事实并不是一个缺点,因为在简单的 p-n 二极管里,
n 侧和 p 侧需要很大的重掺杂以减小串联电阻,然而,它确实意味着更复杂的技
术,光二极管总是比光电导更难以制作。第二个选项是偶然的结果,但是,偶然的
机会选择了一个有希望的候选者,Ⅲ-Ⅴ族材料 InSb。在 20 世纪 50 年代,德国的
威尔克教授和西门子公司已经打开了Ⅲ-Ⅴ族化合物的潘多拉盒子,如前几章所
述,导致了 GaAs,GaP,InP 和许多合金的出现,在硅难以征服的任何地方,它们继
续吸引着人们的注意。到目前为止,我们忽略了 InSb,因为它的能隙非常小,$E_g =$
0.17 eV,但是,在红外探测方面,它开始显山露水了。室温下的截止波长大约是
7 μm,在 77 K 减小到 5.5 μm,它是挑战铅盐的理想候选者。单晶比较容易生长出
高纯度,此外,测量得到的少数载流子寿命在 1 ns 和 1 μs 之间。所有这些都在 50
年代末期之前就实现了,到了 1957 年,InSb 已经在光伏探测器和光电导探测器应
用方面进行了尝试(例如,见 Kruse(1970))。有趣的是,美国偏爱二极管,而英国
偏爱光电导,但是,总体性能没有什么差别。无论如何,在研究热成像的时候,显然
不能忽视 InSb。

InSb 的关键特点是能够得到控制得很好的单晶,而且,因为它的熔点比较低
(530 ℃),熔点温度下 Sb 的蒸气压也低,晶体生长是比较直截了当的。这个材料
首先用分区精炼法纯化,主要是去除 Te(施主)和 Zn(受主)。然后用水平式布里

奇曼法或者切克劳斯基方法在大气压下生长晶体,通常是在氢气气氛中。在 Hilsum,Rose-Innes(1961) 和 Madelung (1964)的著作中,他们精彩地总结了 InSb 的早期的电学和光学性质。与具有普通能隙的其他Ⅲ-Ⅴ族化合物一样,InSb 是直接带隙半导体,就像光电导器件希望的那样,而且,它的电子有效质量很小(在低温下,$m_e = 0.012m$)。最纯的晶体的净施主密度是 10^{19} m^{-3} 的量级(室温下的本征自由载流子密度是 $n_i = 1.5 \times 10^{22}$ m^{-3}),但更常见的是 $10^{20} \sim 10^{21}$ m^{-3},室温下的电子迁移率接近于 8 m$^2 \cdot$ V$^{-1} \cdot$ s^{-1},对于 p 型光电导探测器上的应用来说,这个数值大得鼓舞人心(GaAs 的数值是 $\mu_n = 0.9$ m$^2 \cdot$ V$^{-1} \cdot$ s^{-1},这是人们认为 GaAs 比硅好的一个重要优点)。电子迁移率峰值在低温下接近于 100 V$^{-1} \cdot$ s^{-1},同样也是让人垂涎——为了降低生成-复合噪声,必须冷却探测器。

值得注意的是,因为能够得到高质量的自由载流子迁移率非常高的晶体,InSb 是第一个被深入研究的化合物半导体。在 20 世纪 50 年代和 60 年代,人们详细地研究了多数载流子和少数载流子的性质,在很大程度上使之走在 GaAs 工作的前面。实际上,许多分析 GaAs 行为的成功技术是从早期的 InSb 工作中得来的。关于霍尔和电导率测量的完整描述,读者可以参考经典著作《霍尔效应和半导体物理学》(Putley,1968)。

测量得到的复合寿命随着温度和掺杂水平表现出有趣的变化关系,通常位于 $10^{-7} \sim 10^{-9}$ s 的范围,这个数值显然短得足以满足扫描影像的应用,但是,对于最优的探测器灵敏度来说,可能有些太短了(在 p 型光电导中,探测率 D 正比于 τ_n,参见专题 9.3)。为了说明复合过程的复杂性,我们应当注意,好几种复合机制都可能有影响。其中最简单的是直接辐射复合,但是,在很多情况下,非辐射复合过程占据主导地位。在 p 型 InSb 中,人们发现寿命被俄歇复合或"肖克利-瑞德"机制控制。在俄歇过程中,复合的自由载流子把它的能量给了另一个自由载流子,把它激发到合适的能带;在肖克利-瑞德过程中,电子和空穴通过禁带中的杂质深能级来复合(深中心先从导带捕获一个电子,然后再从价带捕获一个空穴)。肖克利-瑞德过程有个特点很有趣:依赖于复合中心的密度小于或者大于多数载流子密度,电子和空穴的寿命可以相等或者不等,这对器件性能有重要影响。在 p 型 InSb 中,人们发现 τ_n 在室温下等于 τ_p,但是在 77 K 下,$\tau_n \ll \tau_p$,要用显著不同的理论方法来分析两个温度下的器件行为。特别是,光电导响应时间 τ_{pc} 不再等于 τ_n——与专题 9.3 中的假设不一样。进一步追究就会让我们深深地陷入数学迷宫,但是,仍然值得指出,为了恰当地理解器件行为,需要考虑很多复杂的事情。

专题9.3 光电导探测器的灵敏度

关于光探测器性能的理论推导的文献很多,考虑了限制性能的各种噪声机制。它们通常很复杂,依赖于特定的模型,包含了不同的近似。这个简短的介绍不可能仔细考察任何一个计算——感兴趣的读者可以在参考文献中找到它们,比如说Kruse(1970)或Elliott,Cordon(1993)——但是本专题简要介绍一个这样的推导,考察它的假设和结论。为了确定起见,我们选择工作在室温下的 InSb 光电导探测器。具体的几何构型如图9.11所示。

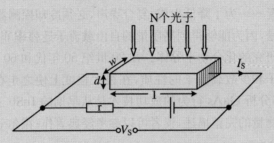

图9.11 典型光电导探测器的几何结构

图中给出了样品的尺寸和辐射的配置。I_S 是光电流,它依赖于外加直流电源。出现在器件两端的电压 V_S 表示送到预放大器输入端的信号

可以直接推导出短路光电流 I_S 的表达式:

$$I_S = ewd(n\mu_n + p\mu_p)F_x = ewN\tau_n\mu_nF_x \qquad (B.9.8)$$

其中,N 是每秒钟单位表面积吸收的光子数目($N = \eta N_{ph}$),τ_n 是电子复合时间,F_x 是外加电场。我们还假定,$\mu_n \gg \mu_p$,对于 InSb 来说,这是适当的。由此可以得到,预放大器输入端的开路电压是 $V_S = I_SR$,其中,R 是样品电阻。假定样品是本征的(InSb 在室温下可以达到 $n_i = 1.5 \times 10^{22}$ m^{-3}),我们可以把样品电阻写为 $R = 1/(wdn_ie\mu_n)$,所以

$$V_S = lN\tau_nF_x/(n_id) \qquad (B.9.9)$$

由此可以把探测器响应率 R_λ 写为 $R_\lambda = V_S/P_{ph}$,其中,P_{ph} 是照在整个探测器面积上的辐射功率,即,$P_{ph} = N_{ph}h\nu lw$,假定量子效率是 1,那么,$N = N_{ph}$,我们有

$$R_\lambda = \tau_nF_x/(wdn_ih\nu) \qquad (B.9.10)$$

为了得到最小可探测功率(等效噪声功率)NEP 的表达式,需要把这个信号功率 P_S 和入射光功率 P_{ph} 联系起来。$P_S = V_S^2/R$,其中,$V_S = R_\lambda P_{ph}$,所以

$$P_{ph} = (RP_S)^{1/2}/R_\lambda \qquad (B.9.11)$$

因此

$$NEP = (RP_N)^{1/2}/R_\lambda \tag{B.9.12}$$

其中,我们把 $P_S = P_N$(P_N 是噪声功率)作为最小可探测信号的条件。注意,$(RP_N)^{1/2} = V_N$(噪声电压),最后可以把探测率 D 写为

$$D = R_\lambda/V_N \tag{B.9.13}$$

(注意,在计算噪声电压 V_N 的时候,我们假定接收器的带宽为 $B = 1 \, Hz$。)

这个结果很有普遍性,但是,为了再前进一步,需要知道限制性能的噪声的性质。在这种情况下,样品中的约翰逊噪声通常超过其他噪声源,$V_N = (4kTRB)^{1/2}$,其中,$B = 1 \, Hz$。注意,约翰逊噪声不依赖于样品面积,所以,在这种情况下定义 D^* 没有什么好处。

为了对这个理论有些感觉,我们计算重要参数的数值。为此,我们选取输入参数如下:$\mu_n = 8 \, m^2 \cdot V^{-1} \cdot s^{-1}$,$\tau_n = 3 \times 10^{-8} \, s$,$l = w = 1 \, mm$,$d = 3 \, \mu m$,$n_i = 1.5 \times 10^{22} \, m^{-3}$,$\nu = 6 \times 10^{13} \, Hz(\lambda = 5 \, \mu m)$,$F_x = 3 \times 10^3 \, V \cdot m^{-1}$,$B = 1 \, Hz$。由此得到

$$R = l/(wd)(n_i e \mu_n) = 17 \, \Omega$$
$$R_\lambda = \tau_n F_x/(wd n_i h\nu) = 50 \, V \cdot W^{-1}$$
$$P_N = 4kTB = 1.7 \times 10^{-20} \, W$$
$$V_N = (P_N R)^{1/2} = 0.5 \, nV$$
$$NEP = V_N/R_\lambda = 1.0 \times 10^{-11} \, Hz^{-1/2} W$$
$$D = (NEP)^{-1} = 1.0 \times 10^{11} \, Hz^{1/2} \cdot W^{-1}$$
$$(D^* = D(lw)^{1/2} = 1.0 \times 10^8 \, m \cdot Hz^{1/2} \cdot W^{-1})$$
$$N_{NEP} = NEP/(lwh\nu) = 2.7 \times 10^{14} \, m^{-2} \cdot s^{-1}$$
$$n_{NEP} = N\tau_n/d = 2.7 \times 10^{12} \, m^{-3}$$

注意,与 n_i 相比,n 的数值非常小——光诱导的样品电阻变化只是稳态值的很小一部分。另外一个结果也有点古怪:R_λ 不依赖于电子迁移率 μ_n,虽然它正比于复合寿命 τ_n。为了提高响应速度而减小寿命,就会降低响应率(以及探测率)。

还有一个评论,公式(B.9.10)表明,响应率正比于外加直流电场 F_x,似乎可以通过增大电极间的外加电压而无限制地增大 R_λ。实际上这是不可能的,有两个原因:首先,直流功率会让样品过热;其次,载流子会被扫走。在第一种情况下,为了让温度的升高最小,极限大约是 $(5 \sim 10) \times 10^4 \, W \cdot m^{-2}$,在我们的例子里,最大允许值接近于 $F_x = 3 \times 10^3 \, V \cdot m^{-1}$。"扫走"指的是,载流子在体材料中复合之前就被扫到电极去了。这个模型的中心假设是电子和空穴只在体材料中复合,而不会在表面上的任何地方(因此,公式 (B.9.8)用的是体材料复合寿命 τ_n)。在第一个例子中,这意味着上表面和下表面的表面复合速度必须很小(仔细的表面处理可以满足这个要求);在第二个例子里,外加电场不足以产生扫除效应。这个条件要求体材料复合事件之间的漂移距离 L_d 小于样品长度 l,所以

$$L_d = \mu_n F_x \tau_n < 1 \qquad (B.9.14)$$

在我们的例子中,这个条件给 F_x 设立了一个限制,大约是 3×10^4 V·m^{-1},它比热耗散极限值大得多,所以无关紧要。然而,如果器件尺寸减小为 10 μm × 10 μm,扫除效应的极限就是 300 V·m^{-1},而热耗散的极限值是 3×10^3 m^{-1}(热耗散对 F_x 的限制不依赖于器件面积,它的关系是 $F_x < (RP_D w/l)^{1/2}$,其中,P_D 是探测器单位面积上的耗散功率)。

光电导、光电磁和光二极管这二种探测器都是在 20 世纪 50 年代后期发展的,从那时候起,光电导和光二极管已经成功地得到了广泛应用。虽然光电磁探测器演示了与光电导器件相仿的性能,但是从来没有得到真正的商业化,所以我们不再谈论它们了。作为探测器制作技术的例子,考虑 InSb 光电导的制作工艺。高纯的样品首先切成片,然后抛光并腐蚀,得到复合速率低的表面,再把片子粘到石英衬底上,"切丁"(也就是切成长方形),进一步腐蚀以便得到最佳厚度(通常是 5 μm),接着在每个器件的相对两端用 In 焊接铂丝制成电极。另一种方法是制成探测器线阵,用光刻方法定义出小的长方形,它们有共同的电极,每个探测器还有单独的电极。光电导器件的性能指标如图 9.12 所示,可以看出,冷却到 77 K 的器件的探测率非常接近于 290 K (2π)BLIP 性能,D^* 的最大值是 5×10^8 m·Hz$^{1/2}$·W^{-1}。InSb 二极管探测器是通过把 Zn 扩散到 n 型片子里制成的,用通常的方式切丁和制作电极。把视场限制到 15° 的角度里,得到的探测率高达 5×10^9 m·Hz$^{1/2}$·W^{-1}。

关于本征探测器就讲这些了——非本征器件的发展也同时进行,很大程度上基于掺杂的 Ge 晶体。如前文所述,战后的各种本征探测器能够很好地覆盖 3～5 μm 波长的大气窗口,但是不能覆盖 8～14 μm 的带,而后者对于检测温度接近于室温的物体特别重要(图 9.1)。在没有其他更合适的材料的时候,人们试图(大多在美国,在 1955～1962 年期间)把非本征探测器用于这个重要的带,希望的光学吸收对应于把电子从浅的杂质能级传送到导带,或者从价带传送到合适的杂质能级,如图 9.13 所示。光电导分别由自由电子或自由空穴提供。截止波长对应于能量 ΔE_1 和 ΔE_2,所以,选择合适的杂质,有可能调节响应曲线与期望的范围匹配。一个要求是,图 9.13(a)中的杂质能级实际上包含了一个电子(或者(b)中的能级是空的),这意味着工作温度低得足以满足条件 $\Delta E \gg kT$。例如,如果涉及的波长是 $\lambda = 10 \mu$m,就要求温度 $T < 0.1 hc/(k\lambda) = 140$ K。然而,更严格的要求来自热噪声最小化的需要,所以,实践中需要更低的温度。图 9.14 给出了许多测量得到的 Ge 中的杂质 Au,Hg,Cu 和 Zn 的响应曲线,以及合适的工作温度。波长可以达到 100 μm,使用浅施主能级(由于 Sb)或者浅受主能级(由于 B),使用 InSb 中的杂质能级,甚至可以达到更长的波长。

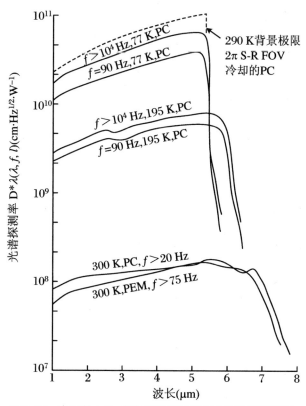

图 9.12　实际的 InSb 光电导探测器在三个不同温度下的
归一化的探测率 D^* 的实验数值

注意截止波长随着温度的降低而减小。77 K 的性能接近于室温下 2π 弧度视场的背景极
限。（取自 Kruse P W. 1970. Semiconductors and Semimetals// Willardson R K，Beer
A C. Vol. 5. Academic Press：15，fig.43)爱思唯尔公司惠允重印

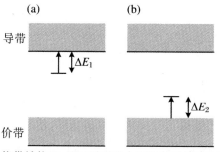

图 9.13　能带结构图：用于说明非本征光电导涉及的光学跃迁

（a）电子从刚刚低于导带的杂质能级上被激发到导带；（b）电子
从价带被激发到合适的杂质能级上。吸收系数依赖于可以实现
的杂质浓度，通常远远小于本征（带-带）跃迁对应的吸收系数

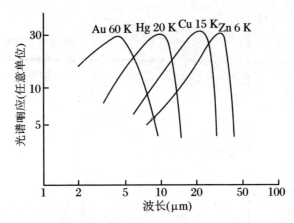

图 9.14　掺杂锗的非本征光探测器的典型响应曲线

杂质的选择允许得到一定范围的截止波长,但是,随着波长的增大,有必要降低工作温度,就像每条曲线上标示的那样。(取自 Smith R A, Jones F E, Chasmar R P. 1968. The Detection and Measurement of Infra-Red Radiation. Oxford University Press:164)牛津大学出版社惠允

　　虽然这种材料对于拓展波长范围很有价值,但它们受到光学吸收差的困扰,吸收系数正比于杂质原子的密度,这通常限制在很普通的数值(例如,$10^{22} \sim 10^{23}$ m^{-3})。为了改善探测率,有必要把探测器放在光学积分球里,保证光多次穿过探测器。再加上工作温度低,这种探测器不能广泛应用在实验室之外。在 20 世纪 50 年代结束的时候,显然需要新的本征材料来满足适合于 8~14 μm 带的探测器的需求,但是,在回到这个重要的问题之前,我们必须关注更短的 1~2 μm 的波长范围,它很有趣,因为夜空辐射的光谱分布。如图 9.15 所示的辐射强度曲线表明,在没有月光的时候,有效的夜视(基于反射光)依赖于我们利用波长的"星光"带的能力,大约位于 0.8~1.4 μm 范围,峰值在 1.25 μm 左右。在实践中,这个区域已经被真空管利用了,这就让我们从光电导的世界来到了光阴极的世界。

　　如前文所述,任何红外系统通常都有探测器,后面跟着信号放大器。影像管和光电倍增管也不例外,虽然探测器和放大器的功能与前面讨论过的有些不一样。光阴极吸收了光,产生的电子被注入真空里,它们在那里被加速到阳极,后者带有很大的正电势。通过这个势能差获得的能量构成了功率增益,最简单的管子只包括一个真空二极管,这个能量可以用来激发磷光屏,使之发出可见光。显然这种安置可以作为影像转换器,红外影像聚焦在阴极上,以可见光影像的形式出现在阳极。另外,使用一套二次发射倍增电极,可以把电子密度增大许多。这就是光电倍增管的基础。我们这里关心的是光阴极的性质,在很多情况下,它是半导体薄膜。Sommer(1968)精彩地描述了光阴极材料的早期发展,而 Smith et al(1968)的第四章简要地讨论了合适的管子。

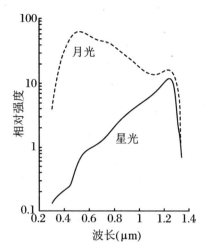

图 9.15　夜空的辐射强度:有月照的夜晚和只有星星的夜晚

可以看出,在只有星星的夜晚,有效夜视的光谱范围大致是 $0.8 \sim 1.4\,\mu\mathrm{m}$。

(取自 Richards E A. 1969. Advances in Electronics and Electron Physics:
Vol. 28B:661,fig.2)爱思唯尔公司惠允重印

　　光电发射(photoemission)的第一个证明归功于 1887 年的赫兹。在研究电火花通过一对金属电极(见第 2 章)产生的射频波的时候,赫兹观察到,如果用紫外光照射负电极,火花就可以通过更大的间隙。随后很快就发现,在可见光的照射下,碱金属表现出光电效应。为了理解这些现象,我们必须等待:J•J•汤姆孙在 1897 年发现了电子,普朗克在 1901 年提出了辐射量子的假设,爱因斯坦在 1905 年解释了光电效应。根据这个理论,电子被发射到真空里,它的能量 E 是

$$E = h\nu - E_{\mathrm{th}} \tag{9.3}$$

其中,$h\nu$ 是辐射的光子能量,E_{th} 是阈值能量,它是相关材料的性质。只有当 $h\nu$ 超过这个阈值的时候,才有可能出现光电发射。

　　用早期研究射频波完全相同的方式,光电发射的初期研究关注于理解这个过程本身,而不是寻找应用,部分原因在于,被研究的材料的量子效率非常低。然而,在 1929 年,情况发生了戏剧性的变化,美洲射频公司的科勒发现 Ag-O-Cs 光阴极(后来定型为 S1),它在光谱的可见光和深紫外部分的量子效率接近于 10^{-2},现在看来更有趣的是,对直到 $1.1\,\mu\mathrm{m}$ 的波长具有灵敏度。显然有可能在影像转换管中利用红外敏感的阴极,如前文所述,而且,S1 阴极确实构成了影像转换器的基础,第二次世界大战期间,在美国和英国都得到了发展。(因为红外灵敏度一般,它们和探照灯或者盔顶灯一起使用,适当地滤掉可见光——它们还不够灵敏,不能在夜空下使用。)但是无论如何,阴极发展的主要突破点在于可见光的光电倍增管和影

像管,电视摄像机是个恰当的例子。

Ag-O-Cs 的发现有个更显著的结果,它刺激了人们寻找其他具有量子效率更高的材料,但是,因为对光发射过程的理解还很差,寻找工作在很大程度上是实验性质的,走了很多死胡同。但确实发现了一些成功的材料,包括许多碱金属锑化物,例如 Cs_3Sb(1936 年),$Na_2KSb(Cs)$(1955 年)和 K_2CsSb(1963 年)。Cs_3Sb 阴极在可见光光谱区的性能很出色,量子效率约是 10^{-1},但是,在近红外光谱区没有显著的响应,所以,夜视管对它没有什么兴趣。然而,在 1955 年,萨默尔(也是在美洲射频公司)在研究 Li_3Sb 阴极的时候,碰巧发现了"多碱金属"阴极。他的 Li 源被 Na 和 K 污染了,它们的蒸气压比 Li 高得多,所以,当他试图蒸发 Li 的时候,其实只是成功地蒸发了杂质,制作出一种组分近似为 Na_2KSb 的材料。用 Cs 处理这个材料,产生的阴极对可见光的响应很高($\eta > 10^{-1}$),而且对长波长的响应拓展到了 $0.9\ \mu m$。它称为 S20 阴极,广泛地应用于红外影像管,灵敏得足以用于被动观察。因为它的军事重要性,许多实验室研究它,试图把红外响应拓展得更远,最终导致了 S25 型,截止波长大约是 $1\ \mu m$。因为人们几乎完全不了解光电发射的机制,所有这些工作都是实验做的,开发出来的很多"配方"都是军事机密或者商业机密(或者两者都是),都给藏起来了。宽泛地说,阴极是这样做的:沉积一薄层适当厚度的锑,然后用钾(K)处理它,形成 K_3Sb,然后是超过化学配比的钠(Na)。此时的光电发射量子效率很低,必须仔细地交替添加钾层和锑层。最后,再添加少量的铯和锑,直到获得最大的光电发射效率。不用说,这个基本模式有很多微小的变种,目的是压榨出更多一点的灵敏度或者得到更宽的谱响应,虽然并不能恰当地解释这些工艺步骤(现在也不能)。从 20 世纪 70 年代起,基于 S20/25 配方的红外影像管已经可以得到了。

虽然还不能详细地理解光电发射过程,但是,人们很快就认识到这些锑化物材料是半导体,还建立了初步模型解释它们的能带结构。图 9.16 近似给出了 S20 光阴极的情况,其中,$E = 1.0\ eV$,$\chi = 0.5\ eV$。靠近半导体表面的能带弯曲降低了有效的电子亲和势,所以,发射阈值 E_{th} 接近于 $1.2\ eV$。从图中显然可以得到

$$E_{th} = E_g + \chi_{eff} = E_g + \chi - eV_B \tag{9.4}$$

其中,eV_B 是半导体表面的能带弯曲。注意,p 型半导体有个优点,即价带里的电子密度非常高,这就增大了光子吸收的概率。

第二次世界大战结束 15 年以后,情况大致就是这样。虽然有了很多进展,但是显然有些技术空白,例如,$8\sim14\ \mu m$ 的窗口缺乏方便的光电导,成像应用缺少均匀的探测器。当时使用的简陋的机械扫描技术仅仅是个权宜之计——明显需要把探测器阵列与某种形式的电子扫描结合起来。另一个目标是在更高的温度下获得足够好的探测器性能——在许多应用中,液氮制冷太不方便了。至于近红外区域,

影像管肯定是可以得到的,但是,它们的性能却差强人意——光阴极技术仍然需要进一步的改善。

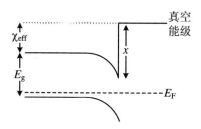

图 9.16　能带结构图:用于说明 p 型半导体中的光电发射过程
表面的能带弯曲把有效电子亲和势从 χ 降低到 χ_{eff}。光发射的最小能量是 $E_{\text{th}} = E_{\text{g}} + \chi_{\text{eff}}$

9.4　越来越复杂——60 年代和 70 年代

在前几章里,我们已经搞清楚了,半导体行动的成功关键在于选择正确的材料和掌握相应的技术——红外光谱区的利用也不例外。显然需要新的探测器材料覆盖 8~14 μm 的窗口,要求的能隙大约是 0.1 eV,在几年的时间里,人们不仅提出了两种合适的材料体系,而且还用单晶的形式演示了它们。首先是 1959 年出现的 Ⅱ-Ⅵ族三元合金 $Hg_{1-x}Cd_xTe$,也就是 MCT(欧洲常常把它称为 CMT[①]),几年以后是Ⅳ-Ⅵ族三元合金 $Pb_{1-x}Sn_xTe$(据我所知,从来没有称为 PST[②])。碲镉汞是英国发明的,来自皇家雷达实验室的 W·D·劳森及其合作者,而碲锡铅是美国发明的,麻省理工学院林肯实验室伊瓦斯·门格里斯及其合作者的产儿。这两种材料有很多相似之处,特别是,适当地选择 x,可以在红外波段得到任何想要的带隙,但是,为了教学的目的,我们分别处理它们。

皇家雷达实验室能够演示 HgTe-CdTe 系统的重要特性,在 HgTe 到 CdTe 之间有连续分布的化合物,HgTe 是半金属,有效能隙(在 77 K)是 $E_{\text{g}} = -0.3$ eV,CdTe 是半导体,$E_{\text{g}} = 1.6$ eV。他们还发现,带隙随着参数 x 近似线性地变化,$x = 0.2$ 会导致希望的 0.1 eV 的带隙,用于 8~14 μm 的工作。此外,所有这些合金都是直接带隙的,符合高效率光吸收的要求,少数载流子寿命是 0.1~1.0 μs 的量级,适合于成像系统的要求,拥有特别小的电子有效质量,满足生成-复合噪声最小化

①　国内通常称之为"碲镉汞"。今后我们就这么称呼它。——译者注
②　据我所知,国内也有人称之为"碲锡铅"。今后我们就这么称呼它。——译者注

的要求。只需要制作合金组分正确的均匀薄样品，在两端连上线，把得到的光电导冷却到 77 K——还能比这更简单吗？

第一个保留意见可能与这三种组成元素的性质有关。以前没有任何人建议过这么恶毒的组合毒药构成的半导体材料！三种组分中哪一个最危险，这是个问题！更糟糕的是，水银在这种化合物的熔点处的蒸气压足以导致灾难性的爆炸（在通往红外成像的道路上，不止一个研究实验室发生过猛烈的爆炸）。而且不用说，所有三种组分中的杂质浓度必须远远超过 6 个 9 的极限（6-9s limit），才能交给晶体生长者去生长大的、均匀的、没有应变的、没有缺陷的材料晶锭，具有精确控制的组分，残余的自由载流子密度是 10^{20} m^{-3} 以下（$Hg_{0.8}Cd_{0.2}Te$ 的本征自由载流子密度在 77 K 大约是 3×10^{19} m^{-3}）。系统工程师甚至器件物理学工作者很容易忽视这些材料的挑战，在接近任何形式的碲镉汞之前，任何人都应该先读读《半导体和半金属》第 18 卷中的文章 Hirsch et al(1981) 和 Micklethwaite(1981)。

汞很容易用真空蒸馏法纯化，只要选择适当的容器材料，并且先用氧化和析出法除掉反应性的金属杂质。然而，贵金属只能在最后的仔细的蒸馏过程去除，进行得比非半导体应用的标准用法慢得多。Cd 也可以用真空蒸馏法纯化到 6 个 9 的质量，但是经验表明，为了在半导体中得到希望的低载流子密度，需要用双区精炼法在氢气气氛中进一步纯化。Te 先用很多化学处理来纯化，然后还是在氢气气氛中进行最多四次的逐区精炼。接着三种组分必须组合在一起，形成要求的合金材料，需要仔细地减少氧的摄入——氧在碲镉汞中是施主。然后开始生长合适的单晶材料。

首先用某种熔化生长法制作出可以接受的晶体。要点是：仔细地让熔化物变得均匀，在大约 850 ℃下退火长达 24 小时，同时轻柔地敲打坩埚；非常缓慢地让熔化物凝固，产生均匀的固体；或者是让它非常快速地冻结，然后再进行高温退火，从而提高晶体质量。合适体材料晶体的发展就这样在许多美国实验室里实现了（特别是霍尼韦尔公司），还有在（当时的）穆拉德射频阀公司的南安普顿工厂（初始工作是在皇家雷达实验室做的）。外延生长是在法国科学研究中心（CNRS, Bellevue）的实验室由 M·罗多特及其合作者开创的，是在 20 世纪 60 年代的后半部分。他们的技术称为"近距离外延"——CdTe 衬底和(HgCd)Te 多晶片子彼此紧挨着放在真空熔炉里。在典型温度 550 ℃下，碲镉汞蒸发了并且穿过"空间"，在衬底上沉积为单晶薄膜。这里需要重点关注的是，$Hg_{0.8}Cd_{0.2}Te$ 和 CdTe 的晶格失配小于 3×10^{-3}(0.3%)，可以在实际上透明的衬底上生长几乎没有缺陷的薄膜，而界面质量足以保持希望的低的界面复合速率，以便实现最佳的光电导探测器性能。也很方便的是，能够得到半绝缘的 CdTe 片子，且不会把薄膜的电导短路了。

到了 20 世纪 60 年代末期,人们演示了在一定组分范围内的碲镉汞的体材料和外延单晶的生长,测量了材料的大多数基本电学性质,但是像以前一样,商业应用端的要求并没有停滞不前。显然,随着先进成像系统的探测器阵列的迅速发展,人们需要越来越大的片子,而且这种片子的组分和少数载流子寿命必须非常均匀。这是因为,随着元件数目的增加,如果想要保证图像质量的话,阵列的每个元件在长波长截止和探测率方面的性能都必须一致。作为例子,考虑 500×500 单元的二维阵列,每个探测器 50 μm 见方——全都处于一个 25 mm×25 mm 的片子上,远远超出了体材料生长的碲镉汞晶体的晶锭直径。此外,在典型的布里奇曼法生长的片子上,在 $(10×10)$ mm^2 面积上的组分均匀性仅仅略微好于 5%,因此,截止波长分布得比较宽。还有,少数载流子的寿命强烈地依赖于晶体结构中缺陷的存在,在熔化生长的样品中非常难以控制。因此,能够得到直径 30 mm 的高质量 CdTe 晶体,有力地刺激了外延技术的改善和发展,主导了 20 世纪 70 年代的材料生长。

近距离外延法生长的外延薄膜的一个严重问题是,它们在生长方向上不均匀,这是因为 Hg 在漫长的生长时间里从薄膜扩散到衬底里(典型的生长时间可以达到 100 小时!)。显然需要更实际一些的方法——大约从 20 世纪 70 年代初开始,人们就致力于气相外延,然后是液相外延(始于 1975 年)。人们提出了气相外延工艺的许多修改方案,但是,大多数基于的是某种形式的氢输运,每种组成元素都利用分立源。主要问题是确保希望的化学反应只发生在衬底上,而不是在气相里。因此,衬底的温度必须显著低于涉及的各种气体,要求完全地冷却衬底支架。典型的衬底温度是在 350~550 ℃ 的范围里,但还是有些高,薄膜-样品界面会发生不想要的 Hg 和 Cd 的互扩散。作为例子,外延层可以在顶部几微米里相当地均匀,但是在 5 μm 厚的界面区域里,具有梯度化的组分。液相外延可以用熔化温度的 Hg 或 Te 溶液[①],在 500 ℃ 附近,仍然有整个层的组分均匀性的严重问题,进一步的问题是如何实现光电导性器件要求的低的自由载流子密度。尽管有这些努力,直到 1980 年,几乎所有的器件工作都仍然基于体材料——显然需要在更低的衬底温度下进行外延沉积。

到了 20 世纪 70 年代结束的时候,光电导型和光伏型碲镉汞探测器的发展都已经很先进了,就像下述文章详细描述的那样:Broudy,Mazurczyck(1981),Reine et al(1981)(这两组作者都来自霍尼韦尔实验室),以及 Elliott(1981)(来自皇家雷达实验室)。在这两种情况里,器件性能通常与(基于材料实测参数的)理论预言符合得非常好,只要注意减小表面复合速度。这可以用溴-甲醇溶液进行合适的腐

———————————

① 溶质为 HgCdTe,溶剂为 Hg 或 Te。——译者注

蚀、接着再沉积一层 ZnS 薄膜来实现，或者采用相当微妙的方法，通过精致的掺杂在靠近表面的地方引入累积层。例如，n 型衬底上的 n⁺ 层产生了靠近表面的能带弯曲，把少数载流子空穴推回到样品体材料里。关于光电导已经说了很多了，但是，二极管的主题可能需要进一步的评论。

在碲镉汞里制作 p-n 结二极管的方法有很多种。大多数的早期工作利用了这个事实：导电类型可以通过化学比来控制——Hg 少了，就是 p 型导电；Hg 多了，就变为 n 型。因此，把 Hg 扩散到 p 型衬底里，把表面区域转变为 n⁺ 型，一个典型的二极管就做成了。后来的工作(20 世纪 70 年代的后半段)使用离子注入来实现类型反转，用 Hg 以及用施主 B 和 Al 都取得了成功。典型的器件结构如图 9.17 所示。p-n 结左边的 n 区吸收了大部分的光，少数载流子必须扩散到 p-n 结里，那里的 p-n 结电场很大(即使在零偏压下)，可以把电子和空穴分开，产生了开路光电压 V_{ph}，正比于入射光的强度。高量子效率要求 n 区的厚度 d 匹配光的吸收长度(即 2~3 μm)，载流子的扩散长度至少也要这么大。还有，因为少数载流子是靠近二极管的上表面生成的，必须用合适的表面处理工艺来降低表面复合速率(见上文)。如专题 9.4 所述，二极管探测器的一个有用的性能指标是二极管微分阻抗($r_0 = dV/dI$)与二极管面积 A 的乘积 $r_0 A$。这个参数与面积无关，它依赖于穿过二极管的电流的性质——纯粹的扩散给出了最佳性能，而耗尽区的生成-复合、量子隧穿或表面泄漏都使得它的性能逐步退化。不同的噪声机制又起作用了——专题 9.4 考察了扩散限制的二极管，对于工作在 77 K 的二极管，波长 $\lambda = 10$ μm 处的 D^* 可以容易地达到 BLIP 性能的要求。

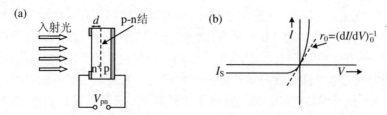

图 9.17　典型的 n⁺-p 红外光二极管的结构(a)及合适的电流-电压特性曲线(b)
其中，I_S 是反向饱和电流。扩散多余的 Hg 到 p 型碲镉汞衬底，形成 n⁺ 区，这样就做成了二极管，掺杂大得足以让 p-n 结吸收大部分的辐射。零偏压下，p-n 结电场分开了电子和和空穴，产生了 I_{ph} 和开路电压 $V_{ph} = r_0 I_{ph}$

专题 9.4　光二极管行为的简单理论

光二极管行为的理论(图 9.17)与专题 9.3 讨论的光电导探测器有些相同的地方。它依赖于每秒单位面积上入射光子流 N_{ph} 的吸收,有效地产生一个小的光电流 $I_{ph} = \eta e N_{ph} A$,其中,η 是量子效率,A 是二极管面积。在实践中,二极管既可以工作在反向偏压下,也可以工作在零偏压,但是,我们只考虑后一种情况,此时的开路光电压是

$$V_{ph} = (\mathrm{d}V/\mathrm{d}I)_0 I_{ph} = r_0 I_{ph} \tag{B.9.15}$$

其中,r_0 是二极管 I-V 特性在原点处的斜率阻抗(即零偏压下,见图 9.17(b))。

假定扩散过程(而不是耗尽区的生成-复合过程或者隧穿过程)主导了二极管电流,我们可以把 I-V 关系写为

$$I = I_S\{\exp[eV/(kT)] - 1\} \tag{B.9.16}$$

并得到

$$r_0 = kT/(eI_S) \tag{B.9.17}$$

因此,响应率 R_λ(单位为 V·W^{-1})就是

$$R_\lambda = V_{ph}/(N_{ph}Ah\nu) = r_0\eta e/(h\nu) = \eta kT/(h\nu I_S) \tag{B.9.18}$$

为了得到探测率的表达式,需要知道噪声的性质,它限制了探测器的灵敏度。对于理想的二极管,噪声电流是

$$\langle I_N^2 \rangle = 2eI_S\{\exp[eV/(kT)] + 1\}B \tag{B.9.19}$$

在零偏压下,上式变为

$$\langle I_N^2 \rangle = 4eI_S B = 4kTB/r_0 \tag{B.9.20}$$

注意,这等价于阻值为 r_0 的电阻上的约翰逊噪声。利用专题 9.3 中的式(B.9.13),可以把探测率 D 写为

$$D = R_\lambda/V_N = [r_0\eta e/(h\nu)]/[r_0(4kT/r_0)^{1/2}]$$
$$= [\eta e/(h\nu)][r_0/(4kT)]^{1/2} \tag{B.9.21}$$

最后,归一化的探测率 D^* 就是

$$D^* = [\eta e/(h\nu)][r_0 A/(4kT)]^{1/2} \tag{B.9.22}$$

注意,我们把 $B = 1$ Hz 代入了公式(B.9.21)和(B.9.22)。这个结果证明,乘积 $r_0 A$ 是光伏型探测器的有用指标——为了实现高灵敏度,它显然应该尽可能大。但是要注意,这不能通过增大 A 来实现——实际上,乘积 $r_0 A$ 不依赖于 A,因为 r_0 以 A^{-1} 的形式变化。从式(B.9.17)可以看出

$$r_0 A = (kT/e)(A/I_S) = kT/(eJ_S) \tag{B.9.23}$$

其中，$J_S = I_S/A$ 是二极管饱和电流密度。标准的扩散理论可以把 J_S 写为材料参数的形式。对于 n^+-p 结，结果是

$$r_0 A = N_A/(en_i^2)[\tau_n kT/(e\mu_n)]^{1/2} \tag{B.9.24}$$

其中，N_A 是结的 p 侧的受主掺杂浓度，τ_n 和 μ_n 分别是电子在 p 型材料中的复合寿命和迁移率。（注意，为了实现最佳灵敏度，相应的光电导探测器的寿命要长。）代入碲镉汞在 77 K 的下列参数值：$N_A = 10^{22}$ m^{-3}，$n_i = 3 \times 10^{19}$ m^{-3}，$\tau_n = 10^{-7}$ s，$\mu_n = 10$ m$^2 \cdot$ V$^{-1} \cdot$ s^{-1}，可以得到 $r_0 A = 5 \times 10^{-4}$ $\Omega \cdot$ m^2（即 5 $\Omega \cdot$ cm^2，这是文献中经常使用的单位）。把这个值代入公式（B.9.22），再加上 $\nu = 3 \times 10^{13}$ Hz（$\lambda = 10\ \mu$m），我们发现 $D^* = 2.8 \times 10^9$ m $\cdot$ Hz$^{1/2} \cdot$ W^{-1}，在 180° 视场下，它比 BLIP 的特性好得多。注意，$D^* \propto T^{-1/2}$，随着温度的升高，特性会下降。

除了在热成像方面的重要应用，碲镉汞二极管还和 CO_2 气体激光器一起使用，后者的发光波长为 10.6 μm。特别是，如第 8 章所述，碲镉汞二极管的响应速度比光电导快得多，早在 1972 年，法国小组的差频探测系统中的碲镉汞二极管工作的调制频率超过了 1 GHz。当这种二极管用于探测单个窄带波长的时候，需要注意一个有趣的设计特性。靠近表面的高 n 型掺杂使得它对入射光相当透明（这依赖于吸收边的莫尔斯-伯恩斯坦位移，此时的费米能级被重掺杂推到导带里面），吸收发生在耗尽区和相邻的 p 区。光生载流子在耗尽区或其附近产生，很容易扩散到耗尽区里面，因此，响应速度很快。然而，为了使这种机制可靠地工作，必须精确地控制组分。

虽然碲镉汞探测器的主要应用是在 8～14 μm 窗口的热成像，但它们已经用于很宽的波长范围，逐渐主宰了中红外探测的整个领域——并非不战而胜！碲锡铅在 20 世纪 60 年代中期登场了（见 Meingailis, Harman（1970）），提出了重大的挑战。它还提供了 $E_g = 0 \sim 0.3$ eV 范围里的直接带隙，覆盖了热成像感兴趣的波长。它还能够方便地以单晶的形式得到，由布里奇曼法、切克劳斯基法或气相外延法生长，测量的少数载流子寿命通常是在 $10^{-7} \sim 10^{-8}$ s 的范围。虽然能带结构在细节上不同于碲镉汞，即 PbTe 和 SnTe 都是半导体（而 HgTe 是半金属），合金的带隙在一定的 x（Sn 的摩尔分数）值处通过零（介于 0.3 和 0.4 之间，精确的数值依赖于温度），这是能带结构反转的结果，也就是说，PbTe 中的导带转变为 SnTe 中的价带（反之亦然）。就像碲镉汞一样，带隙随着组分而近似地线性变化，对于 $T = 77$ K 来说，重要的组分范围是从 $x = 0.05$（$E_g = 0.2$ eV）到 $x = 0.20$（$E_g = 0.1$ eV）。然而，与碲镉汞相比，碲锡铅确实有个缺点——它的介电常数特别大。碲镉汞具有典型的半导体数值 $\varepsilon = 12\varepsilon_0$（$x = 0.2$），碲锡铅的相应数字大约是 $400\varepsilon_0$，因此，p-n 结二极管中耗尽层的电容非常大，响应时间受限于 RC 时间而不是渡越时间。碲镉汞的 GHz 工作频率似乎不可能出现在碲锡铅器件里。

垂直式布里奇曼法生长的碲锡铅晶体的通常是 7 cm 长，直径为 2 cm。平面内的组分均匀性优于 ±0.005 摩尔分数，沿着生长方向，组分的变化在 5 cm 的距离上可能达到 10%（在 0.5 mm 厚的片子里，对应的摩尔分数大约是 0.001）。主要问题是背景掺杂密度（或者说非化学配比），导致自由载流子密度为 10^{26} m^{-3} 左右。在氩气氛下，在 650 ℃ 仔细地合金几天，可以让材料的自由载流子密度达到 10^{23} m^{-3} 或略低一些，这个长时间工艺难以广泛地应用于商业化的器件。无论如何，20 世纪 60 年代的器件值得尊敬——对于 8～14 μm 窗口，光电导和光伏探测器都制作了，77 K 时的 D^* 数值大约是 10^7 m·$Hz^{1/2}$·W^{-1}。和通常一样，外延的发展显著地改善了这些指标。在 70 年代中期，人们引入了液相外延，把探测率提高到 10^9 m·$Hz^{1/2}$·W^{-1}。福特实验室（福特公司的参与说明了红外器件的应用范围日益增大）的洪克及其合作者把一个原始形式的分子束外延应用于生长异质外延二极管（生长在 PbSnTe 衬底上，用带隙更宽的材料 PbTe 做窗口）。他们得到的探测率很高，在 10 μm 波长处是 5×10^8 m·$Hz^{1/2}$·W^{-1}，在 6 μm 处是 5×10^9 m·$Hz^{1/2}$·W^{-1}。更近一些时候，碲锡铅器件已经在硅衬底上制作出来了，希望建立全固态的成像技术，但是，这些有价值的努力并不能阻挡碲镉汞前进，例如，1991 年发表的一篇综述列出了全世界不少于 20 家实验室，他们用分子束外延方法生长碲镉汞用于红外器件。这还没有算另外的 20 家，他们更喜欢用金属有机化合物气相外延方法。这一切都清楚地证明了红外器件在世界范围上的重要性，特别是碲镉汞。在奔向 1980 年的时候，我们还要介绍另一个重要的发展——"负亲和势"的光阴极。

随着 S20 光阴极的发展，在近红外光谱区灵敏的光阴极材料似乎已经达到了极限——在 1965 年，飞利浦实验室的西尔和范·拉尔报道了他们观察到的一种定性上的新现象：负亲和势的半导体表面。实际上，他们很可能对半导体表面物理学更感兴趣，但是，他们的发现无疑具有实际可能性。第一个有趣之处在于，它是 GaAs 单晶，而不是多晶碱金属锑化物的没有良好定义的混合物。也许这是光阴极研究的更科学的方法？在很大程度上，确实如此。他们的发现可以用图 9.18 中的能带结构图来理解，用蒸发的铯来处理 p 型 GaAs 样品真空解理的表面，以便减小它的电子亲和势。激动人心的是，这个效应与适当程度的表面能带弯曲结合起来，就足以把有效的电子亲和势 χ_{eff} 减小到接近于零的数值！电子可以畅通无阻地离开 GaAs 表面！（只要它们能够不损失能量地穿过能带弯曲的区域。）一个重要的后果是，与其他阴极材料相比，发射电子的逃逸深度显著增大。直到这个时候，光生电子能够逃脱的深度取决于热电子的平均自由程，大约是 10 nm。随着零电子亲和势或者负电子亲和势的出现，逃逸深度决定于（热化的）电子扩散长度，大约是 1 μm 的量级。与图 9.16 相比，这确实是个定性上的变化，名副其实地量子跃迁到空间里（对于电子来说，确实如此！）。

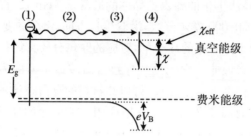

图 9.18　用 Cs 和 O 处理过的 p 型 GaAs 的能带图

用来产生负电子亲和势的表面(χ_{eff}<0)。光发射过程涉及四个阶段:(1) 光吸收;(2) 电子热扩散;(3) 电子漂移地通过能带弯曲的区域;(4) 逃离表面

用 Cs 和 O(而不是只用 Cs)共同处理金属表面,显著地增强了它的光电子发射,记住这个历史,看到人们在半导体 GaAs 表面也观察到相应的增强,就不会奇怪了。可能有些讽刺性的是,这个观察是飞利浦公司位于英国瑞德希尔的姊妹实验室相当独立地发现的(在那个时候,仍然称为穆拉德研究实验室)。安德鲁·坦布尔和乔夫·伊文思是小组的成员,研究位于米特禅的穆拉德工厂生产的用于红外成像管的光阴极,因此,在进行必要实验的时候处于有利的位置。这个工作非常著名,结果发于 1968 年,负电子亲和势阴极真正地登上了舞台。量子效率很可能接近于 100%。然而,GaAs 带隙是 1.43 eV,因此,长波长截止是 870 nm,这远远不够理想,因为夜视管的灵敏度要求达到 1.2 或 1.3 μm——负亲和势原理是否能够与窄带隙材料契合,这个问题仍然没有触及。制作适合于实际影像管的透射式阴极的任务也是如此。但是,当然有很多人急于尝试。

在 Bell(1973)这本书及其同事瓦瑞安的综述文章 Escher(1981)中,他们很好地回顾了探索实际的负亲和势红外光阴极的故事,反映了帕罗阿托的瓦瑞安小组作出的重要贡献(也见于 Thomson CSF 的综述文章 Rougeot,Baud(1979))。不用说,这里的描述只能是挑选一些亮点。也许可以这样开始——我们稍微更仔细地看看西尔和范·拉尔实际上做了些什么。因为对表面的原子和分子理论感兴趣,他们在超高真空(UHV)条件下工作(类似于分子束外延使用的条件),真空系统的背景压强非常低(10^{-10} torr 甚至更低),在实验的整个过程中,原子级清洁的表面即使在单层的水平上也不会被偶然污染。具体的实验大致是这样的:在真空系统中解理 GaAs 体材料晶体,以便产生完全洁净的表面(GaAs 沿着(110)面解理,所以这是(110)表面),随后用 Cs 原子处理,接着测量光电发射效率。沉积了大约一个单层之后,发射效率达到一个极大值,对应的有效电子亲和势非常接近于 0。注意,在图 9.18 中,当 χ_{eff} 变为零的时候,发射阈值与 GaAs 能隙 E_g 重合,就像公式(9.4)说明的那样。因此,测量这个阈值,就可以估计 χ_{eff}。这个实验有两个特点值得强调:首先,它必须在超高真空条件下进行,保证表面的清洁;其次,Cs 的厚度有个最佳值,超过了就会导致发射强度的下降。

接下来的几年添加了更多的信息,例如,GaAs-Cs 表面的发射不是很稳定,在单个面上,在样品和样品之间,都表现出显著的变化,"好的"解理是高量子效率的重要要求。实际上,已经提到过的坦布尔和伊文思的工作表明,用 Cs 和 O 激活所实现的效率至少和单独使用 Cs 得到的相同,但是,稳定性显著提高了,虽然还是要有最佳覆盖。(后来的工作表明,多少有些复杂的激活过程可能导致更高的效率,但是几乎完全不了解它们的机制。)可能更显著的是,这些工作人员还研究了表面暴露到空气中从而被污染了的样品的行为。与真空解理的样品相比,起初,量子效率严重地降低了,这并不奇怪,但特别有趣的是,他们观察到,使用 Cs + O,再加上合适的在位清洗工艺,有可能改善效率,与真空解理样品相差一个因子 3。从将来可能的真空管工作环境的角度来看,这非常鼓舞人心——在管子里,在 3 cm 甚至更大的表面上实现"好的"解理,对于制造商来说太困难了!此外,它还为光电阴极管技术引入外延开辟了道路,在选择晶体取向方面更加灵活了,很多后期的工作是基于(100)表面,而不是(110)。我们将会看到,在透射模式阴极的发展中,这也是至关重要的。

图 9.18 指出了发射的四个步骤,我们逐个考察它们。第一个是吸收过程,价带里的电子激发到导带。这里的重要参数是吸收长度 α^{-1},对于 GaAs 这样的直接带隙材料,其数值接近于 1 μm——如前文所述,需要大约 3 μm 厚的材料来吸收绝大部分入射光(实际上是 95%)。第二个步骤是,这些少数载流子(电子)向导带的底部热化和向半导体表面热扩散(如上所述,这个步骤在定性上不同于传统阴极材料的发射过程,后者只有热电子有可能逃离)。如果它们中的大多数在与体材料中多数载流子空穴复合之前就到达了耗尽区的边缘,行进的距离就应当小于扩散长度 L_n,换句话说,要求 $L_n > 3\alpha^{-1}$。在实践中,L_n 依赖于 p 型掺杂浓度,但是,对于 $N_A = 3 \times 10^{24}$ m^{-3},L_n 的典型值大约是 3 μm,它只是勉强够格。在第三个阶段,耗尽区的电场让电子加速通过耗尽层。为了尽可能地减小耗尽区里的复合,它的宽度应当显著地小于 L_n,这很容易实现。假定 $eV_B = E_g/3$,可以用下式计算耗尽层宽度:

$$W = [2\varepsilon\varepsilon_0 E_g/(3e^2 N_A)]^{1/2} \tag{9.5}$$

其中,ε 是半导体的相对介电常数,N_A 是掺杂浓度。对于掺杂 $N_A = 10^{25}$ m^{-3} 的 GaAs 来说,$W = 7.5$ nm。更重要的是通过发射光学声子(GaAs 中的能量是 35 meV)导致能量损失的概率,它的平均自由程是 10 nm。这就需要比较重的掺杂。然而,扩散长度 L_n 随着掺杂浓度的增大而减小,所以,掺杂的选择必须权衡。实践中常见的数值是 $N_A = 3 \times 10^{24}$ m^{-3},就像上面建议的那样。最后阶段是电子通过表面 Cs-O 层发射,其概率决定于电子亲和势,实践中是通过激活过程的细节

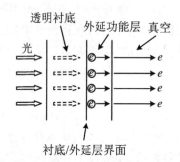

控制的。我们简单地假定,这是用最佳方式完成的——不再谈论它了。

　　一旦能够定性地理解负亲和势阴极的工作原理,就出现了两个重要的问题:怎么制作适合于影像管的透射式光阴极?怎么让响应进一步拓展到红外区以便更好地利用夜空辐射?当然,这两个问题的研究是同时进行的,但是,我们显然要单独处理它们。人们几乎立刻就认识到透射式光阴极的重要性,尝试着把薄的 GaAs 多晶膜沉积到石英或玻璃衬底上,与 S20 阴极的方式大致相同。不用说,结果是令人失望的。反射式器件的发射效率大约是单晶表面的测量结果的 1/10,而透射式的效率是这个值的 1/10。主要的问题无疑是低质量材料的扩散长度小以及界面复合速度快,没有什么改进的希望。另一种方法是绝对必要的——使用单晶。

　　透明衬底　外延功能层　真空

图 9.19　负电子亲和势(NEA)透射式光阴极结构的示意图

同时给出了辐射的方式,重要的是,衬底/外延层的界面质量要高,否则,功能层中产生的电子可以在界面复合而不是扩散到真空表面上

　　初期的尝试使用了 GaP 衬底,它的带隙很大,对感兴趣的近红外辐射是透明的,但结果还是让人失望。让我们看一看问题。相应的结构如图 9.19 所示,一层外延 GaAs 生长在透明的单晶衬底上,通过衬底照射。第一个问题是,大约 30% 的辐射被衬底背面反射回去了(利用合适的增透膜,可以在很大程度上克服这个问题)。其次,GaAs 薄膜里产生的电子有很多在衬底/GaAs 界面处复合了(它的特征是界面复合速率很高),特别是当晶格失配很严重的时候,就像 GaP/GaAs 界面这样。第三,因为这种失配,GaAs 的质量很差,反映在扩散系数很小等方面。总体的发射效率不能让人满意,这不奇怪。接下来的一步涉及生长梯度化的 GaAsP 界面层,使得衬底到功能层的过渡变得光滑,但是,结果仍然让人失望——跟许多其他器件一样,例如激光器、发光二极管和双极型晶体管,高质量的薄膜仍然只能生长在接近于晶格匹配的衬底上。GaAs 衬底上生长的 GaAs 外延薄膜在反射模式中的光电发射效率很好(一旦掌握了在位清洗表面的艺术),但是,这对透射式阴极当然没有用处。也许可以使用 AlGaAs 衬底?没有体材料晶体,但是,可以用液相外延方法生长相当厚的层。在 GaP 衬底上生长 AlGaAs 的尝试只能算是部分的成功,直到 1975 年,瓦瑞安小组才发现了技术上满意的解决方法,安迪帕斯和艾杰克姆报道了 GaAs/AlGaAs/玻璃结构的成功,也就是通过玻璃照射。为了实现这个目标,他们生长了 GaAs 衬底/AlGaAs/GaAs/AlGaAs 的结构,把它粘在玻璃片上,然后用适当的腐蚀技术去掉 GaAs 衬底和第

一层 AlGaAs 层,这是因为存在选择性腐蚀液,能够分解 GaAs 或 AlGaAs(但两者不是同时的)。这种神奇的技术终于导致了实际的光电倍增管,它的谱响应从 1.4 eV 到 3.0 eV 几乎是平坦的,量子效率接近于 20%。但是,更好的红外响应的需求怎么办呢?

不用说,功能材料要从 GaAs 变为带隙略窄一些的半导体。例如,为了实现 1.2 μm 波长的响应,需要带隙刚刚大于 1 eV,比 GaAs 带隙小很多。首先考虑的是 InGaAs 的方向,In$_{0.4}$Ga$_{0.6}$As 的带隙是 1.0 eV,但是,晶格失配的问题使得它不能够成功地生长在 GaAs 上。如第 8 章所述,解决方法是利用四元合金 InGaAsP,它与 InP 晶格匹配,是瓦瑞安小组的另一个魔法。InP 的带隙是 1.34 eV,可以预期 InP/In$_{0.77}$Ga$_{0.23}$As$_{0.5}$P$_{0.5}$ 结构能够响应 0.93 μm 和 1.2 μm 之间的波长。重要的问题是:这种合金能够激活为负的电子亲和势吗? 从图 9.18 可以清楚地看出,随着 E 的减小,χ_{eff} 就越难实现负值。实际的答案是,在 1.2 μm 处的发射响应减小了,每个入射光子只能产生 10^{-3} 个电子,而在波长 0.8 μm 处的响应大约是 10%。实际上,响应率随着带隙变窄而逐渐减小,但是,对于夜视管来说,这个结果相对于 GaAs 有了改善,肯定值得拥有。图 9.20 给出了 20 世纪 80 年代的结果,包括透射式和反射式的阴极管,与能够得到的最好的 S1 和 S20 阴极管进行了比较。显然,从高效的可见光灵敏度(典型代表是图 9.20 中的 GaAsP)和拓展到红外区的观点来看,投入到"新"器件的努力已经获得了很大的回报。

负亲和势器件提高了灵敏度,第一个指示就是每种阴极管提供的以 μA · lm^{-1} 为单位的测量灵敏度。惯例是用温度为 2 856 K 的标准钨丝灯照射,测量产生的光电流。虽然这种灯的大部分能量是在近红外区,而流明的单位与眼睛的响应有关,但是,这种标定灵敏度的方法已经被广泛地采用。S20 阴极管的最佳结果处于 500 μA · lm^{-1} 的范围,GaAs(反射式)的相应指标是 2 100 μA · lm^{-1},而 InGaAsP 阴极管的灵敏度达到了 1 600 μA · lm^{-1}。

负电子亲和势的概念在很多其他方面找到了应用,例如二次发射器(倍增电极)和冷阴极——负亲和势的硅表面也已经报道了——但是还有一个有趣的领域,它与纯科学和应用科学的相互关系这个主题特别相关:负电子亲和势的 GaAs 阴极能够发射自旋极化的电子。与传统的光阴极不同的是,发射的电子具有热能量,由 GaAs 的能带结构可知,自旋为 $s = -1/2$ 的电子的发射概率是自旋为 $s = +1/2$ 的电子的 3 倍,这么高的极化度用于研究原子和分子物理学中的电子散射现象。任何新现象有多大可能会影响科学的其他分支,基本上是不可能预言的——这里又是一个没有预期到的成功。

半
导
体
的
故
事

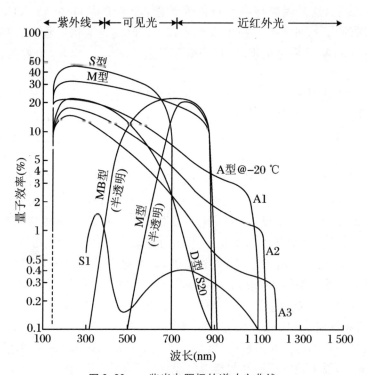

图 9.20　一些光电阴极的谱响应曲线

标为"A"的曲线是 InGaAsP 反射模式器件,标为"S"的是 GaAsP 反射模式,标为"M"的是 GaAs(反射和透射模式)。S1 和 S20 的透射阴极的曲线也画了出来,用于比较。(取自 Escher J S. 1981. Semiconductors and Semimetals:Vol. 13// Willardson R K, Beer A C. Academic Press:193,fig. 42)爱思唯尔公司惠允重印

9.5　量子阱、超晶格和其他现代奇迹

20 世纪 70 年代末期,红外探测和成像已经达到了相当复杂的程度,但是,这个领域的军事重要性使得人们更加努力地提高性能。即使没有战争,通常也在策划战争,20 世纪 20 年代和 30 年代人们对武装特性掉以轻心的态度不太可能再现了。从这个观点看来,有两个主要事项:高温探测器工作和全固态成像——在艰苦的军事环境里,液氮制冷和机械扫描都不是理想的。另一方面,从科学的角度来看,有必要寻找新想法和新概念,它们在过去的 20 年里都有所表现。当军事有迫切需求的时候,总是不难找到钱来研究有趣的新概念。1989 年关于碲镉汞及其相

关化合物的物理和化学的美国研讨会的会议文集很好地说明了这一点(发表于 *J. Vac. Sci. Technol.*，Vol. A8)其中的文章由不少于(快速的估计!)40 个不同的研究组织提交，13 个工业实验室、18 个大学和 9 个政府实验室代表了美国、加拿大、澳大利亚、日本、英国、法国和以色列。这反映了在 90 年初期碲镉汞在世界范围的重要性。

在科学上，这个时期的主要创新是引入了量子阱和超晶格，如第 6 章所述，20 世纪 70 年代中期，随着新外延方法的发展，人们开始感觉到半导体量子阱的存在，但是我们先看看传统探测器的工作方式的许多发展，它们对红外系统也有重要影响。第一个可能是皇家信号和雷达实验室的汤姆·埃利奥特在 1981 年提出的天才想法。这就是"单元信号处理"(SPRITE)探测器，如图 9.21 所示，它执行的功能与一整行的单个元件完全相同。探测器包含一个长条(典型长度为 1 mm) n 型碲镉汞，末端有个短的读出区。图像以电视图像扫描的方式扫描，每条线通过探测器的速度是 v_s。改变沿着条施加的直流偏压，让光生空穴的漂移速度 v_d 等于 v_s，每个像素产生了信号(相应区域的电导率增大了)，它们在读出端加在一起。当然有必要让空穴渡越时间 $t_t = d / v_d$ 小于(至少接近于)碲镉汞材料中的空穴寿命 τ_h，埃利奥特文章里的例子采用了布里奇曼法生长的体材料样品。对于 $d = 1$ mm 和偏压电场 $6\,800$ V·m^{-1}，$v_s = 300$ m·s^{-1}($\mu_h = 0.045$ m^2·V^{-1}·s^{-1})和 $t_t = 3\,\mu$s。对于 $x = 0.2$ 的碲镉汞合金(截止波长 $\lambda = 12\,\mu$m)，空穴寿命 $\tau_h = 2\,\mu$s 在工作温度 80 K 是容易得到的，测量的探测率 D^* 是 2×10^9 m·Hz$^{1/2}$·W^{-1}，非常令人满意。SPRITE 探测器的优点是制作技术更容易，对材料均匀性的要求不那么高，而且只需要单个放大器。

器件结构的第二个改进出现在 20 世纪 80 年代后半段，也来自皇家信号和雷达实验室的创新，用于提高探测器性能，依赖于一个更加天才的想法——"载流子排除"。为了解释它，先要仔细地看看为什么冷却会改善探测率。热辐射的任何量子探测器设计的目标是让灵敏度尽可能接近于 BLIP 性能——把探测器内噪声降低到背景辐射噪声以下。因此，有必要理解探测器噪声的重要来源。实际上，在大多数情况下，限制来自生成-复合噪声，但是，有必要搞清楚它的机制。生成-复合噪声至少来自三个过程：价带和导带之间的直接辐射跃迁，通过一个深杂质(或缺陷)能级的肖克利-瑞德(声子)跃迁，或者是俄歇过程——问题是，其中哪一个最重要？答案在于俄歇过程和肖克利-瑞德过程之间，有必要看看控制它们相对重要性的参数。可能的俄歇生成过程不少于 10 个，它们有可能贡献生成-复合噪声，但是，可以预期有一个占据了主导地位——这就是"俄歇 1 过程"，导带中的一个热电子失去能量，而价带中的一个电子得到足够的能量而被它激发到导带。显然，这种过程的概率依赖于导带中自由电子的密度，详细的计算表明，它还依赖于因子

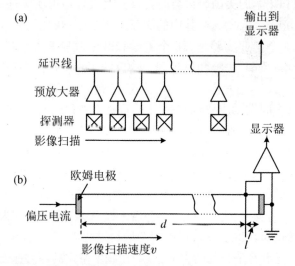

图 9.21　SPRITE 探测器的功能和一行单独的探测器完全相同

(a) 一行探测器元件,每个都有自己的预放大器,用于产生图像;(b) SPRITE 包含长的单个元件,读出区位于最右端,只需要单独一个放大器。图像是沿着探测器长度方向扫描的,速度为 v_s,它等于电子沿着半导体条行进的速度。用这种方式,每个像素产生了信号(也就是电导率的增加),它们在读出端相加

$\exp[-E_g/(kT)]$。后面这一项决定了俄歇过程在窄带隙材料中的重要性——在室温下,在 $8\sim14\ \mu m$ 碲镉汞中,$E_g/(kT)$ 的数值大约是 4,在 GaAs(举个例子)中,它大约是 55,这两种材料的概率比值大约是 10^{20}!就是这个因子要求利用冷却来改善性能——对于碲镉汞来说,室温和 77 K 的比值接近于 5×10^4。(注意,对于 $3\sim5\ \mu m$ 探测器,E_g 是 2 倍大,指数因子小得多,在这种情况下,有可能让温度达到 180 K 左右,而不是 80 K。)另一方面,肖克利-瑞德产生过程显然依赖于材料中深能级的密度,原则上说,减小密度可以让它小得忽略不计。然而,通过减小自由电子密度来减少俄歇生成过程,看起来困难无比、完全不可能——不管材料有多么纯,也不可能低于本征载流子密度。因此,唯一的希望就是冷却。

真的吗?汤姆·埃利奥特、麦克·弗特及其合作者认为,他们有一种方法可以打破这个明显的僵局。也许能够把自由载流子密度降低到本征水平以下。秘密在于,他们认识到 n_i 的概念来自热动力学,只适合于热平衡态的系统——如果有可能让探测器工作在非平衡条件下,这个基本的限制可能就不这么基本了。怎么实现它?利用电极的性质。合适的电极可以"吮吸"探测器材料样品中的自由载流子,把它们的密度降低得远小于本征值。例如,考虑弱 n 掺杂的样品,$12\ \mu m$ 的碲镉汞,$N_D = 10^{20}\ m^{-3}$,在一端具有 n^+ 的碲镉汞电极。在室温下,本征自由载流子密度大约是 $3\times10^{22}\ m^{-3}$,这样的样品显然非常接近于纯本征的。另一方面,电极区

包含(典型值)$n = 10^{24}$ m^{-3} 的电子,$p_n = n_i^2/n = 10^{45}/10^{24} = 10^{21}$(m^{-3})的空穴。如果在限制电极上施加正偏压,电子就容易从本征区流入电极,但是,非常少的空穴会沿着相反的方向流动,因为电极里的空穴密度非常低。这样就大幅度地减小了器件的电子密度,基本上没有改变空穴密度。实际上,电子密度会降低得接近于施主密度 $N_D = 10^{20}$ m^{-3} 决定的数值,为了保持器件里的电中性,空穴损失的数目必须和电子一样多,因此,空穴密度实际上也降低得很厉害。重要的是,自由电子密度大约降低为原来的 1/300,因此,俄歇 1 生成过程也减小为原来的 1/300。净效果是,这种碲镉汞样品可以用来探测 12 μm 辐射,工作温度接近于 200 K(可以用压电冷却器得到),而不是以前认为必要的 80 K。类似的论证表明,4 μm 探测器应当在室温下就接近于 BLIP 性能,这就更好了! Elliott,Gordon(1991)这本书描述了这些想法的实验进展——已经观察到自由载流子密度下降为原来的 1/30,D^* 相应改善了大约 5 倍。

这里不适合深入探讨这个复杂主题的细节,但是,做一两个评论还是可以的。首先应当注意,除了使用上述电极以外,还用了异质结作为阻碍少数载流子流动的势垒;其次,这些想法已经用于改善二极管以及光电导的性能;第三,因为这种结构必须用外延来生长,InSb 在 20 世纪 90 年代重返舞台,它比碲镉汞更容易生长这种材料的高质量外延层。InSb 的缺点当然是它的带隙固定不变,大致对应于(虽然不是完美的)3~5 μm 的窗口。也没有晶格匹配的宽带隙材料,所以,必须使用足够薄的应变层以避免弛豫现象,因为产生的位错将会成为肖克利-瑞德复合中心。器件工程师的生活从来都不容易! 但是(Elliott,Gordon,1991),已经制作了 InSb/AlInSb 二极管,室温下 $r_0 A$ 乘积至少比传统二极管大 10^3 倍。此外,这种器件还应用在非常不同于红外探测的领域中——在半导体器件领域,交叉培育的效果和植物领域的一样好。

最后,关于聪明的新器件结构,20 世纪 90 年代,在碲镉汞二极管阵列中引入光学微透镜阵列(RSRE 的又一个创新),又一次大幅度地提高了性能。用光刻方法在硅上制作凸透镜并与二极管对准,如图 9.22 所示,把入射光聚集在一个小面积探测器上。性能提高的原因是,探测器噪声正比于探测器面积的平方根,而信号电流不受聚光过程的影响。记住,减少探测器噪声也是载流子排除方法的目标,显然,采用同样的方式,可以权衡光学聚焦和工作温度。典型的几何结构包括一个大约 50 μm 的透镜,焦距也是 50 μm,二极

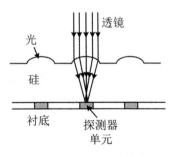

图 9.22 微透镜阵列的安置
它们把入射光聚焦在相应的小探测器单元阵列上。阵列上的单元典型为 50 μm,而探测器直径是 10 μm。透镜是用光刻和腐蚀制成的

管直径大约是 10 μm——聚焦因子是 25,信噪比改善了 5 倍。总的来说,似乎没有根本性的原因不能在室温下实现 BLIP 性能,虽然有必要实现比现在更低的背景掺杂水平。外延生长显然提供了最好的希望。

提到了外延,我们就应当回到碲镉汞外延的重要问题上。在 20 世纪 70 年代,气相外延和液相外延都得到了发展,希望能够替代碲镉汞起初依赖的困难的体材料生长方法。仍然很不容易让材料保持足够的均匀性,即使只是因为 Hg 在生长温度下具有很强的扩散趋势(液相外延通常是 700 ℃,气相外延是 500 ℃)。肯定需要生长温度显著更低的技术,最早的是金属有机化合物气相外延,皇家信号和雷达实验室的厄文和穆林在 1981 年引入了它,很快跟上来的就是 1982 年的分子束外延(弗雷等人,伊利诺伊大学)。两种技术都可以在低温下生长,起初金属有机化合物气相外延是 400 ℃(但是后来低于 300 ℃),分子束外延是 200 ℃。它们还有两个优点。第一个是能够用杂质掺杂,而不是依赖于以前一直使用的不那么好控制的化学比的变化,而且,因为化学比掺杂引入了与 Hg 有关的肖克利-瑞德复合能级——杂质掺杂可以尽可能地减少这些不想要的中心。第二个优点是更容易制作二极管。简单地改变掺杂成分,就可以在位地形成 p-n 结,这样就更好控制了,而且,低生长温度保证了这些 p-n 结停留在它们的生长位置上。碲镉汞技术终于开始像那些卓有建树的材料(例如 GaAs)技术了。两种外延技术能够生长精确定义的二极管结构,其中的 p-n 结区是仔细地梯度化的,但是,仍然需要把背景掺杂浓度改善到 10^{19} m^{-3}(n 型)和 10^{20} m^{-3}(p 型)的量级,以便降低俄歇生成过程的发生概率,在室温下也能够得到可以接受的性能。

组分控制得很好,在金属有机化合物气相外延的情况下,通常利用"交互扩散的多层工艺"(IMP)技术,它沉积了单个的 CdTe 薄层和 HgTe 薄层,接着在生长温度下交互扩散。组分均匀性在 2 英寸的片子上很可能足够了,但是开发大的凝视阵列需要更大的衬底,增大体材料 CdTe(或 CdZnTe)尺寸的进展一直都很小。因此就尝试着在 Si 或 GaAs 衬底上生长高质量层,但是,在 GaAs 上生长的时候,Ga 倾向于扩散到生长层里。(在沉积碲镉汞之前,生长 5 μm 厚的 CdTe 层,用这种方法可以尽量减小这个扩散过程。)像碲镉汞这样的极性材料总是很难生长的,这个也不例外。然而,如果能够开发出满意的方法,显然会有很多好处,可以用 Si 的 CCD 阵列的形式进行信号处理。实际上,利用分子束外延生长的过程一直是鼓舞人心的。虽然碲镉汞层的缺陷水平仍然高于在 CdZnTe 衬底上生长的水平,但是,它似乎没有降低探测器的性能,在 640×480 像素的阵列中,已经实现了比较合理的均匀性。无疑这是前进的方向,最近的努力也值得注意:在 Si 上生长铅的硫属化合物。已经成功地演示了 128×128 像素的阵列,虽然温度分辨率略低于碲镉汞层。(热分辨率用"噪声等效温度差"(NETD)来描述,它表示视场中可以探测到的最小温度差——对于碲镉汞阵列，它优于 20 mK，而对于 PbTe 阵列，它是 100 mK 左右。)显然，Si 上面的碲镉汞在最佳成像性能方面的前景非常好。然而，20 世纪 80 年代还出现了另一种红外成像方法，现在正和碲镉汞进行着激烈的竞争，特别是在重要的探测器单元阵列的均匀性方面。

如前文所述，低维结构在 20 世纪 70 年代后期的发展逐渐地非常广泛地影响了半导体的应用范围，大约从 1985 年开始，红外探测也进入了这个影响圈。这个想法最初是由国际商业机器公司的江崎和榊裕之提出来的，使用量子阱中不同子带之间的辐射跃迁，而不是价带和导带之间的跃迁（也就是"带内"跃迁，而不是"带间"跃迁）。这立刻就有一个优点：它不依赖于"困难的"材料（例如碲镉汞），而是依赖于卓有建树的材料体系（例如 AlGaAs/GaAs），其中的量子阱结构已经控制得非常好了。它还提供了一种特别容易的方法来调节跃迁能量，使之符合特定红外系统的要求。如第 6 章所述，不同子能带之间的能量差依赖于量子阱的深度和宽度——其中任何一个都可以在外延生长过程中改变。量子阱以量子阱红外光探测器（QWIP）的形式应用到红外探测中，贝尔实验室的列文（Levine，1993）在 1993 年对此作了很好的综述，他还在 1989 年报道了第一个实用的器件。

在很大程度上，早期的工作基于的是 AlGaAs 势垒间的 GaAs 量子阱。原理如图 9.23 所示，电子阱里包含了两个束缚态，上能级接近于阱的顶部。正确地选择阱的宽度，可以直接调节两个能级的间距 ΔE，使之对应于希望的探测波长（比如说 10 μm，对应于 $\Delta E = 0.12$ eV）。只要低能级上的自由电子密度足够大，就会吸收 10 μm 的光子，把电子激发到（起初是空的）上能级，只要这个上能级离阱的顶端足够近，有一些电子就能够逃离到势垒上方的连续态里面。在样品两端施加电场，把它们扫到电极里，就产生了光电流。在这个意义上，量子阱表现得非常像传统的光电导。但是有个显而易见的差别：必须把量子阱重掺杂成 n 型，让能量较低的束缚态提供足够的电子（这就解释了图 9.23 中的电场在阱里面很小的原因）。典型的掺杂水平是 10^{24} m^{-3}，但是，精确的数值并不重要。这与传统光电导的近本征行为形成了强烈的对比。

稍微想一想，还会得到很多结论。首先，量子阱深度必须大于待探测的光子能量，显然对势垒里的铝组分有要求。做个简单的算术运算，就可以说明这一点。在一阶近似下，Al$_x$Ga$_{1-x}$As 和 GaAs 的直接带隙的差别是

$$\Delta E_g = 1.25x \text{ (eV)} \tag{9.6}$$

这个差别以 2：1 的比例分配给导带和价带。换句话说，量子阱的深度是 $\Delta E_c = 0.83x$ (eV)。为了让基态束缚能的典型值是 50 meV 左右，我们要求 $\Delta E_c > (0.12 + 0.05)$ eV $= 0.17$ eV，这意味着 $x > 0.2$，也就是说，势垒里至少要有 20% 的铝组分。另一方面，太多的铝又会导致上能级比量子阱的顶部低太多，载流子很难逃

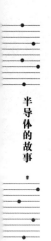

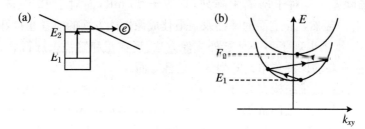

图 9.23　量子阱红外光探测器的导带里的单个量子阱(施加了电场)

量子阱是重掺杂的,为基态能级 E_1 提供了自由电子,因此,量子阱本身的电势降很小。入射光被两个束缚能级之间的光学跃迁吸收,电子隧穿到量子阱外,形成了外电路中的光电流。(a) 能量在 z 方向的空间变化;(b) xy 平面(即量子阱平面)内 E 随着 k 的变化关系。(b) 里面的箭头表示典型的声子跃迁,它们产生了暗电流

脱。注意,在图 9.23 中,它们通过隧穿右边势垒的顶部来逃离量子阱,隧穿概率强烈地依赖于隧穿发生的势垒的高度。能级还依赖于阱的宽度 L_z,显然,量子阱的宽度和高度之间必须有些权衡——实际的解决方法是让 $x = 0.25$($\Delta E_C = 0.21$ eV)和 $L_z = 6.5$ nm。(请参考图 6.14,它在 $x = 0.3$ 的情况下表明了受限能级依赖于 L_z 的方式。这里的情况近似对应于 5 nm 阱的情况,位于该图的中间。)

　　另一个相对直接的特点关注的是热诱导的两个能级之间的跃迁。注意,0.12 eV 的能量差在室温下不超过 $4kT$,意味着显著的暗电流,需要冷却来减小它,但是,就像我们以前讨论红外探测器中的噪声一样,电流的幅度并不重要,重要的是噪声的涨落。为了尽量减小噪声的贡献,大多数研究和大多数器件的工作温度在 20~70 K 的范围里,确实低于传统红外光电导通常使用的温度。原因并不难理解,如图 9.23(b)所示。与窄能隙半导体的情况形成鲜明对比的是,量子阱红外光电探测器工作涉及的两个二维能带在 E-k 图里都是向上弯曲的,有可能发生如图所示的声子跃迁,强烈地增大了声子诱导的带-带跃迁。(看待这种情况的一个方式是,从较低能带里的激发态的角度来看,它的作用就像窄能隙半导体中深能级杂质态的肖克利-瑞德过程的生成-复合噪声一样。)无论以前还是现在,不管量子阱红外光电探测器的优点有多少,这都是妨碍它们广泛应用的严肃理由。此时并不适合用载流子排除技术来减少噪声,在这里并不合适,因为主要的噪声贡献来自声子而不是俄歇过程,但是,肯定值得用微透镜把光聚焦起来。

　　量子阱红外光电探测器的优点是:(1) 可以使用发展得很好的材料技术;(2) 可以实现多光谱响应(在同一个结构中有不同的阱宽);(3) 容易单片集成;(4) 探测器有希望工作在 14 μm 以上的波长范围里。特别是第一点,它可以改善大阵列的均匀性——通常称为"凝视阵列",因为它们不间断地凝视着红外目标。这个特点已经变得相当重要,很差的均匀性显然会严重影响总体指标,而这里显然可以使用

量子阱红外光探测器,即使不得不把它们冷却到 77 K 以下——虽然液氮冷却也许就足够了。无论如何,在 20 世纪 90 年代,人们大都相信 AlGaAs/GaAs 量子阱红外光探测器的均匀性能够比碲镉汞阵列好得多,导致了大西洋两岸的盟友们分道扬镳。美国全心全意地搞量子阱红外光探测器,欧洲主要做高温碲镉汞——谁更可能成功? 这个问题仍然争论不休。

可以把量子阱红外光探测器看作是杂质掺杂的非本征探测器(例如硅,它的优点是技术已经非常成熟)的先进版本,但是,"振子强度"大得多(也就是更强的光学吸收),还可以更自由地选择任何希望的波长。振子强度大的原因是,量子阱的尺寸比单个杂质原子大得多,能够调节的原因在于,量子阱的宽度更容易改变。然而,吸收强度有一个问题,它只能应用于辐射场矢量平行于 z 方向的情况(也就是垂直于量子阱平面)。垂直于量子阱红外光探测器上表面照射的光不能被吸收——必须使用特殊的构型才能得到电场矢量沿着生长方向的分量。早期工作中的实现方法是,把衬底切出 45° 角,用它作为入射平面,这个工艺不符合成像系统的要求。更好的解决方法是,在结构表面上沉积光学衍射光栅,有效地让光偏离法线、照射到半导体里。与更原始的切角方法相比,适当地选择光栅尺寸,有可能把吸收系数增大 2.5 倍。更好的方法是使用"随机散射表面",在表面上腐蚀出随机分布的半波长和四分之一波长压痕——又改进了 2 倍,对于典型的 10 μm 量子阱红外光探测器,总响应率接近于 1 A·W^{-1}。最后要注意,典型厚度为 5 nm 的单个量子阱的吸收层非常薄,通常要堆积至少 50 个量子阱,才能吸收足够比例的入射光。这就增大了收集光电流的难度,但是肯定提高了器件的性能。

除了冷却以外,提高探测率的最佳希望在于增大信号强度。在选择能级时做了重要的改变,从而部分地实现了这个目标。又是贝尔实验室(在 1990 年),他们使用了位于势垒上面的连续态里面的上能级,而不是量子阱中的束缚态。这样做的优点是,被激发的电子立刻就自由了,大大降低了它们被基态再次捕获从而不能贡献光电流的概率。列文及其合作者演示了基于这个原理的 128×128 阵列的量子阱红外光探测器。工作温度低于 60 K,但是,阵列的分辨率和一致性很好,工作像素的成品率很高。在 77 K 下,单个器件的探测率是 10^7 m·Hz$^{1/2}$·W^{-1};在 33 K 下,增大到 10^{10} m·Hz$^{1/2}$·W^{-1}。这种阵列无疑提供了很好的一致性,对于大成像系统来说,这个优点是必要的,只要系统指标满足这些低的工作温度。性能是否会显著提高? 是否能够在更高的工作温度下使用? 仍然需要时间来检验。

出于明显的原因,许多量子阱红外光探测器的工作已经使用了 AlGaAs/GaAs 材料系统,但是,也有理由使用其他组合。例如,因为量子阱更深,与 InP 晶格匹配的 InGaAs/InAlAs 已经用来制作量子阱红外光探测器,用于 3~5 μm 的窗口,就像 GaAs 阱用于 AlInP 晶格匹配的势垒一样。长波长器件也已经在 InGaAsP/

InP，GaAs/GaInP 和 InGaAs/GaAs 中实现了。后一种系统很有趣，它使用了二元化合物作为势垒，便于光生电子的输运。长波长器件也用 p 型量子阱样品制作了，其中的光电流是空穴，但是优点似乎很少。这个领域中可能最有趣的近期发展是，人们开始用量子点来替换量子阱。量子点有个优点，即它们对探测光的偏振没有要求，这样就简化了像素的设计。它们还具有类原子的能级，而不是能带，所以，图 9.23(b)中的声子过程不再起作用，工作温度有可能更高。当然还可以利用多层的量子点来获得足够的吸收强度。

在结束本节之前，说说另一个有趣的材料新发明——半导体超晶格。超晶格这个主题太复杂了，这里不能详细地讨论，但是，因为超晶格有可能设计有效能隙位于合适的红外探测范围的材料，至少应该做个简要的概述。首先，有必要强调量子阱系统和超晶格系统的差别。在前面讨论的量子阱红外光探测器结构中，势垒总是足够厚（5～10 nm 或更大），量子阱可以认为是独立的（也就是说，它们没有耦合在一起），所以，50 个量子阱的性质与单独一个量子阱是完全相同的（只是吸收系数增大了）。另一方面，如果势垒逐渐变薄，阱间耦合增大，整体结构的性质就和单个阱有了显著差别。特别是，短周期超晶格（它们由很多层构成，每层不超过几个原子单层）的行为很像半导电性材料，选择每层的厚度，就可以控制能隙。例如，由交替的单原子层（单层）AlAs 和 GaAs 构成的超晶格，其行为为非常类似于随机的 $Al_{0.5}Ga_{0.5}As$ 的合金，但是，改变这两个层的厚度，同时仍然保持相同的比值，可以得到不同的性质，例如，2 单层 Al 加上 2 单层 Ga，3 单层 Al 加上 3 单层 Ga，等等。AlAs/GaAs 系统确实很重要，因为它们的晶格匹配得非常好，但是，还有其他许多可能性。如果我们希望"设计"一个材料，其有效带隙在红外光谱区，必须选择不同的初始化合物——特别是，可以制作 $InSb/InAs_xSb_{1-x}$ 和 $Ga_{1-x}In_xSb/InAs$ 超晶格，其带隙适于 8～14 μm 的窗口。然而，这些系统有个问题——寻找合适的高质量的衬底，各种不同的衬底（GaAs，InP 和 GaSb）都已经尝试了。最有希望的是把 $Ga_{1-x}In_xSb/InAs$ 超晶格生长在 GaSb 衬底上，因为这个超晶格的"平均"晶格常数与 GaSb 匹配得很好。同时，有可能得到希望的带隙，而 GaInSb 和 InAs 层具有可以接受的小的应变。这种复杂的材料设计是否能够胜过其他长波长探测的方法，仍然需要时间的检验，但是，人们正在严肃地尝试，这个领域仍然活力四射。

9.6　长波长激光器

如第 5 章所述，第一批半导体激光器出现在 1962 年，以 GaAs 和 GaAsP 同质结器件的形式工作在低温和脉冲模式下,它们吸引了物理学和电子工程学共同体,随后又演示了其他材料中的激光行为。一旦认识到关键是直接带隙,自然就考虑其他直接带隙的 Ⅲ-Ⅴ 族化合物,包括 InAs 和 InSb,这两者都可以掺杂为 n 型和 p 型。这两种材料中的注入式激光行为的报道都发表于 1963 年,还是在低温下 (Horikoshi,1985)。林肯实验室的门格里斯等人(一个开创性的激光工作小组)在 1970 年实现了 InAs 同质结器件的激光发射,波长为 3.1 μm,温度为 4.2 K 和 77 K 的阈值电流密度分别为 1 300 A·cm^{-2} 和 1.6×10^4 A·cm^{-2}(与更早的 GaAs 数值相仿),而费兰等人(来自同一个地方)在 InSb 得到了激光行为,$\lambda = 5.2$ μm,$J_{th} \approx 10^3$ A·cm^{-2},温度在 2 K 以下。两个小组用的都是体材料晶体,具有 Zn 扩散的结和解理的镜面,就像 GaAs 的先驱者们做的一样。

这样就诞生了红外激光二极管——谁都不知道该拿它怎么办!然而,时间很快就矫正了这个错误认识,这种激光现在有许多应用,在污染监测领域,有许多气体破坏我们的环境,它们表现出特定的红外吸收谱,可以方便地鉴别它们。然而,典型污染物的密度很低,要求高度灵敏的探测器系统,包含有适当的激光二极管和红外探测器,一个关键特点是需要把激光波长与特定的吸收谱线匹配。换句话说,任何老的激光器都做不到——必须有一些选择波长的方法。在这个意义上,InAs 或 InSb 不是非常吸引人。需要寻找灵活性更大的材料,例如 PbSnTe 或 HgCdTe,或者最近的 InGaAlAsSb!此外,为了让器件有效地工作在这个领域里,还希望实现室温连续工作,这就要求匹配得很好的异质结。GaAs 体系直到 1970 年才能这样,所以,我们很难预期中红外领域有更快的进展。但是肯定有进展。

1964 年,林肯实验室的巴特勒等人迈出了通向 PbSnTe(或 PbSnSe)注入激光器的第一步,他们报道了 PbTe($\lambda = 6.5$ μm)和 PbSe($\lambda = 8.5$ μm)在 12 K 温度下的激光行为。他们使用布里奇曼法生长的 p 型体材料晶体,在富 Pb 气氛中退火,形成 p-n 结(多出来的 Pb 导致了 n 型掺杂)。Ⅳ 族硫族化合物的岩盐矿结构导致了 (100)解理面,提供了方便的端镜。虽然阈值电流密度超过了 10^3 A·cm^{-2},对于同质结器件,也只能期望如此了——要点在于这些材料也可以出现激光行为,虽然它们的能带结构非常不同(价带最大值和导带最小值都处在 k 空间的 L 点,而不是 Γ 点)。实际上,硫族化合物很适合产生激光行为,因为这两个能带里的有效质量都很小(因为能带极值位于 L 点,所以有两个质量,m_L 和 m_T,就像第 3 章里的硅和锗那样,但是,PbTe 的平均质量大约是 0.04m)。他们继续进行研究,两年后得到了第一批 PbSnTe 和 PbSnSe 激光二极管,它们的波长(大致)在 9~14 μm 的范围,工作温度为 12 K,$J_{th} \approx 600$ A·cm^{-2}。能隙更小意味着有效质量更小,从而降低了阈值电流。这些器件甚至工作在 77 K,但是,阈值电流更大了($J_{th} \approx 3\,000$ A·cm^{-2})。在 1968 年,同一个小组报道了 $\lambda = 28$ μm 的激光行为,具有更小的阈值电流($J_{th} = 125 \, \text{A} \cdot \text{cm}^{-2}$),说明了这种材料体系的灵活性。他们还发现,当 Sn 的摩尔分数比从零增大到交叉点的时候,能带翻转导致了一些有趣的结果。他们观察到,对于 $x < 0.4$ 的 $Pb_{1-x}Sn_xTe$ 样品,能隙的温度系数是正的,而对于 $x > 0.4$,它是负的。图 9.24 给出了两个温度 $T = 77\,\text{K}$ 和 $T = 12\,\text{K}$ 下的 E-x 曲线,清楚地表明了这是怎么出现的。这有很大的实际重要性,因为温度的控制提供了调节波长的方法。

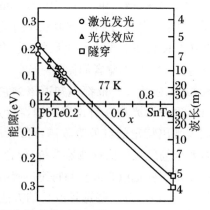

图 9.24 在两个温度 $T = 77\,\text{K}$ 和 $T = 12\,\text{K}$ 下,$Pb_{1-x}Sn_xTe$ 合金的能隙 E_g 随着 x 的变化关系

对于 $x < 0.4$,E 随着温度的升高而增大;对于 $x > 0.4$,能隙减小。这是能带反转的结果,它大约发生在 $x = 0.4$。(取自 Melngailis I, Harmon T C. 1970. Semiconductors and Semimetals// Willardson R K, Beer A C. Vol. 3. Academic Press:111, fig. 2)爱思唯尔公司惠允重印

根据 GaAs 激光器的经验,为了实现连续的激光、提高工作温度,很可能需要开发异质结,以便实现载流子限制和光学限制。虽然使用把 PbSnTe 或 PbSnSe 中的 Sn 扩散出去(out-diffusion)的方法做了一两次尝试,但实际采用的方式是某种外延。1970 年,气相外延首先用于在 PbTe 衬底上生长 PbSnTe(但是后来失宠了),而分子束外延和液相外延分别在 1972 年和 1974 年开始冲击激光领域,已经得到了广泛的应用。第一个成功的分子束外延激光器是福特汽车公司的霍洛威等人报道的,他们在 BaF_2 衬底上生长 PbTe,在 12 K 温度下发光,波长为 6.5 μm。接着,林肯实验室的沃尔坡等人在 p 型 $Pb_{0.88}Sn_{0.12}Te$ 衬底上生长 n 型 PbTe,制作了单异质结的器件。这个 10 μm 发光器直到 65 K 还可以连续工作,脉冲阈值电流低得多——在 4.2 K 下,$I_{th} = 45 \, \text{A} \cdot \text{cm}^{-2}$;在 77 K 下,$I_{th} = 780 \, \text{A} \cdot \text{cm}^{-2}$。早在 1971 年,就报道了原始的双异质结激光器,但是,第一个成功的器件才于 1974 年出现在多产的林肯实验室,它是 PbTe 衬底上液相外延生长的 $PbTe/Pb_{0.88}Sn_{0.12}Te/PbTe$ 结构。它在 12 K 产生了 10 mW 的输出功率,波长为 10 μm,直到 77 K 还可以连续

工作。然而，分子束外延带着更好的器件重新登场，把 $Pb_{0.78}Sn_{0.22}Te$ 功能层夹在 $Pb_{0.88}Sn_{0.12}Te$ 势垒之间，直到 114 K 还可以连续工作——战斗在继续！

所有这些器件都很原始——用于设计晶格匹配结构的努力非常少。PbTe 和 SnTe 的晶格失配大约是 2%，所以，这个结构的晶格失配大约是 0.3%，足以在界面上引入显著数目的缺陷。测量得到的阈值电流的温度依赖关系支持了这一点，一个例子如图 9.25 所示。在低温下，曲线是平的，表明复合寿命依赖于温度，很可能是界面复合的结果（寿命越短，就越难以泵浦到开启激光工作所需的注入自由载流子的水平）。注意，当功能层厚度增加的时候，界面复合就变得不那么重要了，J_{th} 表现出陡峭的下降。在更高的温度下，斜率的迅速上升来自俄歇复合的影响。实际上，俄歇效应在很大程度上阻碍了工作温度的提高——由于俄歇寿命的强烈的温度依赖关系，阈值电流不可避免地随着温度的升高而迅速增大（它们还随着波长的增加而增大）。当然不可能通过降低自由载流子密度来克服这个困难——大的载流子密度对于激光工作是必需的。高温阈值电流增大的另一个因素很可能是载流子由于势垒太低而逃出功能区，所以需要能隙更大的势垒。这个与晶格匹配的需要结合起来，导致了一些很大范围的材料研究，发现了一些惊人的构型。然而，在讨论它们之前，我们需要指出，在碲锡铅材料中添加硒，确实允许晶格匹配，PbSeTe/PbSnTe/PbSeTe 和 PbSeTe/PbSnSeTe/PbSeTe 结构确实获得了相当的成功。特别是，在低温下得到了低阈值电流，说明界面质量有了很大改善。

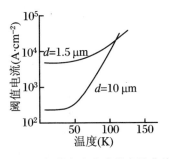

图 9.25　阈值电流密度的实验曲线

功能层厚度不同的两个 PbSnTe/PbTe 双异质结激光器，$d = 1.5\ \mu m$ 和 $d = 10\ \mu m$。在低温下，功能区更宽的器件的阈值电流密度降低了很多，那里的界面复合的影响更小。更高温度下 J_{th} 的陡峭上升反映了俄歇复合的重要性。（取自 Horikoshi Y，Kawashima M，Saito H. 1982. Jap Jnl Appl Phys，21：77，fig.13）

接下来是通用汽车实验室的戴尔·帕廷及其同事的工作（Partin，1991）。在 20 世纪 80 年代初期，他们接受了分子束外延生长的挑战，利用了一台（那时候）现代的离子泵，能够达到背景气压 10^{-10} torr，意味着纯度水平比霍洛威等人在位于迪尔邦的福特实验室（在底特律的另一端）的早期工作能够得到的更高，工作的背

景气压在 10^{-6} torr 的范围。福特奠定了 T 型车的基础,而通用汽车用卡迪拉克反击!他们的贡献可不是小小的点缀品——实际上,他们为 IV-VI 族材料系统引入了真正的复杂性。需要的是一个范围的硫族化合物,它们以岩盐矿结构结晶(可以与 PbTe,PbSe 和 SnTe 等很好地合金),它们有着更大的带隙和晶格参数,适合于设计晶格匹配的双异质结结构。图 9.26 可以帮助理解他们提出的解决方法,它给出了 一些硫族化合物的能隙和晶格参数的关系,包括宽带隙材料 YbTe,EuTe,SrTe 和 CaTe。特别是,PbTe 与 EuTe 和 YbTe(或 STTe 和 CaTe)的合金显然可以很好地与 PbTe 晶格匹配,同时还拥有比 PbTe 本身大得多的能隙。(类似的评论也适用于 PbSnTe 合金,它适合于 8～14 μm 的波长范围。)帕廷等人表明,这些合金有许多能够用分子束外延在相对低的温度下可靠地生长(例如,300～400 ℃),用 IV-VI 族材料开发复杂的异质结和量子阱结构的方式是清楚的,最终显著地改善了 AlGaAs/GaAs 激光器(见第 6 章)。(这个情况类似于第 7 章(7.5 节)讨论 II-VI 族可见光激光二极管的时候遇到的情况——那时候需要类似的宽带隙合金材料以便得到晶格匹配的双异质结结构,增添了许多新的成分来满足这些需求。)

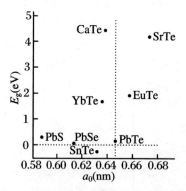

图 9.26　一些硫族化合物的能隙和晶格参数

它们结晶为岩盐矿结构。可以看到,包含 EuTe 和 YbTe(或 STTe 和 CaTe)
的合金可以和 PbTe 或 Pb$_{1-x}$Sn$_x$Te(对于小的 x)实现晶格匹配

这些硫族化合物材料发展的两个重要方面是开发量子阱激光器和制作波长更短的激光二极管(以便满足 2～3 μm 范围里损耗非常低的氟化物玻璃光纤的需要)。作为早期量子阱激光器的例子,我们引用帕廷在 1988 年报道的工作,他们使用了 30 nm 的 PbTe 量子阱,势垒和光学限制层都是 PbEuSeTe,势垒包含 1.8% 的 Eu,波导层是 4% 的 Eu,调节每种情况下的 Se 的组分,从而保持对 PbTe 的晶格匹配。器件直到 140 K 都可以连续工作,阈值电流密度在 4.2 K 下为 150 A·cm^{-2},在 140 K 下为 2.5 kA·cm^{-2}。发射波长在 140 K 下为 4.8 μm。量子阱和势垒之间的能隙差别大约是 100 meV,但是,关于它如何在导带和价带中分配,并没有清楚的证据。在更高的温度下,载流子很容易从量子阱中跑掉,不利于得到更高的工作温度,需要提高势垒中 Eu 的密度。然而,合金 PbEuSeTe 中测量得到的电子迁移率随着 Eu 密度的增大而奇怪地下降得很快,在激光结构中产生了很大的串联电阻。这就进退两难了—— 包含 Ca 或 Sr 的合金也不能解决这个问题,因为它们有同样的困难。室温工作的目标没有容易的解决方法,更糟糕的是,波长越长,这个问题就越严重(俄歇复合和自由载流子吸收损耗都随着波长的增加而增大)。

1995 年,夫琅和费研究所的茅如斯·泰克综述了 IV-VI 激光二极管的发展状态(Tacke,1995)。进展似乎很慢——虽然分子束外延生长的双异质结激光器和埋藏式异质结激光器都已经相当好地建立了,连续光工作的最高温度仍然不超过200 K。在试图满足单模激光器的需要、用于气体分析的高分辨光谱的时候,一些努力也投入到制作分布式布拉格反射镜和分布式反馈结构,它们看起来有些希望,但是仍然处于实验室原型探索阶段。室温工作的目标能否达到仍然很不清楚,也许很快,也许永远也做不到!一部分问题在于,人们的努力分散在许多不同的材料系统上,不知道哪一个成功的希望最大。

当碲镉汞用作功能材料的时候,与晶格匹配相联系的问题可以显著地降低,就像前面讨论红外探测器时看到的那样,所以,寻找它在激光二极管制作中的应用似乎是合理的。第一个碲镉汞二极管激光器是在 1991 年由加州罗克韦尔国际科学中心的研究小组报道的,他们的主要兴趣是红外探测器。他们使用低温(约200 ℃)分子束外延生长来制作条形结构的双异质结激光器,发射波长为 $2.86\ \mu m$。工作温度在 $40\sim90$ K 范围,77 K 下的脉冲阈值电流密度是 $625\ \mathrm{A\cdot cm^{-2}}$,值得尊敬。输出功率不能测量,但是,很可能是几毫瓦左右。功能区包含未掺杂的$Hg_{0.605}Cd_{0.395}Te$,限制层是 p^+-$Hg_{0.51}Cd_{0.49}Te$ 和 n^+-$Hg_{0.52}Cd_{0.48}Te$,整个结构生长在半绝缘的 $Cd_{0.96}Zn_{0.04}Te$ 衬底上。用 In 实现 n 型材料的掺杂,用 As 实现 p 型材料的掺杂,但是,因为 As 的两栖性(依赖于它占据的晶格位置),必须(可能很奇怪地)在高的 Hg 气压下生长 CdTe/HgTe 超晶格作为 p 型限制层,然后让它相互扩散,As 只进入到 CdTe 层(这个过程鼓励了 As 原子只占据 Te 位,它们在那里表现为受主)。

p 型掺杂的问题与对更大输出的需求结合起来,导致了另一种方法在 $2\sim4\ \mu m$ 的范围里产生激光——使用光学泵浦而不是电学泵浦。在这种情况下,结构可以用完全没有掺杂的材料生长,能够更容易设计导光层。泵浦光在外围的波导层里被吸收,得到的自由载流子热化地进入中央的功能区,它们在那里复合。使用大功率 InGaAs/AlGaAs $0.94\ \mu m$ 激光二极管阵列泵浦多量子阱碲镉汞结构,发射波长为 $3.2\ \mu m$,同一个小组演示了大约 1 W 的脉冲输出功率(工作温度为 88 K),平均功率水平为 100 mW。这种性能允许人们更灵活地监视大区域里的污染,然而,毫瓦器件必须和仔细设计的吸收盒一起使用,利用了多次通过的光路。光学泵浦的缺点是效率不高,这是因为,泵浦光子的能量必然大于输出光子(此时,相差了因子3.4),但是,这个代价有时候是值得的,它显著地简化了材料结构。

然而,铅的硫族化合物和碲镉汞不是唯一能够产生受激红外发射的材料。如第 8 章(8.2 节)所述,20 世纪 70 年代早期,锑基系统 GaAsSb/AlGaAsSb 就实现了激光二极管,发射波长大约为 1 μm,在原则上能够提高 Sb 组分来减小功能材料的能隙,从而把输出波长进一步拓展到红外。问题在丁晶格匹配(又是它!)——这些器件是生长在 GaAs 衬底上的,它们不能够匹配,增大 Sb 的含量只会让问题更严重(对于 GaSb,$a_0 = 0.609\,55$ nm;而对于 GaAs,$a_0 = 0.565\,35$ nm)。实际上,需要两个创新性步骤才能实现这一点:首先,衬底必须改为 GaSb;其次,功能层里必须加入 In,导致了四元化合物 $Ga_x In_{1-x} As_y Sb_{1-y}$,它可以和 GaSb 衬底实现晶格匹配。注意,通过满足参数 x 和 y 之间的另一个特定关系,就又有了一个类似于 InGaAsP 的系统(InGaAsP 可以和 InP 匹配,参见专题 8.3)。在这种情况下,关系式可以写为

$$y = 0.91(1 - x)/(1 + 0.05x) \tag{9.7}$$

这样得到的四元化合物的能隙在 0.28~0.73 eV 范围变化($\lambda = 4.4$~1.7 μm),碰巧很靠近 InGaAsP 系统,后者的最小能隙是 0.75 eV($\lambda = 1.65$ μm)。

寻找合适盖层材料的问题似乎很容易用 GaSb 解决,但是,这不是有效的解决方法,因为 GaSb 的折射率大于功能材料,所以,它不能够作为波导层。幸运的是,发现了其他两种可能性:AlGaAsSb 和 InASPSb,两者都可以是晶格匹配的,而且为波导提供了合适的折射率,为载流子限制提供了足够大的带隙。1980 年,日本电报电话公司的小林等人报道了第一台基于 GaInAsSb/AlGaAsSb 系统的激光器。他们演示了室温脉冲发光,波长为 1.8 μm,阈值电流密度 5 kA·cm^{-2}——后来,其他实验室的工作把这个值降低到 1.5 kA·cm^{-2}左右,俄国工作者实现了室温连续工作,波长接近于 2 μm。几乎所有这些早期工作都使用了液相外延,这就限制了能够得到的波长范围,因为在 GaInAsSb 系统对于 2.4 μm 和 4 μm 之间的波长有一个"溶合间隙"(miscibility gap,这个组分的区域不能够生长合金材料,组分分凝到各自的空间区域里)。这对于热平衡条件下的任何生长技术(例如液相外延)都是个严重的问题,但是,利用其他方法在远离平衡态的条件下生长,有时候可以克服这个困难。分子束外延和金属有机化合物气相外延已经把波长拓展到 4 μm,虽然工作温度远低于室温。例如,麻省理工学院的工作(1994 年报道的)产生了 4 μm 激光器,直到 170 K 也可以连续工作,阈值电流是 $J_{th} = 8.5$ kA·cm^{-2}。在 80 K 下,$J_{th} = 100$ A·cm^{-2},最大输出功率是 24 mW。量子阱激光器也已经演示了类似的性能,光学泵浦的器件还在脉冲工作模式下给出了高达 2 W 的峰值功

率,工作温度为 92 K。

波长为 3~4 μm 的激光结构的另一种生长方法使用了 InAs 衬底(但是要注意,GaSb 和 InAs 衬底无论质量还是尺寸都赶不上 GaAs)。结构使用了 InAs 功能层和 AlAsSb 盖层,还有 InAsSb/InGaAs 超晶格功能层和 InPSb 盖层。它是个有趣的领域,可以进一步发展,但是我们不打算详细讨论,因为它还处于发展的初期。毫无疑问,它为有趣的材料研究提供了非常好的机会,但是,实用激光器的进展还非常有限。

你可能想知道,如果量子阱带内跃迁能够成功地用于制作红外光探测器,为什么不能够做红外激光器呢? 这样想是对的——不仅可以做,而且确实做了。1994年,在《科学》的一篇文章中,贝尔实验室的费德里克·卡帕索及其同事描述了他们的开创性工作,演示了现在广为人知的"量子级联激光器"(Faist et al,1994),这个器件引发了整个红外半导体激光器领域的革命。它依赖于非常复杂的耦合量子阱体系,在一对受限的导带能级之间建立起想要的自由载流子的反转,还迈出了重要的一步,每个电子不仅在单个阱里受激发射光子,而且在一串很大数目(典型是 50个)的阱里都受激发射光子。注入传统二极管激光器的功能区的每个电子都复合并发射一个光子,在新发明里,每个电子通过整个结构,在这串量子阱里级联地产生光子,从而把光功率生成增大了 100 倍。(但是不应该忽视,外加电压相应地也更大了。)

图 9.27 给出了一个过度简化的器件工作示意图。它把功能区表示为单个导带量子阱,具有三个受限能级,$E_3 > E_2 > E_1$,不同的阱被中间区域分隔开,用来把电子注入下一个阱里的上能级里。能级 3 里面的电子落到能级 2,释放出一个能量为 $h\nu = E_3 - E_2$ 的光子(通常是 80~400 meV,对应于波长 $\lambda = 15~3$ μm),然后,释放一个能量大约为 35 meV 的光学声子而掉到能级 1,最后,再隧穿出去,进入下一个阱里的能级 3,整个过程重复了 N 次,其中,N 是整个结构中结的数目。注意,这里不涉及 p-n 结——这个器件是"单极性的",因为它只利用了一种电荷载流子。电流完全是被电子输运的。早在 1994 年,卡帕索等人就描述了基于这种结构的发光二极管——把它变成激光器,添加了厚的外部波导层,把发射出来的光在一对以传统的方式垂直解理的窗口之间导向。他们在几个月里做了这个,在同一年的后期,宣布实现了第一个量子级联激光器。工作在 10 K,产生的最大脉冲功率为 8 mW,波长为 4.3 μm,阈值电流密度约是 15 kA·cm^{-2}。

所有这一切听起来直截了当,但是,这个印象依赖于为了帮助理解而做的过度简化。激光器的有效工作依赖于三个能级的特定构型,电子必须非常快地从能级 2 跑掉,从而保证能级 2 实际上是空的,有助于实现能级 2 和能级 3 之间的粒子数反转。为了实现这个目标,要求 $E_2 - E_1 = h\nu_0$(其中,$h\nu_0$ 是量子阱材料的布里渊区

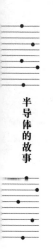
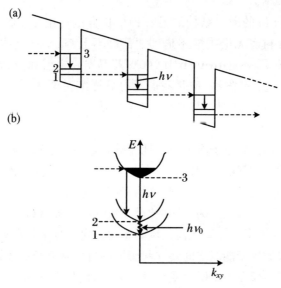

图 9.27　简化的导带能量图,用于说明量子级联激光器的工作原理

(a) 器件结构的截面图,它包括三个功能区和对应的注入层。电子隧穿到上能级(能级 3),掉到能级 2,发射出一个能量为 $h\nu = E_3 - E_2$ 的光子,然后再发射一个光学声子,掉到能级 1,最后隧穿到下一个功能区。(b) 功能区的扩展能级图,它说明了如下事实:所有的发射过程对应于相同的光子能量,因为能带在 k 空间里的曲率都一样

中心的光学声子能量)。如前文所述,这个能量远小于需要的光子的能量,$E_3 - E_2$ $>E_2 - E_1$,这个条件不符合单个量子阱中的量子限制物理学(如第 6 章所述),相反的不等式成立,所以,需要一些聪明的"能带结构工程"来得到希望的能级构型。功能区里不是单个量子阱,必须使用三个量子阱——一个窄阱用于得到能级 3,两个更宽的阱提供能级 1 和 2。势垒薄得足以让这些阱具有合适的耦合,它们三个合作产生了想要的能量尺度。类似地,功能区之间的注入区是精心设计的超晶格,每个区有六个阱,整体结构变得更加复杂了。每个单元有 9 个量子阱和 9 个势垒,一共(比如说)50 个单元,再加上导光层,显然每个激光结构中单独层的数目接近于 1 000 个,每层都必须精确地裁剪以便达到器件的要求!长期受苦受难的晶体生长者啊,对你们的要求还能更过分些吗?

贝尔实验室的研究人员使用分子束外延生长这些不大可能的结构(卓以和的名字不是平白无故地出现在文章里的),选择了 InP 基的系统——$Ga_{0.47}In_{0.53}As$ 量子阱和 $Al_{0.48}Ga_{0.52}As$ 势垒,生长在 InP 衬底上(最近,更多的其他工作者使用 AlGaAs/GaAs 实现了类似的结果)。计算机控制的挡板当然是必需的——人肯定跟不上这些开关步骤!透视电子显微镜照片表明了这个控制有多么成功,器件能够工作的这个事实(不用操心它有多好)更进一步地证实了。总的来说,这个成就

非常引人瞩目,结合了杰出的物理学、精彩的器件设计和了不起的材料技术——肯定是诺贝尔奖欣赏的工作吧? 我们就等着瞧吧!

为了理解这些努力有多么的成功,只需要提一下卡帕索在 1999 年为《物理世界》写的综述文章(Capasso,1999),仅仅在最初的突破之后五年。在这篇文章里,他报道了工作波长从 $3.4~\mu m$ 到 $17~\mu m$ 的器件,每个器件的室温脉冲功率达到几百毫瓦,连续工作直到温度为 175 K,在温度 30 K 下的连续功率达到 700 mW,而 77 K 下的最低阈值电流密度为 $750~A \cdot cm^{-2}$,在室温下为 $5.2~kA \cdot cm^{-2}$。这样的器件已经用于气体监视系统——新泽西州斯蒂温研究所的惠塔克等人演示了在氮气中探测痕量的氧化氮(N_2O),浓度为 $250/10^9$,而斯坦佛大学的帕尔杜斯等人检测了氮气中的氨气,浓度为 $100/10^9$。很多这种污染监测工作需要使用单模激光器,卡帕索小组当然已经做了一个,利用分布式布拉格反射镜选择了法布里-珀罗腔激光器发出的 20 多个模式中一个。现在,世界上显然有很多其他研究小组正在对激光器发展作着重要贡献,下一个十年无疑将会看到更多的进展。例如,瑞士最近的工作产生了第一个室温连续工作的器件,进一步的发展瞄准着 $50 \sim 100~\mu m$ 范围的激光器,而一些医学应用还处于初始研究的阶段。我们还是拭目以待吧。

参考文献

Bell R L. 1973. Negative Electron Affinity Devices[M]. Oxford: Oxford University Press.

Broudy R M, Mazurczyck V J. 1981// Willardson R K, Beer A C. Semiconductors and Semi-metals: Vol. 18[M]. New York: Academic Press: 157.

Capasso F. 1999. Phys. World, 12: 27.

Faist J, Capasso F, Sivco D L, et al. 1994. Science, 264: 553.

Duxbury G. 2000. Infrared Vibration-Rotation Spectroscopy[M]. Chichester: John Wiley.

Elliott C T. 1981. Handbook on Semiconductors: Vol. 4[M]. Amsterdam: North Holland: 727; Chapter 6B.

Elliott C T, Gordon N. 1991. Handbook on Semiconductors: Vol. 4[M]. Amsterdam: North Holland: 841; Chapter 10.

Escher J S. 1981// Willardson R K, Beer A C. Semiconductors and Semimetals: Vol. 15[M]. New York: Academic Press.

Herzberg G. 1945. Infra-red and Raman Spectra[M]. New York: Van Nostrand.

Hilsum C, Rose-Innes C A. 1961. Semiconducting Ⅲ-Ⅴ Compounds[M]. NY: Pergamon Press.

Hirsch H E, Liang S C, White A G. 1981// Willardson R K, Beer A C. Semiconductors and Semimetals: Vol. 18[M]. New York: Academic Press: 21.

Horikoshi Y. 1985// Willardson R K, Beer A C. Semiconductors and Semimetals: Vol. 22C

[M]. New York: Academic Press: 93.

Jervis M H, Lockett R A. 1971. Applications of Infrared Detectors[M]. London: Mullard Ltd: 107: Chapter 9.

Kruse P W. 1970// Willardson R K, Beer A C. Semiconductors and Semimetals: Vol. 5[M]. New York: Academic Press: 15.

Levine B F. 1993. J. Appl. Phys. , 74: R1.

Lloyd J M. 1975. Thermal Imaging Systems[M] New York: Plenum Press.

Lovett D R. 1977. Semimetals and Narrow Gap Semiconductors[M]. London: Pion Ltd.

Melngailis I, Harman T C. 1970// Willardson R K, Beer A C. Semiconductors and Semimetals: Vol. 5[M]. New York: Academic Press: 111.

Madelung O. 1964. Physics of III-V Compounds[M]. New York: John Wiley and Sons.

Micklethwaite W F H. 1981// Willardson R K, Beer A C. Semiconductors and Semimetals: Vol. 18[M]. New York: Academic Press: 47.

Morten F D. 1971. Applications of Infrared Detectors[M]. London: Mullard Ltd.

Partin D L. 1991 // Willardson R K, Beer A C. Semiconductors and Semimetals: Vol. 33 [M]. New York: Academic Press: 311.

Putley E H. 1968. The Hall Effect and Semiconductor Physics[M]. New York: Dover.

Putley E H. 1970// Willardson R K, Beer A C. Semiconductors and Semimetals: Vol. 5[M]. New York: Academic Press: 259.

Reine M B, Sood A K, Tredwell T J. 1981// Willardson R K, Beer A C. Semiconductors and Semimetals: Vol. 18[M]. New York: Academic Press.

Rougeot H, Baud C. 1979. Adv. Electron Phys. , 48: 1.

Smith R A. 1953. Adv. Phys. , 2 (Suppl. Phil Mag): 321.

Smith R A, Jones F E, Chasmar R P. 1968. The Detection and Measurement of Infrared Radiation[M]. 2nd ed. Oxford: Oxford University Press.

Sommer A H. 1968. Photoemissive Materials[M]. New York: John Wiley.

Stevens N B. 1970// Willardson R K, Beer A C. Semiconductors and Semimetals: Vol. 5[M]. New York: Academic Press: 287.

Tacke M. 1995. Infrared Phys. and Technology, 36: 447.

第 10 章
多晶半导体和非晶半导体

10.1 导论

不用多说,本书强调的一个重点就是,高质量单晶材料非常重要。物理理解和器件开发的进展总是强烈地依赖于高纯度、没有缺陷的单晶,我们已经考察了很多情况,从小的(可能是自然出现的)晶体到体材料单晶锭,再到晶格匹配的外延生长。通常,只有最后这个阶段才有可能让器件获得接近于理论预期的数值。确实,只有在这些条件下,我们才可以预期,简化的理论模型能够合理地近似实际的工作结构。另一方面,不投入时间和努力(也就是钱!),就不可能生长这种高质量单晶材料,这就不免刺激了这样的想法:如果能不这么做就太好了! 在很多情况下,仅仅电子器件或光电子器件的尺寸就使得它们不可能基于单晶材料,认识到这一点很重要。显示系统就是个明显的例子——不可能用昂贵的单晶晶锭去做 26 英寸的电视显示屏。虽然发展了几十年,现在最大的单晶硅锭的直径也只有 12 英寸,其他半导体甚至都到不了这个范围,这至少部分地解释了为什么阴极射线管统治了显示器领域这么长时间。大功率的太阳能电池也是个重要的例子,它的面积很大,妨碍了单晶材料的使用。这样就刺激了这个想法:非单晶材料也许可以满足一些系统的要求。

第 9 章举了一个例子,铅的硫族化合物的红外光电导具有非常有用的性能,它以多晶薄膜的形式沉积在玻璃或者石英衬底上,完全是非单晶的方法;早在第 3 章,我们就注意到多晶硅用于构成金属氧化物硅晶体管,甚至在更早的第 2 章,我们就熟悉了猫须射频探测器,它依赖于 PbS 多晶材料——所以,肯定有先例。类似的技术可以在多大范围上应用于其他问题,并不是显而易见的,但是,在一些情况下是可以做到的,这就是本章的内容。我们将重点考察多晶或非晶形式的半导体材料的物理学和一些应用。这些材料的行为显然不同于它们的单晶伙伴,我们需要仔细地考察它们的性质,才能理解这些应用。接下来的两节就是这么做的,然后,10.4 节和 10.5 节讨论多晶半导体和非晶半导体的两个主要应用:太阳能电池和液晶显示屏。最后,10.6 节讨论"多孔硅"的问题,它是物质的另一种形态,具有激动人心的性质,有希望在光电子学中得到重要的应用。但是必须承认,这些例子只是所有半导体器件中非常小的一部分,它们在实践中确实相当重要——在 10 章里拿出一章,也许可以公平合理地说明它们的重要性。

10.2 多晶半导体

如 10.1 节所述,多晶半导体材料有着悠久的历史。在生长人造单晶(锗和硅起步于 20 世纪 50 年代早期,见第 3 章)之前,它们是唯一的选项。猫须探测器用的是多晶 PbS,30 年代的半导体整流器使用了多晶的 CuO_2 或 Se,早期的红外探测器依赖于 Th_2S_3,PbS,PbSe 或 PbTe 薄膜。还要记住,第 5 章描述了很多半导体激光器的开创性工作,它们依赖于多晶材料上切下来的单晶,在 1962 年,GaAs 晶体的生长仍然处于襁褓期。在绝大多数情况下,最佳的性能来自单晶材料,通常是外延薄膜,而且经常是晶格匹配的多层结构。然而,在几种情况下,多晶薄膜确实提供了很好的器件结果——红外光电导就是一个恰当的案例——所以,我们需要考虑它们的工作原理。是什么使得多晶材料在电学上不同于它的单晶伙伴呢?

就像许多电子显微研究搞清楚的那样,多晶薄膜一个重要的结构特性就是有"晶界",它把薄膜中小的单晶区域分隔开。换句话说,薄膜包含许多微小的单晶,器件尺寸通常位于 10 nm～10 μm 的范围里(依赖于材料,也依赖于制备的方式),它们彼此靠得很近,但是,接触区域并不是恰当地准直的(从晶体学的角度来看)。一般来说,单个的晶粒彼此略微有些错开,边界包含着很高密度的位错和"悬挂键"(原子没有恰当地形成化学键)。我们不打算深入讨论这些界面区域的精确性质,只是简单地承认这个非常重要的事实:它们包含着很高的电子态密度,束缚了电子电荷,导致了晶粒中的能带弯曲。正是这个性质导致了多晶薄膜的特殊行为,把它们与相应的体材料单晶区分开来。

让我们更仔细地看一看 n 型薄膜中的情况,单位体积中包含着 N 个施主(相应的模型同样应用于 p 型材料,但是要用反转的能带进行思考,大多数人都觉得不那么容易!)。在正常温度下,浅施主原子被热电离了,自由电子存在于晶粒材料的导带里,能够在晶粒里自由运动。其中一些电子会到达晶界,那里的界面态有可能捕获这些电子,让它们变得空间局域化了。这些固定的负电荷可以把自由电子从靠近界面的晶粒区域中排斥出去,产生了耗尽区,类似于半导体中的肖特基势垒接触(第 3 章简要地讨论过它)。用导带能量的术语来说,耗尽区的特性是能带弯曲,如图 10.1 所示(导带 E_C 和费米能级 E_F 的间隔增大,与这个区域中自由载流子密度的减少是符合的——记住,$n = N_C \exp[-(E_C - E_F)/(kT)]$)。如专题 10.1 所述,能带弯曲的大小 φ_b 依赖于施主的密度 N 和界面陷阱态的密度 N_C,我们可以计算耗尽区的宽度 W。

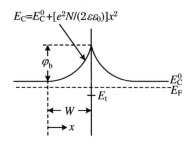

$$E_C = E_C^0 + [e^2 N/(2\varepsilon\varepsilon_0)]x^2$$

图 10.1　能带结构示意图说明了导带在晶界附近的弯曲

能量为 E_t 的界面陷阱位于费米能级以下,因此,里面填满了电子。总的能带弯曲 φ_b 和耗尽区宽度 W 依赖于半导体晶粒中的陷阱密度 N_t 和掺杂浓度 N。这个图对应耗尽区宽度显著小于晶粒尺寸 l 的一半的情况,也就是说,$N > N_t/l$

专题 10.1　晶界的耗尽区

　　理解多晶半导体薄膜的行为,关键是要理解晶界的耗尽区参数。本专题采用图 10.1 里的模型描述这个理论的基本内容。我们假定,半导体晶粒包含着均匀分布的施主杂质,体密度为 $N(\mathrm{m}^{-3})$,晶界的特征参数为界面陷阱的面密度 N_t(m^{-2}),能量为 E_t。(注意,并没有很好的理由假定所有这些陷阱的能量都是 E_t——同样可以假定陷阱能量在能隙中有某种分布,但是,这会相应地让数学变得更困难! 就拿这个当理由吧!)束缚在界面处的电子电荷导致了一定程度的能带弯曲 φ_b,相应的耗尽区宽度 W 可以用标准的耗尽层理论计算得到。φ_b 和 W 都依赖于密度 N 和 N_t 以及束缚能量 E_t——现在就是要确定这个关系。

　　假定晶粒里的施主分布是均匀的,耗尽区的导带能量随着位置 x 以二次曲线的形式变化(图 10.1):

$$E_C = E_C^0 + [e^2 N/(2\varepsilon\varepsilon_0)]x^2 \tag{B.10.1}$$

其中，ε 是半导体的相对介电常数（下面的计算采用了形式上的数值 $\varepsilon = 10$）。这就给出了总能带弯曲 φ_b 与耗尽区宽度 W 的关系：

$$\varphi_b = e^2 N W^2 / (2\varepsilon\varepsilon_0) \tag{B.10.2}$$

在很多情况下，束缚能 E_t 位于费米能级以下很远的地方，因此，这些陷阱都被电子填充了。这样就可以让界面总电荷 eN_t 等于两个耗尽层之间的电荷（界面的两侧各有一个），即

$$N_t = 2NW \tag{B.10.3}$$

可以消去 W，把能带弯曲用 N 和 N_t 表示出来：

$$\varphi_b = e^2 N_t^2 / (8\varepsilon\varepsilon_0 N) \tag{B.10.4}$$

注意，对于陷阱密度的任何特定数值，φ_b 以 N^{-1} 的形式变化，在掺杂浓度大的时候变小，在 N 小的时候变大。如果取典型值 $N_t = 10^{16}$ m^{-2}，在 $N = 10^{24}$ m^{-3} 的时候，可以得到 $\varphi_b = 0.023$ eV，但是，在 $N = 10^{23}$ m^{-3} 的时是 0.23 eV，在 $N = 10^{22}$ m^{-3} 的时候是 2.3 eV！最后这个数字显然不合理（比许多情况的能隙还要大！），必然有些因素阻止了它。实际上可能发生两件事：首先，陷阱能级 E_t 可以移动到费米能级以上，束缚能级被占据的假设就不成立了；其次，更重要的是，耗尽层宽度增大了（见公式（B.10.3）），直到耗尽区充满了整个晶粒，这个简单理论也就不再有效了。

更仔细地看看后面这种情况。如果晶粒尺寸为 $l = 100$ nm，我们可以用公式（B.10.3）得到临界掺杂浓度值，此时晶粒两侧的耗尽区刚好在晶粒中央会合。这就是 $N_{max} = N_t / l = 10^{23}$ m^{-3}，相应的能带弯曲值为

$$\varphi_{b\,max} = e^2 l N_t / (8\varepsilon\varepsilon_0) \tag{B.10.5}$$

这种情况给出的数值是 0.23 eV。

如果 N 比这个临界值小，情况会怎么样呢？数学变得更困难了，所以，我们只给出结果，E_C^0 的数值（公式（B.10.1））开始增大（即它远离费米能级，见图 10.2(c)），晶粒里的 n 值减小——n 不再等于 N，当 N 小于 N_t / l 的时候，n 很快地变得小于 N（它实际上是热激发的，激发能等于 $E_C^0 - E_t$）。同时，能带弯曲也按照如下关系式变得更小了：

$$\varphi_b = e^2 l^2 N / (8\varepsilon\varepsilon_0) \tag{B.10.6}$$

在这个区域里，φ_b 随着 N 线性地变化，当 N 变小的时候，它趋近于零——在这个例子中，当 $N = 10^{21}$ m^{-3} 的时候，$\varphi_b = 0.0023$ eV，在室温下可以忽略不计（$\varphi_b \ll kT$）。因此，导带在整个晶粒中实际上是平的（图 10.2(d)）。

比较公式（B.10.4）和（B.10.6）可以说明，φ_b 在临界掺杂浓度 $N_{max} = N_t / l$ 处达到尖锐的最大值，这就是我们在公式（B.10.5）里把它称为 $\varphi_{b\,max}$ 的原因。利用数值 $N_t = 10^{16}$ m^{-2} 和 $l = 100$ nm，我们得到了 φ_b 随掺杂浓度的变化曲线，如图 10.3 所示。

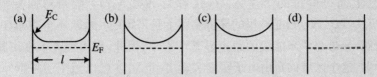

图 10.2　在不同参数条件下,尺寸为 l 的晶粒里的能带弯曲的示意图

(a) $N > N_t/l$,耗尽区宽度 W 远小于 $l/2$;(b) $N = N_t/l$,两个耗尽层正好在晶粒中央会合;(c) $N < N_t/l$,仍然具有小而有限的能带弯曲——注意,导带的最低点离开了费米能级;(d) 弱掺杂的情况,能带弯曲小得可以忽略不计,导带远远高于费米能级。最后这种情况由不等式 $\lambda_D > 1$ 表征,其中的 λ_D 是德拜屏蔽长度

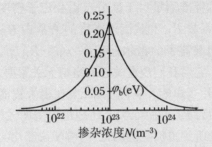

图 10.3　能带弯曲 φ_b 随着半导体晶粒中掺杂浓度的变化关系

它在 $N = 10^{23}$ m^{-3} 处有一个尖锐的最大值。本图采用的参数是 $N_t = 10^{16}$ m^{-2} 和 $l = 100$ nm。在画图的时候,我们假设界面陷阱全都位于费米能级以下

专题 10.1 的一个主要结论是,耗尽区宽度 W 与晶粒直径 l 的相对大小很重要。对于界面陷阱密度和体材料掺杂浓度的特定组合,晶粒相对两端的耗尽区正好在晶粒中心处会合,这样晶粒里的自由电子几乎被完全耗尽了(图 10.2(b))。合适的关系是 $Nl = N_t$,此时的能带弯曲 φ_b 表现为尖锐的最大值。图 10.3 给出了 φ_b 随 N 的理论变化曲线的一个例子,其中,陷阱密度为 $N_t = 10^{16}$ m^{-2},晶粒尺寸为 $l = 100$ nm。这个能带弯曲对于电子输运性质的影响很重要,因为自由电子必须越过势垒才能在薄膜中运动,但是,从图 10.3 显然可以看出,在高掺杂浓度和低掺杂浓度的地方,势垒的影响都很小。如果 $\varphi_b < kT$(室温下,$kT = 0.026$ eV),具有热能量的自由载流子很容易越过它们。另一方面,当 $Nl \approx N_t$ 且 φ_b 接近于最大值的时候,它们表现为电流流动的主要阻力($I = I_0 \exp[-\varphi_b/(kT)]$ 是合适的关系式,例如,当 $\varphi_b = 10kT$ 的时候,电流可以减小一个因子 $e^{10} \approx 2 \times 10^4$)。中等掺杂浓度的多晶薄膜的有效电阻率非常高,与单晶薄膜显著不同——现在,原因就非常清楚了。

然而,这件事并没有结束,如果掺杂浓度降低到临界值 $N_{max} = N_C/l$ 以下,更奇怪的事情就发生了。按照图 10.2 里的顺序从左往右,首先,$N \gg N_t/l$,势垒很

小,然后是上面讨论过的 $N = N_t/l$,接着是 $N < N_t/l$,能带弯曲变得略小于 $\varphi_{b\,max}$,最后是 $N \ll N_t/l$,晶粒里的导带实际上是平坦的。电流不再遭遇任何势垒,但是要注意,导带与费米能级的距离显著增大了,因此,自由载流子密度减少了很多。实际上,这个区域的自由电子密度 n 远小于 N,薄膜电阻率还是意外地高,但是原因大不相同,绝大多数自由电子已经被界面的陷阱俘获了,在这种情况下,它们与单晶体材料里深能级陷阱的功能类似。例如,半绝缘 GaAs 就是这么制作的(也就是添加体材料陷阱)。

在理论上理解了多晶行为的这些重要特点以后,有必要考虑可能的实验技术,它们也许能提供支持的证据(也许不能!)。在单晶材料中,如第 5 章(5.4 节)所述,霍尔效应和电阻率的标准测量对于区分自由载流子密度和载流子迁移率的影响至关重要。来自霍尔系数 R_H 和载流子密度的关系式 $R_H = 1/(ne)$ 与电阻率测量结合起来,可以确定出载流子的霍尔迁移率,$\mu_H = R_H/\rho$。(我们忽略了霍尔散射因子引入的微妙之处,它对我们现在关心的事情无关紧要。)你可能会问,类似的测量对理解多晶行为有什么影响? 实际上,答案在很大程度上是正面的——霍尔测量和电阻率测量大大帮助了人们证实上述理论模型的大体图像,虽然在细节上有些冲突。确实,可能会听到更加空洞的批评,嘟囔说非均匀材料中的霍尔系数的解释不够美妙,但是,在当前陈述中,我们不关心这些细微的差别,只是向更有探险精神的学生推荐马丁·鲍威尔和我几年前写的综述文章——《多晶半导体和粉末半导体中的霍尔效应》(Orton, Powell, 1980)。

首先,有必要考虑重掺杂的多晶样品,$N \gg N_t/l$,晶粒内的势垒高度很普通(图 10.2(a))。假定我们对这个样品做霍尔测量,用通常的方式得到霍尔系数。它会告诉我们些什么? 许多理论方法的共识是,它实际上测量的是晶粒体材料中的自由载流子密度,我们认为它直接测量了掺杂浓度 N(也就是说,我们假定施主能级足够浅,在晶粒的体材料内部,它们是完全电离的)。因此,在室温附近,载流子密度(以及霍尔系数)不依赖于温度。然而,对于相应的电阻率来说,这肯定不对,因为,如前文所述,电子必须爬过晶粒之间的势垒才能走到外面的世界。我们必须期待,电导率 σ 和霍尔迁移率 μ_H 都是热激发的,例如

$$\mu_H = \mu_0 \exp[-\varphi_b/(kT)] \tag{10.1}$$

因此,测量 μ_H 随温度的变化关系,就可以得到 φ_b 的实验数值,即测量 R_H 和 ρ 随着 T 的变化关系。(注意,这里假定了电流是由热发射翻越势垒的过程主导的,而不是隧穿地通过它们。但是,只要这么说就足够了:测量的可靠性相当高。)

这就处理了迁移率的温度依赖关系,但是它的大小呢? 换句话说,怎么解释因子 μ_0? 关于这个主题的第一个想法可能是,μ_0 应当与 μ_1(晶粒体材料里的电子迁移率)完全相同,但是,更系统的分析表明,在大多数时候,情况并非如此。如专题

10.2 所述,在简单的电流流过晶粒的一维模型里,电子由于热电子发射而越过晶粒之间的势垒,μ_0 实际上依赖于晶粒尺寸 l,还依赖于 $T^{-1/2}$(见公式(B.10.16))。实际上,μ_0 似乎对应着晶界散射的迁移率——也就是说,电子散射的平均自由程等于晶粒尺寸 l。这样就容易计算 μ_H 的合适数值,它在高掺杂浓度下($\varphi_b < kT$)大致是 0.1 m² · V⁻¹ · s⁻¹ 左右,在低掺杂浓度下(φ_b 接近于最大值)的数值小得多。当 $\varphi_b = \varphi_{b\,max}$ 的时候,典型的迁移率可以是 $\mu_H = 10^{-5}$ m² · V⁻¹ · s⁻¹(注意,这么低的迁移率是很难测量的)。

专题 10.2   多晶薄膜的霍尔迁移率

多晶半导体薄膜的霍尔测量的解释表明,霍尔系数 R_H 量度了晶粒体材料中的自由载流子密度 n。这里说的是掺杂浓度 N 远大于临界值 N_{max} 的情况,能带如图 10.2(a) 所示,这个假设还意味着薄膜中的有效载流子迁移率是热激发的,也就是说,由下式给出:

$$\mu_H = \mu_0 \exp[-\varphi_b/(kT)] \tag{B.10.7}$$

其中,φ_b 是晶界附近的能带弯曲。从一个基本模型出发,本专题推导了这个结果,并且解释了公式里的因子 μ_0。为得到 μ_H 的表达式,必须清楚地理解薄膜中电流流动的模式,它可以分为两个不同的区域,晶粒的体材料内部和晶界。先写出这两个区域和整个晶粒的电流密度表达式。在晶粒体材料中是欧姆电导,对于它,

$$J_g = ne\mu_1 V_g/l \tag{B.10.8}$$

其中,V_g 是晶粒体材料上的电压降。势垒区的电流密度可以写为电子由于热电子激发而越过势垒的形式

$$J_b = J_S\{\exp[eV_b/(kT)] - 1\} \approx eV_b J_S/(kT) \tag{B.10.9}$$

其中,利用了 $eV_b \ll kT$。这是合理的,因为 V_b 只是施加在薄膜上的电压 V_A 的很小一部分。晶粒的尺寸为 100 nm,实验中的薄膜长度为 1 cm,$V_b/V_A \approx 10^{-5}$,$V_b \approx 10^{-4}$ V。

对于整个晶粒来说,

$$J = ne\mu_H(V_g + 2V_b)/l \tag{B.10.10}$$

注意,这里假定了耗尽区的宽度 W 远小于晶粒尺寸 l,因此,可以用 l 表示晶粒尺寸以及两个耗尽区的距离。(严格地处理这个问题很容易,但是,这个假设可以把数学简化一些。)

记住,(在我们考虑的一维模型中)这三种电流密度必须相等,可以把公式 (B.10.8)~(B.10.10) 中的不同电压消去,得到霍尔迁移率 μ_H 的表达式,

$$\mu_H^{-1} = \mu_1^{-1} + \mu_b^{-1} \qquad (B.10.11)$$

其中

$$\mu_b = lJ_S/(2nkT) \qquad (B.10.12)$$

J_S 是势垒上热电子发射产生的反向饱和电流密度,可以写为

$$J_S = J_0 \exp[-\varphi_b/(kT)] \qquad (B.10.13)$$

这样就可以把 μ_b 写为

$$\mu_b = \mu_0 \exp[-\varphi_b/(kT)] \qquad (B.10.14)$$

其中

$$\mu_0 = lJ_0/(2nkT) \qquad (B.10.15)$$

为了计算 μ_0,需要 J_0 的表达式,这可以由肖特基势垒上热电子发射的讨论得到(Sze,1969),最终结果是

$$\mu_0 = el v_{th}/(8kT) = el(8\pi m^* kT)^{-1/2} \qquad (B.10.16)$$

其中,v_{th} 是电子的热速度,$v_{th} = [8kT/(\pi m^*)]^{1/2}$,载流子的有效质量为 m^*。因此,给各个参数赋予合适的数值,就可以估计 μ_0。取 $l = 100\ nm$,$m^* = 0.2\ m$,可以得到 $\mu_0 = 0.12\ m^2 \cdot V^{-1} \cdot s^{-1}$,如果再假设 $\varphi_b = 2kT$,我们得到 $\mu_b = 0.016\ m^2 \cdot V^{-1} \cdot s^{-1}$。这个值可以用来和晶粒体材料中迁移率 μ_1 的典型值进行比较(大约是 $0.1\ m^2 \cdot V^{-1} \cdot s^{-1}$)。回到公式(B.10.11),我们看到,在很好的近似程度上,测量得到的霍尔迁移率就是

$$\mu_H = \mu_b = \mu_0 \exp[-\varphi_b/(kT)] \qquad (B.10.17)$$

这个论证相当长,但重要的是,我们知道了这个结果是怎么得来的,而且能够估计实践中可以测得的有效迁移率。

搞了这么一大堆公式以后,可以作最后的评论了。假定自由载流子在每个晶界处被散射,让它们的平均自由程 λ 等于晶粒尺寸 l,就可以定义迁移率 μ_g。(注意,这里假定了体材料迁移率 μ_1 足够大,晶粒内部的散射可以忽略不计。)这样就有

$$\lambda = v_{th}\tau = l \qquad (B.10.18)$$

由此可得

$$\mu_g = e\tau/m^* = el[\pi/(8m^* kT)]^{1/2} \qquad (B.10.19)$$

如果忽略了小因子 π,它就与 μ_0(公式(B.10.16))完全相同,这至少是合理的,因为当 φ_b 趋近于零的时候,我们预期(见公式(B.10.11))测量的迁移率等于 μ_0(总是假定 $\mu_0 \ll \mu_1$)。

然而,这只是故事的一半。仍然需要考虑掺杂浓度更低的情况,$N < N_t/l$。跟随图 10.2 中能带图的序列,我们应当预期,当 N 减小到 N_{max} 以下的时候,测量的

迁移率又增大了，φ_b 相应地变得更小。确实，当 $N \ll N_{max}$ 的时候，导带实际上在整个薄膜里都变得平坦了，我们不再预期 μ_H 是被热激发的，而是近似为 μ_0，与高掺杂浓度的测量数值完全相同。换句话说，我们预期 μ_H-N 的变化曲线在 $N = N_{max}$ 处表现出尖锐的极小值，在高密度极限和低密度极限都渐近地趋近于 μ_0。从图 10.3 可以看到，N_{max} 的典型值很可能是 10^{23} m^{-3} 左右，但是，它可以变化得相当大，依赖于界面陷阱密度和晶粒尺寸。然而，这里得到的主要教训是，多晶硅半导体中迁移率的行为完全不同于相同材料的单晶样品。我们不仅必须期望它是被热激发的，而且随着掺杂浓度的变化，迁移率在某个特定掺杂浓度值 N_{max} 处表现出很强的极小值（下标"max"当然指的是能带弯曲的极大值，它给出了迁移率的极小值）。与低掺杂情况下自由载流子密度的非常行为结合起来，它可以用来表征特定系列的多晶样品。

背景理论就讲这么多了——实验情况怎么样呢？我们早就指出，在半导体的历史上，多晶半导体在很早的阶段就有实际应用了——当然主要是以实验的方式。理解它们的光电子学行为的最早尝试可能是和红外光电导（例如 PbS）联系在一起的。早在 20 世纪 20 年代，就确认了它与硫化铊光电池有关，氧在优化性能方面扮演了重要角色，40 年代，在铅的硫属化合物里也观察到类似现象。人们发现，氧甚至能够把导电类型从 n 型变为 p 型，在 50 年代早期导致了这样一个想法：这些光电池的灵敏度与薄膜中的 p-n 结有关，薄膜中有些小区域对小光点的灵敏度比薄膜的其余部分高得多，这个观察也支持了这个想法（见 Bube（1960）：Chapter 11）。接下来就是光电导的详细测量，用迁移率调制的术语解释它（而不是单晶光电导中期待的自由载流子调制）。这个现象的物理机制是，少数载流子被束缚在晶界处，中和了一些界面电荷，从而减小了能带弯曲。人们还发现，名义上的单晶样品实际上包含着势垒，这也强化了它们也必然发生在薄膜里的论证。势垒光电导的不同理论方法建立起来了，包括派垂斯在 1956 年的一个模型——类似于本节概述的模型。然而，支持光电导的调制的自由载流子模型的声音也提高了，其中一些甚至否认样品里存在势垒。问题在于，很难想出一个能够解决这个争端的判定性实验，并不仅仅因为这些薄膜样品中的杂质浓度不能控制（如前文所述，依赖于掺杂浓度的相对数值，可以有非常不同的行为，如果连这些参数都不知道的话，就不知道要预期什么了！）。因此，这件事情就歇下来了——但是争论并没有任何减弱的迹象！直到 70 年代，才终于得到了确定性的实验数据。

在此期间，薄膜的应用迅速扩大。1960 年，贝尔实验室演示了第一个硅 MOS 晶体管，1961 年，威摩尔发明了薄膜晶体管（TFT），大量的类似器件出现了，使用了各种半导体，提几个名字吧，有 Te，PbTe，InAs，InSb，GaAs，CdS 和 CdSe 等等。有必要沉积某种形式的栅极绝缘体，因为这些材料和硅不一样，它们都没有令人满意的氧化物。然而,不能否认,它们很有希望在大面积电路中作为放大器或开关。这里就不再谈论它们了(见 Sze(1969):Chapter 11),而是继续进入到 70 年代。

20 世纪 60 年代和 70 年代报道了许多关于多晶薄膜的霍尔效应和电阻率的测量,但是直到 1971~1975 年期间,势垒模型才得到了有说服力的证据。这是因为人们对多晶硅薄膜的兴趣快速增加了(不仅仅是作为 MOS 的栅极,还用于薄膜晶体管),它可以用更可控的方式沉积而成,而且更重要的是,通过气相掺杂或者离子注入,能够控制施主或受主密度。在 1971 年,(仙童公司研发实验室的)卡民斯报道了掺杂浓度在 $10^{23} \sim 10^{25}$ m^{-3} 范围的 n 型和 p 型薄膜。他观察到,霍尔迁移率随着自由载流子密度的下降而显著降低,就像势垒理论预言的那样(对于 $N > N_{max}$ 的情况)。1972 年,(国际商业机器公司华生研究实验室的)考尔和萨支维克测量了类似的薄膜,它覆盖了更宽的掺杂浓度范围,不仅观察到迁移率的下降,当掺杂浓度低于 10^{24} m^{-3} 的时候,自由载流子密度也快速减小,就像预言的 $N < N_{max}$ 的情况。不幸的是,他们都没有测量随温度的变化关系,所以,不可能直接估计势垒的高度或者陷阱的深度,虽然间接证据暗示了合理的数值。

最完整、最有说服力的证据来自(通用汽车公司研究实验室的)濑户(Seto)在 1975 年的工作,他也关注硅薄膜,这次是离子注入掺杂的 p 型。为了说明他的工作的重要性,我们在图 10.4 和图 10.5 给出了他的结果,分别是自由载流子密度和迁移率随着掺杂浓度的变化关系。当 $N < 10^{24}$ m^{-3} 的时候,空穴密度迅速下降,同时,迁移率也相应地下降,同样发生在 $N = 10^{24}$ m^{-3},就像理论预言的那样。两张图里的实线是由势垒模型计算而来的,与实验数据符合得非常好。根据四个样品上测量得到的迁移率的温度依赖关系,濑户估计了势垒高度 φ_b,当掺杂浓度从 $N = 1 \times 10^{24}$ 到 5×10^{25} m^{-3} 变化的时候,激发能大致按照 N^{-1} 变化,符合预言的方式。相应的 μ_0 数值也符合根据晶粒尺寸 $l = 20$ nm 计算的结果,陷阱密度 N_t 大约是 3×10^{16} m^{-2}。最后,对于掺杂最少的样品,根据测量得到的 p/N 比值,有可能估计陷阱能量数值——结果是 $E_C - E_t \approx 0.35$ eV。虽然实验数据和理论预言有一两个细节符合得不完美,但是这个工作无疑强烈地支持了势垒模型,即使最具偏见的反对者也不能置之不理了。关于霍尔效应和电阻率的更多报告出现了,包括很大范围的材料和沉积方法,其中许多被总结在 Orton,Powell(1980)。它们与势垒理论符合得相当好,但是没有濑户的结果那么细致,所以,只是为理论提供了一般性的支持。濑户的工作鹤立鸡群。

虽然为我们理解多晶薄膜中的导电过程作出了重要贡献,濑户并没有研究光电导。因此,即使有了濑户的工作,光电导机制的争议仍然不让人满意,显然需要做些事情。不仅有必要在一组已知样品上详细地研究暗电导,还要把它拓展到光电导上。最好还要在半导体上进行,例如 CdS,它们被广泛地用作光电导。困难在

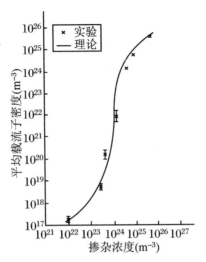

图 10.4 七个 p 型硅薄膜样品的自由空穴密度 p 随着掺杂浓度 N 的变化关系

实线是基于导带的势垒理论计算得到的——叉形符号表示实验数据。样
品中自由空穴密度 $p \ll N$ 是由热激发能决定的。（取自 Seto J Y W.
1975. J. Appl. Phys., 46:4247, fig. 1)美国物理学会惠允重印

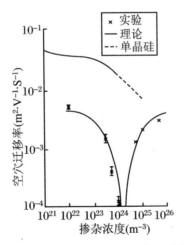

图 10.5 与图 10.4 相同的样品上测量得到的霍尔迁移率（取自 Seto(1973)）

实线是基于势垒模型计算的结果——叉形符号表示实验数据。虚线表示单晶硅中空
穴迁移率的变化，用作比较。迁移率的热激发能的最大值大约是 0.13 eV，对应于迁移
率的最小值。（取自 Seto (1973):fig.2;见图 10.4)美国物理学会惠允重印

于,CdS 薄膜不能很好地可控地掺杂,所以,不得不在势垒模型的基础上根据霍尔
效应和电阻率的测量推导出掺杂浓度,接着用这个分析来解释光效应。至少我的

小组在 1980 年是这样做的(在瑞德希尔的飞利浦研究实验室,见 Orton et al
(1982)),试图把光电导的机制确定至少一次——如果不是一劳永逸的话!

　　用喷涂热解法沉积制作了许多 n 型样品——把 $CdCl_2$ -硫脲的溶液喷涂在
400 ℃的石英玻璃衬底上——掺杂浓度通过控制混合的化学比来改变(也就是溶
液中 Cd 离子和 S 离子的比值)。这样就可以在很宽的范围内改变掺杂,但是,事先
并不知道出来的是什么东西——必须用霍尔和电阻率的数据来推测。晶粒尺寸用
电子显微镜测量,大约是 300 nm(但是有很显著的分布)。在 70~300 K 的温度范
围内进行电学测量,在暗场条件下,或者在石英碘灯①的照明下。暗场测量允许我
们根据势垒模型分析所有的样品,由此估计掺杂的范围大致是 10^{20}~10^{24} m^{-3}。从
迁移率的热激发能量得到势垒高度,最大值 $\varphi_{b\,max} = 0.2$ eV,此时的掺杂浓度为 N
$= N_{max} = 2 \times 10^{22}$ m^{-3},迁移率也在这里表现出相应的极小值。推测的陷阱密度
N_c 大约是 5×10^{15} m^{-2}。对于掺杂小于 N_{max} 的情况,自由载流子密度减小得很快,
完全像理论预言的那样被热激发,表明陷阱能量 $E_c - E_t$ 大约是 0.4 eV。这使我
们相信自己理解了样品在黑暗中的行为(利用势垒理论),鼓励我们从这个有利地
形开始研究光电导。

　　光电导理论和实验的比较有很多微妙的细节,但是,显然有两个明确的结论。
首先,样品可以很好地分为两组,在弱掺杂的样品中,$N < N_{max}$,光电导几乎完全来
自载流子的增大(迁移率几乎保持不变),在掺杂更高的样品中($N \geqslant N_{max}$),载流子
密度和迁移率增大,很好地符合了理论的预言。其次,对于第二组样品,Δn 和 $\Delta \mu$
(分别是光照引起的载流子密度和迁移率的变化)之间有个关系,可以很好地检验
势垒。总结一下,对于载流子密度变化主导的光电导和迁移率变化主导的光电导,
我们现在理解得相当好,至于以前人们关于迁移率调制和自由载流子调制的争论,
现在有了清楚的答案——他们都正确!

　　这个结局确实很美妙,它是势垒理论的胜利,但是,我们可能应该做个最后的
评论。这个理论就像我们表述它的那样,只不过是对现实的一阶近似。在任何实
际的半导体薄膜中,存在着晶粒尺寸的分布(电子显微镜非常清楚地证明了它),晶
界参数也可能有分布(特别是陷阱密度),它意味着势垒高度和数值 μ_0 的分布。显
然需要更完全的理论来考虑这些因素,涉及"渗流理论"的要素(电流渗透地通过薄
膜,选择那些提供了最小电阻的路径,见 Orton,Powell(1980))。这就让理论上的
挑战变得更大了,而且还让人对(过度简化的)基本描述的成功有了点担心。有时
候,科学似乎是直截了当的,但是,绝大多数时候并非如此。

---

　　①　带有石英灯罩的碘灯,它是个白光光源,而且有很多紫外光。——译者注

10.3 非晶半导体

在某种意义上,10.2节讨论的多晶硅半导体是个半成品,介于单晶和非晶半导体之间。多晶材料和非晶材料的共性是其结构中的无序元素。虽然理想晶体的特征是完全的长程有序,多晶材料仅仅在晶粒里面表现出长程序——如果在大得足以包含很多晶粒的尺度上考察它们,有序度显然就不再存在了。在完美的单晶里,如果知道了任何特定原子的坐标,就等效地知道了样品中所有其他原子的坐标——这是所有晶格的基本性质。对于多晶样品,这不再是正确的,有序的缺乏使得电子行为发生了很大的变化,如前文所述。然而,还是有可能利用标准的半导体理论处理晶粒中的电子,虽然晶界可以简单地看作是高密度的局域化的缺陷态。另一方面,非晶半导体的特性是完全没有长程有序,直到原子间距离的尺度,我们不再期望用标准半导体术语描述它们的电子学性质。在这种情况下,需要全新的理论方法,这里只能简单地提一下。莫特和戴维斯关于这个主题写了一本接近600页的书:《非晶材料中的电子过程》(Mott,Davis,1971)。如果读者喜欢更短的描述,可以参考鲍勃·斯垂特关于非晶硅的杰作(Street,1991)的导论部分。《半导体和半金属》的第21卷(Pankove,1984)也全面地描述了非晶硅的性质和应用。本节概述了非晶半导体的必要性质,作为今后讨论其应用的基础。

非晶材料最熟悉的例子是普通的窗户玻璃,它是透明的、良好的绝缘体,说明非晶材料可以具有很宽的带隙,就像晶体绝缘体一样。而且,就像晶体半导体和绝缘体一样,玻璃的种类也很多,其中有些是绝缘体,有些是半导体。今天最著名的非晶半导体是非晶硅,它在过去20年里在半导体光电子学领域有些重要应用,但是,不要忽略这个事实:玻璃态材料的电学性质的研究可以追溯到20世纪50年代,那时候,硅还没有作为晶体半导体而广为人知。很多早期工作关注于玻璃形态的砷、硒和锑,还有各种硫属化合物玻璃,例如 As_2Se_3,以及很让人困惑的更复杂的化合物,例如 $As_{0.3}Te_{0.48}Si_{0.12}Ge_{0.10}$,它表现出有趣的开关行为。同时,第一台成功的施乐复印机在1956年使用了硒光电导。非晶硅的理论基础也是在50年代建立起来的,虽然受到了非晶硅日益增长的商业前景的刺激,这个主题在70年代显著地繁荣起来,一直保持着合理的发展规模。

为了理解非晶态的要点,需要对典型材料的原子结构有些了解,因为非晶硅的实际重要性,我们选择了它(但是也可以为其他材料建立类似的模型,例如,Street(1991)中的图1.3)。图10.6提供了非晶硅中硅原子的成键的二维示意图,这是

"连续随机网络"的一个例子,应当与第1章里的图1.3进行比较。注意,非晶硅中也保持了第1章讨论的硅原子的四重成键行为,但是键长和键角有些变化,与晶体态的情况不一样。这个结构有两个显而易见的特点:首先,缺少长程序——我们一旦离开任何特定硅原子几个原子距离,基本上就不可能预言周围原子的位置;其次,存在着"悬挂键"(也就是没有被满足的键),它表示网络中的缺陷态。类似的效应出现在真实的三维结构中,有序性的缺失和悬挂键的存在是所有非晶半导体的典型特性,意味着重要的新的电学性质,与理想的单晶完全不同。无法像晶体材料那样确定晶体结构和晶格常数,通常采用径向分布函数描述非晶材料,它确定了在距离任何特定原子 r 处的原子密度。在非晶硅里(通常写为 a-Si),这个函数在 $r_1 = 0.235$ nm 和 $r_2 = 0.35$ nm 处有峰,与晶体(四面体成键的)硅完全相同,但是,这些峰不再是尖锐的,它们的宽度量度了键长和键角的分布。随后的峰随着径向距离 r 的增大而变得越来越不明显了,证实了长程有序的缺失。

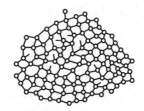

图 10.6　艺术家的印象图:硅原子的二维连续随机网络,
用于说明非晶硅的结构性质(它当然是三维的)
注意,键长和键角都不同于图 1.3 里规则的晶体结构。
还要注意,结构中包含很多悬挂键,它们表示材料中的缺
陷,在能隙中引入了高密度的电子态

　　现在可以更仔细地考察非晶材料的典型的电子学性质。首先考虑对于任何半导体都最重要的参数,即它的带隙。非晶半导体的特点是,它的带隙非常类似于它的晶体等价物,但是,显著地依赖于用来沉积薄膜的方法。例如,在 a-Si 的情况下,带隙的数值介于 1.2 eV 和 1.8 eV 之间,而晶体硅的带隙是 1.12 eV。因为无序的缘故,也不可能像晶体那样定义动量量子数 k,直接光学跃迁和间接光学跃迁的差别不再有意义,因此,非晶材料的吸收曲线的形状很不一样,a-Si 确实如此。然而,对于我们的目的来说,认识到确实存在着定义良好的带隙就够了,所以,我们可以讨论价带和导带,大致类似于讨论晶体材料的方式。

　　如果假设能隙里没有电子态,那就错了——对于晶体来说,这是对的。我们知道,即使晶体也有来自缺陷和杂质的深能级态——非晶也是如此,但是程度大得多。实际上,非晶半导体的标准描述是用宽泛的态密度函数,它是连续的,一直延伸到带隙里。一个例子如图 10.7 所示,显然可以看出,带边远远不像晶体那么陡

峭,"带尾态"从导带带边和价带带边一直延伸到带隙里很远的位置上。此外,带隙里有着高密度的缺陷态,对应于图10.6中明显的悬挂键。这些态倾向于把费米能级钉扎在带隙的中央,因此,导带和价带里的自由载流子都非常少。使用自由电子密度的熟悉的表达式 $n = N_C \exp[-(E_C - E_F)/(kT)]$,采用 $E_C - E_F = 0.7\,\text{eV}$,可以得到 $n \approx 10^{13}\,\text{m}^{-3}$,比非常弱掺杂的纯晶体半导体小7个数量级!这样一来,导带态基本上不存在。在假定这种材料必然表现出非常高的电阻率之前,不要忽略另一种导电机制的可能性,它涉及深的缺陷态。我们过一会儿再讲它。

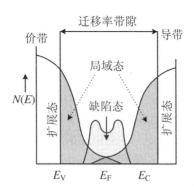

图 10.7　典型非晶半导体的态密度函数的示意图

带尾态从导带和价带扩展到能隙里,深的缺陷态出现在靠近能隙中心的位置。
扩展态和局域态之间可以划出一条界线,它定义了迁移率能隙(见正文)。费米
能级钉扎在能隙中央附近,意味着扩展态的电子(空穴)占据度非常小

　　对电阻率进行分类之前,需要对可能的迁移率有些了解,这里,非晶材料的迁移率还是落在我们更熟悉的晶体数值的后面很远。这并不奇怪——晶体半导体的高载流子迁移率来自晶格的周期性,只是由于存在杂质、缺陷和晶格振动(它们部分地破坏了晶体的完美性)才导致了有限的迁移率。非晶固体没有周期性,所以,迁移率肯定低。然而,这还不到故事的一半。如果更仔细地看看图10.7,显然,根据电子(空穴)是自由的还是局域化的,可以把靠近导带(价带)带边的电子(空穴)分为两组。只有能量大于某个特定值 E_C 的电子是可以运动的(在这个意义上,晶体半导体导带中的自由电子是可以运动的),能量小于 E_C 的那些电子是局域化的。运动态和局域态的这个尖锐的划分称为"安德森相变",以它的发现者名字命名(贝尔实验室的 P·W·安德森在1958年发现了它)。有个对应的价带能量 E_V,可以定义"迁移率带隙"$E_C - E_V$,它的角色类似于(虽然并不完全相同)正常半导体中的带隙。特别是,应当预期,光学带隙和迁移率带隙的差别很小,然而,在一个理想的晶体材料里,电学带隙和光学带隙是完全相同的。

专题 10.3 讨论了非晶半导体的电导率,有三个显著不同的区域,每个都有特征性的温度依赖关系(图 10.8)。在这个例子中,室温下的电导是被 E_C 之上的扩展态里的电子主导的,热激发能量等于 $E_C - E_F$。在低于室温的某个温度,主导过程是局域化的带尾态中的"热辅助的跳跃"(激发能量为 $E_T - E_F$,其中 E_T 是带尾有效能量),在更低的温度下,没有多少声子,另一个过程掌了权,称为"变化范围的跳跃"。在最后这种情况,温度依赖关系弱得多,正比于 $\exp[-(T_0/T)^{1/4}]$,严格地说,它根本不是被激发的。跳跃区域涉及局域态之间的跃迁,这听起来可能有些古怪,但是,严格地说,"局域化的"这个词只能在热力学零度下使用。在 $T = 0$ 的时候,$\sigma_{tail} = 0$,但是,在有限温度下,它是个有限值。无论如何,E_C 以上的态和 E_C 以下的态的电导率总是有个突然的改变,在 $T = 0$ 的时候是个有限值,在室温下,通常有个因子 $10^2 \sim 10^3$。如专题 10.3 所述,在室温下,非晶硅导带态的电导率可能高达 $600 \ (\Omega \cdot m)^{-1}$,如果 $E_C - E_F = 0.1 \ eV$,但是,在大多数材料中,$E_C - E_F$ 大得多,因此,电导率就小了好多个数量级。通常情况是,室温下深能级中的跳跃电导实际上超出了导带态的电导——即使相应的迁移率有可能小得多,靠近费米能级的电子(或空穴)的密度大得多,后面这个效应通常占据主导地位。(无论如何,我们应当注意,能带态的电导在更高温度下仍然占据主导地位,因为涉及大的激发能。这就意味着图 10.8 中的温度轴要移动了。)

最后,回到关于迁移率的讨论,我们注意到(参见专题 10.3),能量刚刚高于 E_C 的电子的迁移率预计是 $10^{-3} \ m^2 \cdot V^{-1} \cdot s^{-1}$ 的量级,这个数值比晶体半导体的预期值小两个数量级,反映了前面提到过的周期性的缺失,虽然跳跃迁移率还要小得多,它是 $10^{-7} \sim 10^{-6} \ m^2 \cdot V^{-1} \cdot s^{-1}$ 的量级。

专题 10.3　非晶半导体的电导率

非晶半导体的电导理论比多晶材料更为复杂,其主导因素是 E_C 处的迁移率边,见图 10.7(我们将讨论导带中的电导)。详细的计算表明,导带中高于 E_C 的导带态的电导率随着能量变化,当能量从上方趋近 E_C 的时候,它减小到一个极限值,称为"最小金属性电导率"(minimum metallic conductivity)σ_{min},它依赖于材料中原子的间距 a:

$$\sigma_{min} \approx 10^4/a \qquad\qquad (B.10.20)$$

其中,a 的单位为 nm。令 a 等于 0.3 nm,我们得到 $\sigma_{min} = 3 \times 10^4 \ (\Omega \cdot m)^{-1}$。注意,如果取有效电子态密度为 $N \approx 10^{26} \ m^{-3}$,就意味着电导的电子迁移率边在能带边以上,

$$\mu_{band} = \sigma_{rm}/(eN) \tag{B.10.21}$$

也就是 $\mu_{band} \approx 2 \times 10^{-3}$ m$^2 \cdot$ V$^{-1} \cdot$ s^{-1}。另一种方法也得到了同样的数量级,它假设了电子散射的平均自由程可以用原子间距 a 近似。这就给出

$$\mu_{band} = ea/(mv_{th}) \tag{B.10.22}$$

其中,v_{th} 是电子的热速度(约 10^5 m$\cdot$s^{-1})。这样就有 $\mu_{band} \approx 5 \times 10^{-4}$ m$^2 \cdot$ V^{-1} $\cdot$ s^{-1}。对这两个计算都不能太认真,但是,可以合理地期待,能带迁移率的数值大约是 10^{-3} m$^2 \cdot$ V$^{-1} \cdot$ s^{-1}(也就是说,大概比晶体材料的典型值小两个数量级)。

在实践中,这些运动态的电子密度非常低,因为费米能级远远地钉扎在 E_C 下面,必须把电导率写为

$$\sigma_{ext} = \sigma_{band} \exp[-(E_C - E_F)/(kT)] \tag{B.10.23}$$

故事还没有完,因为在热力学零度的时候,能带弯曲不允许局域态导电,在有限温度下,"跳跃导电"(hopping conductivity)的过程是允许的。E_C 以下的带边态的电子可以通过相邻原子间声子辅助的跳跃来导电。如果这些带尾态的平均能量是 E_T,这种跳跃电导率就可以写为

$$\sigma_{tail} = \sigma_T \exp[-(E_T - E_F)/(kT)] \tag{B.10.24}$$

因子 σ_T 比 σ_{band} 小,但是,指数项比公式(B.10.23)中的对应项大得多(特别是在低温下),所以,在远低于室温的时候,这个过程通常很重要。

最后,在非常低的温度下,跳跃的一种变形形式("可变区域跳跃")占据主导地位,它的温度依赖关系是

$$\sigma_{var} = \sigma_V \exp[-(T_0/T)^{1/4}] \tag{B.10.25}$$

这是个慢得多的温度依赖关系。电导率总的变化趋势如图 10.8 所示。

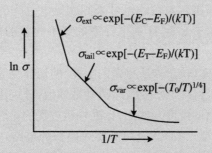

图 10.8　非晶半导体电导率 σ 的典型温度依赖关系

给出了三个区:σ_{ext} 表示 E_C 以上扩展电子态的电导率,σ_{tail} 表示带尾态(声子辅助的)跳跃电导率,σ_{var} 表示费米能级处的"可变区域跳跃",它的温度依赖关系很弱。根据激发能的差别,可以区分这三个区域

这个专题最重要的结果可能是：即使在室温下，电导率预期也会非常小。即使在非晶硅 a-Si：H 里，费米能级到能带边 E_C 只有大约 0.1 eV，电导率的最大值（根据公式（B.10.23））也只有大约 600 $(\Omega \cdot m)^{-1}$，而其他绝大多数材料比这个值还要小很多。作为对比，典型晶体半导体中的电导率大约是 $1 \sim 10^5 \, (\Omega \cdot m)^{-1}$，依赖于掺杂水平。换句话说，非晶材料中最大的电导率也仅仅位于掺杂晶体材料的中游，但是我们要强调，这个 a-Si：H 的电导值大得非同寻常。

概述了非晶半导体电学行为的本质以后，可以讲商业发展的故事了，我们重点关注非晶硅（a-Si）。实际上，非晶硅的发展是个分界线：只有当这个材料成熟了，人们才严肃地考虑用非晶材料作为电子器件的功能区。如前文所述，在绝大多数非晶半导体里，费米能级被深能级钉扎在靠近迁移率能隙的中心附近，不可能利用掺杂或场效应来控制电导率。非晶硅的早期工作（用真空蒸发的方法或者用 Si 靶射频溅射的方法沉积）也直接证实了材料里的这些行为。然后，在 1969 年，新的半导体出现了，即氢化的非晶硅（a-Si：H），是利用硅烷（SiH$_4$）气体的等离子体沉积的方式生长的。有趣的是，虽然它的发现肯定是个重大突破，但是对它的认识很缓慢——这个发现来自标准长途电话实验室的研究小组，但是，管理层持怀疑态度，很快就关掉了这个小组，苏格兰邓迪大学的沃尔特·斯皮尔小组接着研究下去。尽管斯皮尔和他的同事彼得·勒康博做了一些精彩的工作，但是，又过了几乎十年，a-Si：H 才开始实现其实际潜力。考虑到世界范围对非晶半导体的兴趣以及相关研究小组的巨大数目，你会奇怪为什么花了这么长时间。很简单：在商业世界完全理解它的微妙之处以前，还有很多事情要做。还要解决稳定性的问题，然后，商业化的金融投资才会到来（或者才可以指望）。还有纯粹的技术问题。霍尔效应测量为理解单晶和多晶样品的电学电导率作了非常重要的贡献，但是对非晶材料无能为力，甚至都不能依赖霍尔系数的符号来判断导电过程的性质。与传统半导体的情况相比，为了得到关于 a-Si：H 的电导率的毫不含糊的信息，必须更加努力地工作。

标准长途电话实验室（位于埃塞克斯的哈罗）的池体克等人首次描述了这个新的沉积工艺。他们在半导体产业中工作，清楚地知道，硅烷用作单晶薄膜的外延沉积的硅源，可以达到很高的纯度。然而，标准外延过程的衬底温度是 1 000 ℃ 左右，不符合玻璃衬底的使用要求（非晶应用需要大面积的电路），显然需要其他一些工艺。答案是，用射频放电（或"辉光放电"）来激发硅烷，以便在 600 ℃ 以下把分子分解（甚至可以低到室温）。这套设备包括一个石英管，缠绕着射频线圈，包含着适当加热的衬底，硅烷气体流过衬底的上方。非晶硅薄膜以几微米每小时的速度生长，研究它们的性质随着生长条件的变化，特别是衬底温度。

这样得到的薄膜有三个特点值得注意：首先，它们的电导率远远小于更常见的蒸发或溅射薄膜的电导率;其次,这些电导率随着沉积温度而显著变化;第三,掺杂 P 可以改变电导率(通过给硅烷里添加少量的磷烷 PH_3)。最后一个观察非常重要,但是在短期内似乎被忽略了,可能是因为其他两个因素让人困惑而得到了严肃的看待。简单地说,虽然蒸发或溅射的薄膜的电导率位于 $10^{-3}\sim10^{-1}(\Omega \cdot m)^{-1}$ 的范围,新薄膜的电导率在 $10^{-8}\sim10^{-3}(\Omega \cdot m)^{-1}$ 的范围里变动,随着沉积温度从室温增大到600 ℃。旧薄膜没有表现出光电导的迹象,但是,新薄膜是非常棒的光电导材料。旧薄膜的退火导致了暗电导率的下降,新薄膜却表现为增大——实际上,把室温生长的薄膜在 400 ℃ 进行退火,电导率变得类似于 400 ℃ 生长的薄膜。就像许多其他创新性步骤一样,人们起初的反应是完全的困惑——实际上,在 1971 年出版的关于非晶半导体的著作中,大卫·艾德勒对旧薄膜和新薄膜的差别做了这样的评论:"比较辉光放电产生的硅和蒸发的硅上面的实验结果,在许多方面就像比较洋葱和卷心菜。"(在烹调的时候,洋葱和卷心菜确实非常不一样!)然而,邓迪大学的研究小组确信,这里面有些重要的事情,他们决定去探索。1973 年,斯皮尔在会议上提交了一篇文章,驱散了许多迷雾。氢化的非晶硅开始看起来不仅仅是有点意思了。

理解的关键在于态密度,人们积累了越来越多的直接证据和间接证据,暗示着新材料的特点是缺陷态密度减少了很多——靠近能隙中心的那些态减少了。有两个效果立竿见影。首先,它减少了束缚在这些深能级中的电子或空穴波函数的重叠,从而降低了费米能级处跳跃导电的概率。在比较低的温度下电弧放电沉积的薄膜就更不容易导电了,因为跳跃过程主宰了室温下的导电(可以根据它的温度依赖关系而辨认出来)。其次,态密度减小了,费米能级就可以移动到导带,在更高温度下沉积的样品就在能量高于 E_C 的态里面表现为导电(特征是热激发能量 $E_C - E_F$ 比较大)。沉积温度越高,费米能级移动得就越多,电导率就变得越大。另一方面,蒸发样品的特点是态密度大,因此,导电完全决定于费米能级处(空穴的)跳跃。因为态密度很大,这个过程很好地解释了观测到的电导率的大数值。它还解释了为什么退火导致了电导率的下降——退火减小了态密度。然而,电弧放电样品的态密度减少了,因此,费米能级移动得更靠近 E_C 了,从而增大了带电导。一旦确认这两个导电机制起了决定性作用,这个洋葱/卷心菜的问题就解决了——真是精彩的侦探工作(请原谅我把美食学里的比喻换成了犯罪学的)。

下一个需要回答的问题是,缺陷态密度为什么有这么大的差别? 也是花了几年时间才汇集了决定性的证据。早在 1970 年,国际商业机器公司的马克·布罗德斯基建议,氢可能扮演了重要角色,邓迪小组追随了类似的思路。硅烷包含着氢,很可能有一些会以氢原子的形式跑到薄膜里,能够把 Si 的悬挂键中和掉。布罗德斯基还建议,退火的作用是把氢原子又赶出去了。同时,有证据表明,氧影响了蒸发的 Si 薄膜的电导率,可能是利用了类似的机制。不幸的是,设计来证明这个想法的第一批实验没有成功,导致了一段时期的怀疑,直到哈佛大学的比尔·保罗小组提供了支持氢模型的第一个决定性证据。他们对溅射的 a-Si 薄膜研究了好几年,得到的性质类似于蒸发的薄膜,直到 1974 年,他们有了新想法:把氢放到溅射设备里。立刻,他们就能够重复新的电弧放电材料的行为,几乎在每一个细节上都能重复,鼓励了世界上其他研究小组把它作为一种沉积材料的方法,很快变成了激动人心的新材料。更重要的是,测量的红外吸收谱具有 Si-H 键的特性,他们证明氢确实跳到了悬挂键上,根据吸收强度,他们估计 a-Si:H 大约包含 10%的氢。略迟一些,芝加哥的弗里泽证明了电弧放电材料具有类似的结果,从而搞清楚了这个秘密。

现在,开发的方式清楚了。半导体晶体形成了几万亿美元产业的基础,因为有可能利用掺杂或者电场来控制它们的电导率。双极型晶体管依赖于可控的 n 型和 p 型掺杂,MOS 晶体管依赖于电场控制,而类似的评论也适合于发光二极管、激光器、光电二极管、耿氏二极管,适合于几乎所有已经发明的电子器件。如果非晶材料想要对功能器件领域作贡献,就必须对它们的导电机制实现类似的控制,低密度的带隙态是必要的要求。斯皮尔和勒康博已经利用场效应测量了态密度,在这个测量中,在栅极上施加电场,从而让费米能级移动通过这些态,同时监视源极和漏极之间的电导。实际上,这是唯一的方式,清楚地证明了能量高于 E_c 的能带态的导电。从略微不同的角度来看,可能会说这是场效应晶体管的首次验证——我们将会看到,这个晶体管在商业上非常重要。但是,如果态密度低得足以允许很强的场效应,它也应当足以利用掺杂来控制电导率。毕竟标准电话实验室(STL)小组的工作已经提供了强烈的暗示——在他们的第一篇文章里,由于磷的掺杂,一个特定样品的电导率有接近三个数量级的变化。现在需要的是系统性的研究,以便实现可能的商业化工艺。

斯皮尔和勒康博很快就提供了它。1975 年,他们发表了几篇文章中的第一篇,给出了 n 型和 p 型电导率的范围:$10^{-10} \sim 100 (\Omega \cdot m)^{-1}$,在沉积薄膜的时候利用硅烷气体流中的 PH_3 或 B_2H_6(乙硼烷),温度在 500 ℃ 和 600 ℃ 之间(已经知道,该温度范围产生了最小的态密度)。掺杂气体的量和得到的电导率有精确的关联,相关的热激发能量的测量表明,有可能把费米能级移动到(任何一个)带边的 0.2 eV 以内。这就最清楚地演示了成功的掺杂行为,彻底驳斥了末日论者的灾难预言——他们认为掺杂永远不能成功,因为五价原子(例如 P)会以这样的方式驻扎在连续随机网络里:所有五个外壳层电子都用来形成化学键,不可能提供自由电子。

讽刺之处在于,灾难预言者只差一点点就说对了!经过了很长时间,人们才能恰当地理解 a-Si:H 中掺杂原子的行为,但是,根据施乐公司的鲍勃·斯垂特及其同事在 20 世纪 80 年代的工作,绝大多数掺杂原子确实有三个化学键(即非掺杂位置),只有很少的掺杂原子具有施主所要求的四个化学键。而且,这些掺杂原子大约有 90% 被深能级有效地补偿了,只有 10% 的剩余者产生了能带中 E_C 以上的电子,室温下总的产生效率只有 0.01%,也就是说,固体中每 10^4 个磷原子才能产生一个自由电子! 这与晶体硅的行为截然不同,那里的效率接近于 100%,直到溶解率极限,晶格强迫所有的磷原子都具有四个化学键。好啦,我们知道,非晶材料和晶体非常不一样,不是吗?

这一切把应用都扔到哪里去了? 实际上,情况并不太让人失望。仍然有可能制作 p-n 结,它形成了太阳能电池的基础,而且,场效应显然可以用于制作薄膜晶体管,使得液晶显示器成为可能。这种器件中的串联电阻肯定让人担心,但是在实践中还是可以接受的。然而,非晶地平线上还有另外一朵乌云——材料的不稳定性。1977 年,美洲射频公司实验室的斯塔博勒和沃伦斯基发现了后来以他们的名字命名的效应。他们研究了电弧放电的非晶硅非掺杂样品,用光子能量接近于带隙的光照射样品,在连续很多小时里测量暗电导率和光电导率,观察到了准平衡态的非常显著的变化。观察结果的精华如图 10.9 所示(取自他们的文章)。图中标为 A 的态表示样品的标准状态:把样品在 150 ℃ 退火,然后在黑暗中冷却到室温。在起初的 2 小时里,测量的电导率保持不变,说明这是个稳定态。这时候,打开光,电导率增大了三个数量级,但是,这个新状态显然不稳定,在光照的 2 小时里,电导率下降了一个数量级。更惊人的是关了光以后的暗电导率的变化。B 态(也是个稳定态)的特性是,它的电导率比 A 态小四个数量级! 最后他们发现,如果再把样品在 150 ℃ 退火,它又回到了 A 态,这个循环可以重复。简单地说,退火和光照可以显著地改变样品的暗电导率,让样品在两个明显的稳定态之间变化,这两个稳定态的电学性质有巨大差别(光电导也改变了)。斯塔博勒和沃伦斯基正在开发非晶硅太阳能电池(这些器件在日常工作中要经受长时间的光照!),所以,他们不免有点担心这些结果!

怎么回事儿? 测量与暗电导率有关的激发能,得到了一个线索——在 A 态,$E_A = 0.57$ eV;在 B 态,$E_A = 0.87$ eV。我们知道,这个激发能是 $E_A = E_C - E_F$,由此可知,光照改变了费米能级的位置,如前文所述,E_F 依赖于缺陷态的密度。换句话说,光照显著地改变了态密度——似乎产生了悬挂键。这个过程肯定需要能量吧? 是的,确实如此——但是,能量可以靠光子吸收得到,而热能量可以让样品返回到初始条件。简而言之,这就是斯塔博勒-沃伦斯基效应的起源,后来的工作(总结在 Street(1991)第 6 章里)表明,类似的亚稳态变化可以被其他机制影响,例如自由载流子的注入。这对于薄膜晶体管的发展非常重要,后面的章节将会处理这

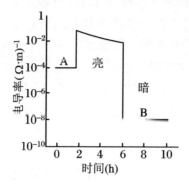

图 10.9 a-Si:H 电导率随着时间的变化曲线,用于说明斯塔博勒-沃伦斯基效应 A 和 B 表示稳定态,其中的电导率不随时间变化。用能量接近于带隙、光强为 2 000 W·m^{-2} 的光照射 2 小时后,达到了 B 态。在 150 ℃温度下退火,又回到了 A 态。A 态表示材料的热力学平衡态——B 态的电导率依赖于光照的总量,所以,B 不是个平衡态,但是可以用准平衡态描述它。(根据 Staebler,Wronski(1977):fig.1)美国物理学会惠允重印

些实际事项,但是,从这个初步说明中可以看出,a-Si:H 不仅对于器件应用是个很有趣的材料,对于想要理解材料行为的细节感兴趣的材料学专家也是个挑战。只要这么说就够了:到了 21 世纪,科学家们仍然在讨论这个亚稳定性的精确模型。如果详细了解这个主题,请查阅更近期的文章(Powell et al,2002),那里试图构建详细的原子模型来解释多年积累下来的大量数据。

10.4 太阳能电池

太阳能电池直接把太阳光(或者其他合适的光源)转化为电能,它已经有了很长的历史。在 20 世纪 30 年代,硒的光电池演示了这个效应,但是效率很低,小于 1%的光能量以电能的形式出现。太阳能电池的诞生是结式晶体管项目的衍生物,1954 年贝尔实验室的杰拉德·皮尔森和卡尔文·福勒在晶体硅的薄片上做了浅扩散的 p-n 结,演示了 6%的转换效率。贝尔公司在大众媒体上对它的“太阳电池”大唱赞歌,强调它能够为偏远地区的长途电话系统提供电力,多么有价值。(任何熟悉法国自动转接系统的紧急程序的人都会认识到这一点[1],这个应用今天仍然存在,而且干得很好。)这确实是一个成功,但是还有许多其他成功,包括为航天飞船、袖珍计算器和手表提供电力,在尺度的另一端,它是更多电力的一个(实验的)

---

① 法国公路边上的紧急电话亭是用太阳能电池供电的。——译者注

来源,是国家电网的补充。然而,任何关心环境问题的人,想到这件事就会感到失望:尽管已经发展了接近50年,它对全世界电力消费的贡献仍然很微小。但是无论如何,我们将会看到,在今后的一二十年里,这方面的贡献很可能会大幅度地提高,一个关键事实是:"仅仅在几天时间里,地球从太阳接收到的能量就比整个人类历史上燃烧的全部燃料所释放的能量还多。三个星期的日照提供了所有已知的化石燃料的存量。"(Green,2000)。西方世界仍然迷恋石油,这么丰富的能量财富肯定有可能帮助全人类。

进展一直很慢,原因当然是成本。贝尔实验室演示了太阳电池以后,人们兴致勃发——清洁安静的太阳能电力原则上可以在很大范围上应用于人类的福祉,但是,价格太高了。太阳能电池,即使在效率很快地提高到了大约15%的时候,对于任何应用也都太贵了,除了最特殊的应用以外。幸运的是,这样的一个应用早就很清楚了——太空竞赛。1958年发射了第一个太阳能供电的卫星(Vanguard Ⅰ),随后是日益增长的各种各样的子孙后代。1963年,横跨大西洋的卫星通信系统启动了,Telstar发射了,冷战的竞争导致了人类首次在1969年登陆月球——这一切都得到了光伏太阳能的帮助和鼓动。它是太阳能电池的几乎理想的应用:价格完全是次要的考虑,阳光总是充足而强烈。一个健康的工业(虽然规模不大)很快地成长起来——为卫星提供硅电池,技术很快就牢固地建立了,关键是可靠性,而不是价格。可靠性确实是与硅技术相联系的主要特性,当讨论太阳能电池将来在地面上的应用的时候,这个重要参数逐渐进入到复杂的辩论里。然而,卫星工业的未来看起来是安全的——在21世纪的第一个十年里,超过1 000颗太阳能供电的卫星很可能发射升空。

在地面上,乐观情绪随着政治远见(或者缺乏政治远见)而兴衰起伏。20世纪70年代早期,中东石油危机激励了人们思考和研究可能的替代能源。制作太阳能电池的成本变得重要起来,鼓励人们努力去降低它,首先是改善硅技术,其次是引入薄膜技术。主要的问题是投资。为了挑战已经建立的化石燃料工业,光伏发电需要达到很大的规模,只能通过市场规模的巨大增长来实现,只有在政府为研究和(更重要的)商业参与提供相当大补助,才有可能实现这种增长。没有政治的鸡蛋,商业的小鸡就没机会孵出来(除非用很长很长的时间)。大规模的政治投入总是很容易摇摆不定。在美国,卡特政府(1976~1980年)干得很好,而沉迷于星球大战的里根政府(1980~1988年)表现得很差,虽然三里岛(1979年)和切尔诺贝利(1986年)的核恐慌又让形势有所好转。两个布什政府都忠实于石油集团,而克林顿更关心环境保护,后者显然偏爱太阳能。在欧洲,法国以前坚定地支持核能发电,而德国常常是"绿色"事业的先锋队,致力于太阳能发展项目。英国和丹麦更喜欢风能发电和海浪发电,而不是太阳能(虽然太阳能资源要比这两者多得多)。另一方面,日本选择了光伏。(这个国际形势总结是简短的、过度简化的,它至少说明了观点是分歧的——所涉及的事项确实非常复杂。)

重视了,又不重视了,起伏不定。净效果不大的但持续稳定的地面项目能够为世界上很多地方提供可靠的产品,那里缺少任何形式的电力供应,或者偏远得足以禁止(因为成本的缘故)国家电网扩展到那里。用于收音机、电视机、冰箱和照明的家用电力由家庭套件提供,包括 2 kW 的太阳能面板、蓄电池和充电控制电路。假定太阳能输入是 1 kW·m^{-2}左右,家庭面板的面积就可能是 10 m^2,足以安放在普通的住宅上。抽水和其他小的工业过程可以满足一个小的中心设施(5~10 kW),由当地社区运行。据估计,发展中国家里超过 200 万人现在依赖于太阳能光伏模块提供电力,但是,仍然还有 20 亿人没有任何形式的电力供应。

发达国家里的想法非常不一样。任何形式的家庭供电必须在价格上与电网竞争,后者的坚实基础是化石燃料。专题 10.4 从经济的角度说明了对使用太阳能电池提供一部分家用电力进行权衡和决定的计算方式。结论是,在当前大约每瓦 3 美元的成本下,太阳能电池大约是 2 倍,要想和已经建立的化石燃料发电厂打个平手,太阳能现在还太贵了。然而,太阳能电池的价格在过去的 25 年里持续不断地下降着,如图 10.10 所示(取自马丁·格林的著作(Green,2000))。格林画出了太阳能电池的平均销售价格随着工业生产的太阳能电池的累积数量(单位是 MW 发电能力)的变化关系。有趣的是,这个对数-对数图大致是线性的——累积发电能力每增长一倍,其价格就减少大约 20%。(注意,世界总的能量消耗大约是 10^7 MW——大致是现在的太阳能发电能力的 10^4 倍,所以,未来发展仍然有很大的空间。)图 10.10 肯定证明了投资的重要性——太阳能电力的主要希望在于鼓励发电能力的增长,只有需求增加了,才有可能发生,目前的需求依赖于政府补助。(鼓舞人心的是,几个政府确实有非常宏伟的计划来刺激这个必要的发展。)图 10.10 允许我们做个有根据的猜想,什么时候太阳能电力的成本将会达到关键性的每瓦 1 美元的水平?它对应的累积发电能力是 10^5 MW(世界需求的 1%),可以预期,大约需要 15 年就能达到。因此,如果我们从过去的经验外推出去,太阳能发电很有希望从 2020 年开始在供应世界能量需求方面扮演重要角色。这会是所向无前的半导体最后攻陷的堡垒吗?也许医药行业能坚持住!

不用说,对太阳能电池的这个简单介绍只不过搔了搔表皮(连聚光式电池这个重要主题都没有说)——如果想了解更多的细节,你可以参看快速增长的文献,例如 Green(2000),Markvart(2000),Street(1999),Kazmerski(1998)。现在,我们必须回到半导体器件的主题。

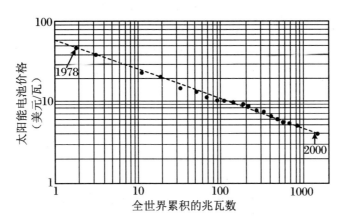

图 10.10　1978～2000 年太阳能电池销售价格与累积的
太阳能电池发电能力的对数-对数图

太阳能电池的累积发电能力每增长 1 倍,其价格就减少大约 20%。外推结果表明,当供电能力达到 10^5 MW 的时候,销售价格将达到每瓦 1 美元。(取自 Green(2000):11)马丁·格林惠允

专题 10.4　太阳能发电的真正成本

广泛地使用太阳能电力的关键是成本,所以,本专题做个简要的论证,在典型的"西方"环境中应该(或者不应该!)使用太阳能电池。表面看来,平衡点很简单——太阳能发电产生的单位 W·h 的成本比当前电网的成本高还是低? 然而,考虑到太阳能面板的投资性质,事情就复杂了。在很大程度上,太阳能电力的成本包括一次性的巨大的初始成本,然后可以预期在 20 年里连续地提供电力,只需要很小的运行或更换成本。考虑个人的决定,也许会更好地说明这个问题。原则上,我可以在自己家(在英国)房顶上安装太阳能面板,每年为我提供一部分电力。添加一点电子设备,可以把太阳能电池的直流输出转变为 230 V 的交流电,再加上一块电表,就可以把产生的电力用于自己家,也可以把它送入电网,这样就不用蓄电池了。只要送回到电网中的电力只占总电网能力的很小一部分,这个方式就可以满意地解决存储问题了。既可以给自己省钱,又可以减少因燃烧化石燃料而产生的环境污染,为什么不立刻采用这个方案呢?

假定我有 2 000 英镑要花。可以用它买些什么呢? 当前太阳能面板的价格大约是每瓦 2 英镑(每瓦 3 美元),我可以买个峰值功率 1 kW 的模块。为此需要 5 kW 的太阳功率(假定太阳能电池的效率为 20%)。在英国,平均日晒水平大约是 100 W·m^{-2}(峰值水平为 500 W·m^{-2}),这样就需要 10 m^2 的房顶面积,这没有问题。在其 20 年的预期寿命里,这个模块能够产生多少能量? 平均功率大约是

200 W,对应于 $200 \times 24 = 4.8 \times 10^3$（W·h）即每天 4.8 kW·h。在 20 年里,总发电量大约是 35 000 kW·h,因此,只要花 2 000 英镑就可以得到这么多的能量——单位成本为 5.7 p,碰巧和现在电网提供的价钱几乎完全相等! 太棒了!

但是,不! 这里我忘了一个可能性:如果把这 2 000 英镑省下来,我可以投资股票交易市场,赚更多的钱,还不用麻烦工人爬到我房顶上安装太阳能设备。假定我投资这笔钱的利率扣除通货膨胀以后还有 8%。在 20 年里,这 2 000 英镑的利息可以达到大约 9 000 英镑,而投资到太阳能电力里省下来的钱只有 2 000 英镑! 情况看起来不太妙啊! 然而,这不太公平。如果考虑得更深入一点,电力成本每年省下来 100 英镑,我可以把 100 英镑投资 19 年,另外 100 英镑投资 18 年,等等,在 20 年后,总的投资回报接近 4 600 英镑——比以前好多了,但是仍然只有用 2 000 英镑进行投资的所得的一半。

研究这个问题的另一种方法是:太阳能模块的成本必须降低到什么程度上述投资才会持平? 答案很简单,如果我能够用 1 000 英镑买到相同的太阳能板,省下来的电钱还是一样的,但投资赚的钱就只有以前的一半。换句话说,如果太阳能电池的成本为每瓦 1 英镑,而不是每瓦 2 英镑,我就可以安装它们而不是投资股票。同时,我还帮助了环境。

当然,上述计算有许多地方值得推敲(不仅仅是利率!),它忽略了安装设备(例如直流-交流转换器)会进一步增加成本这个事实。这意味着模块成本必须比上述估计还要低——假定每瓦 1 美元好了。无论如何,它给出了决定是否认真投资太阳能发电所需要的计算方法。

太阳能电池的工作模式与第 8 章和第 9 章中讲过的 p-n 结光探测器有很多共同点,虽然设计规则非常不同。光探测器是低功率、低噪声的器件,用来把非常小的快速变化的信号转化为可以分辨出的电信号,太阳能电池处理的是 W、KW 甚至 MW 的变化非常缓慢的辐射功率,必须用最小的成本、最大的效率把它们转化为电能量。无论如何,它们的功能是相同的——把光生的空穴和电子分开以便在外电路中产生电流。主要的差别在于,太阳能电池必须得到最大的功率输出,也就是说,重要的是输出功率和输出电压的乘积,然而,光探测器必须按照信噪比来优化。

第一个严肃的太阳能电池是用晶体硅制作的(见前文介绍性的段落),看到这个事实,你可能想知道为什么选择在这一章里介绍这个主题,这一章主要关心的是非晶硅和非晶材料及器件。真相是,太阳能电池的发展是基于晶体的、多晶的和非晶的材料,在这里讨论它们是符合逻辑的。把所有的信息放在一起显然更合适,而不是把它们分散在不同的几章里面(不管有多么合适)。我们将会看到,高效率的太阳能电池有最佳的能隙,它位于 1.0~1.7 eV 的范围里,这在很大程度上决定了已经被研究的那些材料。然而,还有其他因素,例如单位面积的成本、材料的可获得性、实际制作电池所花费的能量、电池稳定性、有用的工作寿命,等等,都是帮助做决定的必要信息。其中一个与我们提到的问题有关,关心的是多晶或非晶材料对大面积器件的适合性。如果其他因素是相等的,在玻璃或塑料衬底上沉积半导体薄膜的技术是非常便宜的,经济上有吸引力,永远不能完全忽视它,特别是因为要在很大面积上收集太阳光、用于大功率生成。因此,许多非晶材料已经处于太阳能电池研究的最前沿,主要是非晶硅(a-Si:H)、多晶硅、Cu_2S/CdS 异质结、$CdTe/CdS$ 异质结和 $CuInSe_2/CdS$ 异质结。另一方面,必须要说,到现在为止,Si,GaAs 或 InP 的单晶太阳能电池效率更高、可靠性更好。就像商业生活的很多方面一样,最终的权衡通常是复杂的、有争议的。现在,超过 90% 的市场确实已经给了各种形式的硅(晶体的、多晶和非晶的),但是,其他材料技术也仍然有机会,如果能够得到合适的改进的话。

然而,在深入研究商业决定的本性之前,首先要熟悉基本 p-n 结太阳能电池的工作原理,以便对技术可能性和困难有些了解。图 10.11 简单描述了太阳能电池

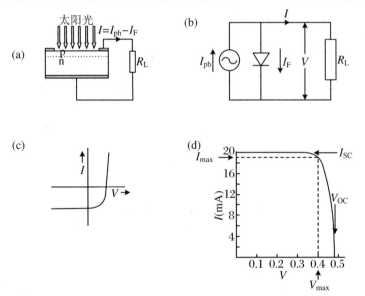

图 10.11 太阳能电池的工作原理

(a) p-n 结太阳能电池的示意图,它驱动净电流 I 流过阻性负载 R_L;(b) 太阳能电池的简化等效电路,光电流 I_{ph} 来自 p-n 结电场导致的光生空穴和电子的分离(注意,在二极管的术语中,I_{ph} 是反向电流),I_F 是流经二极管的正向电流,它来自负载电阻两端的电压 V;(c) 二极管在光照情况下的电流-电压特性曲线;(d) 第四象限的反转图。在最后这张图里,电流 I 是正的,与图(a)和(b)中使用的方式相同。I_{SC} 是电池短路电流,而 V_{OC} 是开路电压。I_{max} 和 V_{max} 对应于太阳能电池的最大输出功率(见图 10.12 中的例子)

的工作原理,专题10.5用了些简单的数学来推导这种电池的输出功率和效率。电池吸收了照在表面的太阳光,在p-n结的附近产生了空穴和电子,它们被扫过耗尽区,产生了光电流 I_{ph},正比于入射的光子流。落在负载电阻两端的光电压产生了相反的电流 I_F 穿过二极管,净电流 I(I_{ph} 和 I_F 的差别)表示了电力输出。适当地选择负载电阻,可能把输出功率优化,如图10.12所示,I 和 V 的最佳值在图10.11(d)中的特性曲线上标出来了。对于专题10.5中选出的例子,当太阳光输入为500 W·m^{-2}的时候,输出功率略低于8 mW,转换效率大约是15%。

专题10.5 太阳能电池的工作原理

p-n结太阳能电池的工作原理如图10.11所示。图(a)给出了与阻性负载 R_L 连接的太阳能电池的示意图,驱动电流 I 流过该负载。净电流 I 由两部分组成:光电流 I_{ph},光在p-n结附近被吸收,光生的空穴和电子被p-n结电场分开从而产生了电流;二极管正向电流 I_F,它的起因是,负载电阻上出现了一个电压 V。因此,I_{ph}(它是反向电流)由下式给出:

$$I_{ph} = \eta N_{ph} eA \qquad (B.10.26)$$

其中,η 是量子效率,N_{ph} 是单位面积上每秒钟照射到太阳能电池上的光子数目,A 是电池面积。注意,I_{ph} 受制于太阳辐射的强度,不依赖于太阳能电池材料的细节等。正向电流 I_F 由二极管的标准电流-电压特性给出,对于理想的二极管,有

$$I_F = I_S\{\exp[eV/(kT)] - 1\} \qquad (B.10.27)$$

I_S 是二极管反向饱和电流,大小通常是 $10^{-11} \sim 10^{-9}$ A。从图10.11(b)中的电路图可以清楚地看出,通过负载的净电流是

$$I = I_{ph} - I_F = I_{ph} - I_S\{\exp[eV/(kT)] - 1 \qquad (B.10.28)$$

负载电阻 R_L 两端既有电压 V,又有电流 I 流过,这个事实意味着如下关系式:

$$I = V/R_L \qquad (B.10.29)$$

把公式(B.10.28)和(B.10.29)组合起来,可以得到负载电阻两端的电压 V 的公式:

$$\exp[eV/(kT)] + V/(I_S R_L) = I_{ph}/I_S + 1 \approx I_{ph}/I_S \qquad (B.10.30)$$

可以用图形法解出这个超越方程,得到 V 对 R_L 的依赖关系,最后从关系式

$$P_{out} = V^2/R_L \qquad (B.10.31)$$

得到输出功率 P_{out} 和负载 R_L 的曲线。

图 10.12 给出了典型二极管的 P_{out} 和 R_L 的曲线,它利用了下述参数:$I_S =$ 10^{-10} A,$A = 1$ cm$^2 = 10^{-4}$ m^2,$kT/e = 0.025$ V,$\eta = 0.5$,$I_{ph} = 20$ mA。最后这个数字的基础是太阳能电池的输入是 500 W·m^{-2},在波长 1 μm 处对应于 $N_{ph} = 2.5$ $\times 10^{21}$ m^{-2}。从图 10.12 可以得出结论:为了得到最大输出功率,需要正确地匹配负载电阻。取 R_L(max) $= 21$ Ω,我们得到 $V_{max} = 0.40$ V,相应的电流是 $I_{max} = 19.2$ mA。这些数字可以与开路电压 $V_{OC} = 0.48$ V 和短路电流 $I_{SC} = I_{ph} = 20$ mA 作比较(从公式(B.10.28)得到)。如果我们把 P_{max} 用 V_{OC} 和 I_{SC} 表示出来:

$$P_{max} = V_{max} I_{max} = FF \times V_{OC} I_{SC} \qquad (B.10.32)$$

容易看出,"填充因子"$FF = (0.4 \times 19.2)/(0.48 \times 20) = 0.80$。图 10.11(d)图形化地说明了这一点,其中,V_{max} 和 I_{max} 定义了"最大功率矩形"。

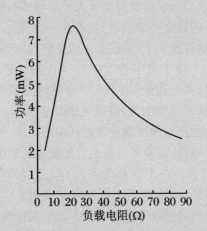

图 10.12   p-n 结二极管太阳能电池的输出功率 P 随着负载电阻 R_L 的变化曲线

本图采用的参数是:$I_S = 10^{-10}$ A,$A = 1$ cm^2,$kT/e = 0.025$ V,$\eta = 0.5$,$I_{ph} = 20$ mA。最大输出功率出现在负载电阻为 21 Ω 的地方,$V_{max} = 0.40$ V 和 $I_{max} = 19.2$ mA(参见专题 10.4)

最后,我们可以得出太阳能电池的转换效率。对于输入的辐射功率 50 mW(500 W·m^{-2} 照在面积 10^{-4} m^2 上),给出了 7.7 mW 的电能,效率大约是 15%(完美二极管的效率接近于 30%,它表示理想的目标值,所有真实的太阳能电池都与这个值做比较)。

考虑太阳能电池设计的另一个特性——串联电阻。如果电池材料的电阻率很大,就会在等效电路中引入额外的电阻 R_S,与负载电阻串联,这就会耗费功率,减少负载耗用的功率。显然,这个损失可以忽略不计的条件是,R_S 应当远小于 R_L。因此,需要对半导体材料进行很高的掺杂,并仔细设计顶电极。图 10.11(a)表明,电流必须经过上面的 p 型材料才能到达电极,因此,需要对层厚度、掺杂以及电极条间距作权衡。此外,非晶硅和多晶硅材料的高电阻率使得设计的这个因素变得更加困难。

为了实现 15% 这个指标,我们假定量子效率为 0.5,意味着理想电池的效率是 30%,这是真实电池可能实现的最佳指标。$\eta = 0.5$ 的假设意味着只有 50% 的入射光子产生了对电流有贡献的电子(或空穴)。这有些过度简化了。有几个因素进一步减小了总效率。首先,电池的(必需的)金属顶电极在半导体表面遮挡了一部分入射光子。其次,电池表面又反射了一部分光。如果表面没有覆盖,这个比例的典型值大约是 30%,因为大多数半导体的折射率很大,但是,良好的增透膜可以把它降低到很小的比例。第三,吸收系数可能很小(例如在硅这样的间接带隙材料中),很多光子在 p-n 结下面一定距离被吸收。产生的少数载流子必须扩散回到 p-n 结,才能对光电流作贡献。并不是所有的光生载流子都可以在复合之前成功地走完这段旅程。第四,靠近上表面产生的少数载流子可能因为表面态复合而损失。第五,当所有被吸收的光子的能量显著大于半导体材料的能隙的时候,就有个微妙的问题。无论光子能量是多少,它只能产生一个电子-空穴对,当热载流子热化到能带边的时候,能量就损失了(实际上变成了热)。严格地说,这个损失过程并不是量子效率的损失——量子效率是 100%——但是,它显然降低了总的能量转换效率。但是无论如何,我们还是(相当不严谨地)把它归入其他影响量子效率的因素。显然,为了设计好太阳能电池,需要考虑很多因素,以便尽量降低这些不同损失因子的影响,但是,现在只能详细地考虑其中的一个:半导体能隙的选择。

为了理解能隙的重要性,需要考虑到达太阳能电池表面的辐射谱,图 10.13 给出了两种情况下的辐射谱。一个是在外空间(与卫星的使用有关,“空气质量为 0”,AM0),另一个是在晴天时太阳当头照的地球表面上(“空气质量为 1”,AM1)。这个差别是因为地球大气的吸收和散射,AM1 谱的尖锐深坑表示大气的不同组分的吸收带。整个 AM1 谱的总能量略小于 $1\ \mathrm{kW \cdot m^{-2}}$,这个数值对于一般性的使用是个有用的近似,但是,必须小心,不要忽视了纬度和云彩遮挡的影响!更实际的指标是平均辐射度(全年平均值),它的最大值是 $300\ \mathrm{W \cdot m^{-2}}$,通常出现在地球上一两个温暖的地区。在苏格兰北部、加拿大的赫德森湾区、新西兰南部、俄罗斯中部、日本北部、南美洲的巴塔哥尼亚,大约是 $100\ \mathrm{W \cdot m^{-2}}$。然而,在决定最佳半导体能隙的时候,重要的是这个分布的形状。窄带材料显然可以吸收照射在它上面的几乎全部的太阳光,但是会因为上面提到的热电子损失而遭遇不幸。另一方面,宽能隙可以吸收的辐射非常少。对于 AM1 辐射谱,快乐的中间值是能隙处于 $1.0 \sim 1.7\ \mathrm{eV}$ 的范围,对于 $E = 1.3\ \mathrm{eV}$,峰值转换效率为 30%。表 10.1 给出了一些有关的能隙。

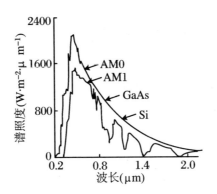

图 10.13 太阳光的光谱分布

在 AM0(外空间)和 AM1(晴朗日子里的地球表面)时,这两个谱的差别反映了地球大气的吸收和散射。AM0 的总辐射是 1 330 W·m^{-2},而 AM1 是 923 W·m^{-2}

表 10.1 太阳能电池材料的能隙

CuInSe$_2$	1.05 eV 直接带隙	CdTe	1.49 eV 直接带隙
Si	1.12 eV 间接带隙	Cu$_2$S	约 1.2 eV 间接带隙
InP	1.34 eV 直接带隙	CdS	2.49 eV 直接带隙
GaAs	1.43 eV 直接带隙	a-Si:H	约 1.6 eV

需要强调的是,上述论证基于的是单个 p-n 结,只选择了一种吸收材料。"多结电池"(tandem cells)的效率可以大得多,它利用两种或更多不同的材料,具有合适范围的能隙,宽能带材料放在前面,吸收高能量光子,然后是窄能隙材料,吸收能量逐步降低的光子,这样就在很大程度上避免了热电子的问题。虽然提高了效率(实验已经演示了超过 30% 的数值),但这些电池包含了很多结,做起来更复杂,所以也更昂贵。就像这个引人入胜的主题的很多其他方面一样,现在还不清楚它们将怎样影响未来的光伏能量转换。

普遍性就说这么多了——现在必须回到太阳能电池的发展历史了。我们已经看到,初期的硅电池是用单晶体材料开发的,使用的技术非常类似于用于微电子学的技术。用标准方式准备单晶棒,切出来 300 μm 厚的片子,然后抛光、腐蚀、扩散(以便形成结),做增透膜,制作顶电极和底电极,顶电极通常包含 100 μm 宽的条带,间距为 3 mm,以便在阴影遮挡和接触电阻之间取得可以接受的权衡。早期的工作不仅使用了微电子学技术,它还依赖于完全相同的材料——实际上,大部分来自集成电路的废片或残片(要进行再处理),太阳能电池发展的特点是,在很多年里,使用的材料的体积接近于集成电路工业使用的材料量。(但是,如果大规模发电最终变成了现实,这个联动关系肯定会断裂。)早期太阳能电池只有两个问题——价格太高,效率太低。后一个困难很快就因为使用了比较直接的设计准则而克服了——到了 1960 年,最佳的电池效率接近于 15%——但是价格的下降却慢得多。

从经济的角度来看,两个因素特别不让人满意。首先,因为需要的各种纯化和处理步骤,切克劳斯基方法生长的高纯度、高质量的单晶太贵了。其次,用锯子切割(圆柱形晶锭)生产方形片子是个繁琐、浪费的事情,即使在 20 世纪 60 年代引入了多线锯以后仍然如此。克服这些困难的最初尝试是用"多晶硅"替换切克劳斯基晶锭,在合适形状的石墨坩埚(通常使用石英套筒,尽可能地减小对硅的污染)中熔化硅,就可以生长出长方体的晶体块。这个大晶粒的多晶材料的质量比切克劳斯基晶体稍微低一点,但是,太阳能电池效率只减少了不到 1%。然而,切割成 300 μm 厚的片子仍然是生产成本的一个主要来源,花了很大努力去消除它。其中最成功的是"边缘确定的薄膜馈送生长法"(EFG)(图 10.14),它产生了很长的薄薄的硅带,只需要切割成用于电池处理工艺的适当长度就可以了。它是蒂科公司实验室的贝茨及其合作者在 1972 年引入的,经过其他人改造,可以从单个机器生长多个带子,用激光切割替换了锯子。在 25 年的时间里,虽然科研工作采用了许多其他方法(我们等会儿考察它们),但是,到了 1998 年,商业生产的太阳能电池模块主要是基于这些体材料硅技术。

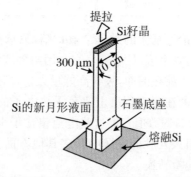

图 10.14 生长硅带的"边缘确定的薄膜馈送生长法"(EFG)的示意图
熔化的硅通过石墨块中狭长的细条形孔向上拉,形成硅带,有些像切克劳斯基晶体提拉方法。硅带的截面为 10 cm×300 μm,可以拉到几米长

然而,并非什么事情都没有改变。已经做了很多改善,效率在稳定地提高。1962 年,人们已经发现,对初始 p 型材料进行 Li 掺杂,可以改善光电阻,从早期的 p-on-n 结构(p 层放在 n 层上)转变为 n-on-p(n 层放在 p 层上),用磷(而不是硼)的扩散形成 p-n 结。从此,这就变成了标准的工艺程序。(后来建立了在"传送带"型熔炉里进行扩散的技术,加快了生产。)下一个重要步骤于 1969 年到来,引入了"背面电场"把少数载流子电子推回到 p-n 结。(在背面电极下面放入重掺杂的 p

型区。）接着,在 70 年代早期,引入了改善的扩散机制,允许使用浅能级 n 型区(这通常称为"紫电池"),1974 年出现了一个重要的发明("黑电池"),采用了交织结构的(或者锯齿形的)上表面,以便减小反射损失。利用选择性腐蚀,形成了微小的金字塔阵列,使得入射光向侧方反射、照在邻近的金字塔上,这样就增强了太阳能电池吸收光的概率。而且,光一旦被捕获了,就被包含在电池里,与反射式背电极结合起来,可以让更薄的电池吸收了所有被捕获的光。这样就可以制作厚度只有几十微米的硅电池,而不是通常使用的标准的 300 μm。大致同时还演示了垂直结电池,进一步提高了少数载流子的收集效率。1984 年,新南威尔士大学的格林和温翰提出了一种改进的方式,即"掩埋电极的电池"——用激光在电池表面切割出窄沟槽,把金属顶电极掩埋在下面——又一次提高了效率。最后,为了用单个硅电池实现最佳效率,同样的小组选择用浮区单晶硅来工作,在 4 cm^2 的电池里得到了24.7% 的效率,开始接近单个硅 p-n 结的理论极限 30%。显然,在详细设计硅电池的方面做了很多事情,逐渐提高了器件的性能。单个晶体材料的大面积电池的效率已经达到了 16.7%,多晶硅材料的最佳数值还要略好一些,基本达 17.2%。商业模块的效率通常比小电池的数值小几个百分点。

这个时期发生的另一件事情是单晶 GaAs 电池的引入和发展。GaAs 的能隙接近于最优值 1.3 eV,还是直接带隙材料,比硅有优势,只需要几微米的厚度就可以把照在它上面的所有大于能隙的辐射都吸收掉。我们知道,它还可以和 AlGaAs结合起来做成高质量的异质结,AlGaAs 可以作为宽能隙的窗口让入射光通过它进入下面的 GaAs 里,从而避免了电池上表面的表面复合问题。外延技术显然是合适的,几个实验室用液相外延制作高效 GaAs 电池,得到了很好的结果。苏联约飞研究所的阿尔费罗夫在这些发展方面是领军人物,1972 年,他用异质结电池实现了接近于 15% 的效率,后来(在 1986 年)成功地应用在苏联 MIR 空间站上。此外,GaAs 已经用作非常高效率的多结电池。三个结的晶格匹配的 InGaP/GaAs/Ge 结构最近实现了 31% 的总效率,对于卫星模块来说,这个结果非常重要,复杂精致的结构带来的额外成本并不重要。可以利用这种高效率的另一个领域是聚光式太阳能发电系统,其中,电池的花费也远不如传统系统那么重要。

提高效率的努力令人印象深刻,但是,降低模块价格的努力意味着使用更少体积的半导体,需要从体材料转向薄膜材料。确实,20 世纪 70 年代很重视这一点,研究了几种薄膜材料在太阳能电池中的可能应用。多晶硅和 GaAs 都研究了,还有很多薄膜异质结,例如 CdS/Cu$_2$S,CdS/CdTe,CdS/InP 和 CdS/CuInSe$_2$,但是,商业上最成功的是非晶硅出现在太阳能电池领域里。如 10.3 节所述,a-Si:H 实现了 P 和 B 的可控掺杂,从而能够发展 p-n 结和 p-i-n 结。光学带隙位于 1.6～1.7 eV,显然适合于太阳能电池的应用,而且,没有任何 k 选择定则,因此,带边以上的吸收会比较强。只要 $1\,\mu m$ 的厚度就足以吸收几乎所有光子能量大于 $1.8\,eV$ 的辐射。额外的好处是能够容易地沉积在大面积的衬底上,例如玻璃或钢的表面,从而有可能用于制作便宜的太阳能电池,这是 a-Si:H 的第一个严肃应用。美洲射频公司、萨诺夫研究中心的开创性工作是戴夫·卡尔森领导的,他在 1974 年首次观测到电弧放电的 a-Si:H 中的光伏效应。卡尔森还写了一篇很有用的关于非晶硅太阳能电池的综述文章(Carlson, 1984)。(也可以参考 Street(1991):Chapter 10。)

到了 1974 年底,已经演示了 p-i-n 电池和肖特基势垒电池,但是效率很低,因为接触很差。这很快就被改正了,但是,人们逐渐认识到,沉积过程的精确细节对于决定太阳能电池材料的适合性非常关键。p-i-n 器件中 i 区的少数载流子的有效分离依赖于材料的载流子迁移率和寿命的乘积($\mu\tau$),材料的质量、深能级的密度、带尾态的密度以及很多杂质原子的浓度都影响这两个参数。带尾态在限制端区的掺杂效率方面也有重要影响,这对于获得满意的开路电压非常重要。注意力逐渐集中在 $200\sim300\,℃$ 的沉积温度,虽然发现有必要用实验来优化具体的生长条件。深能级也影响了斯塔博勒-沃伦斯基效应,它导致了太阳能电池在稳定的太阳辐照下的逐渐失效,态密度的增大导致了寿命 τ 的减小。在实际情况中,典型的太阳能电池效率在 20 年的时间里从 10% 下降到 7%。

所有这些研究都很花时间,电池性能提高得很慢。到了 1980 年,美洲射频公司和其他地方的效率是 6%~7%(包括一个创新性的步骤,位于密歇根州特洛伊的能量转化器件公司的麦丹等人引入的,把氟引入到材料里,用 SiF_4 和 H_2 进行生长)。进一步的进展来自合金材料的引入,例如 a-Si/Ge:H 或 a-Si/C:H,前者的带隙比 a-Si:H 小,后者比 a-Si:H 大。1981 年,大阪大学的十和田(Tawada)等人利用 a-Si/C:H 得到了 7.5% 的电池效率,1982 年,三菱电机公司的中村等人用三结电池实现了 8.5%,包括三种材料。在 1982 年后期,美洲射频公司的卡塔拉诺等人终于越过了 10% 这个坎儿,使用了 p 型的 a-Si/C:H 窗口层作为(玻璃/SnO_2/p^+-i-n/Ag)结构中的顶电极,光通过玻璃衬底照进来。(氧化锡薄膜作为透明电极与 p 型 a-Si/C:H 层接触。)今天,最好的单结电池的效率大约是 12%(理论极限的估计值是 14%),多结电池已经接近了 14%,理论极限大约是 20%。

尽管美国在研究中领先,但非晶硅太阳能电池首先在日本实现了商业化:1980 年,先是三洋公司,然后是富士电机公司,用它们为袖珍计算器供电。认识到 a-Si:H 很适合于把室内光(以及日光)转化为电池电能,这是灵感迸发的一步。一两年后就应用在手表上。现在,非晶硅太阳能电池占据世界市场(大约 50 亿美元)的 13%。

在不同的时期,人们还提出了其他几种薄膜电池,第一个基于的是 CdS/Cu_2S 异质结,在 20 世纪 60 年代得到了很广泛的研究。一种早期的制造方法是,把 CdS

薄膜蒸发在合适的金属衬底上,然后把这个结构蘸到氯化亚铜的热溶液里,形成想要的 Cu_2S 层。典型面积大约是 $50\ cm^2$。后来发展了一种喷涂技术,可以实现连续的生产线制作,预计发电成本将会远远低于化石燃料的发电成本。然而,稳定性有许多问题,今天已经看不到这个特定的器件了。但是无论如何,类似的基于 CdS 窗口的多晶硅薄膜结构已经表现出更大的希望。挺过了很多年的两个结构——CdS/CdTe 和 CdS/CuInSe(有时候在 CuInSe 添加少量的 Ga 和 S)首先在 1975 年左右变得重要起来。更近些时候,注意力聚焦在多晶硅薄膜,现在看来,这三种方法都可以挑战太阳能世界的薄膜冠军 a-Si:H。

从 20 世纪 50 年代就知道,CdTe 具有直接带隙,适合于太阳能电池,但是,在很多年里,它的质量有问题。深能级缺陷态表现为高效率的复合中心,最后被长时间的消耗战干掉了。因此,有必要开发便宜的方法,能够在玻璃衬底上沉积出质量足够好的薄膜,还要把它们与 CdS 窗口和透明电极层结合起来,具体结构如图 10.15 所示。因为 CdS 只能做成 n 型,有必要把 CdTe 掺杂为弱 p 型。还要注意,CdS 除了让长波长到达 CdTe 以外,还可以吸收更短的波长,也为光电流作出了贡献。近来的研究已经把电池效率提高到 16%,为应用于大面积太阳能电池提供了希望。几个商业公司已经准备利用它。

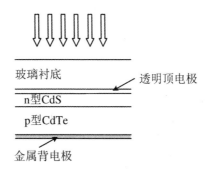

玻璃衬底　　　　　　　透明顶电极

n型CdS

p型CdTe

金属背电极

图 10.15　薄膜 CdS/CdTe 太阳能电池面板的结构

所有的层都沉积在便宜的玻璃衬底上,包括作为顶电极的透明导电层,例如 SnO_2 或铟锡氧化物(ITO)。CdS 只能做成 n 型,所以,CdTe 被掺杂为弱 p 型。注意,不同层的厚度并不是按比例画出的

$CuInSe_2$ 像 CdTe 一样可以掺杂为 n 型和 p 型,具有直接带隙,适合于吸收太阳光。实际上,在所有被考虑的太阳能材料里,它的吸收系数很可能是最大的。使用的结构与图 10.15 的结构完相同,只是用 $CuInSe_2$ 代替了 CdTe。常用的背电极是钼,它与重掺杂的 p 型 $CuInSe_2$ 形成很好的欧姆接触,但是,材料中有个掺杂梯度,因为用 p-n 结有效地收集载流子需要弱掺杂(以便让耗尽区尽可能地宽)。还有必要在空气中加热电池来钝化 $CuInSe_2$ 里面的晶界(氧在这里很重要,与它对于

改善多晶 PbS 红外探测器的方式大致相同）。商业生产现在基于的是相反的制作过程：把 Cu 和 In 溅射在钼的背电极上，然后让 H_2Se 气体在 400 ℃ 的结构上方通过，形成硒化物。然后再沉积 CdS 和一层 ZnO 电极。在这种情况下，玻璃被直接用作容器。一个实用的细节是，用 Ga 帮助 $CuInSe_2$ 黏合到钼上，同时还略微增大了它的能隙。至于 CdS/CdTe 电池，研究性器件的效率已经达到了 16%。几年时间的大规模实验也证实了很有希望的稳定性，现在可以启动商业生产了。

更近些时候，实现了光束缚技术，让光在电池里来回反射，有效的光程是电池实际厚度的 20 倍，薄膜多晶硅电池的开发也随之表现出相当的希望。只有几十微米厚的硅层就可以吸收绝大多数能隙以上的辐射，减少了硅材料的使用量。同时大大减小了有效收集载流子所需要的少数载流子扩散长度，让获得足够的材料质量的问题变得容易了。已经用液体"外延"的方式沉积了合适的薄膜（把硅放入铟熔化物里），已经开始开发合适的大规模工艺。这些硅电池的研究结果与 CdS 电池相仿，为了主宰未来的大规模的太阳能发电，现在开展了激烈的竞赛。究竟谁会获胜？我们只能拭目以待。表 10.2 取自 Markvart（2000），给出了千年之际的总体形势。现在，晶体硅占据了市场的 39%，多晶硅占 44%，也许某一个薄膜模块很快就会彻底改变整个形势。也许最后会发现，太阳能电池成为世界能量需求的主要贡献者，但是，是基于硅还是其他什么材料？这个问题仍然让人迷惑。

表 10.2　薄膜太阳能电池的效率

材　料	商业产品（%）	大面积最佳值（%）	研发最佳值（%）	理论极限值（%）
a-Si:H	5～8	10	13	20
多晶硅	11	12	16	25
CuInSe$_2$	8	14	16	21
CdTe	7	11	16	28

10.5　液晶显示器

基于液晶的大面积显示屏无疑是重要的创新，深刻影响了 20 世纪的生活方式。自 20 世纪 20 年代孕育以来，电视显示屏都是某种形式的阴极射线管，一个特别重要的发展是 50 年代出现在美洲射频公司的阴影掩膜管（shadow mask tube），它把色彩带进了千家万户。阴极射线管的基本概念及其变形完全主宰了电视显示器,直到 80 年代才遇到了液晶的挑战,这清楚地证明了阴极射线管的杰出性。并不是说阴极射线管没有受到过批评,远远不是——这个管子需要非常危险的高电压来驱动(它碰巧成了尴尬的 X 射线源),屏幕从来不是很平坦,屏幕后面要用很大的体积容纳电子成像系统。许多年来,全世界的研究实验室都在寻找有效的替代物:薄的、平的、低电压的显示屏,具有足够的亮度,可以用必要的图像信息进行方便的寻址。还必须便宜!人们研究了使用新扫描技术的平面显像管,开发了气体放电屏,尝试了不同形式的固态电荧光显示器,但是,商业上谁也不能挑战无处不在的阴极射线管。直到利用薄膜晶体管进行像素寻址的液晶显示器出现,阴极射线管的统治地位才有些动摇。现在,我们习惯于在飞机座椅、汽车、计算机、手机以及家用电视上看到液晶显示器,而且价格也承受得起。我们甚至希望淘汰掉阴极射线管[①]。这是怎么发生的?

20 世纪 60 年代,液晶首次严肃地应用于显示,作为袖珍计算器、手表和测量仪器的数字式输出形式。它是多年研究的成果。液晶材料的基本概念出现于 19 世纪末期,人们认识到有些物质状态介于液体和固体之间,其构成分子具有一定程度的有序性。(在固体里,分子是完全有序的,然而,在液体里,它们的准直是完全随机的——在液晶里,在一些偏好的方向上,分子表现出一定程度的准直。)人们逐渐理解了,存在着几种不同形式的液晶,三种主要的液晶是层状液晶(像肥皂泡)、丝状液晶(像丝线)和螺旋相液晶(像螺栓),每个种类里还有几种变型,有些表现出铁电行为,非常复杂,现在还没有完全理解。简要的介绍可以参考史密斯的著作(Smith,1995:Chapter. 5),其中有许多有用的参考文献。对于我们的目的来说,描述一种液晶的性质就可以了——"扭丝"型液晶,它在显示领域得到了广泛的应用。

丝状相液晶分子是长链的有机分子,在样品体材料中,它们强烈地倾向于彼此平行排列,其准直轴可以通过施加电场来控制。(在有些情况下,准直方向平行于电场,在其他情况下,准直方向垂直于电场。)然而,在与固体表面接触的界面上,可以让液晶分子沿着一个偏好的方向准直,该方向由固体的表面结构决定。可以制作精细的划痕(这个过程称为"刮擦"),或者以一定角度蒸发表面覆盖层。通常来说,能量最低态是分子与划痕方向平行的时候。现在,假设液晶材料限制在一对玻璃片之间,其间距大约为 10 μm,内表面沿着相互垂直的方向刮擦过了。因此,上表面的分子和下表面的分子彼此垂直,而体材料中的分子试图让它们和最近邻对齐,结果就是准直方向绕着玻璃片的法线方向光滑地转动(图 10.16(a))。照射在下表面上的光进入到液晶里——这束光穿过了一片偏振材料,它的偏振方向就与下表面的准直方向一致了,液晶材料的偏振方向锁定在液晶分子取向上,在薄膜

---

① 你听说过阴极射线管吗?也许明天该去趟博物馆了吧?原著出版了还不到 10 年,译本就已经过时了,就像阴极射线管一样。既让人伤心,又让人激动。——译者注

中转动了 90°。如果第二个偏振片紧贴着上方的玻璃片的上表面,它的取向与下方的偏振片相同,那么,光就不能透过。然而,如果在片子上施加电场,如图 10.16(b)所示,则薄膜体材料里的液晶分子就沿着电场方向准直,光的偏振方向就不再转动。因此,光就可以透过。总体结构表现为电学开关的光调制器,这就是空间光调制器。有个额外的要求没有在图 10.16 中画出来:需要一对透明电极,以 ITO 薄膜的形式沉积在玻璃片上。

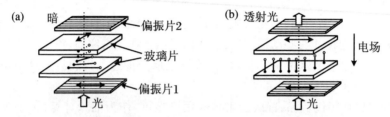

图 10.16 示意图:限制在一对玻璃片之间的扭丝型液晶的光开关行为
(a) 两个玻璃片的内表面有精细的划痕,因此,靠近上下表面的液晶分子沿着彼此垂直的方向准直。光束的偏振面被液晶转动了 90°,所以,光不能透过上方的偏振片。(b) 施加电场使得分子垂直于玻璃片,光的偏振面不再旋转,因此,大部分光透过了上方的偏振片。为了施加电场,需要在玻璃片上沉积 ITO 透明电极(图中没有显示)

已经有几千种有机化合物表现出液晶行为,但是,适合实际显示的非常少。这种材料不仅应当有很高的欧姆电阻,以便尽量减小通过显示单元的漏电流,能够在靠近室温的合适温度范围内工作,还要在可见光的辐照下以及电应力的作用下保持稳定。简单显示的需求刺激了人们在 20 世纪 60 年代开发合适的化合物,英国的 Hull 大学、皇家信号和雷达实验室的美洲射频公司的工作特别突出。起初,目标是做七条反射式数字显示器("数码管"或者"七段码"),总的单元数目大约不到 100 个。为了显示任何数字,每个条不是黑的(不反射的)就是白的,所以,必要的电光特性是陡峭的开关形式,如图 10.17(a)所示。当外加电压小于 V_1 的时候,元件是"关"的,当电压大于 V_2 的时候,它是"开"的。但是,电压怎么加到每个元件上呢? 对于小的显示来说,为每个单元提供单独的连线(实际上是蒸发的金属薄膜)并不难,直接连到顶电极上,它具有希望的形式,合适的信号电压大于 V_2,在需要的时候把每个单元打开。在扭丝型显示单元里,电压大约是 5 V,符合集成电路驱动器的使用,这种显示技术既简单又方便。

这种数字显示非常成功,人们很快就致力于把它们做得更复杂、更灵活——确实,就像我们知道的那样,许多研究者在寻找最终的复杂形式(图像面板,这个挑战当然更大了)。典型的黑白电视图像大约有 50 万个显示单元(像素)——彩色图像则是 150 万! 一旦像素的数目超过了几百个,单独的寻址线就不现实了(假设每个金属线宽度仅为 10 μm,简单的算术表明,绝大多数显示面积都会被金属挡住!)需

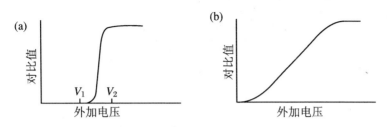

图 10.17　扭丝型液晶单元的开关特性

(a) 陡峭的开关性质用于显示,它只要求单元完全"开"或者"关";(b) 适合成像应用的开关行为,必须能够用外加电压控制像素的亮度

要一些全新的方法。人们采取了"交叉寻址"的方法,每个像素位于正交线阵的交叉点上。在第 n 个水平线上施加电压 $+V$,在第 m 个垂直线上施加 $-V$,位于 (n, m) 点处的像素上的电压就是 $2V$,而其他像素上的电压不超过 V。只要 $V < V_1$(图 10.17(a))和 $2V > V_2$,这种方式就可以成功地在整个显示板上打开或关上像素(一个更好的方式是,在行上施加 $+2V$,而在列上施加 $-V$ 或 $+V$),但是,有一个额外的要求,信息必须用"多路复用"(multiplexing)方式扫描进来。第一行先打开一段时间 t_L(行时间),在此期间,该行上所有像素的信号信息被同时送到所有的列,然后关断第一行,打开第二行,用与第一行同样的方式把合适的信号信息提供给它。显示器的所有行都重复这个过程,帧时间 t_F 等于 Nt_L,其中,N 是矩阵中行的数目(显示器中的线),为了得到没有闪烁的显示效果,t_F 必须小于人眼的视觉暂留时间 1/25 s。注意,每个像素打开的时间的比例为 $t_C/t_F = 1/N$,因此,对显示亮度有要求。

　　仔细考虑这种寻址方式下任何实际像素上存在的有效(RMS)电压,可以得到这样的结论:随着显示线数的增加,图 10.17(a)中开关特性的陡峭程度必须同步地增加。然而,真实的液晶材料在这个方面受到限制,在实践中,线的数目最大值小于 100,依赖于特定显示格式的细节。此外,对于任何图像面板来说,还有一个要求:必须能够处理灰度——我们不仅关心某个像素是开还是关,还关心它的瞬时亮度——这就要求开关特性如图 10.17(b)所示。可以用信号电压大致以线性的方式来控制对比度,这是必需的,但是显然不符合陡峭开关曲线的要求。这样就进退两难了,我们需要全新的方法,就是在这个时候,半导体登场了。

　　打破这个新僵局的方法是,为每个像素配备一个薄膜晶体管形式的开关器件,采用如图 10.18 所示的多路复用方式。现在,水平行用来控制晶体管的电压,把它打到开或者关,而垂直列提供亮度信息给像素,利用源-漏电阻 R_{SD} 充电。注意,图 10.18 中的像素用电容 C 表示,其数值可以用像素的面积、透明电极的间距以及液晶材料的介电常数计算出来。在工作的时候,当晶体管处于"开"状态的时候,信号

电压给电容 C 充电,通过沟道的"开"电阻 R_{on},像素的亮度由信号电压的大小设定。显然需要充电过程在行时间 t_L 里完成(这就要求 R_{on} 很小),而且希望电荷在余下的帧时间 t_F 里保持在电容器上(这就要求 R_{off} 很大),从而尽量增大有效的显示亮度。如专题 10.6 所述,开关比 R_{off}/R_{on} 必须大于 $1\,000$(保险起见,还是说 10^4 左右吧),$R_{on}\approx10^7$ Ω 和 $R_{off}\approx10^{11}$ Ω,这是薄膜晶体管的基本指标。注意,液晶单元的漏电阻本身也必须很大,至少与 R_{off} 类似。

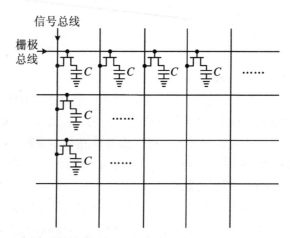

图 10.18　矩阵寻址的液晶显示器,每个像素使用一个薄膜晶体管(TFT)

栅极总线用来打开一行薄膜晶体管,所用时间为行时间 t_L。在此期间,信号总线用来为行里的每一个单元寻址,把液晶电容 C 充电到合适的电压,从而得到想要的亮度。然后再用栅极线寻址,完整的扫描需要的时间是帧时间 $t_F = Nt_L$,其中,N 是矩阵中行的数目

最后还应当注意,为了亮度的缘故,液晶显示屏是在透射模式下工作的,而不是简单数值输出采用的反射模式,因此,需要合适的背光源。通常采用的是形状合适的荧光管,用三种不同颜色的滤光片放在合适的像元前面,从而引入了色彩(将来的白光二极管可以提供更好的光源)。

专题 10.6　矩阵寻址显示器中薄膜晶体管的开关比

为了用薄膜晶体管控制液晶显示屏中每个液晶单元的充电,晶体管通道电阻的开关状态的开关比有个最小值。像素电容 C 必须在线时间 t_L 里完全充电,而电容必须在整个帧时间 t_F 里保持其电荷。这两个条件可以表示为

$$R_{on}C < t_L \tag{B.10.33}$$

和

$$R_{off}C > t_F = Nt_L \tag{B.10.34}$$

其中，N 是显示屏的线数目。由此直接得到开关比为

$$R_{off}/R_{on} > N \tag{B.10.35}$$

典型的电视显示器有 500 线，因此，比值必须不小于 5×10^3。

为了找到 R_{on} 和 R_{off} 的绝对数值，需要计算 C 的数值，这就需要像素面积 A 的值。典型的电视显示器有 100 万个像素，面积为 0.1 m^2，每个像素的面积大约是 10^{-7} m^2。这样就可以用下式计算 C：

$$C = A\varepsilon\varepsilon_0/d \tag{B.10.36}$$

其中，液晶材料的相对介电常数大约是 10，单元的厚度约是 10 μm。得到的 C 值大约是 1 pF。

由此可知，R_{on} 应该小于 10^7 Ω，而 R_{off} 应该大于 10^{11} Ω。还要注意，电容 C 的泄漏电阻至少要和 R_{off} 一样大，这个条件可以更好地用液晶材料的电阻率表示。我们要求单元的 RC 常数比 t_F 大，因此

$$\varepsilon\varepsilon_0\rho > t_F \tag{B.10.37}$$

它给出了 $\rho > 10^8$ $\Omega \cdot$ m。液晶不仅必须起到光开关的作用，它还必须是很好的绝缘体——即使经过了长时间的重复性的电学操作，它也必须保持这些性质。

用晶体管的源-漏电阻可以方便地表示它的性能，但是，在开状态下可能需要修改，如果晶体管饱和了，它实际上就变成了一个恒流源。电容 C 在接线时间内被完全充电的条件可以写为

$$Q = CV = I_{sat}t_L \tag{B.10.38}$$

由此可以得到最小值 $I_{sat} = CV/t_L \approx 3 \times 10^{-7}$ A。换句话说，饱和的晶体管应该能提供大约 1 μA 的电流。

一旦接受了显示面板的这种基本格式，就需要选择合适的薄膜晶体管，在大约 0.1 m^2 的面积上，它们必须可以大量地制作，且具有可重复性的特性。这相当于制作一个集成电路，其尺寸比比任何晶体硅大 300 倍！（但是公平地说，每个器件本身也很大。）它要求蒸发器能够处理大衬底（通常是玻璃或石英），在这个面积上产生均匀的薄膜，还要能够用光刻或者其他合适的技术定义晶体管的不同部分，而整个面积比以前考虑过的大得多。在长期使用中，晶体管特性也必须保持稳定。简而言之，需要面对几种严重的挑战。

自 1962 年美洲射频公司的保罗·威摩尔发明了薄膜晶体管以后，人们对它的兴趣一直很大。威摩尔本人演示了这个器件的潜力，他用的是玻璃衬底，蒸发 CdS 作为半导体，蒸发 SiO 作为栅极绝缘体。他用的栅长度是 $5 \sim 50$ μm，测量的跨导高达 25 mA $\cdot$ V^{-1}，观察到振动频率高达 17 MHz。虽然有陷阱效应存在的迹象，可能影响器件稳定性以及对可见光的灵敏性，但是，它已经开始作为集成电路的单元挑战 Si 的 MOSFET 晶体管。很多工业研究实验室接受了开发实际器件和电路

的挑战,长期目标是在微波频率工作。人们研究了很大范围的半导体材料,包括多晶硅,CdS,CdSe,GaAs,InAs,InSb,PbS,PbTe 和 Te,但是逐渐地集中到 Si,CdS 和 CdSe 上,它们的沟道电子迁移率高达 0.005 $m^2 \cdot V^{-1} \cdot s^{-1}$(当 a-Si:H 终于成熟的时候,它的特征迁移率是 10^{-4} $m^2 \cdot V^{-1} \cdot s^{-1}$,也许还要小一些)。到了 1970 年考虑转向大面积显示面板的时候,人们在制造和研究这种器件方面有了相当的经验,1973 年,西屋公司的布罗迪及其同事发表了矩阵寻址的液晶黑白显示器的细节,在每个像素上使用薄膜晶体管。他们的面板是 6 平方英寸,包含 14 000 个像素,分辨率为每英寸 20 线,是标准的电视的 1/4。但是这就足以指出前进的方向了——薄膜晶体管晶体管技术能够胜任大面积。

使用 a-Si:H 薄膜晶体管替代 CdSe 器件,这个提议是邓迪大学的研究小组在 1976 年提出的,皇家信号和雷达实验室的工作证明了这个想法的可行性,但是,直到 20 世纪 80 年代早期,才在欧洲、美国特别是日本制出了实际的电视显示屏。(相关事项的详细讨论可以在 Ast(1984)、LeComber,Spear(1984)和 van Berkel(1992)中找到。)开发商业可行的平面全彩色显示屏的竞赛正在进行,到了 80 年代末期,终于出现了小显示屏,用在袖珍电视机和飞机上。我自己参与了飞利浦的项目。我记得很清楚,即使一个小小的 22 in 的电视屏在那时候也是遥不可及——即使在 6 英寸的面板上进行必要的沉积和光刻,也是个巨大的挑战。最近,飞利浦公司宣布了 50 英寸的液晶电视屏——15 年发展的成就已经超越了大多数人最狂野的梦想。但是,这也远远超出了我们的讨论——为什么 a-Si:H 触发了液晶屏的蹒跚起步?

邓迪大学研究小组的最初论证(LeComber,Spear,1984)是,硅那样的元素材料可以预期比 CdSe 这样的化合物具有更好的均匀性、可重复性和稳定性,对于许多严肃的商业活动来说,这是至关重要的。在实践中,我们知道,与斯塔博勒-沃伦斯基效应有关的不稳定性确实影响了 a-Si:H。但是无论如何,其他两个优点真的实现了,而 Ⅱ-Ⅵ 族化合物的化学比总是一个问题,在大面积沉积上很难控制。此外,a-Si:H 还有个微妙的优点(邓迪大学的提议里也说到了),与沟道电阻和开关比需要的数值有关。a-Si:H 里面的电子迁移率显著地小于多晶材料,例如 CdSe(或者多晶硅)。a-Si:H 的典型值是 3×10^{-5} $m^2 \cdot V^{-1} \cdot s^{-1}$,而 CdSe 是 3×10^{-3} $m^2 \cdot V^{-1} \cdot s^{-1}$,也就是说,(对于尺寸类似的晶体管)沟道电阻有两个数量级的差别。乍一看,这好像是 a-Si:H 的严重缺点,但是,当应用到小像素尺寸(意味着电容很小)的时候,这反而是个优点,薄膜晶体管的尺寸既受限于像素的大小,也受限于大面积光刻术的挑战。对于 6 英寸面板的全彩色电视显示屏来说,像素的尺度大约是 100 μm,最大的沟道宽度是 100 μm,沟道长度(和宽度)不能够小于 5 μm。小电容很容易充电,所以,"开"电阻可以比较大,正确地匹配沟道宽度大约为 20 μm 的

a-Si:H 薄膜晶体管。另一方面,最小的 CdSe 薄膜晶体管(5 μm×5 μm)的"开"电阻是需要的 1/25 左右,这本身并不是缺点,但是,这就要求很大的开关比来实现需要的"关"电阻—— a-Si:H 实现它的困难就比较小。换句话说,a-Si:H 薄膜晶体管比竞争对手 CdSe 更符合显示寻址的要求。(应当说,这个论证是可以反驳的:可以添加一个与液晶单元平行的储存电容,但是这确实增加了工艺的复杂性。)这些微妙之处决定了整个行业的兴亡!

　　既然选择了使用 a-Si:H 薄膜晶体管,就有必要设计合适的器件结构,能够用普通数目的工艺步骤容易地制作。首先是选择衬底和薄膜,通常认为必须是玻璃,它满足透明和便宜这两个必要条件。接着,这就要求处理工艺的温度必须远远低于玻璃变软的温度,a-Si:H 薄膜晶体管已经满足了这个判据,典型的沉积温度是300 ℃。图 10.19 给出了薄膜晶体管的合适结构,以及它们与液晶元件的相对安置情况。工艺开始于沉积 Cr 栅极电极,然后是沉积氮化硅栅极绝缘体,非掺杂的a-Si:H 功能层,n⁺ a-Si:H 接触层(所有接触都是一次做完)。在给器件做出了合适的图形以后,沉积并制作金属的源和漏接触,从而完成器件结构。漏极金属给液晶像素施加电场,注意它穿过 Si-N 层与 ITO 接触薄膜连接的方式。必须保证栅极绝缘层和功能层均匀地沉积在整个显示面积上,不仅厚度均匀,电学性质也要均匀。为了优化性能或便于制作,不同的制造商已经对这个基本结构做了许多修改,但是,图 10.19 提供了理解其工作原理的所有必要信息。

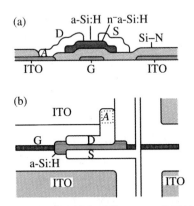

图 10.19　用于液晶显示屏的多路复用的 a-Si:H 薄膜晶体管的典型设计图

(a) 晶体管的一个截面,演示了把薄膜晶体管的漏极(在点 A)连接到 ITO 薄膜的方法,用来为像素施加电场。(b) 晶体管与像素的分布,以及用于像素寻址的总线。典型的薄膜晶体管的尺寸是:栅极长度 3 μm,栅极宽度 20 μm。显然,这样的薄膜晶体管只占据了像素面积的很小一部分。(取自 LeComber,Spear(1984),fig.3)爱思唯尔公司惠允重印

　　在工作的时候,5～10 V 的正电压施加在栅极电极上,在沟道里诱导出相应密度的电子,从而控制了沟道的电导。在实际器件中,关闭状态和全开状态的典型开

关比已经达到了 10^6，足够应用了。如前文所述，非晶硅能隙中深电子态的存在阻止了费米能级从能隙中央移动到导带带边，只是因为它们在 a-Si:H 里的密度比较低，器件性质才会这么有吸引力。从另一个视角看这些结果，有可能从测量得到的薄膜晶体管的转移特性得到关于深能级分布的数据，几个研究小组已经这样做了。实际上，它是场效应测量的又一个例子，起初用来证实 a-Si:H 中的态密度很低，帮助人们更好地理解了这些测量。有趣的是(van Berkel，1992)，通常不可能从测量得到的转移特性得到唯一的态密度的比值，这可能是此前许多工作得到的数值在很大范围里变化的原因。这也说明了得到的态密度强烈依赖于绝缘体(SiN_x 或 SiO_y)的选择，绝缘体-半导体界面确实有显著的贡献。实际上，这个界面的质量对于器件性能至关重要(就像早期工作里界面对硅 MOSFET 性能的影响一样)。

对于系统的性能来说，光电导和稳定性是两个非常重要的器件性质，已经得到了深入的研究。由于液晶显示屏的特殊性(它使用背光源)，无法避免光对薄膜晶体管特性的影响——光电导降低了开关比——必须减薄 a-Si:H 功能层，从而尽量减小这个效应。这在实践中很有效，但是给工艺控制施加了更大的压力。稳定性更复杂一些，不容易简单地说清楚。可以挑出来两个主要的效应：绝缘体中的电子捕获以及半导体中的深能态的产生，两者都移动了"平坦能带电压"(在这个栅极电压下，半导体能带的能量一直保持平坦，直到界面)。第二个效应与斯塔博勒-沃伦斯基效应有很多共同点，但是，在这种情况下，费米能级的移动来自栅极电压的施加，而在斯塔博勒-沃伦斯基效应中，它来自光的吸收。你肯定知道，a-Si:H 薄膜晶体管在液晶显示屏上的成功意味着这些不稳定性机制只是有些小小的显著性而已，因为有个突出的因素：在工作条件下，晶体管在行时间内打开，然而，它在帧时间里关闭，帧时间比行时间大约长 1 000 倍，所以，即使出现了不想要的变化，也有很大的机会在下一个周期开始前恢复。

显示器本身就说这么多了，然而，它的工作还有另一个重要方面不能忽略。前面描述的矩阵寻址方法需要驱动器电路给每个像元提供合适的信号。一串栅极电压逐次打开每行晶体管是比较简单的，工作频率大约是 10 kHz，可以用 a-Si:H 晶体管处理。这样就可以用完全集成化的电路来实现行开关功能。另一方面，给不同源电极提供的亮度指示包含着必要的视频信息，它们不仅格式复杂，而且(很可能更重要)牵涉 10 MHz 量级的频率。这就太快了，a-Si:H 薄膜晶体管处理不了，所以，早期的显示面板使用了混合方法，驱动电路是用传统的硅集成电路实现的，放置在面板的边缘。这肯定可以工作，但是不能让人满意，添加了制作上的复杂性，而且，人们从一开始就想要全集成的解决方法。(Brotherton(1995)指出，全集成电路会把外连接的数目从 1 300 个减少到 20 个左右!)困难在于 a-Si:H 的低迁移率，这是根本的无法克服的困难——任何解决方法必须基于迁移率高得多的半导体,显然需要试一试多晶硅。如前文所述,多晶硅的电子迁移率可以比 a-Si∶H 高两个数量级,只要能用它制作合适的晶体管,就肯定可以满足驱动功能。问题是:怎样把多晶硅沉积在面板边缘的合适位置上呢?

在 1985 年,多晶硅根本不是新材料。如 10.2 节所述,20 世纪 70 年代对多晶硅材料的研究显著地深化了人们对其电学性质的理解,在晶体 MOSFET 中使用多晶硅栅极的技术早就建立起来了。因此,可以用热分解硅烷(SiH_4)的方法来沉积薄膜。然而,这个工艺涉及的衬底温度为 650 ℃ 左右,对于玻璃衬底来说太高了,而且它倾向于产生微晶粒材料,电子迁移率低($\mu_e \approx 5 \times 10^{-4}$ $m^2 \cdot V^{-1} \cdot s^{-1}$),所以,并不适合这个特定用途。尝试着降低沉积温度,但是对迁移率的改善很小,所以,在 80 年代早期显然需要一些激进的改变——对标准过程沉积的非晶硅薄膜进行重新结晶,有两种非常不同的方法:固体相结晶和激光辅助结晶。前者需要在 600 ℃ 左右的温度下对非晶硅薄膜进行长时间的退火处理,虽然它确实把电子迁移率的数值增大到 5×10^{-3} $m^2 \cdot V^{-1} \cdot s^{-1}$,但是,对于显示技术人员来说,太没有吸引力了。利用准分子深紫外激光对非晶硅进行激光辅助结晶,结果让人满意得多,在 90 年代得到了广泛的研究。

准分子激光功率大、脉冲短,很适合薄膜的结晶,非晶硅在深紫外波长处的光学吸收长度只有几纳米。短的、大功率的光脉冲熔化了薄膜的表面,只有相对很少的热扩散到衬底。使用 SiO_2 盖层(它对于激光是透明的),可以让非晶硅满意地结晶,同时保持玻璃温度低于 400 ℃。这样得到的薄膜的结构的特点是,在表面区域有很大的晶粒尺寸,而在下面留下了晶粒更小的亚薄膜,这个结构的迁移率很高,在有些情况下,μ_e 可以高达 2.5×10^{-2} $m^2 \cdot V^{-1} \cdot s^{-1}$。然而,为了实现这一点,需要仔细地控制激光功率和扫描方式,功率太高,就会导致晶粒更小、迁移率低的退化了的材料。优化的材料与沉积的 SiO_2 栅极绝缘体结合起来,表现出有希望的薄膜晶体管行为,但是,还有些其他问题:自由载流子束缚在晶界上和悬挂键的深能级里,它们分布在整个带隙里。这反映了非晶硅本身的行为,处理方法是类似的——在氢等离子体中对悬挂键进行氢钝化,虽然这个工艺非常复杂、超出了预期。最后,到了 20 世纪 90 年代末期,终于把视频驱动电路集成到显示面板上了,经过 15 年的深入研究,终于成功了。

然而,故事并没有结束,因为那些人一直想要开发完全基于多晶硅晶体管的面板,不仅是驱动器,还有像素。还要克服最后一个障碍才能实现这个目标。我们已经看到,像素晶体管的"关"电阻必须尽可能大,但是,一种特别的源-漏间的漏电流坏了事,它强烈地依赖于靠近漏的电场。随着 2000 年的接近,这也通过仔细设计晶体管结构而克服了,然后就有可能制作基于激光辅助结晶的多晶硅晶体管的全显示面板,提出了让人困惑的问题——a-Si∶H 在最初的挑战面前首先受到冲击,支持了整个产业的发展,这种技术的长远未来是什么? 它将会变成什么样? 商业不会多愁善感,它还没有变成累赘。在写作本书的时候,做评论还太早了——毕竟,阴极射线管本身还在电视显示中扮演着重要角色,尽管有了液晶电视的成功——我已经说了很多次,本书关注的是历史,而不是未来! 无论未来如何发展,都不会影响开创性工作的功绩,它们导致了第一个商业上成功的平面显示器。这无疑是显示技术的真正革命,将会继续对消费者产生巨大冲击,直到 21 世纪。

作为某种后记,也许我应该谈谈液晶单元被有机发光二极管替代的可能性,后者已经达到了足够的亮度水平和工作寿命,但是,这需要我们做更多的猜测。在很多光电应用方面,有机半导体的未来可能非常光明,但那就是另一个故事了,还是把它留给别人讲吧——过去十年里那些从事有机半导体研究的人们。

10.6   多孔硅

硅显然主宰了固体电子学领域,它的个性多姿多彩。在故事的最后,我们应当讲讲它的另一面。我们在多个场合提到过,硅的间接带隙使得它不能够影响发光领域,但是,即使这个显而易见的真理也需要修正。硅的一种形式不仅能够以非常高的效率发光,而且更奇怪的是,这种辐射位于可见光区域,也就是说,光子能量显著大于半导体能隙。如果你对此表示怀疑,那也是合情合理的,但是,可见光的硅发光二极管确实存在。这种显而易见的矛盾是怎么出现的呢?

首先,认识到这一点很重要,这里谈论的是一种形式非常特殊的硅:“多孔硅”——用电化学方法处理晶体硅,改变它的机械结构,产生了大量微小的空洞。出现的形状和尺寸是多种多样的,多孔性的程度(包含空洞的材料的比值)可以在很大范围里变化。可能最重要的是,剩下的硅是由很细的细丝构成的骨架,它们是“纳米结构”,正是这些纳米结构的性质控制了人们观察到的发光。关于这个发光过程,人们提出了许多理论模型,但是,一个重要的特点是量子限制效应。骨架实际上包含着非常细的硅线,它的尺度显著小于激子的玻尔半径,与这个局域化程度相联系的束缚能足以解释能量从体材料硅能隙的 $1.12\ eV$ 移动到可见光的位置 $1.5\sim2.5\ eV$。(关于更多的细节以及多孔硅的其他的可能应用,请见雷·卡恩汉主编的 *Emis Data Review*(Canham,1997)。)

1956 年,贝尔实验室偶然发现了多孔硅(偶然这个词我们听到多少次了?),亚瑟和因格博·乌勒正在研究用电解法获得光滑的、钝化的硅表面(电解抛光)。起初,它只是一个有趣的讨厌鬼——这显然不是他们正在寻找的东西——后来(1981

年),日本电报电话公司把它用于硅器件的一些处理工艺。但是无论如何,人们对它没有什么兴趣——根据 Cullis et al (1997),在 1990 年以前的 35 年里,只有不到 200 篇文章与多孔硅(p-Si)有关,而在 1990 年到 1996 年之间,总共发表了超过 1 500 篇文章,这个戏剧性的喷发的原因是,雷·卡恩汉在 1990 年发现了效率比较高的室温的可见光致荧光。

多孔硅的形成与硅在基于氢氟酸的溶液(通常是水,但有时候是醋酸)里的电化学分解有关,很容易用图 10.20 所示的反应池来实现。适当的硅片被密封在反应池的底部,以便和溶液形成均匀的接触,电流通过一个铂电极流过溶液,在低电压条件下得到多孔硅,电流密度通常小于 2 mA·cm^{-2}。多孔硅的典型厚度大约是 0.2~2.0 μm。相关的过程很复杂,最后的结果依赖于溶液的强度、电流、时间和衬底的掺杂,但

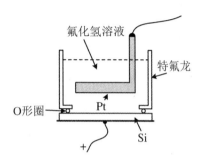

图 10.20 用于制作多孔硅的电解池的示意图
硅片用 O 形圈密封在电解池的底部,以便浸没在 HF 电解液里,电流通过铂电极流过电解池

是,通常从表面往下有个多孔性的梯度,靠近表面的是"微孔"材料(尺寸小于 2 nm),这下面是"介孔"(2~50 nm)或者"宏孔"(大于50 nm)的材料。多孔性的程度随着时间而增大,电解完成后再在 HF 溶液里腐蚀几小时,可以进一步控制多孔性。变干的过程也很重要,因为有可能引入相当的应力,从而降低了超细骨架结构以及与之相联系的荧光。此外,储存可能导致进一步的退化,可能是氧化或者其他污染的结果。

可见光的荧光与样品的高度多孔性有关,卡恩汉做了一个关键实验:连续地腐蚀样品,逐渐增大了多孔性,发射光的波长也就光滑地减小了。用这种方式,他能够在 6 小时里把波长从 950 nm 移动到 750 nm,这个结果显然符合量子限制模型(骨架结构越细,波长就越短)。他还证明了,在低温下,荧光有声子侧带的特征,对应的声子能量与晶体硅的声子一致。这强烈地支持了量子限制模型,反对了其他几种模型(它们依赖于非晶硅、氧化物或者其他更复杂的分子,可以给出不同的声子模式)。

后来的工作(1990~1993 年)表明,多孔硅中至少有四种荧光:红外带(1 100~1 500 nm)、"慢的"蓝-红带(400~800 nm)、"快的"蓝-绿带(约 470 nm)和紫外带(约 350 nm)。只有慢带(S 带)被认为是来自量子受限效应,只有这个带激发了商业兴趣,因为它的效率很高——在 50 K 温度下,测量得到的内量子效率高达 85%,在室温下,外量子效率的纪录是 3%。测量到的 S 带复合寿命大约是 10 μs,也符合

量子线模型——这个寿命是单晶硅的特性。高效率的原因是,初始硅样品的质量很高(非辐射复合中心很少),再加上量子线里的激子局域化效应。硅线的宽度是随机变化的,激子聚集在宽的硅线区域里(那里的束缚能最小),这个局域化最大限度地减小了它们和复合中心相遇的概率。发光线宽很大(但是随着温度的下降而变窄),展宽是非均匀的,这些事实也符合这个模型。

对多孔硅荧光的兴趣当然是因为有可能把辐射效应和传统的硅电子电路结合起来,最近已经演示了这种集成方式。然而,这显著地依赖于有效的、可靠的多孔硅发光二极管的开发。对于显示应用来说,外量子效率估计要大于1%,而对于电子电路之间的光耦合的重要应用来说,要求就更高了($\eta_{ext}>10\%$)。发光二极管的性能怎么样呢?对于光致荧光得到的发光二极管来说,实现这么高的效率从来都

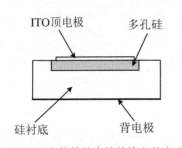

图 10.21 一个简单的肖特基势垒的多孔硅
电致荧光二极管的结构
透明电极 ITO 为多孔硅提供了透明的肖
特基接触,而硅片作为背电极

不容易。1991~1992 年报道了第一批发光二极管——在卡恩汉观察到有效的光致荧光之后不久。利用电解液作为多孔硅层的电极,得到了鼓舞人心的结果,报道的外量子效率接近于1%,但是,这可能只是一个存在性定理——实际的发光二极管必须用固体电极。这种器件的典型结构如图 10.21 所示,包含一薄层多孔硅,硅衬底支撑着它,同时作为电极。上方的电极是个半透明的蒸发的金薄膜(如果用透明电极 ITO 就更好了),

作为肖特基势垒电极。后来的方法使用了原始衬底中的 p-n 结,然后再把它多孔化,还尝试了许多种其他电极材料,包括利用布拉格反射镜做成光学微腔。然而,目前实现的最大效率大约是 0.2%,而且稳定性很差。许多器件在几小时里就严重退化了,除非把它们保存在真空里——氧化扮演了重要角色——显然还有很多工作要做,才有可能看到可行的商业应用。另一个严重的问题是,在光学互联中要求 GHz 的调制,但是,在这个频率上调制二极管的电流很不稳定。将来当然有可能成功,但是,显然需要一些重大突破。虽然有了十年的激动人心的进展,然而,从技术人员的角度来看,硅基发光器件仍然让人干着急。

在这个意义上,结论似乎是不幸的,但是,必须认识到这一点:在过去 50 年里,半导体电子学和光电子学取得了引人注目的成果,为了克服貌似不可逾越的困难,人们遭遇了许多挫折和失败,进行了无数的长期斗争,否则也不会有这么大的成功。如果轻率地否认硅在某种应用的可能性,那就太莽撞了,硅总是有能力反击。但是,你知道得很清楚,本书讲述的只是历史。未来肯定会照顾好自己的!

参考文献

Adler D. 1971. Amorphous Semiconductors[M]. London: Butterworth.

Ast D G. 1984// Willardson R K, Beer A C. Semiconductors and Semimetals: Vol. 21[M].
New York: Academic Press: 115.

van Berkel C. 1992// Kanicki J. Amorphous and Microcrystalline Semiconductor Devices:
Vol. 2[M]. Norwood, MA: Artech House: 397.

Brotherton S D. 1995. Semiconductor Sci. and Technol. , 10: 721.

Bube R H. 1960. Photoconductivity of Solids[M]. New York: Wiley.

Canham L T. 1997. Properties of Porous Silicon[M]. Emis Data Review No. 18, INSPEC.
London: The Institute of Electrical Engineers.

Carlson D E. 1984// Willardson R K, Beer A C. Semiconductors and Semimetals: Vol. 21
[M]. New York: Academic Press: 7.

Cullis A G, Canham L T, Calcott P D J. 1997. J. Appl. Phys. , 82: 909.

Green M A. 2000. Power to the People: Sunlight to Electricity Using Solar Cells[M]. Sydney:
University of New South Wales Press.

Kazmerski L L. 1998. Photovoltaics: A Review of Cell and Module Technologies[M]//Vol.
1: Renewable and Sustainable Energy Reviews. New York: Pergamon: 71.

LeComber P G, Spear W E. 1984//Willardson R K, Beer A C. Semiconductors and Semimet-
als: Vol. 21[M]. New York: Academic Press.

Markvart T. 2000. Solar Electricity[M]. 2nd ed. Chichester: John Wiley.

Mott N P, Davis E A. 1971. Electronic Processes in Non-Crystalline Materials[M]. 2nd ed.
Oxford: Clarendon Press.

Orton J W, Powell M J. 1980. Rep. Prog. Phys. , 43: 1263.

Orton J W, Goldsmith B J, Chapman J A, et al. 1982. J. Appl. Phys. , 53: 1602.

Pankove J I. 1984// Willardson R K, Beer A C. Semiconductors and Semimetals: Vol. 21
[M]. New York: Academic Press: Parts a, b, c and d.

Powell M J, Deane S C, Wehrspohn R B. 2002. Phys. Rev. , B66: 155212.

Smith S D. 1995. Optoelectronic Devices[M]. London: Prentice Hall.

Staebler D L, Wronski C R. 1977. Appl. Phys. Lett. , 31: 292.

Street R A. 1991. Hydrogenated Amorphous Silicon[M]. Cambridge: Cambridge University
Press.

Street W. 1999. IEEE Spectrum (January) Institute of Electrical and Electronic Engineers,
New York: 62-67.

Sze S M. 1969. Physics of Semiconductor Devices[M]. New York: Wiley: Ch. 8.

Sze S M. 1985. Semiconductor Devices: Physics and Technology[M]. New York: Wiley: Ch. 7.

索　引

A

B

E

F

G

H

半导体的故事

K

L

R

S

T

Y

Z

中国科学技术大学出版社
部分引进版图书

卡尔·费迪南德·布劳恩，
他和古格利尔摩·马可尼
分享了1909年诺贝尔物理
学奖，表彰他在晶体探测器
方面的工作。诺贝尔基金
会惠赠

约翰·巴丁、威廉·肖克利和沃尔特·布拉顿。摄于1947年
发明了点接触锗晶体管之后不久。布拉顿憎恨肖克利：肖克利
参与得不多，却占据了主要舞台。朗讯科技公司和美国物理学
会埃米利奥·赛格雷视觉档案惠赠

第一个晶体管，布拉顿发明的器件，
可以在锗晶体上制作间隔仅为50微
米的两个点接触电极。朗讯科技公
司惠赠

基尔比的新发明：基于单晶锗的集成电路。锗提供了所有的
功能：电阻、电容和增益，不需要外部元件。德州仪器公司
惠赠

人到中年的杰克·基尔比。1958 年，基尔比加入德州仪器公司后不久就演示了第一个集成电路。德州仪器公司惠赠

罗伯特·诺伊斯发明了第一个平面集成电路，为集成电路技术的未来爆炸式发展设定了场景。当时（1959 年），诺伊斯在仙童半导体公司工作。IEEE 惠赠

通用电气公司申奈特迪的罗伯特·霍尔。1962 年底，他的小组赢得了竞赛：在正向偏置的 p-n 结二极管中演示了激光工作。通用电气实验室和美国物理学会埃米利奥·赛格雷视觉档案惠赠

国际商业机器公司的马沙尔·内森。他领导的研究小组演示了 GaAs 里的激光工作（一共有四个小组，尼克·霍罗尼亚克使用的是 GaAsP）。马沙尔·内森惠赠

1987 年,CLEO－LEOS 会议参会者的合影。该会议在第一只半导体激光器演示 25 周年之际召开。尼克·霍罗尼亚克惠赠

1967 年,尼克·霍罗尼亚克和泽罗斯·阿尔费罗夫(半导体激光器的两位开创者)在列宁格勒的约飞研究所。尼克·霍罗尼亚克惠赠

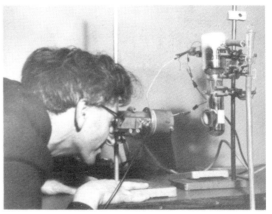

1962 年,西里尔·赫尔桑用影像增强器检查欧洲第一只激光二极管的输出。西里尔·赫尔桑惠赠

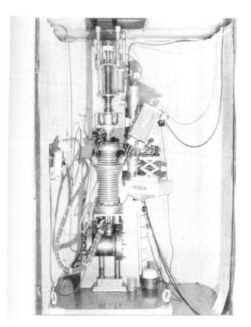

第一台高压切克劳斯基晶体提拉机的照片。布莱恩·穆林以及 RSRE Malvin 的同事们用它演示了液体包裹技术生长 GaAs、GaP、InP 等体材料的优势。布莱恩·穆林惠赠

布莱恩·穆林的近照。摄于东京的 ICCG-13 会议，当时他是会议文集的编辑。布莱恩·穆林惠赠

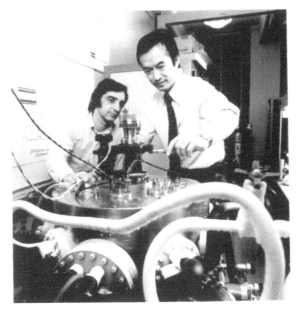

贝尔实验室的卓以和在 III-V 族分子束外延的早期岁月里（与他的技术助手查理·莱迪斯）。卓以和惠赠

汤姆·福克森及其分子束外延小组。菲利普 Redhill 实验室。他们在 1985 年实现了 GaAs 二维电子气结构，电子迁移率超过了一百万（$cm^2 \cdot V^{-1} \cdot s^{-1}$）。汤姆·福克森惠赠

布鲁斯·乔伊斯为飞利浦瑞德希尔实验室的分子束外延活动做出了重要贡献。他身后是那里将要建立的第一台分子束外延设备。后来,它被移到了伦敦的帝国学院,直到最近还在工作。布鲁斯·乔伊斯惠赠

一台现代的金属有机化合物气相外延设备的近景照片,说明了它的外表和竞争对手分子束外延十分相似。二者都用了很多不锈钢。托马斯·斯万恩科学仪器公司惠赠

阿特·高萨德(中)及其小组。1978 年,他们首次实现了 AlGaAs/GaAs 结构的调制掺杂。背景是另一台分子束外延设备。阿特·高萨德惠赠

内维尔·莫特爵士。由于他在非晶半导体理论方面的贡献,莫特分享了 1977 年诺贝尔物理学奖。莫特的科学生涯特别长,九十多岁还在进行活跃的研究工作。诺贝尔基金会惠赠

克劳斯·冯·克利钦正在和学生讨论低维结构。克利钦由于量子霍尔效应的发现而获得 1985 年诺贝尔物理学奖。克劳斯·冯·克利钦惠赠

贝尔实验室的菲利普·安德森。他和莫特分享了 1977 年诺贝尔物理学奖。他第一个预言了非晶材料中著名的"迁移率边"。朗讯科技公司惠赠

崔琦在自己的实验室里。因为他们发现和解释了分数量子霍尔效应,崔琦、霍斯特·斯托默和罗伯特·劳克林分享了 1998 年诺贝尔物理学奖。崔琦惠赠

霍斯特·斯托默由于他在 1982 年的工作而获得了 1998 年诺贝尔物理学奖。朗讯科技公司惠赠

斯坦佛大学的罗伯特·劳克林。在 1982 年贝尔实验室发现了分数量子效应以后,劳克林做出了理论解释,并因此获得了诺贝尔物理学奖。罗伯特·劳克林惠赠

尼克·霍罗尼亚克和泽罗斯·阿尔费罗夫用显微镜检查量子阱样品。伊利诺伊大学(Urbana),尼克的实验室。阿尔费罗夫分享了 2000 年诺贝尔物理学奖。尼克·霍罗尼亚克惠赠

邓迪大学的彼得·勒康博(左)和沃尔特·斯皮尔由于他们在非晶硅薄膜晶体管上的工作获得了光电子学奖。他们和夫人们出现在庆祝会上。沃尔特·斯皮尔惠赠

赫伯特·克勒默。因为在半导体器件
问题方面做出的广泛贡献,他与阿尔
费罗夫和基尔比分享了 2000 年诺贝
尔物理学奖。诺贝尔基金会惠赠

马丁·鲍威尔在飞利浦瑞德希尔实验
室负责非晶硅的早期发展。马丁还为
理解 a-Si:H 的不稳定性做出了重要
贡献。马丁·鲍威尔惠赠

欧洲第一台全彩色液晶显示器,1987 年。这个显示器的对角线长
度为 6 英寸。马丁·鲍威尔惠赠

1985 年,西里尔·赫尔桑和英国通用电力公司的同事们正在看第一批多晶硅薄膜晶体管。西里尔·赫尔桑惠赠

新南威尔士大学的马丁·格林正在召开小组会。这个小组在太阳能电池的物理和技术方面做出了多项重要贡献。马丁·格林惠赠

1990 年，飞利浦瑞德希尔实验室，本书作者和他的研究小组

赤崎勇小组首次获得了 p 型导电的 GaN 外延材料：他们采用了低温 AlN 外延层，再用电子束辐照来激活 Mg 受主。赤崎勇惠赠

中村修二在日亚化学公司开发了第一支蓝光半导体激光二极管，以及高效率的蓝光二极管和绿光二极管，他打开了通向全彩色发光二极管显示器和高亮度白光二极管的大门。中村修二惠赠

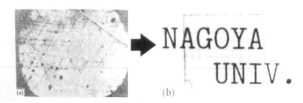

有说服力的证据:在生长 GaN 外延之前先生长一层低温缓冲层,戏剧性地提高了外延薄膜的质量。赤崎勇惠赠

莱斯特·伊斯特曼在康奈尔大学自己的办公室里。伊斯特曼开创性地把分子束外延生长应用于微波半导体器件,最近,他用 AlGaN/GaN 高迁移率电子晶体管获得了大的微波功率。莱斯特·伊斯特曼惠赠

贝尔实验室的卓以和(左)获得了 1993 年美国国家科学奖。其余二人是美国总统克林顿和副总统戈尔。卓以和惠赠

费德里克·卡帕索(左前)和贝尔实验室小组在一起。利用 AlInAs/GaInAs 材料体系中量子阱导带里的能级,他们开发了量子级联激光器。朗讯科技公司惠赠

1976 年,江崎玲於奈(左)和榊裕之(右)正在讨论先进的量子阱结构的性质。江崎获得了 1973 年诺贝尔物理学奖。榊裕之惠赠

即使工作最努力的科学家也不总是泡在实验室里——1991 年,榊裕之站在圣安德鲁斯的高尔夫球场上。榊裕之惠赠